[길잡이]

토질및기초기술사

핵심문제

토질 및 기초기술사·토목시공기술사 박재성 지음

BM (주)도서출판 성안당

■ 도서 A/S 안내

토질 및 기초기술사 자격증을 취득하기 위해서는 광범위한 공부와 실제 설계 및 현장경험도 중요하지만 기본 핵심을 파악하고 이를 답안지에 조리 있게 정리하는 것이 더욱 중요하다.

수험자 여러분들이 그동안 많은 공부를 하였으나 문제의 핵심과 답안작성요령이 부족하여 번번히 실패하는 경우가 많은 것을 해결하기 위하여 최근 출제빈도가 가장 높은 문제들을 엄선하여 답안작성의 길잡이가 될 수 있도록 이 책을 편찬하였다.

이 책은 처음 공부를 시작하는 분들에게는 문제의 출제경향과 답안작성요령의 지침이 될 것이며 마무리 학습하는 분들에게는 핵심요점 정리와 답안지 변화의 길잡이가 될 것이다.

아무쪼록 본서가 여러분들의 합격률을 크게 향상시키고 합격기간을 앞당길 수 있다고 자신하며 수험생 여러분들의 노고에 아낌없는 치하와 많은 박수를 보낸다.

✎ 본서의 핵심

1️⃣ 최근 출제빈도가 높은 문제 수록
2️⃣ 새로운 Item과 활용방안
3️⃣ 핵심요점의 집중 마무리 학습
4️⃣ 다양한 답안지 작성방법 습득
5️⃣ 자기만의 독특한 답안지 변화의 지침서
6️⃣ 최단기간에 합격할 수 있는 길잡이

끝으로 이 책을 발간하기까지 도와주신 주위의 여러분들과 성안당출판사 이종춘 회장님과 편집부 직원들의 노고에 감사드리며, 이 책이 출간되도록 허락하신 하나님께 영광을 돌린다.

대표저자 **朴宰成**

Professional Engineer Soil Mechanics Foundation

■ 필기시험

직무 분야	건설	중직무 분야	토목	자격 종목	토질 및 기초기술사	적용 기간	2023. 1. 1. ~ 2026. 12. 31.

• 직무내용 : 토질 및 기초분야에 관한 고도의 전문지식과 실무경험에 입각하여 흙과 암석의 중요한 성질들을 과학적으로 연구・분석하고 기초, 토류구조물 및 지하구조물의 설계, 시공, 평가 및 건설사업관리 등 기술업무를 수행하는 직무이다.

검정방법	단답형/주관식 논문형	시험시간	400분(1교시당 100분)

시험과목	주요 항목	세부항목
토질, 토질구조물 및 기초, 그 밖에 토질과 기초에 관한 사항	1. 지반의 공학적 특성분석	1. 원위치시험을 통한 지반특성평가 2. 실험실시험을 통한 지반특성평가 3. 설계정수의 결정(강도 및 변위 등) 4. 지반 내 응력의 평가와 활용
	2. 지반공학의 기본이론	1. 지반의 물리적 특성의 이해와 응용 2. 지반과 지하수의 관계(투수, 세굴, 간극수압 영향 등) 이해와 활용 3. 지반강도특성의 이해와 활용 4. 지반변위(압축 및 팽창)특성의 이해와 활용 5. 지반의 다짐과 다짐지반의 공학적 거동특성
	3. 각종 구조물의 기초	1. 확대기초/깊은 기초 2. 복합기초(확대기초＋깊은 기초) 3. 기초의 지지력평가(지내력평가, 말뚝지지력평가)
	4. 지반구조물 및 지반보강	1. 비탈면 안정성평가법의 이해와 활용 2. 비탈면 안정화공법(앵커 등의 보강공법, 표면 안정화공법) 3. 댐 및 제방의 제체와 기초의 안정성 4. 연약지반개량 및 지반보강
	5. 지하구조물	1. 지하구조물(터널/개착 등)의 계획과 안정성평가 2. 각종 보조공법의 이해와 활용 3. 지하구조물 인접부의 기존 구조물 안정성평가와 시공계획 4. 지반환경영향(오염, 지하수변화, 진동, 침하 등)과 대책공법
	6. 토류구조물	1. 토압의 평가와 대응 2. 토류시설물의 계획과 안정성 평가(옹벽, 흙막이가시설 등) 3. 정보화 시공(계측계획과 결과의 분석 및 활용) 4. 토목섬유의 활용과 안정성평가
	7. 기타 토질 및 기초 관련 지식	1. 지반의 동적특성 및 거동에 관한 사항 2. 포트홀, 지반함몰 발생원인 및 대책에 관한 사항

■ 면접시험

직무 분야	건설	중직무 분야	토목	자격 종목	토질 및 기초기술사	적용 기간	2023. 1. 1. ~ 2026. 12. 31.

• **직무내용** : 토질 및 기초분야에 관한 고도의 전문지식과 실무경험에 입각하여 흙과 암석의 중요한 성질들을 과학적으로 연구·분석하고 기초, 토류구조물 및 지하구조물의 설계, 시공, 평가 및 건설사업관리 등 기술업무를 수행하는 직무이다.

검정방법	구술형 면접시험	시험시간	15~30분 내외

시험과목	주요 항목	세부항목
토질, 토질구조물 및 기초, 그 밖에 토질과 기초에 관한 사항	1. 지반의 공학적 특성분석	1. 원위치시험을 통한 지반특성평가 2. 실험실시험을 통한 지반특성평가 3. 설계정수의 결정(강도 및 변위 등) 4. 지반 내 응력의 평가와 활용
	2. 지반공학의 기본이론	1. 지반의 물리적 특성의 이해와 응용 2. 지반과 지하수의 관계(투수, 세굴, 간극수압 영향 등) 이해와 활용 3. 지반강도특성의 이해와 활용 4. 지반변위(압축 및 팽창)특성의 이해와 활용 5. 지반의 다짐과 다짐지반의 공학적 거동특성
	3. 각종 구조물의 기초	1. 확대기초/깊은 기초 2. 복합기초(확대기초＋깊은 기초) 3. 기초의 지지력평가(지내력평가, 말뚝지지력평가)
	4. 지반구조물 및 지반보강	1. 비탈면 안정성평가법의 이해와 활용 2. 비탈면 안정화공법(앵커 등의 보강공법, 표면 안정화공법) 3. 댐 및 제방의 제체와 기초의 안정성 4. 연약지반개량 및 지반보강
	5. 지하구조물	1. 지하구조물(터널/개착 등)의 계획과 안정성평가 2. 각종 보조공법의 이해와 활용 3. 지하구조물 인접부의 기존 구조물 안정성평가와 시공계획 4. 지반환경영향(오염, 지하수변화, 진동, 침하 등)과 대책공법
	6. 토류구조물	1. 토압의 평가와 대응 2. 토류시설물의 계획과 안정성평가(옹벽, 흙막이가시설 등) 3. 정보화 시공(계측계획과 결과의 분석 및 활용) 4. 토목섬유의 활용과 안정성평가
	7. 기타 토질 및 기초 관련 지식	1. 지반의 동적특성 및 거동에 관한 사항 2. 포트홀, 지반함몰 발생원인 및 대책에 관한 사항
품위 및 자질	8. 기술사로서 품위 및 자질	1. 기술사가 갖추어야 할 주된 자질, 사명감, 인성 2. 기술사 자기개발과제

차 례

제3장 투 수

Professional Engineer Soil Mechanics Foundation

제4장   압 밀

제5장　전단강도

제6장 　사 면

제7장 토 압

제8장 흙막이공

제9장 얕은기초

제10장 깊은기초

Professional Engineer Soil Mechanics Foundation

제13장 폐기물매립

제14장 암 반

제15장 터 널

제16장   진동 · 내진

부록 I · 핵심문제

부록 II · 최근 기출문제

제1장 흙의 성질 및 분류

문제 1 팽창성지반과 붕괴성지반의 특성과 기초설계 및 시공시 고려사항에 대하여 기술하시오.

문제 2 팽창성지반과 붕괴성지반의 비탈면 안전상의 문제점과 안정을 지배하는 요인에 대하여 기술하시오.

문제 3 상대밀도와 아터버그한계를 구하는 방법과 실무 활용방법에 대하여 기술하시오.

문제 4 점토광물의 역할과 종류별 특징 및 판별법에 대하여 기술하시오.

문제 5 확산이중층의 구조와 점토에만 존재하는 이유에 대하여 기술하시오.

문제 6 통일분류법과 AASHTO분류법을 비교하고 세립률에 따른 재하하중을 구분하시오.

문제 7 팽윤(Swelling)과 비화(Slaking)현상의 정의와 지반 안정성에 미치는 영향에 대하여 기술하시오.

문제 8 용어설명

8-1 화강토(Decomposed Granite Soil)

8-2 화학적 풍화지수(Chemical Weathering Index)

8-3 해성점토(Marine Clay)

8-4 이암의 Slaking 발생기구(Mechanism)

8-5 붕적토(Colluvial Soil)

8-6 상대밀도(Relative Density)

8-7 소성지수(Plasticity Index)

8-8 활성도(Activity)

8-9 확산이중층(Diffuse Double Layer)

8-10 소성도표(Plasticity Chart)

8-11 점토의 면모구조(Flocculated Structure)

☞ 永生의 길잡이 - 하나 : 가장 큰 선물

문제 1)	팽창성지반과 붕괴성지반의 특성과 기초설계 및 시공시 고려사항에
	대하여 기술하시오.

답

I. 팽창성지반

1. 정의

1) 팽창성지반이란 몬모릴로나이트 점토광물이 많이 함유된 토사나 미고결 이암으로 구성된 지반으로서 수침시 토립자가 팽창되거나 구속시 팽윤압이 발생하는 지반을 말한다.

2) 판정방법

① 팽창포텐셜$(E_p) = 0.003ZS_w \geq 0.5$ (팽창성지반)

② Z : 팽창층심도

③ $S_w = \dfrac{\text{물흡수로 팽창된 높이}(\Delta H)}{\text{시료높이}(H)} \times 100(\%)$

2. 특성

1) 수분흡수시 지반의 팽창성이 크다.

2) 지반팽창을 구속시 팽창압이 발생함

3) 건조시 지반의 압축성이 크다.

4) 소성이 큰 지반

　① 액성한계(LL)≥40

　② 소성지수(PI)≥15

5) 공학적으로 매우 불안정한 지반

3. 기초설계 및 시공시 고려사항

1) 팽창압 크기

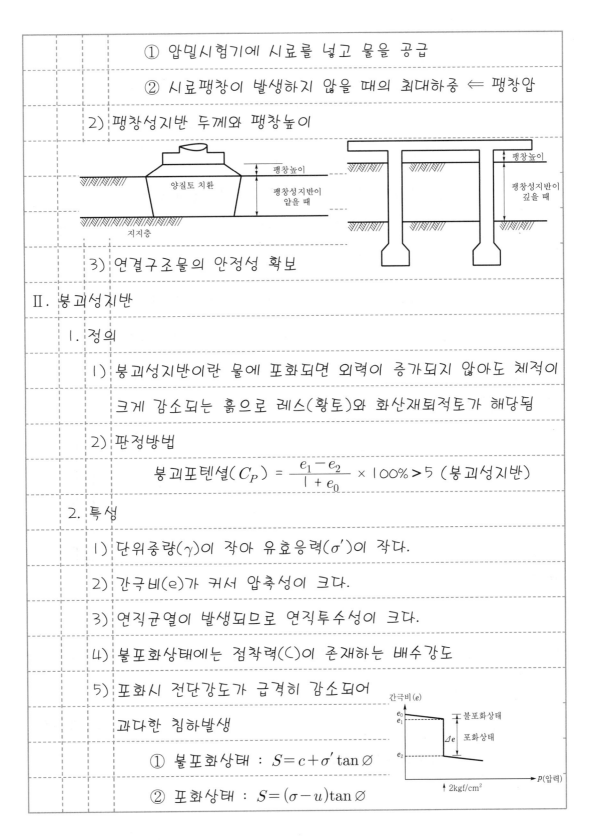

① 압밀시험기에 시료를 넣고 물을 공급

② 시료팽창이 발생하지 않을 때의 최대하중 ⟸ 팽창압

2) 팽창성지반 두께와 팽창높이

3) 연결구조물의 안정성 확보

Ⅱ. 붕괴성지반

1. 정의

1) 붕괴성지반이란 물에 포화되면 외력이 증가되지 않아도 체적이
크게 감소되는 흙으로 레스(황토)와 화산재퇴적토가 해당됨

2) 판정방법

$$붕괴포텐셜(C_P) = \frac{e_1 - e_2}{1 + e_0} \times 100\% > 5 \ (붕괴성지반)$$

2. 특성

1) 단위중량(γ)이 작아 유효응력(σ')이 작다.

2) 간극비(e)가 커서 압축성이 크다.

3) 연직균열이 발생되므로 연직투수성이 크다.

4) 불포화상태에는 점착력(c)이 존재하는 배수강도

5) 포화시 전단강도가 급격히 감소되어

과다한 침하발생

① 불포화상태 : $S = c + \sigma' \tan \emptyset$

② 포화상태 : $S = (\sigma - u) \tan \emptyset$

3. 기초설계 및 시공시 고려사항

　　1) 포화시 침하량

　　　　① 압밀시험기에 시료를 넣고 구조물 단위하중 재하

　　　　② 수침시켜 간극비변화(Δe) 산정

　　　　③ 붕괴성지반 두께(Z)를 고려한 침하량 산정

$$\text{침하량}(S) = \frac{\Delta e}{1 + e_o} \times Z$$

　　2) 붕괴성지반 두께

　　　　① 지표면에서 2m 이내 분포 : OMC 다짐, 보상기초

　　　　② 지표면에서 10m 이내 분포 : 지반개량공법 실시

　　　　③ 지표면에서 10m 이상 분포 : 깊은기초 설치

　　3) 깊은기초 설치시 부마찰력 발생

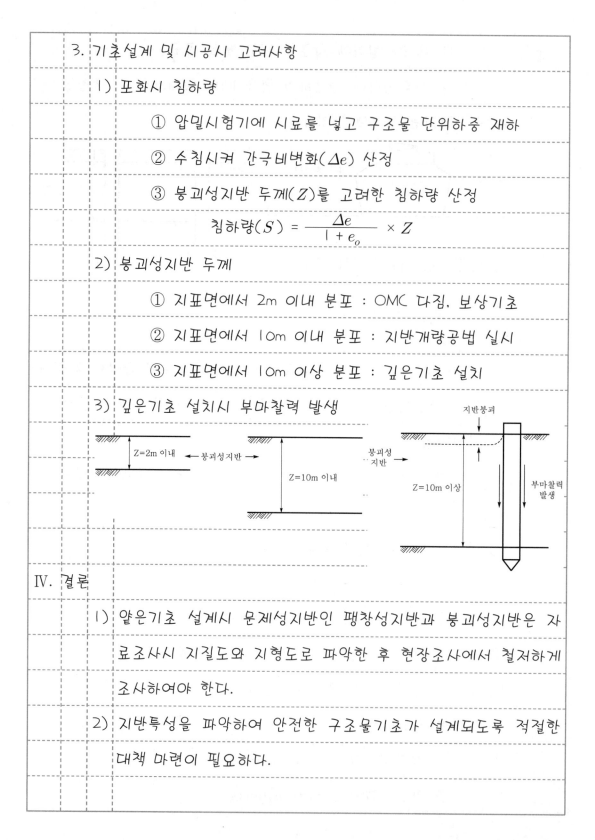

IV. 결론

　　1) 얕은기초 설계시 문제성지반인 팽창성지반과 붕괴성지반은 자료조사시 지질도와 지형도로 파악한 후 현장조사에서 철저하게 조사하여야 한다.

　　2) 지반특성을 파악하여 안전한 구조물기초가 설계되도록 적절한 대책 마련이 필요하다.

문제 2)	팽창성지반과 붕괴성지반의 비탈면 안전상의 문제점과 안정을 지배
	하는 요인에 대하여 기술하시오.

답

I. 개요

1. 팽창성지반

1) 정의

팽창성지반이란 몬모릴로나이트 점토광물이 많이 함유된 흙으로서 수침시 토립자가 팽창하고 팽윤압이 발생하는 지반을 말한다.

2) 판정방법

① 팽창포텐셜$(E_P) = 0.003 Z S_w$ Z : 팽창층심도

$$S_w = \frac{물흡수로\ 팽창된\ 높이(\Delta H)}{시료높이(H)} \times 100(\%)$$

② 판정 $\begin{cases} E_P \geq 0.5 \ : \ 팽창성지반 \\ E_P < 0.5 \ : \ 비팽창성지반 \end{cases}$

2. 붕괴성지반

1) 정의

붕괴성지반이란 물에 포화되면 외력이 증가되지 않아도 체적이 크게 감소되는 흙으로 레스(황토)와 화산재퇴적토가 해당됨

2) 판정방법

① 붕괴포텐셜$(C_P) = \dfrac{e_1 - e_2}{1 + e_0} \times 100(\%)$

② 판정 $\begin{cases} C_P > 5 \ : \ 붕괴성지반 \\ C_P \leq 5 \ : \ 비붕괴성지반 \end{cases}$

Ⅱ. 비탈면 안전상 문제점

　1) 유동활동 발생

　　① 팽창성지반은 노출된 면의 건조수축으로 균열발생에 따른 유동활동 발생

　　② 붕괴성지반은 구속압의 감소로 유동활동의 발생 가능성이 큼

　2) 우수시 사면침식

균열부　　우수시 사면침식　　　　우수시 전단강도 급감으로 사면침식 증가　　인장균열 존재

팽창 발생

〈우수시 팽창성지반〉　　　　　　〈우수시 붕괴성지반〉

　3) 대규모 사면붕괴 발생

　　① 장마철에는 체적팽창과 팽윤압이 작용하고 사면침식으로 급경사가 되어 대규모 사면붕괴 발생

　　② 붕괴성지반은 장마철에는 전단강도가 급격히 감소되어 대규모 사면붕괴가 발생

Ⅲ. 안정을 지배하는 요인

　1) 포텐셜값

　　팽창포텐셜과 붕괴포텐셜의 값에 따라 안정성이 달라짐

　2) 팽창성 또는 붕괴성지반의 두께와 사면높이

　　① 팽창성 또는 붕괴성지반 두께가 클수록 사면안정성이 불안해짐

　　② 사면높이가 높을수록 사면이 불안정함

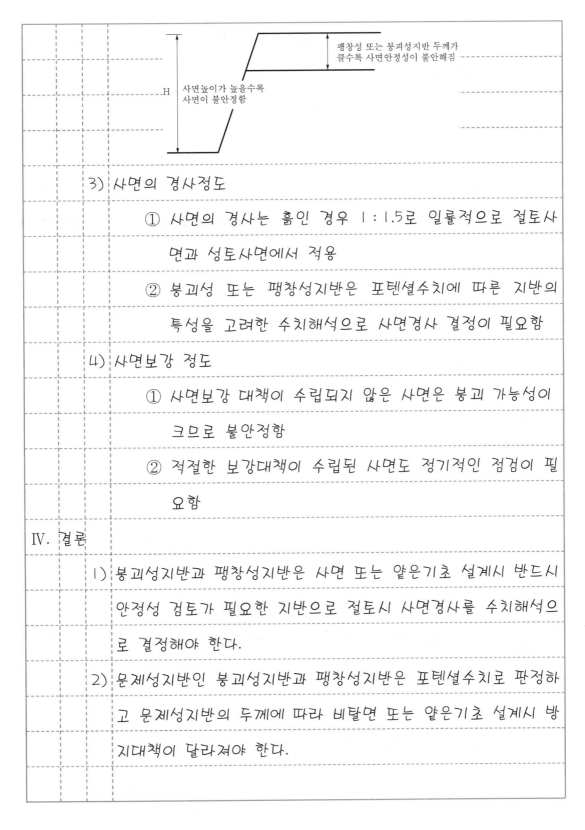

사면높이가 높을수록
사면이 불안정함

H

팽창성 또는 붕괴성지반 두께가
클수록 사면안정성이 불안해짐

3) 사면의 경사정도

① 사면의 경사는 흙인 경우 1:1.5로 일률적으로 절토사면과 성토사면에서 적용

② 붕괴성 또는 팽창성지반은 포텐셜수치에 따른 지반의 특성을 고려한 수치해석으로 사면경사 결정이 필요함

4) 사면보강 정도

① 사면보강 대책이 수립되지 않은 사면은 붕괴 가능성이 크므로 불안정함

② 적절한 보강대책이 수립된 사면도 정기적인 점검이 필요함

IV. 결론

1) 붕괴성지반과 팽창성지반은 사면 또는 얕은기초 설계시 반드시 안정성 검토가 필요한 지반으로 절토시 사면경사를 수치해석으로 결정해야 한다.

2) 문제성지반인 붕괴성지반과 팽창성지반은 포텐셜수치로 판정하고 문제성지반의 두께에 따라 비탈면 또는 얕은기초 설계시 방지대책이 달라져야 한다.

문제 3)	상대밀도와 아터버그한계를 구하는 방법과 실무 활용방법에 대하여
	기술하시오.

답

I. 상대밀도(D_r)

1) $D_r = \dfrac{e_{\max} - e}{e_{\max} - e_{\min}} \times 100(\%) = \dfrac{r_{d\max}}{r_d} \times \dfrac{r_d - r_{d\min}}{r_{d\max} - r_{d\min}} \times 100(\%)$

2) $e_{\max},\ e,\ e_{\min}$: 가장 느슨한, 자연, 가장 조밀한 상태의 간극비

   $r_{d\max},\ r_d,\ r_{d\min}$: 가장 조밀한, 자연, 가장 느슨한 상태의 건조밀도

2. 구하는 방법

1) SPT의 N치로 추정

2) CPTU의 q_t와 U_{bt}로 추정

3) 건조밀도로 추정

$D_r = 66 \log\left(\dfrac{q_t}{\sqrt{\sigma_v'}}\right) - 98$

① 실내시험으로 $r_{d\max}$와 $r_{d\min}$ 측정

$r_{dmin} = \dfrac{W_s}{V}$

1inch

1.4tf/m²

$r_{dmax} = \dfrac{W_s}{V}$

진동판 3600횟수/분 8분간

② 현장 들밀도시험으로 r_d 측정

③ 건조밀도공식으로 상대밀도(D_r) 추정

3. 실무 활용방법

1) 지반물성치 추정

① 도표에서 상대밀도에 해당하는 N치 추정

② 추정된 N치로 내부마찰각($\varnothing$) 추정

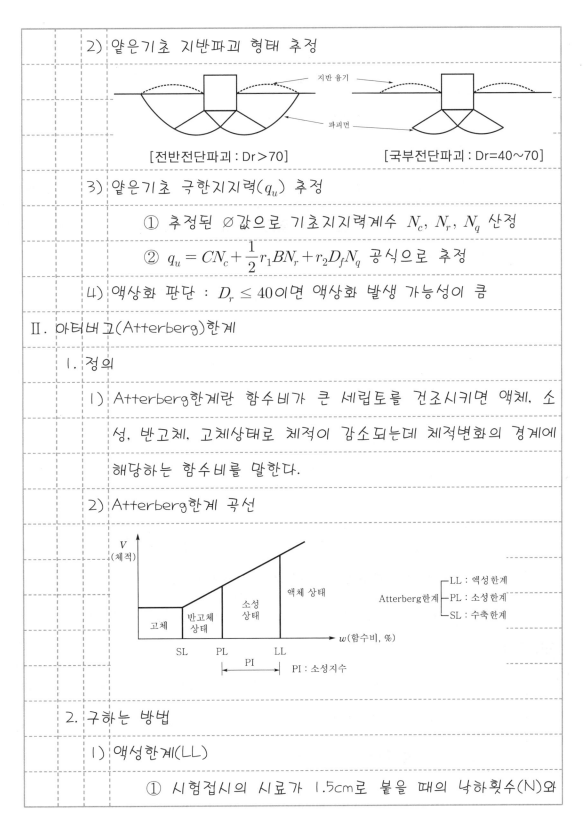

2) 얕은기초 지반파괴 형태 추정

[전반전단파괴 : Dr>70]   [국부전단파괴 : Dr=40~70]

3) 얕은기초 극한지지력(q_u) 추정

① 추정된 ∅값으로 기초지지력계수 N_c, N_r, N_q 산정

② $q_u = CN_c + \dfrac{1}{2}r_1 BN_r + r_2 D_f N_q$ 공식으로 추정

4) 액상화 판단 : $D_r \leq 40$이면 액상화 발생 가능성이 큼

Ⅱ. 아터버그(Atterberg)한계

1. 정의

1) Atterberg한계란 함수비가 큰 세립토를 건조시키면 액체, 소성, 반고체, 고체상태로 체적이 감소되는데 체적변화의 경계에 해당하는 함수비를 말한다.

2) Atterberg한계 곡선

2. 구하는 방법

1) 액성한계(LL)

① 시험접시의 시료가 1.5cm로 붙을 때의 낙하횟수(N)와

함수비(w) 측정

② 25회 낙하횟수에 해당하는

함수비 산정 ⇐ 액성한계(LL)

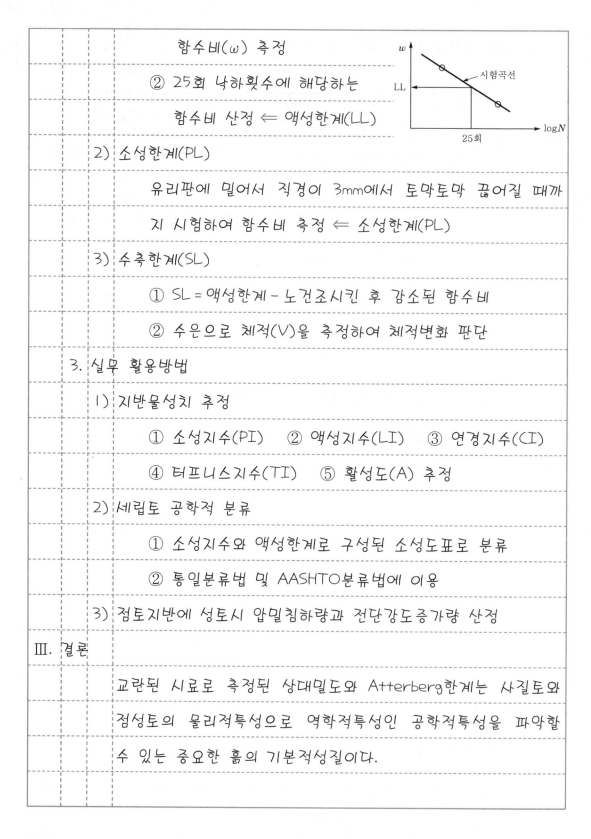

2) 소성한계(PL)

유리판에 밀어서 직경이 3mm에서 토막토막 끊어질 때까

지 시험하여 함수비 측정 ⇐ 소성한계(PL)

3) 수축한계(SL)

① SL = 액성한계 – 노건조시킨 후 감소된 함수비

② 수은으로 체적(V)을 측정하여 체적변화 판단

3. 실무 활용방법

1) 지반물성치 추정

① 소성지수(PI)   ② 액성지수(LI)   ③ 연경지수(CI)

④ 터프니스지수(TI)   ⑤ 활성도(A) 추정

2) 세립토 공학적 분류

① 소성지수와 액성한계로 구성된 소성도표로 분류

② 통일분류법 및 AASHTO분류법에 이용

3) 점토지반에 성토시 압밀침하량과 전단강도증가량 산정

Ⅲ. 결론

교란된 시료로 측정된 상대밀도와 Atterberg한계는 사질토와

점성토의 물리적특성으로 역학적특성인 공학적특성을 파악할

수 있는 중요한 흙의 기본적성질이다.

문제 4)	점토광물의 역할과 종류별 특징 및 판별법에 대하여 기술하시오.

답

Ⅰ. 점토광물의 개요

1) 정의

　점토광물이란 실리카와 깁사이트로 결합된 작은 시트가 양이온에 의해 결합된 판상모양의 큰 시트를 말한다.

2) 기본단위

① 실리카 사면체　　　② 알루미나 팔면체

Ⅱ. 역할

1) 횡방향으로 결합

① 실리카 사면체 및 알루미나 팔면체가 횡방향으로 결합되어 실리카판과 깁사이트판을 형성

② 횡방향 결합판(시트)

〈실리카판〉　　　　　　　　〈깁사이트판〉

2) 종방향으로 결합

① 깁사이트판과 실리카판 종방향 결합

② 결합된 시트와 시트는 양이온으로 종방향 결합

Ⅲ. 종류별 특징

종류	결합구조	특징
Kaolinite	G / S / ○ ○ H⁺(수소) / G / S	① 입자간에 결합력 크고 안정된 구조 ② 비활성 상태 ③ 수침시 팽창성이 적음 ④ 양이온 교환능력이 적음
Illite	S / G / S / ○ ○ K⁺(칼륨) / S / G / S	① 입자간 결합력은 중간 정도 ② 보통활성 상태 ③ 수침시 팽창성이 적음 ④ 양이온 교환능력이 적음 ⑤ CL ~ CH
Montmorillonite	○ ○ 교환가능 양이온 결합	① 결합력 적어 매우 불안한 구조 ② 활성 상태 ③ 수침시 팽창성이 매우 큼 ④ 양이온 교환능력이 큼

IV. 판별법

1. X-ray 회절분석법(정밀 판별방법)

1) 정의

X-ray 회절분석법은 점토광물시료에 X-ray를 발사하여 회절되는 속도와 각도를 전자검출기로 측정하여 점토광물의 성분을 분석하는 방법

2) 시험방법

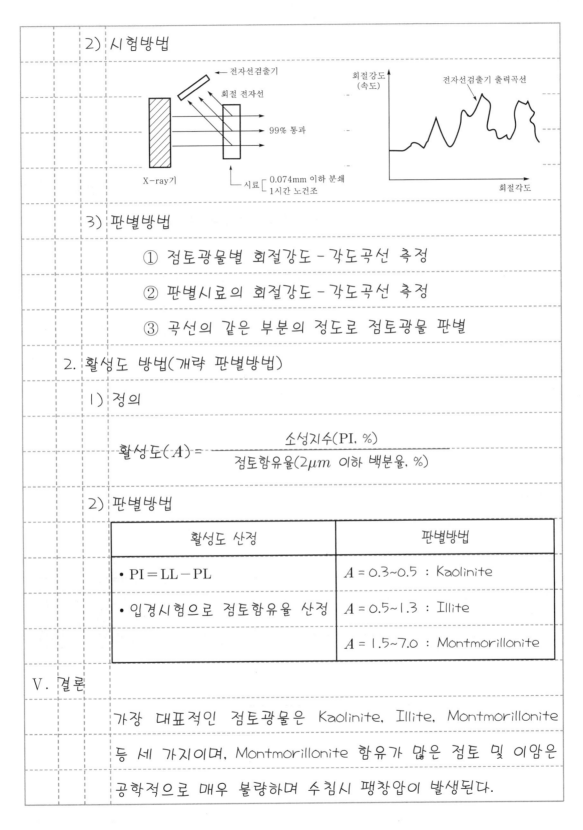

3) 판별방법

    ① 점토광물별 회절강도 - 각도곡선 측정

    ② 판별시료의 회절강도 - 각도곡선 측정

    ③ 곡선의 같은 부분의 정도로 점토광물 판별

2. 활성도 방법(개략 판별방법)

    1) 정의

$$활성도(A) = \frac{소성지수(PI, \%)}{점토함유율(2\mu m \ 이하 \ 백분율, \%)}$$

    2) 판별방법

활성도 산정	판별방법
• $PI = LL - PL$	$A = 0.3 \sim 0.5$: Kaolinite
• 입경시험으로 점토함유율 산정	$A = 0.5 \sim 1.3$: Illite
	$A = 1.5 \sim 7.0$: Montmorillonite

V. 결론

    가장 대표적인 점토광물은 Kaolinite, Illite, Montmorillonite

    등 세 가지이며, Montmorillonite 함유가 많은 점토 및 이암은

    공학적으로 매우 불량하며 수침시 팽창압이 발생된다.

문제 5)	확산이중층의 구조와 점토에만 존재하는 이유에 대하여 기술하시오.

답

I. 확산이중층의 개요

1) 정의

확산이중층이란 점토입자의 음이온 전기력이 미치는 영향 범위를 말하며 점토광물의 종류에 따라 달라진다.

2) 확산이중층 두께에 따른 공학적 특성

공학적 특성	두꺼울수록	얇을수록
점토구조	이산구조	면모구조
점착력(C)	감소	증가
투수계수(K)	감소	증가
건조수축	大	小
이온 교환능력	大	小

II. 구조

1) 구조도

2) 이중층수

① 확산이중층 수막과 흡착수막 사이의 물

② 점토입자의 음이온 영향 범위에서 다소 약하게 결합된 물

③ 노건조시 제거됨

3) 흡착수

① 점토입자의 음이온과 견고하게 결합된 물

② 노건조시 제거되지 않는 물

③ 점토가 소성을 가지는 것도 흡착수 때문임

④ 점토광물이 달라도 흡착수막의 두께는 $2A°$로 일정함

4) 자유수

① 점토입자의 음이온 영향범위를 벗어난 물

② 수두차가 발생하면 자유롭게 이동하는 물

Ⅲ. 점토에만 존재하는 이유

1) 화학적 풍화작용으로 점토광물이 생성

① 물리적 풍화작용 발생 : 자갈, 모래, 실트 생성

② 화학적 풍화작용 발생 : 자갈, 모래, 실트, 점토 생성

③ 화학적 풍화작용으로 생성된 점토광물은 음이온을 가짐

2) 점토광물 결합시 동형치환 발생

① 동형치환이란 점토광물 형성과정에서 높은 차원의 양이온 대신 비슷한 이온반경을 가진 낮은 차원의 양이온과 결합하는 것을 말한다.

② Kaolinite, Illite에 많은 동형치환

• 양이온 Al^{3+}이 양이온 Si^{4+}를 대체

• 음이온이 존재

③ Montmorillonite에 많은 동형치환

3) 평형유지를 위해 양이온과 결합

① 불안정한 음이온 구조체인 점토입자는 안전한 구조체가 되기 위해서 양이온과 결합

② 양이온이 적은 점토입자는 물분자의 양이온과 결합하기 위해 흡착수막 내로 물을 끌어당김

IV. 결론

1) 점토입자는 판상이 90% 이상이고 안정된 구조체가 되기 위해 확산이중층으로 구성되어 있고 확산이중층의 두께에 따라 공학적 특성이 달라진다.

2) 확산이중층 두께는 점토를 구성하는 점토광물의 종류에 따라 달라지므로 점토광물의 특성파악이 중요하다.

| 문제 6) | 통일분류법과 AASHTO분류법을 비교하고 세립률에 따른 재하하중을 구분하시오. |

답

Ⅰ. 공학적 분류법의 개요

1) 통일분류법(USCS)

① 입도분포와 Consistency로 흙을 분류하는 공학적 분류법의 일종으로 미국재료시험협회가 표준방법으로 채택한 흙의 분류법이다.

② 분류기호

구분	제1문자		제2문자	
	기호	설명	기호	설명
조립토	G	자갈	W	입도양호
			P	입도불량
	S	모래	M	실트질
			C	점토질
세립토	M	무기질 실트	L	저소성 또는 저압축성
	C	무기질 점토		
	O	저유기질토	H	고소성 또는 고압축성
고유기질토	P_t	이탄		

2) AASHTO 분류법

입도분포와 Consistency로 먼저 흙을 분류한 다음 군지수

로 최종적으로 흙을 분류하는 공학적 분류법의 일종으로 도로 및 활주로의 노상토 분류에 이용됨

Ⅱ. 비교

구분	통일분류법	AASHTO분류법
조립토·세립토 분류기준	No.200번체 통과율 50% (35% 이상이면 세립토 거동이 발생하므로 불리함)	No.200번체 통과율 35% (세립토 거동 관점에서 더 타당함)
조립토 분류기준	No.4번체 통과율 50% (적용하는 기관이나 나라가 적어 불리함)	No.10번체 통과율 50% (여러 기관과 나라에서 No.10 번체로 구분하므로 타당함)
조립토 구분	명확한 구분	명확한 구분이 없음
유기질토 분류	있음	없음
분류 기호	문자 (알기 쉽고 의사 전달 용이)	숫자 (알기 어려워 불리함)
분류 방법	입도분포와 consistency	군지수 추가
적용성	흙댐, 기초지반, 도로 노상토의 성토재료 선정	도로 및 활주로 노상토의 성토재료 선정

Ⅲ. 세립률에 따른 재하하중 구분

    1) 흙의 거동과 세립률 관계에서 구분

        ① 세립률 < 20% ┐ 흙의 거동크기와 ┌ 小, 단기

        ② 세립률 = 20~35% ┤ 거동시간 ├ 中, 중기

        ③ 세립률 > 35% ┘ └ 大, 장기

2) 배수조건과 세립률 관계에서 구분

배수조건	세립률(%)	흙의 거동
배수	세립률 < 20	탄성거동
배수·비배수	세립률 = 20~35	탄성과 소성거동
비배수	세립률 > 35	소성거동

3) 재하하중 구분

　① 배수하중(세립률 < 35%)

　　세립률이 35% 미만이면 조립토거동이므로 하중재하시 배수조건으로 구분

　② 비배수하중(세립률 ≥ 35%)

　　세립률이 35% 이상이면 세립토거동인 비배수조건으로 구분

Ⅳ. 결론

1) 세계적으로 많이 이용하는 공학적 분류법인 통일분류법을 우리나라 흙의 특성에 맞게 수정하여 사용하는 것이 타당하다고 사료된다.

2) 조립토와 세립토의 구분을 세립률 35%를 기준으로 한 AASHTO 분류법이 통일분류법보다 더 타당하므로 통일분류법의 분류기준을 수정하는 것을 고려하여야 한다.

3) 세립률이 35% 이상인 조립토는 시험 및 설계 적용시 세립토거동에 유의하여야 한다.

문제 7)	팽윤(Swelling)과 비화(Slaking)현상의 정의와 지반 안정성에 미치
	는 영향에 대하여 기술하시오.

답

Ⅰ. 팽윤(Swelling)현상

　1. 정의

　　1) 팽윤현상은 Montmorillonite 점토광물을 많이 함유한 이암 또

　　는 점토가 물을 흡수하면 조직은 변하지 않으면서 토립자가 팽

　　창하여 체적이 증가되는 현상을 말한다.

　　2) 팽윤현상은 흡착 양이온의 종류에 따라 크게 다르며 Na^+ 몬모

　　릴로나이트는 수침시 가장 많이 팽창된다.

　　3) 이암의 팽윤현상 발생원리

　　　① 물 흡수시 간극포화로 체적팽창

<건조이암>　　물 흡수 →　　간극포화로 체적증가

　　　② 토립자팽창으로 체적팽창

물 흡수 →　　토립자 팽창 —구속시→ 팽윤압 작용

토립자 두께　　물 흡수 →　　토립자 두께 팽창 (확산이중층 두께)

2. 지반 안정성에 미치는 영향

   1) 기초지반

      ① 기초공사 도중 팽윤압작용시 기초융기로 균열 유발

      ② 건조시 침하량증가 및 기초지지력감소

      ③ 기초연결 구조물 탈락 및 파손

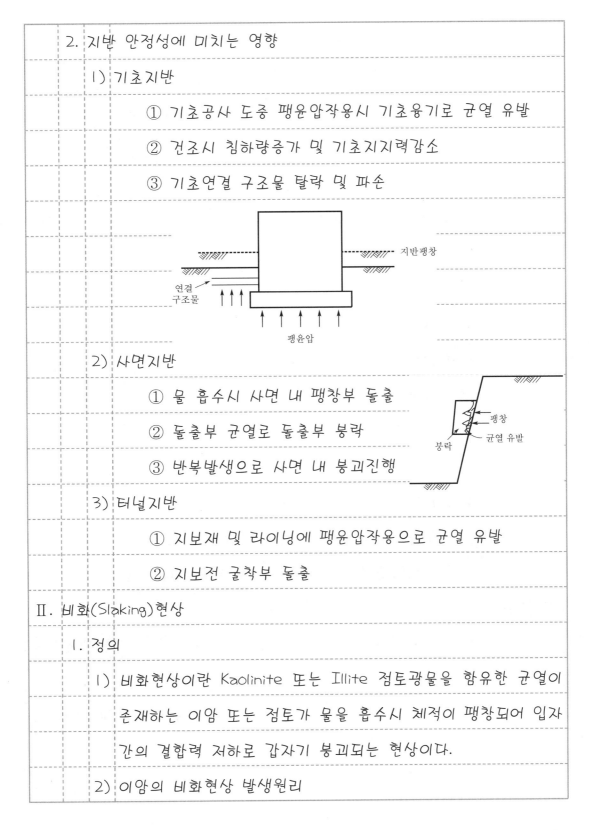

   2) 사면지반

      ① 물 흡수시 사면 내 팽창부 돌출

      ② 돌출부 균열로 돌출부 붕락

      ③ 반복발생으로 사면 내 붕괴진행

   3) 터널지반

      ① 지보재 및 라이닝에 팽윤압작용으로 균열 유발

      ② 지보전 굴착부 돌출

Ⅱ. 비화(Slaking)현상

 1. 정의

   1) 비화현상이란 Kaolinite 또는 Illite 점토광물을 함유한 균열이

     존재하는 이암 또는 점토가 물을 흡수시 체적이 팽창되어 입자

     간의 결합력 저하로 갑자기 붕괴되는 현상이다.

   2) 이암의 비화현상 발생원리

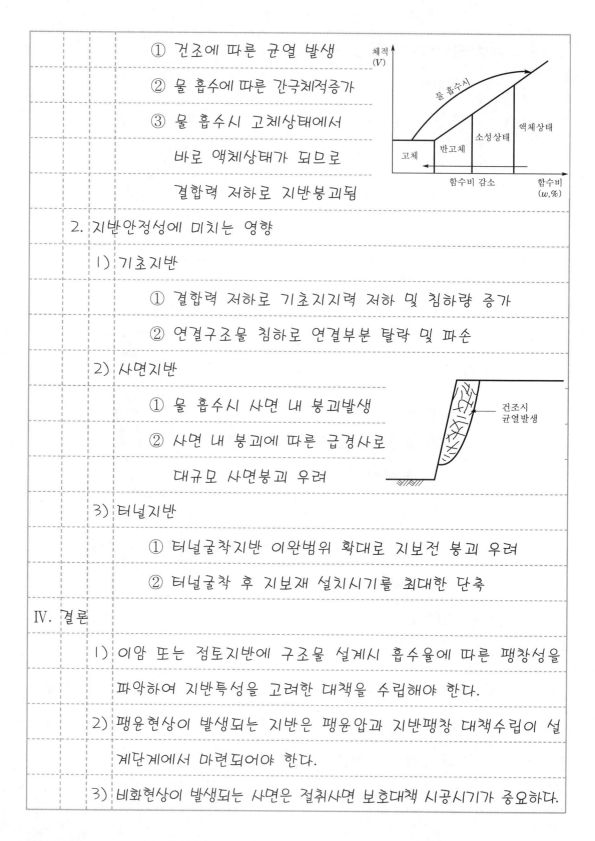

① 건조에 따른 균열 발생

② 물 흡수에 따른 간극체적증가

③ 물 흡수시 고체상태에서

   바로 액체상태가 되므로

   결합력 저하로 지반붕괴됨

2. 지반안정성에 미치는 영향

   1) 기초지반

      ① 결합력 저하로 기초지지력 저하 및 침하량 증가

      ② 연결구조물 침하로 연결부분 탈락 및 파손

   2) 사면지반

      ① 물 흡수시 사면 내 붕괴발생

      ② 사면 내 붕괴에 따른 급경사로

         대규모 사면붕괴 우려

   3) 터널지반

      ① 터널굴착지반 이완범위 확대로 지보전 붕괴 우려

      ② 터널굴착 후 지보재 설치시기를 최대한 단축

IV. 결론

   1) 이암 또는 점토지반에 구조물 설계시 흡수율에 따른 팽창성을

      파악하여 지반특성을 고려한 대책을 수립해야 한다.

   2) 팽윤현상이 발생되는 지반은 팽윤압과 지반팽창 대책수립이 설

      계단계에서 마련되어야 한다.

   3) 비화현상이 발생되는 사면은 절취사면 보호대책 시공시기가 중요하다.

| 문제 8-1) | 화강토(Decomposed Granite Soil) |

답

Ⅰ. 정의

화강토란 반신성 화강암이 화학적 풍화작용으로 풍화되어 제자리에 퇴적된 모래, 실트를 말하며 풍화가 진행중인 상태이다.

Ⅱ. 형성과정

Ⅲ. 공학적 특성

특성	화강토	충적토(모래, 실트)
점착력(C)	존재	$C = 0$
전단강도	배수강도에 해당	배수강도에 해당
투수성	양호($K = 10^{-2} \sim 10^4 cm/s$)	양호
압축성	단기압축과 장기압축 (압밀 거동)이 동시 발생	단기압축
토립자 풍화	풍화 중	발생하지 않음

Ⅳ. 구조물 설계시 고려사항

1) 성토재료 이용시 과다짐

2) 얕은기초설계시 풍화 진행에 따른 장기거동

3) 깊은기초설계시 부마찰력

문제 8-2)	화학적 풍화지수(Chemical Weathering Index)

답

Ⅰ. 정의

1) 화학적 풍화지수(CWI) = $\dfrac{\text{알페티몰}}{\text{전체 화학조성물 몰}} \times 100(\%)$

2) 알페티몰 = $Al_2O_3 + Fe_2O_3 + TiO_2 + H_2O(\pm)$

전체 화학조성물 몰 = $Al_2O_3 + Fe_2O_3 + TiO_2 + H_2O(\pm)SiO_2$

$$+ MnO + CaO + K_2O + Na_2O + FeO + MgO$$

Ⅱ. 분류

CWI(%)	등급	풍화 평가
13~15	Ⅰ	신성암
15~20	Ⅱ, Ⅲ, Ⅳ	약간, 보통, 많이 풍화된 암
20~40	Ⅴ	완전히 풍화된 암
40~60	Ⅵ	잔류토(화강토)
60~90	Ⅶ	풍화된 경토

Ⅲ. 심도와의 관계

1) 우리나라는 심도 10m 이내에서 CWI가 20% 이상

2) 우리나라에서는 CWI가 20~40%에서 잔류토임

Ⅳ. 이용방안

1) 우리나라에 적합한 풍화평가기준 정립

2) 화학적 풍화지수별 안정처리방법 정립

문제 8-3) 해성점토(Marine Clay)

답

I. 정의

화학적 풍화작용으로 생성된 점토가 유수에 의해 고요한 바다까지 운반되어 응집 침강되어 퇴적된 균질점토를 해성점토라 한다.

II. 형성과정

화학적 풍화작용	→	점토광물 생성	유수로 운반	응집·침강발생
		↓	→	↓
		동형치환 결합	고요한 바다 도달	퇴적되어 형성

III. 공학적 특성 비교

구분	해성점토	정규압밀점토
전단강도	• $C_u = 1 \sim 3 tf/m^2$ • 함수비가 퇴적압밀점토보다 커서 C_u값이 적다.	• $C_u = 3 \sim 5 tf/m^2$ • 퇴적압밀되어 함수비가 해성점토보다 작다.
투수성	면모구조이나 간극비가 커서 투수성이 크다.	이산구조로 해성점토보다 간극비가 적어 투수성이 적다.
압축성	자연상태의 점토로 압축성이 크다.	• 퇴적압밀되어 압축 발생 • 해성점토보다는 압축성이 적다.

IV. 지반개량시 고려사항

1) 지반개량공법 적용시 장비주행성 및 전도

2) 해수영향에 따른 심층혼합개량체 열화현상

3) Montmorillonite 함유량이 많은 경우 개량 후 팽창

문제 8-4)	이암의 Slaking 발생기구(Mechanism)

답

I. 이암의 Slaking 정의

입자 간에 결합력이 적은 건조된 미고결 이암 또는 풍화가 촉
진되어 균열이 많은 건조된 이암이 물을 흡수하면 액체상태가
되어 입자 간에 결합력부족으로 갑자기 붕괴되는 현상을 이암
의 Slaking이라 한다.

II. 발생기구(Mechanism)

1) 사면굴착에 따른 이암 노출

굴착
이암 노출

2) 건조로 균열 발생

건조에 따른
균열

액체 → 소성 → 반고체
→ 고체 상태로 체적
감소로 균열 발생

3) 우수기시 수분 흡수로 체적팽창

체적
(V)

수분 흡수시 체적변화

고체 반고체 소성상태 액체상태

SL   PL   LL 함수비(w,%)

4) 결합력부족으로 붕괴

붕괴되어 쌓인
토사

붕괴사면

III. Slaking 발생시 문제점과 대책

문제점	대책	
사면침식 또는	① 사면구배 완화	② Shotcrete 타설
사면붕괴	③ 도수로 및 배수공 설치	④ 블록 + Rock Anchor

문제 8-5)	붕적토(Colluvial Soil)

답

I. 정의

붕적토란 절벽 또는 급경사 암반사면의 풍화물이 중력작용에 의해 사면 아래로 흘러내려 퇴적된 흙을 말하며, 애추라고도 한다.

II. 퇴적과정

1)붕락
암반사면
2)중력에 의한 1차 퇴적층
3)우수에 의한 2차 퇴적층
원지반

III. 공학적 특성

1) 토립자의 입경이 크고 느슨하게 결합되어 공학적 성질이 불량

2) 전단강도는 배수강도($S=(\sigma-u)\tan\varnothing'$)

3) 투수성이 매우 커서 물의 침투가 용이함

4) 원지반과 경계층이 수로가 되어 지반활동을 유발시킴

5) 하중재하시 압축성이 크고 물의 침투시 활동파괴가 발생됨

IV. 구조물 설계시 대처방법

1) 붕적토구간에는 구조물설계를 제외시킬 것

2) 구조물설계가 불가피한 경우 방안

　① 지반굴착 재다짐 후 구조물설치 및 배수시설 설치

　② 상부사면 안정처리 및 원지반에 구조물 설치

문제 8-6)	상대밀도(Relative Density)

답

I. 정의

1) 상대밀도(D_r) $= \dfrac{e_{max} - e}{e_{max} - e_{min}} \times 100(\%)$

$= \dfrac{r_{d\,max}}{r_d} \times \dfrac{r_d - r_{d\,min}}{r_{d\,max} - r_{d\,min}} \times 100(\%)$

2) e_{max}, e, e_{min} : 가장 느슨한, 자연, 가장 조밀한 상태의 간극비

$r_{d\,max}, r_d, r_{d\,min}$: 가장 조밀한, 자연, 가장 느슨한 상태의 건조밀도

II. 추정방법

1) 현장시험 : SPT N치로 추정, CPTU의 q_t로 추정

2) 건조밀도로 추정

① 실내시험으로 $r_{d\,max}$와 $r_{d\,min}$ 측정

② 현장들밀도시험으로 r_d 측정

< γ_{dmin} 시험 >

III. N치와 Ø값과의 관계

상대밀도(D_r)	N치	전단저항각(Ø)
0~20	0~4	0~30°
20~40	4~10	30~35°
40~60	10~30	35~40°
60~80	30~50	40~45°
80~100	50 이상	45° 이상

IV. 적용

1) 지반 물성치(N, Ø) 산정   2) 모래 다짐도판정

3) 얕은기초지반 파괴형태 추정   4) 액상화 판단

| 문제 8-7) | 소성지수(Plasticity Index) |

답

I. 정의

1) 소성지수(PI) = 액성한계(LL) − 소성한계(PL)

2) 소성지수가 클수록 공학적으로 불량하며 세립토 분류와 공학적 판단을 할 수 있는 물성치이다.

II. 산정방법

1) 액성한계(LL)시험으로 LL 산정

시험접시의 시료가 25회 낙하되어 1.5cm 붙을 때의 함수비 산정 ⇒ LL

2) 소성한계시험으로 PL 산정

직경 3mm에서 토막토막 끊어질 때 함수비 ⇒ PL

III. 공학적 의미

공학적 특성	소성지수 大	소성지수 小
전단강도	C 小, 건조강도 大	C 大, 건조강도 小
투수성	투수계수 小	투수계수 大
압축성	침하량과 수침시 팽창 大	침하량과 수침시 팽창 小
동적성	유동화발생 우려	유동화발생 가능성 小

IV. 실무활용

1) 지반물성치 추정

① 액성지수   ② 연경지수

③ 터프니스 지수　　　④ 활성도

2) 통일분류법 및 AASHTO분류법에서 세립토 분류

3) 점토지반 전단강도증가량 산정

문제 8-8)	활성도(Activity)

답

I. 정의

1) 활성도(A) = $\dfrac{\text{소성지수(PI, \%)}}{2\mu m \text{ 이하 입자함유율(\%)}}$

2) 활성도는 수분흡수시 흙의 팽창가능성을 나타내는 지표로서 값이 클수록 팽창가능성이 커진다.

II. 점토분류

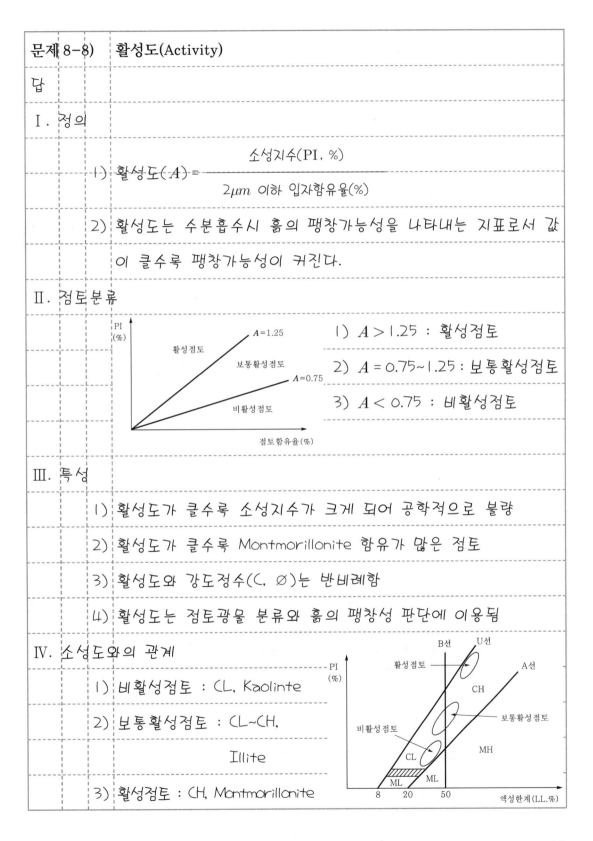

1) $A > 1.25$: 활성점토

2) $A = 0.75 \sim 1.25$: 보통활성점토

3) $A < 0.75$: 비활성점토

III. 특성

1) 활성도가 클수록 소성지수가 크게 되어 공학적으로 불량

2) 활성도가 클수록 Montmorillonite 함유가 많은 점토

3) 활성도와 강도정수(C, ∅)는 반비례함

4) 활성도는 점토광물 분류와 흙의 팽창성 판단에 이용됨

IV. 소성도와의 관계

1) 비활성점토 : CL, Kaolinte

2) 보통활성점토 : CL~CH, Illite

3) 활성점토 : CH, Montmorillonite

문제 8-9) 확산이중층(Diffuse Double Layer)

답

Ⅰ. 정의

확산이중층이란 점토입자의 음이온 전기력이 미치는 영향범위를 말하며 점토광물의 종류에 따라 달라진다.

Ⅱ. 확산이중층의 구조

Ⅲ. 확산이중층 두께에 따른 공학적 특성

공학적 특성	두꺼울수록	얇을수록
점토구조	이산구조	면모구조
점착력(C)	감소	증가
투수계수(K)	감소	증가
건조수축	大	小
이온 교환능력	大	小

Ⅳ. 존재이유

1) 화학적 풍화작용으로 점토가 생성되는 과정에서 음이온 발생

2) 점토광물 결합시 동형치환으로 음이온 존치

3) 물분자의 양이온으로 평형 유지가 필요

문제 8-10)	소성도표(Plasticity Chart)

답

I. 정의

소성도표란 종축에는 소성지수, 횡축에는 액성한계로 표시된 도표로 흙을 공학적으로 분류할 때 세립토를 분류하기 위해서 Casagrande가 제안한 도표이다.

II. 각 선의 의미

1) A선 ─┬ 점토와 실트의 구분선
        └ 점토의 하한계선

2) U선 ─┬ 점토의 상한계선
        └ 점토와 콜로이드의 구분선

3) B선 - 압축성 또는 소성의 정도

III. 점토광물과의 관계

1) K(Kaolinite) : A선 부근, B선 좌측

2) I(Illite) : U선과 A선 중간, B선 부근

3) M(Montmorillonite) : U선 부근, B선 우측

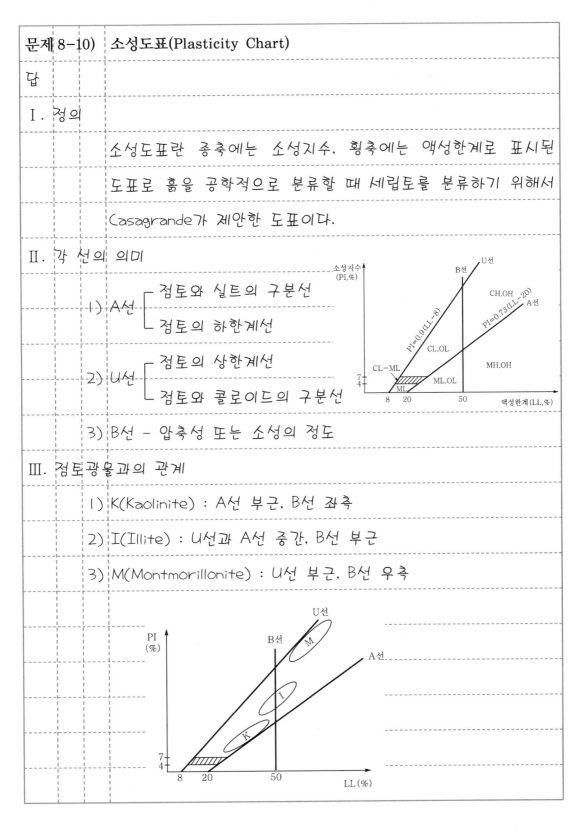

Ⅳ. 이용

1) 세립토의 공학적 분류

2) 세립토의 공학적 특성 파악

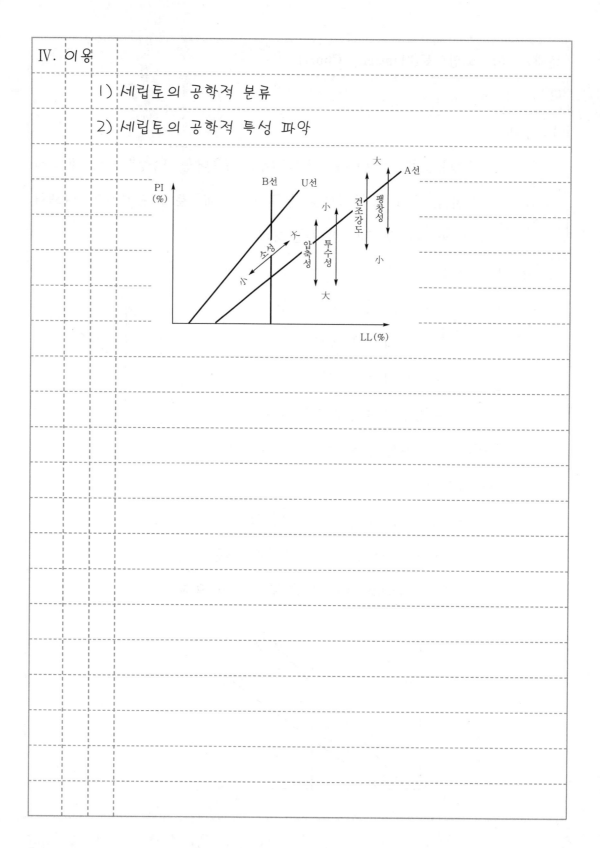

문제 8-11) 점토의 면모구조(Flocculated Structure)

답

Ⅰ. 정의

점토의 면모구조란 점토입자의 확산이중층두께가 얇아 점토입자의 음전기력인 면과 양전기력인 모서리가 서로 결합된 점토구조를 말한다.

Ⅱ. 면모구조 형태

Ⅲ. 특성

1) 점토 입자간의 전기적 인력이 우세한 구조임

2) OMC 건조측함수비로 다진 점토에 해당

3) 양이온이 많은 바다에 퇴적된 해성점토의 구조에 해당

Ⅳ. 이산구조와 비교

구분	면모구조	이산구조
점착력(C) 크기	大	小
투수계수(K)	大	小
압축성	적음	큼
수침시 팽창성	큼	적음

1

永生의 길잡이 - 하나

가장 큰 선물

하나님의 생각과 사람의 생각은 전혀 다릅니다.

이 세상에는 은혜가 없고 거저 받는 것이 없습니다. 다 조건부입니다. 그러나 하나님은 모든 것을 은혜로 주시고 값없이 주십니다. 하나님이 창조하신 만물 가운데서 가장 중하고 귀한 것이라도 값없이 주실 뿐 아니라 풍성히 주십니다. 사람은 다만 감사함으로 받으면 자기 것이 됩니다. 그러나 이 선물을 거절하면 받지 못할 뿐 아니라 죽음이 옵니다. 예를 들어, 하나님이 주신 만물 가운데 사람에게 가장 중하고 귀한 것은 생명입니다. 이 생명을 유지하는 데 가장 필요한 것이 몇 가지 있습니다.

첫째, 공기입니다.

사람이 살려면 숨을 쉬어야 합니다. 이 공기는 얼마든지 마시기만 하면 내 것이 되는 것입니다. 마시면 살지만, 이 공기를 거절하고 마시지 않으면 죽습니다.

둘째, 햇빛입니다.

누구든지 햇빛 아래 오기만 하면 값없이 받을 수 있지만 거절할 때에는 어두움에 떨어지고 맙니다.

셋째, 물입니다.

하나님이 소나기를 내릴 때 누구든지 그릇만 갖다 대면 그릇대로 값없이 풍성히 받을 수 있습니다. 그러나 그릇 위에 뚜껑을 덮는 사람은 한 방울도 받지 못합니다. 값없이 주시는 이 물을 마시지 않으면 자연히 죽게 됩니다.

이 세 가지 선물, 즉, 공기와 햇빛과 물은 우리에게 얼마나 필요하고도 귀중한 것입니까? 그러나 누가 이 것을 대가를 지불해서 얻겠습니까? 만일 이것을 사람의 노력과 대가와 힘으로 얻으려 한다면 그것은 하나님을 모독하는 것입니다. 사람은 다만 감사함으로 값없이 받아야 합니다. 당신은 하나님이 주신 가장 크고 귀중한 선물을 아십니까?

그 선물은 바로 예수 그리스도입니다.

요한복음 3장 16절에 "하나님이 세상을 이처럼 사랑하사 독생자를 주셨으니 이는 저를 믿는 자마다 멸 망치 않고 영생을 얻게 하려 하심이니라."고 말씀하셨습니다. 하나님은 자기 아들을 우리에게 선물로 주 셨습니다. 예수님은 우리의 죄를 위해 십자가에 못박혀 돌아가셨고, 죽은 자 가운데서 사흘 만에 살아 나 시고, 승천하시고, 성령으로 우리 안에 들어오셔서 우리의 생명이 되시고, 우리의 생수가 되시고, 우리의 빛이 되십니다.

당신이 죄와 어둠에 있음을 깨닫고 회개하여 예수님을 영접한다면 예수님은 당신을 죄와 어둠에서 벗어 나게 하실 뿐만 아니라 이 모든 것을 값없이 당신에게 선물로 주십니다. (에베소서 2장 8절)

그러나 예수님은 생명이시므로 그분을 거절하면 죽음이 있을 뿐입니다. 또 예수님은 생수이시므로 그분 을 거절하면 목마를 수밖에 없습니다. 예수님은 빛이시므로 그분을 거절하면 암흑 속에 떨어지고 맙니다.

그 선물을 당신이 거절한다면

하나님의 가장 큰 선물인 예수님을 거절한다면 이 세상에서 목마르고 허무하며 어두움과 죄악 속에서 살 뿐 아니라 결국에는 영원한 멸망인 불못으로 들어가고 말 것입니다. 이것이 바로 죄있는 영혼의 종말입 니다. (요한계시록 20장 11절~21장 8절)

제2장 ▶ 다 짐

· ·

☞ 永生의 길잡이 – 둘 : 어쩌면 당신은 …

문제 1)	흙 다짐 영향요소 중 함수비별 영향, 흙종류별 영향과 다짐에너지별
	영향에 대하여 기술하시오.

답

I. 흙 다짐의 개요

　1) 정의

　　다짐이란 흙에 인위적인 에너지를 가하여 간극 속의 공기를 배

　　출시키므로 흙 체적이 감소되어 공학적 성질이 개선되는 것을

　　말한다.

　2) 다짐곡선

　　　① 실내다짐시험 실시

　　　② 건조단위중량과 함수비 관계를 Plot하여 작성

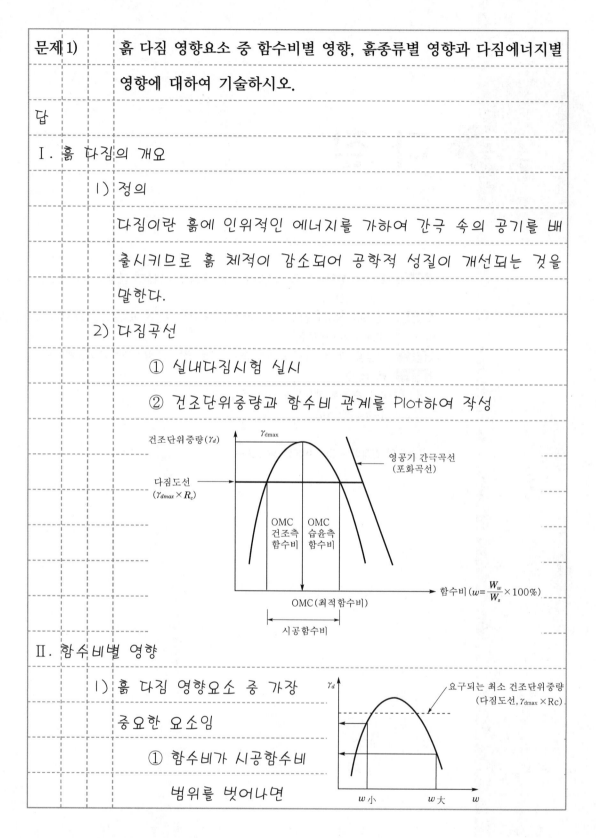

II. 함수비별 영향

　1) 흙 다짐 영향요소 중 가장

　　중요한 요소임

　　　① 함수비가 시공함수비

　　범위를 벗어나면

② 다짐에너지 및 다짐횟수에 상관없이 다짐불량 상태임

2) 함수비변화에 따른 흙의 상태

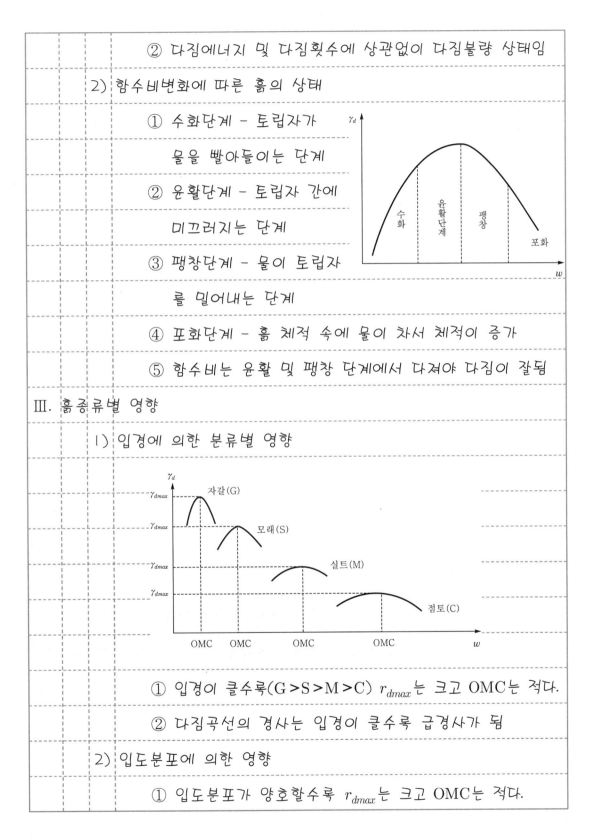

① 수화단계 - 토립자가
물을 빨아들이는 단계

② 윤활단계 - 토립자 간에
미끄러지는 단계

③ 팽창단계 - 물이 토립자
를 밀어내는 단계

④ 포화단계 - 흙 체적 속에 물이 차서 체적이 증가

⑤ 함수비는 윤활 및 팽창 단계에서 다져야 다짐이 잘됨

Ⅲ. 흙종류별 영향

1) 입경에 의한 분류별 영향

① 입경이 클수록(G>S>M>C) r_{dmax}는 크고 OMC는 적다.

② 다짐곡선의 경사는 입경이 클수록 급경사가 됨

2) 입도분포에 의한 영향

① 입도분포가 양호할수록 r_{dmax}는 크고 OMC는 적다.

② 입도분포가 양호할수록

　다짐곡선의 경사가 급하다.

IV. 다짐에너지별 영향

1) 다짐에너지(E_c)

　① 실내다짐시험시 $E_c = \dfrac{W_R\, h\, N\, n}{V}$

　② 현장다짐시에는 장비무게 및 진동여부와 다짐횟수가

　　에너지에 영향을 미친다.

2) 다짐에너지가 클수록 r_{dmax}는

　크고 OMC는 적다.

3) 다짐에너지가 클수록 다짐곡선

　의 경사는 급해진다.

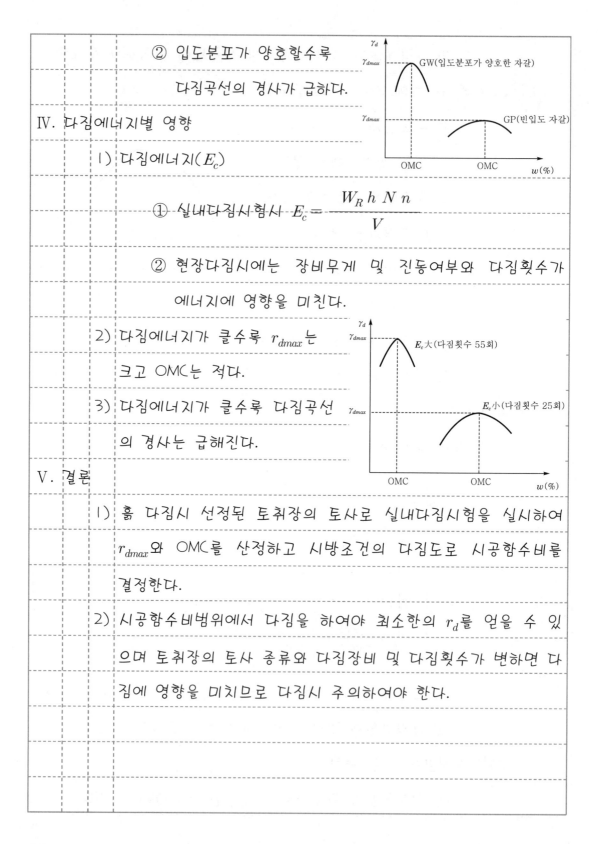

V. 결론

1) 흙 다짐시 선정된 토취장의 토사로 실내다짐시험을 실시하여

　r_{dmax}와 OMC를 산정하고 시방조건의 다짐도로 시공함수비를

　결정한다.

2) 시공함수비범위에서 다짐을 하여야 최소한의 r_d를 얻을 수 있

　으며 토취장의 토사 종류와 다짐장비 및 다짐횟수가 변하면 다

　짐에 영향을 미치므로 다짐시 주의하여야 한다.

문제 2)	세립토다짐시 다짐에너지와 함수비가 공학적 특성에 미치는 영향과
	현장 활용방법에 대하여 기술하시오.
답	

I. 세립토다짐의 개요

1) 정의

세립토다짐이란 토립자 입경이 적은 흙인 실트 또는 점토를 일정한 두께로 포설한 후 다짐장비의 에너지로 다져서 흙의 간극을 감소시켜 공학적 특성을 개선하는 시공법이다.

2) 세립토다짐이 현장에 적용되는 경우는 흙댐 심벽부분이며 심벽의 목적은 차수이므로 일반적으로 점토질을 사용함

3) 현장시공함수비 결정방법

① 실내다짐시험으로 다짐곡선 작성

② 시방규정에 맞는 상대다짐도(R_c)를 r_{dmax}에 곱하여 구한 r_d값에 해당하는 상대다짐도선 작도

③ 다짐곡선과 만나는 점의 함수비로 현장시공함수비를 결정함

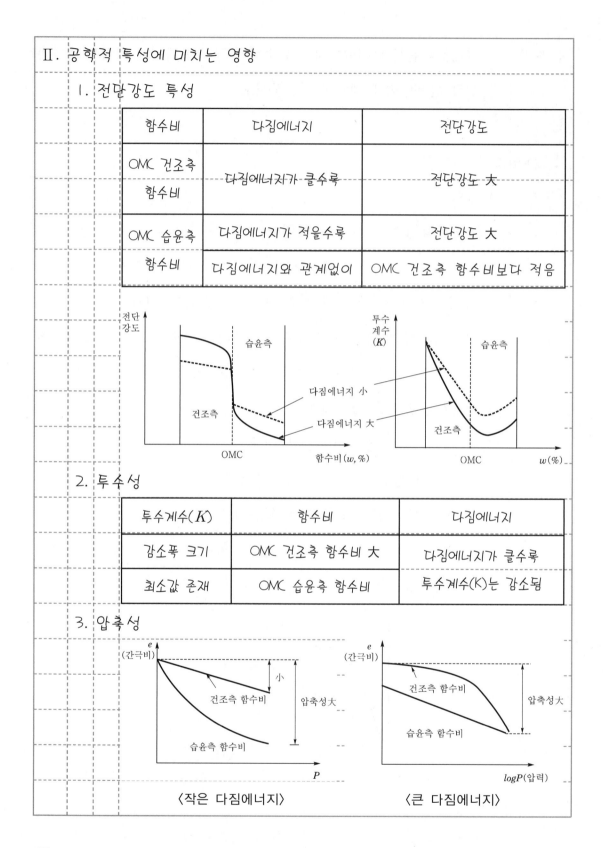

Ⅱ. 공학적 특성에 미치는 영향

1. 전단강도 특성

함수비	다짐에너지	전단강도
OMC 건조측 함수비	다짐에너지가 클수록	전단강도 大
OMC 습윤측 함수비	다짐에너지가 적을수록	전단강도 大
	다짐에너지와 관계없이	OMC 건조측 함수비보다 적음

2. 투수성

투수계수(K)	함수비	다짐에너지
감소폭 크기	OMC 건조측 함수비 大	다짐에너지가 클수록
최소값 존재	OMC 습윤측 함수비	투수계수(K)는 감소됨

3. 압축성

〈작은 다짐에너지〉 〈큰 다짐에너지〉

4. 수침시 팽창성

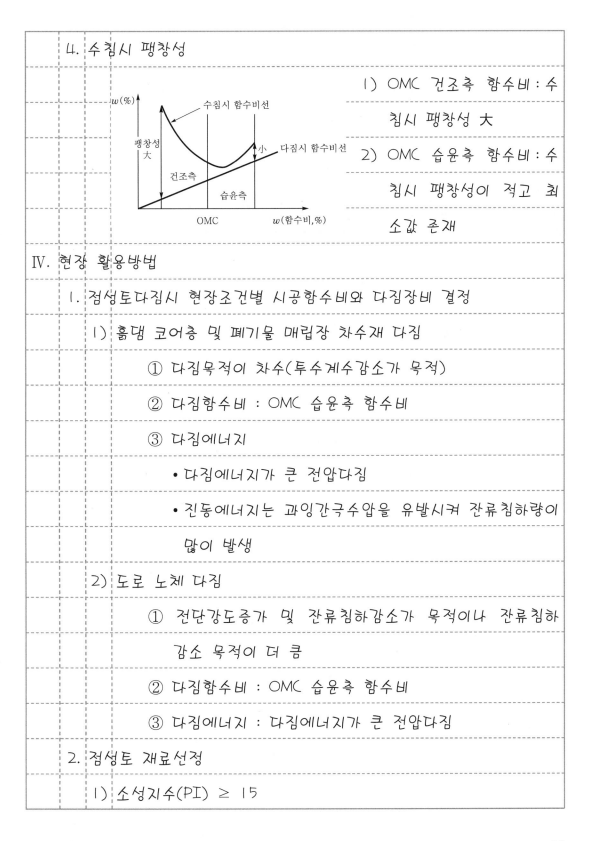

1) OMC 건조측 함수비 : 수침시 팽창성 大

2) OMC 습윤측 함수비 : 수침시 팽창성이 적고 최소값 존재

IV. 현장 활용방법

1. 점성토다짐시 현장조건별 시공함수비와 다짐장비 결정

   1) 흙댐 코어층 및 폐기물 매립장 차수재 다짐

     ① 다짐목적이 차수(투수계수감소가 목적)

     ② 다짐함수비 : OMC 습윤측 함수비

     ③ 다짐에너지

       • 다짐에너지가 큰 전압다짐

       • 진동에너지는 과잉간극수압을 유발시켜 잔류침하량이 많이 발생

   2) 도로 노체 다짐

     ① 전단강도증가 및 잔류침하감소가 목적이나 잔류침하 감소 목적이 더 큼

     ② 다짐함수비 : OMC 습윤측 함수비

     ③ 다짐에너지 : 다짐에너지가 큰 전압다짐

2. 점성토 재료선정

   1) 소성지수(PI) ≥ 15

2) 다짐후 투수계수(K)

    ① 흙댐 코어층 : $K \leq 10^{-5}$cm/s

    ② 폐기물매립장 차수재 : $K \leq 10^{-7}$cm/s

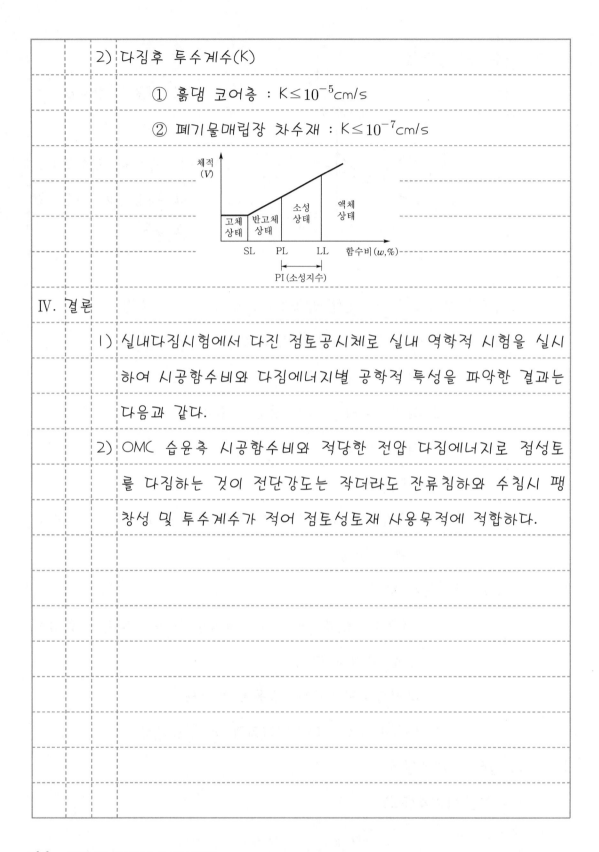

IV. 결론

1) 실내다짐시험에서 다진 점토공시체로 실내 역학적 시험을 실시

    하여 시공함수비와 다짐에너지별 공학적 특성을 파악한 결과는

    다음과 같다.

2) OMC 습윤측 시공함수비와 적당한 전압 다짐에너지로 점성토

    를 다짐하는 것이 전단강도는 작더라도 잔류침하와 수침시 팽

    창성 및 투수계수가 적어 점토성토재 사용목적에 적합하다.

문제 3)	필댐공사에서 시공함수비를 습윤측으로 하는 이유에 대하여 기술하
	시오.

답

Ⅰ. 시공함수비의 개요

1) 정의

시공함수비란 현장에서 성토 다짐시 적용되는 함수비를
말하며 실내다짐시험의 다짐곡선에서 구한다.

2) 결정방법

① 실내다짐시험 실시

② 다짐곡선 작성

③ 시방규정의 다짐도선 작성

④ 다짐곡선과 다짐도선이 만

나는 점의 함수비 산정

Ⅱ. 습윤측으로 하는 이유

1. 필댐은 항상 수침상태

1) 심벽의 수침시 팽창성이 최소

① 담수 후 수침상태에서 심벽의 팽창성이 OMC 습윤측에

서 최소가 됨

② 수침시 팽창성이 크면

심벽부에 균열발생으로

누수가 발생됨

2) 투수층과 필터층의 건조밀도(r_d)가 최대가 됨

① 투수층과 필터층은 사면 단면유지가 목적

② 사면의 단면유지는 투수층의 전단강도가 클수록 유리

③ 건조밀도가 클수록 전단강도는 증가됨

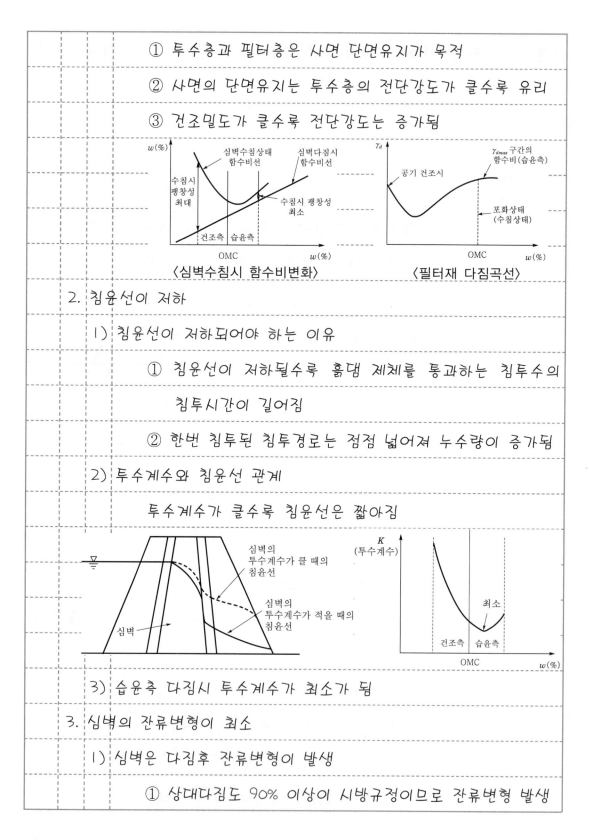

〈심벽수침시 함수비변화〉　〈필터재 다짐곡선〉

2. 침윤선이 저하

1) 침윤선이 저하되어야 하는 이유

① 침윤선이 저하될수록 흙댐 제체를 통과하는 침투수의 침투시간이 길어짐

② 한번 침투된 침투경로는 점점 넓어져 누수량이 증가됨

2) 투수계수와 침윤선 관계

투수계수가 클수록 침윤선은 짧아짐

3) 습윤측 다짐시 투수계수가 최소가 됨

3. 심벽의 잔류변형이 최소

1) 심벽은 다짐후 잔류변형이 발생

① 상대다짐도 90% 이상이 시방규정이므로 잔류변형 발생

② 함수비에 따른 압축성은

　　 OMC 습윤측에서 크다.

2) OMC 습윤측 다짐시 잔류변형이

　 OMC 건조측보다 적다.

4. 누수방지

1) 심벽에 균열이 발생하면 누수 발생

　　 균열은 심벽의 잔류변형이 발생하거나 심벽이 수침시 팽

　 창이 많이 발생하면 균열이 생김

2) OMC 습윤측 다짐시 균열발생이 최소

　　 ① 습윤측 다짐시 심벽의 잔류변형이 최소

　　 ② 습윤측 다짐시 심벽의 수침시 팽창이 최소

3) 균열발생 최소로 심벽의 누수방지

5. 필댐의 Piping 방지

1) 누수가 발생하면 심벽의 세립토가 유실됨

2) 세립토유실로 동수구배가 증가되어 한계동수구배보다 커져

　 Piping으로 발전됨

3) OMC 습윤측 다짐시 누수가 방지되므로 Piping 방지

IV. 결론

1) 필댐공사에서 시공함수비를 OMC 습윤측으로 다져야 수침시

　 팽창성과 잔류변형이 최소가 되므로 심벽의 균열이 방지된다.

2) 심벽의 설치목적은 차수이므로 필댐의 제체 침윤선의 저하 및

　 누수가 방지되도록 OMC 습윤측으로 시공해야 한다.

문제 4-1)	습윤측 함수비에 의한 다짐효과

답

I. 습윤측 함수비의 정의

OMC 습윤측 함수비란 실내다짐시험에서 구한 다짐곡선과 시방규정의 다짐도선이 만나는 점의 시공함수비 중 최적함수비(OMC)보다 큰 함수비를 말한다.

II. 다짐효과

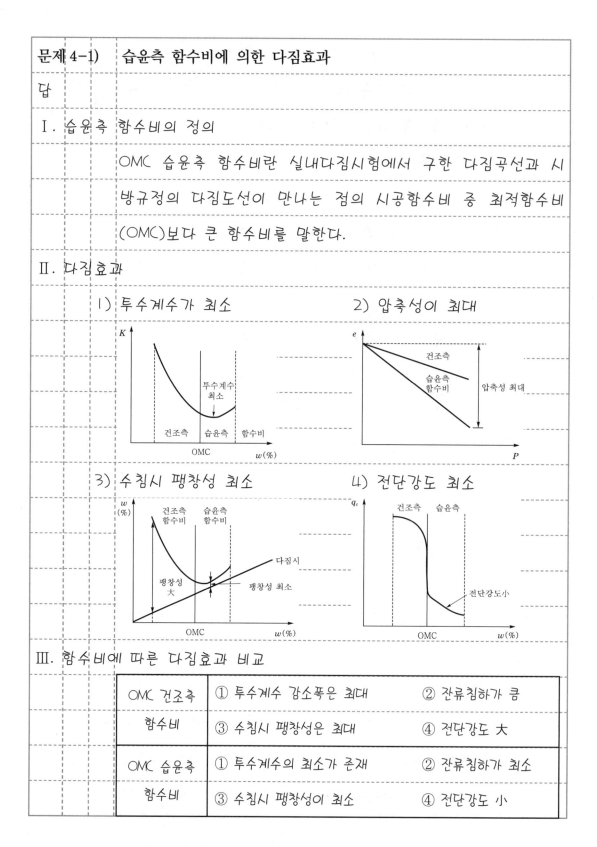

1) 투수계수가 최소

2) 압축성이 최대

3) 수침시 팽창성 최소

4) 전단강도 최소

III. 함수비에 따른 다짐효과 비교

OMC 건조측 함수비	① 투수계수 감소폭은 최대	② 잔류침하가 큼
	③ 수침시 팽창성은 최대	④ 전단강도 大
OMC 습윤측 함수비	① 투수계수의 최소가 존재	② 잔류침하가 최소
	③ 수침시 팽창성이 최소	④ 전단강도 小

문제 4-2) 수정 CBR

답

Ⅰ. 정의

수정 CBR이란 실내에서 최적함수비로 55회, 25회, 10회씩 5층으로 다진 공시체의 CBR값을 연결한 선과 다짐도선과 만나는 점의 CBR값을 말한다.

Ⅱ. 산정방법

1) 공시체 제작 – 55회,

   25회, 10회씩

   D다짐으로 제작

2) 다짐곡선 작성 – 55회 공시체의 다짐곡선

3) 실내 CBR시험 실시

4) 상대다짐도선과 CBR 연결선이 만나는 점의 CBR값

Ⅲ. 적용이유

1) 도로 성토지반의 현장다짐정도를 고려한 노상토재료 선정

2) 현장다짐정도(상대다짐도 95% 이상)를 고려한 노상지지력비

3) 성토지반 아스팔트포장의 안정성 확보

Ⅳ. 이용

1) 성토지반의 설계 CBR 산정

$$설계\ CBR = 평균\ 수정\ CBR - \frac{최대\ 수정CBR - 최소\ 수정CBR}{시험개수에\ 따른\ 계수(d)}$$

2) 노상토재료 선정 – 수정 CBR ≥ 10

3) 기층재료 선정

어쩌면 당신은…

어쩌면 당신은 "하나님은 없다."라는 착각 속에 계실는지 모릅니다.

그러나 성경은 "어리석은 자는 그 마음에 하나님이 없다 하도다."(시편 14 : 1)라고 하십니다.

어쩌면 당신은 "나는 죄인이 아니다."라는 착각 속에 계실는지 모릅니다.

그러나 성경은 "만일 우리가 죄없다 하면 스스로 속이는 것이고… 만일 우리가 범죄하지 아니하였다 하면 하나님을 거짓말하는 자로 만드는 것이다."라고 말씀하십니다.(요한일서 1 : 8. 10)

어쩌면 당신은 "양심껏 착하게 살면 구원받을 것이다."라는 착각 속에 계실는지 모릅니다.

그러나 성경은 "예수께서 가라사대 내가 곧 길이요. 진리요 생명이니 나로 말미암지 않고는 아버지께로 올 자가 없느니라." 라고 하였습니다.(요한복음 14 : 6)

어쩌면 당신은 당신이 소유한 생명이 "내 것이다."라고 생각하실는지 모릅니다.

그러나 성경은 "하나님은 이르시되 어리석은 자여 오늘밤에 네 영혼을 도로 찾으리니"라고 하였습니다.(누가복음 12 : 20)

착각은 있을 수 있습니다. 그렇지만 하나님과 예수님 그리고 구원과 생명에 관한 착각은 치명적인 불행을 초래하게 됩니다.

"다 내게로 오라!" 이는 곧 당신을 지으신 자의 부르심입니다. 착각을 버리고 그분께로 나가십시오. 만일, 당신이 당신의 죄를 회개하고 그분께 나아간다면 이전에 경험해 보지 못했던 새로운 삶이 시작될 것입니다.

우리 인간의 유일한 구원자이신 [예수 그리스도!]

그 분을 당신의 마음 속에 구세주와 주인으로 모셔 들이십시오. 그러면 당신은 구원을 받으며 참 행복을 누리게 될 것입니다.

> "**영접**하는 자 곧 그 이름을 **믿는** 자들에게는 **하나님의 자녀**가 되는 권세를 주셨으니" (요한복음 1 : 12)
> "사람이 마음으로 믿어 의에 이르고 입으로 시인하여 구원에 이르느니라." (로마서 10 : 10)

제3장 ▶ 투 수

························

| 문제 1) | 흙의 투수계수 산정방법에 대하여 기술하시오. |

답

I. 흙의 투수계수의 개요

1) 정의

흙의 투수계수란 중력상태에서 단위면적당 흙의 단면으로 흐르는 물의 속도를 나타내는 계수를 말한다.

2) 공식

① 투수계수$(k) = c\,d^2\,\dfrac{e^3}{1+e}\,\dfrac{r_w}{\mu}$

② c : 토립자 형상계수, d : 흙의 입경, e : 간극비

r_w : 물의 단위중량, μ : 물의 점성계수

II. 산정방법

1. 경험식으로 산정

1) 유효입경(d_{10}) 이용

① $k = c\,d_{10}^{\ 2}$

② 상수$(c) = 100 \sim 150$

③ 빈입도의 모래지반에 적합

통과율
(%)

입경가적곡선

10

d_{10}

$\log D$(입경)

d_{10} : 유효입경(cm)

2) 압밀계수(C_v) 이용 - 점토지반에 적합

① $K_v = C_v m_v r_w$ (K_v : 연직방향 투수계수)

② m_v(체적압축계수)$= \dfrac{a_v}{1+e}$

2. 실내 투수시험으로 산정

1) 정수위투수시험

① 수두차(h)를 일정하게 유지하고

시간(t)과 유량(Q) 산정

② Darcy 법칙을 이용하여 투수계수

(K) 산정

③ $K = \dfrac{QL}{Aht}$ L : 시료길이,

A : 시료통수면적

④ 조립토 또는 사질토에 적합함

2) 변수위투수시험

① 시간 t_1과 t_2에 해당하는 수두차

h_1, h_2 측정

② $K = \dfrac{2.3aL}{A(t_2 - t_1)} \log_{10} \dfrac{h_1}{h_2}$

③ 세립토 또는 점토에 적합

3. 현장 투수시험으로 산정

1) 관측정시험

① 관측정과 시험정을 시추한 후 거리 측정(r_1, r_2)

② 시험정의 수위가 일정하게 될 때의 수위(h_1, h_2)와 양

수량(q) 측정

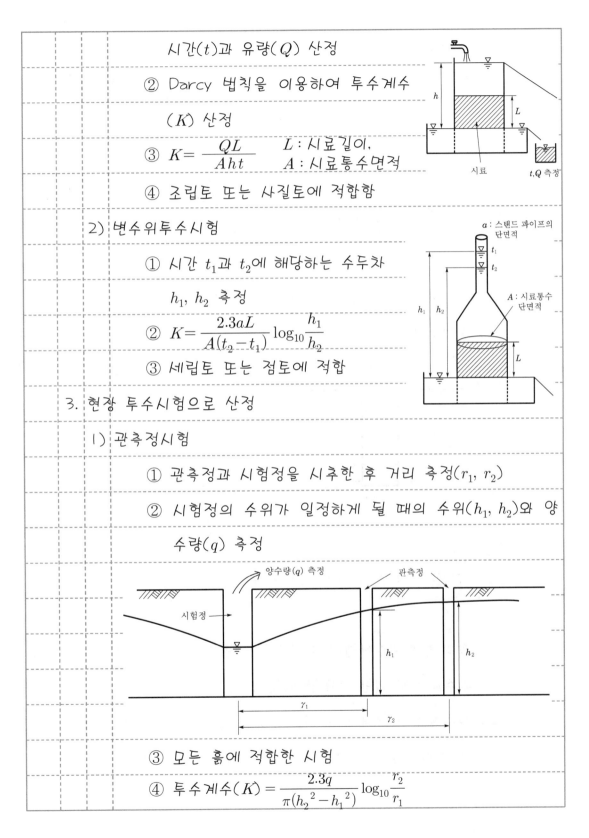

③ 모든 흙에 적합한 시험

④ 투수계수(K) = $\dfrac{2.3q}{\pi(h_2{}^2 - h_1{}^2)} \log_{10} \dfrac{r_2}{r_1}$

2) 압력주수법(수압파쇄법)

    ① 지반시추 후 패커 설치

    ② 정수주입 후 주입량(Q)과

       주입압(P) 측정

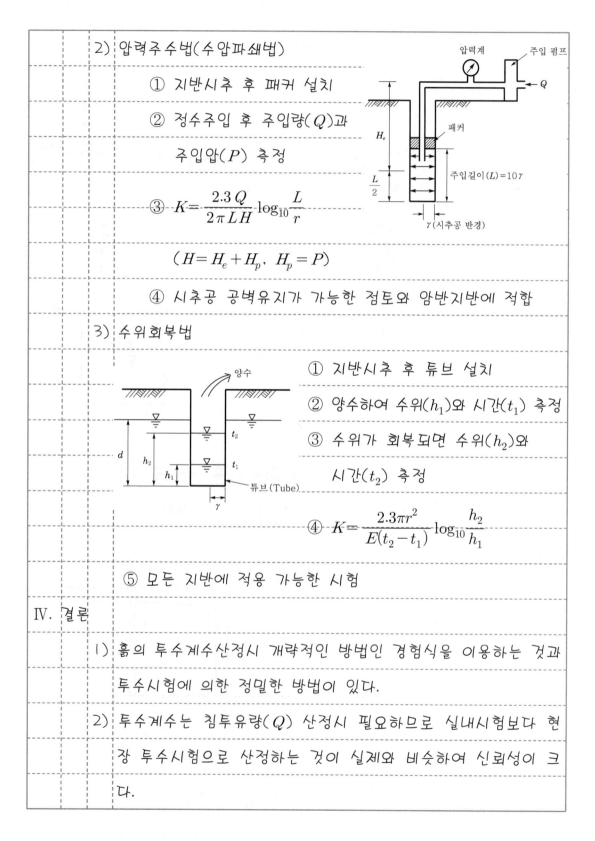

    ③ $K = \dfrac{2.3\,Q}{2\pi LH}\log_{10}\dfrac{L}{r}$

    $(H = H_e + H_p,\ H_p = P)$

    ④ 시추공 공벽유지가 가능한 점토와 암반지반에 적합

3) 수위회복법

    ① 지반시추 후 튜브 설치

    ② 양수하여 수위(h_1)와 시간(t_1) 측정

    ③ 수위가 회복되면 수위(h_2)와

       시간(t_2) 측정

    ④ $K = \dfrac{2.3\pi r^2}{E(t_2 - t_1)}\log_{10}\dfrac{h_2}{h_1}$

    ⑤ 모든 지반에 적용 가능한 시험

Ⅳ. 결론

1) 흙의 투수계수산정시 개략적인 방법인 경험식을 이용하는 것과 투수시험에 의한 정밀한 방법이 있다.

2) 투수계수는 침투유량(Q) 산정시 필요하므로 실내시험보다 현장 투수시험으로 산정하는 것이 실제와 비슷하여 신뢰성이 크다.

문제 2)		깊이가 증가하여도 유효응력이 감소하는 경우와 검토사항에 대하여
		기술하시오.
답		

I. 유효응력의 개요

  1) 정의

    ① 유효응력($\sigma_v{}'$) = 전응력(σ_v)−간극수압(U)

    ② 유효응력은 지반 내 임의의 한 점에서 단위면적당 토립자가 부담하는 무게를 말한다.

  2) 깊이와 유효응력 관계

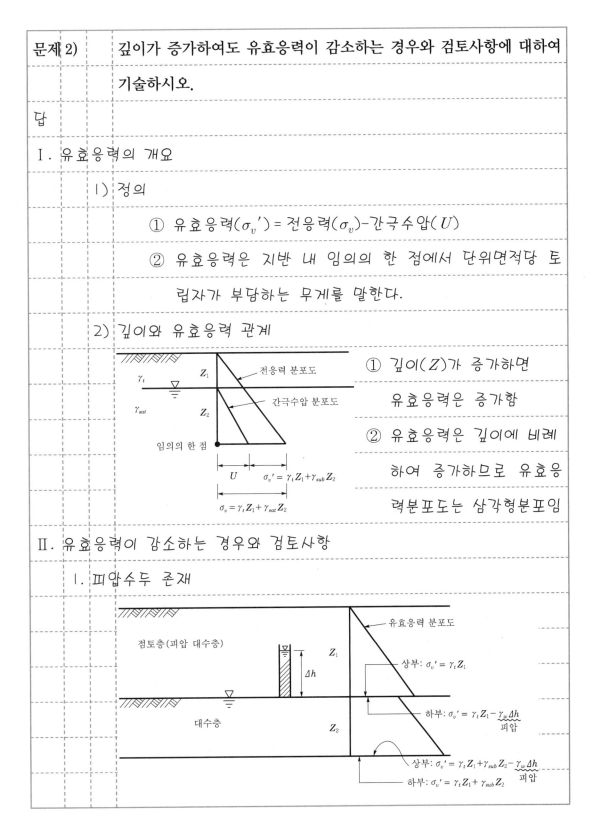

    ① 깊이(Z)가 증가하면 유효응력은 증가함

    ② 유효응력은 깊이에 비례하여 증가하므로 유효응력분포도는 삼각형분포임

II. 유효응력이 감소하는 경우와 검토사항

  1. 피압수두 존재

1) 대수층의 유효응력(σ_v')은 피압만큼 감소됨

2) 피압은 대수층에 동일하게 작용함

3) 검토사항

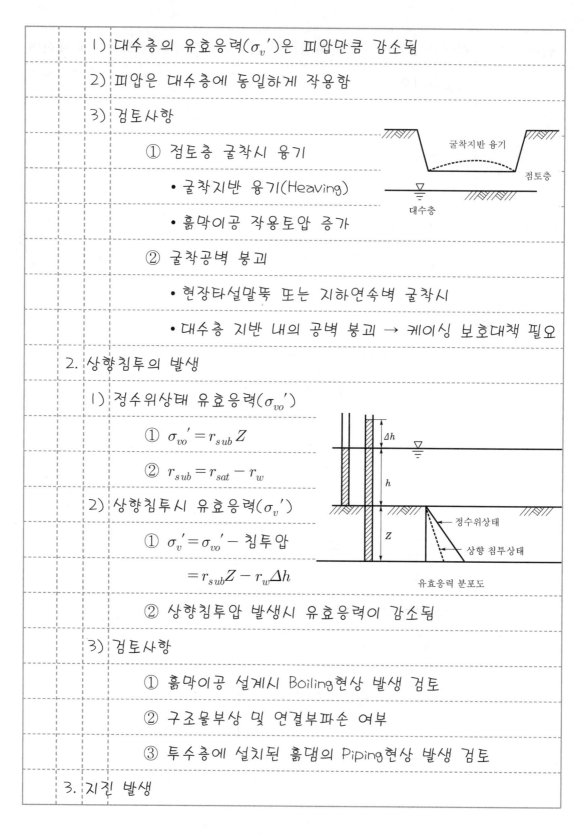

  ① 점토층 굴착시 융기

    • 굴착지반 융기(Heaving)

    • 흙막이공 작용토압 증가

  ② 굴착공벽 붕괴

    • 현장타설말뚝 또는 지하연속벽 굴착시

    • 대수층 지반 내의 공벽 붕괴 → 케이싱 보호대책 필요

2. 상향침투의 발생

1) 정수위상태 유효응력(σ_{vo}')

  ① $\sigma_{vo}' = r_{sub} Z$

  ② $r_{sub} = r_{sat} - r_w$

2) 상향침투시 유효응력(σ_v')

  ① $\sigma_v' = \sigma_{vo}' - 침투압$

    $= r_{sub} Z - r_w \Delta h$

  ② 상향침투압 발생시 유효응력이 감소됨

3) 검토사항

  ① 흙막이공 설계시 Boiling현상 발생 검토

  ② 구조물부상 및 연결부파손 여부

  ③ 투수층에 설치된 흙댐의 Piping현상 발생 검토

3. 지진 발생

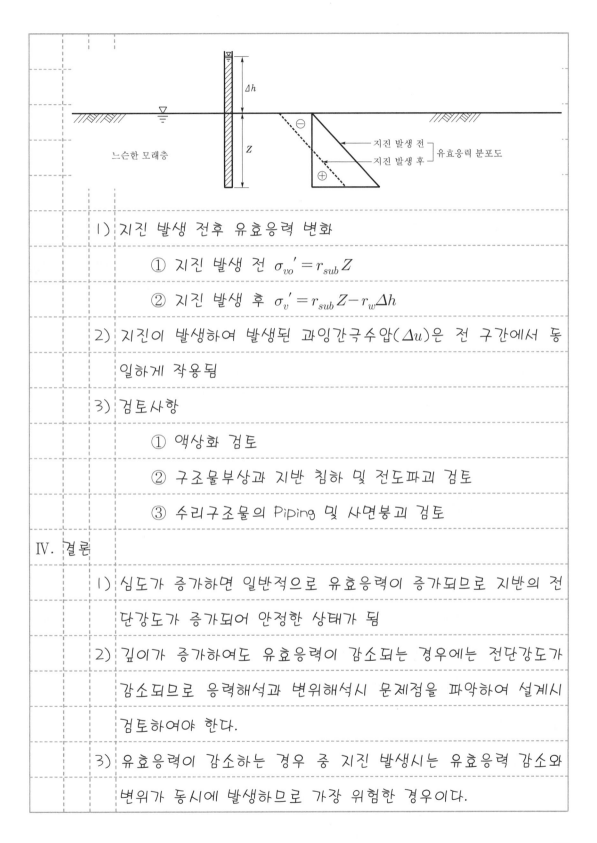

느슨한 모래층

Δh

Z

지진 발생 전 ⟩ 유효응력 분포도
지진 발생 후

1) 지진 발생 전후 유효응력 변화

    ① 지진 발생 전 $\sigma_{vo}' = r_{sub}Z$

    ② 지진 발생 후 $\sigma_v' = r_{sub}Z - r_w\Delta h$

2) 지진이 발생하여 발생된 과잉간극수압(Δu)은 전 구간에서 동일하게 작용됨

3) 검토사항

    ① 액상화 검토

    ② 구조물부상과 지반 침하 및 전도파괴 검토

    ③ 수리구조물의 Piping 및 사면붕괴 검토

IV. 결론

1) 심도가 증가하면 일반적으로 유효응력이 증가되므로 지반의 전단강도가 증가되어 안정한 상태가 됨

2) 깊이가 증가하여도 유효응력이 감소되는 경우에는 전단강도가 감소되므로 응력해석과 변위해석시 문제점을 파악하여 설계시 검토하여야 한다.

3) 유효응력이 감소하는 경우 중 지진 발생시는 유효응력 감소와 변위가 동시에 발생하므로 가장 위험한 경우이다.

| 문제 3) | 지반 내 지하수 흐름시 침투압원리와 분사현상, 히빙현상 및 파이핑 현상에 대하여 기술하시오. |

답

I. 침투압원리(Mechanism)

1) 침투압의 정의

① 침투압$(S) = r_w i Z$ (i : 동수구배, Z : 침투거리)

② 침투압이란 침투수가 지중 임의의 한 점에 있는 흙 입자에 가하는 마찰력을 말한다.

2) 발생과정

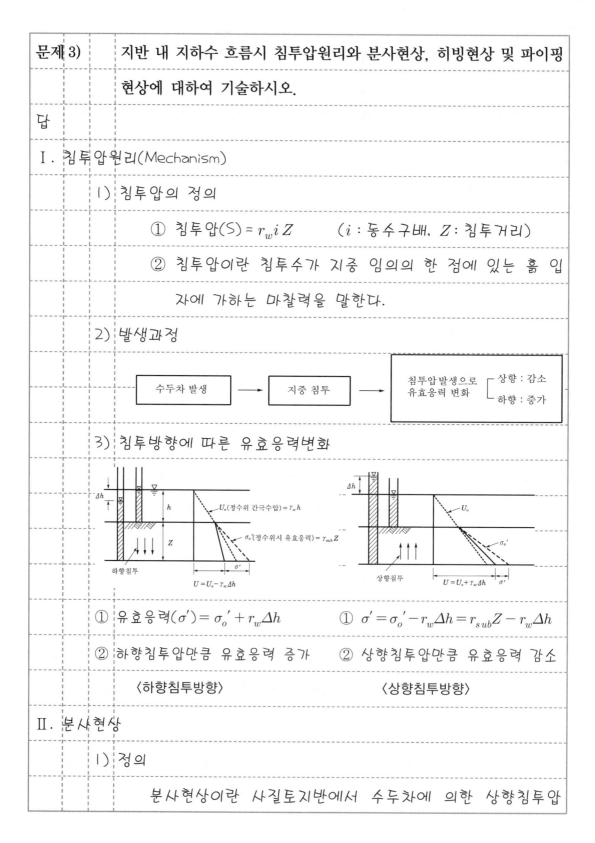

수두차 발생 → 지중 침투 → 침투압발생으로 유효응력 변화 ┌ 상향 : 감소 └ 하향 : 증가

3) 침투방향에 따른 유효응력변화

U_o(정수위 간극수압)$= \gamma_w h$

σ_o'(정수위시 유효응력)$= \gamma_{sub} Z$

하향침투 $U = U_o - \gamma_w \Delta h$

상향침투 $U = U_o + \gamma_w \Delta h$

① 유효응력$(\sigma') = \sigma_o' + r_w \Delta h$ ① $\sigma' = \sigma_o' - r_w \Delta h = r_{sub} Z - r_w \Delta h$

② 하향침투압만큼 유효응력 증가   ② 상향침투압만큼 유효응력 감소

〈하향침투방향〉   〈상향침투방향〉

II. 분사현상

1) 정의

분사현상이란 사질토지반에서 수두차에 의한 상향침투압

이 증가하여 유효응력이 0이 되면 전단강도도 0이 되어 토립자가 분출되려고 하는 현상을 말한다.

2) 발생메커니즘(Mechamism)

① 수두차에 의한 상향침투압 발생

② 유효응력(σ')

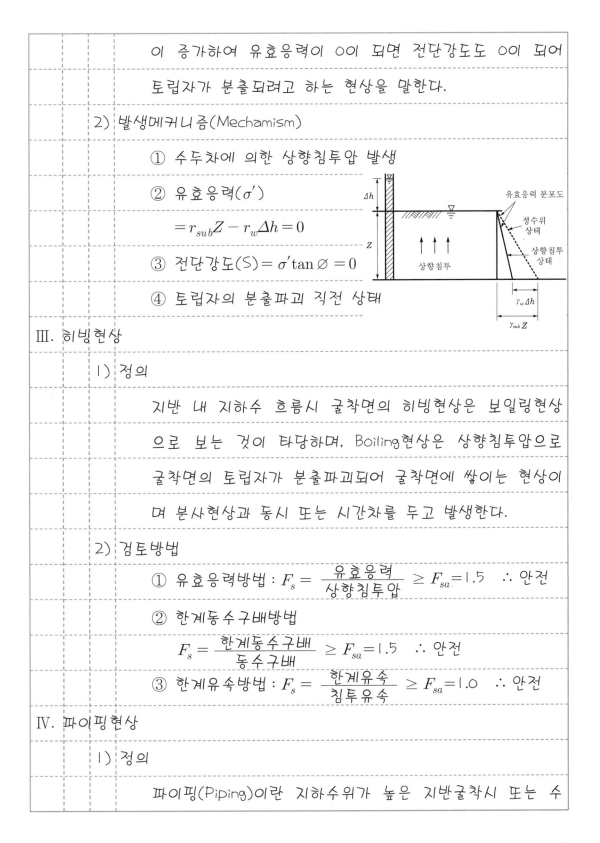

$$= r_{sub}Z - r_w \Delta h = 0$$

③ 전단강도(S) $= \sigma' \tan \varnothing = 0$

④ 토립자의 분출파괴 직전 상태

Ⅲ. 히빙현상

1) 정의

지반 내 지하수 흐름시 굴착면의 히빙현상은 보일링현상으로 보는 것이 타당하며, Boiling현상은 상향침투압으로 굴착면의 토립자가 분출파괴되어 굴착면에 쌓이는 현상이며 분사현상과 동시 또는 시간차를 두고 발생한다.

2) 검토방법

① 유효응력방법 : $F_s = \dfrac{\text{유효응력}}{\text{상향침투압}} \geq F_{sa} = 1.5$ ∴ 안전

② 한계동수구배방법

$$F_s = \dfrac{\text{한계동수구배}}{\text{동수구배}} \geq F_{sa} = 1.5 \quad \therefore \text{안전}$$

③ 한계유속방법 : $F_s = \dfrac{\text{한계유속}}{\text{침투유속}} \geq F_{sa} = 1.0$ ∴ 안전

Ⅳ. 파이핑현상

1) 정의

파이핑(Piping)이란 지하수위가 높은 지반굴착시 또는 수

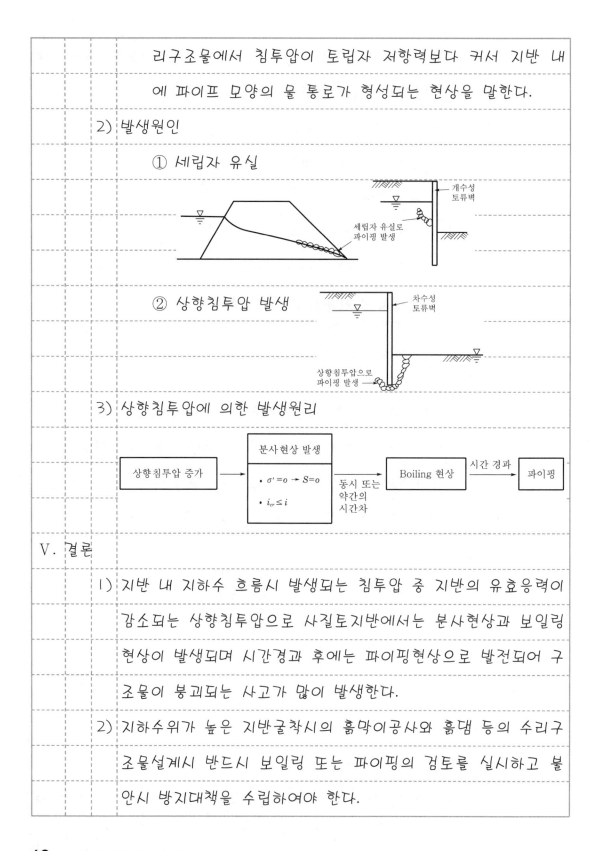

리구조물에서 침투압이 토립자 저항력보다 커서 지반 내에 파이프 모양의 물 통로가 형성되는 현상을 말한다.

2) 발생원인

① 세립자 유실

개수성 토류벽

세립자 유실로 파이핑 발생

② 상향침투압 발생

차수성 토류벽

상향침투압으로 파이핑 발생

3) 상향침투압에 의한 발생원리

| 상향침투압 증가 | → | 분사현상 발생
• $\sigma'=0 \rightarrow S=0$
• $i_{cr} \leq i$ | 동시 또는 약간의 시간차 | Boiling 현상 | 시간 경과 | 파이핑 |

V. 결론

1) 지반 내 지하수 흐름시 발생되는 침투압 중 지반의 유효응력이 감소되는 상향침투압으로 사질토지반에서는 분사현상과 보일링현상이 발생되며 시간경과 후에는 파이핑현상으로 발전되어 구조물이 붕괴되는 사고가 많이 발생한다.

2) 지하수위가 높은 지반굴착시의 흙막이공사와 흙댐 등의 수리구조물설계시 반드시 보일링 또는 파이핑의 검토를 실시하고 불안시 방지대책을 수립하여야 한다.

| 문제 4) | 상향침투가 분사현상을 발생시키는데 점성토지반에서는 발생하지 않는 이유와 Quick Clay와 다른 점에 대하여 기술하시오. |

답

I. 분사현상의 개요

1) 정의

분사현상이란 수두차가 발생된 사질토지반에 상향침투압이 증가하여 유효응력과 전단강도가 0이 되어 토립자가 분출하려고 하는 현상을 말한다.

2) 발생메커니즘(Mechanism)

① 상향침투압(S) 발생

② 유효응력(σ')=0

③ 전단강도(S)=$\sigma'\tan\varnothing$=0

④ 분출파괴 발생 직전 상태

$S=\gamma_w\Delta h$

$\sigma'=\gamma_{sub}Z$

3) 한계동수구배(i_{cr})

① 한계동수구배 = 분사현상발생시 동수구배

② 분사현상시 유효응력 = $0=r_{sub}Z-r_w\Delta h$

③ $i_{cr}=\dfrac{\Delta h}{Z}=\dfrac{r_{sub}}{r_w}=\dfrac{Gs-1}{1+e}$

II. 점성토지반에서는 발생하지 않는 이유

1) 점성토지반은 점착력(C)이 존재

① 점토지반 전단강도(S)식

• 비배수상태 : $S=C$

• 배수상태　 : $S=C'+\sigma'\tan\varnothing'$

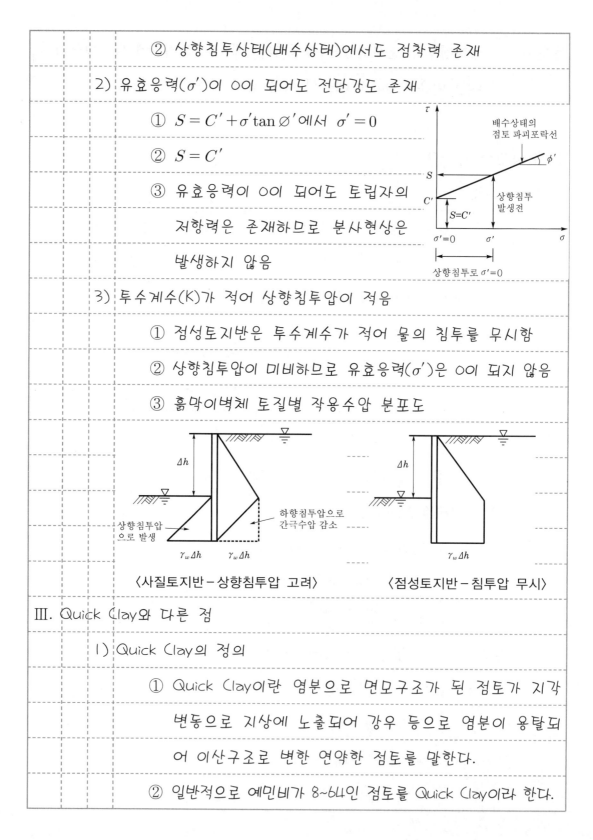

② 상향침투상태(배수상태)에서도 점착력 존재

2) 유효응력(σ')이 0이 되어도 전단강도 존재

① $S = C' + \sigma' \tan \varnothing'$ 에서 $\sigma' = 0$

② $S = C'$

③ 유효응력이 0이 되어도 토립자의

저항력은 존재하므로 분사현상은

발생하지 않음

3) 투수계수(K)가 적어 상향침투압이 적음

① 점성토지반은 투수계수가 적어 물의 침투를 무시함

② 상향침투압이 미비하므로 유효응력(σ')은 0이 되지 않음

③ 흙막이벽체 토질별 작용수압 분포도

〈사질토지반 – 상향침투압 고려〉　　〈점성토지반 – 침투압 무시〉

III. Quick Clay와 다른 점

1) Quick Clay의 정의

① Quick Clay이란 염분으로 면모구조가 된 점토가 지각

변동으로 지상에 노출되어 강우 등으로 염분이 용탈되

어 이산구조로 변한 연약한 점토를 말한다.

② 일반적으로 예민비가 8~64인 점토를 Quick Clay이라 한다.

2) 다른 점

구 분	Quick Sand	Quick Clay
같은 점	$S\fallingdotseq0$	$S\fallingdotseq0$
다 른 점	S=0인 원인 ① 상향침투압으로 $\sigma'=0$ ② 유효응력(σ')=0되어 S=0 ③ 전단강도(S)=$\sigma'\tan\varnothing=0$	① 염분 및 미세립자 용탈 발생 ② 면모구조 → 이산구조 변화 ③ S=C=0
	판정 ① 한계동수구배(i_r)와 동수 구배(i) 비교 ② $i_{cr}\le i$ ∴발생	① 예민비(S_t)= $\dfrac{불교란일축압축강도}{교란일축압축강도}$ ② $S_t=8{\sim}64$ ∴ Quick Clay
	발생시 문제점 ① Piping으로 발전 ② 액상화 발생	① 진행성파괴 발생 ② 유동화 발생

Ⅳ. 결론

1) 사질토지반은 투수계수가 커서 지중으로 물의 흐름시 침투방향 에 따라 침투압이 발생하는데 상향침투압작용시 유효응력이 감 소되어 토립자 분출파괴인 Boiling현상이 발생된다.

2) 점성토지반은 투수계수가 적고 점착력(C)이 존재하므로 설계실 무시 분사현상은 고려하지 않고, 흙막이공설계시 heaving현상 만 검토한다.

문제 5)	사질토지반에 널말뚝시공시 굴착부의 히빙에 대한 안정성검토와 시
	공 전·후에 대한 대책수립에 대하여 기술하시오.

답

I. 굴착부 히빙의 개요

1) 정의

굴착부 히빙이란 널말뚝시공시 굴착면이 부풀어오르는 현상으로 널말뚝 근입지반의 토질종류에 따라 Boiling현상과 Heaving현상으로 구분된다.

2) 토질종류에 따른 히빙(융기) 분류

히빙(융기) ┌ 사질토지반 굴착부 : Boiling현상
            └ 점성토지반 굴착부 : Heaving현상

3) 시공 전·후에 대한 구분

① 널말뚝시공 전·후로 구분

② 널말뚝시공 후 굴착 전·후로 구분

II. 히빙에 대한 안정성검토

1) 유효응력방법

① $F_s = \dfrac{W'}{J} = \dfrac{r_{sub}DA}{r_w iDA}$

② 동수구배(i) $= \dfrac{h_a}{D}$

③ 평균전수두(ha)는 유선망 또는 Terzaghi 방법 $\left(h_a = \dfrac{h}{2}\right)$으로 구함

④ 안정성 판단

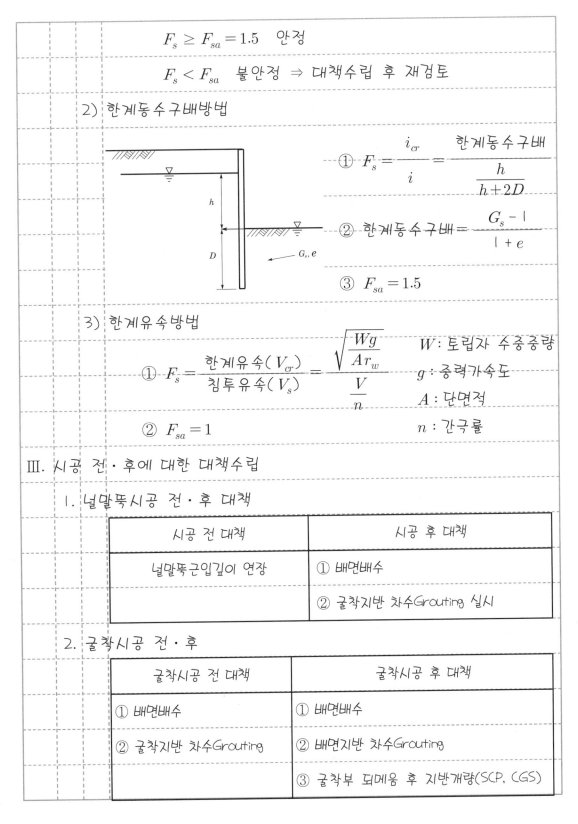

$$F_s \geq F_{sa} = 1.5 \quad \text{안정}$$

$$F_s < F_{sa} \quad \text{불안정} \Rightarrow \text{대책수립 후 재검토}$$

2) 한계동수구배방법

① $F_s = \dfrac{i_{cr}}{i} = \dfrac{\text{한계동수구배}}{\dfrac{h}{h+2D}}$

② 한계동수구배 $= \dfrac{G_s - 1}{1 + e}$

③ $F_{sa} = 1.5$

3) 한계유속방법

① $F_s = \dfrac{\text{한계유속}(V_{cr})}{\text{침투유속}(V_s)} = \dfrac{\sqrt{\dfrac{Wg}{Ar_w}}}{\dfrac{V}{n}}$

W : 토립자 수중중량

g : 중력가속도

A : 단면적

n : 간극률

② $F_{sa} = 1$

Ⅲ. 시공 전·후에 대한 대책수립

1. 널말뚝시공 전·후 대책

시공 전 대책	시공 후 대책
널말뚝근입깊이 연장	① 배면배수 ② 굴착지반 차수Grouting 실시

2. 굴착시공 전·후

굴착시공 전 대책	굴착시공 후 대책
① 배면배수 ② 굴착지반 차수Grouting	① 배면배수 ② 배면지반 차수Grouting ③ 굴착부 되메움 후 지반개량(SCP, CGS)

Ⅳ. 결론

1) 사질토지반에 널말뚝시공시 굴착부의 융기현상인 Boiling현상이 발생하면 Piping으로 발전되어 널말뚝의 붕괴사고가 발생된다.

2) 설계시 Boiling 안정성검토를 실시하여 불안정시 대책을 수립하여야 한다.

3) Boiling 발생원리에 따른 대책

① $F_s = \dfrac{r_{sub}D}{r_w h_a} = \dfrac{(G_s-1)(h+2D)}{(1+e)h}$

② 안전율(F_S)의 증가가 대책임

F_S 증가	대책
r_{sub} 증가, G_s 증가	굴착면 지반개량
D 증가	널말뚝근입깊이 연장
h_a 감소	배면배수
e 감소	굴착면 그라우팅

문제 6) 제체의 파이핑 안전성검토방법과 보강방법에 대하여 기술하시오.

답

Ⅰ. 파이핑(Piping)의 개요

1) 정의

파이핑이란 수리구조물이나 지하수위가 높은 지반굴착시 침투수압이 토립자 저항력보다 커서 지반 내에 파이프모양의 물 통로를 만드는 것을 말한다.

2) 제체 파이핑 발생원인

발생원인	내용
제체 단면부족	월류, 사면침식 및 세굴, 설계불량
지수벽 불량	설계누락 및 시공불량
필터층 불량	상류측 간극수압상승 및 세립자 유실
제체 내 균열	제체재료 선정미흡, 다짐불량, 기초침하

Ⅱ. 제체 파이핑 안전성검토방법

1. 한계동수구배방법

1) 안전성 평가

① 안전율$(F_s) = \dfrac{i_{cr}}{i} \geq F_s = 8$ ∴ 파이핑에 안전

② $F_s < F_{sa} = 8$ ∴ 파이핑에 불안전

2) 한계동수구배(i_{cr}) 산정방법

① $i_{cr} = \dfrac{G_s - 1}{1 + e}$

(G_s : 흙의 비중,

e : 간극비)

② 제체 축조재료 평균 비중(G_s)과 건조단위중량(r_d) 산정

③ 간극비(e) $= \dfrac{G_s r_w}{r_d} - 1$

3) 동수구배(i) $= \dfrac{h}{L}$

2. 한계유속방법

1) 한계유속(V_{cr})

① $V_{cr} = \sqrt{\dfrac{Wg}{A r_w}}$

② W : 토립자 수중중량,

g : 중력가속도, A : 물의 흐름면의 단면적

2) 침투유속(V_s) $= \dfrac{ki}{n} = \dfrac{ki}{\dfrac{e}{1+e}}$ $\qquad k$: 투수계수

3) 안전성 평가 : $F_s > F_{sa} = 1$ $\quad \therefore$ 안전

3. Creep Ratio방법

1) 크리프비(C_R) $= \dfrac{L_R}{h}$ (L_R : 최소유선거리)

2) 흙 종류별 허용 C_R을 표에서 산정

3) 안전성 평가 : $C_R >$ 허용 C_R $\quad \therefore$ 안전

Ⅲ. 보강방법

1. 축계재료 선정 철저

core층 재료	필터층 재료	투수층 재료
• 소성지수(PI) ≥ 15	• $\dfrac{(D_{15})_f}{(D_{85})_s} < 5$, $\dfrac{(D_{50})_f}{(D_{50})_s} < 25$	• 전단강도가 큰 재료
• 다짐 후 투수계수(k)가	• $4 < \dfrac{(D_{15})_f}{(D_{15})_s} < 20$	• 입도분포가 양호한
$10^{-5} cm/s$ 이하	• $D_{max} \leq 75mm$	재료
• 이물질이 없는 균질재료	• 세립률 $< 5\%$	• $D_{max} \leq 100mm$

2. 다짐철저

    1) OMC 습윤측 함수비로 다짐 실시

    2) 다짐장비 : 투수층 및 필터층 진동다짐, Core층은 전압다짐

    3) 다짐횟수 관리

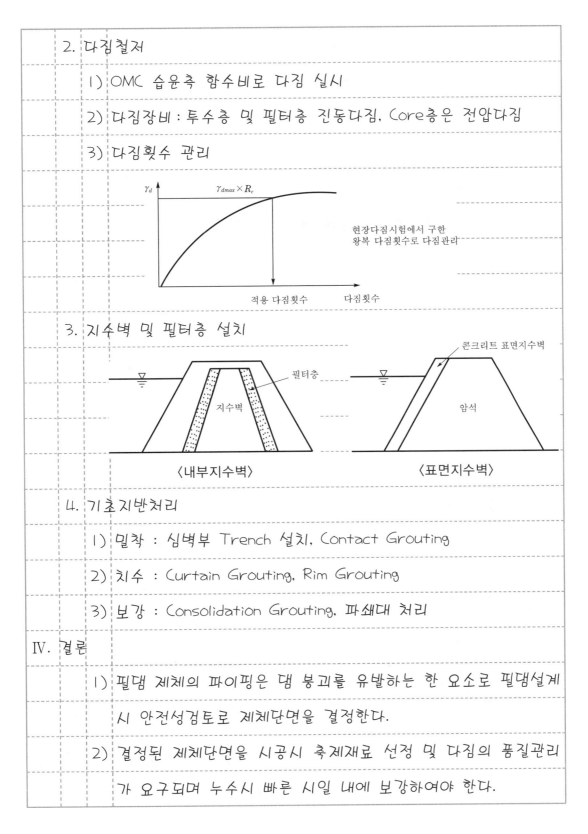

3. 지수벽 및 필터층 설치

    〈내부지수벽〉   〈표면지수벽〉

4. 기초지반처리

    1) 밀착 : 심벽부 Trench 설치, Contact Grouting

    2) 치수 : Curtain Grouting, Rim Grouting

    3) 보강 : Consolidation Grouting, 파쇄대 처리

IV. 결론

    1) 필댐 제체의 파이핑은 댐 붕괴를 유발하는 한 요소로 필댐설계 시 안전성검토로 제체단면을 결정한다.

    2) 결정된 제체단면을 시공시 축제재료 선정 및 다짐의 품질관리 가 요구되며 누수시 빠른 시일 내에 보강하여야 한다.

문제 7)	흙댐에서 유선망작성시 세부절차와 이용방안에 대하여 구체적으로
	기술하시오.
답	

I. 유선망의 개요

    1) 정의

        유선망이란 물의 침투경로인 유선과 전수두가 동일한 점을 연결한 등수두선으로 형성된 망을 말한다.

    2) 특징

        ① 두 유선 사이 침투유량은 동일

        ② 두 등수두선 사이 손실수두는 동일

        ③ 유선과 등수두선은 서로 직교

        ④ 유선망은 정사각형

II. 흙댐에서 유선망작성시 세부절차

    1. 등방축적결정

        1) 수직방향축적과 수평방향축적 결정 – 투수계수로 결정

        2) 등방축적＝수평방향축적 $\times \sqrt{\dfrac{K_v}{K_h}}$ (K_v, K_h : 연직, 수평방향 투수계수)

    2. 침윤선 작도

    〈배수층이 있는 균일흙댐〉   〈균일흙댐〉   〈중앙지수벽 흙댐〉

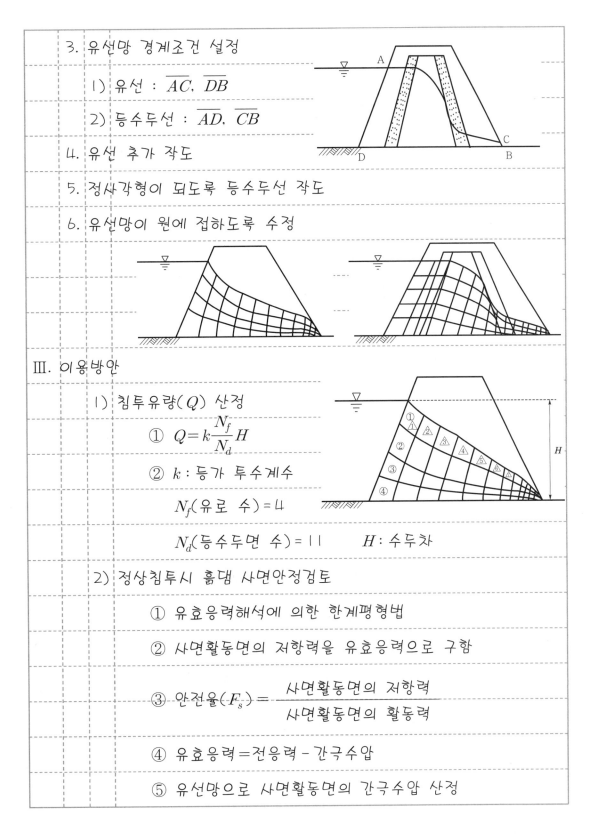

3. 유선망 경계조건 설정

  1) 유선 : $\overline{AC}$, $\overline{DB}$

  2) 등수두선 : $\overline{AD}$, $\overline{CB}$

4. 유선 추가 작도

5. 정사각형이 되도록 등수두선 작도

6. 유선망이 원에 접하도록 수정

Ⅲ. 이용방안

  1) 침투유량(Q) 산정

    ① $Q = k \dfrac{N_f}{N_d} H$

    ② k : 등가 투수계수

    N_f(유로 수) = 4

    N_d(등수두면 수) = 11 H : 수두차

  2) 정상침투시 흙댐 사면안정검토

    ① 유효응력해석에 의한 한계평형법

    ② 사면활동면의 저항력을 유효응력으로 구함

    ③ 안전율(F_s) = $\dfrac{\text{사면활동면의 저항력}}{\text{사면활동면의 활동력}}$

    ④ 유효응력 = 전응력 - 간극수압

    ⑤ 유선망으로 사면활동면의 간극수압 산정

ㄱ 활동면과 등수두선이 만나는 점에 수평선 작도

ㄴ 등수두선과 침윤선이 만나는 점에 수평선 작도

ㄷ 수직거리 h' 산정

ㄹ 활동면의 간극수압$(U) = r_w h'$

⑥ 유효응력$(\sigma') = r_t h_1 - r_{sat} h' - r_w h'$

⑦ 활동면의 저항력$(S) = c' + \sigma' \tan \emptyset'$

IV. 결론

1) 흙댐 설계시 SEEP/W 침투해석 프로그램으로 유선망을 작도하여 정상침투시 하류측 사면활동면의 간극수압을 산정하여 사면안정검토를 실시한다.

2) 흙댐 제체의 최상단 유선인 침윤선은 댐의 구성재료, 배수층 유무, 하류 사면경사각에 따라 달라지며 침윤선 모양대로 유선이 추가되므로 침윤선 작도가 중요하다.

3) 유선망은 Laplace 2차원 방정식인 $\dfrac{\partial^2 h}{\partial Z^2} + \dfrac{\partial^2 h}{\partial x^2} = 0$ 이 성립되므로 등수두선과 유선은 서로 직교하고 등방축적으로 환산하여 작도하여야 한다.

문제 8)		다목적사력댐(Rock Fill Dam) 설계시 고려할 중점항목과 예방대책

에 대하여 기술하시오.

답

Ⅰ. 다목적사력댐의 개요

　　1) 정의

　　　　다목적사력댐이란 댐건설 목적(전기발전댐의 용수공급, 홍
　　　　수방지 및 농업용수공급 등)이 많고 암석으로 축조된 댐
　　　　을 말한다.

　　2) 단면도

필터층 : 간극수압증가 방지와 세립자유실 방지
코어층 : 차수와 누수방지
사력층 : 사면안정성 확보
(사면단면 유지)

Ⅱ. 설계시 고려할 중점항목과 예방대책

　1. 월류방지

　1) 월류발생시 문제점

　　　① 사력댐 제체 위로 물이 흐르는 월류시 하류측 사면침
　　　　식으로 단면부족 및 하류측 사면 급경사 발생

　　　② 단면부족으로 누수 및
　　　　파이핑 발생

　　　③ 하류측 사면활동 발생

　　　④ 사력댐 붕괴

월류
월류시 침윤선
당초 침윤선
사면침식

2) 예방대책

    ① 150년 홍수위시 유입유량으로 여수토방수로 설계

    ② 기존 사력댐을 개량하는 설계시에는 비상방수로 설계

2. 누수 및 파이핑 방지

  1) 발생시 문제점

    ① 누수 발생시 세립자유실 및 하류측 사면침식

    ② 세립자유실에 따른 파이핑현상과 제체침하 발생

    ③ 파이핑발생시 댐 붕괴

  2) 예방대책

    ① 차수벽과 필터층 설치

    ② 차수벽단면 결정 - SEEP/W의 침투해석으로 사용연한
                   내의 단면 결정

    ③ 차수벽재료 선정조건과 다짐방법 명시

    ④ 유지관리기간 내의 누수시 차수벽 그라우팅조건 명시

3. 사력댐 사면안정성 확보

  1) 사력댐의 사면안정성검토 방법

    ① 하류측 사면안정검토

정상 침투시 침윤선

$$F_s = \frac{S = C' + \sigma' \tan \varnothing}{\tau}$$

$$F_s = \frac{S = C' + \sigma' \tan \phi}{\tau}$$

하류측 사면활동면

• 유효응력해석

(하류측 사면 불안)

    ② 상류측 사면안정검토

수위강하 전 침윤선

수위 급강하

τ

S

수위 급강하 후 침윤선

상류측 사면활동면 $F_s = \dfrac{S = C + \sigma tan\phi}{\tau}$

- $F_s = \dfrac{S = C + \sigma tan \varnothing}{\tau}$

- 전응력해석

  (상류측 사면 불안)

2) 예방대책

　① 사력층단면 확보

　　· 대형전단시험으로 구한 암석 $\varnothing$값을 통해 사면안정검

　　토로 필요한 사력층단면 결정

　② 사력층 재료선정조건과 다짐방법 명시

　③ 시공시 계측해석 실시 - 간극수압계, 토압계, 변위계

4. 기초지반 지지력과 침하조건 만족

1) 고성토에 따른 침하 및 부등침하 발생 우려

2) 지반조사의 주상도로 기초조건을 만족하는 지지층 선정

3) 예방대책

　① 연암층 이상인 지반을 기초지반으로 선정

　② 차수 Grouting과 지반보강 Grouting 실시

구분	차수(Curtain) Grouting	보강(Consolidation) Grouting
주입공배치	0.5~3m 간격의 병풍모양	0.5~3m 간격의 격자모양
주입공심도	$d = \dfrac{1}{3}H_1 + C \left(\begin{array}{l} H_1 : 최대수심 \\ C = 8 \sim 25 \end{array} \right)$	$d = 5 \sim 15m$
주입압	P = 정수압 × 2~3	P ≒ 한계압
주입재	점토 + 시멘트 + 급결재	시멘트몰탈

Ⅲ. 결론

1) 사력댐은 흙댐(Earth Dam)보다 역학적 거동이 적어 제한된 댐 폭으로 높은 댐을 건설할 수 있어 대규모의 댐으로 많이 건설된다.

2) 설계시 중점관리항목 중 누수 및 파이핑 방지와 사면안정성 확보가 가장 중요한 항목으로 침투해석과 변위 및 응력 해석이 필요하다.

문제 9)	코어형 록필댐의 심벽재료 규격과 토취장, 현장에서의 시험종류 및 방법에 대하여 기술하시오.

답

I. 코어형 록필댐의 개요

1) 정의

코어형 록필댐이란 댐 중앙부에 다짐한 점토층으로 차수하고 사면 외곽부에는 다진 사력층으로 사면안정성을 높인 흙댐을 말한다.

2) 코어형 록필댐의 단면도

II. 심벽재료 규격

1) 소성지수(PI) ≥ 15%

2) 다짐 후 투수계수(K) ≤ 10^{-5} cm/s

3) No.200번체 통과율은 20% 이하

4) 1), 2), 3)조건을 만족하면 전단강도가 클수록 좋음

5) 통일분류법에 해당하는 분류 : SC, SM, CL-ML, CL, CH

III. 토취장에서의 시험종류 및 방법

1) 액성한계(LL) 시험

① #40번체 통과 건조시료를 반죽하여 시험 실시

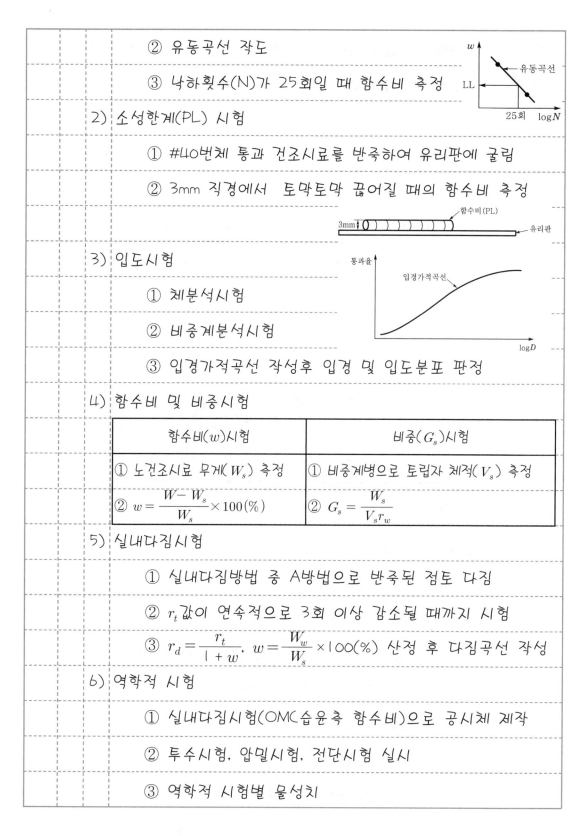

② 유동곡선 작도

③ 낙하횟수(N)가 25회일 때 함수비 측정

2) 소성한계(PL) 시험

① #40번체 통과 건조시료를 반죽하여 유리판에 굴림

② 3mm 직경에서 토막토막 끊어질 때의 함수비 측정

3) 입도시험

① 체분석시험

② 비중계분석시험

③ 입경가적곡선 작성후 입경 및 입도분포 판정

4) 함수비 및 비중시험

함수비(w)시험	비중(G_s)시험
① 노건조시료 무게(W_s) 측정	① 비중계병으로 토립자 체적(V_s) 측정
② $w = \dfrac{W - W_s}{W_s} \times 100(\%)$	② $G_s = \dfrac{W_s}{V_s r_w}$

5) 실내다짐시험

① 실내다짐방법 중 A방법으로 반죽된 점토 다짐

② r_t값이 연속적으로 3회 이상 감소될 때까지 시험

③ $r_d = \dfrac{r_t}{1 + w}$, $w = \dfrac{W_w}{W_s} \times 100(\%)$ 산정 후 다짐곡선 작성

6) 역학적 시험

① 실내다짐시험(OMC습윤측 함수비)으로 공시체 제작

② 투수시험, 압밀시험, 전단시험 실시

③ 역학적 시험별 물성치

투수시험	압밀시험	전단시험
① 변수위시험 실시	① $e - \log P$ 곡선 : C_c, C_r	① UU 및 $\overline{CU}$시험 실시
② 투수계수 산정	② $d - \log t$ 곡선 : C_v	② C_u와 C', ϕ' 산정

Ⅳ. 현장에서의 시험종류 및 방법

   1) 현장다짐시험

      ① 다져진 점성토를 굴착 후 무게(W)와 함수비(w) 측정

      ② 표준사로 굴착부분 체적(V) 측정

      ③ $r_d = \dfrac{W}{V} \times \dfrac{1}{1+w}$

   2) 계측실시

      ① 토압계, 침하계, 간극수압계를 성토시 매설

      ② 측정된 값으로 응력해석 및 변위해석 실시

Ⅴ. 결론

   1) 록필댐의 안정검토에는 Piping검토와 사면안정성검토 및 기초 지반의 부등침하가 중점관리 항목이다.

   2) 심벽은 제체의 Piping을 방지하기 위하여 설치하는 것으로 차수목적 이며 사력층과 투수층은 사면안정성(단면유지) 확보가 목적이다.

   3) 심벽높이와 폭은 설계홍수위와 계획담수량에 따라 달라지며 최근에는 집중호우로 150년 최대 홍수위로 설계하는 추세이다.

문제 10)	흙댐과 콘크리트차수벽형 석괴댐의 역학적거동 차이와 주요 설계사
	항 및 시공시 고려사항에 대하여 기술하시오.

답

I. 흙댐의 개요

1) 정의

흙댐이란 흙을 다짐성토하여 계획된 수량을 담수하는 댐
으로서 차수를 위해 차수벽을 흙댐 중앙부 또는 댐 표면
부에 설치한다.

2) Fill Dam 분류

$$\text{필댐(Fill-Dam)} \begin{cases} \text{흙댐(Earth Dam)} \\ \text{사력댐(Rock Fill Dam)} \begin{cases} \text{코어형} \\ \text{표면차수형} \end{cases} \end{cases}$$

3) 구조도

〈코어형 사력댐〉　　　　　〈표면차수형 사력댐〉

II. 역학적거동 차이

1) 역학적거동이란 응력과 변위 관계이므로 재료의 변형계수(E_s)
와 수압에 의한 Piping 관계로 차이점 비교

2) 거동 차이점

구분		흙댐	콘크리트차수벽형 석괴댐
재료 강성	투수층	자갈, 모래로 강성이 석괴댐보다 적음	암석, 자갈, 모래로 흙댐보다 강성이 큼
	차수층	점토로 강성이 적음	콘크리트로 강성이 매우 큼
	변형계수	변형계수(E_s) 小	변형계수(E_s) 大
사면 변위	사면변위	변위량 大	변위량 小
	누수시	누수시 점토층 유실	세립토유실이 없어
	변위	발생으로 변위 발생	변위가 거의 없음
역학적거동		역학적거동 大	小
사면안정성		거동이 크므로 불리	안정성이 큼

III. 주요 설계사항

1) 흙댐

① 사면안정성 확보

② 제체 및 기초지반 Piping 방지

③ 필터층 입경범위와 폭

④ 코어층 재료 선정방법과 다짐방법

⑤ 각 층의 재료선정 및 다짐 확인방법

2) 콘크리트 차수벽형 석괴댐

① 기초지반 지지력확보 및 Piping 방지

② 콘크리트 균열방지 및 수밀성확보

③ 프린스와 차수벽 이음부 누수방지

IV. 시공시 고려사항

흙댐	① 다짐시 함수비는 OMC 습윤측으로 실시
	② 다짐도판정방법은 건조밀도방법으로 판정
	③ 장비 다짐횟수 선정 후 다짐실시
	④ 기초지반 지지력과 투수성
콘크리트 차수벽형 석괴댐	① 기초지반 지지력 확보 - Consolidation Grouting
	② 프린스와 지반의 접합 - Contact Grouting
	③ 콘크리트 표면 차수벽 ┌ 재료 및 배합 └ 이음부 누수처리 및 양생
	④ 사력층 ┌ 재료규격 및 풍화도 판정 └ 다짐방법 및 다짐도 판정방법

V. 결론

1) 흙댐은 역학적거동이 커서 댐 높이를 높게 하기가 곤란하여 소규모 댐으로만 건설되었다.

2) 사력댐은 댐의 역학적거동이 적어 제한된 댐 폭으로 높은 댐을 건설할 수 있어 대규모 댐으로 많이 건설되고 있는 실정이다.

3) 콘크리트차수벽형 석괴댐은 콘크리트차수벽의 균열로 누수가 진행되므로 콘크리트 시공시 대책수립이 필요하다.

문제 11-1)	유효응력(Effective Stress)

답

I. 정의

  1) 유효응력(σ') = 전응력(σ) - 간극수압(U)

  2) 유효응력은 지중 임의의 면에 직각으로 토립자가 부담하는 단위면적당 무게로 흙의 압축과 강도에 영향을 미치는 응력이다.

II. 유효응력 분포도

불포화토 구간 : $\sigma_v' = \sigma_v = \gamma_t Z$

포화토 구간 : $\sigma_v' = \sigma_v - U$
              $= \gamma_{sat} h - \gamma_w h = \gamma_{sub} h$

$\sigma_v' = \gamma_t Z + \gamma_{sub} h$

III. 영향요인

  1) 흙의 단위중량 : 비중(G_s), 포화도(S_r), 간극비(e), 물의 단위중량(r_w)

  2) 심도 : 비례하여 유효응력이 증가됨

  3) 간극수압 크기 : 반비례 관계

  4) 포화도(S_r) $\begin{cases} S_r = 100\% : r_{sub}, \ \ 0 < S_r < 100\% : r_t, \ \ S_r = 0 : r_d \\ \text{흙의 단위중량 크기} : r_t > r_d > r_{sub} \end{cases}$

IV. 심도가 증가하여도 감소하는 경우

  1) 상향침투가 발생하는 경우

  2) 피압수두가 존재하는 경우

  3) 동하중이 작용하는 경우

상향침투시
피압수두존재
동하중작용

$\Delta U = \gamma_w \Delta h$

  4) 정(+)의 과잉간극수압(ΔU) 발생시 유효응력 감소

| 문제 11-2) | 피압수두(Confined Water Head) |

답

I. 정의

지하수의 이동이 원활하지 못하여 피압을 받는 피압대수층에 간극수압계(Pizometer)를 설치했을 때 일정한 지하수위인 정수두보다 큰 수두를 피압수두라고 한다.

II. 발생시 간극수압 분포도

III. 압밀특성에 미치는 영향

① 점토층 중앙지점의 연직유효압력(P')에 영향 - P' 감소

② 점토층 압밀침하량 감소

IV. 발생시 문제점과 대책

문제점	대책
① 지반굴착시 점토지반의 Heaving 발생	① 배수공법
② 굴착공벽의 붕괴	② 지하연속벽시공 후 굴착
	③ 케이싱으로 공벽유지 후 굴착

문제 11-3) 과잉간극수압(Excess Pore Water Pressure)

답

I. 정의

1) 과잉간극수압이란 간극수압이 존재하는 지반에 외력작용으로
당초 간극수압보다 증감된 간극수압을 말한다.

2) 과잉간극수압은 시간이 지남에 따라 소산되며 투수계수 크기에
따라 소산속도가 달라진다.

II. 종류

1) 정의 과잉간극수압

2) 부의 과잉간극수압

III. 정의 과잉간극수압 영향요소

크기 영향요소	소산 영향요소
재하하중 면적	점토층 투수계수크기
점토층두께	재하시간
하중크기	압밀시간

Ⅳ. 간극수압과 차이점

차이점	과잉간극수압	간극수압
배수강도	간극수압보다 많이 감소	유효응력감소로 감소
침투발생여부	침투발생	발생하지 않음
압밀침하	침하발생	발생하지 않음
소산여부	시간에 따라 소산됨	소산은 없음

문제 11-4) 침투력(Seepage Force)

답

Ⅰ. 정의

1) 침투력(J) $= r_w \, i Z A$ (i : 동수구배, Z : 침투거리, A : 침투단면적)

2) 침투력은 침투수가 지중 임의의 체적에 있는 흙입자에 가하는 마찰력을 말하며 침투압은 지중 임의의 한 점에 가해지는 침투력이다.

Ⅱ. 침투방향에 따른 유효응력 변화

1) 하향침투방향

① 유효응력(σ') $= \sigma_0' + r_w \Delta h$

② 하향침투압만큼 유효응력 증가

2) 상향침투방향

① $\sigma' = \sigma_0' - r_w \Delta h$

$= r_{sub} Z - r_w \Delta h$

② 상향침투력만큼

유효응력 감소

Ⅲ. 산정방법

    1) 계측방법 - 간극수압계(Pizometer)로 측정

    2) 유선망방법 - SEEP/w 침투해석 프로그램으로 추정

Ⅳ. 적용

    1) 널말뚝 Boiling 판단

    2) 구조물에 작용하는 양압력 산정

    3) 준설매립지반의 침투압밀효과 파악

    4) 배수터널 수치해석시 유효응력 산정

문제 11-5) 분사현상(Quick Sand)

답

I. 정의

분사현상이란 사질토지반에서 수두차에 의한 상향침투압이 증가하여 유효응력이 0이 되면 전단강도도 0이 되어 토립자가 분출되려고 하는 현상을 말한다.

II. 발생메커니즘(Mechanism)

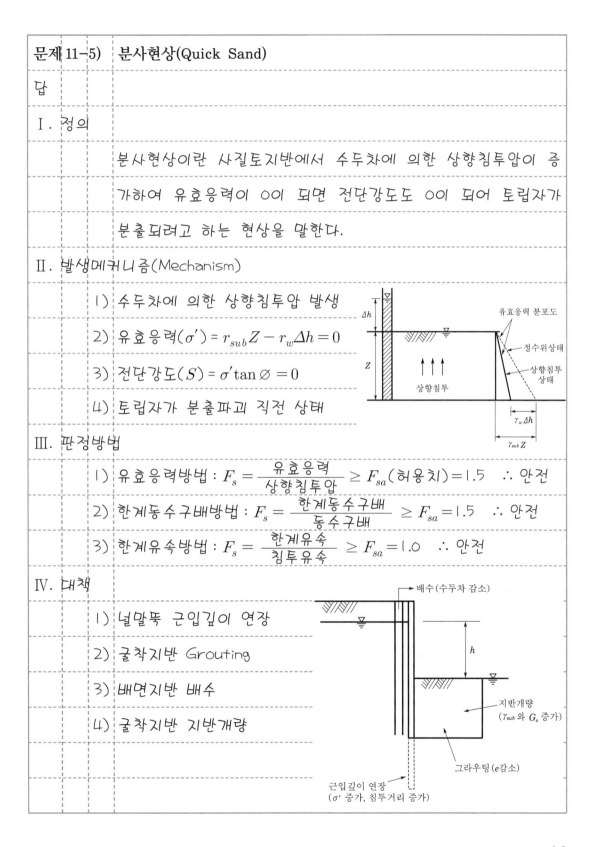

1) 수두차에 의한 상향침투압 발생

2) 유효응력$(\sigma') = r_{sub}Z - r_w \Delta h = 0$

3) 전단강도$(S) = \sigma' \tan \varnothing = 0$

4) 토립자가 분출파괴 직전 상태

III. 판정방법

1) 유효응력방법 : $F_s = \dfrac{\text{유효응력}}{\text{상향침투압}} \geq F_{sa}(\text{허용치}) = 1.5 \quad \therefore \text{안전}$

2) 한계동수구배방법 : $F_s = \dfrac{\text{한계동수구배}}{\text{동수구배}} \geq F_{sa} = 1.5 \quad \therefore \text{안전}$

3) 한계유속방법 : $F_s = \dfrac{\text{한계유속}}{\text{침투유속}} \geq F_{sa} = 1.0 \quad \therefore \text{안전}$

IV. 대책

1) 널말뚝 근입깊이 연장

2) 굴착지반 Grouting

3) 배면지반 배수

4) 굴착지반 지반개량

| 문제 11-6) | Piping 현상 |

답

Ⅰ. 정의

파이핑이란 지하수위가 높은 지반굴착시 또는 수리구조물에서

침투력이 토립자 저항력보다 커서 지반 내에 파이프모양의 물

통로가 형성되는 현상을 말한다.

Ⅱ. 발생원인

1) 세립자유실

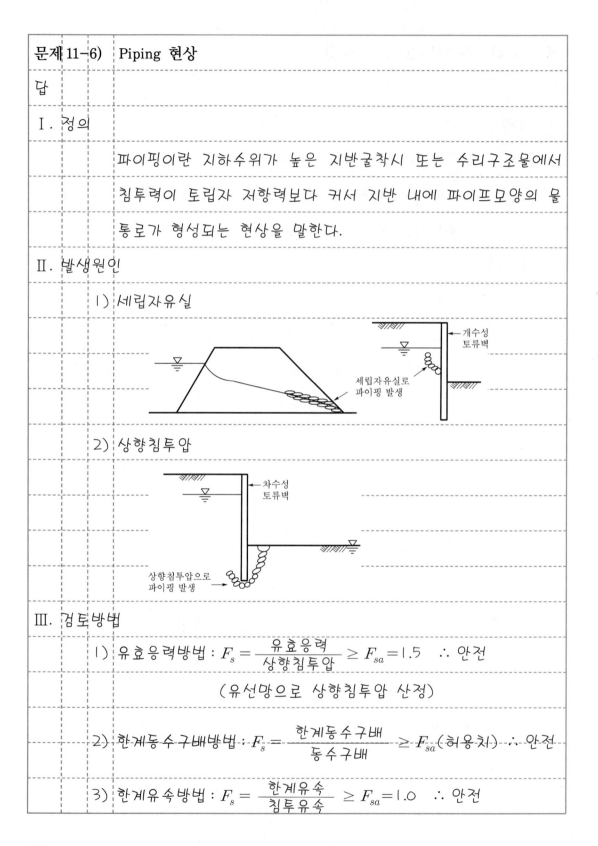

2) 상향침투압

Ⅲ. 검토방법

1) 유효응력방법 : $F_s = \dfrac{유효응력}{상향침투압} \geq F_{sa} = 1.5$ ∴ 안전

(유선망으로 상향침투압 산정)

2) 한계동수구배방법 : $F_s = \dfrac{한계동수구배}{동수구배} \geq F_{sa}$ (허용치) ∴ 안전

3) 한계유속방법 : $F_s = \dfrac{한계유속}{침투유속} \geq F_{sa} = 1.0$ ∴ 안전

Ⅳ. 대책

널말뚝	흙댐
① 널말뚝 근입깊이 연장	① 축제 재료선정 철저
② 굴착지반 그라우팅 – 굴착지반 　간극비 감소와 비중 증가	② OMC 습윤측 다짐 실시
	③ 필터층 설치
③ 배면배수 – 수두차 감소	④ 지수벽 설치
	⑤ 기초지반 안정처리 실시

문제 11-7) 침투와 압밀의 거동특성 비교

답

I. 침투와 압밀의 정의

1) 침투란 사질토층에 수두차가 발생하여 사질토층으로 물이 흘러 가는 것을 말한다.

2) 압밀이란 점토층에 발생된 과잉간극수압(U_e)이 시간 경과에 따라 소산되면서 발생되는 압축을 말한다.

II. 거동특성 비교

구분	침투	압밀
토층변화	변화 없음	침하가 발생되므로 토층변화 발생
시간과 거동 관계	① 거동과 시간은 관계없음 ② 침투방정식 $$\frac{\partial^2 h}{\partial z^2}+\frac{\partial^2 h}{\partial x^2}=0$$ (시간과 관계없음)	① 시간이 경과함에 따라 거동이 발생됨 ② 압밀방정식 $$\frac{\partial Ue}{\partial t}=C_v\frac{\partial^2 Ue}{\partial z^2}$$ (시간과 관계있음)
수두차 변화	① 침투가 발생하여도 수두차는 일정 ② 물흐름과 관계없음	① 압밀이 발생하면 수두차는 감소 ② 물흐름에 따라 U_e값 감소 → h감소
유효응력 변화	유효응력은 일정	압밀이 발생하면 유효응력은 증가함

문제 11-8) 양압력(Uplift Pressure)

답

I. 정의

양압력이란 지하수면 밑에 위치하는 구조물기초 바닥면에 작용하는 간극수압을 말한다.

II. 침투에 따른 양압력 분포도

양압력 $(U_p) = \gamma_w(H_t - H_e) = \gamma_w Z$

〈침투발생이 없는 경우〉

$Up = \gamma_w H_p = \gamma_w(H_t - H_e)$
$= \gamma_w(h_a + Z)$

〈상향침투시 양압력〉

III. 결정방법

1) 계측방법

① 지하수위계로 지하수면 결정

② 간극수압계(Pizometer)로 간극수압 측정 후 결정

2) 유선망방법

① 수리구조물 설계시 유선망을 작도 후 양압력 결정

② 인근구조물 양압력도 산정 가능

IV. 발생시 문제점 및 대책

문제점	대책
구조물 부상	기초부 어스앵커 설치
구조물균열 발생	기초부 배수층 설치
연결구조물 파손	

문제 11-9)	유선망(Flow Net)
답	
Ⅰ. 정의	
	유선망이란 수두차에 의해 물이 지중으로 침투할 때 물의 침투 경로인 유선과 전수두가 동일한 점을 연결한 등수두선으로 형성된 망을 말한다.
Ⅱ. 작도방법	
	1) 유선망 경계조건 설정
	2) 유선 추가 작도
	3) 정사각형이 되도록 등수두선 작도
	4) 유선망이 원에 접하도록 수정
Ⅲ. 특징	
	1) 두 유선 사이 침투유량은 동일
	2) 두 등수두선 사이 손실수두는 동일
	3) 유선과 등수두선은 직교하고 유선망은 정사각형
	4) 유선망 폭과 동수경사 및 침투속도는 반비례 관계
Ⅳ. 이용	
	1) 침투유량(Q) 산정 : $Q = K \dfrac{N_f}{N_d} H$　　N_f : 유로수, N_d : 등수두면수
	2) 동수경사(i) 산정 : $i = \dfrac{\Delta h}{L} = \dfrac{\frac{n_d}{N_d} H}{L}$　n_d : 남은 등수두면수 　　　　　　　　　　　　　　　　　　L : 침투할 거리
	3) 침투압(S) 산정 : $S = r_w \Delta h$　　　　Δh : 남은 전수두
	4) 간극수압(U) 산정 : $U = r_w H_P = r_w(H_t - H_e) = r_w(\Delta h - H_e)$

문제 11-10) 수압파쇄현상(Hydraulic Fracturing)

답

I. 정의

수압파쇄현상이란 지반 내 임의의 한 점에서 수평방향 수압이
수평유효응력보다 커져 토체에 수평방향으로 균열이 발생하는
현상을 말하며 흙댐에서는 수압할렬이라 한다.

II. 발생위치와 원인

1) 흙댐 중앙부 심벽 하부층 ⇒ 수평유효응력 감소

2) 약액주입지반 ⇒ 주입압(수압증가)

3) 지하수면 이하 지반 말뚝항타 ⇒ 과잉간극수압 발생

4) 수압파쇄시험 지반 ⇒ 주입수압 증가

III. 수압할렬 발생원리

1) 아칭변위 발생 : 상향마찰력이
   발생되어 아칭변위 발생

2) 연직유효응력(σ_v') 감소

3) $U > \sigma_h' = \sigma_v' K_o$

IV. 수압할렬 방지대책

1) 심벽 단면폭을 증가시킨다.

2) 심벽(점토)을 OMC 습윤측으로 다짐

3) 다짐을 철저히 한다.

4) 부등침하부분에 보강 Grouting을 실시

문제 11-11) 지수주입(Curtain Grouting)과 밀착주입(Contact Grouting)

답

I. 정의

1) 지수주입이란 댐 기초지반 또는 제체 내부에 차수벽을 설치할 목적으로 실시하는 Grouting을 말한다.

2) 밀착주입이란 댐 콘크리트와 기초암반 사이에 생기는 틈을 채우기 위하여 실시하는 Grouting을 말한다.

II. 설치위치

〈콘크리트 댐 전면도〉 　　　　〈단면도〉

III. 비교

구분	지수주입	밀착주입
목적	기초지반 또는 흙댐 제체 차수	기초지반과 댐 콘크리트 틈새 충진
주입재	점토, 벤토나이트, 시멘트, 약액	몰탈
주입공배치	0.5~3m 간격으로 병풍 또는 격자 모양	기초지반 전반부
주입공심도(d)	$d = aH$ (H : 댐높이, $a = 0.5{\sim}1$)	$d = 0.5{\sim}1m$

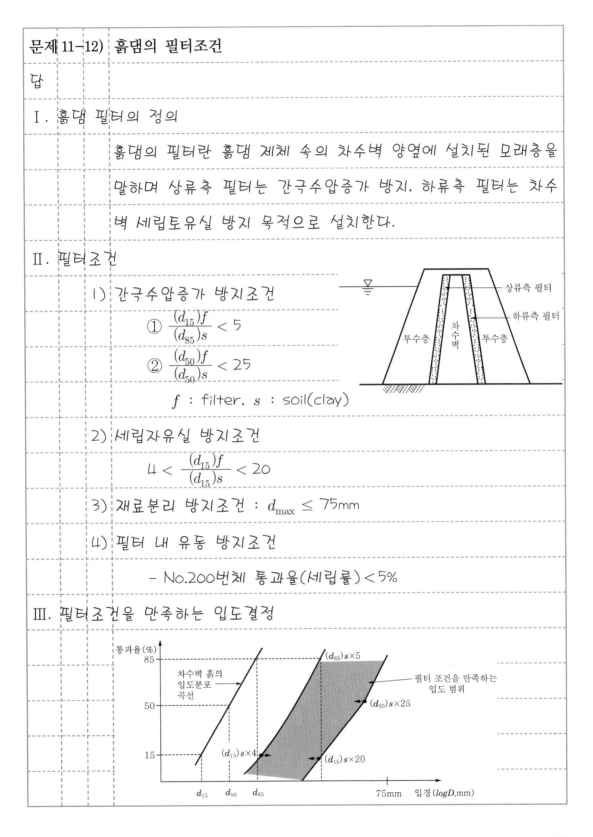

문제 11-12) 흙댐의 필터조건

답

Ⅰ. 흙댐 필터의 정의

흙댐의 필터란 흙댐 제체 속의 차수벽 양옆에 설치된 모래층을 말하며 상류측 필터는 간극수압증가 방지, 하류측 필터는 차수벽 세립토유실 방지 목적으로 설치한다.

Ⅱ. 필터조건

1) 간극수압증가 방지조건

① $\dfrac{(d_{15})f}{(d_{85})s} < 5$

② $\dfrac{(d_{50})f}{(d_{50})s} < 25$

f : filter, s : soil(clay)

2) 세립자유실 방지조건

$4 < \dfrac{(d_{15})f}{(d_{15})s} < 20$

3) 재료분리 방지조건 : $d_{\max} \leq 75mm$

4) 필터 내 유동 방지조건

- No.200번체 통과율(세립률) < 5%

Ⅲ. 필터조건을 만족하는 입도결정

통과율(%)
상류측 필터
하류측 필터
투수층 차수벽 투수층

$(d_{85})s \times 5$
차수벽 흙의 입도분포 곡선
필터 조건을 만족하는 입도 범위
$(d_{50})s \times 25$
$(d_{15})s \times 4$
$(d_{15})s \times 20$
d_{15} d_{50} d_{85} 75mm 입경($log D$, mm)

문제 11-13) 흙에서 모관현상(Capillarity)의 영향요소

답

Ⅰ. 흙에서 모관현상의 정의

물의 표면장력에 의해 지중의 지하수가 흙의 간극을 통해 상승하여 포화 또는 불포화상태를 유지하는 현상을 흙에서 모관현상이라 한다.

Ⅱ. 영향요소

1) 유효입경(d_{10})의 크기

① 모관압(U_c) = $r_w hc$

② 모관상승고(h_c) = $\dfrac{0.3 \times 5}{d_{10}}$

③ 유효입경과는 반비례 관계 성립

2) 함수비(ω)

① 함수비가 적을수록 모관압력이 증대

② 함수비가 적은 세립토의 모관압이 큼

3) 지중온도

① 모관상승고(h_c) = $\dfrac{0.3 \times 5}{d_{10}}$ 에서 0.3은 표면장력이 15℃

일 때의 값으로 구함

② 표면장력(T)은 지중온도와 반비례 관계

③ 지중온도가 낮을수록 모관압이 커짐

4) 토립자간의 모관 곡면반경

모관 곡면반경大⇒모관현상 발생가능성이 적음

모관 곡면반경小⇒모관현상이 발생

문제 11-14) 함수특성곡선(Soil Water Characteristic Curve)

답

I. 정의

1) 함수특성곡선이란 흙에 작용하는 모관압과 체적함수비 관계를 연결한 선을 말한다.

2) 흙은 모관압이 커질수록 불포화상태가 되며 평형함수비는 감소된다.

II. 작성방법

1) 모관압을 시료에 작용

2) 체적함수비(θ) 산정

① $\theta = nS_r = \dfrac{V_V}{V} \times \dfrac{V_W}{V_V} = \dfrac{V_W}{V}$

② $n = \dfrac{e}{1+e}$, $S_r = \dfrac{G_s w}{e}$

(n : 간극률, e : 간극비, S_r : 포화도, G_s : 비중, w : 함수비)

모관압 (U_c) ─ 점성토 / 함수특성곡선 / 사질토 ─ 체적함수비(θ)

III. 체적함수비 사용이유

1) 세립토는 모관압이 크며 함수비에 따라 공학적 특성이 다름

2) 모관압은 불포화상태에서 큼

3) 불포화상태를 파악할 수 있는 것은 포화도임

4) 포화도를 파악할 수 있는 별도의 함수비가 필요

5) 체적함수비는 비중과 함수비, 간극비 변화에 따라 다름

IV. 이용

1) 포화상태에 따른 세립토 공학적 특성 파악

2) 모관압에 따른 세립토 거동 해석

문제 11-15) 평형함수비(Equilibrium Water Contents)

답

I. 정의

　　1) 평형함수비란 지하수위 변동이 없는 지반에서 모관압에 의한

　　　모관수의 이동이 없는 상태의 함수비를 말한다.

　　2) 평형함수비는 세립토의 공학적 특성 파악에 이용된다.

II. 산정방법

　　1) 모관압을 작용

　　2) 모관상승고(h_c) 측정

　　3) 감소된 물무게로

　　　함수비(ω) 산정

III. 영향인자

영향인자	특성
모관압 크기	모관압 크기에 반비례함
모관상승고(h_c) 크기	상승고 크기에 반비례하여 감소
간극비(e)	간극비 크기에 반비례함
토립자 크기	토립자 크기에 반비례함
포화도(S_r)	포화도가 클수록 평형함수비는 증가

IV. 이용

　　1) 세립토의 불포화상태의 공학적 특성 파악

　　2) 세립토 동해영향 파악

　　3) 세립토 다짐시 과다짐 여부 파악

문제 11-16) 동상(Frost Heave)과 융해(Thawing)

답

I. 정의

1) 동상이란 겨울철에 지중온도가 0℃ 이하가 되어 지중의 간극수가 동결되어 지반이 팽창하는 현상을 말한다.

2) 융해란 봄철에 얼었던 간극수 중 지표면과 가까운 곳은 녹아서 물이 되고 먼 곳은 얼음상태로 유지되면 배수가 되지 않아 지표면 부근의 지반이 연약해지는 현상을 말한다.

II. 발생과정

〈동결〉　　　　　　〈동상〉　　　　　　〈융해〉

$$h_c = \frac{0.3 \times 5}{d_{10}}$$

III. 원인

동상	융해
• 연속적인 0℃ 이하 온도	• 동상현상
• 실트질 흙이 많은 지반	• 배수불량
• 지하수공급이 풍부한 지반	

IV. 문제점 및 대책

문제점	대책
• 도로 균열 및 파손	• 지표면 부근 : 단열재시공, 지표수차단층 설치
• 구조물 융기 및 침하	• 지반 내 : 치환, 안정처리, 배수시설 설치
• 구조물연결부 파손	• 지반 하부 : 동상방지층 및 지하수차단층 설치

문제 11-17) 동결지수(Freezing Index)와 동결심도

답

I. 동결지수

　1) 정의

　　동결지수란 일평균 누가온도가 연속적으로 감소가 되는 최고점
　　과 연속적으로 증가하는 최소점 사이의 일평균 누가온도를 말
　　하며 동결심도를 산정할 때 이용됨

　2) 산정방법

　　① 해당지역 기상자료 이용

　　② 직접측정방법

II. 동결심도

　1) 정의

　　동결심도란 지표면에서부터 지중온도가 0℃ 이하가 되는
　　깊이를 말한다.

　2) 산정방법

　　① 동결지수(F)방법 : 동결심도(Z) $= C\sqrt{F}$

　　　　$(C = 2\sim5,\ Z = 1.4F^{0.33})$

　　② 열전도율(K)방법 : $Z = \sqrt{\dfrac{48KF}{L}}$　　(L : 융해 잠재열)

　3) 이용

　　① 포장두께 산정

　　② 기초근입깊이(D_f) 결정

　　③ 매설물 매설깊이 결정

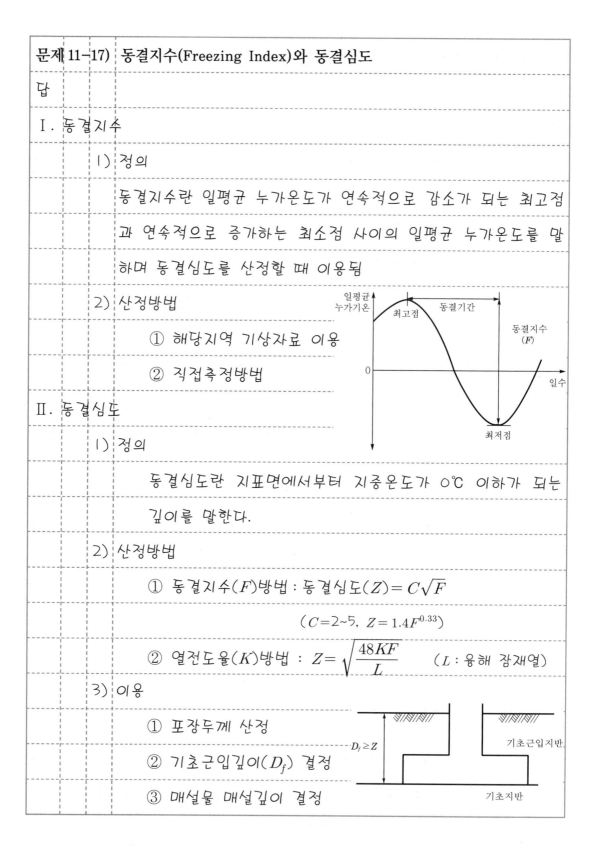

제4장 ▶ 압 밀

· ·

☞ 永生의 길잡이 - 셋 : 천국에는 어떻게 가는가?

| 문제 1) | Terzaghi 압밀이론의 가정과 문제점에 대하여 기술하시오. |

답

I. Terzaghi 압밀이론의 개요

1) 정의

Terzaghi 압밀이론이란 포화된 점성토지반에 반무한적 면적의 성토하중이 작용시 발생된 과잉간극수압이 시간에 따라 소산되면서 발생되는 1차 압밀침하 관계를 정립하여 1차원 1차압밀침하를 해석한 이론을 말한다.

2) Terzaghi 압밀방정식

$$\frac{\partial U_e}{\partial t} = C_V \frac{\partial^2 U_e}{\partial Z^2}$$

U_e : 초기과잉간극수압, t : 시간

C_V : 연직방향 압밀계수, Z : 배수거리

3) 모델링

4) 제안시험 : 표준압밀시험

II. 가정

1) 완전 포화된 균질한 점토지반

2) 반무한적 면적의 순간하중이 작용

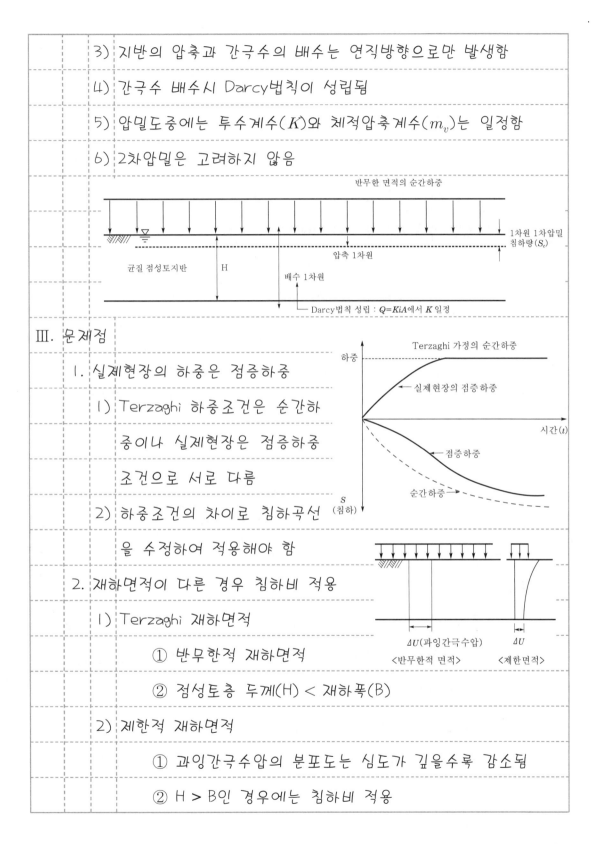

3) 지반의 압축과 간극수의 배수는 연직방향으로만 발생함

4) 간극수 배수시 Darcy법칙이 성립됨

5) 압밀도중에는 투수계수(K)와 체적압축계수(m_v)는 일정함

6) 2차압밀은 고려하지 않음

반무한 면적의 순간하중

1차원 1차압밀
침하량(S_c)

압축 1차원

균질 점성토지반 H

배수 1차원

Darcy법칙 성립 : $Q=KiA$에서 K 일정

Ⅲ. 문제점

1. 실제현장의 하중은 점증하중

1) Terzaghi 하중조건은 순간하

중이나 실제현장은 점증하중

조건으로 서로 다름

2) 하중조건의 차이로 침하곡선

을 수정하여 적용해야 함

하중

Terzaghi 가정의 순간하중

실제현장의 점증하중

시간(t)

S (침하)

점증하중

순간하중

2. 재하면적이 다른 경우 침하비 적용

1) Terzaghi 재하면적

① 반무한적 재하면적

② 점성토층 두께(H) < 재하폭(B)

2) 제한적 재하면적

① 과잉간극수압의 분포도는 심도가 깊을수록 감소됨

② H > B인 경우에는 침하비 적용

ΔU(과잉간극수압) ΔU

<반무한적 면적>   <제한적면적>

　　　　　　③ 제한적 재하면적 침하량 = Terzaghi 압밀침하량 × 침하비

　　3) 제한적 재하면적의 배수와 압축조건

　　　　　① 2차원 또는 3차원배수와 압축발생

　　　　　② 침하량만 수정하고 압밀시간은 Terzaghi이론 적용

　3. 압밀 중 투수계수 감소폭이 큰 경우 적용 곤란

　　1) 일반 점토지반은 Terzaghi이론 적용

　　　　① 재하압밀 중 k와 e 감소폭은 미비

　　　　② 미소변형률($\frac{\Delta k}{k} < 10\%$)

　　2) 준설점토지반은 유한변형률 이론 적용

　　　　① 자중압밀 중 k와 e 감소폭이 큼

　　　　② 소변형률($\frac{\Delta k}{k} \geq 10\%$)

　4. 이차압밀 발생시 추가로 고려

　　1) 무기질 점토지반은 Terzaghi이론 적용 가능

　　　　- 2차압밀량은 무시할 정도로 적음

　　2) 유기질 점토지반은 이차압밀을 추가로 고려해야 함

Ⅳ. 결론

　　1) Terzaghi 압밀이론은 점성토지반의 1차압밀침하량과 압밀시간을 산정할 때 가정조건에 맞는 표준압밀시험의 결과로 얻은 압축지수와 압밀계수를 이용한다.

　　2) Terzaghi 압밀이론의 가정조건과 상이한 경우 Terzaghi 이론으로 구한 값을 수정하거나 다른 이론을 적용하여야 한다.

| 문제 2) | 1차원 압밀이론과 다차원 압밀이론의 원리와 실무적용에 대하여 기술하시오. |

답

I. 압밀의 개요

1) 점성토지반에 외력이 발생하여 과잉간극수압이 발생되면 소산되는 시간이 길어 장기적으로 발생하는 압축을 압밀이라 한다.

2) 점토층 내의 과잉간극수압 분포도

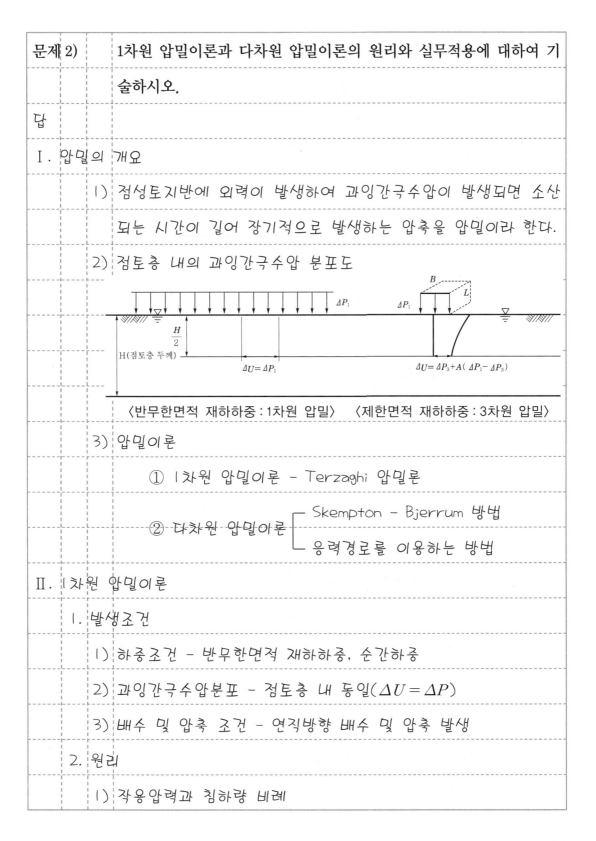

〈반무한면적 재하하중 : 1차원 압밀〉 〈제한면적 재하하중 : 3차원 압밀〉

3) 압밀이론

① 1차원 압밀이론 - Terzaghi 압밀론

② 다차원 압밀이론 ┌ Skempton - Bjerrum 방법
                  └ 응력경로를 이용하는 방법

II. 1차원 압밀이론

1. 발생조건

1) 하중조건 - 반무한면적 재하하중, 순간하중

2) 과잉간극수압분포 - 점토층 내 동일($\Delta U = \Delta P$)

3) 배수 및 압축 조건 - 연직방향 배수 및 압축 발생

2. 원리

1) 작용압력과 침하량 비례

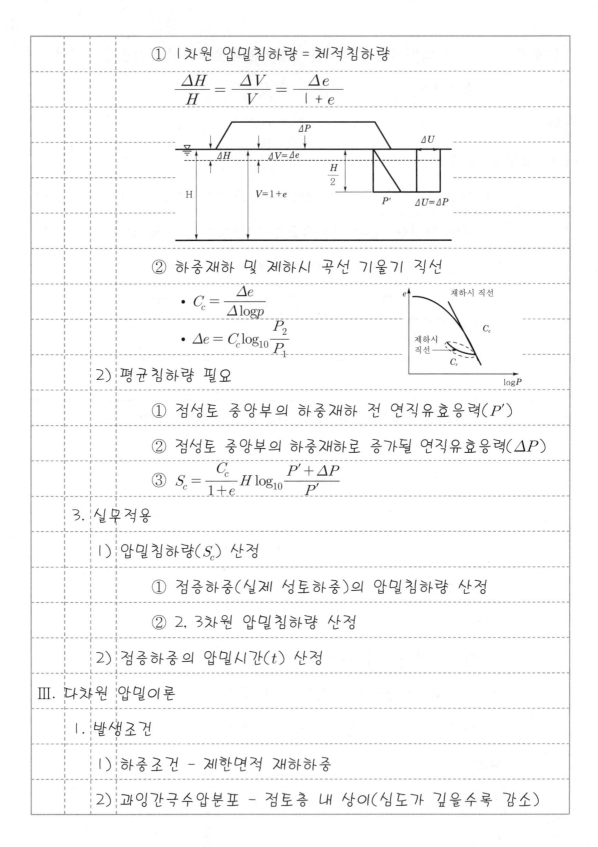

① 1차원 압밀침하량 = 체적침하량

$$\frac{\Delta H}{H} = \frac{\Delta V}{V} = \frac{\Delta e}{1+e}$$

② 하중재하 및 제하시 곡선 기울기 직선

• $C_c = \dfrac{\Delta e}{\Delta \log p}$

• $\Delta e = C_c \log_{10} \dfrac{P_2}{P_1}$

2) 평균침하량 필요

① 점성토 중앙부의 하중재하 전 연직유효응력(P')

② 점성토 중앙부의 하중재하로 증가될 연직유효응력(ΔP)

③ $S_c = \dfrac{C_c}{1+e} H \log_{10} \dfrac{P' + \Delta P}{P'}$

3. 실무적용

1) 압밀침하량(S_c) 산정

① 점증하중(실제 성토하중)의 압밀침하량 산정

② 2, 3차원 압밀침하량 산정

2) 점증하중의 압밀시간(t) 산정

Ⅲ. 다차원 압밀이론

1. 발생조건

1) 하중조건 - 제한면적 재하하중

2) 과잉간극수압분포 - 점토층 내 상이(심도가 깊을수록 감소)

3) 배수 및 압축 조건 - 다차원 배수 및 압축 발생

2. 원리

1) 작용압력과 침하량은 재하면적에 따라 다름

2) 평균침하량 필요

　　① 점성토 중앙부 과잉간극수압크기 적용

　　② 삼축압축시의 간극수압계수인 A계수 필요

3) 침하비(K)와 A계수 크기 관계 이용

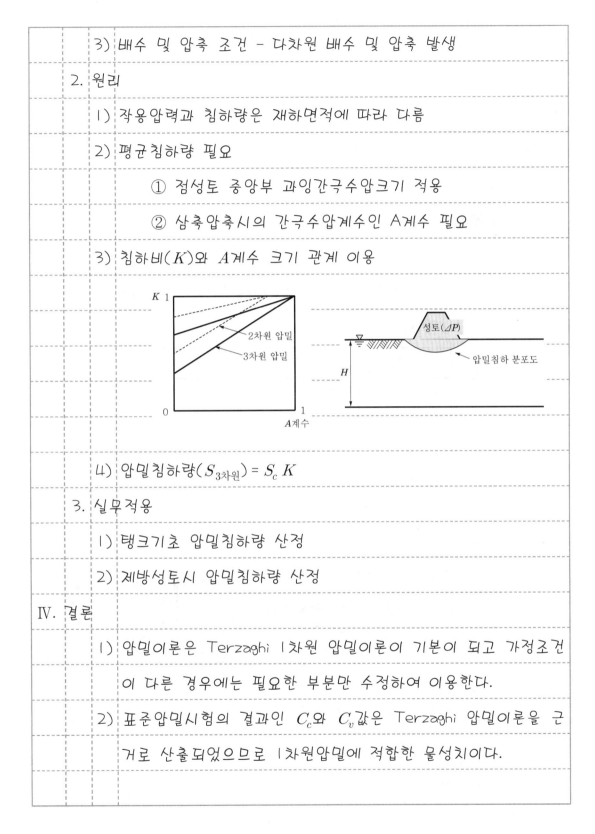

4) 압밀침하량($S_{3차원}$) = $S_c K$

3. 실무적용

1) 탱크기초 압밀침하량 산정

2) 제방성토시 압밀침하량 산정

IV. 결론

1) 압밀이론은 Terzaghi 1차원 압밀이론이 기본이 되고 가정조건
　　이 다른 경우에는 필요한 부분만 수정하여 이용한다.

2) 표준압밀시험의 결과인 C_c와 C_v값은 Terzaghi 압밀이론을 근
　　거로 산출되었으므로 1차원압밀에 적합한 물성치이다.

문제 3)	자중압밀, 침투압밀, 진공압밀의 원리 및 효과와 문제점에 대하여 기술하시오.

답

I. 자중압밀(Self Weight Consolidation)

  1. 원리

    1) 정의

      자중압밀이란 준설된 흙탕물이 침강되어 퇴적된 점성토가 상부의 퇴적토 무게로 오랜 시간동안 발생되는 압축을 말한다.

    2) 침강압밀 단계

  2. 효과

    1) 인접지역의 토사를 이용하므로 경제적이다.

    2) 공사기간이 긴 경우에 적합하다.

    3) 준설높이가 얕은 경우 적용한다.

  3. 문제점

    1) 압밀시간이 길다.

    2) 압밀완료 후에도 지반 유효응력이 적어 장비진입이 곤란하다.

$$\left(\begin{array}{l} U = r_w H, \ \Delta U = r_d H \\ \sigma_v{}' = r_{sub} Z \end{array} \right)$$

    3) 장비진입시 표층처리공법이 필요하다.

Ⅱ. 침투압밀(Hydraulic Consolidation)

  1. 원리

    1) 정의

      준설 예정지반에 모래배수층을 포설한 후 준설하면 퇴적

      된 점토층에 하향침투압이 재하압력으로 작용하여 자중압

      밀보다 압밀시간이 단축되는 압축을 침투압밀이라 함

    2) 유효응력변화

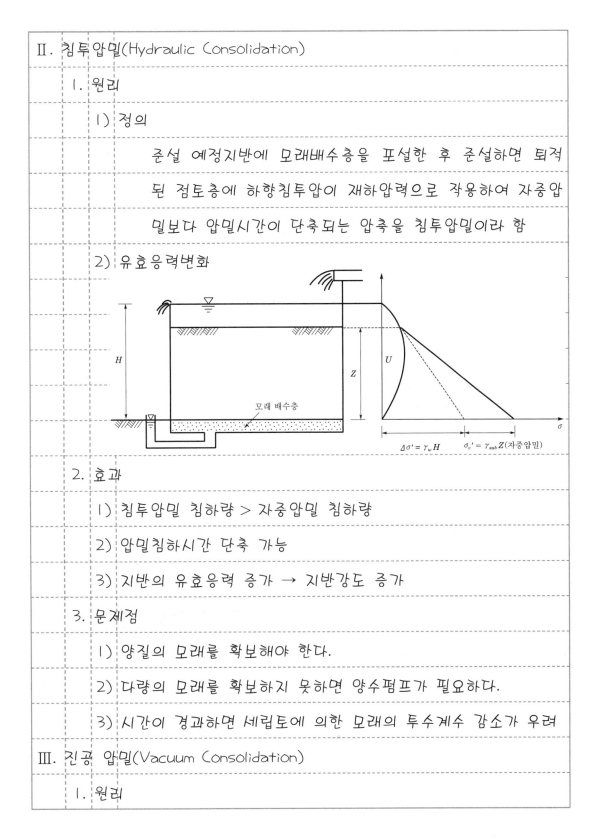

  2. 효과

    1) 침투압밀 침하량 > 자중압밀 침하량

    2) 압밀침하시간 단축 가능

    3) 지반의 유효응력 증가 → 지반강도 증가

  3. 문제점

    1) 양질의 모래를 확보해야 한다.

    2) 다량의 모래를 확보하지 못하면 양수펌프가 필요하다.

    3) 시간이 경과하면 세립토에 의한 모래의 투수계수 감소가 우려

Ⅲ. 진공 압밀(Vacuum Consolidation)

  1. 원리

1) 정의

　　자중압밀이 끝난 준설점토에 배수관과 진공펌프를 설치하고
차단막으로 진공상태를 유지하여 강제배수를 하면 대기압 재하
형태로 지반파괴 없이 등방압축되는 것을 진공압밀이라 함.

2) 유효응력 변화

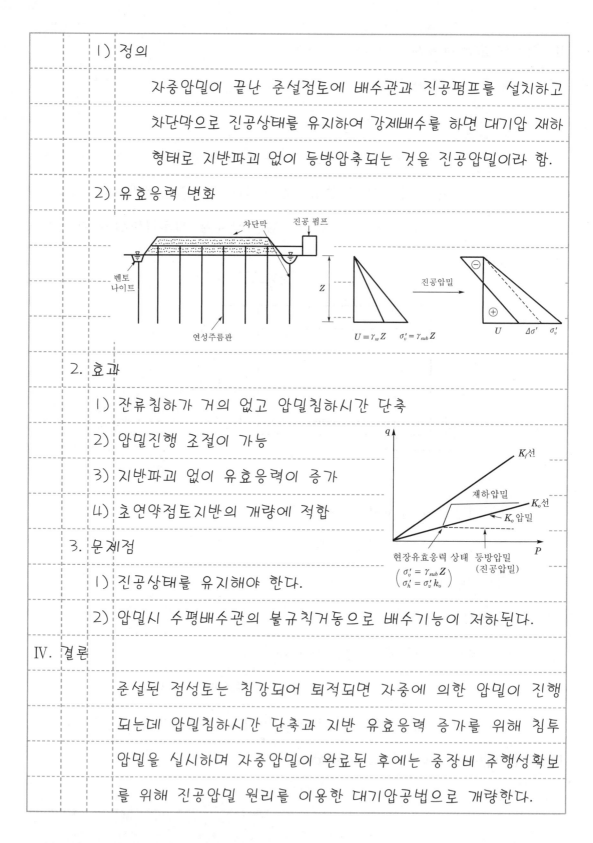

2. 효과

1) 잔류침하가 거의 없고 압밀침하시간 단축

2) 압밀진행 조절이 가능

3) 지반파괴 없이 유효응력이 증가

4) 초연약점토지반의 개량에 적합

3. 문제점

1) 진공상태를 유지해야 한다.

2) 압밀시 수평배수관의 불규칙거동으로 배수기능이 저하된다.

Ⅳ. 결론

　　준설된 점성토는 침강되어 퇴적되면 자중에 의한 압밀이 진행
되는데 압밀침하시간 단축과 지반 유효응력 증가를 위해 침투
압밀을 실시하며 자중압밀이 완료된 후에는 중장비 주행성확보
를 위해 진공압밀 원리를 이용한 대기압공법으로 개량한다.

문제 4)	퇴적 점성토지반의 미압밀상태의 평가방법과 지반공학적 문제점에
	대하여 기술하시오.

답

I. 미압밀상태의 개요

1) 정의

퇴적 점성토지반의 미압밀상태란 점성토지반에 퇴적하중으로 발생된 과잉간극수압의 소산이 진행중인 상태, 즉 현재 압밀침하가 발생되고 있는 것을 말한다.

2) 퇴적 점성토지반의 압밀상태

① 과압밀상태(Over Consolidated Condition)

② 정규압밀상태(Normal Consolidated Condition)

③ 미압밀상태(Under Consolidated Condition)

II. 평가방법

1. 과압밀비(OCR) 방법

1) 과압밀비(OCR) 정의

$$OCR = \frac{\sigma_c' \text{ (과거 최대 연직유효응력, 선행압밀응력)}}{\sigma_v' \text{ (현재 연직유효응력)}}$$

2) 선행압밀응력(σ_c') 산정

① 점성토지반 중앙부의 시료 채취

② 압밀시험으로 $e-\log P$ 곡선 작도

③ 선행압밀응력(σ_c') 산정

3) 현재 연직유효응력(σ_v') 산정

① 점성토지반 중앙부의 시료로 r_{sub} 산정

② $\sigma_v' = r_{sub} Z$ (Z : 지표면에서 점성토 중앙부까지 거리)

4) OCR에 의한 압밀상태 평가

① OCR > 1 : 과압밀상태($\sigma_c' > \sigma_v'$)

② OCR = 1 : 정규압밀상태($\sigma_c' = \sigma_v'$)

③ OCR < 1 : 미압밀상태($\sigma_c' < \sigma_v'$)

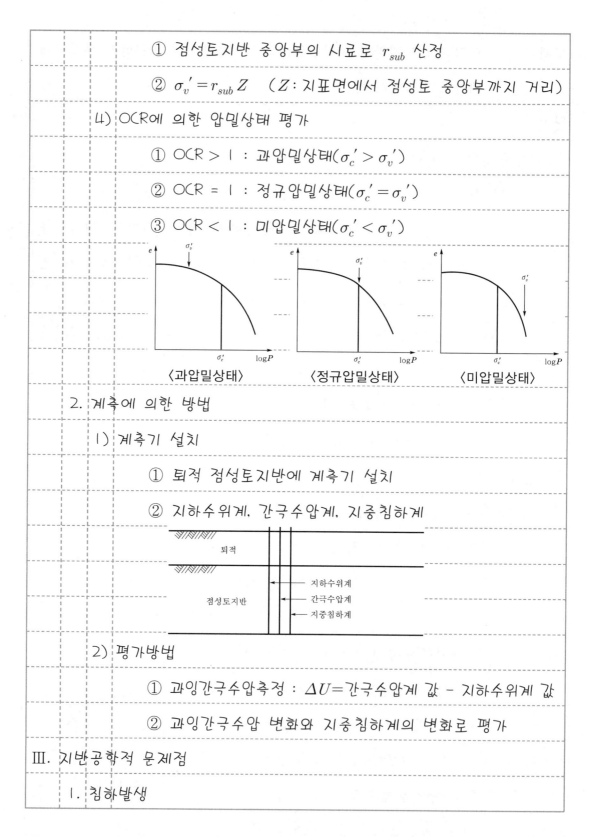

〈과압밀상태〉　　　　〈정규압밀상태〉　　　　〈미압밀상태〉

2. 계측에 의한 방법

1) 계측기 설치

① 퇴적 점성토지반에 계측기 설치

② 지하수위계, 간극수압계, 지중침하계

2) 평가방법

① 과잉간극수압측정 : ΔU = 간극수압계 값 – 지하수위계 값

② 과잉간극수압 변화와 지중침하계의 변화로 평가

III. 지반공학적 문제점

1. 침하발생

1) 미압밀침하량(S_c) 산정

$$① \ S_c = \frac{C_c}{1+e} H \log_{10} \frac{\sigma_v{}'}{\sigma_c{}'}$$

② C_c : 압축지수, e : 간극비, H : 점성토지반 두께

2) 잔류침하량(ΔS) = $S_c - S_t$ S_t : 계측의 침하량

2. 지반강도 부족

1) 추가강도(ΔC) 부족

① 지반강도 = 전단강도(S) = $C_o + \alpha \Delta P \overline{U} = C_o + \Delta C$

② C_o : 퇴적 전 점토지반강도

     α : 강도증가율 ΔP : 퇴적하중 $\overline{U}$: 평균압밀도

③ 평균압밀도($\overline{U}$) = $\frac{S_t}{S_c}$ 에서 $S_t < S_c$ 이므로 ΔC(추가강도)가 작아 지반강도 부족

2) 지반강도 부족 - 침하발생

3. 연약지반개량시 개량장비전도 및 주행성불량

1) 연직배수공법 시공시 장비전도 ┐
2) 성토장비의 주행성불량 ─────┘   토목섬유 + 샌드매트 시공

IV. 결론

1) 퇴적 점성토지반은 대부분 정규압밀상태로 존재하나 최근에 퇴적된 점성토지반은 압밀진행중인 미압밀상태로 존재하는 경우가 있다.

2) 평가방법으로는 과압밀비에 의한 평가방법이 주로 이용되며 압밀침하가 진행중이므로 지반개량시 성토하중결정 및 침하량 설계시 잔류침하량을 고려하여야 한다.

문제5)	선행압밀하중(프리로딩)공법에서 선행압밀하중 제거시기와 개량완료시기의 결정방법에 대하여 기술하시오.

답

Ⅰ. 선행압밀하중(프리로딩)공법의 개요

1) 정의

선행압밀하중공법이란 본구조물을 시공하기 전 지반에 선행압밀하중을 미리 가해 압밀침하를 시킴으로 지반의 잔류침하량을 허용치 이내로 개량하는 공법이다.

2) 설계시 고려사항

① 선행압밀하중의 크기

② 2차압밀 발생여부

③ 선행압밀하중의 제거시기

선행압밀하중(P_p)
영구하중(ΔP)
점토층

Ⅱ. 선행압밀하중 제거시기 결정방법

1. 본구조물하중(영구하중)에 의한 침하곡선 작도

1) 1차압밀침하량(S_c)과 2차압밀침하량(S_s) 산정

2) 유기질이 적은 점성토층은 1차압밀침하만 고려함

3) $S_c = \dfrac{C_c}{1+e} H \log_{10} \dfrac{P' + \Delta P}{P'}$

① C_c : 압축지수, H : 점토층 두께

② P', ΔP : 점토 중앙부 연직유효압력, 영구하중

4) 압밀시간(t) $= \dfrac{T_v Z^2}{C_v}$ (T_v : 시간계수, Z : 배수거리)

2. 선행압밀하중(P_p)을 포함한 침하곡선 작도

3. 제거시기 결정방법

　1) 영구하중의 허용침하량 산정

　2) 잔류침하량이 허용치보다 적을 때의 침하량(S_t) 산정

　3) 평균압밀도($\overline{U}$) 산정

$$\overline{U} = \frac{S_t}{S_c + \Delta S} \left(\begin{array}{l} S_c : \text{본구조물하중의 최종침하량,} \\ \Delta S : \text{선행압밀하중에 의한 추가 최종침하량} \end{array} \right)$$

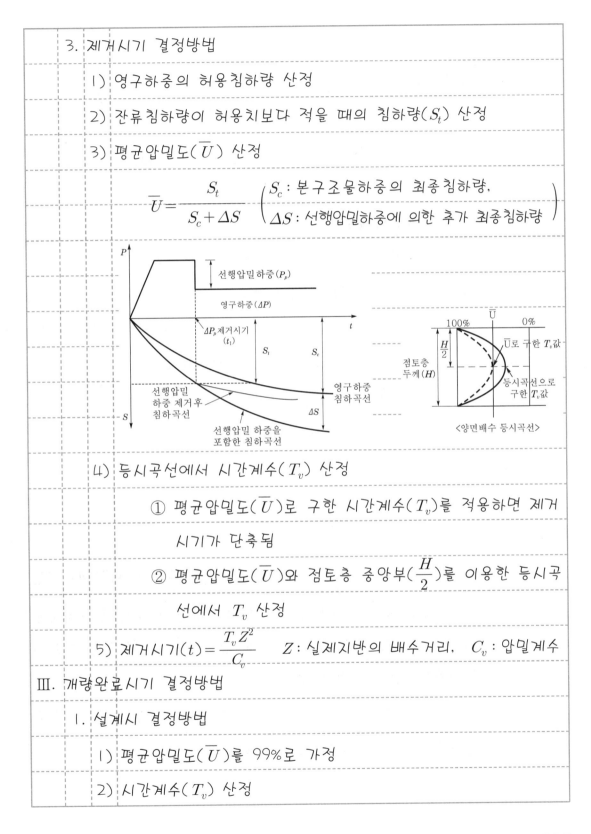

　4) 등시곡선에서 시간계수(T_v) 산정

　　① 평균압밀도($\overline{U}$)로 구한 시간계수(T_v)를 적용하면 제거

　　　시기가 단축됨

　　② 평균압밀도($\overline{U}$)와 점토층 중앙부($\frac{H}{2}$)를 이용한 등시곡

　　　선에서 T_v 산정

　5) 제거시기(t)$= \dfrac{T_v Z^2}{C_v}$　　Z : 실제지반의 배수거리,　C_v : 압밀계수

Ⅲ. 개량완료시기 결정방법

1. 설계시 결정방법

　1) 평균압밀도($\overline{U}$)를 99%로 가정

　2) 시간계수(T_v) 산정

$$T_v = 1.781 - 0.933 \log_{10}(100 - \overline{U})$$

3) 개량완료시기$(t_p) = \dfrac{T_v Z^2}{C_v}$

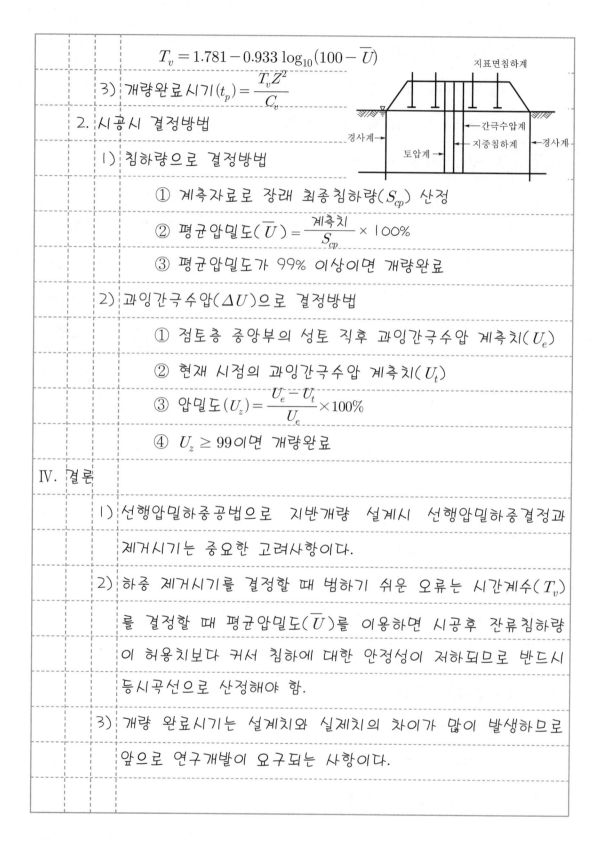

2. 시공시 결정방법

1) 침하량으로 결정방법

① 계측자료로 장래 최종침하량(S_{cp}) 산정

② 평균압밀도$(\overline{U}) = \dfrac{계측치}{S_{cp}} \times 100\%$

③ 평균압밀도가 99% 이상이면 개량완료

2) 과잉간극수압(ΔU)으로 결정방법

① 점토층 중앙부의 성토 직후 과잉간극수압 계측치(U_e)

② 현재 시점의 과잉간극수압 계측치(U_t)

③ 압밀도$(U_z) = \dfrac{U_e - U_t}{U_e} \times 100\%$

④ $U_z \geq 99$이면 개량완료

Ⅳ. 결론

1) 선행압밀하중공법으로 지반개량 설계시 선행압밀하중결정과 제거시기는 중요한 고려사항이다.

2) 하중 제거시기를 결정할 때 범하기 쉬운 오류는 시간계수(T_v)를 결정할 때 평균압밀도$(\overline{U})$를 이용하면 시공후 잔류침하량이 허용치보다 커서 침하에 대한 안정성이 저하되므로 반드시 등시곡선으로 산정해야 함.

3) 개량 완료시기는 설계치와 실제치의 차이가 많이 발생하므로 앞으로 연구개발이 요구되는 사항이다.

문제 6)	순간재하와 점증재하의 압밀침하 특성을 비교하고 공사단계별 점증
	하중의 침하량 산정방법에 대하여 기술하시오.

답

I. 재하하중별 압밀의 개요

　1) 순간재하 압밀

　　① 재하하중이 순간적으로 점토지반에 작용하여 발생된
　　　과잉간극수압의 장기적인 소산으로 발생하는 압축

　　② 성토시공 중 과잉간극수압 소산이 없는 경우에 해당하
　　　며 Terzaghi 압밀이론으로 $t-S$ 곡선을 작도함

　2) 점증재하 압밀

　　① 실제 현장에서 일정 기간동안
　　　점차적으로 하중이 증가되어
　　　점토지반에 발생하는 장기압축

　　② 성토시공 중에 과잉간극수압의 소산이 발생하는 경우
　　　에 해당하며 Terzaghi 근사법 또는 Olsen 제안식으로
　　　압밀침하량을 수정한다.

II. 압밀침하 특성의 비교

　1) 압축지수(C_c)와 압밀계수(C_v) 특성

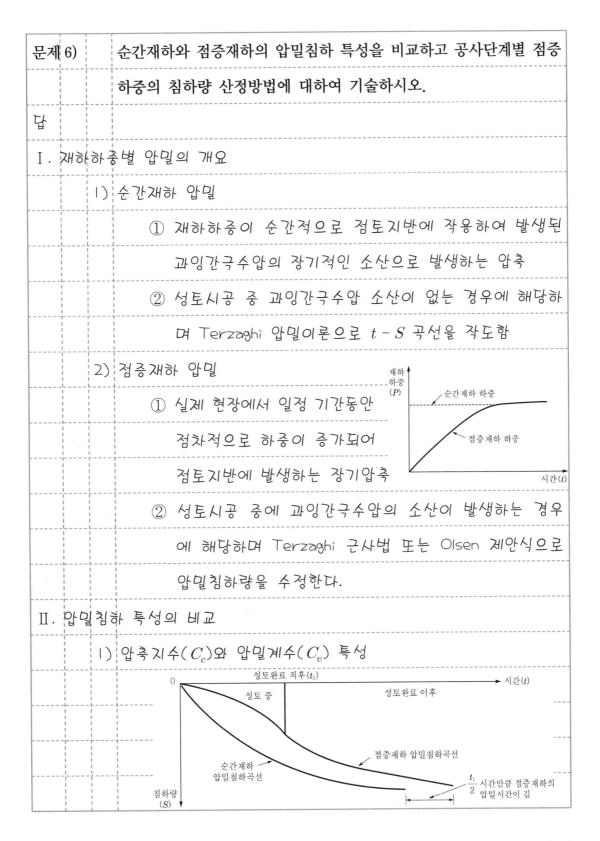

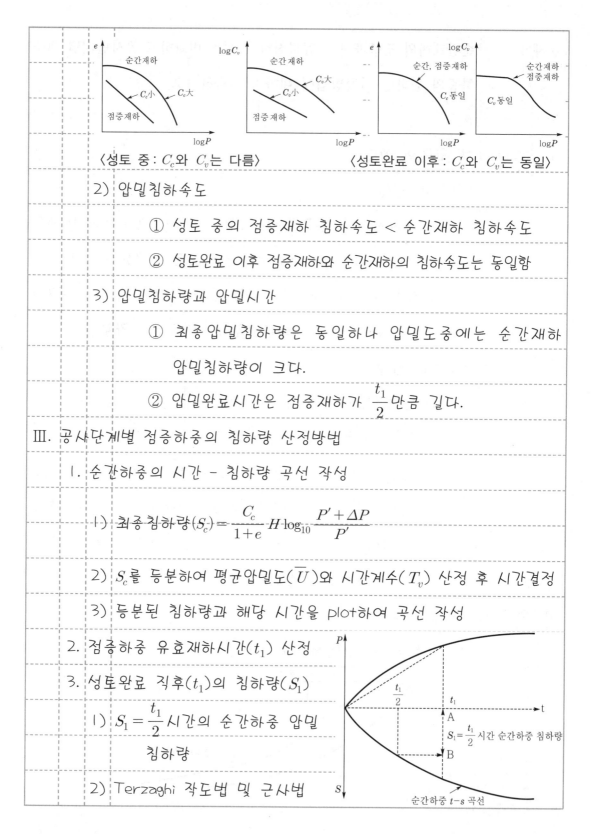

〈성토 중 : C_c와 C_v는 다름〉 〈성토완료 이후 : C_c와 C_v는 동일〉

2) 압밀침하속도

  ① 성토 중의 점증재하 침하속도 < 순간재하 침하속도

  ② 성토완료 이후 점증재하와 순간재하의 침하속도는 동일함

3) 압밀침하량과 압밀시간

  ① 최종압밀침하량은 동일하나 압밀도중에는 순간재하

   압밀침하량이 크다.

  ② 압밀완료시간은 점증재하가 $\dfrac{t_1}{2}$ 만큼 길다.

Ⅲ. 공사단계별 점증하중의 침하량 산정방법

1. 순간하중의 시간 - 침하량 곡선 작성

  1) 최종침하량$(S_c) = \dfrac{C_c}{1+e} H \log_{10} \dfrac{P' + \Delta P}{P'}$

  2) S_c를 등분하여 평균압밀도$(\overline{U})$와 시간계수(T_v) 산정 후 시간결정

  3) 등분된 침하량과 해당 시간을 plot하여 곡선 작성

2. 점증하중 유효재하시간(t_1) 산정

3. 성토완료 직후(t_1)의 침하량(S_1)

  1) $S_1 = \dfrac{t_1}{2}$시간의 순간하중 압밀

   침하량

  2) Terzaghi 작도법 및 근사법

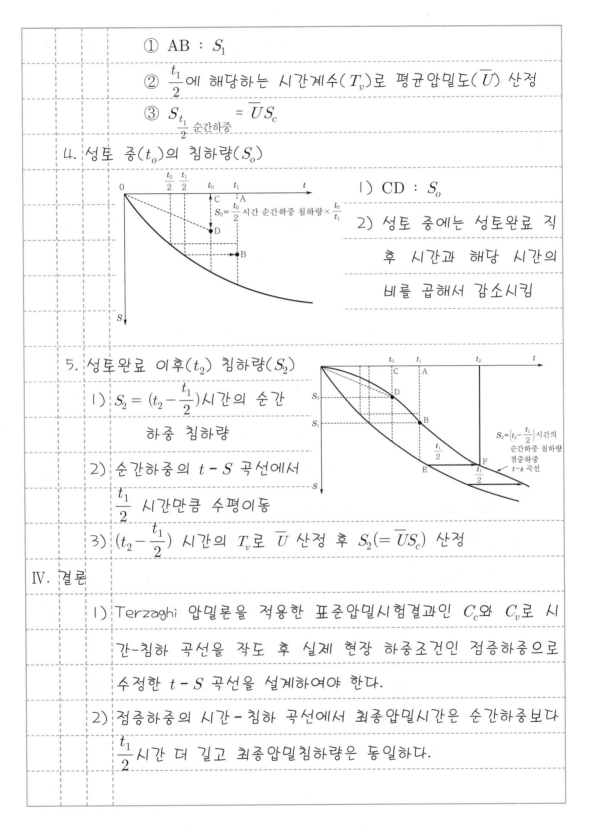

① AB : S_1

② $\dfrac{t_1}{2}$에 해당하는 시간계수(T_v)로 평균압밀도($\overline{U}$) 산정

③ $S_{\frac{t_1}{2}\,순간하중} = \overline{U}S_c$

4. 성토 중(t_o)의 침하량(S_o)

1) CD : S_o

2) 성토 중에는 성토완료 직후 시간과 해당 시간의 비를 곱해서 감소시킴

5. 성토완료 이후(t_2) 침하량(S_2)

1) $S_2 = (t_2 - \dfrac{t_1}{2})$시간의 순간 하중 침하량

2) 순간하중의 $t - S$ 곡선에서 $\dfrac{t_1}{2}$ 시간만큼 수평이동

3) $(t_2 - \dfrac{t_1}{2})$ 시간의 T_v로 $\overline{U}$ 산정 후 $S_2(= \overline{U}S_c)$ 산정

IV. 결론

1) Terzaghi 압밀론을 적용한 표준압밀시험결과인 C_c와 C_v로 시간-침하 곡선을 작도 후 실제 현장 하중조건인 점증하중으로 수정한 $t - S$ 곡선을 설계하여야 한다.

2) 점증하중의 시간-침하 곡선에서 최종압밀시간은 순간하중보다 $\dfrac{t_1}{2}$시간 더 길고 최종압밀침하량은 동일하다.

| 문제 7) | 연약지반성토시 실측치로 실제침하량 예측방법에 대하여 기술하시오. |

답

I. 연약지반성토시 실측치의 개요

1) 정의

연약지반성토시 설치된 계측기의 측정치를 실측치라 말하며, 시간에 따른 침하량과 수평변위량, 과잉간극수압치 및 작용토압을 실측치라 한다.

2) 실제침하량 예측방법

① 설계시 : 표준압밀시험의 결과로 시간 - 침하곡선 작도

후 점증하중으로 수정된 시간 - 침하곡선 작도

② 시공시 : 시간에 따른 실측치의 시간 - 침하곡선 작도

③ 예측방법 ┌ 설계시≒시공시 : 설계치로 예측
└ 설계시≠시공시 : 실측치로 수정

II. 실측치로 실제침하량 예측방법

1. 쌍곡선법

1) 가정

① 장래에 발생하는 침하곡선의 연장선은 실측된 침하곡선과 비슷한 쌍곡선이다.

② 평균 침하속도는 시간에 반비례하여 감소한다.

2) 실제침하량(S)

① 적용 기준점을 결정하여 S_0 산정

② 일정 시간(Δt)을 배분하여 그때의 침하량(ΔS) 결정

③ $\dfrac{\Delta t}{\Delta S} - \Delta t$ 곡선 작도

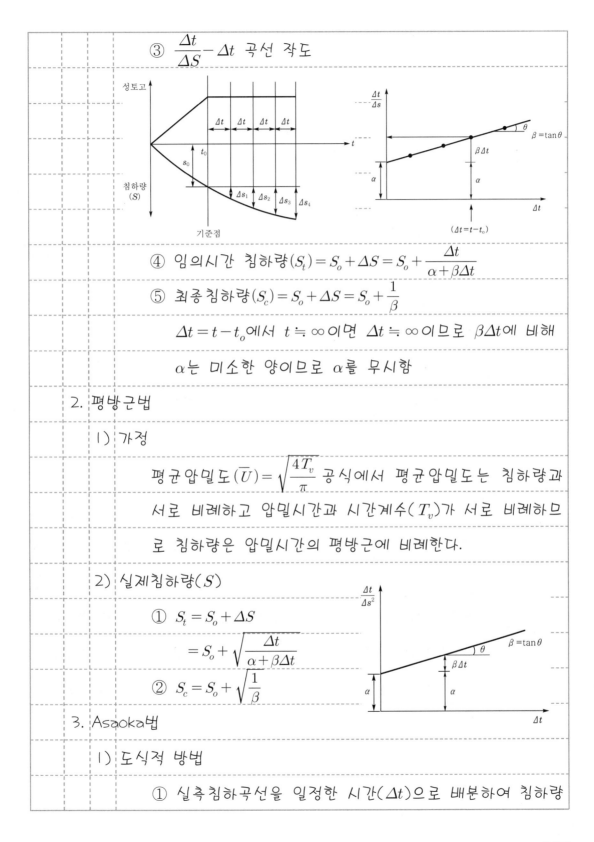

④ 임의시간 침하량$(S_t) = S_o + \Delta S = S_o + \dfrac{\Delta t}{\alpha + \beta \Delta t}$

⑤ 최종침하량$(S_c) = S_o + \Delta S = S_o + \dfrac{1}{\beta}$

   $\Delta t = t - t_o$에서 $t \fallingdotseq \infty$이면 $\Delta t \fallingdotseq \infty$이므로 $\beta \Delta t$에 비해

   α는 미소한 양이므로 α를 무시함

2. 평방근법

  1) 가정

    평균압밀도$(\overline{U}) = \sqrt{\dfrac{4T_v}{\pi}}$ 공식에서 평균압밀도는 침하량과

    서로 비례하고 압밀시간과 시간계수(T_v)가 서로 비례하므

    로 침하량은 압밀시간의 평방근에 비례한다.

  2) 실제침하량(S)

    ① $S_t = S_o + \Delta S$

       $= S_o + \sqrt{\dfrac{\Delta t}{\alpha + \beta \Delta t}}$

    ② $S_c = S_o + \sqrt{\dfrac{1}{\beta}}$

3. Asaoka법

  1) 도식적 방법

    ① 실측침하곡선을 일정한 시간(Δt)으로 배분하여 침하량

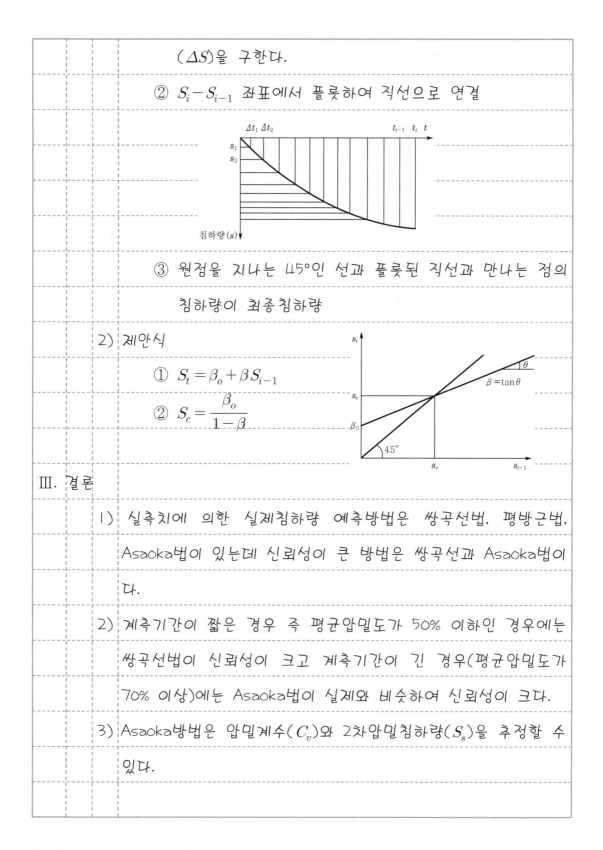

(ΔS)을 구한다.

② $S_i - S_{i-1}$ 좌표에서 플롯하여 직선으로 연결

③ 원점을 지나는 45°인 선과 플롯된 직선과 만나는 점의 침하량이 최종침하량

2) 제안식

① $S_t = \beta_o + \beta S_{i-1}$

② $S_c = \dfrac{\beta_o}{1-\beta}$

Ⅲ. 결론

1) 실측치에 의한 실제침하량 예측방법은 쌍곡선법, 평방근법, Asaoka법이 있는데 신뢰성이 큰 방법은 쌍곡선과 Asaoka법이다.

2) 계측기간이 짧은 경우 즉 평균압밀도가 50% 이하인 경우에는 쌍곡선법이 신뢰성이 크고 계측기간이 긴 경우(평균압밀도가 70% 이상)에는 Asaoka법이 실제와 비슷하여 신뢰성이 크다.

3) Asaoka방법은 압밀계수(C_v)와 2차압밀침하량(S_s)을 추정할 수 있다.

| 문제 8) | 압밀시험 문제점과 $e-\log P$ 곡선 보정방법에 대하여 기술하시오. |

답

I. 압밀시험의 개요

1) 정의

압밀시험이란 점토시료(D=6cm, H=2cm)를 표준압밀시험기에 넣고 수중에서 단계시험하중에 의한 간극비(e) 감소와 시간변화에 따른 압축량(d)으로 압축지수(C_c)와 압밀계수(C_v)를 구하는 시험을 말한다.

2) 시험방법

① 점토시료 제작(D=6cm, H=2cm)

② 단계하중 재하

$$\left[\begin{array}{l} P_1 = 0.1 \mathrm{kgf/cm}^2 \cdots \\ P_8 = 12.0 \mathrm{kgf/cm}^2 \\ \text{하중증가율}\left(\dfrac{\Delta P}{P}=1\right) \end{array}\right.$$

③ 단계하중 재하시간 : 24시간

④ 단계하중에 대한 시간 : 압축량 측정

3) 시험결과 정리

① $e-\log P$ 곡선 → 선행압밀응력(σ_c'), 압축지수(C_c, C_r)

② $d-\log t$과 $d-\sqrt{t}$ 곡선으로 압밀계수(C_v) 산정 후 $\log C_v - \log p$ 곡선으로 설계적용 C_v 결정

II. 압밀시험 문제점

1. 교란된 시료 사용

1) 시료채취 과정과 운반, 시료성형 및 시험시 시료교란 발생

2) $e-\log P$ 곡선 : C_c와 σ_c' 감소, $\log C_v - \log P$ 곡선 : C_v 감소

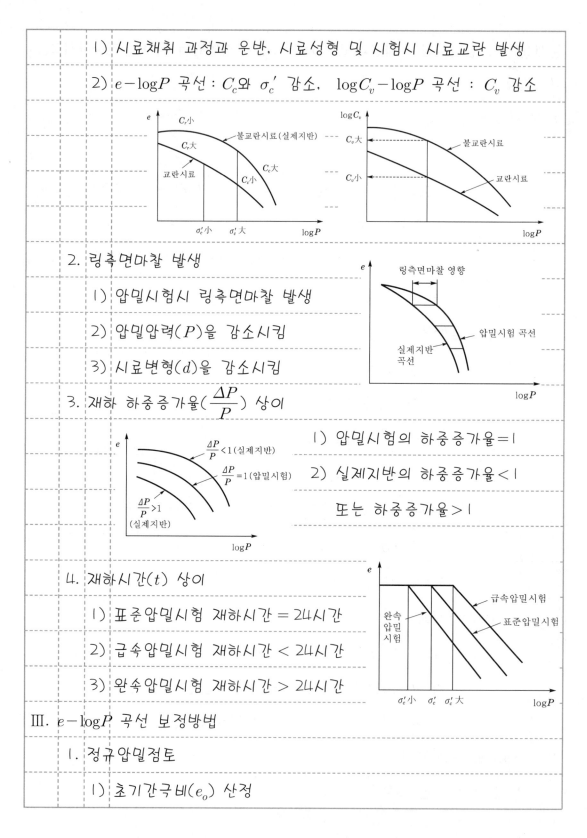

2. 링측면마찰 발생

   1) 압밀시험시 링측면마찰 발생

   2) 압밀압력(P)을 감소시킴

   3) 시료변형(d)을 감소시킴

3. 재하 하중증가율($\dfrac{\Delta P}{P}$) 상이

   1) 압밀시험의 하중증가율 =1

   2) 실제지반의 하중증가율 <1

   또는 하중증가율 >1

4. 재하시간(t) 상이

   1) 표준압밀시험 재하시간 = 24시간

   2) 급속압밀시험 재하시간 < 24시간

   3) 완속압밀시험 재하시간 > 24시간

III. $e-\log P$ 곡선 보정방법

1. 정규압밀점토

   1) 초기간극비(e_o) 산정

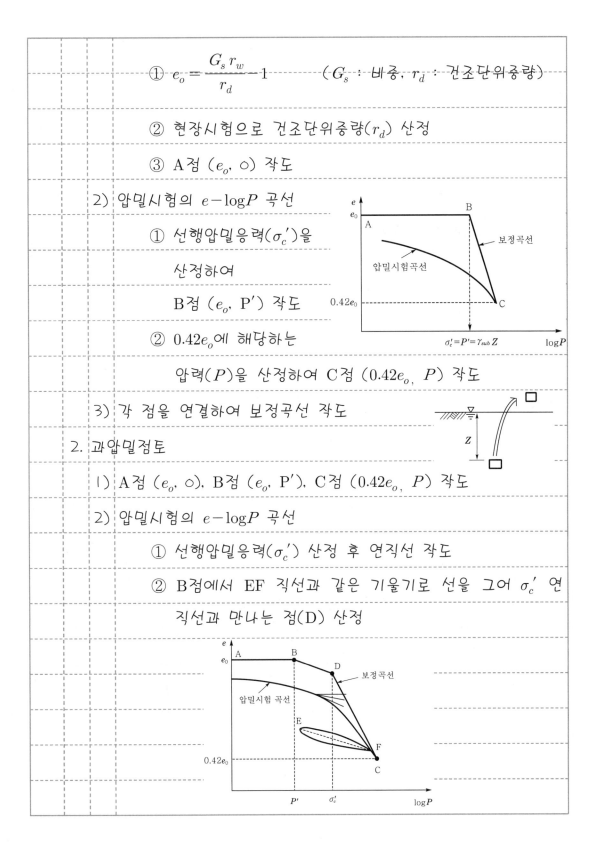

① $e_o = \dfrac{G_s\, r_w}{r_d} - 1$ (G_s : 비중, r_d : 건조단위중량)

② 현장시험으로 건조단위중량(r_d) 산정

③ A점 (e_o, 0) 작도

2) 압밀시험의 $e - \log P$ 곡선

   ① 선행압밀응력(σ_c')을

   산정하여

   B점 (e_o, P') 작도

   ② $0.42e_o$에 해당하는

   압력(P)을 산정하여 C점 ($0.42e_o$, P) 작도

3) 각 점을 연결하여 보정곡선 작도

2. 과압밀점토

1) A점 (e_o, 0), B점 (e_o, P'), C점 ($0.42e_o$, P) 작도

2) 압밀시험의 $e - \log P$ 곡선

   ① 선행압밀응력(σ_c') 산정 후 연직선 작도

   ② B점에서 EF 직선과 같은 기울기로 선을 그어 σ_c' 연

   직선과 만나는 점(D) 산정

3) 각 점을 연결하여 보정곡선 작도

Ⅳ. 결론

표준압밀시험의 물성치(σ_c', C_r, C_c, C_v)로 설계되어 점증하중으로 수정된 침하곡선과 계측곡선이 서로 다른 가장 큰 이유는 시료교란 영향이므로 시료교란이 최소가 되도록 시료를 채취하여야 하며 시험곡선은 반드시 보정하여 사용한다.

| 문제 9) | 시료교란 판정방법과 시료교란이 강도와 압축 특성에 미치는 영향에 대하여 기술하시오. |

답

Ⅰ. 시료교란의 개요

1) 정의

시료교란이란 실내시험에 필요한 시료가 지중에서 샘플러로 채취, 운반, 시험시 성형과 조작 미숙 등으로 응력상태가 현장과 다르게 되는 것을 말한다.

2) 시료응력 변화과정

① 시료채취 전

$$\beta = \frac{\sigma_v{'}}{\sigma_h{'}} = \frac{2\sigma_h{'}}{\sigma_h{'}} = 2$$

② 관입시 $\sigma_v{'}(=\sigma_h{'})$ 감소

③ 절단시 $\sigma_v{'}$, $\sigma_h{'}$ 감소

④ 채취 완료시 $\sigma_v{'} = \sigma_h{'} = U_r$ (U_r : 잔류간극수압)

3) 시료교란 원인

① 시료채취시 - 응력해방, 샘플러 내벽 마찰, 여잉토 혼입, 샘플러에 의한 지반압축, 시료절단시 교란

② 시료운반시 수분증발 및 충격

③ 시료성형 및 조작 미숙

Ⅱ. 시료교란 판정방법

1. 현장에서 판단

육안 및 시료장비의 내경비와 면적비, 시료회수율, X선 촬영

2. 전단강도시험결과로 판단

1) 심도별 전단강도(C_u)와 전단변형률($r\%$)

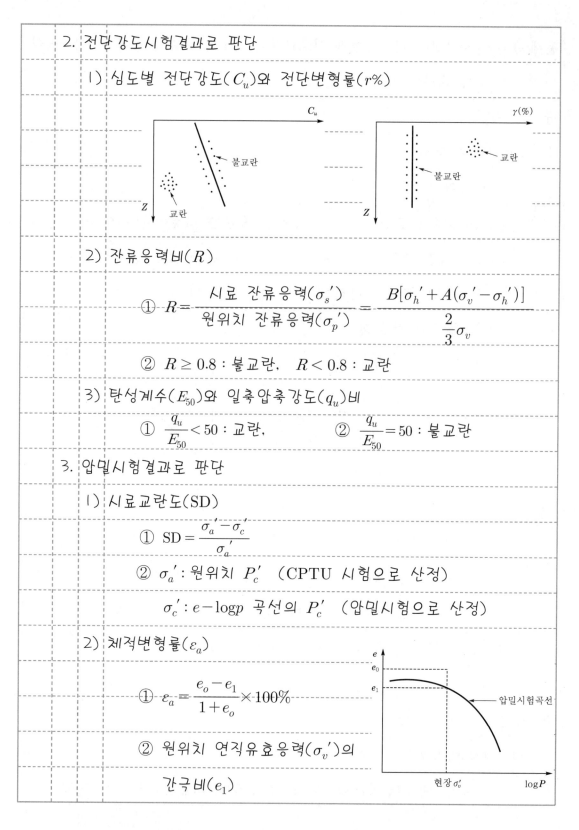

2) 잔류응력비(R)

① $R = \dfrac{\text{시료 잔류응력}(\sigma_s')}{\text{원위치 잔류응력}(\sigma_p')} = \dfrac{B[\sigma_h' + A(\sigma_v' - \sigma_h')]}{\dfrac{2}{3}\sigma_v}$

② $R \geq 0.8$: 불교란, $R < 0.8$: 교란

3) 탄성계수(E_{50})와 일축압축강도(q_u)비

① $\dfrac{q_u}{E_{50}} < 50$: 교란,   ② $\dfrac{q_u}{E_{50}} = 50$: 불교란

3. 압밀시험결과로 판단

1) 시료교란도(SD)

① $\mathrm{SD} = \dfrac{\sigma_a' - \sigma_c'}{\sigma_a'}$

② σ_a' : 원위치 P_c' (CPTU 시험으로 산정)

σ_c' : $e - \log p$ 곡선의 P_c' (압밀시험으로 산정)

2) 체적변형률(ε_a)

① $\varepsilon_a = \dfrac{e_o - e_1}{1 + e_o} \times 100\%$

② 원위치 연직유효응력(σ_v')의

간극비(e_1)

$\varepsilon_a(\%)$	상태	등급
<1	매우 양호	A
1~2	양호	B
2~4	보통	C
4~10	불량	D
>10	매우 불량	E

Ⅲ. 시료교란이 강도와 압축 특성에 미치는 영향

1. 강도특성에 미치는 영향

1) 전단강도(τ_f)와 변형계수(E_s) 감소   2) 변형률 증가

2. 압축특성에 미치는 영향

1) 압밀침하량(S_c) 감소   2) 선행압밀응력(σ_c') 감소

① $S_c = \dfrac{C_c}{1+e} H \log_{10} \dfrac{P' + \Delta P}{P'}$

② C_c 小 ⇒ S_c 감소

3) 압밀계수(C_v) 감소로 압밀시간(t)이 길어짐

① $t = \dfrac{T_v Z^2}{C_v}$

② C_v 小 ⇒ t 증가

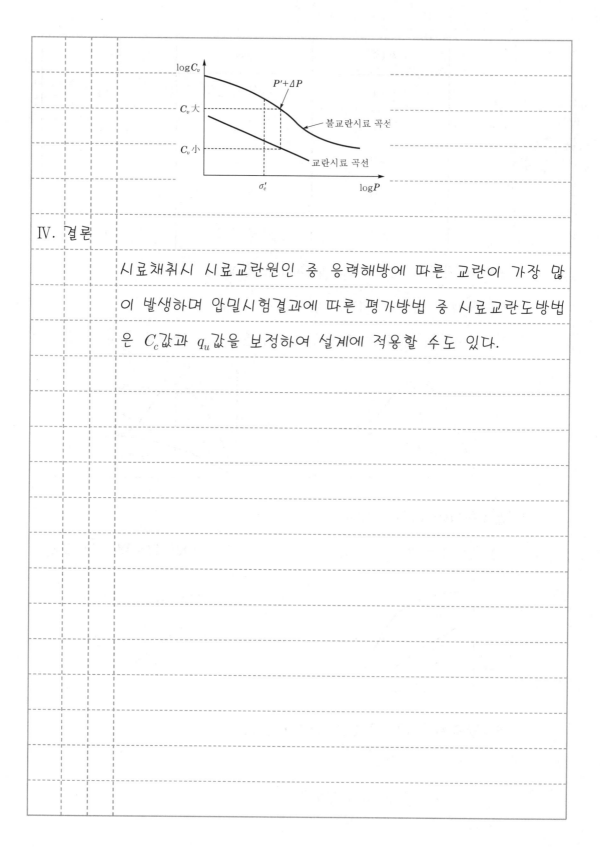

IV. 결론

시료채취시 시료교란원인 중 응력해방에 따른 교란이 가장 많이 발생하며 압밀시험결과에 따른 평가방법 중 시료교란도방법은 C_c값과 q_u값을 보정하여 설계에 적용할 수도 있다.

| 문제 10) | 자연상태에서 시료채취과정과 압밀시험 종료시까지의 응력상태와 응력경로에 대하여 기술하시오. |

답

I. 응력상태와 응력경로의 개요

1) 정의

① 응력상태란 지중 또는 흙 시료에서 연직방향과 수평방향에 작용하는 유효응력의 크기를 말하고

② 응력경로란 응력상태를 Mohr원으로 표시할 때 원의 반경을 q좌표, 원의 중심을 P좌표로 하여 응력상태의 변화를 연결한 선을 말한다.

2) 응력상태와 응력경로관계

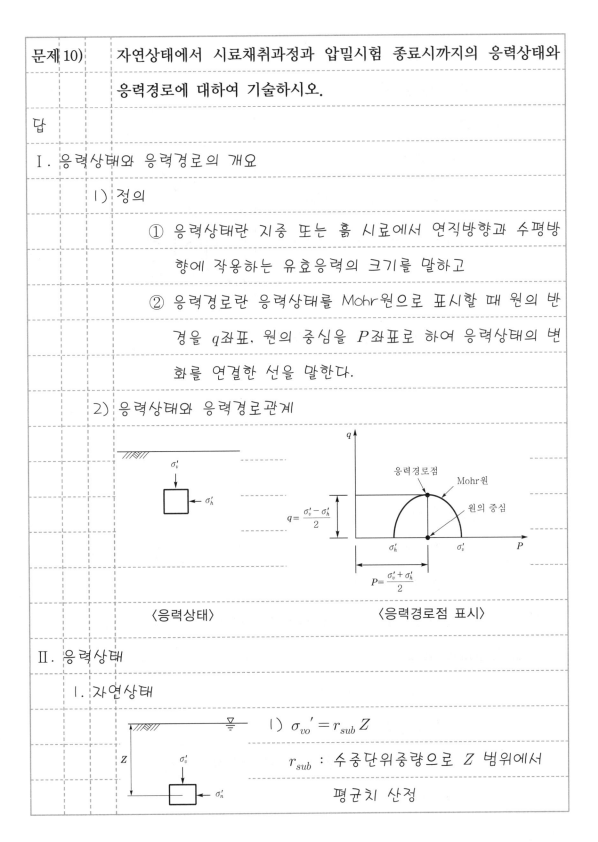

〈응력상태〉　　　　　　〈응력경로점 표시〉

II. 응력상태

1. 자연상태

1) $\sigma_{vo}' = r_{sub} Z$

r_{sub} : 수중단위중량으로 Z 범위에서 평균치 산정

2) $\sigma_{ho}{}' = \sigma_{vo}{}' K_o = 0.5\sigma_{vo}{}'$

K_o : 정지토압계수로 0.5에 해당

2. 시료채취 과정

1) 샘플러관입

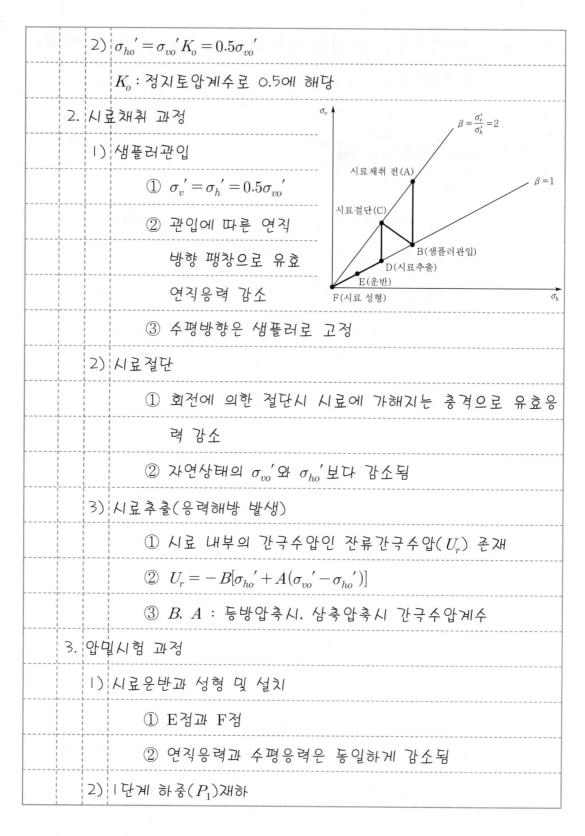

① $\sigma_v{}' = \sigma_h{}' = 0.5\sigma_{vo}{}'$

② 관입에 따른 연직

방향 팽창으로 유효

연직응력 감소

③ 수평방향은 샘플러로 고정

2) 시료절단

① 회전에 의한 절단시 시료에 가해지는 충격으로 유효응

력 감소

② 자연상태의 $\sigma_{vo}{}'$와 $\sigma_{ho}{}'$보다 감소됨

3) 시료추출(응력해방 발생)

① 시료 내부의 간극수압인 잔류간극수압(U_r) 존재

② $U_r = -B[\sigma_{ho}{}' + A(\sigma_{vo}{}' - \sigma_{ho}{}')]$

③ B, A : 등방압축시, 삼축압축시 간극수압계수

3. 압밀시험 과정

1) 시료운반과 성형 및 설치

① E점과 F점

② 연직응력과 수평응력은 동일하게 감소됨

2) 1단계 하중(P_1)재하

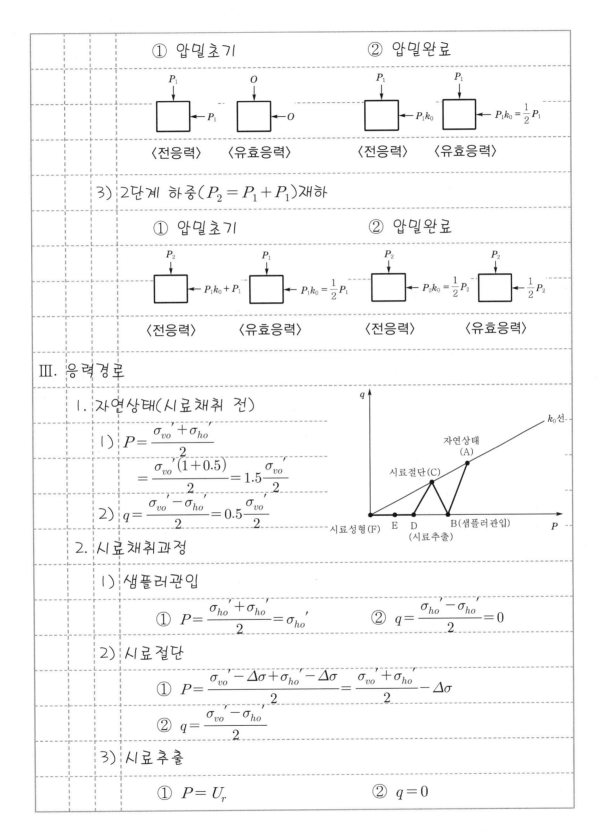

① 압밀초기

$$P_1 \downarrow \square \leftarrow P_1 \qquad O \downarrow \square \leftarrow O$$

〈전응력〉　〈유효응력〉

② 압밀완료

$$P_1 \downarrow \square \leftarrow P_1 k_0 \qquad P_1 \downarrow \square \leftarrow P_1 k_0 = \frac{1}{2} P_1$$

〈전응력〉　〈유효응력〉

3) 2단계 하중($P_2 = P_1 + P_1$)재하

① 압밀초기

$$P_2 \downarrow \square \leftarrow P_1 k_0 + P_1 \qquad P_1 \downarrow \square \leftarrow P_1 k_0 = \frac{1}{2} P_1$$

〈전응력〉　〈유효응력〉

② 압밀완료

$$P_2 \downarrow \square \leftarrow P_2 k_0 = \frac{1}{2} P_2 \qquad P_2 \downarrow \square \leftarrow \frac{1}{2} P_2$$

〈전응력〉　〈유효응력〉

Ⅲ. 응력경로

1. 자연상태(시료채취 전)

1) $P = \dfrac{\sigma_{vo}' + \sigma_{ho}'}{2}$

$\quad = \dfrac{\sigma_{vo}'(1+0.5)}{2} = 1.5 \dfrac{\sigma_{vo}'}{2}$

2) $q = \dfrac{\sigma_{vo}' - \sigma_{ho}'}{2} = 0.5 \dfrac{\sigma_{vo}'}{2}$

2. 시료채취과정

1) 샘플러관입

① $P = \dfrac{\sigma_{ho}' + \sigma_{ho}'}{2} = \sigma_{ho}'$ 　② $q = \dfrac{\sigma_{ho}' - \sigma_{ho}'}{2} = 0$

2) 시료절단

① $P = \dfrac{\sigma_{vo}' - \Delta\sigma + \sigma_{ho}' - \Delta\sigma}{2} = \dfrac{\sigma_{vo}' + \sigma_{ho}'}{2} - \Delta\sigma$

② $q = \dfrac{\sigma_{vo}' - \sigma_{ho}'}{2}$

3) 시료추출

① $P = U_r$ 　② $q = 0$

3. 압밀시험 과정

1) 1단계 하중(P_1)재하

구분	전응력경로	유효응력경로
초기	$P = P_1, \quad q = 0$	$P' = 0, \quad q' = 0$
완료	$P = P' = \dfrac{P_1 + 0.5P_1}{2} = \dfrac{3}{4}P_1, \quad q = q' = \dfrac{P_1 - 0.5P_1}{2} = \dfrac{1}{4}P_1$	

2) 2단계 하중($P_2 = P_1 + P_1$)재하

① 초기 : 전응력($P = P_1 + \dfrac{3}{4}P_1, \quad q = \dfrac{P_1}{4}$)

유효응력($P' = \dfrac{3}{4}P_1, \quad q' = \dfrac{P_1}{4}$)

② 완료 : $P = P' = P_1 + \dfrac{P_1}{2} = \dfrac{3}{2}P_1, \quad q = q' = \dfrac{P_1}{2}$

문제 11-1) K_o 압밀

답

I. 정의

점성토지반에 반무한적 면적의 순간하중이 작용하여 발생된 과

잉간극수압이 연직방향으로만 소산되면서 발생되는 장기압축,

즉 수평변위없이 발생되는 압밀을 K_o 압밀이라 한다.

II. 발생된 과잉간극수압 분포도

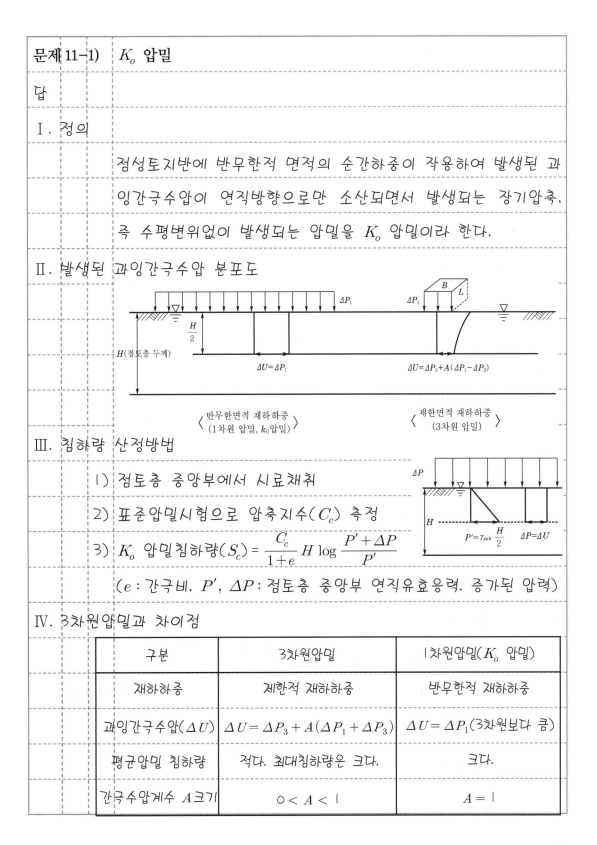

〈 반무한면적 재하하중 〉
(1차원 압밀, k_0압밀)

〈 제한면적 재하하중 〉
(3차원 압밀)

III. 침하량 산정방법

1) 점토층 중앙부에서 시료채취

2) 표준압밀시험으로 압축지수(C_c) 측정

3) K_o 압밀침하량(S_c) $= \dfrac{C_c}{1+e} H \log \dfrac{P' + \Delta P}{P'}$

(e : 간극비, P', ΔP : 점토층 중앙부 연직유효응력, 증가된 압력)

IV. 3차원압밀과 차이점

구분	3차원압밀	1차원압밀(K_o 압밀)
재하하중	제한적 재하하중	반무한적 재하하중
과잉간극수압(ΔU)	$\Delta U = \Delta P_3 + A(\Delta P_1 + \Delta P_3)$	$\Delta U = \Delta P_1$(3차원보다 큼)
평균압밀 침하량	적다. 최대침하량은 크다.	크다.
간극수압계수 A크기	$0 < A < 1$	$A = 1$

문제 11-2)	3차원압밀

답

Ⅰ. 정의

포화된 점토지반에 제한면적의 재하하중이 작용하여 발생된 과잉간극수압이 3차원방향으로 소산되면서 장기적으로 압축되는 것을 3차원압밀이라 한다.

Ⅱ. 발생된 과잉간극수압 분포도

$$\Delta U = \Delta P_1$$

$$\Delta U = \Delta P_3 + A(\Delta P_1 - \Delta P_3)$$

〈 반무한면적 재하하중
(1차원 압밀, k_0압밀) 〉

〈 제한면적 재하하중
(3차원 압밀) 〉

Ⅲ. 침하량 산정방법

1) 1차원 압밀침하량(S_c) 산정

$$S_c = \frac{C_c}{1+e} H \log \frac{P' + \Delta U}{P'}$$

2) 침하비(K) 산정

3) 3차원 압밀침하량($S_{(3차원)}$) = $S_c K$

Ⅳ. 1차원압밀과 차이점

구분	1차원압밀(K_o압밀)	3차원압밀
재하하중	반무한적 재하하중	제한적 재하하중
과잉간극수압(ΔU)	$\Delta U = \Delta P_1$, 3차원보다 큼	$\Delta U = \Delta P_3 + A(\Delta P_1 - \Delta P_3)$
평균 압밀침하량	크다.	적다. 최대 침하량은 크다.
간극수압계수 A 크기	$A = 1$	$0 < A < 1$

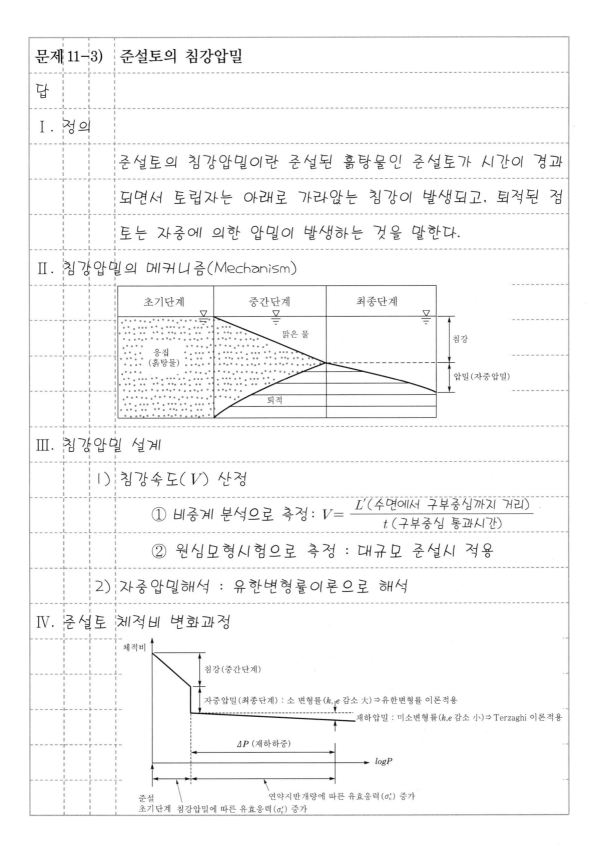

문제 11-3) 준설토의 침강압밀

답

I. 정의

준설토의 침강압밀이란 준설된 흙탕물인 준설토가 시간이 경과되면서 토립자는 아래로 가라앉는 침강이 발생되고, 퇴적된 점토는 자중에 의한 압밀이 발생하는 것을 말한다.

II. 침강압밀의 메커니즘(Mechanism)

초기단계	중간단계	최종단계
응집 (흙탕물)	맑은 물	침강
	퇴적	압밀(자중압밀)

III. 침강압밀 설계

1) 침강속도(V) 산정

① 비중계 분석으로 측정 : $V = \dfrac{L'(\text{수면에서 구부중심까지 거리})}{t(\text{구부중심 통과시간})}$

② 원심모형시험으로 측정 : 대규모 준설시 적용

2) 자중압밀해석 : 유한변형률이론으로 해석

IV. 준설토 체적비 변화과정

체적비

침강(중간단계)

자중압밀(최종단계) : 소 변형률(k, e 감소 大)⇒유한변형률 이론적용

재하압밀 : 미소변형률(k, e 감소 小)⇒Terzaghi 이론적용

ΔP (재하하중)

$log P$

준설

초기단계 침강압밀에 따른 유효응력(σ'_v) 증가

연약지반개량에 따른 유효응력(σ'_v) 증가

문제 11-4)	유보율

답

I. 정의

1) 유보율$(P) = \dfrac{잔류토사량(m^3)}{준설매립\ 시공토사량(m^3)} \times 100(\%)$

2) 준설매립 계획시 준설토의 유보율과 침하량으로 준설계획량을 산정하며, 유보율은 준설방법과 토질조건에 따라 다르다.

II. 토질별 유보율

1) 점토 및 점토질 실트 : $P \leq 70(\%)$

2) 모래질 실트   : $P = 70 \sim 95(\%)$

3) 자갈   : $P = 95 \sim 100(\%)$

III. 유보율 향상방법

1) 입경이 큰 토사 준설

2) 침사지면적 증가

3) 여수토방수로높이 증가

4) 매립지 내 가호안 축조

5) 시공관의 철저 ┌ 배출구부터 거리 증가
                     └ 준설 후 방치시간 증가

IV. 준설계획량과의 관계

1) 준설계획량$(V) = \dfrac{V_o}{P}$ (유보율(P)과 반비례관계)

2) 준설토침하량(V_o)

$V_o = \dfrac{매립체적}{1 - 자체수축률} \times (1 + 침하율)$

문제 11-5) 원심모형시험(Centrifuge Model Test)

답

Ⅰ. 정의

원심모형시험이란 실내에서 현장조건을 축소한 모형을 원심기의 회전으로 가속시켜 토립자의 자중을 증가하여 현장상태의 응력을 재현하는 시험을 말한다.

Ⅱ. 시험기 구조와 역할

1) Swing Basket : 모형토 넣는 곳
2) Boom : Basket와 수직축 연결
3) Counter Weight : 균형유지
4) 자료획득장치 : PC와 연결
5) 구동장치 : 시험기 회전

Ⅲ. 필요성

1) 현장응력 재현이 가능하므로 신뢰성이 큼
2) 모형제작이 간단하고 경제적임
3) 경계조건과 응력조건의 변화에 따른 연구가 가능함

Ⅳ. 활용방안

1) 실제 구조물의 응력 – 변형거동 및 파괴메커니즘 파악
2) 새로운 형상조사 : 액상화현상 또는 판이론 규명조사
3) 매개변수 연구 : 경계조건과 응력조건 변화에 따른 거동연구
4) 수치모델의 검증 : 수치해석결과와 비교검토로 검증

문제 11-6)	고령정규압밀점토(Aged Normally Consolidated Clay)

답

I. 정의

고령정규압밀점토란 정규압밀점토가 하중 증가없이 오랜 시간이 경과되어 발생된 지연압밀로 선행압밀응력이 증가되어 과압밀거동을 하는 정규압밀점토를 말한다.

II. 발생과정

① 1차압밀완료

– 신생정규압밀점토 생성

② 정규압밀상태로 방치

③ 지연압밀 발생 – 고령정규압밀점토

III. 공학적 특성

1) 과압밀 거동

① 과압밀비(OCR) > 1

② 압밀시험의 $e - \log P$ 곡선

거동이 과압밀점토와 유사

2) 압밀침하량 감소   3) 전단강도 증가   4) 소성지수 감소

IV. 고령과압밀점토와 비교

구분	고령정규압밀점토	고령과압밀점토
거동	지연압밀(2차압밀)	지연팽창 발생
유효응력	증가	감소
전단강도	증가	감소

문제 11-7)	이차압밀(Secondary Consolidation)

답

I. 정의

이차압밀이란 점토지반에 작용한 외력으로 발생된 과잉간극수압이 소산되면서 발생하는 1차압밀이 완료된 이후 외력이 증가되지 않은 상태에서 발생되는 장기침하를 말한다.

II. 발생원인

1) 점토구조 변화

① 면모화 발생 : 이산구조 → 면모구조

② 점토구조가 변함에 따라 압축 발생

2) 점토의 creep현상으로 체적감소

<이산구조> <면모구조>

III. 이차압밀침하량(S_s) 산정 방법

1) $S_s = C_\alpha' H_p \log_{10} \dfrac{t_1}{t_p}$

2) C_α' : 2차압축비, t_p : 1차압밀완료시간

3) H_p = 점성토 두께(H) - 1차압밀침하량(S_c)

$C_\alpha' : \dfrac{C_\alpha}{1+e}$

C_α : 2차압축지수

IV. 이차압밀 발생시 문제점 및 대책

1) 문제점

① 설계침하량보다 과다침하 발생   ② 압밀시간 지연

2) 대책

① Preloading 제거시기 산정시 2차압밀침하량 고려

② 잔류침하가 허용치보다 큰 경우 지반개량 실시

㉠ 심층혼합처리공법   ㉡ 모래다짐말뚝공법

3 永生의 길잡이 - 셋

천국에는 어떻게 가는가?

하나님
```
┌ 聖父 하나님(여호와) - 인간구원계획
├ 聖子 하나님(예수님) - 인간구원완성
└ 聖靈 하나님(성 신) - 인간구원확증
```
33年後

예수탄생

BC   AD
```
      └─ Anno Domini(라틴어) : 기원후
          in the year of our Lord(영어)
└─ Before Christ : 기원전
```

義人 ──────▶ 天國

피흘림 없이는 罪 사함이 없느니라
(히브리서 9장 22절)

罪人 ──────▶ 地獄

첫째, 사람은 누구나 죽는다.

이 세상은 有限의 세계이지만, 내세는 영원한 세계(천국과 지옥)가 존재한다.

둘째, 죄인(罪人)은 지옥, 의인(義人)은 천국

```
   └─ 모든 사람은 죄인    └─ 의인이 되는 방법?
```

셋째, 의인이 되는 방법

피흘림 없이는 죄사함이 없다. 즉, 내 죄를 깨끗이 함으로써 죄가 전혀 없는 의인이 되기 위하여서는 피를 흘려야 한다. 그러므로 내가 지은 죄는 내가 직접 피를 흘려 죄를 사함받아야 의인이 되어 천국에 가게 된다. 그러나 내가 직접 피를 흘림은 내 생명에 위험이 따른다.

그리하여 하나님께서는 ┌ 기원전(B.C 구약시대)에는 양의 피를 흘리게 하여 양의 피를 내가 흘린 피로 간주함으로써 나를 의인되게 하셨다.

└ 기원후(A.D 신약시대)에는 예수님의 피를 흘리게 하여 예수님의 피를 모든 사람이 흘린 피로 간주함으로써 이 진리를 믿는 사람은 의인되게 하셨다.

넷째, 모든 사람이 의인이 되었다? 그러면 지옥에 갈 사람은 한 사람도 없겠네.

2000년 전에 오신 예수님이 이 세상 사람을 위하여 십자가에서 피흘려 주시므로 우리를 의인되게 하여서 이 세상 사람들은 누구나 천국에 갈 수 있다.

그러나 ┌ 어떤 이는 : 예수님께서 나를 지옥에서 구원하시려고 십자가에 못박혀 내 대신 피를 흘려주셨구나! "예수님, 정말 감사합니다."하면서 십자가 사실을 믿은 사람(信者)에게는 효과가 있어 의인이 되어 죽음 후(死後)에는 천국에 가게 된다.

└ 어떤 이는 : 2000년 전에 오신 예수님이 나와 무슨 관계가 있으며, "흥! 뭐라고? 그 십자가의 피흘림이 내 죄를 없애준다고? 웃기네." 하면서 믿지 않은 사람(不信者)에게는 효과가 없어 의인이 되지 못하여 결국 사후에는 지옥에 가게 된다.

다섯째, 착한 일(善行)을 하면 천국에 간다?

선행을 하면 천국에 간다는 것은 착각이다.

예수님이 내 죄 때문에 십자가에서 피흘려 돌아가셨다는 사실, 즉 예수님만 믿으면 천국에 가는 것이다.

어떤 사람이 : 착한 일을 위하여 100억원을 사용했어도 예수님을 영접 안 하면 지옥 갑니다.

어떤 사람이 : 살인죄를 지었더라도 예수님만 영접하면 천국에 갑니다.

어떤 사람이 : 예수님을 믿고 착한 일을 하면 천국에 가게 되며, 천국에서 큰 상을 받게 됩니다.

예수님만 믿으면 천국을 가게 되니, 천국 가는 원리는 간단(Simple)하고 천국 가는 방법은 너무나 쉬운(Easy) 것입니다.

전단강도

☞ 永生의 길잡이 - 넷 : 세계의 3대 종교

| 문제 1) | 잔류전단강도의 의의 및 토사사면과 암반사면의 강도정수 선택방법에 대하여 기술하시오. |

답

Ⅰ. 잔류전단강도의 의의

1. 정의

잔류전단강도란 흙의 전단파괴시 최대전단강도 이후 전단변형률은 증가하여도 전단강도가 일정할 때의 전단강도를 말한다.

2. 최대전단강도와 비교

1) 최대전단강도$(\tau_p) = C_p + \sigma' \tan \phi_p$

2) 잔류전단강도$(\tau_r) = \sigma' \tan \phi_r$

3. 측정방법

1) 직접전단시험 - 토사, 실무에 적용

2) 링전단시험 - 토사, 논문 또는 연구목적에 적용

3) Tilt시험 - 암반절리면, 구속응력이 적은 암반

Ⅱ. 강도정수 선택방법

1. 토사사면

1) 최대전단강도 선택 - C_p와 ϕ_p

① 대부분 토사사면의 안정해석에 선택

② 사면활동이 없는 절토 및 성토 사면

2) 잔류전단강도 선택 - ϕ_r

　　① 붕괴 후 복구된 토사사면의 안정해석

　　② 진행성파괴 중인 사면의 안정해석

　　　　• 인장균열이 발생된 과압밀점토사면

　　　　• 제체가 변형된 오래된 사력댐사면

　　③ 연약지반 성토사면의 안정해석

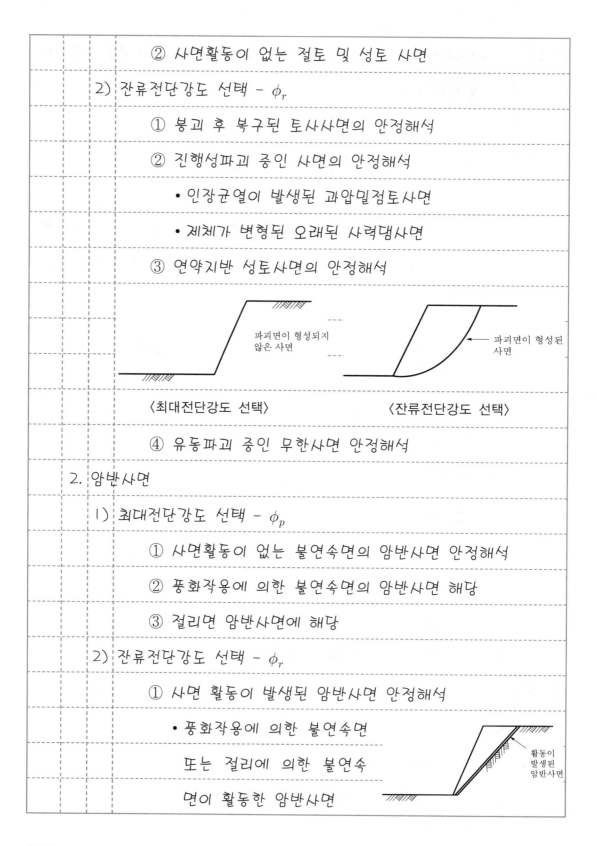

파괴면이 형성되지 않은 사면

파괴면이 형성된 사면

〈최대전단강도 선택〉　　　　〈잔류전단강도 선택〉

　　④ 유동파괴 중인 무한사면 안정해석

2. 암반사면

1) 최대전단강도 선택 - ϕ_p

　　① 사면활동이 없는 불연속면의 암반사면 안정해석

　　② 풍화작용에 의한 불연속면의 암반사면 해당

　　③ 절리면 암반사면에 해당

2) 잔류전단강도 선택 - ϕ_r

　　① 사면 활동이 발생된 암반사면 안정해석

　　　　• 풍화작용에 의한 불연속면

　　　　또는 절리에 의한 불연속

　　　　면이 활동한 암반사면

활동이 발생된 암반사면

- 불연속면의 활동으로 불연속면의 전단저항각 감소

- 단층에 의한 불연속면

② 단층파쇄대 암반사면 안정해석

- 단층파쇄대 내의 토사부분에서 먼저 사면파괴 발생

- 불연속면의 잔류강도와 단층 파쇄대 내의 토사부분 잔류 강도 중 작은 값 선택

단층파쇄대가 존재하는 암반사면

③ 미고결퇴적 암반사면 안정해석

III. 결론

1) 토사사면의 한계평형해석시 파괴면의 저항력은 대부분 최대전단강도를 선택하여 안전율(F_s)을 계산하며, 허용치(F_{sa})와 비교하여 사면의 안정성을 판단한다.

2) 진행성파괴가 발생 중인 토사사면과 파괴면이 뚜렷하게 존재하는 토사사면 및 암반사면의 경우에는 잔류전단강도를 적용하여 해석하여야 한다.

3) 암반사면의 전단강도는 Tilt시험의 강도정수를 적용한 값을 사용하여 계산하여야 한다.

| 문제 2) | 삼축압축시험의 종류별 시험방법과 결과적용에 대하여 기술하시오. |

답

I. 삼축압축시험의 개요

1) 정의

삼축압축시험이란 직경이 6cm이고 높이가 15cm인 원통형 시료를 고무시트와 고무줄로 싸서 삼축압축실에 넣고 구속압과 축차응력을 가해 시료를 파괴시켜 강도정수를 구하는 시험이다.

2) 종류

① 비압밀비배수시험 (UU 삼축압축시험)

② 압밀비배수시험 (CU 삼축압축시험)

③ 압밀배수시험 (CD 삼축압축시험)

II. UU 삼축압축시험

1. 시험방법

1) 시료제작

① $d = 6cm$, $H = 15cm$ 원통형 시료

② 고무시트로 싸고 고무줄로 고무시트를 고정

2) 구속압력(σ_3) 재하 - 비배수

3) 축차응력($\Delta\sigma$) 재하 : 축변형률(ε_a)이 분당 1%가 되도록 증가

4) 시험종료 : $\varepsilon_a = 15\%$ 또는 최대 $\Delta\sigma$에서 $\Delta\sigma$값이 $\frac{2}{3}$ 감소

5) 구속압력(σ_3)을 증감시켜 2)~4) 과정 반복

6) σ_3과 $\Delta\sigma_f$값으로 Mohr원과 파괴포락선을 작도하여 강도정수 C_u값을 산정

2. 결과적용

   1) 응력 안정검토시 저항력산정

      ① 점토지반의 급속성토 및 급속절토 사면의 안전검토

      ② 포화점토지반의 극한지지력

   2) 강도증가율(α) 산정

   3) 변형계수(E_s)와 포아송비(ν) 산정

Ⅲ. CU 삼축압축시험

1. 시험방법

   1) 구속압력(σ_3) 재하 - 배수로 시료 등방압밀 발생

   2) 축차응력($\Delta\sigma$) 재하

      ① 비배수상태의 압축파괴시 최대축차응력($\Delta\sigma_f$) 측정

      ② 분당 ε_a값이 1%가 되도록 재하

      ③ 과잉간극수압을 측정하면 $\overline{CU}$시험이라 한다.

   3) 구속압력(σ_3)을 증감시켜 1)~2) 과정 반복

   4) σ_3과 $\Delta\sigma_f$값을 이용하여 C_{cu}와 ϕ_{cu} 산정

   5) $\overline{CU}$시험에서는 C'와 ϕ' 산정

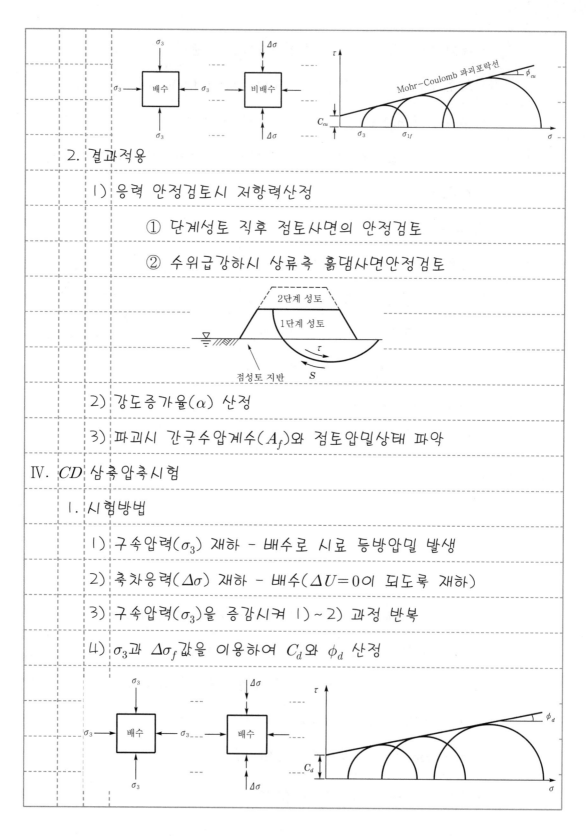

2. 결과적용

1) 응력 안정검토시 저항력산정

① 단계성토 직후 점토사면의 안정검토

② 수위급강하시 상류측 흙댐사면안정검토

2) 강도증가율(α) 산정

3) 파괴시 간극수압계수(A_f)와 점토압밀상태 파악

IV. CD 삼축압축시험

1. 시험방법

1) 구속압력(σ_3) 재하 - 배수로 시료 등방압밀 발생

2) 축차응력($\Delta\sigma$) 재하 - 배수($\Delta U = 0$이 되도록 재하)

3) 구속압력(σ_3)을 증감시켜 1)~2) 과정 반복

4) σ_3과 $\Delta\sigma_f$값을 이용하여 C_d와 ϕ_d 산정

2. 결과적용

　1) 응력 안정검토시 저항력산정

　　　① 사질토사면과 점토사면의 장기적인 안정검토

　　　② 정상침투시 하류측 흙댐사면안정검토

　2) 기초지반 극한지지력 산정

　3) 주동토압계수, 수동토압계수, 정지토압계수 산정

3. 실용적인 시험방법

　　CD 삼축압축시험 대신 $\overline{CU}$ 삼축압축시험으로 대체

V. 결론

　1) 삼축압축시험은 구속압력(σ_3)과 축차응력($\Delta\sigma$) 재하시 배수조 건에 따라 시험종류가 분류되며 구속응력과 축차응력 재하시 모두 비배수조건이면 UU 삼축압축시험이고, 모두 배수조건이 면 CD 삼축압축시험이라 한다.

　2) CU 삼축압축시험은 구속압력 재하시 배수조건이고 축차응력 재하시 비배수조건이며 축차응력 재하시 과잉간극수압을 측정 하여 유효응력에 해당하는 강도정수(C', ϕ')를 구하는 시험은 $\overline{CU}$ 삼축압축시험이라 한다.

　3) 삼축압축시험의 장점은 현장배수조건과 응력상태에 맞는 시험 법을 선택할 수 있다는 점이다.

문제 3)	CD 삼축압축시험을 대체할 수 있는 삼축압축시험에 대하여 기술하시오.

답

I. CD 삼축압축시험의 개요

1) 정의

CD 삼축압축시험이란 직경이 6cm이고 높이가 15cm인 원통형 시료를 고무시트와 고무줄로 싸서 삼축압축실에 넣고 구속압력(σ_3)과 축차응력($\Delta\sigma$)을 배수상태에서 가해 시료를 파괴시켜 강도정수 C_d와 ϕ_d를 구하는 시험이다.

2) 시험방법

① 구속압력(σ_3)을 배수상태에서 재하 - 등방압밀

② 축차응력($\Delta\sigma$)재하 - 과잉간극수압이 발생하지 않도록 하중재하

③ 파괴시까지 축차응력 재하

④ 구속압력을 증가시켜 ① ~ ③ 과정 반복

3) $\overline{CU}$ 삼축압축시험으로 대체하는 이유

① 시험 소요시간이 길고 시험조작이 어렵다.

② 실제 점토지반의 재하상태와 다르다.

③ 시험시 진행성파괴 발생

④ $\overline{CU}$ 삼축압축시험의 강도정수와 동일하다.

II. 대체할수 있는 삼축압축시험

1. 대체할수 있는 삼축압축시험 - $\overline{CU}$ 삼축압축시험

2. 시험방법

   1) 시료제작

      ① 직경(d)=6cm, 시료높이(H)=15cm인 원통형시료

      ② 고무시트로 싸고 고무줄로 고정

   2) 삼축압축시험기의 압축실에 설치

   3) 구속압력(σ_3)재하시 배수 - 등방압밀

   4) 축차응력($\Delta\sigma$)재하

      ① 비배수상태에서 압축파괴시 최대축차응력($\Delta\sigma_f$) 측정

      ② 분당 축변형률(ε_a)이 1%씩 되도록 재하

      ③ 과잉간극수압(ΔU)을 측정

   5) 시험종료 - 축변형률(ε_a)=15% 또는 최대 $\Delta\sigma$에서 $\dfrac{2}{3}$ 감소

   6) 구속압력(σ_3)을 증감시켜 3)~5) 반복

3. 강도정수 산정방법

   1) CU 시험결과의 파괴 Mohr원 작도

   2) 과잉간극수압으로 유효응력에 해당하는 파괴 Mohr원 작도

   3) Mohr-Coulomb 파괴포락선을 작도하여 C'와 ϕ' 산정

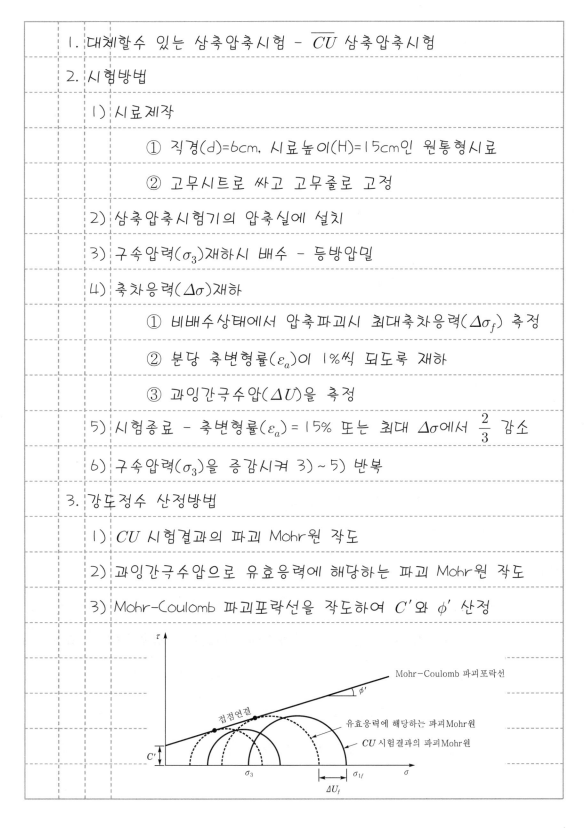

4. CU 시험 및 CD 시험과의 비교

1) 정규압밀점토시료   2) 과압밀점토시료

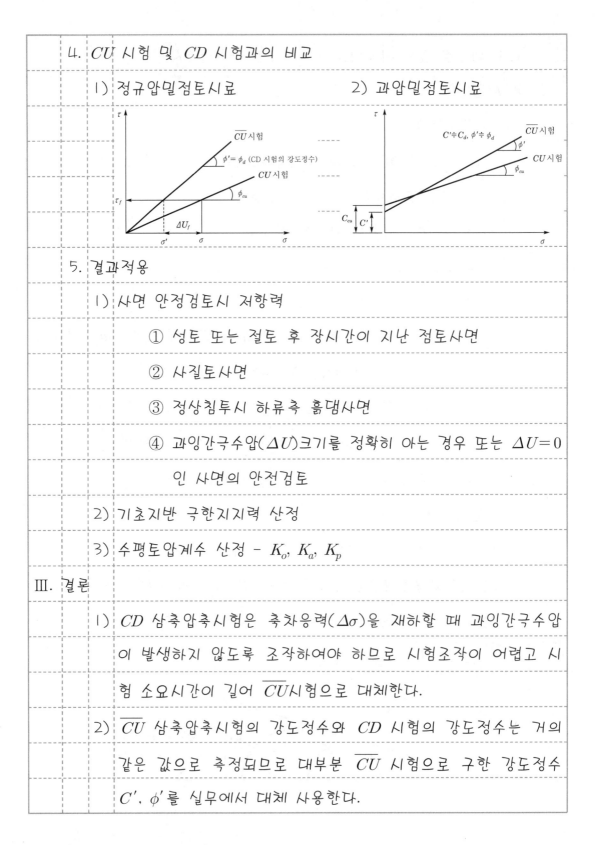

5. 결과적용

1) 사면 안정검토시 저항력

① 성토 또는 절토 후 장시간이 지난 점토사면

② 사질토사면

③ 정상침투시 하류측 흙댐사면

④ 과잉간극수압(ΔU)크기를 정확히 아는 경우 또는 $\Delta U = 0$

인 사면의 안전검토

2) 기초지반 극한지지력 산정

3) 수평토압계수 산정 – K_o, K_a, K_p

Ⅲ. 결론

1) CD 삼축압축시험은 축차응력($\Delta\sigma$)을 재하할 때 과잉간극수압

이 발생하지 않도록 조작하여야 하므로 시험조작이 어렵고 시

험 소요시간이 길어 $\overline{CU}$시험으로 대체한다.

2) $\overline{CU}$ 삼축압축시험의 강도정수와 CD 시험의 강도정수는 거의

같은 값으로 측정되므로 대부분 $\overline{CU}$ 시험으로 구한 강도정수

C', ϕ'를 실무에서 대체 사용한다.

문제 4)	점성토지반에 성토시 함수비변화에 따른 지반거동 메커니즘과 공학
	적 특성변화에 대하여 기술하시오.

답

I. 지반거동의 개요

1) 정의

지반거동이란 지반에 외력 또는 자중에 의한 지반의 변형을 말하며 하중작용방향과 토질조건 및 현장조건에 따라 다르게 거동한다.

2) 토질별 지반거동 영향 요인

① 점성토 - 함수비크기, 재하시간, 재하면적, 점성토두께, 과압밀비, 재하방향

② 사질토 - 상대밀도크기, 재하면적, 재하방향

II. 함수비변화에 따른 지반거동 메커니즘

1. 점성토지반 성토시 함수비변화

1) 성토 직후

① 함수비변화가 없음

② 포화점성토지반인 경우

성토하중을 간극수압이 부담

2) 성토 이후

① 함수비가 감소되면서 침하가 발생됨

② 성토면적에 따라 수평변위정도가 다름

2. 지반거동 메커니즘

1) 함수비변화가 없는 성토 직후

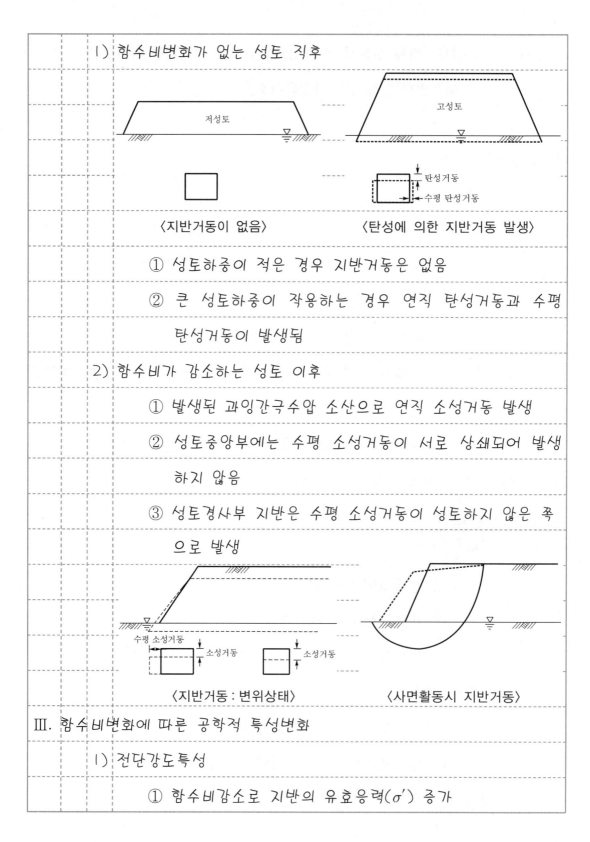

〈지반거동이 없음〉　　　〈탄성에 의한 지반거동 발생〉

① 성토하중이 적은 경우 지반거동은 없음

② 큰 성토하중이 작용하는 경우 연직 탄성거동과 수평
탄성거동이 발생됨

2) 함수비가 감소하는 성토 이후

① 발생된 과잉간극수압 소산으로 연직 소성거동 발생

② 성토중앙부에는 수평 소성거동이 서로 상쇄되어 발생
하지 않음

③ 성토경사부 지반은 수평 소성거동이 성토하지 않은 쪽
으로 발생

〈지반거동 : 변위상태〉　　　〈사면활동시 지반거동〉

III. 함수비변화에 따른 공학적 특성변화

1) 전단강도특성

① 함수비감소로 지반의 유효응력(σ') 증가

② 유효응력 증가로 비배수강도(C_u) 증가

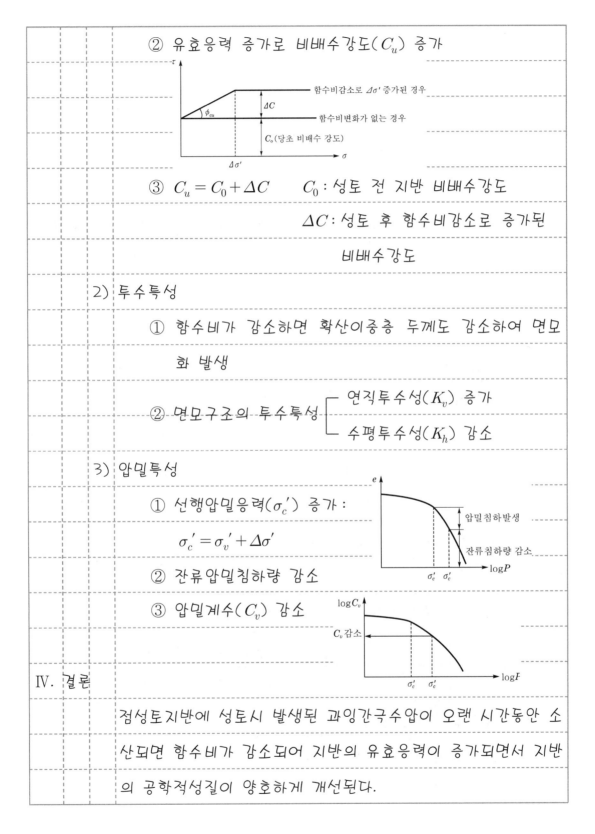

③ $C_u = C_0 + \Delta C$ C_0 : 성토 전 지반 비배수강도

ΔC : 성토 후 함수비감소로 증가된

비배수강도

2) 투수특성

① 함수비가 감소하면 확산이중층 두께도 감소하여 면모화 발생

② 면모구조의 투수특성 ┌ 연직투수성(K_v) 증가
                      └ 수평투수성(K_h) 감소

3) 압밀특성

① 선행압밀응력(σ_c') 증가 :

$\sigma_c' = \sigma_v' + \Delta\sigma'$

② 잔류압밀침하량 감소

③ 압밀계수(C_v) 감소

IV. 결론

점성토지반에 성토시 발생된 과잉간극수압이 오랜 시간동안 소산되면 함수비가 감소되어 지반의 유효응력이 증가되면서 지반의 공학적성질이 양호하게 개선된다.

| 문제 5) | 점토시료의 교란효과를 제거한 비배수강도를 구하는 SHANSEP방법에 대하여 기술하시오. |

답

Ⅰ. SHANSEP방법의 개요

1) 정의

① SHANSEP방법이란 점토시료의 교란영향과 등방압밀효과인 실내전단시험의 문제점을 개선한 실제지반에 가까운 비배수강도를 구하는 시험이다.

② SHANSEP는 Stress History And Normalized Soil Engineering Properties Method의 약자이다.

2) 특징

① 압밀로 증가되는 비배수강도 추정시 신뢰성이 큼

② K_o 조건의 압밀을 위한 특수장치가 필요함

③ 심도별 과압밀비(OCR) 산정을 위한 현장시험이 필요함

3) 다른 비배수전단시험의 문제점

종류	문제점
일축압축시험, UU삼축압축시험	시료교란으로 비배수강도 과소평가
CU삼축압축시험	등방압밀로 비배수강도 과대평가
Vane Test	전단속도가 빠르고 전단파괴면이 다름

Ⅱ. 비배수강도를 구하는 방법

1. 전단시험 실시

1) 이방압밀실시

① 시험압밀압력(P)에 의한 시료 이방압밀

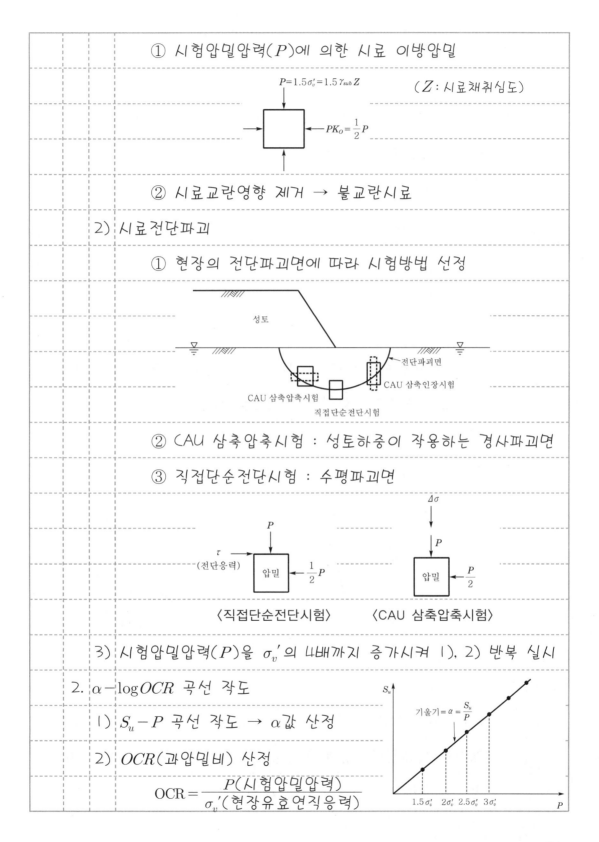

$$P = 1.5\sigma_v' = 1.5\gamma_{sub}Z$$

(Z : 시료채취심도)

$$PK_O = \frac{1}{2}P$$

② 시료교란영향 제거 → 불교란시료

2) 시료전단파괴

① 현장의 전단파괴면에 따라 시험방법 선정

성토

전단파괴면

CAU 삼축인장시험

CAU 삼축압축시험

직접단순전단시험

② CAU 삼축압축시험 : 성토하중이 작용하는 경사파괴면

③ 직접단순전단시험 : 수평파괴면

τ
（전단응력）
압밀
$\frac{1}{2}P$
P

$\Delta\sigma$
P
압밀
$\frac{P}{2}$

〈직접단순전단시험〉　　〈CAU 삼축압축시험〉

3) 시험압밀압력(P)을 σ_v'의 4배까지 증가시켜 1), 2) 반복 실시

2. $\alpha - \log OCR$ 곡선 작도

1) $S_u - P$ 곡선 작도 → α값 산정

2) OCR(과압밀비) 산정

$$OCR = \frac{P(\text{시험압밀압력})}{\sigma_v'(\text{현장유효연직응력})}$$

S_u

기울기 $= \alpha = \dfrac{S_u}{P}$

$1.5\sigma_v'$　$2\sigma_v'$　$2.5\sigma_v'$　$3\sigma_v'$　P

3) $\alpha - \log OCR$ 곡선 작도

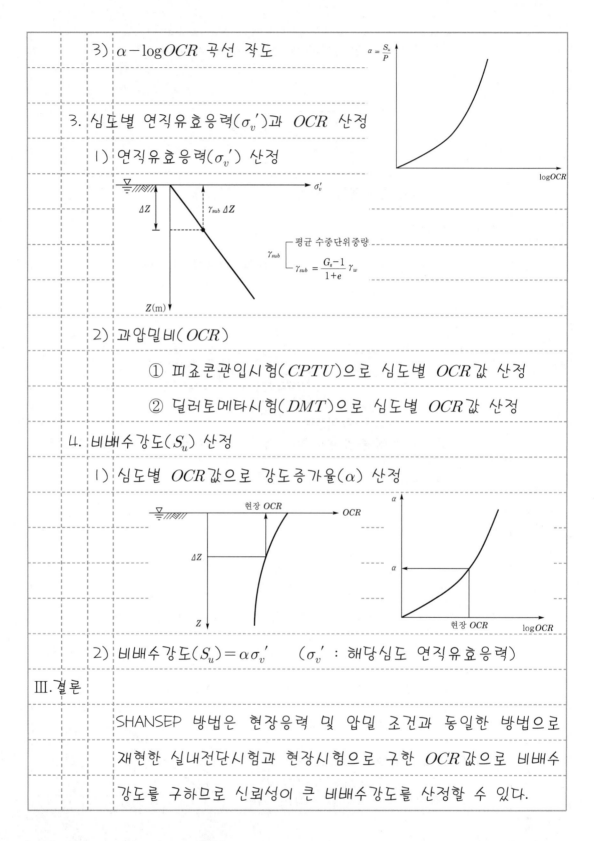

3. 심도별 연직유효응력(σ_v')과 OCR 산정

　　1) 연직유효응력(σ_v') 산정

　　2) 과압밀비(OCR)

　　　　① 피죠콘관입시험($CPTU$)으로 심도별 OCR값 산정

　　　　② 딜러토메타시험(DMT)으로 심도별 OCR값 산정

4. 비배수강도(S_u) 산정

　　1) 심도별 OCR값으로 강도증가율(α) 산정

　　2) 비배수강도(S_u) $= \alpha \sigma_v'$　　(σ_v' : 해당심도 연직유효응력)

Ⅲ.결론

　　SHANSEP 방법은 현장응력 및 압밀 조건과 동일한 방법으로

　　재현한 실내전단시험과 현장시험으로 구한 OCR값으로 비배수

　　강도를 구하므로 신뢰성이 큰 비배수강도를 산정할 수 있다.

문제 6)	현장 베인전단시험의 보정방법 및 보정이유와 연직 및 수평방향의
	비배수강도 측정방법에 대하여 기술하시오.

답

Ⅰ. 현장 베인전단시험의 개요

1) 정의

현장 베인전단시험은 불교란시료를 채취할 수 없는 연약 점토지반에서 케이싱으로 보호된 시추공에 베인날을 관입하여 6°/분의 회전속도를 유지하면서 구한 최대압력으로 점토의 비배수강도를 구하는 현장전단시험이다.

2) 시험방법

① 시추 후 Vane날 관입

② Vane날을 6°/분의 회전속도로 지반 전단파괴

③ Vane날이 90° 회전이 되면 시험 종료

④ 최대압력($P_{\max}$) 산정

(그림: R, 각도기, P(압력), Rod, 케이싱, 90° 회전시 파괴, D, 5D, H=2D, 6°/분 회전으로 지반 파괴)

3) 현장베인 비배수강도(S_F) 산정 공식

$$S_F = \frac{P_{\max} R}{\pi D^2 (\frac{H}{2} + \frac{D}{6})} = \frac{M_{\max}}{\pi D^2 (\frac{H}{2} + \frac{D}{6})}$$

Ⅱ. 보정방법

1) Bjerrum 방법

① $C_u = \lambda S_F$

(그림: λ 세로축 1.7, 1.0, 0.6 / 가로축 $\log PI$(%) 20, 100 / $\lambda = 1.7 - 0.54 \log PI$)

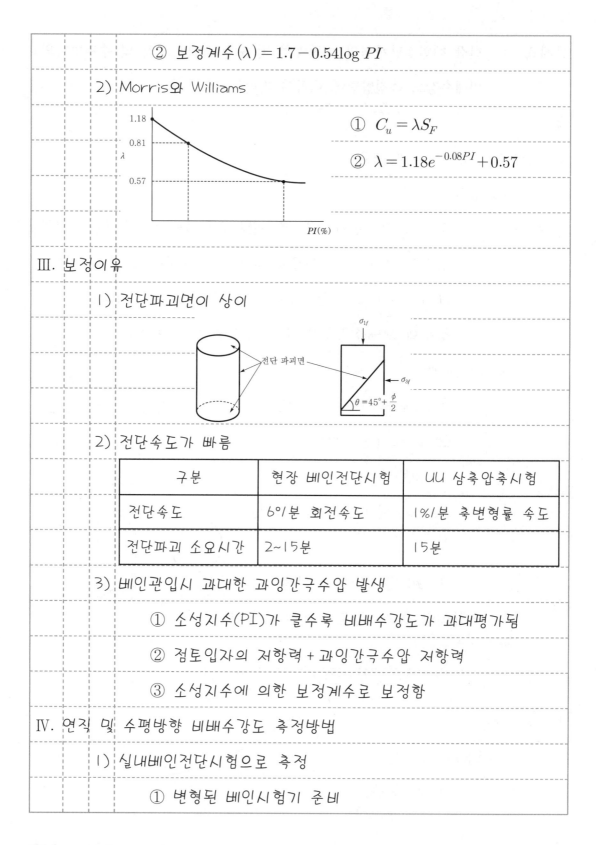

$$② 보정계수(\lambda) = 1.7 - 0.54\log PI$$

2) Morris와 Williams

① $C_u = \lambda S_F$

② $\lambda = 1.18 e^{-0.08PI} + 0.57$

Ⅲ. 보정이유

1) 전단파괴면이 상이

$\theta = 45° + \dfrac{\phi}{2}$

2) 전단속도가 빠름

구분	현장 베인전단시험	UU 삼축압축시험
전단속도	6°/분 회전속도	1%/분 축변형률 속도
전단파괴 소요시간	2~15분	15분

3) 베인관입시 과대한 과잉간극수압 발생

① 소성지수(PI)가 클수록 비배수강도가 과대평가됨

② 점토입자의 저항력 + 과잉간극수압 저항력

③ 소성지수에 의한 보정계수로 보정함

Ⅳ. 연직 및 수평방향 비배수강도 측정방법

1) 실내베인전단시험으로 측정

① 변형된 베인시험기 준비

② 실내에서 현장베인전단시험과 동일하게 실시

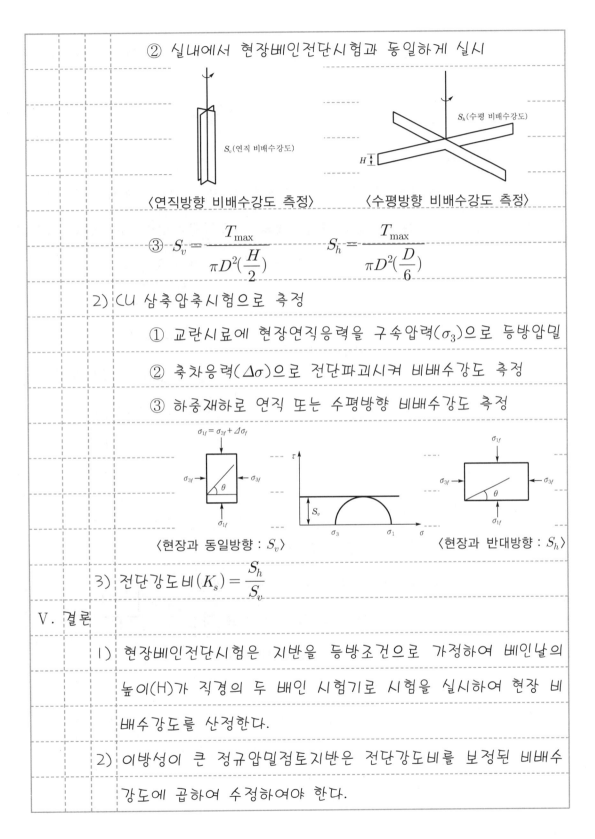

〈연직방향 비배수강도 측정〉　　　〈수평방향 비배수강도 측정〉

③ $S_v = \dfrac{T_{max}}{\pi D^2 \left(\dfrac{H}{2}\right)}$　　　$S_h = \dfrac{T_{max}}{\pi D^2 \left(\dfrac{D}{6}\right)}$

2) CU 삼축압축시험으로 측정

　① 교란시료에 현장연직응력을 구속압력(σ_3)으로 등방압밀

　② 축차응력($\Delta\sigma$)으로 전단파괴시켜 비배수강도 측정

　③ 하중재하로 연직 또는 수평방향 비배수강도 측정

〈현장과 동일방향 : S_v〉　　　　　　　〈현장과 반대방향 : S_h〉

3) 전단강도비(K_s) = $\dfrac{S_h}{S_v}$

V. 결론

1) 현장베인전단시험은 지반을 등방조건으로 가정하여 베인날의

　높이(H)가 직경의 두 배인 시험기로 시험을 실시하여 현장 비

　배수강도를 산정한다.

2) 이방성이 큰 정규압밀점토지반은 전단강도비를 보정된 비배수

　강도에 곱하여 수정하여야 한다.

문제 7)	비배수전단강도 측정방법별 문제점과 대책에 대하여 기술하시오.

답

I. 비배수전단강도의 개요

1) 정의

비배수전단강도란 투수계수가 적은 점토지반에 외력 재하 시 재하시간이 짧은 경우 과잉간극수압이 소산되지 않은 상태에서 발휘되는 지반 최대저항력을 말한다.

2) 종류

① 비압밀비배수(UU)강도
$$S = C_u \ (\text{포화점토})$$
$$S = C_u + \sigma\tan\phi_u \ (\text{불포화점토})$$

② 압밀비배수(CU)강도
$$S = \sigma\tan\phi_{cu} \ (\text{정규압밀점토})$$
$$S = C_{cu} + \sigma\tan\phi_{cu} \ (\text{과압밀점토})$$

II. 측정방법별 문제점

1) 일축압축시험

① UU전단강도에 해당됨

② 교란된 시료로 시험 → C_u 감소

③ 구속응력(σ_3)이 없어 현장과 다름

④ 압축응력상태에서만 적용 가능

2) UU 삼축압축시험

① UU전단강도에 해당됨

② 교란된 시료로 시험

③ 압축응력상태에서만 적용 가능

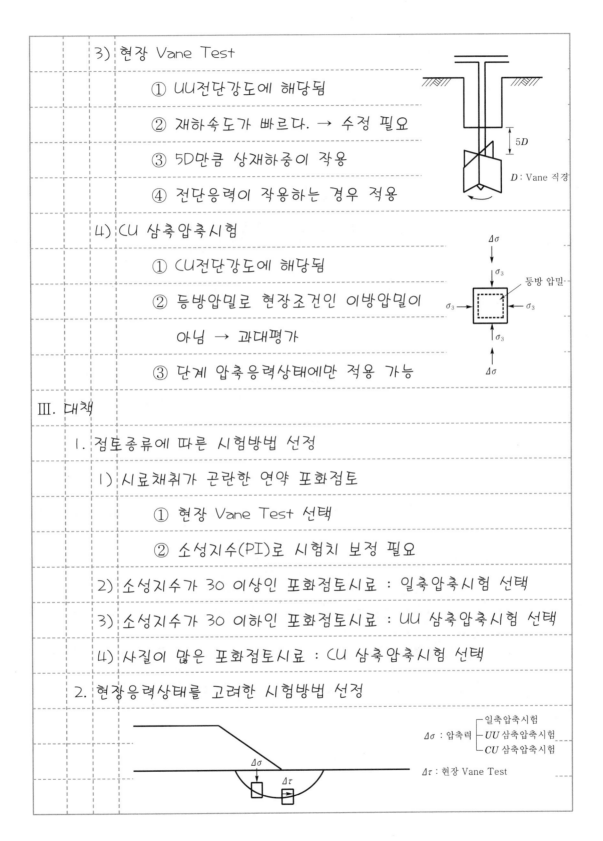

3) 현장 Vane Test

　　① UU전단강도에 해당됨

　　② 재하속도가 빠르다. → 수정 필요

　　③ 5D만큼 상재하중이 작용

　　④ 전단응력이 작용하는 경우 적용

5D

D : Vane 직경

4) CU 삼축압축시험

　　① CU전단강도에 해당됨

　　② 등방압밀로 현장조건인 이방압밀이
　　　　아님 → 과대평가

　　③ 단계 압축응력상태에만 적용 가능

$\Delta\sigma$　σ_3　등방 압밀
σ_3　σ_3
σ_3
$\Delta\sigma$

Ⅲ. 대책

1. 점토종류에 따른 시험방법 선정

1) 시료채취가 곤란한 연약 포화점토

　　① 현장 Vane Test 선택

　　② 소성지수(PI)로 시험치 보정 필요

2) 소성지수가 30 이상인 포화점토시료 : 일축압축시험 선택

3) 소성지수가 30 이하인 포화점토시료 : UU 삼축압축시험 선택

4) 사질이 많은 포화점토시료 : CU 삼축압축시험 선택

2. 현장응력상태를 고려한 시험방법 선정

$\Delta\sigma$　$\Delta\tau$

$\Delta\sigma$: 압축력 ┌ 일축압축시험
　　　　　　　├ UU 삼축압축시험
　　　　　　　└ CU 삼축압축시험

$\Delta\tau$: 현장 Vane Test

3. 구조물의 중요도에 따른 시험선정

　1) 중요하지 않는 구조물 : 일축압축시험, UU 삼축압축시험, CU

　　　　　　　　　　　삼축압축시험, 현장 Vane Test

　2) 중요한 구조물

　　　① SHANSEP 방법 선택

　　　② 시료교란영향과 등방압밀효과를 제거한 비배수강도와 실

　　　　제 현장응력조건에 비배수강도 산정이 가능한 시험방법

　　　③ 정확한 현장 과압밀비(OCR)값이 필요함

$$C_u = \alpha \sigma_v' = \alpha r_{sub} Z$$
$$(Z : 심도)$$

IV. 결론

　1) 비배수전단강도는 점토지반 위에 성토시공시 안정해석에서 중
요한 물성치로 실내시험은 시료교란과 현장과 다른 응력상태에
서의 시험으로 실제와 다른 강도가 산정되는 경우가 많다.

　2) 시험선정시 시험방법에 따른 문제점을 고려하여 시험을 선정하
고 시험결과 적용시 유의하여야 하며 성토 직후에 사면안전율
이 최소가 되므로 신뢰성이 큰 비배수강도가 필요하다.

문제 8)		비배수전단강도 증가원리와 강도증가율 예측방법 및 현장적용에 대
		하여 기술하시오.

답

I. 비배수전단강도의 개요

1) 정의

비배수전단강도란 투수계수가 적은 점토지반에 외력재하
시 재하시간이 짧은 경우 과잉간극수압이 소산되지 않은
상태에서 발휘되는 지반 최대저항력을 말한다.

2) 종류

① 비압밀비배수(UU)강도
$$S = S_u = C_u \text{ (포화점토)}$$
$$S = C_u + \sigma\tan\phi_u \text{ (불포화점토)}$$

② 압밀비배수(CU)강도
$$S = \sigma\tan\phi_{cu} \text{ (정규압밀점토)}$$
$$S = C_{cu} + \sigma\tan\phi_{cu} \text{ (과압밀점토)}$$

3) 산정방법

① 강도증가율(α)방법 : $S = \alpha\Delta P$ (ΔP : 임의위치의 σ_v')

② 전단강도시험방법

UU 비배수강도	일축압축시험, Vane Test, UU 삼축압축시험
CU 비배수강도	CU 삼축압축시험

II. 비배수전단강도 증가원리

1) 성토하중에 의한 압밀침하 발생

① 성토하중으로 발생된 과잉
간극수압(ΔU)소산 발생

② ΔU 소산으로 압밀침하 발생

2) 압밀침하에 따른 지중유효응력($\Delta\sigma'$) 증가

    ① ΔU 소산으로 성토하중을

      토립자가 부담

    ② 지중유효응력 증가

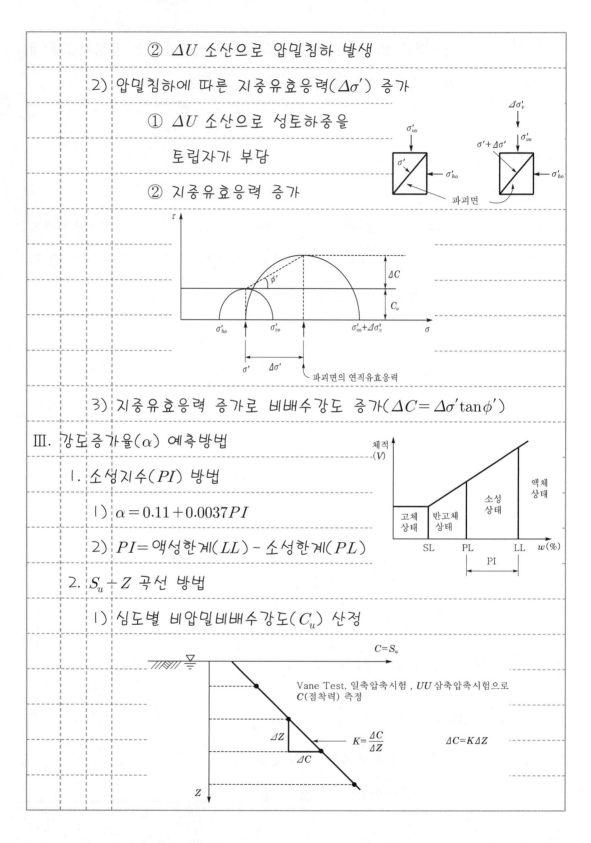

3) 지중유효응력 증가로 비배수강도 증가($\Delta C = \Delta\sigma'\tan\phi'$)

Ⅲ. 강도증가율(α) 예측방법

  1. 소성지수(PI) 방법

    1) $\alpha = 0.11 + 0.0037 PI$

    2) $PI = $ 액성한계(LL) - 소성한계(PL)

  2. $S_u - Z$ 곡선 방법

    1) 심도별 비압밀비배수강도(C_u) 산정

2) $S_u - Z$ 곡선의 기울기(K) 산정

3) $\alpha = \dfrac{\Delta C}{\Delta P} = \dfrac{K \Delta Z}{r_{sub} \Delta Z} = \dfrac{K}{r_{sub}}$ (r_{sub} : 시험지반 평균 수중단위중량)

3. SHANSEP 방법

1) 시험 압밀압력(P)과 비배수강도(S_u) 측정

2) $S_u - P$ 곡선 작도 → 곡선 기울기 = α

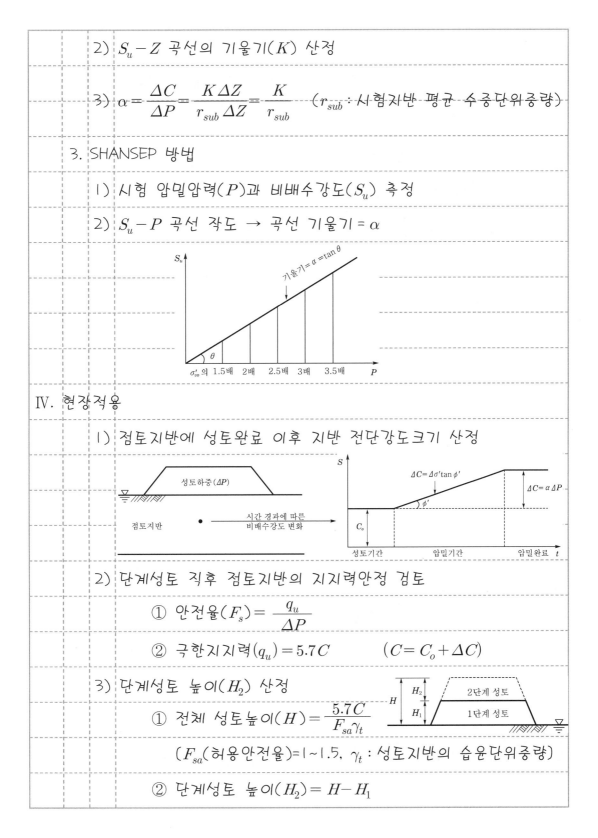

IV. 현장적용

1) 점토지반에 성토완료 이후 지반 전단강도크기 산정

2) 단계성토 직후 점토지반의 지지력안정 검토

    ① 안전율(F_s) = $\dfrac{q_u}{\Delta P}$

    ② 극한지지력(q_u) = $5.7C$ ($C = C_o + \Delta C$)

3) 단계성토 높이(H_2) 산정

    ① 전체 성토높이(H) = $\dfrac{5.7C}{F_{sa}\gamma_t}$

    (F_{sa}(허용안전율) = 1~1.5, γ_t : 성토지반의 습윤단위중량)

    ② 단계성토 높이(H_2) = $H - H_1$

V. 결론

1) 점토지반에 성토를 하면 비배수전단강도는 점토지반의 유효응력증가로 증가하며, 비배수전단강도 증가량(ΔC)은 강도증가율로 간단하게 구할 수 있다.

2) 강도증가율(α)의 예측방법 중 SHANSEP방법이 가장 신뢰성이 크며, 소성지수가 30% 이상이면 소성지수방법도 신뢰성이 크다.

| 문제 9) | 간극수압계수의 종류와 측정방법과 활용에 대하여 기술하시오. |

답

Ⅰ. 간극수압계수의 개요

1) 정의

$$간극수압계수 = \frac{\Delta U}{\Delta \sigma} = \frac{간극수압\ 변화량}{전응력\ 변화량}$$

2) 공학적 의미

① 간극수압계수가 클수록 점토함량이 많은 흙

② 점토함량이 많을수록 공학적으로 불량한 흙

③ 간극수압계수가 클수록 공학적 성질이 불량

Ⅱ. 종류

1) B 계수

① $B = \dfrac{\Delta U_3}{\Delta \sigma_3}$

② 등방압축시 간극수압계수

2) D 계수

① $D = \dfrac{\Delta U_1}{\Delta \sigma_1}$

② 일축압축시 간극수압계수

3) A 계수

① $A = \dfrac{\dfrac{\Delta U}{B} - \Delta \sigma_3}{\Delta \sigma_1 - \Delta \sigma_3}$

② 삼축압축시 간극수압계수

③ A 계수 유도

• $\Delta U = \Delta U_3 + \Delta U_1 = B\Delta \sigma_3 + D(\Delta \sigma_1 - \Delta \sigma_3)$

$$= B[\Delta\sigma_3 + A(\Delta\sigma_1 - \Delta\sigma_3)]$$

$$\bullet \; A = \frac{\dfrac{\Delta U}{B} - \Delta\sigma_3}{\Delta\sigma_1 - \Delta\sigma_3}$$

Ⅲ. 측정방법

  1) B 계수

    ① 특수 UU 삼축압축시험으로 측정함

    ② 비배수상태에서 자연상태의 시료에 구속응력 재하($\Delta\sigma_3$)

      후 간극수압변화량(ΔU_3) 측정

    ③ $B = \dfrac{\Delta U_3}{\Delta\sigma_3}$ 로 B 계수 산정

  2) A 계수

    ① $\overline{CU}$ 삼축압축시험으로 측정함

    ② 배수상태에서 구속응력(σ_3) 재하 → $B = 1$

    ③ 비배수상태에서 축차응력($\Delta\sigma$) 재하 후 과잉간극수압

      (ΔU) 측정 → $\Delta\sigma_3 = 0$

    ④ $A = \dfrac{\Delta U}{\Delta\sigma}$ 로 A 계수 산정

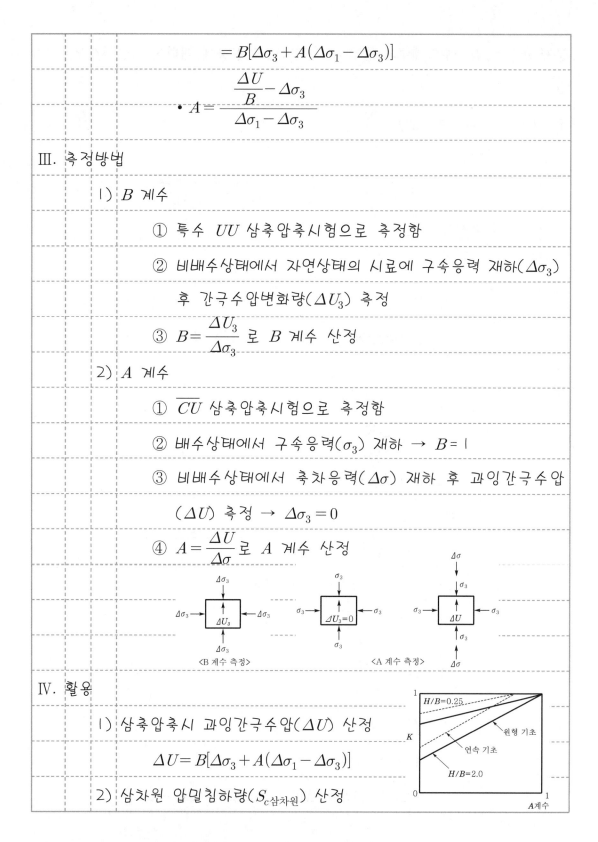

<B 계수 측정>   <A 계수 측정>

Ⅳ. 활용

  1) 삼축압축시 과잉간극수압(ΔU) 산정

    $$\Delta U = B[\Delta\sigma_3 + A(\Delta\sigma_1 - \Delta\sigma_3)]$$

  2) 삼차원 압밀침하량($S_{c삼차원}$) 산정

① $S_{c삼차원} = S_c K$

② S_c : 1차원 압밀침하량, K : 침하비

3) 점토압밀상태 파악

점토종류	A_f(파괴시)
정규압밀점토	0.7~1.0
과압밀점토	0~0.7
심한 과압밀점토	-0.5~0

4) 포화도(S_r) 추정

5) 과압밀점토 비배수강도(C_u) 추정

$$C_u = \frac{C'\cos\phi' + P'\sin\phi'[K_o + A_f(1-K_o)]}{1+(2A_f-1)\sin\phi'}$$

6) 정규압밀점토 강도증가율(α) = $\dfrac{\sin\phi'[K_o + A_f(1-K_o)]}{1+(2A_f-1)\sin\phi'}$

V. 결론

1) 간극수압계수는 점토지반에 성토 또는 절토시공 설계시 유효응력의 변화와 변위의 변화를 추정할 때 필요한 물성치이다.

2) 사면안정해석시 과잉간극수압은 간극수압계수 또는 간극수압비로 산정하여 점토사면의 안정해석(유효응력해석)에 이용한다.

문제 10)	정규압밀점토에서 시료채취 전·후와 CU 삼축압축시험에서 파괴시
	까지의 응력경로에 대하여 설명하시오.

답

I. 응력경로의 개요

1) 정의

응력경로란 지중의 응력상태 또는 시험시의 응력상태 변화를 Mohr원의 반경을 q좌표, Mohr원의 중심을 P좌표로 표시한 점들을 연결한 곡선을 말한다.

2) 응력상태와 응력경로 관계

〈응력상태〉

$q = \dfrac{\sigma_v' - \sigma_h'}{2}$

$P = \dfrac{\sigma_v' + \sigma_h'}{2}$

〈응력경로점 표시〉

3) 응력경로의 종류

① 전응력경로(TSP) : $P = \dfrac{\sigma_1 + \sigma_3}{2},\ q = \dfrac{\sigma_1 - \sigma_3}{2}$ 인 점을 연결한 선

② 유효응력경로(ESP) : $P' = P - \Delta U,\ q' = q$ 인 점을 연결한 선

II. 시료채취 전, 후의 응력경로

1. 응력상태

1) 시료채취 전

① 수중단위중량 $(r_{sub}) = \dfrac{G_s - 1}{1 + e} r_w$

② G_s : 비중, 간극비 $(e) = \dfrac{G_s r_w}{r_d} - 1$

$\sigma_v' = \gamma_{sub} Z$

$\sigma_h' = \sigma_v' K_o = \dfrac{\sigma_v'}{2}$

③ 정지토압계수$(k_o) = 0.5$

2) 시료채취 중

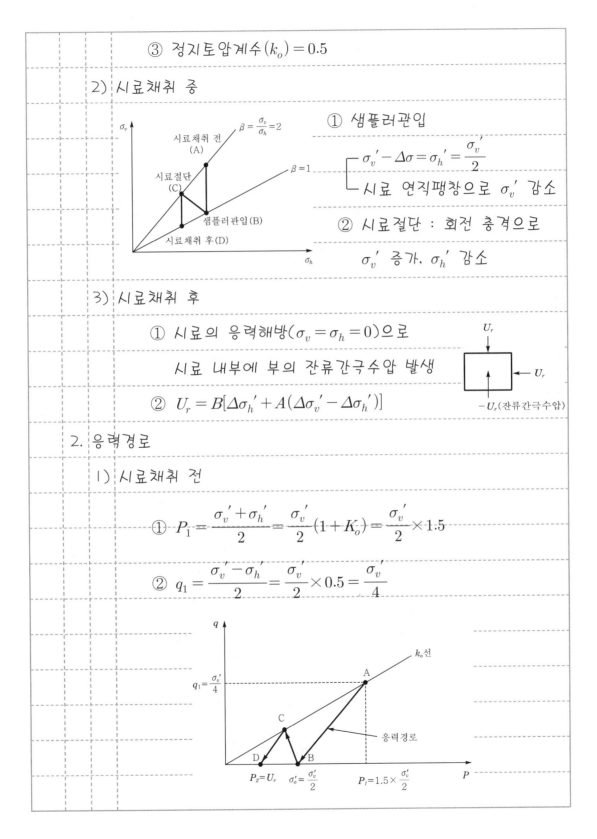

① 샘플러관입

$$\begin{bmatrix} \sigma_v{'} - \Delta\sigma = \sigma_h{'} = \dfrac{\sigma_v{'}}{2} \\ \text{시료 연직팽창으로 } \sigma_v{'} \text{ 감소} \end{bmatrix}$$

② 시료절단 : 회전 충격으로

$\sigma_v{'}$ 증가, $\sigma_h{'}$ 감소

3) 시료채취 후

① 시료의 응력해방$(\sigma_v = \sigma_h = 0)$으로

시료 내부에 부의 잔류간극수압 발생

② $U_r = B[\Delta\sigma_h{'} + A(\Delta\sigma_v{'} - \Delta\sigma_h{'})]$

2. 응력경로

1) 시료채취 전

① $P_1 = \dfrac{\sigma_v{'} + \sigma_h{'}}{2} = \dfrac{\sigma_v{'}}{2}(1 + K_o) = \dfrac{\sigma_v{'}}{2} \times 1.5$

② $q_1 = \dfrac{\sigma_v{'} - \sigma_h{'}}{2} = \dfrac{\sigma_v{'}}{2} \times 0.5 = \dfrac{\sigma_v{'}}{4}$

2) 시료채취 후

$$① \quad P_2 = \frac{U_r + U_r}{2} = U_r \qquad\qquad ② \quad q_2 = \frac{U_r - U_r}{2} = 0$$

Ⅲ. 정규압밀점토의 CU 삼축압축시험에서 파괴시까지 응력경로

1. 응력상태

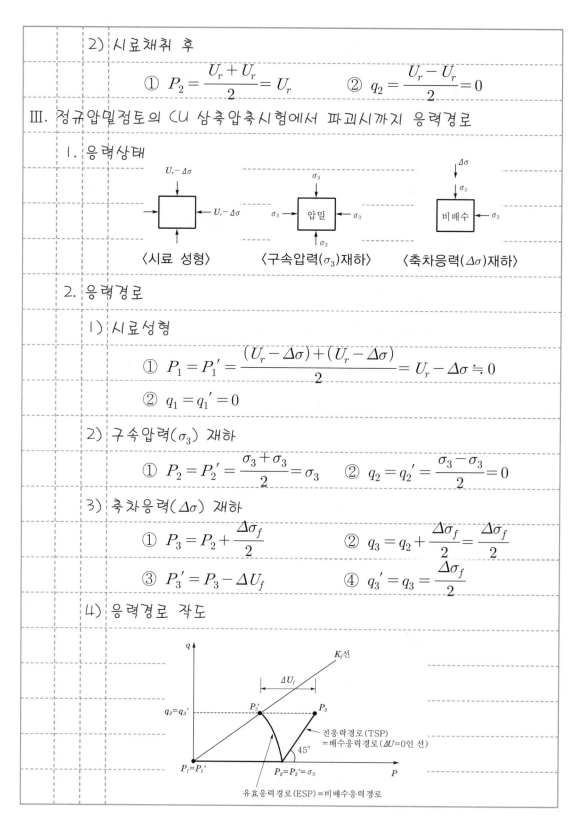

〈시료 성형〉　　　　〈구속압력(σ_3)재하〉　　　　〈축차응력($\Delta\sigma$)재하〉

2. 응력경로

1) 시료성형

$$① \quad P_1 = P_1' = \frac{(U_r - \Delta\sigma) + (U_r - \Delta\sigma)}{2} = U_r - \Delta\sigma \fallingdotseq 0$$

$$② \quad q_1 = q_1' = 0$$

2) 구속압력(σ_3) 재하

$$① \quad P_2 = P_2' = \frac{\sigma_3 + \sigma_3}{2} = \sigma_3 \qquad ② \quad q_2 = q_2' = \frac{\sigma_3 - \sigma_3}{2} = 0$$

3) 축차응력($\Delta\sigma$) 재하

$$① \quad P_3 = P_2 + \frac{\Delta\sigma_f}{2} \qquad\qquad ② \quad q_3 = q_2 + \frac{\Delta\sigma_f}{2} = \frac{\Delta\sigma_f}{2}$$

$$③ \quad P_3' = P_3 - \Delta U_f \qquad\qquad ④ \quad q_3' = q_3 = \frac{\Delta\sigma_f}{2}$$

4) 응력경로 작도

Ⅳ. 결론

1) 정규압밀점토지반에서 시료를 채취하면 응력해방으로 시료 내부에 부의 잔류간극수압이 발생되어 유효응력이 존재한다.

2) 정규압밀점토의 CU 삼축압축시험의 응력경로특성은 유효응력경로는 항상 왼쪽으로 휘어져 전응력경로보다 먼저 K_f선에 접하고 전응력경로는 항상 오른쪽으로 45° 경사로 이어진다.

문제 11)		삼축압축시험에서 1) 시험종류별 등방압축과 일축압축시 응력경로,
		2) 정규압밀점토와 과압밀점토의 응력경로 및 특성에 대하여 기술하
		시오.

답

I. 삼축압축시험의 개요

1) 정의

삼축압축시험이란 직경이 6cm이고 높이가 15cm인 원통형 시료를 고무시트와 고무줄로 싸서 삼축압축실에 넣고 구속압력과 축차응력을 가해 시료를 파괴시켜 강도정수를 구하는 시험이다.

2) 종류

① 비압밀비배수시험(UU 삼축압축시험)

② 압밀비배수시험(CU 삼축압축시험)

③ 압밀배수시험(CD 삼축압축시험)

3) 시험종류별 시험방법

① 구속압력(σ_3) 재하시 배수여부로 비압밀과 압밀로 구분

② 축차응력($\Delta\sigma$) 재하시 배수여부로 비배수강도와 배수강도로 구분하며 압축파괴시까지 축차응력을 재하

II. 시험종류별 등방압축과 일축압축시 응력경로

1. UU 삼축압축시험

1) 응력상태

• σ_3 재하 - 등방압축, $\Delta\sigma$ 재하 - 일축압축

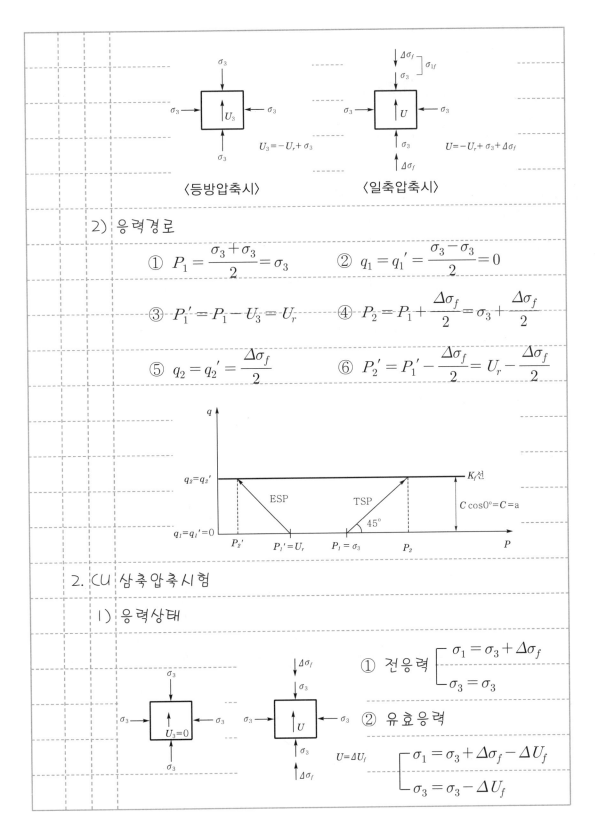

$U_3 = -U_r + \sigma_3$

$U = -U_r + \sigma_3 + \Delta\sigma_f$

〈등방압축시〉　　　　　　　　〈일축압축시〉

2) 응력경로

① $P_1 = \dfrac{\sigma_3 + \sigma_3}{2} = \sigma_3$　　　② $q_1 = q_1' = \dfrac{\sigma_3 - \sigma_3}{2} = 0$

③ $P_1' = P_1 - U_3 = U_r$　　　④ $P_2 = P_1 + \dfrac{\Delta\sigma_f}{2} = \sigma_3 + \dfrac{\Delta\sigma_f}{2}$

⑤ $q_2 = q_2' = \dfrac{\Delta\sigma_f}{2}$　　　⑥ $P_2' = P_1' - \dfrac{\Delta\sigma_f}{2} = U_r - \dfrac{\Delta\sigma_f}{2}$

2. CU 삼축압축시험

1) 응력상태

① 전응력 $\begin{cases} \sigma_1 = \sigma_3 + \Delta\sigma_f \\ \sigma_3 = \sigma_3 \end{cases}$

② 유효응력 $\begin{cases} \sigma_1 = \sigma_3 + \Delta\sigma_f - \Delta U_f \\ \sigma_3 = \sigma_3 - \Delta U_f \end{cases}$

$U = \Delta U_f$

2) 응력경로

① $P_1 = P_1' = \sigma_3$ ② $q_1 = q_1' = 0$

③ $P_2 = \sigma_3 + \dfrac{\Delta\sigma_f}{2}$ ④ $q_2 = q_2' = \dfrac{\Delta\sigma_f}{2}$

⑤ $P_2' = P_2 - \Delta U_f = \sigma_3 + \dfrac{\Delta\sigma_f}{2} - \Delta U_f$

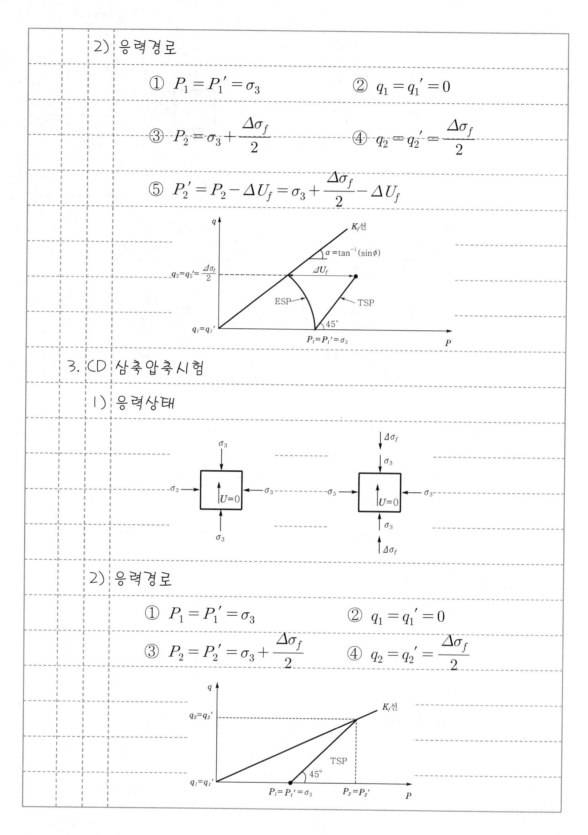

3. ⓒ 삼축압축시험

1) 응력상태

2) 응력경로

① $P_1 = P_1' = \sigma_3$ ② $q_1 = q_1' = 0$

③ $P_2 = P_2' = \sigma_3 + \dfrac{\Delta\sigma_f}{2}$ ④ $q_2 = q_2' = \dfrac{\Delta\sigma_f}{2}$

Ⅲ. 정규압밀점토와 과압밀점토의 응력경로 및 특성

1. 정규압밀점토

1) 응력경로

① CU 삼축압축시험   ② CD 삼축압축시험

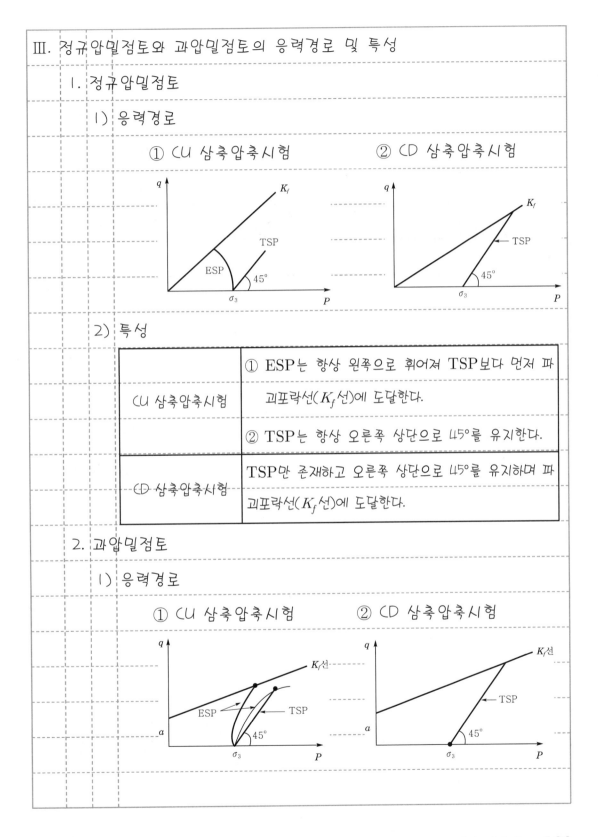

2) 특성

CU 삼축압축시험	① ESP는 항상 왼쪽으로 휘어져 TSP보다 먼저 파괴포락선(K_f선)에 도달한다. ② TSP는 항상 오른쪽 상단으로 45°를 유지한다.
CD 삼축압축시험	TSP만 존재하고 오른쪽 상단으로 45°를 유지하며 파괴포락선(K_f선)에 도달한다.

2. 과압밀점토

1) 응력경로

① CU 삼축압축시험   ② CD 삼축압축시험

2) 특성

㉴ 삼축압축시험	① ESP는 항상 오른쪽 상단으로 휘어진다.
	② 심한 과압밀 점토의 ESP는 TSP보다 오른쪽에 위치하며 이 경우에는 TSP가 먼저 K_f선에 도달
	③ TSP는 오른쪽 상단으로 45°를 유지한다.
㉳ 삼축압축시험	TSP만 존재하고 오른쪽 상단으로 45°를 유지하며 파괴포락선에 도달한다.

IV. 결론

1) 삼축압축시험중 UU 삼축압축시험의 응력경로에서 ESP는 시험 시 응력과 관계가 없고, TSP와 연관성이 없어 사용하지 않는다.

2) CU 삼축압축시험의 응력경로는 파괴시 과잉간극수압의 차이로 정규압밀점토와 과압밀점토의 유효응력경로(ESP) 거동이 서로 다르다.

문제 12)	전단시험방법을 결정할 때 응력경로를 활용하는 경우 현장조건과
	응력경로에 대하여 기술하시오.

I. 응력경로의 개요

　1) 정의

　　　응력경로란 지중의 응력상태 또는 시험시의 응력상태 변

　　　화를 Mohr원의 반경을 q좌표, Mohr원의 중심을 P좌표로

　　　표시한 점들을 연결한 곡선을 말한다.

　2) 응력상태와 응력경로 관계

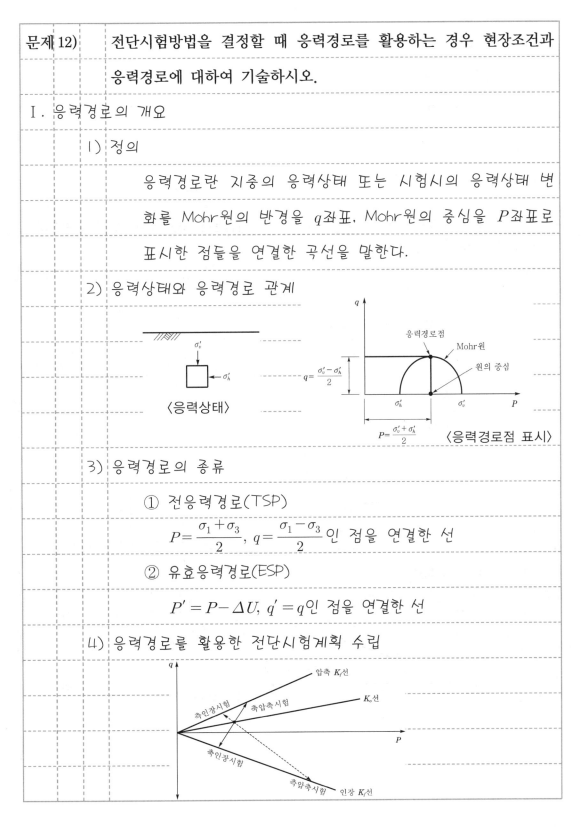

　　　〈응력상태〉　　　　　〈응력경로점 표시〉

　3) 응력경로의 종류

　　　① 전응력경로(TSP)

　　　$P = \dfrac{\sigma_1 + \sigma_3}{2}$, $q = \dfrac{\sigma_1 - \sigma_3}{2}$ 인 점을 연결한 선

　　　② 유효응력경로(ESP)

　　　$P' = P - \Delta U$, $q' = q$ 인 점을 연결한 선

　4) 응력경로를 활용한 전단시험계획 수립

Ⅱ. 전단시험방법별 현장조건과 응력경로

1. 축압축시험

1) 현장조건

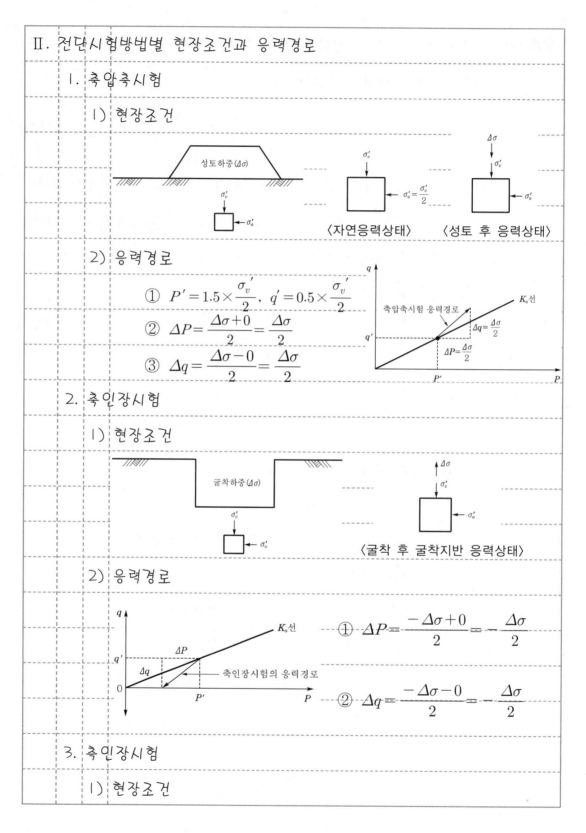

〈자연응력상태〉　〈성토 후 응력상태〉

2) 응력경로

① $P' = 1.5 \times \dfrac{\sigma_v'}{2}$, $q' = 0.5 \times \dfrac{\sigma_v'}{2}$

② $\Delta P = \dfrac{\Delta\sigma + 0}{2} = \dfrac{\Delta\sigma}{2}$

③ $\Delta q = \dfrac{\Delta\sigma - 0}{2} = \dfrac{\Delta\sigma}{2}$

2. 축인장시험

1) 현장조건

〈굴착 후 굴착지반 응력상태〉

2) 응력경로

① $\Delta P = \dfrac{-\Delta\sigma + 0}{2} = -\dfrac{\Delta\sigma}{2}$

② $\Delta q = \dfrac{-\Delta\sigma - 0}{2} = -\dfrac{\Delta\sigma}{2}$

3. 축인장시험

1) 현장조건

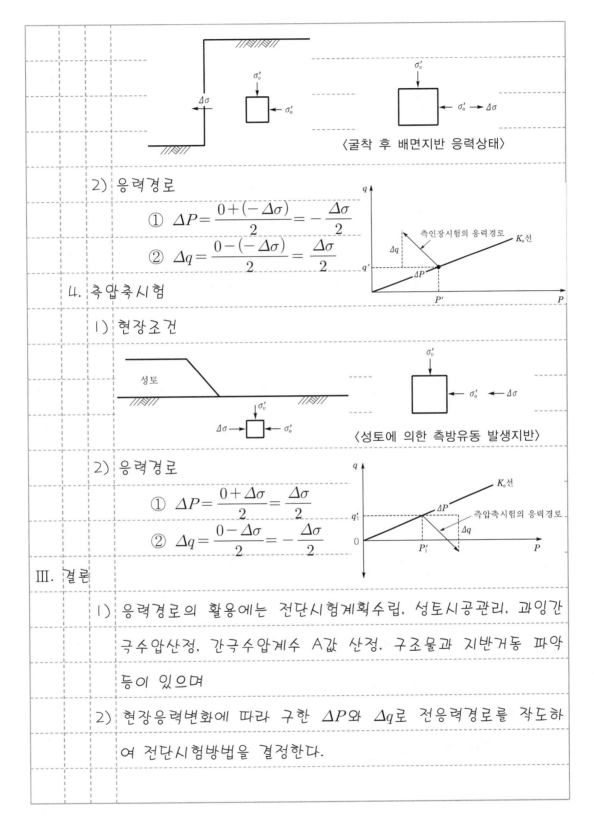

〈굴착 후 배면지반 응력상태〉

2) 응력경로

① $\Delta P = \dfrac{0 + (-\Delta\sigma)}{2} = -\dfrac{\Delta\sigma}{2}$

② $\Delta q = \dfrac{0 - (-\Delta\sigma)}{2} = \dfrac{\Delta\sigma}{2}$

측인장시험의 응력경로

K_o선

4. 측압축시험

1) 현장조건

성토

〈성토에 의한 측방유동 발생지반〉

2) 응력경로

① $\Delta P = \dfrac{0 + \Delta\sigma}{2} = \dfrac{\Delta\sigma}{2}$

② $\Delta q = \dfrac{0 - \Delta\sigma}{2} = -\dfrac{\Delta\sigma}{2}$

K_o선

측압축시험의 응력경로

Ⅲ. 결론

1) 응력경로의 활용에는 전단시험계획수립, 성토시공관리, 과잉간극수압산정, 간극수압계수 A값 산정, 구조물과 지반거동 파악 등이 있으며

2) 현장응력변화에 따라 구한 ΔP와 Δq로 전응력경로를 작도하여 전단시험방법을 결정한다.

| 문제 13) | 사질토지반에 강널말뚝 설치 후 1) 작용주동 및 작용수동상태의 응력경로, 2) 주동 및 수동상태일 때의 응력경로에 대하여 기술하시오. |

답

I. 수평토압의 개요

1) 정의

수평토압은 연직유효토압에 토압계수를 곱하고 간극수압을 더한 토압을 말하며, 토압계수는 수평방향의 변위에 따라 정지토압계수(K_o), 주동토압계수(K_a), 수동토압계수(K_p)로 구분된다.

2) 주동 및 수동상태

① 주동상태란 수평방향으로 토체가 팽창파괴될 때의 응력상태를 말하며 이때 수평토압은 주동토압이라 한다.

② 수동상태란 토체가 수평방향으로 압축파괴되는 응력상태로 수동토압이라 한다.

3) 작용주동상태

① 작용주동상태란 토체가 수평방향으로 팽창되나 파괴상태가 아닌 응력상태를 말한다.

② 작용주동토압은 주동토압에 허용안전율(F_{sa})을 곱한 값을 말한다.

II. 작용주동 및 작용수동상태의 응력경로

1. 응력상태

1) 작용주동상태

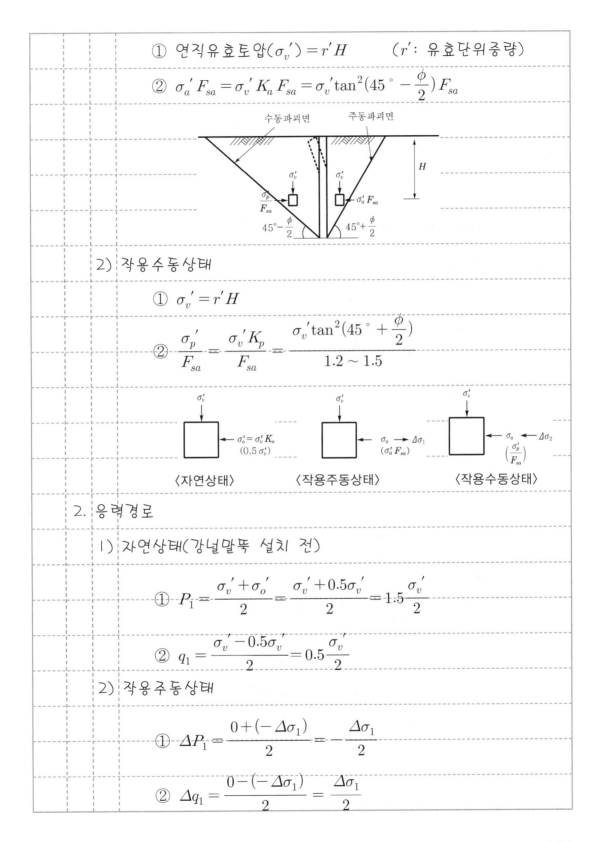

① 연직유효토압$(\sigma_v{}') = r'H$ (r' : 유효단위중량)

② $\sigma_a{}' F_{sa} = \sigma_v{}' K_a F_{sa} = \sigma_v{}' \tan^2\left(45° - \dfrac{\phi}{2}\right) F_{sa}$

2) 작용수동상태

　① $\sigma_v{}' = r'H$

　② $\dfrac{\sigma_p{}'}{F_{sa}} = \dfrac{\sigma_v{}' K_p}{F_{sa}} = \dfrac{\sigma_v{}' \tan^2\left(45° + \dfrac{\phi}{2}\right)}{1.2 \sim 1.5}$

2. 응력경로

1) 자연상태(강널말뚝 설치 전)

　① $P_1 = \dfrac{\sigma_v{}' + \sigma_o{}'}{2} = \dfrac{\sigma_v{}' + 0.5\sigma_v{}'}{2} = 1.5\dfrac{\sigma_v{}'}{2}$

　② $q_1 = \dfrac{\sigma_v{}' - 0.5\sigma_v{}'}{2} = 0.5\dfrac{\sigma_v{}'}{2}$

2) 작용주동상태

　① $\Delta P_1 = \dfrac{0 + (-\Delta\sigma_1)}{2} = -\dfrac{\Delta\sigma_1}{2}$

　② $\Delta q_1 = \dfrac{0 - (-\Delta\sigma_1)}{2} = \dfrac{\Delta\sigma_1}{2}$

3) 작용수동상태

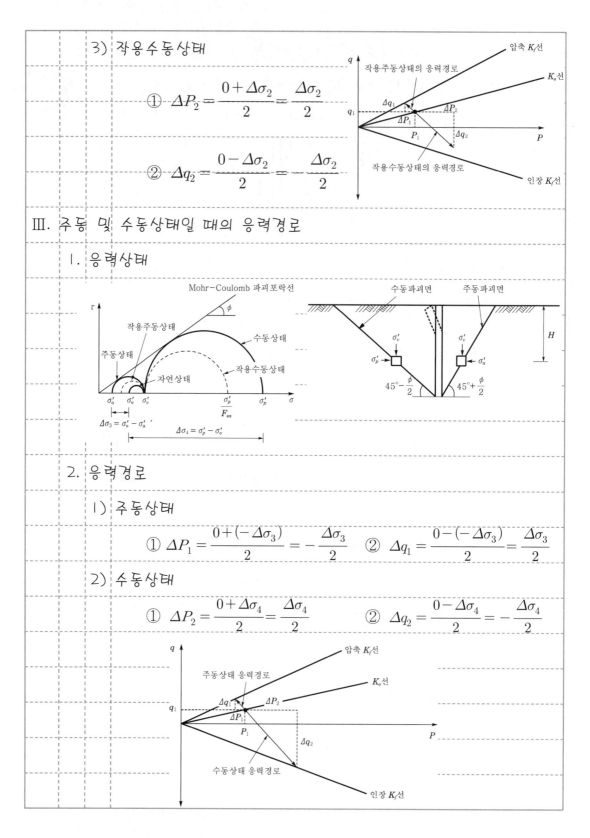

$$① \quad \Delta P_2 = \frac{0 + \Delta \sigma_2}{2} = \frac{\Delta \sigma_2}{2}$$

$$② \quad \Delta q_2 = \frac{0 - \Delta \sigma_2}{2} = \frac{\Delta \sigma_2}{2}$$

Ⅲ. 주동 및 수동상태일 때의 응력경로

1. 응력상태

2. 응력경로

1) 주동상태

$$① \quad \Delta P_1 = \frac{0 + (-\Delta \sigma_3)}{2} = -\frac{\Delta \sigma_3}{2} \qquad ② \quad \Delta q_1 = \frac{0 - (-\Delta \sigma_3)}{2} = \frac{\Delta \sigma_3}{2}$$

2) 수동상태

$$① \quad \Delta P_2 = \frac{0 + \Delta \sigma_4}{2} = \frac{\Delta \sigma_4}{2} \qquad ② \quad \Delta q_2 = \frac{0 - \Delta \sigma_4}{2} = -\frac{\Delta \sigma_4}{2}$$

IV. 결론

1) 사질토지반에 설치된 강널말뚝에 발생하는 수평변위는 굴착면에는 작용수동상태이고 강널말뚝 배면지반은 주동상태가 된다.

2) 강널말뚝은 연성벽체구조물로 수평변위를 허용하는 구조물이고 토체변위를 고려하므로 강널말뚝 근입깊이해석시 수동토압 대신 작용수동토압을 적용함이 타당하다고 사료된다.

문제 14)	정규압밀점토와 과압밀점토에 말뚝설치시, 파괴시 및 안정화시까지 3
	영역으로 구분하여 전응력경로와 유효응력경로에 대하여 기술하시오.

답

Ⅰ. 응력경로의 개요

1) 정의

응력경로란 현장 또는 시험시 응력변화가 발생하는 경우 연직응력과 수평응력 변화과정의 q, P 좌표를 연결한 선을 말한다.

2) 종류

① 전응력경로 좌표 : $P = \dfrac{\sigma_1 + \sigma_3}{2}$, $\quad q = \dfrac{\sigma_1 - \sigma_3}{2}$

② 유효응력경로 좌표

$$P' = \dfrac{\sigma_1' + \sigma_3'}{2} = P - U, \quad q' = q$$

Ⅱ. 정규압밀점토에 말뚝설치시 과정별 응력경로

1. 응력상태

1) 말뚝설치 전〈자연상태〉

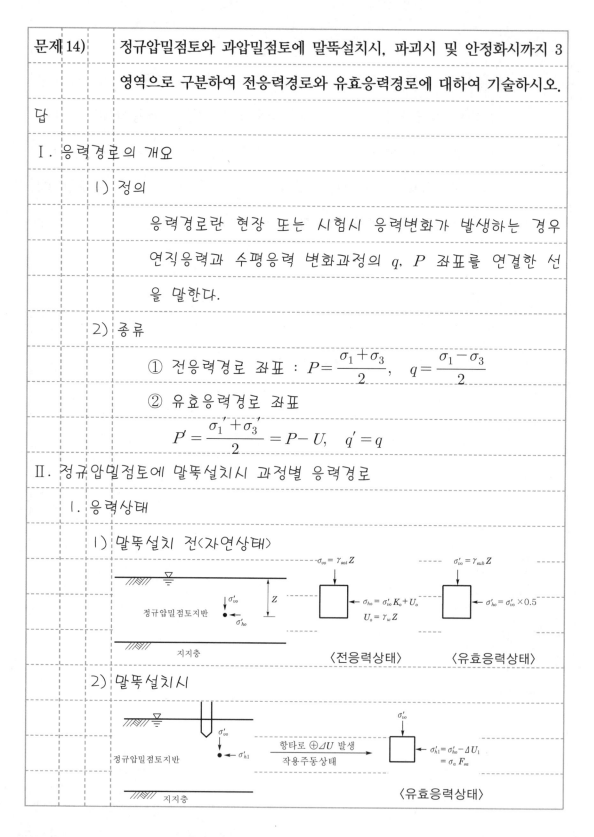

$\sigma_{vo} = \gamma_{sat} Z$

$\sigma_{ho} = \sigma_{vo}' K_o + U_o$

$U_o = \gamma_w Z$

〈전응력상태〉

$\sigma_{vo}' = \gamma_{sub} Z$

$\sigma_{ho}' = \sigma_{vo}' \times 0.5$

〈유효응력상태〉

2) 말뚝설치시

정규압밀점토지반

항타로 $\oplus \varDelta U$ 발생
작용주동상태

$\sigma_{h1}' = \sigma_{ho}' - \varDelta U_1$
$= \sigma_a F_{sa}$

〈유효응력상태〉

3) 지반파괴시

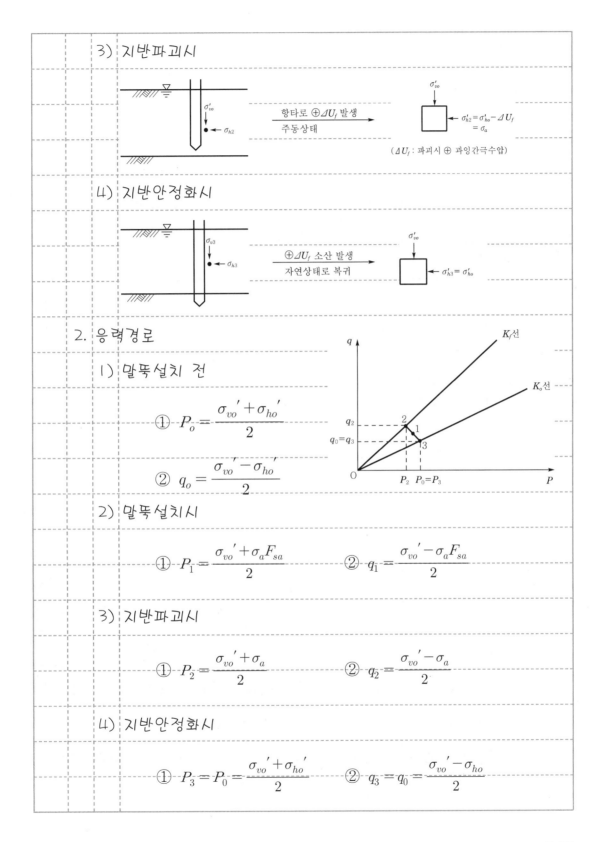

항타로 $\oplus \varDelta U_f$ 발생
주동상태

$\sigma'_{h2} = \sigma'_{ho} - \varDelta U_f$
$= \sigma_a$

($\varDelta U_f$: 파괴시 $\oplus$ 과잉간극수압)

4) 지반안정화시

$\oplus \varDelta U_f$ 소산 발생
자연상태로 복귀

$\sigma'_{h3} = \sigma'_{ho}$

2. 응력경로

1) 말뚝설치 전

① $P_o = \dfrac{\sigma_{vo}{}' + \sigma_{ho}{}'}{2}$

② $q_o = \dfrac{\sigma_{vo}{}' - \sigma_{ho}{}'}{2}$

2) 말뚝설치시

① $P_1 = \dfrac{\sigma_{vo}{}' + \sigma_a F_{sa}}{2}$ ② $q_1 = \dfrac{\sigma_{vo}{}' - \sigma_a F_{sa}}{2}$

3) 지반파괴시

① $P_2 = \dfrac{\sigma_{vo}{}' + \sigma_a}{2}$ ② $q_2 = \dfrac{\sigma_{vo}{}' - \sigma_a}{2}$

4) 지반안정화시

① $P_3 = P_0 = \dfrac{\sigma_{vo}{}' + \sigma_{ho}{}'}{2}$ ② $q_3 = q_0 = \dfrac{\sigma_{vo}{}' - \sigma_{ho}}{2}$

III. 과압밀점토에 말뚝설치시 과정별 응력경로

1. 응력상태

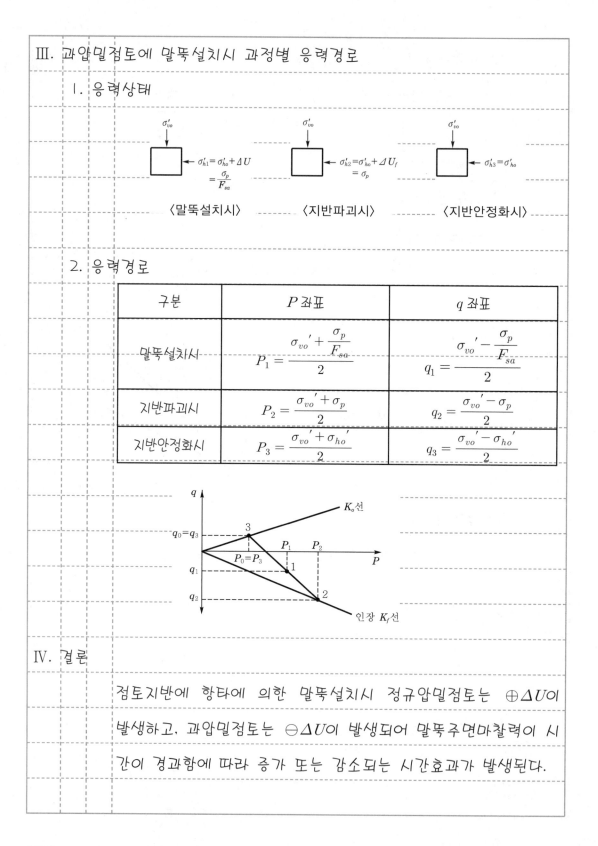

$$\sigma'_{h1}=\sigma'_{ho}+\Delta U = \frac{\sigma_p}{F_{sa}}$$

$$\sigma'_{h2}=\sigma'_{ho}+\Delta U_f = \sigma_p$$

$$\sigma'_{h3}=\sigma'_{ho}$$

〈말뚝설치시〉　　　〈지반파괴시〉　　　〈지반안정화시〉

2. 응력경로

구분	P 좌표	q 좌표
말뚝설치시	$P_1 = \dfrac{\sigma_{vo}' + \dfrac{\sigma_p}{F_{sa}}}{2}$	$q_1 = \dfrac{\sigma_{vo}' - \dfrac{\sigma_p}{F_{sa}}}{2}$
지반파괴시	$P_2 = \dfrac{\sigma_{vo}' + \sigma_p}{2}$	$q_2 = \dfrac{\sigma_{vo}' - \sigma_p}{2}$
지반안정화시	$P_3 = \dfrac{\sigma_{vo}' + \sigma_{ho}'}{2}$	$q_3 = \dfrac{\sigma_{vo}' - \sigma_{ho}'}{2}$

IV. 결론

점토지반에 항타에 의한 말뚝설치시 정규압밀점토는 $\oplus \Delta U$이 발생하고, 과압밀점토는 $\ominus \Delta U$이 발생되어 말뚝주면마찰력이 시간이 경과함에 따라 증가 또는 감소되는 시간효과가 발생된다.

문제 15)	Mohr-Coulomb과 Drunker-Prager모델을 π평면에 도시하고 두 모
	델의 주요특성과 한계성에 대하여 설명하시오.
답	

I. π평면(정팔면체면)의 개요

　　1) 정의

　　　　π평면이란 삼차원응력축에서 최대유효주응력(σ_1'), 중간유

　　　　효주응력(σ_2')과 최소유효주응력(σ_3')을 합한 값이 일정한

　　　　평면을 말한다.

　　2) 특징

　　　　① 재료의 삼차원 파괴상태를 평면에 표현 가능

　　　　② 정수압축과 직각으로 교차

　　　　③ 삼차원 파괴모델들의 비교 가능

II. π평면에 모델들 도시

III. Mohr-Coulomb 모델

1) 모델 파괴식

$$S = \tau_f = C + \sigma' \tan\phi \qquad C : 점착력, \phi : 내부마찰각$$

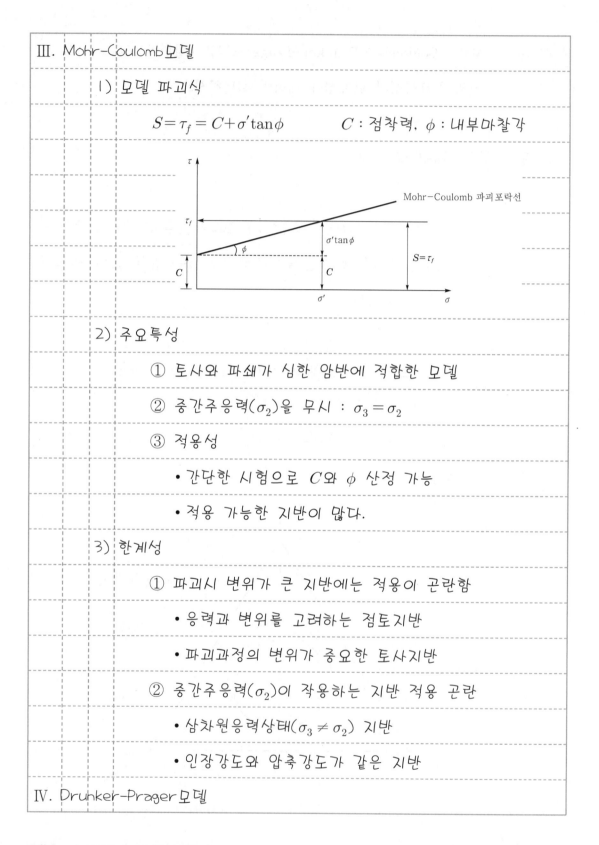

2) 주요특성

① 토사와 파쇄가 심한 암반에 적합한 모델

② 중간주응력(σ_2)을 무시 : $\sigma_3 = \sigma_2$

③ 적용성

- 간단한 시험으로 C와 ϕ 산정 가능
- 적용 가능한 지반이 많다.

3) 한계성

① 파괴시 변위가 큰 지반에는 적용이 곤란함

- 응력과 변위를 고려하는 점토지반
- 파괴과정의 변위가 중요한 토사지반

② 중간주응력(σ_2)이 작용하는 지반 적용 곤란

- 삼차원응력상태$(\sigma_3 \neq \sigma_2)$ 지반
- 인장강도와 압축강도가 같은 지반

IV. Drunker-Prager 모델

1) 모델 파괴식

① $\sqrt{J_{2f}} = K + J_1 \tan\alpha$

② 1차응력불변량$(J_1) = \sigma_1 + \sigma_2 + \sigma_3$

③ 편차응력 2차불변량(J_2)

$$J_2 = \frac{1}{6}\left[(\sigma_1 - \sigma_2)^2 + (\sigma_2 - \sigma_3)^2 + (\sigma_3 - \sigma_1)^2\right]$$

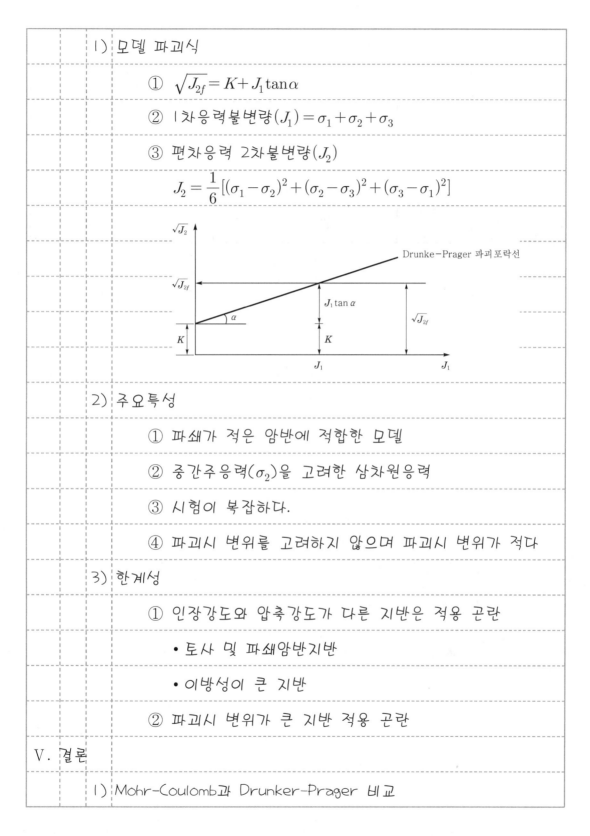

2) 주요특성

① 파쇄가 적은 암반에 적합한 모델

② 중간주응력(σ_2)을 고려한 삼차원응력

③ 시험이 복잡하다.

④ 파괴시 변위를 고려하지 않으며 파괴시 변위가 적다

3) 한계성

① 인장강도와 압축강도가 다른 지반은 적용 곤란

  • 토사 및 파쇄암반지반

  • 이방성이 큰 지반

② 파괴시 변위가 큰 지반 적용 곤란

V. 결론

1) Mohr-Coulomb과 Drunker-Prager 비교

구분	Mohr-Coulomb파괴모델	Drunker-Prager파괴모델
적용지반	토사, 파쇄암반지반	암반지반
응력	2차원응력 (중간주응력 무시)	3차원응력 (중간주응력 고려)
적용성	시험이 간단하고 적용성이 크다.	시험이 복잡하고 적용성이 적다.

2) Mohr-Coulomb파괴모델은 불연속면이 많은 암반의 해석에 많이 사용되고 그 외의 암반은 Drunker-Prager파괴모델을 사용해야 한다.

문제 16-1)	Mohr원의 극점(평면기점)

답

I. 정의

Mohr원의 극점이란 미리 알고 있는 Mohr원의 한 점에서 그 응력이 작용하는 면과 평행하게 선을 긋어 Mohr원과 만나는 점을 말하며, 평면기점이라고도 한다.

II. 산정방법

1) 응력상태로 Mohr원 작도

〈응력상태〉

2) 기점인 σ_1점에서 σ_1의 작용면과 평행하게 선을 그어 Mohr원과 만나는 점인 σ_3점이 극점(Pole)

III. 극점으로 임의의 면에 작용하는 응력 구하는 법

1) 극점에서 임의의 면과 평행선을 그어 Mohr원과 만나는 점 작도

2) 수직응력$(\sigma) = \dfrac{\sigma_1 + \sigma_3}{2} + \dfrac{\sigma_1 - \sigma_3}{2}cos2\theta$

3) 전단응력$(\tau) = \dfrac{\sigma_1 - \sigma_3}{2}cos2\theta$

IV. 이용

1) 임의의 면에 작용하는 전단응력과 수직응력 크기 산정

2) Mohr원 상에 전단응력과 수직응력의 작용면과 작용방향

3) Mohr원 상에 주응력의 작용면과 작용방향

4) 주응력의 파괴각도 산정

문제 16-2) 수정파괴포락선(K_f선)

답

Ⅰ. 정의

수정파괴포락선이란 삼축압축시험으로 작도된 파괴 Mohr원의

정점을 연결한 직선으로 $q-P$그래프에 그려진 응력경로의 파

괴여부를 결정하는 기준선을 말한다.

Ⅱ. 작도방법

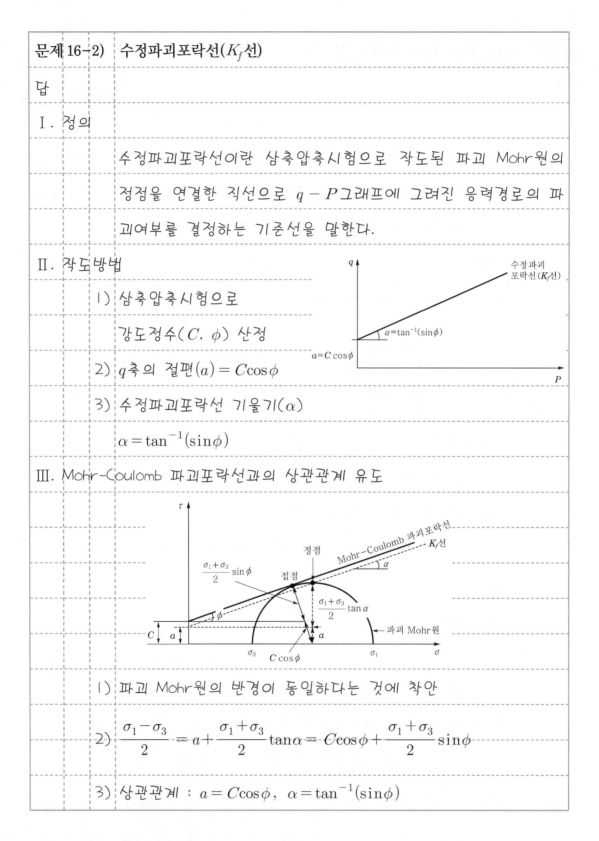

1) 삼축압축시험으로

강도정수(C, ϕ) 산정

2) q축의 절편(a) $= C\cos\phi$

3) 수정파괴포락선 기울기(α)

$$\alpha = \tan^{-1}(\sin\phi)$$

Ⅲ. Mohr-Coulomb 파괴포락선과의 상관관계 유도

1) 파괴 Mohr원의 반경이 동일하다는 것에 착안

2) $\dfrac{\sigma_1-\sigma_3}{2} = a + \dfrac{\sigma_1+\sigma_3}{2}\tan\alpha = C\cos\phi + \dfrac{\sigma_1+\sigma_3}{2}\sin\phi$

3) 상관관계 : $a = C\cos\phi$, $\alpha = \tan^{-1}(\sin\phi)$

IV. 이용

    1) 시험계획수립

    2) 성토시공관리

    3) 파괴시 과잉간극수압(ΔU_f) 산정

    4) 과압밀점토의 한계상태모델

문제 16-3) K_f선과 Mohr-Coulomb 파괴포락선

답

I. 수정파괴포락선(K_f선)

1) 정의

K_f선은 파괴 Mohr원의 정점을 연결한 직선으로 응력경로의 파괴여부를 판단하는데 이용된다.

2) 작도 방법

① Mohr-Coulomb 파괴포락선으로 구한 C, ϕ의 상관성 이용

② $a = C\cos\phi$, $\alpha = \tan^{-1}(\sin\phi)$

3) 이용

① 시험계획 수립 및 과압밀점토의 한계상태모델

② 시공관리 및 파괴시 과잉간극수압산정

II. Mohr-Coulomb 파괴포락선

1) 정의

삼축압축시험의 파괴 Mohr원의 접점 또는 직접전단시험의 파괴시 전단응력(τ_f)과 수직응력(σ_f)점을 연결한 직선을 Mohr-Coulomb 파괴포락선이라 한다.

2) 이용

① 강도정수(C, ϕ) 산정

② 사면 안정해석시 파괴면의 저항력 산정

③ 토압계수 산정과 기초의 지지력 산정

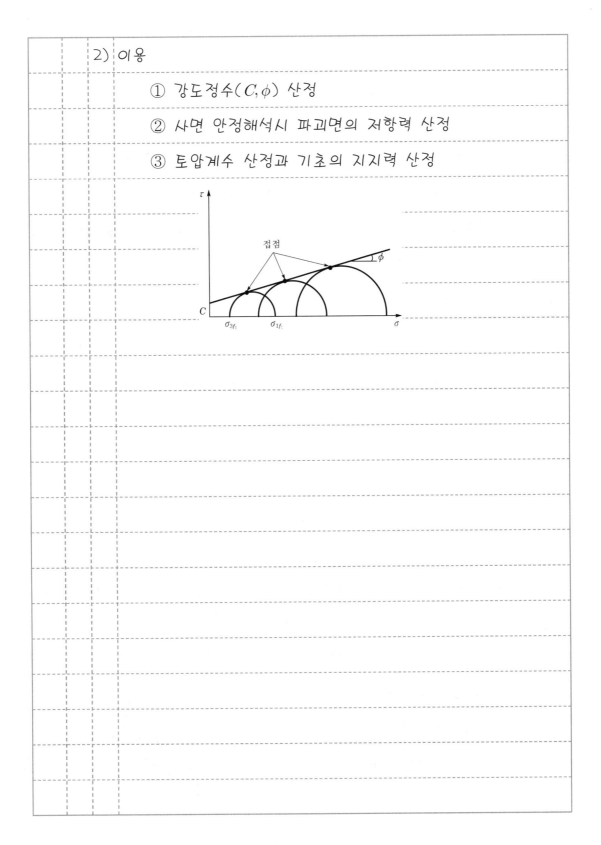

문제 16-4) 한계상태(Critical State)

답

I. 정의

한계상태란 흙의 전단파괴시 체적변화없이 변형만 계속되는 상태를 말하며, 점성토는 한계상태에서 평균주응력-주응력차-간극비가 하나의 선으로 공간 좌표에 표현되는 한계상태선(CSL)이 존재한다.

II. 한계상태의 탄소성 구분

III. 응력경로의 한계상태

1) Roscoe면 : 정규압밀점토의 탄성구역 항복면

2) Hvorslev면 : 과압밀점토의 탄성구역 항복면

$$q = \frac{\sigma_1 - \sigma_3}{2}$$

$$P = \frac{\sigma_1 + \sigma_3}{2}$$

σ'_e : CU 삼축압축시험 최초 σ_3값

3) 인장파괴면 : 과압밀상태에서 응력이 감소시 파괴면

IV. Cam-Clay 모델의 한계상태선

1) NCL : 정규압밀점토선

2) OCL : 과압밀점토선

3) CSL : 한계상태선

문제 16-5) 응력경화(Stress Hardening)

답

I. 정의

1) 응력경화란 탄소성해석에서 소성변형 증가시 탄성상태의 응력보다 응력이 증가하는 현상을 말한다.

2) 정규압밀점토 항복면인 Roscoe면에서 직각으로 소성변형증분이 발생하는 경우의 탄소성해석에 해당된다.

II. 탄소성모델에서 응력경화

수직응력(σ)

항복응력(σ_y)

응력경화, 소성변형경화 $\frac{\Delta\sigma}{\Delta\varepsilon} > 0$

완전소성

항복점

응력연화, 소성변형연화 $\frac{\Delta\sigma}{\Delta\varepsilon} < 0$

축변형률(ε,%)

탄성범위

소성범위

항복모델

소성흐름법칙 적용

III. 응력경로 상의 응력경화법칙

$\frac{q}{\sigma_e'}$

Rosco면

Hvorslev면

$\Delta\varepsilon$

ΔP

3 ← 인장파괴면

1

$\frac{P}{\sigma_e'}$

1) 항복면(Roscoe면) - 탄성범위해석

2) 소성변형량($\Delta\varepsilon$) 산정

3) 응력경화량($\Delta\sigma$) 산정

① $\Delta\varepsilon$를 Roscoe면에 직각으로 작도

② ΔP값 산정 ⇒ $\Delta\sigma = \Delta P$

IV. 발생조건

1) 점성토지반의 고성토 조건

2) 정규압밀점토에 성토시공

문제 16-6) 변형연화(Strain Softening)

답

I. 정의

변형연화란 탄소성해석에서 소성변형이 발생함에 따라 탄성상
태의 응력보다 응력이 감소하는 현상이며 응력연화라고도 한다.

II. 탄소성모델에서 변형연화

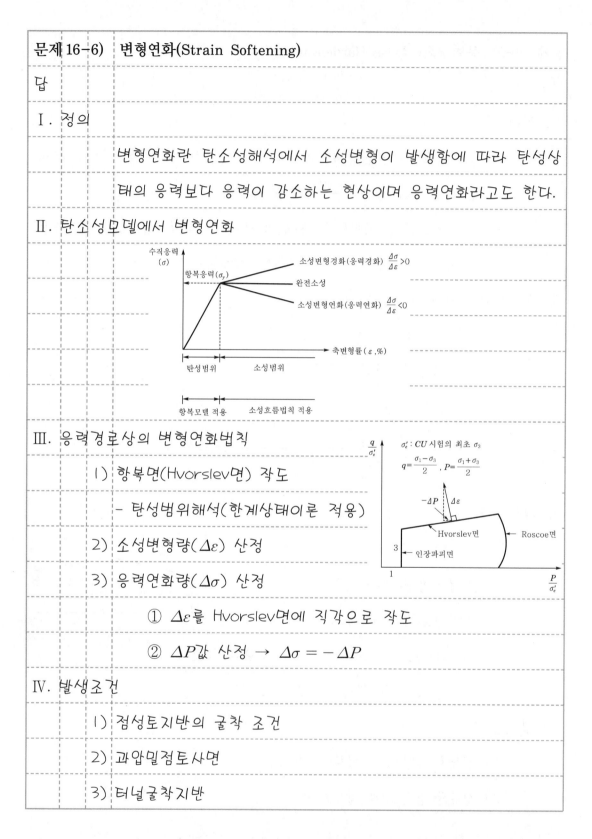

III. 응력경로상의 변형연화법칙

1) 항복면(Hvorslev면) 작도

   – 탄성범위해석(한계상태이론 적용)

2) 소성변형량($\Delta\varepsilon$) 산정

3) 응력연화량($\Delta\sigma$) 산정

   ① $\Delta\varepsilon$를 Hvorslev면에 직각으로 작도

   ② ΔP값 산정 → $\Delta\sigma = -\Delta P$

IV. 발생조건

1) 점성토지반의 굴착 조건

2) 과압밀점토사면

3) 터널굴착지반

문제 16-7) 잔류강도(Residual Strength)

답

I. 정의

잔류강도란 전단응력-전단변형률 곡선에서 최대전단강도 이후 전단변형이 증가하면 전단강도가 감소하다가 일정한 값이 되는데 이때의 전단강도를 말한다.

II. 최대강도(τ_p)와의 비교

III. 측정방법

1) 직접전단시험(Direct Shear Test)

① 전단변형률(r%)이 15%까지 시험

② $\gamma = 15\%$일 때의 전단응력과 수직응력으로 강도정수(ϕ_r) 산정

③ 실무에서 적용함

2) 링전단시험(Ring Shear Test) - 연구목적으로 사용함

IV. 적용

1) 붕괴 후 복구된 사면안정검토

2) 진행성파괴가 발생하는 사면안정검토

3) 이질(다층)사면 안정검토

4) 인장균열이 발생된 심한 과압밀점토사면 안정검토

문제 16-8) 진행성파괴(Progressive Failure)

답

I. 정의

1) 진행성파괴란 지반파괴가 짧은 시간에 발생하지 않고 오랜 시간동안 서서히 진행되어 파괴되는 현상을 말한다.

2) 결함이 존재하는 지반은 결함 부분이 먼저 파괴되는 진행성파괴가 발생하므로 잔류강도를 적용하여야 한다.

II. 발생과정

〈순간(극한)파괴상태〉　　　　　　　　　〈진행성파괴상태〉

III. 판단방법

1) 직접전단시험 실시

2) 전단응력(τ) - 전단변형률(r, %) 곡선 작도

3) 잔류계수(R) 산정 후 판단

① $R = \dfrac{\tau_r}{\tau_p}$

② $R < 0.8$　∴ 진행성파괴 발생

IV. 진행성파괴 검토조건

1) 사면 안정검토시(활동면 저항력 산정)

① 과압밀점토사면　　② 균열이 많은 점토사면

③ 다층지반사면　　④ 무한사면

2) 전단시험으로 파괴포락선 작도시 : ① 직접전단시험 ② CD 삼축압축시험

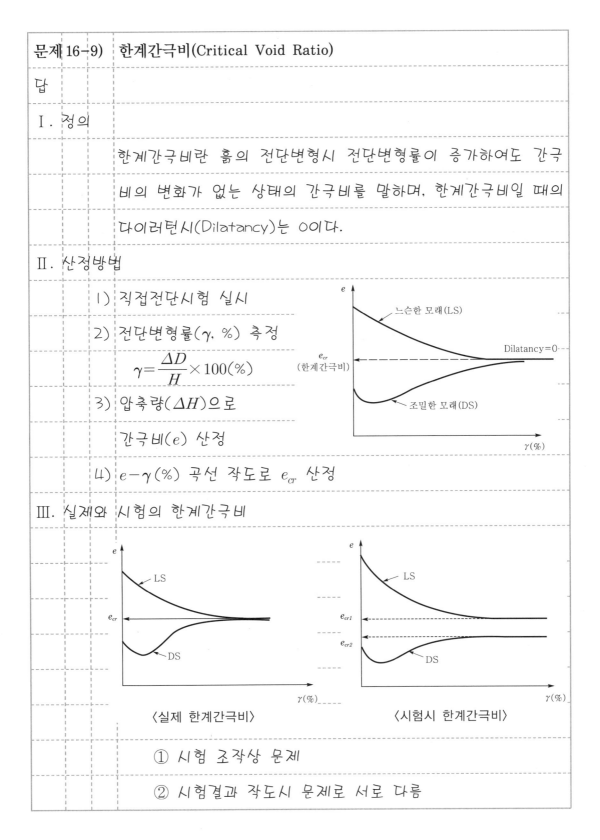

문제 16-9) 한계간극비(Critical Void Ratio)

답

I. 정의

한계간극비란 흙의 전단변형시 전단변형률이 증가하여도 간극비의 변화가 없는 상태의 간극비를 말하며, 한계간극비일 때의 다이러턴시(Dilatancy)는 0이다.

II. 산정방법

1) 직접전단시험 실시

2) 전단변형률(γ, %) 측정

$$\gamma = \frac{\Delta D}{H} \times 100(\%)$$

3) 압축량(ΔH)으로

간극비(e) 산정

4) $e - \gamma(\%)$ 곡선 작도로 e_{cr} 산정

느슨한 모래(LS)

e_{cr} (한계간극비)

Dilatancy=0

조밀한 모래(DS)

$\gamma(\%)$

III. 실제와 시험의 한계간극비

LS

e_{cr}

DS

$\gamma(\%)$

〈실제 한계간극비〉

LS

e_{cr1}

e_{cr2}

DS

$\gamma(\%)$

〈시험시 한계간극비〉

① 시험 조작상 문제

② 시험결과 작도시 문제로 서로 다름

Ⅳ. 이용

1) 액상화 판정

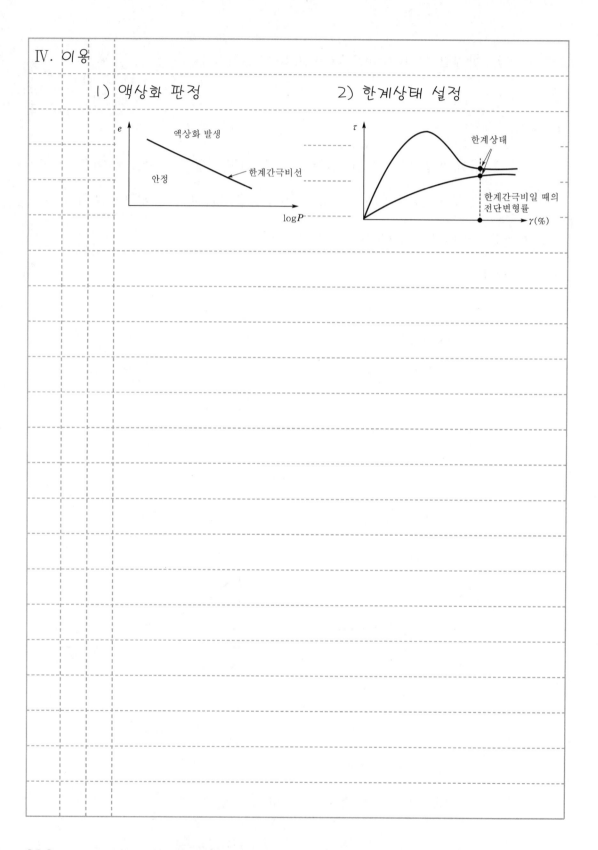

액상화 발생

안정

한계간극비선

$\log P$

2) 한계상태 설정

한계상태

한계간극비일 때의
전단변형률

$\gamma(\%)$

문제 16-10) 엇물림효과(Interlocking)

답

I. 정의

엇물림효과란 사질토의 전단파괴면에 여러 개의 사질토와 모난 입자가 서로 겹쳐진 배열로 전단파괴시 입자의 마찰저항이 아닌 흙구조저항으로 전단저항력이 커져 전단강도가 엇물림상태가 아닌 사질토보다 커지는 것을 말한다.

II. 엇물림효과의 전단저항 원리

〈엇물림 없는 상태〉　　　〈엇물림 상태〉

III. 엇물림효과에 따른 전단저항각

IV. 발생조건

1) 거칠거나 매우 거친 면을 가진 석영성분의 사질토지반

2) 모난입자 모양의 조밀한 사질토지반

문제 16-11) Quick Clay

답

I. 정의

Quick Clay란 융기된 해성점토지반의 염분이 담수로 씻겨 이산 구조가 되어 지반강도가 현저하게 감소된 예민비가 8~64인 연약한 점토를 말한다.

II. 판정방법

1) 일축압축시험 또는 Vane Test 실시

2) 불교란강도와 교란강도 산정

3) 예민비($S_t = \dfrac{q_u}{q_{ur}}$) 산정

4) $S_t = 8 \sim 64$ ∴ Quick Clay

III. 발생원리

1) Leaching현상 발생

2) 점토의 구조변화

3) 전단강도 감소

IV. Quick Sand와 차이점

비교	Quick Sand	Quick Clay
공통점	$S \fallingdotseq 0$	$S \fallingdotseq 0$
원인	① 상향침투압 발생→$\sigma' = 0$	① 염분용탈로 점토구조 변화
	② $S = \sigma' \tan\phi = 0$	② $S = C \fallingdotseq 0$

판정	한계동수구배와 동수구배 비교	예민비
문제점	① Piping으로 발전 ② 액상화 발생	① 진행성파괴 발생 ② 유동화파괴 발생

문제 16-12) 용탈(Leaching)현상

답

Ⅰ. 정의

용탈현상이란 물에 의해 토립자 광물성분이 용해되거나 토립자 이중수농도가 감소되어 시간이 경과함에 따라 지반의 강도가 저하되는 현상을 말한다.

Ⅱ. 용탈현상 메커니즘(Mechanism)

1) 융기된 해성점토지반의 건조

2) 강우에 의한 지반 포화 후 건조

3) 건습의 반복으로 염분 제거

(용탈현상)

4) 면모구조에서 이산구조 변화로 강도 감소

Ⅲ. 발생시 지반의 문제점

1) 지반의 강도감소로 지반안정성이 저하

2) 과다한 지반침하 및 굴착면의 변형 유발

3) Quick Clay로 발전

4) 동적하중 작용시 유동화현상 발생

Ⅳ. 대책공법

1) 침하저감공법

① 심층혼합처리공법

② 모래다짐말뚝(SCP)공법

③ 생석회말뚝공법

2) 침하촉진공법

    ① 진공압밀공법

    ② 연직배수공법

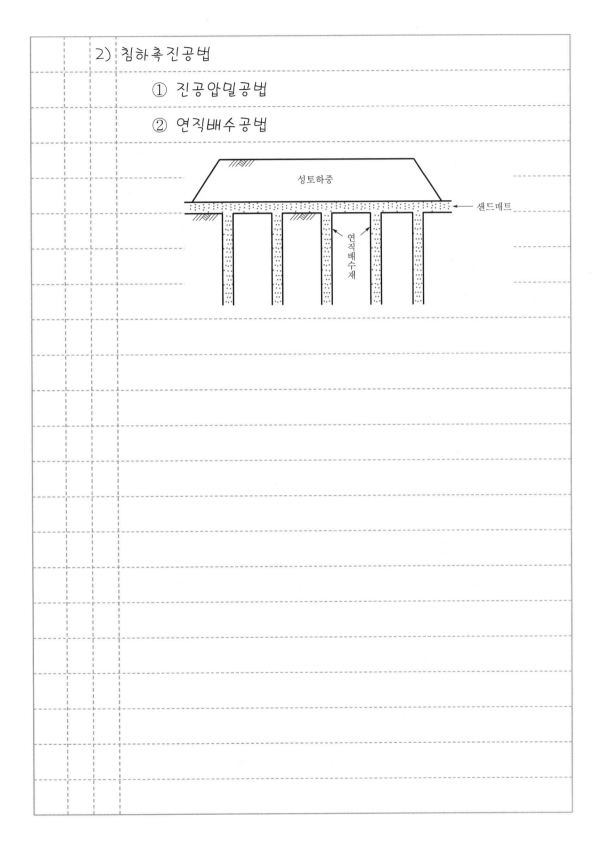

문제 16-13) 배압(Back Pressure)

답

I. 정의

　　1) 배압이란 삼축압축시험의 시료를 현장조건과 똑같이 100% 포화시키기 위하여 시료 내부에 가하는 수압을 말한다.

　　2) 포화된 현장 흙을 시료로 채취하면 구속응력의 해방으로 불포화상태가 되므로 배압으로 현장응력조건과 똑같이 만들어야 한다.

II. 배압 산정방법

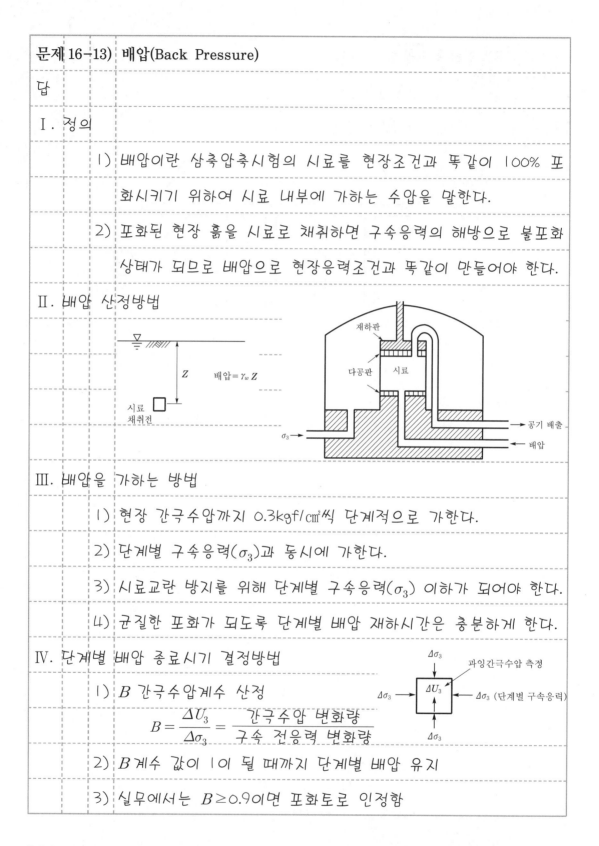

$$배압 = \gamma_w Z$$

III. 배압을 가하는 방법

　　1) 현장 간극수압까지 $0.3 kgf/cm^2$씩 단계적으로 가한다.

　　2) 단계별 구속응력(σ_3)과 동시에 가한다.

　　3) 시료교란 방지를 위해 단계별 구속응력(σ_3) 이하가 되어야 한다.

　　4) 균질한 포화가 되도록 단계별 배압 재하시간은 충분하게 한다.

IV. 단계별 배압 종료시기 결정방법

　　1) B 간극수압계수 산정

$$B = \frac{\Delta U_3}{\Delta \sigma_3} = \frac{간극수압\ 변화량}{구속\ 전응력\ 변화량}$$

　　2) B계수 값이 1이 될 때까지 단계별 배압 유지

　　3) 실무에서는 $B \geq 0.9$이면 포화토로 인정함

문제 16-14) 평면변형(Plane Strain)

답

I. 정의

평면변형이란 지반전단파괴시 중간주응력(σ_2)이 작용하는 면의
변위가 전단파괴될 때까지 0인 조건을 말하며, 긴 옹벽, 긴 제
방성토사면 등이 평면변형에 해당됨

II. 시험방법

1) 직육면공시체 제작

2) 윤활 처리된 강성판을 σ_2면에 부착

3) 비등방압밀 실시

4) 축차응력($\Delta\sigma$) 재하

III. 적용

1) 안정검토시 저항력 산정

① 긴 옹벽과 터널의 저항력

② 제방성토사면에서 파괴면의 저항력

2) 사질토지반 연속기초의 극한지지력 산정

① $\phi_{ps} = \phi_{삼축}(1.1 - 0.1\,B/L)$ (B, L : 기초 폭, 길이)

② ϕ_{ps}로 얕은기초 지지력계수(N_c, N_r, N_q)를 산정하여 극
한지지력 공식으로 산정

IV. CIU 삼축압축시험과 비교

1) 상대밀도에 따라 차이가 다름

2) 조밀한 상태에서는 4°~9° 차이

문제 16-15) Thixotropy

답

I. 정의

자연상태의 점토를 교란시키면 배열구조의 파괴로 강도가 감소되지만 함수
비변화 없이 방치하면 서서히 강도가 회복되는 현상을 Thixotropy라 한다.

II. 강도회복 메커니즘(Mechanism)

1) 면모화 발생 :
   이산구조→면모구조

2) 면모화에 따른 부착력
   발생 : 강도회복

III. Thixotropy 강도비

1) 딕소트로픽 강도비 $= \dfrac{\text{교란후 } t\text{시간 경과시 비배수강도}}{\text{교란 직후 비배수강도}}$

2) 산정방법

   ① 교란시료들을 일정한 시간 간격으로 일축압축시험 실시

   ② 산정된 강도와 시간으로 딕소트로픽 강도비 산정

IV. 이용

1) 현장시험계획 수립

   ① 점토지반에 설치된 말뚝의 재하시험시간 결정

   ② 점토지반 개량 후 확인시험시간 결정

2) 점토지반 개량 후 원지반강도 산정

   ① 개량 전 원지반강도 = 불교란강도

   ② 개량 후 원지반강도 = 경화강도

문제 16-16) 유도이방성(Induced Anisotropy)

답

I. 정의

유도이방성이란 성토 또는 굴착으로 인한 응력체계 변화로 발생된 지반의 한 점에서 방향에 따른 공학적 특성이 서로 다른 성질을 말하며, 작용압력 및 변위의 크기와 방향에 따라 발생한다.

II. 현장응력체계에 따른 유도이방성

1) PSP, PSA : 평면변형수동, 주동시험, SS : 단순전단시험

   TC, TE : 삼축압축, 인장시험

2) 전단강도 크기 : PSA > TC > SS > PSP > TE

III. 수평변위에 따른 유도이방성

IV. 고유이방성과 비교

구분	고유이방성	유도이방성
발생원인	흙생성시 흙구조 차이	응력체계 변화
대표적 이방성	투수계수	전단강도, 토압계수

문제 16-17) 점토의 강도정수에 영향을 미치는 요소

답

I. 점토의 강도정수 정의

점토의 강도정수란 점토지반 또는 점토시료가 하중으로 파괴될 때의 최대저항력인 전단강도크기의 영향인자인 점착력(C)과 내부마찰각(ϕ)을 말한다.

II. 영향을 미치는 요소

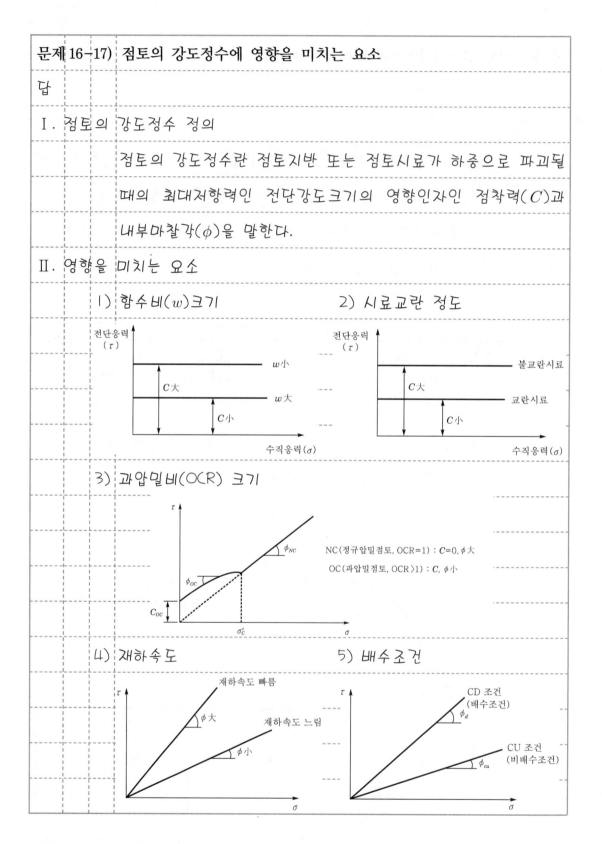

1) 함수비(w)크기

2) 시료교란 정도

3) 과압밀비(OCR) 크기

NC(정규압밀점토, OCR=1) : $C=0, \phi$大
OC(과압밀점토, OCR>1) : C, ϕ小

4) 재하속도

5) 배수조건

문제 16-18) Henkel의 간극수압계수

답

I. 정의

Henkel의 간극수압계수는 중간주응력을 고려하여 구한 삼축압축시 간극수압변화량을 삼축압축시 전응력변화량으로 나눈 값을 말한다.

II. 공식유도

1) $\Delta U = \Delta\sigma_{oct} + 3a\Delta\tau_{oct}$ (a : Henkel 간극수압계수)

   ① $\Delta\sigma_{oct} = \dfrac{1}{3}(\Delta\sigma_1 + \Delta\sigma_2 + \Delta\sigma_3)$

   ② $\Delta\tau_{oct} = \dfrac{1}{3}\sqrt{(\Delta\sigma_1 - \Delta\sigma_2)^2 + (\Delta\sigma_2 - \Delta\sigma_3)^2 + (\Delta\sigma_3 - \Delta\sigma_1)^2}$

2) 등방압축시 $\Delta\sigma_2 = \Delta\sigma_3$

   ① $\Delta\sigma_{oct} = \dfrac{1}{3}(\Delta\sigma_1 + 2\Delta\sigma_3)$

   ② $\Delta\tau_{oct} = \dfrac{1}{3}\sqrt{2}(\Delta\sigma_1 - \Delta\sigma_3)$

〈등방압축시〉

3) 일축압축시 $\Delta\sigma_3 = 0$, 삼축압축시 $\Delta U = A\Delta\sigma_1$

   ① $\Delta U = \dfrac{1}{3}\Delta\sigma_1 + a\sqrt{2}\Delta\sigma_1 = A\Delta\sigma_1$

   ② $a = \dfrac{1}{\sqrt{2}}\left(A - \dfrac{1}{3}\right)$

〈일축압축시〉

III. Skemptom 간극수압계수와 비교

구분	Henkel 간극수압계수	Skemptom 간극수압계수
중간주응력	고려한 3차원응력상태	미고려한 2차원(평면)응력상태
과잉간극수압	$\Delta U = \dfrac{1}{3}\Delta\sigma_1 + a\sqrt{2}\Delta\sigma_1$	$\Delta U = B[\Delta\sigma_3 + A(\Delta\sigma_1 - \Delta\sigma_3)]$

IV. 활용

1) 3차원 응력상태의 압밀변형시 간극수압계수 A의 변화

2) 3차원 응력상태의 과잉간극수압크기 산정

문제 16-19) 응력경로(Stress Path)

답

I. 정의

응력경로란 지반 또는 시료에 하중작용으로 인한 연직응력과 수평
응력이 변화하는 과정별 Mohr원의 정점들을 연결한 선을 말한다.

II. 종류별 좌표

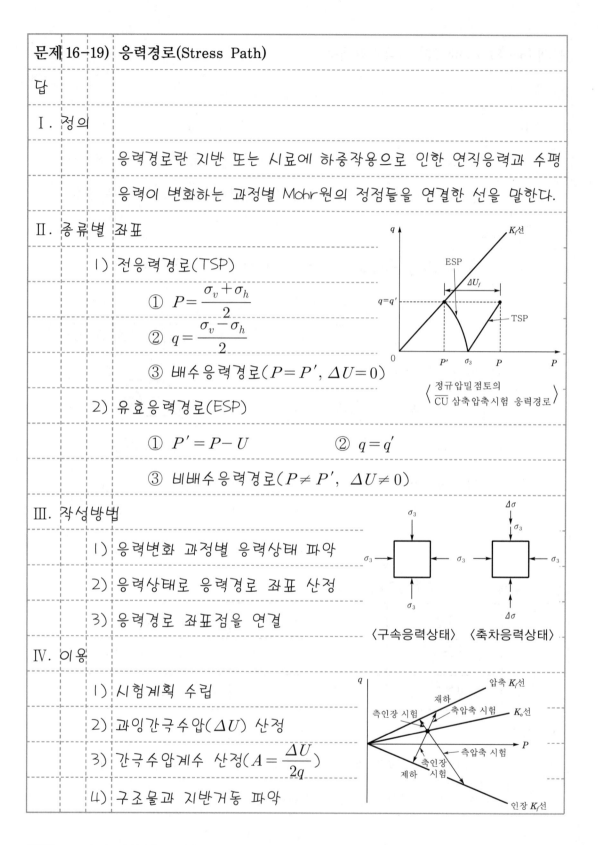

1) 전응력경로(TSP)

① $P = \dfrac{\sigma_v + \sigma_h}{2}$

② $q = \dfrac{\sigma_v - \sigma_h}{2}$

③ 배수응력경로($P = P'$, $\Delta U = 0$)

$\left\langle \dfrac{\text{정규압밀점토의}}{\overline{CU} \text{ 삼축압축시험 응력경로}} \right\rangle$

2) 유효응력경로(ESP)

① $P' = P - U$ ② $q = q'$

③ 비배수응력경로($P \neq P'$, $\Delta U \neq 0$)

III. 작성방법

1) 응력변화 과정별 응력상태 파악

2) 응력상태로 응력경로 좌표 산정

3) 응력경로 좌표점을 연결

〈구속응력상태〉 〈축차응력상태〉

IV. 이용

1) 시험계획 수립

2) 과잉간극수압(ΔU) 산정

3) 간극수압계수 산정($A = \dfrac{\Delta U}{2q}$)

4) 구조물과 지반거동 파악

문제 16-20) 정팔면체면(Octahedral Plane, π평면)

답

I. 정의

정팔면체면이란 삼차원응력축에서 최대유효주응력(σ_1'), 중간유효주응력(σ_2')과 최소유효주응력(σ_3')을 합한 값이 일정한 평면을 말한다.

II. 정팔면체면의 수직응력과 전단강도

1) 수직응력(σ'_{oct})

$$= \frac{1}{3}(\sigma_1' + \sigma_2' + \sigma_3') = oa$$

2) 압축파괴시 전단강도(τ_{oct})

$$\tau_{oct} = \frac{1}{3}\sqrt{(\Delta\sigma_1 - \Delta\sigma_2)^2 + (\Delta\sigma_2 - \Delta\sigma_3)^2 + (\Delta\sigma_3 - \Delta\sigma_1)^2} = ab$$

3) 인장파괴시 전단강도(τ_{oct}) $= \sqrt{\frac{2}{3}} y$ y : 인장파괴시 수직응력

III. 특징

1) 재료의 삼차원 파괴상태를 평면에 표현 가능

2) 정수압축과 직각으로 교차

3) 삼차원 파괴모델들의 비교 가능

IV. 정팔면체면상의 파괴모델

문제 16-21) 다층지반에서 토질정수 결정방법

답

I. 다층지반의 정의

다층지반이란 지중의 임의의 두 점에서 같은 방향의 공학적 특성이 서로 다른 성질을 가진 지반을 말하며, 비균질지반 또는 이질지반이라고도 한다.

II. 토질정수 결정방법

1. 전단강도정수(C, ϕ) 결정방법

1) 전단시험으로 각 지층별 평균강도정수 산정

2) 기초지반 지지력 산정시

① $C = \dfrac{C_1 H_1 + C_2 H_2}{H}$

② $\phi = \tan^{-1}\left(\dfrac{\tan\phi_1 H_1 + \tan\phi_2 H_2}{H}\right)$

3) 사면활동면의 저항력 산정시

① $C = \dfrac{C_1 A_1 + C_2 A_2}{A}$

② $\phi = \tan^{-1}\left(\dfrac{\tan\phi_1 \ell_1 + \tan\phi_2 \ell_2}{\ell}\right)$

2. 변위 관련 토질정수 결정방법

① 각 층의 중앙부에서 시료채취

② 압축시험과 압밀시험으로 각 층의 평균 E, v, C_c, C_r, C_v 산정

문제 16-22) 다층지반에서 응력감소효과

답

Ⅰ. 다층지반에서 응력감소의 정의

　　　다층지반에서 응력감소란 단일층보다 유효응력이 적은 것을 말

　　　하며, 응력감소 이유는 공학적 성질이 불량한 층의 유효단위중

　　　량이 감소하기 때문이다.

Ⅱ. 응력감소효과

　　1) 지반의 전단강도 감소

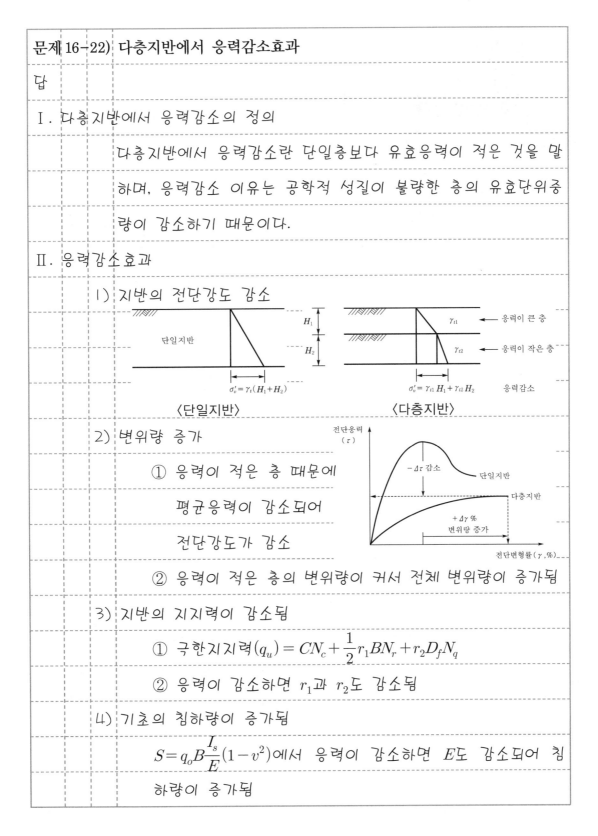

〈단일지반〉　　　　　　　　　　　〈다층지반〉

　　2) 변위량 증가

　　　① 응력이 적은 층 때문에

　　　　평균응력이 감소되어

　　　　전단강도가 감소

　　　② 응력이 적은 층의 변위량이 커서 전체 변위량이 증가됨

　　3) 지반의 지지력이 감소됨

　　　① 극한지지력 $(q_u) = CN_c + \dfrac{1}{2}r_1 B N_r + r_2 D_f N_q$

　　　② 응력이 감소하면 r_1과 r_2도 감소됨

　　4) 기초의 침하량이 증가됨

　　　$S = q_o B \dfrac{I_s}{E}(1-v^2)$에서 응력이 감소하면 E도 감소되어 침

　　　하량이 증가됨

종교	다른 명칭	예배장소 (지도자)	예배대상	경 전	내 세	특 징
기독교	개신교 (신교) 가톨릭 (구교)	교회 (목사) 성당 (신부)	하나님 (예수님)	성경 (신약, 구약)	천국과 지옥	·절대신 하나님을 믿는 종교 ·三位一體 하나님 성부 – 여호와 하나님 성자 – 예수님 성령 – 성령
이슬람교 (회교)	수니파 시아파	사원	알라	코란 (구약성경)	천국과 지옥	·무하마드가 아라비아에서 창설 ·기독교의 하나님을 아랍어로 알라라 부른다. ·기독교 성경에 나오는 아담, 노아, 아브라함, 모세, 솔로몬, 예수를 예언자로 보고 무하마 드를 최후의 예언자로 본다.
불교	소승불교 대승불교	사찰 (스님)	석가모니 (부처님)	불경		·스스로 욕심을 버리는 깨침의 종교 ·절대신 숭배 아닌 수행 강조

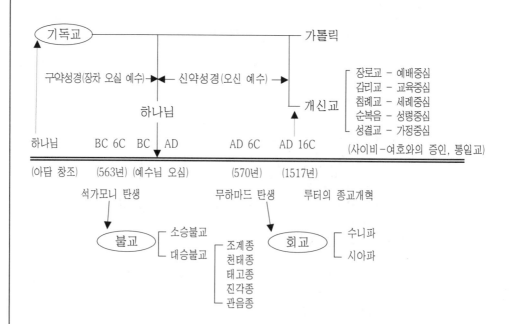

제6장 ▶ 사 면

☞ 永生의 길잡이 – 다섯 : 불교

문제 1)	사면안정해석시 사전고려사항과 해석방법의 선택에 대하여 기술하시오.

답

Ⅰ. 사면안정해석의 개요

1) 정의

사면안정해석이란 사면의 파괴형태를 가정하여 파괴면의 저항력과 활동력의 비로 구한 안전율(F_s)을 이용하여 사면 안정성을 평가하는 것을 말한다.

2) 종류

구분	적용
안전율 개념	한계평형법으로 토사 및 암반사면에서 실무적용
파괴확률 개념	암반사면의 불확실성을 확률적으로 개선

3) 안정성 평가

① $F_s = \dfrac{\text{저항력}}{\text{활동력}}$

② 안전 : $F_s \geq F_{sa}$(허용안전율)

③ 불안전 : $F_s < F_{sa}$

Ⅱ. 사전 고려사항

1. 적절한 사면파괴면 추정

1) 사면파괴면은 지층 구성상태에 따른 파괴형태로 판단

2) 토사사면

① 무한사면 : 평면파괴, 직선파괴

② 유한사면 : 원호파괴, 비원호파괴, 복합파괴, 병진파괴

3) 암반사면

    ① 원형파괴, 평면파괴, 쐐기파괴, 전도파괴

    ② 평사투영법 또는 SMR로 판단

2. 적합한 물성치 산출

  1) 강도정수(C, ϕ)

    ① 현장응력조건과 동일한 전단시험으로 산출

    ② 배수조건에 맞는 강도정수 적용

  2) 평균 흙의 단위중량(r) 산정

  3) 간극수압(U) 산정

3. 적절한 해석방법 선택

4. 적합한 허용안전율(F_{sa}) 선정

III. 해석방법 선택

보편화되고 이용경험과 실적이 풍부한 한계평형법으로 기술함

1. 사면파괴형태에 따른 선택

  1) 블록법

    ① 토사사면 : 평면

        또는 직선파괴, 복합파괴, 병진파괴

    ② 암반사면 : 평면파괴, 쐐기파괴, 전도파괴

  2) 마찰원법 - 원호파괴

  3) 절편법

    ① 원호파괴 : Fellenius법, Bishop법

    ② 비원호활동 : Bishop법, Janbu법

③ 원형활동(암반사면)

2. 배수조건에 따른 선택

1) 비배수조건(전응력해석)

① 블록법

② 마찰원법

③ 절편법 : Fellenius법, Bishop법, Janbu법

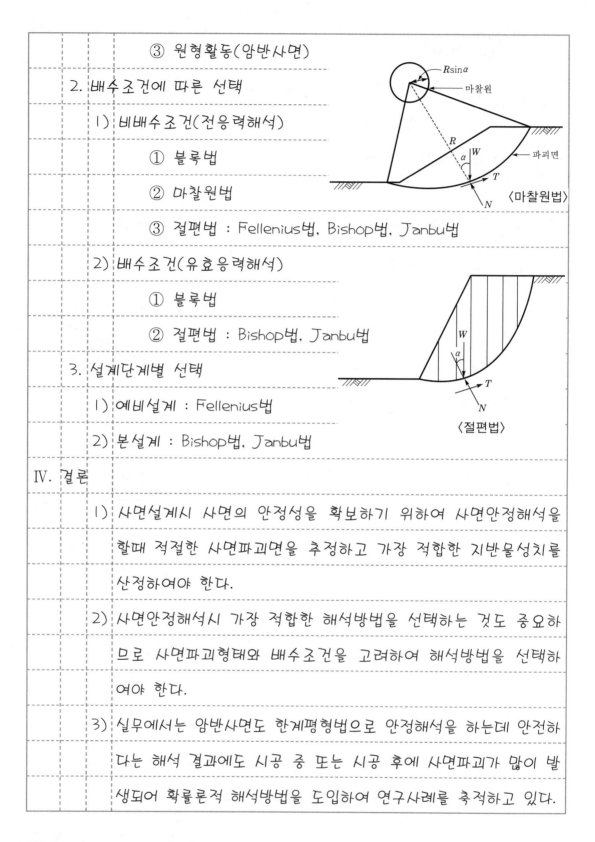

2) 배수조건(유효응력해석)

① 블록법

② 절편법 : Bishop법, Janbu법

3. 설계단계별 선택

1) 예비설계 : Fellenius법

2) 본설계 : Bishop법, Janbu법

IV. 결론

1) 사면설계시 사면의 안정성을 확보하기 위하여 사면안정해석을 할때 적절한 사면파괴면을 추정하고 가장 적합한 지반물성치를 산정하여야 한다.

2) 사면안정해석시 가장 적합한 해석방법을 선택하는 것도 중요하므로 사면파괴형태와 배수조건을 고려하여 해석방법을 선택하여야 한다.

3) 실무에서는 암반사면도 한계평형법으로 안정해석을 하는데 안전하다는 해석 결과에도 시공 중 또는 시공 후에 사면파괴가 많이 발생되어 확률론적 해석방법을 도입하여 연구사례를 축적하고 있다.

문제 2)	연약 점토지반에 성토 및 절토 수행시 시간에 따른 응력경로와 안전 율에 대하여 기술하시오.

답.

I. 응력경로와 안전율의 개요

  1. 응력경로

    1) 정의

      응력경로란 현장 또는 시험시 응력변화가 발생하는 경우 응력변화 과정별 Mohr원의 정점을 연결한 선을 말한다.

    2) 자연상태의 응력경로

자연상태 응력경로

$\sigma_h' = \sigma_o' = \sigma_v' K_o$

$q' = \dfrac{\sigma_v' - \sigma_o'}{2}$

  2. 안전율(F_s)

    1) 정의

      안전율이란 응력에 대한 안전성을 검토시 활동면의 저항력 에 대한 활동력비를 말하며, 허용치(F_{sa}) 이상이면 안전하다.

    2) 안전율 산정방법

$$① \ F_s = \frac{\text{저항력}}{\text{활동력}} \qquad ② \ F_s = \frac{\text{저항모멘트}(M_r)}{\text{활동모멘트}(M_d)}$$

II. 연약 점토지반에 성토시 응력경로와 안전율 변화

  1. 응력경로 변화

    1) 응력상태

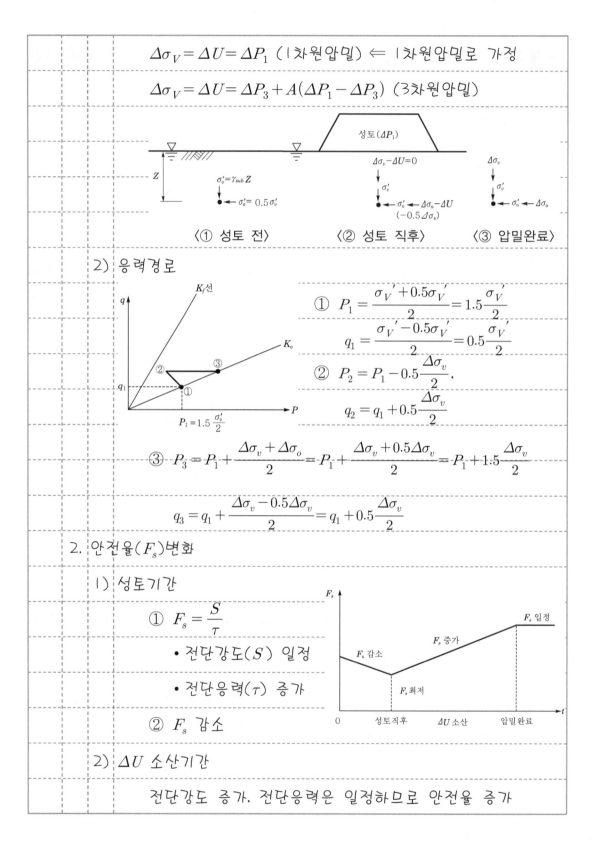

$$\Delta\sigma_V = \Delta U = \Delta P_1 \ (1차원압밀) \Longleftarrow 1차원압밀로 \ 가정$$

$$\Delta\sigma_V = \Delta U = \Delta P_3 + A(\Delta P_1 - \Delta P_3) \ (3차원압밀)$$

성토(ΔP_1)

$\Delta\sigma_v - \Delta U = 0$

$\Delta\sigma_v$

Z

$\sigma_v' = \gamma_{sub} Z$

σ_v'

σ_v'

$\sigma_o' = 0.5\sigma_v'$

$\sigma_o' \leftarrow \Delta\sigma_o - \Delta U$
$(-0.5\Delta\sigma_v)$

$\sigma_o' \leftarrow \Delta\sigma_o$

〈① 성토 전〉　　　〈② 성토 직후〉　　　〈③ 압밀완료〉

2) 응력경로

K_f선

q

K_o

②

③

①

q_1

$P_1 = 1.5 \dfrac{\sigma_v'}{2}$

P

① $P_1 = \dfrac{\sigma_V' + 0.5\sigma_V'}{2} = 1.5\dfrac{\sigma_V'}{2}$

$q_1 = \dfrac{\sigma_V' - 0.5\sigma_V'}{2} = 0.5\dfrac{\sigma_V'}{2}$

② $P_2 = P_1 - 0.5\dfrac{\Delta\sigma_v}{2}$,

$q_2 = q_1 + 0.5\dfrac{\Delta\sigma_v}{2}$

③ $P_3 = P_1 + \dfrac{\Delta\sigma_v + \Delta\sigma_o}{2} = P_1 + \dfrac{\Delta\sigma_v + 0.5\Delta\sigma_v}{2} = P_1 + 1.5\dfrac{\Delta\sigma_v}{2}$

$q_3 = q_1 + \dfrac{\Delta\sigma_v - 0.5\Delta\sigma_v}{2} = q_1 + 0.5\dfrac{\Delta\sigma_v}{2}$

2. 안전율(F_s)변화

1) 성토기간

① $F_s = \dfrac{S}{\tau}$

- 전단강도(S) 일정
- 전단응력(τ) 증가

② F_s 감소

F_s

F_s 감소

F_s 증가

F_s 일정

F_s 최저

0　성토직후　ΔU 소산　압밀완료　t

2) ΔU 소산기간

전단강도 증가, 전단응력은 일정하므로 안전율 증가

3) 압밀완료 이후 : 안전율 일정(전단강도와 전단응력 일정)

Ⅲ. 절토시 응력경로와 안전율 변화

1. 응력경로변화

1) 응력상태

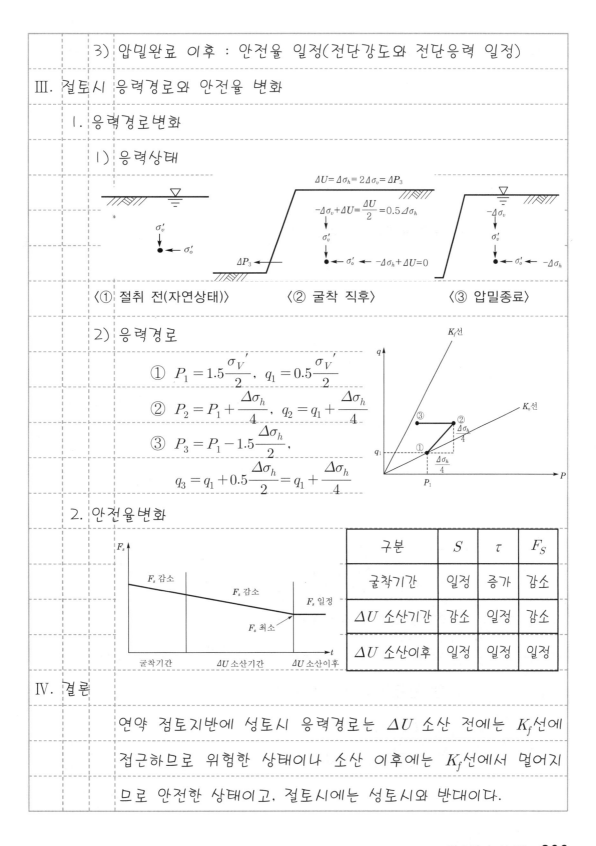

$$\Delta U = \Delta \sigma_h = 2\Delta \sigma_v = \Delta P_3$$

$$-\Delta \sigma_v + \Delta U = \frac{\Delta U}{2} = 0.5\Delta \sigma_h$$

$$-\Delta \sigma_h + \Delta U = 0$$

〈① 절취 전(자연상태)〉   〈② 굴착 직후〉   〈③ 압밀종료〉

2) 응력경로

① $P_1 = 1.5\dfrac{\sigma_V{}'}{2}$, $q_1 = 0.5\dfrac{\sigma_V{}'}{2}$

② $P_2 = P_1 + \dfrac{\Delta \sigma_h}{4}$, $q_2 = q_1 + \dfrac{\Delta \sigma_h}{4}$

③ $P_3 = P_1 - 1.5\dfrac{\Delta \sigma_h}{2}$,

$q_3 = q_1 + 0.5\dfrac{\Delta \sigma_h}{2} = q_1 + \dfrac{\Delta \sigma_h}{4}$

2. 안전율변화

구분	S	τ	F_S
굴착기간	일정	증가	감소
ΔU 소산기간	감소	일정	감소
ΔU 소산이후	일정	일정	일정

Ⅳ. 결론

연약 점토지반에 성토시 응력경로는 ΔU 소산 전에는 K_f선에

접근하므로 위험한 상태이나 소산 이후에는 K_f선에서 멀어지

므로 안전한 상태이고, 절토시에는 성토시와 반대이다.

문제 3)	건조한 모래 무한사면과 수중의 모래 무한사면의 안전율 산정에 대하여 기술하시오.

답

I. 무한사면의 개요

1. 정의

무한사면이란 활동면의 길이가 활동깊이(Z)보다 매우 긴 사면 또는 사면의 높이가 활동깊이보다 10배 이상인 사면을 말한다.

2. 무한사면 안정해석방법

1) 모델링과 가정

① 활동면경사=사면경사

② 활동면의 한 점의 안전은 활동면의 전체 안전과 동일함

2) 안전율(F_S)

① $F_S = \dfrac{활동면의\ 전단강도(S)}{활동면의\ 전단응력(\tau)} = \dfrac{c + \sigma \tan\phi}{\tau}$

② 활동면의 수직응력(σ)

$$\sigma = P_V \cos i = \frac{W}{b}\cos i = \frac{rZb\cos i}{b}\cos i = rZ\cos^2 i$$

③ 활동면의 간극수압(U)

$$U = \gamma_w Z \cos^2 i$$

④ 활동면의 전단응력(τ)

$$\tau = P_V \sin i = \frac{\gamma Zb\cos i}{b}\sin i = \gamma Z\cos i \sin i$$

3) 사면안전성 판단

① 안전율$(F_S) \geq$ 허용안전율(F_{sa}) ∴ 안전

② $F_S < F_{sa}$ ∴ 불안전

⇒ 사면 보강대책 수립 후 안전율 재산정

Ⅱ. 건조한 모래 무한사면의 안전율(F_S) 산정

1) 현장조건

① 단위중량(γ)

$\gamma = \gamma_t$ 또는 γ_d

② 간극수압(U)=0

③ 강도정수 : $c = 0$, $\phi > 0$

2) 안전율(F_S) 산정

$$F_S = \frac{\gamma_t Z \cos^2 i \tan \varnothing}{\gamma_t Z \cos i \sin i} = \frac{\cos i \tan \varnothing}{\sin i} = \frac{\tan \varnothing}{\tan i}$$

Ⅲ. 수중의 모래 무한사면의 안전율(F_S) 산정

1) 현장조건

① 수직응력$(\sigma') = \sigma - U = (\gamma_{sat} - \gamma_w) Z \cos^2 i = r_{sub} Z \cos^2 i$

② 전단응력$(\tau) = (\gamma_{sat} - \gamma_w) Z \cos i \sin i = \gamma_{sub} Z \cos i \sin i$

③ 강도정수 : $c = 0$, $\phi > 0$

2) 안전율(F_S) 산정

① $F_S = \dfrac{\sigma' \tan \varnothing}{\tau} = \dfrac{(\gamma_{sat} - \gamma_w) Z \cos^2 i \tan \varnothing}{\gamma_{sub} Z \cos i \sin i}$

$= \dfrac{\gamma_{sub} Z \cos^2 i \tan \varnothing}{\gamma_{sub} Z \cos i \sin i} = \dfrac{\cos i \tan \varnothing}{\sin i} = \dfrac{\tan \varnothing}{\tan i}$

② 수중상태에서는 부력이 발생되므로 건조상태보다 전단 응력은 감소됨($\gamma_t \rightarrow \gamma_{sub}$로 감소)

3) 건조한 모래 무한사면과 비교
 ① 건조한 모래 무한사면의 $F_S = \dfrac{\tan \varnothing}{\tan i}$
 ② 수중의 모래 무한사면의 $F_S = \dfrac{\tan \varnothing}{\tan i}$
 ③ 수중상태와 건조상태의 무한사면의 안전율은 같음

IV. 결론

1) 무한사면의 활동면은 사면경사와 동일하게 가정하여 활동면의 전단강도와 전단응력을 비교하여 안정검토를 실시한다.

2) 건조한 모래 무한사면의 안전율과 수중의 모래 무한사면 안전율 은 서로 동일하며, 포화상태의 모래 무한사면의 안전율은 건조 한 모래 무한사면보다 $\dfrac{1}{2}$정도 감소된다.

3) 모래지반 무한사면의 안전율은 전단저항각($\varnothing$)과 사면경사각 (i)과의 비로 결정되므로 신뢰성 있는 전단저항각 추정이 가장 중요하다.

문제 4)　　　사면파괴형태별 안정해석방법에 대하여 기술하시오.

답

I. 사면파괴의 개요

1) 정의

사면파괴란 사면파괴면에서 발생된 활동력이 사면파괴면의 저항력보다 커서 사면이 파괴면을 따라 소규모 또는 대규모로 활동한 것을 말한다.

2) 사면파괴형태

사면종류	사면파괴형태	안정해석방법
유한사면	원호활동파괴	마찰원법, 절편법
	비원호활동파괴	절편법
	복합활동파괴	블록법
	병진활동파괴	
	평면활동파괴	
무한사면	직선활동파괴	
암반사면	원형파괴	절편법
	평면파괴	블록법
	쐐기파괴	
	전도파괴	

3) 사면안정해석 순서

① 지반조사

② 임계활동면 가정

③ 안정해석방법 선택 후 안정해석 실시

Ⅱ. 사면파괴형태별 안정해석방법

1. 마찰원법

1) 원호활동파괴형태에 해당

2) 가정

① $F_S = F_\emptyset = F_C$

② $F_S = \dfrac{CL_c + W\cos\alpha\tan\emptyset}{W\sin\alpha}$, $F_\emptyset = \dfrac{\tan\emptyset}{\tan\emptyset_m}$, $F_C = \dfrac{CL_c}{C_m}$

($\emptyset_m, C_m$: 작용 마찰각, 작용 점착력)

3) 해석순서

① $F_\emptyset$ 가정 후 $\emptyset_m$ 산정

$\emptyset_m = \tan^{-1}\left(\dfrac{\tan\emptyset}{F_\emptyset}\right)$

② 힘의 다각형으로 C_m 산정

$C_m = W\sin\emptyset_m$

③ F_C 산정 : $F_C = \dfrac{CL_c}{C_m}$ (L_c : 현의 길이)

④ 가정된 $F_\emptyset$와 계산된 F_C값이 같이 될 때까지 반복 계산

4) 안정성평가 : $F_\emptyset = F_C \geq F_{sa}$(허용안전율) ∴ 안전

2. 절편법

1) 원호활동파괴와 비원호활동 및 원형파괴형태에 해당

2) 도입배경 및 해석법의 종류

① 안전율 산정시 가장 큰 값인 토체무게(W)의 정확한 산정

② 사면파괴형태와 절편측면 작용하중 등으로 절편법 분류

③ 원호활동파괴 : Fellenius 방법, Bishop 방법

④ 비원호활동파괴 : Bishop 방법, Janbu 방법

3) 원호활동 파괴형태

$$F_S = \frac{\sum M_r \,(\text{저항모멘트})}{\sum M_d \,(\text{활동모멘트})}$$

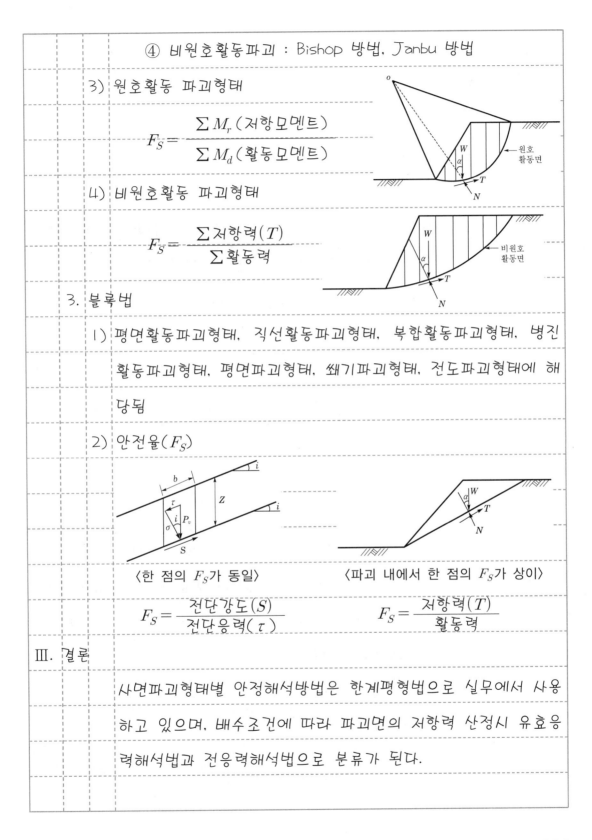

4) 비원호활동 파괴형태

$$F_S = \frac{\sum \text{저항력}(T)}{\sum \text{활동력}}$$

3. 블록법

1) 평면활동파괴형태, 직선활동파괴형태, 복합활동파괴형태, 병진
   활동파괴형태, 평면파괴형태, 쐐기파괴형태, 전도파괴형태에 해
   당됨

2) 안전율(F_S)

〈한 점의 F_S가 동일〉   〈파괴 내에서 한 점의 F_S가 상이〉

$$F_S = \frac{\text{전단강도}(S)}{\text{전단응력}(\tau)} \qquad\qquad F_S = \frac{\text{저항력}(T)}{\text{활동력}}$$

Ⅲ. 결론

사면파괴형태별 안정해석방법은 한계평형법으로 실무에서 사용
하고 있으며, 배수조건에 따라 파괴면의 저항력 산정시 유효응
력해석법과 전응력해석법으로 분류가 된다.

| 문제 5) | 사면안정해석의 안전율개념의 장단점과 파괴확률개념의 적용 가능성에 대하여 기술하시오. |

답

Ⅰ. 사면안정해석의 개요

1) 정의

사면안정해석이란 사면의 파괴형태를 가정하여 파괴면의 저항력과 활동력의 비로 구한 안전율(F_S)을 이용하여 사면안정성을 평가하는 것을 말한다.

2) 종류

구분	적용
안전율개념	한계평형법으로 토사 및 암반사면에 실무 적용
파괴확률개념	암반사면의 불확실성을 확률적으로 개선

3) 파괴확률개념

① 정의

암반사면의 불연속면 방향성과 불연속면의 전단강도를 통계처리한 확률변수와 고정변수를 반복입력하여 사면의 안정성을 파괴확률로 해석하는 방법을 파괴확률론적 해석이라 한다.

② 파괴확률(P_f) 산정방법

- $P_f = P_m \times P_n = \dfrac{N_m}{N_T} \times \dfrac{N_f}{N_n}$

- 운동학적 불안정확률(P_m) ┌ 파괴된 횟수(N_m)
  └ 반복계산 횟수(N_T)

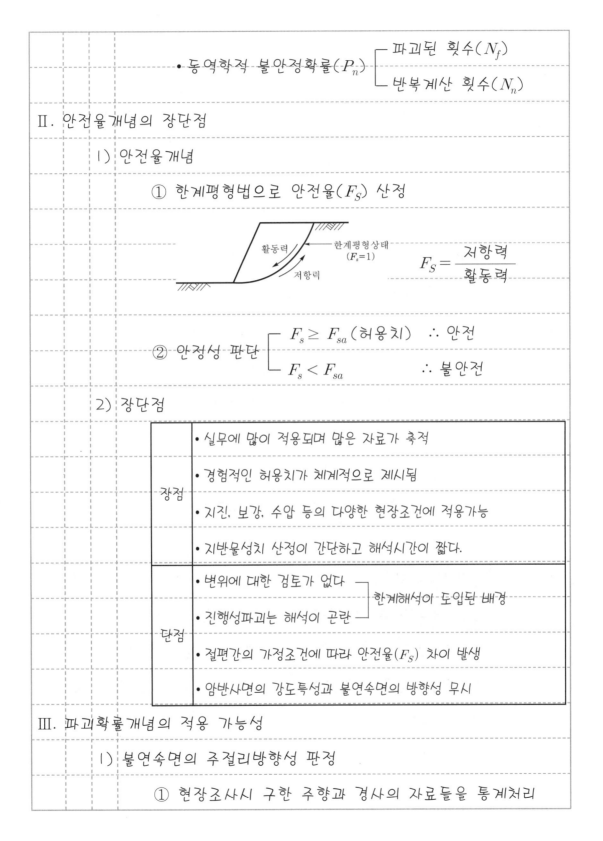

• 동역학적 불안정확률(P_n) $\begin{cases} \text{파괴된 횟수}(N_f) \\ \text{반복계산 횟수}(N_n) \end{cases}$

Ⅱ. 안전율개념의 장단점

　1) 안전율개념

　　① 한계평형법으로 안전율(F_S) 산정

활동력
한계평형상태
$(F_s=1)$
저항력

$$F_S = \frac{\text{저항력}}{\text{활동력}}$$

　　② 안정성 판단 $\begin{cases} F_s \geq F_{sa}\,(\text{허용치}) & \therefore \text{안전} \\ F_s < F_{sa} & \therefore \text{불안전} \end{cases}$

　2) 장단점

장점	• 실무에 많이 적용되며 많은 자료가 축적
	• 경험적인 허용치가 체계적으로 제시됨
	• 지진, 보강, 수압 등의 다양한 현장조건에 적용가능
	• 지반물성치 산정이 간단하고 해석시간이 짧다.
단점	• 변위에 대한 검토가 없다 ─┐ 한계해석이 도입된 배경
	• 진행성파괴는 해석이 곤란 ─┘
	• 절편간의 가정조건에 따라 안전율(F_S) 차이 발생
	• 암반사면의 강도특성과 불연속면의 방향성 무시

Ⅲ. 파괴확률개념의 적용 가능성

　1) 불연속면의 주절리방향성 판정

　　① 현장조사시 구한 주향과 경사의 자료들을 통계처리

② 확률분포함수를 이용하여 주절리방향성 선정

2) 불연속면의 전단강도 선정

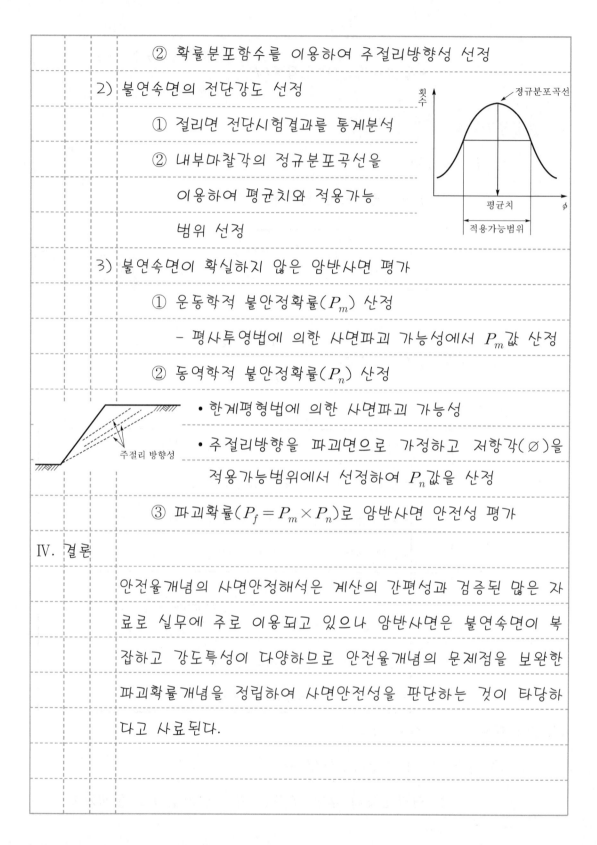

① 절리면 전단시험결과를 통계분석

② 내부마찰각의 정규분포곡선을 이용하여 평균치와 적용가능 범위 선정

3) 불연속면이 확실하지 않은 암반사면 평가

① 운동학적 불안정확률(P_m) 산정

- 평사투영법에 의한 사면파괴 가능성에서 P_m값 산정

② 동역학적 불안정확률(P_n) 산정

• 한계평형법에 의한 사면파괴 가능성

• 주절리방향을 파괴면으로 가정하고 저항각($\varnothing$)을 적용가능범위에서 선정하여 P_n값을 산정

③ 파괴확률($P_f = P_m \times P_n$)로 암반사면 안전성 평가

Ⅳ. 결론

안전율개념의 사면안정해석은 계산의 간편성과 검증된 많은 자료로 실무에 주로 이용되고 있으나 암반사면은 불연속면이 복잡하고 강도특성이 다양하므로 안전율개념의 문제점을 보완한 파괴확률개념을 정립하여 사면안전성을 판단하는 것이 타당하다고 사료된다.

| 문제 6) | Rock Bolt와 Rock Anchor 사용시 최적시공각도와 보강 전·후의 안전율에 대하여 기술하시오. |

답

I. Rock Bolt와 Rock Anchor의 개요

1) 정의

① Rock Bolt란 안전한 암반까지 길이가 짧을 때 안전한 암반까지 천공하여 록볼트를 삽입 후 그라우팅하여 너트로 고정시켜 불안정한 암반을 보강하는 공법이다.

② Rock Anchor란 안전한 암반까지 길이가 길 때 안전한 암반에 그라우트된 앵커를 소요긴장력까지 당겨 고정시켜 불안정한 암반을 보강하는 공법이다.

2) 비교

구분	Rock Bolt	Rock Anchor
보강개념	수동보강	주동보강
보강효과	저항력 증가	변위억제
적용성	안정지반까지 거리가 짧은 경우, 변위발생 후	안정지반까지 거리가 길 때, 변위발생 전·후

II. 최적시공각도(α)

1. Rock Bolt

1) 록볼트가 불연속면에 직각이 될 때의 시공각도가 최적시공각도임

2) 록볼트의 전단력으로 보강되므로 불연속면에 직각이 될 때

전단력이 최대가 됨

2. Rock Anchor

   1) 최적시공각도(α)=10°

   2) α값이 작을수록 전단력이
     최대가 됨

   3) α값이 10° 이하가 되면 그라우트 주입시 시공이 곤란함

III. 보강 전·후 안전율(F_S)

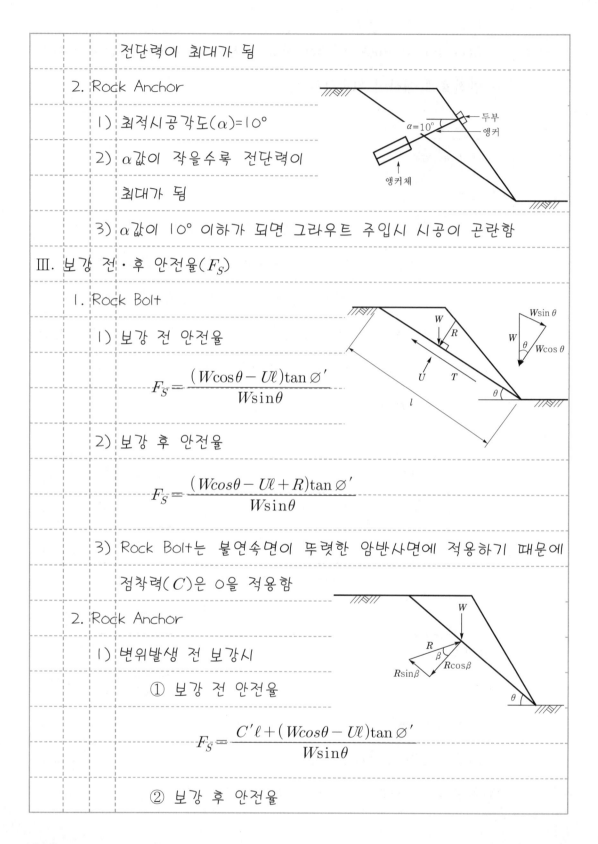

  1. Rock Bolt

    1) 보강 전 안전율

$$F_S = \frac{(W\cos\theta - U\ell)\tan\varnothing'}{W\sin\theta}$$

    2) 보강 후 안전율

$$F_S = \frac{(W\cos\theta - U\ell + R)\tan\varnothing'}{W\sin\theta}$$

    3) Rock Bolt는 불연속면이 뚜렷한 암반사면에 적용하기 때문에
      점착력(C)은 0을 적용함

  2. Rock Anchor

    1) 변위발생 전 보강시

     ① 보강 전 안전율

$$F_S = \frac{C'\ell + (W\cos\theta - U\ell)\tan\varnothing'}{W\sin\theta}$$

     ② 보강 후 안전율

$$F_S = \frac{C'\ell + (W\cos\theta - U\ell + R\cos\beta)\tan\phi'}{W\sin\theta - R\sin\beta}$$

2) 변위발생 후 보강시

① 보강 전 안전율

$$F_S = \frac{(W\cos\theta - U\ell)\tan\phi'}{W\sin\theta}$$

② 보강 후 안전율

$$F_S = \frac{(W\cos\theta - U\ell + R\cos\beta)\tan\phi'}{W\sin\theta}$$

Ⅳ. 결론

1) 록볼트는 설치 후에 보강효과가 발휘되는데 보강된 암반에 변위가 발생되면 보강체인 록볼트의 전단력이 발휘되기 때문이다.

2) 록앵커는 설치 직후에 보강효과가 발휘되는데 앵커의 긴장력이 작용하여 불안정한 암반을 구속하기 때문이다.

3) 보강체인 앵커에 먼저 변위가 발생되는 록앵커를 주동보강공법이라 하고 암반의 변위가 먼저 발생되어 저항력이 발휘되는 록볼트를 수동보강공법이라 한다.

4) 록볼트는 수동보강개념이므로 암반의 변위가 발생되기 쉬운 불연속면이 뚜렷하고 변위가 발생되는 위치에 설치되므로 점착력(C)이 없다고 가정하여 안전율을 계산한다.

문제 7)	강우에 의한 사면활동 발생원리와 강도정수 측정방법에 대하여 기술하시오.

답

I. 강우에 의한 사면활동의 개요

1) 정의

강우에 의한 사면활동이란 장마철에 빗물이 사면을 따라 흐르면서 발생되는 사면 내의 침식과 지중으로 침투되어 용출되면서 발생되는 소규모파괴 및 전단응력 증가와 전단강도 감소로 발생되는 대규모 사면파괴가 있다.

2) 사면활동종류

II. 발생원리

1) 강우의 지중침투로 전단응력 증가 및 전단강도 감소

① 사면 내의 단위중량증가($\gamma_t \to \gamma_{sat}$)로 전단응력은 증가되나 유효응력감소($\gamma_t \to \gamma_{sub}$)로 전단강도는 감소됨

② 지중침투수로 인한 침윤전선형성으로 사면활동면 형성

2) 사면부 침식으로 전단응력 증가

① 사면부 침식으로 구속응력(σ_3) 감소

② 사면구배가 급경사됨

3) 사면 내의 낙석 발생 - 급경사면의 핵석 또는 전석 등이 낙석

4) 사면의 대규모활동 발생

① 사면안전율$(F_S) < 1.0$

② 전단응력$(\tau) > $ 전단강도$(S = (\sigma - U)\tan\varnothing)$

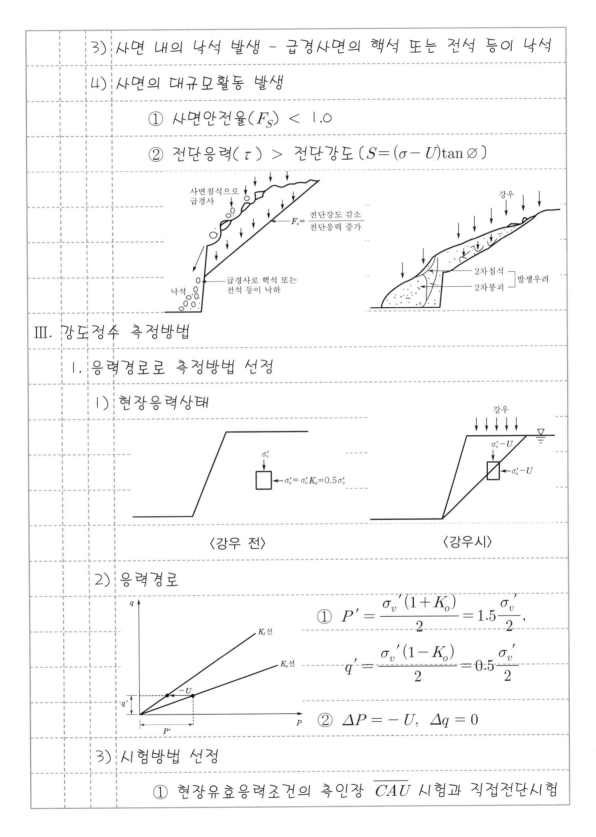

III. 강도정수 측정방법

1. 응력경로로 측정방법 선정

1) 현장응력상태

〈강우 전〉   〈강우시〉

2) 응력경로

① $P' = \dfrac{\sigma_v{}'(1 + K_o)}{2} = 1.5\dfrac{\sigma_v{}'}{2}$,

$q' = \dfrac{\sigma_v{}'(1 - K_o)}{2} = 0.5\dfrac{\sigma_v{}'}{2}$

② $\Delta P = -U, \ \Delta q = 0$

3) 시험방법 선정

① 현장유효응력조건의 축인장 $\overline{CAU}$ 시험과 직접전단시험

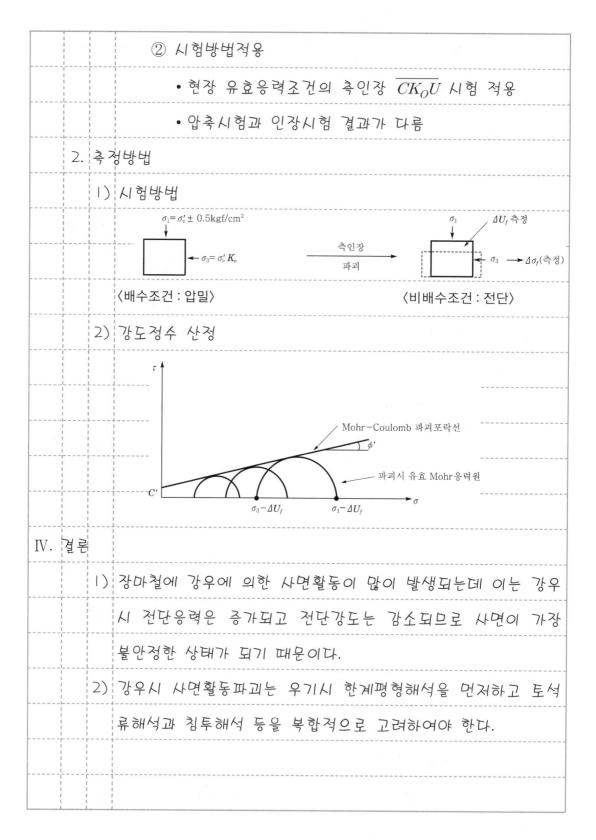

② 시험방법적용

　　　• 현장 유효응력조건의 측인장 $\overline{CK_OU}$ 시험 적용

　　　• 압축시험과 인장시험 결과가 다름

2. 측정방법

　1) 시험방법

$\sigma_1 = \sigma_v' \pm 0.5\text{kgf/cm}^2$

$\sigma_3 = \sigma_v' K_o$

ΔU_f 측정

σ_1

$\sigma_3 \longrightarrow \Delta\sigma_f$(측정)

측인장
파괴

〈배수조건 : 압밀〉　　　　　　　〈비배수조건 : 전단〉

　2) 강도정수 산정

τ

Mohr–Coulomb 파괴포락선

ϕ'

파괴시 유효 Mohr응력원

C'

$\sigma_3 - \Delta U_f$　　$\sigma_1 - \Delta U_f$

σ

Ⅳ. 결론

　1) 장마철에 강우에 의한 사면활동이 많이 발생되는데 이는 강우
　　시 전단응력은 증가되고 전단강도는 감소되므로 사면이 가장
　　불안정한 상태가 되기 때문이다.

　2) 강우시 사면활동파괴는 우기시 한계평형해석을 먼저하고 토석
　　류해석과 침투해석 등을 복합적으로 고려하여야 한다.

문제 8)	사면붕괴 원인과 대책을 전단응력과 전단강도로 설명하시오.

답

I. 사면붕괴의 개요

1) 정의

사면붕괴란 사면파괴면에서 발생된 전단응력(활동력)이 사면파괴면의 전단강도(저항력)보다 커서 사면이 파괴면을 따라 소규모 또는 대규모로 활동한 것을 말한다.

2) 사면붕괴시 안전율

$$F_S = \frac{전단강도(S)}{전단응력(\tau)} < 1$$

3) 전단강도(S)식에 의한 감소요인

① $S = C + (\sigma - U)\tan\phi$ 에서

② 강도정수(C, ϕ) 감소

③ 유효응력($\sigma' = \sigma - U$) 감소, 간극수압(U) 증가

4) 전단응력(τ)식에 의한 감소요인

① $\tau = \dfrac{\sigma_1 - \sigma_3}{2}\sin 2\theta$ 에서

② 축하중(σ_1) 증가

③ 구속응력(σ_3) 감소

II. 사면붕괴 원인

1. 전단응력(τ) 증가

1) 축하중(σ_1) 증가 원인

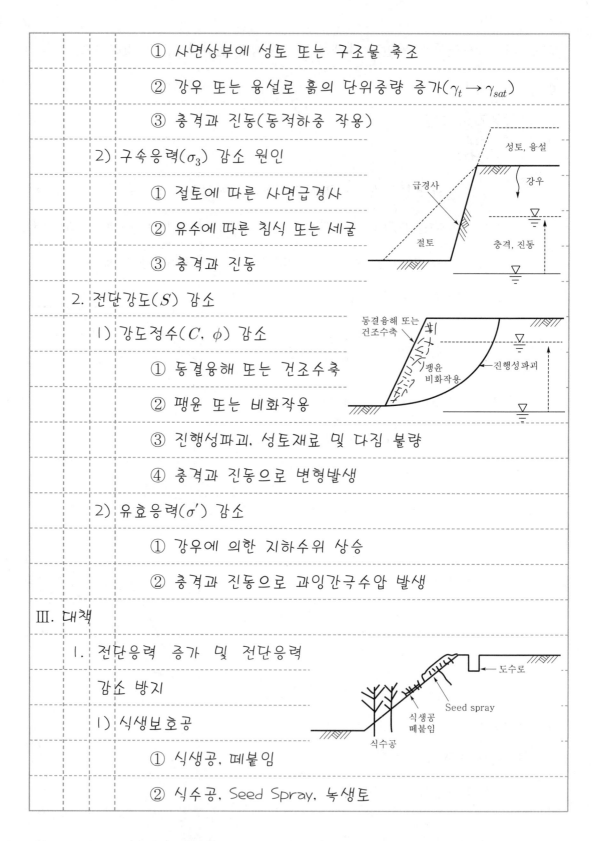

　　　　① 사면상부에 성토 또는 구조물 축조

　　　　② 강우 또는 융설로 흙의 단위중량 증가($\gamma_t \rightarrow \gamma_{sat}$)

　　　　③ 충격과 진동(동적하중 작용)

　　2) 구속응력(σ_3) 감소 원인

　　　　① 절토에 따른 사면급경사

　　　　② 유수에 따른 침식 또는 세굴

　　　　③ 충격과 진동

2. 전단강도(S) 감소

　1) 강도정수(C, ϕ) 감소

　　　① 동결융해 또는 건조수축

　　　② 팽윤 또는 비화작용

　　　③ 진행성파괴, 성토재료 및 다짐 불량

　　　④ 충격과 진동으로 변형발생

　2) 유효응력(σ') 감소

　　　① 강우에 의한 지하수위 상승

　　　② 충격과 진동으로 과잉간극수압 발생

Ⅲ. 대책

1. 전단응력 증가 및 전단응력

　감소 방지

　1) 식생보호공

　　　① 식생공, 떼붙임

　　　② 식수공, Seed Spray, 녹생토

2) 구조물보호공

　　① Concrete Block 붙이기 또는 쌓기

　　② 돌붙임 또는 돌쌓기

　　③ 편책공

3) 옹벽+사면경사완화, 압성토공법

4) 배수공 - 도수로 및 사면 내 배수공

　　지하수 배제공

2. 전단강도 증가(보강)

1) Soil Nailing공법

2) 어스앵커(Earth Anchor)공법

3) 그물식 Micro Pile공법

4) 억지말뚝공법

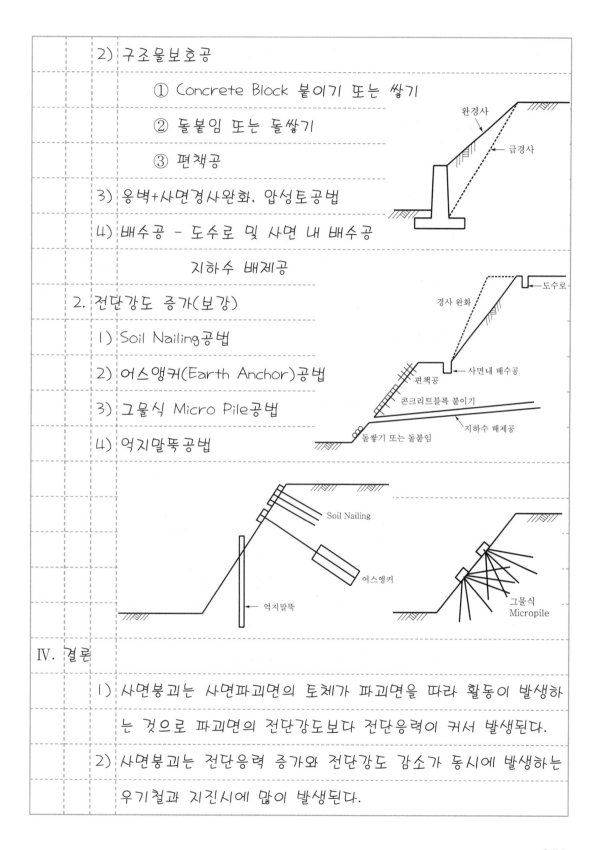

IV. 결론

1) 사면붕괴는 사면파괴면의 토체가 파괴면을 따라 활동이 발생하는 것으로 파괴면의 전단강도보다 전단응력이 커서 발생된다.

2) 사면붕괴는 전단응력 증가와 전단강도 감소가 동시에 발생하는 우기철과 지진시에 많이 발생된다.

| 문제 9) | | 우기철 절토사면안정에서 1) 강우시 지반 투수성에 따른 영향, 2) 강우강도와 지속시간에 따른 영향, 3) 강우시 사면 내 간극수압과 지하수위 변화에 대하여 기술하시오. |

답

I. 우기철 절토사면안정의 개요

1) 정의

우기철 절토사면안정이란 강우강도가 크고 강우지속시간이 긴 우기철에는 전단응력이 증가하고 전단강도는 감소되어 절토사면 붕괴가 많이 발생되므로 우기철 절토사면의 안정성 확보를 말한다.

2) 우기철 절토사면 붕괴원인

발생원인	전단응력 증가와 전단강도 감소가 동시에 발생함
전단응력 증가	① 축하중(σ_1) 증가 : 우수침투에 따른 단위중량 증가
	② 구속응력(σ_3) 감소 : 침식, 세굴 등으로 σ_3 감소
전단강도 감소	① 강도정수(C, Ø) 감소 : 균열발생으로 C, Ø 감소
	② 유효응력(σ') 감소 : 지하수위 상승으로 σ' 감소

II. 강우시 지반 투수성에 따른 영향

1) 지반 투수성이 큰 지반(사질토지반)

① 지중으로 침투가 용이함

② 침투수로 인한 간극수압(U) 증가

③ 침윤전선으로 사면 내 침투수 용출

④ 전단응력(τ) 증가와 전단강도(S) 감소가 동시에 발생됨

2) 지반 투수성이 적은 지반(점토지반)

    ① 지중으로 침투가 어렵다.

    ② 지표수가 사면으로 흘러내림

    ③ 지표수에 의한 사면침식이 많음

    ④ 전단응력 증가가 발생됨

Ⅲ. 강우강도와 강우지속시간에 따른 영향

  1. 강우강도

    1) 강우강도 < 5K

      ① 지중침투만 발생됨

      ② 지중침투로 침윤전선 형성 및 지하수위 상승

      ③ 침투수 유출 → Piping 발전 → 사면 내 파괴 발생

    2) 강우강도(mm/hr) ≥ 5K   (K : 투수계수)

      ① 지표면 배수와 지중침투 발생

      ② 사면침식으로 사면 불안정

  2. 강우지속시간

    1) 지속시간이 길수록 지표면 배수로 사면침식이 발생됨

    2) 지속시간이 짧으면 지중침투로 유효응력(σ')이 감소되어 전단

      강도까지 감소됨

Ⅳ. 강우시 사면 내 지하수위 변화

    1) 지하수위 변화가 없는 경우

      ① 지반투수성이 적은 지반에 강우지속시간이 짧은 경우에 해당

② 지반투수성이 큰 지반인 경우에는 강우강도가 작고 강우지

속시간이 짧은 경우에 해당

2) 지하수위 상승

① 지반투수성이 크고 강우지속시간이 긴 경우 해당

② 강우강도가 크고 강우지속시간이 긴 경우 해당

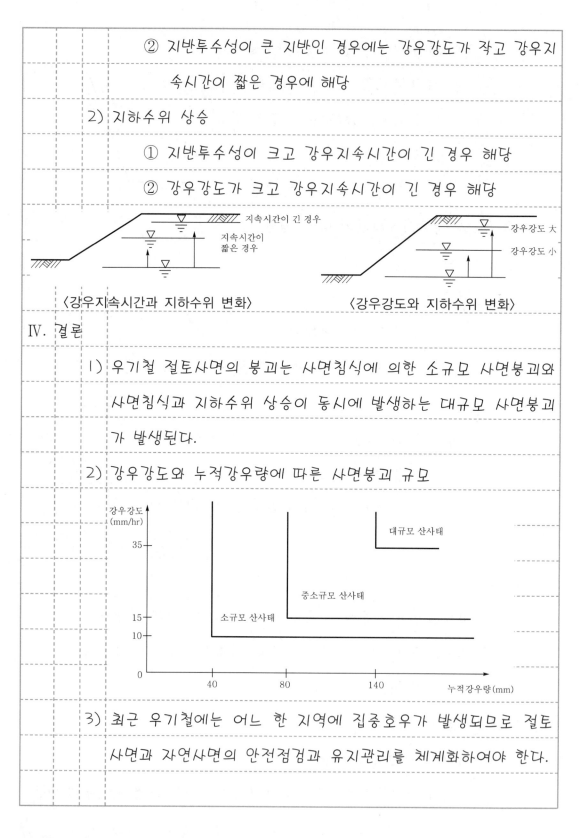

〈강우지속시간과 지하수위 변화〉　　　　〈강우강도와 지하수위 변화〉

IV. 결론

1) 우기철 절토사면의 붕괴는 사면침식에 의한 소규모 사면붕괴와

사면침식과 지하수위 상승이 동시에 발생하는 대규모 사면붕괴

가 발생된다.

2) 강우강도와 누적강우량에 따른 사면붕괴 규모

3) 최근 우기철에는 어느 한 지역에 집중호우가 발생되므로 절토

사면과 자연사면의 안전점검과 유지관리를 체계화하여야 한다.

| 문제 10) | 풍화토 및 퇴적풍화대구간의 절토사면이 시공 후 1년 경과시 대규모 활동파괴가 발생된 원인과 보강대책에 대하여 기술하시오. |

답

I. 풍화토 및 퇴적풍화대의 개요

1) 정의

풍화토 및 퇴적풍화대란 풍화토 및 퇴적토가 계속 풍화되면서 세립화되는 과정의 토사로 형성된 지반을 말한다.

2) 특징

① 점착력을 가진 배수강도

② 투수성은 양호

③ 입자파쇄에 따른 장기거동

```
                    ////////  ─┐
                              │
  풍화진행중인                 │ 퇴적
  퇴적층(화강토층)             │ 풍화대
                              │
       ////////   원지반     ─┘
```

II. 대규모 사면활동파괴가 발생된 원인

1) 지반조사 미흡

① 일반적인 지반조사로 물성치 산정

② 조사범위 및 조사방법이 미흡

2) 진행성파괴 발생

① 풍화가 진행되면서 파괴가 진행되는 진행성파괴가 발생

② 해석시 적용된 물성치가 과다

3) 급경사에 의한 구속응력(σ_3) 부족

① 지반을 절토하여 사면을 형성하면 구속응력 감소로 사면이 불안정함

② 경험적인 사면구배로 설계시 많이 발생됨

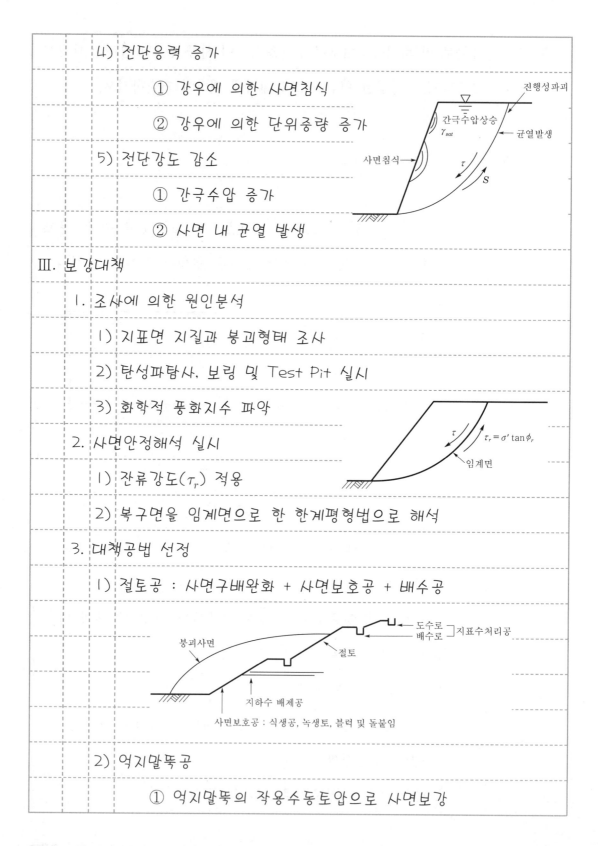

4) 전단응력 증가

　　　① 강우에 의한 사면침식

　　　② 강우에 의한 단위중량 증가

5) 전단강도 감소

　　　① 간극수압 증가

　　　② 사면 내 균열 발생

Ⅲ. 보강대책

1. 조사에 의한 원인분석

　1) 지표면 지질과 붕괴형태 조사

　2) 탄성파탐사, 보링 및 Test Pit 실시

　3) 화학적 풍화지수 파악

2. 사면안정해석 실시

　1) 잔류강도(τ_r) 적용

　2) 복구면을 임계면으로 한 한계평형법으로 해석

3. 대책공법 선정

　1) 절토공 : 사면구배완화 + 사면보호공 + 배수공

　2) 억지말뚝공

　　　① 억지말뚝의 작용수동토압으로 사면보강

② 사면보호 : 사면보호공 + 배수공

3) 그물식 Micro Pile공

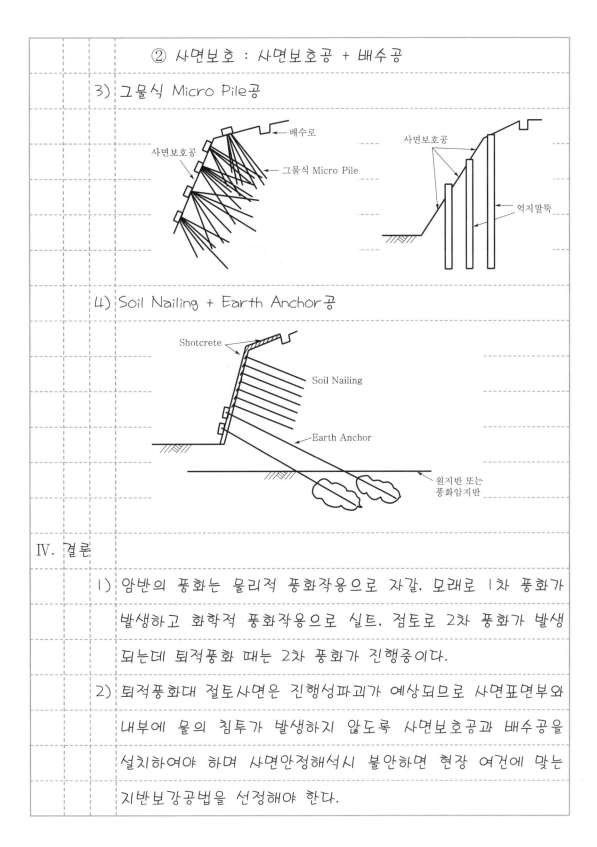

4) Soil Nailing + Earth Anchor공

IV. 결론

1) 암반의 풍화는 물리적 풍화작용으로 자갈, 모래로 1차 풍화가 발생하고 화학적 풍화작용으로 실트, 점토로 2차 풍화가 발생 되는데 퇴적풍화 때는 2차 풍화가 진행중이다.

2) 퇴적풍화대 절토사면은 진행성파괴가 예상되므로 사면표면부와 내부에 물의 침투가 발생하지 않도록 사면보호공과 배수공을 설치하여야 하며 사면안정해석시 불안하면 현장 여건에 맞는 지반보강공법을 선정해야 한다.

문제 11)	사면보강 Soil Nailing공법과 Anchor공법의 원리와 적용이 곤란한
	지반에 대하여 기술하시오.

답

I. 사면보강의 개요

   1) 정의

      사면보강이란 사면안정검토시 안전율(F_S)이 허용치보다 적은 경우 파괴면의 지반저항력을 증가시켜 사면의 안정성을 확보하는 것을 말한다.

   2) 사면 안전율에 따른 사면붕괴대책

$$F_S = \frac{\text{파괴면의 저항력}(S) \Leftarrow \text{증가대책 : 항구대책공(사면보강공)}}{\text{파괴면의 활동력}(\tau) \Leftarrow \text{증가방지대책 : 사면보호공, 배수공}}$$

   3) 항구대책공법

      ① Soil Nailing공법   ② Earth Anchor공법

      ③ 억지말뚝공법   ④ 그물식 Micro Pile공법

      ⑤ 옹벽 + 사면구배완화

II. Soil Nailing공법

   1. 원리

Nail / Nail 마찰력 / 벽체거동 / Nail 수동저항력 / 전면판(Shotcrete)

     1) 원지반 보강

       ① 전면판 + Nail ⇒ 원지반일체

       ② 원지반강도 + 보강재강도 = 지반강도증가

       ③ 보강강도 = Nail의 마찰력 + Nail의 수동저항력

     2) 중력식옹벽 벽체와 같은 거동

① Mohr-Coulomb 파괴규준 적용가능

② 전면판 벽체 주동토압은 Coulomb토압의 0.4~0.7배

3) 수동보강개념

① Nail의 주변토사 변형으로 보강효과가 발휘

② Nail의 거동이 주변토사 거동 후에 발생되므로 수동보강이라 함

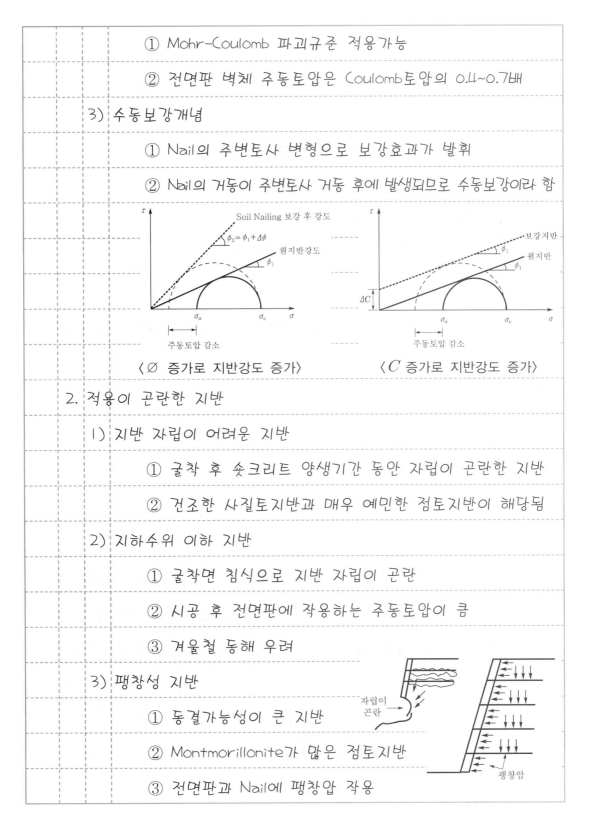

〈∅ 증가로 지반강도 증가〉   〈C 증가로 지반강도 증가〉

2. 적용이 곤란한 지반

1) 지반 자립이 어려운 지반

① 굴착 후 숏크리트 양생기간 동안 자립이 곤란한 지반

② 건조한 사질토지반과 매우 예민한 점토지반이 해당됨

2) 지하수위 이하 지반

① 굴착면 침식으로 지반 자립이 곤란

② 시공 후 전면판에 작용하는 주동토압이 큼

③ 겨울철 동해 우려

3) 팽창성 지반

① 동결가능성이 큰 지반

② Montmorillonite가 많은 점토지반

③ 전면판과 Nail에 팽창압 작용

Ⅲ. Anchor공법

전면판(블럭)
두부
앵커
앵커체 마찰력
사면 파괴면

1. 원리

1) 앵커의 인장력 작용

① 앵커를 긴장시켜 전면판에 고정

② 부족한 지반저항력만큼 긴장력 설계

2) 앵커체의 마찰저항

• 앵커 긴장시 앵커체의 마찰력으로 인발저항

3) 지반보강

① 앵커의 인장력에 의한 앵커체의 마찰력으로 지반보강

② 전면판과 앵커체 사이의 토체변위 구속

2. 적용이 곤란한 지반

1) 앵커체 마찰저항이 부족한 지반

① SPT의 $N_{60} < 30$인 사질토지반

② 점토지반

2) 지하수위 이하 지반

① 천공시 시공부위의 지하수 유출로 시공의 어려움

② 시공 후 시공부위의 토사 유출로 앵커 변위 발생

③ 동결융해로 인한 앵커 보호그라우트 균열로 앵커부식 우려

Ⅳ. 결론

사면보강시 Soil Nailing공법은 수동보강개념이므로 사면활동이
발생되는 토사사면에 적합하고 Earth Anchor공법은 주동보강
개념이므로 사면활동이 예상되는 토사사면에 적합한 공법이다.

문제 12) Earth Anchor 벽체, 보강토옹벽 및 소일네일링벽체의 거동특성에 대하여 기술하시오.

답

I. 벽체거동의 개요

1) 정의

벽체거동이란 벽체에 작용하는 수평토압으로 발생되는 벽체의 수평변위를 말하며, 수평토압 작용방향과 구조물별 지반보강원리에 따라 벽체거동특성은 달라진다.

2) 벽체변위와 수평토압 관계

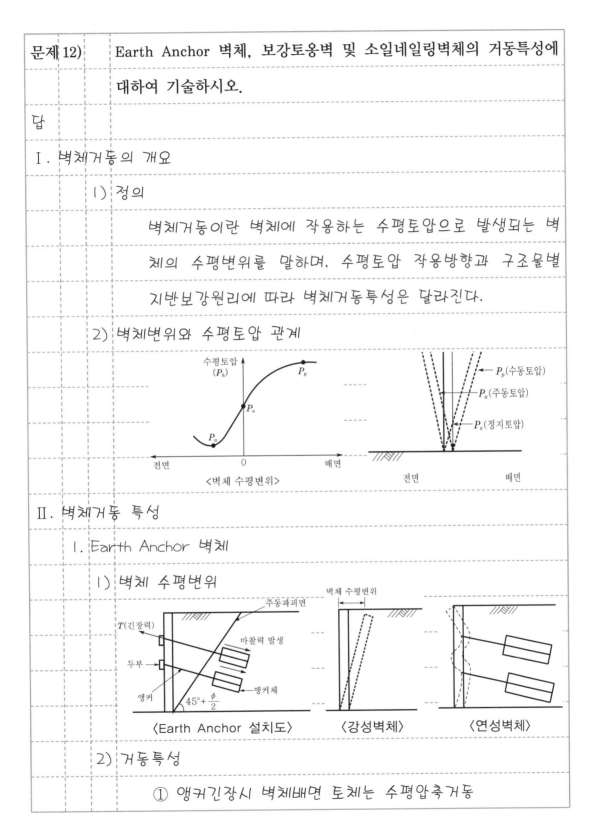

II. 벽체거동 특성

1. Earth Anchor 벽체

1) 벽체 수평변위

2) 거동특성

① 앵커긴장시 벽체배면 토체는 수평압축거동

② 앵커긴장시 벽체에는 작용수동토압(P_{P_m}) 발생

③ 작용수동토압(P_{P_m})의 범위

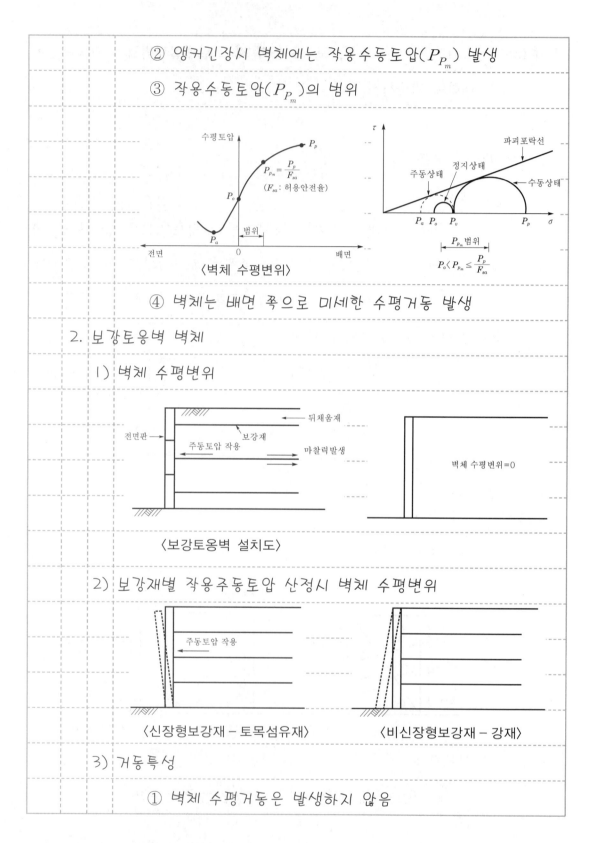

〈벽체 수평변위〉

$P_o \langle P_{P_m} \leq \dfrac{P_p}{F_{sa}}$

④ 벽체는 배면 쪽으로 미세한 수평거동 발생

2. 보강토옹벽 벽체

1) 벽체 수평변위

〈보강토옹벽 설치도〉

2) 보강재별 작용주동토압 산정시 벽체 수평변위

〈신장형보강재 – 토목섬유재〉　　〈비신장형보강재 – 강재〉

3) 거동특성

① 벽체 수평거동은 발생하지 않음

② 벽체 배면토체와 보강재가 일체화가 되어 배면토체의

　수평변위는 발생하지 않음

3. 소일네일링 벽체

1) 벽체 수평변위

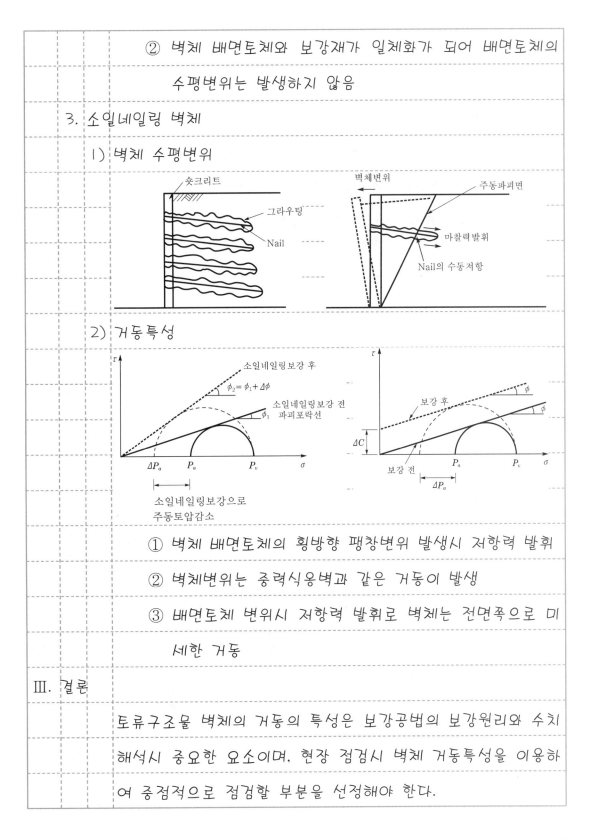

2) 거동특성

① 벽체 배면토체의 횡방향 팽창변위 발생시 저항력 발휘

② 벽체변위는 중력식옹벽과 같은 거동이 발생

③ 배면토체 변위시 저항력 발휘로 벽체는 전면쪽으로 미

　세한 거동

Ⅲ. 결론

토류구조물 벽체의 거동의 특성은 보강공법의 보강원리와 수치

해석시 중요한 요소이며, 현장 점검시 벽체 거동특성을 이용하

여 중점적으로 점검할 부분을 선정해야 한다.

문제 13-1) 암반사면 파괴형태와 판단방법

답

Ⅰ. 암반사면파괴의 정의

암반사면파괴란 불연속면이 존재하는 암반사면에서 불연속면의

저항력보다 활동력이 커서 불연속면을 따라 활동이 진행중이거

나 활동이 발생된 것을 말한다.

Ⅱ. 파괴형태

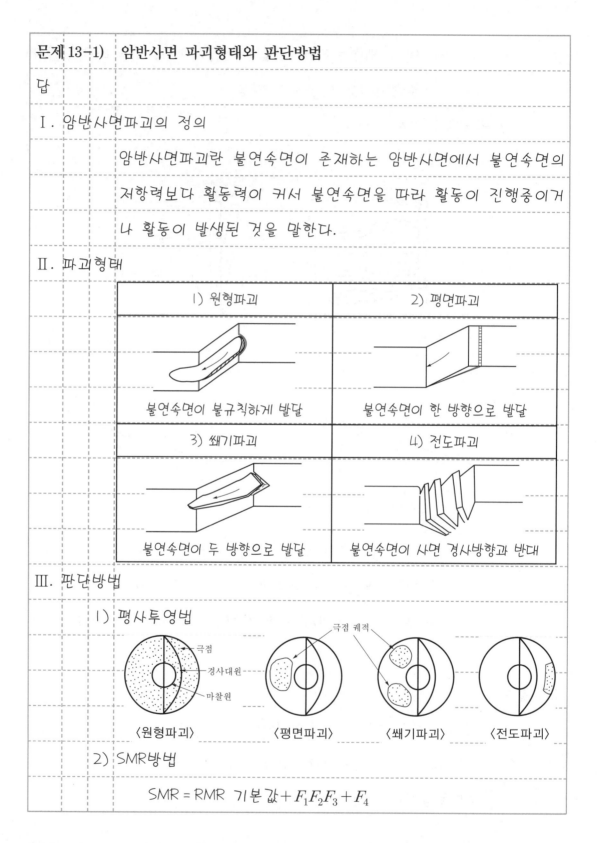

1) 원형파괴	2) 평면파괴
불연속면이 불규칙하게 발달	불연속면이 한 방향으로 발달
3) 쐐기파괴	4) 전도파괴
불연속면이 두 방향으로 발달	불연속면이 사면 경사방향과 반대

Ⅲ. 판단방법

1) 평사투영법

〈원형파괴〉　　〈평면파괴〉　　〈쐐기파괴〉　　〈전도파괴〉

2) SMR방법

$$SMR = RMR \text{ 기본값} + F_1 F_2 F_3 + F_4$$

문제 13-2)	한계해석(Limit Analysis)
답	
Ⅰ. 정의	
	한계해석이란 소성이론에 근거한 하한계 및 상한계 이론을 이용하
	여 안정문제의 하한계값과 상한계값을 도출하는 해석기법을 말한다.
Ⅱ. 도입배경	
	1) 한계평형해석의 한계성
	① 지진시 사면의 영구변위 산정시 소성변위해석 한계
	② 점토지반상의 사질토지반의 기초지반 지지력해석시 한계
	2) 다양한 지반조건 해석의 필요성 대두
Ⅲ. 해석방법	
	1) 하계해석(한계평형해석 이용)
	① 정적 허용응력을 가정하여 해석
	② Mohr-Coulomb 파괴기준과 평형
	조건, 응력경계조건으로 정적 허용응력 가정
	2) 상계해석
	① 운동학적 허용속도를 가정하여 해석
	② 가상일의 정리, 적합조건, 재료의 흐름조건, 속도경계조
	건으로 허용속도 가정
Ⅳ. 이용	
	1) 토사면의 항복지진계수 산정 및 사면안정해석
	2) 다층지반 얕은기초의 지지력 산정

Ⅲ. 해석방법 부분 오른쪽 그림:

τ축, σ축에 그려진 Mohr-Coulomb 파괴포락선과 두 개의 Mohr원. σ축에 σ_3, σ_1, σ_{1f} 표시.

문제 13-3)	유효응력해석과 전응력해석 차이

답

I. 유효응력해석과 전응력해석의 정의

1) 유효응력해석이란 사면안정검토시 파괴면의 저항력을 유효응력과 유효응력으로 표시된 강도정수를 적용하는 한계평형해석법

2) 전응력해석은 파괴면의 저항력을 전응력과 전응력으로 표시된 강도정수를 사용하여 산정하는 한계평형해석법이다.

II. 차이

구분	전응력해석	유효응력해석
강도정수와 산정방법	① UU시험 - C_u ② CU시험 - C_{cu}, $\varnothing_{cu}$	① $\overline{CU}$시험 - C', $\varnothing'$ ② CD시험 - C_d, $\varnothing_d$
해석시 간극수압 고려여부	① 고려 안함 ② 간극수압을 정확히 산정할 수 없을 때 적용	① 고려함 ② 간극수압을 정확히 알 수 있을 때 적용
시공완료 직후 배수 여부	① 비배수상태 ② 시공속도 > 간극수압소산속도 ③ 투수계수(K) < 10^{-4}cm/sec	① 배수상태 ② 시공속도 < 간극수압소산속도 ③ K≥10^{-4}cm/sec인 지반
적용성	① 시험이 간단 ② 현장응력재현이 필요(CU시험) ③ 계산이 간단	① 시험이 복잡하고 어렵다. ② 현장응력재현은 필요 없음 ③ 계산은 다소 복잡
적용토질	비배수상태의 점토	① 배수상태의 점토 ② 사질토

문제 13-4) 사면안정해석시 간극수압비

답

I. 정의

$$간극수압비 = \frac{\Delta U}{\Delta \sigma} = \frac{사면활동면의\ 간극수압변화량}{사면활동면의\ 전응력변화량}$$

II. 종류

1) 성토사면의 간극수압비$(\gamma_u) = \dfrac{\Delta U}{\gamma H} = \dfrac{과잉간극수압}{성토하중}$

2) 수위급강하시 간극수압비$(\bar{B}) = \dfrac{\Delta U}{\gamma_w H} = \dfrac{과잉간극수압}{수위급강하\ 전\ 위치수두}$

3) 정상침투시 간극수압비 = 평형 간극수압비

III. 산정방법

γ_u	$\bar{B}$	평형 간극수압비(B)
① $\gamma_u = \dfrac{\Delta U}{\gamma H}$ ② 설계시 ΔU 추정이 곤란하여 실무에서 $\gamma_u = 0.5$로 적용함	① $\bar{B} = \dfrac{\gamma_w h'}{\gamma_w H}$ ② 실무에서는 $\bar{B} = 1$로 가정하여 적용함	① $B = \dfrac{\gamma_w H}{(\gamma_{sat} - \gamma_t)H}$ ② 유선망을 작도하면 정확한 ΔU의 산정이 가능함

IV. 이용

1) 설계시 사면파괴면의 간극수압산정 : $U = \gamma_u \Delta P$

2) 설계시 사면 유효응력해석 : $S = C' + (\sigma - U)\tan\varnothing$

3) 사면설계시 전응력해석과 유효응력해석 결과 비교

문제 13-5) 안정수(Stability Number)

답

I. 정의

$$안정수(N_s) = \frac{C_u}{F_{sa}\gamma H}$$

$\begin{bmatrix} C_u : 활동면 \ 평균 \ 비배수강도 \\ F_{sa} : 안전율, \ \gamma : 단위중량 \\ H : 사면높이 \end{bmatrix}$

II. 산정방법

　　1) 도표이용

　　　　① Taylor 도표　　② Janbu 도표

　　2) 제안식으로 산정 : $N_s = \dfrac{C_u}{F_{sa}\gamma H}$

III. 영향요인

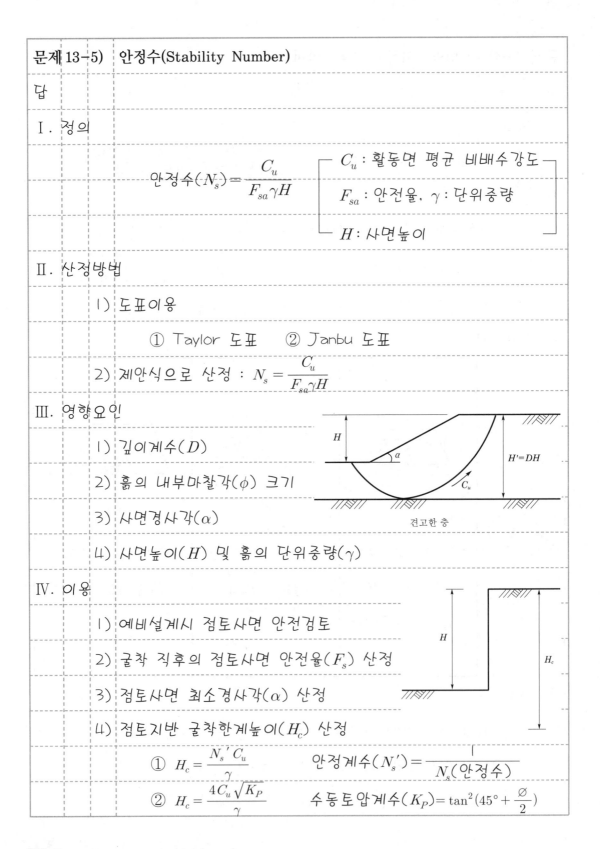

　　1) 깊이계수(D)

　　2) 흙의 내부마찰각(ϕ) 크기

　　3) 사면경사각(α)

　　4) 사면높이(H) 및 흙의 단위중량(γ)

IV. 이용

　　1) 예비설계시 점토사면 안전검토

　　2) 굴착 직후의 점토사면 안전율(F_s) 산정

　　3) 점토사면 최소경사각(α) 산정

　　4) 점토지반 굴착한계높이(H_c) 산정

　　① $H_c = \dfrac{N_s{'} C_u}{\gamma}$　　안정계수($N_s{'}$) $= \dfrac{1}{N_s(안정수)}$

　　② $H_c = \dfrac{4C_u\sqrt{K_P}}{\gamma}$　　수동토압계수(K_P) $= \tan^2(45° + \dfrac{\phi}{2})$

문제 13-6) 평사투영법

답

Ⅰ. 정의

평사투영법이란 암반불연속면의 주향과 경사를 이용하여 Net 에 불연속면의 극점들을 투영하여서 불연속면을 입체적으로 파악하여 암반사면의 안정성을 정성적으로 평가하는 방법이다.

Ⅱ. 작도방법

〈주향선 작도〉　　〈경사대원과 극점 작도〉　　〈극점궤적 작도〉

A_1 : 평면 파괴
A_2 : 쐐기 파괴
A_3 : 전도 파괴

Ⅲ. 적용

1) 암반사면의 정성적 검토 : 극점궤적과 마찰원으로 파괴여부 결정

2) 암반사면 파괴형태 추정

〈원형파괴〉　　〈평면파괴〉　　〈쐐기파괴〉　　〈전도파괴〉

Ⅳ. 적용시 고려사항

1) 극점으로 표시한 평사투영을 기준으로 한다.

2) 불연속면의 연속성 확인이 필요하다.

3) 불연속면 마찰각 추정시 불연속면 거칠기를 고려해야 한다.

4) 사면경사각과 사면주향 확인이 필요하다.

문제 13-7) 주향(Strike)과 경사(Dip)

답

 I. 정의

   1) 주향이란 암반불연속면의 진행방향선과 정북을 기준으로 하였
      을 때의 각도를 말하며 암반불연속면의 방향을 나타낸다.

   2) 경사란 암반불연속면과 수평선의 각도를 말한다.

 II. 표시방법

 III. 측정방법

 IV. 적용

   1) 암반사면의 예비적 안정성 평가

      ① 평사투영법 : 암반사면 파괴형태 결정

      ② SMR(Slope Mass Rating) : 암반사면 파괴형태와 보강

                                            방법 결정

   2) 터널 시공시 굴진방향 선정

문제 13-8) SMR(Slope Mass Rating)

답

I. 정의

1) SMR = RMR 기본값 $+ F_1 F_2 F_3 + F_4$

   F_1 : 주향계수, F_2 : 절리면 전단강도계수

   F_3 : 사면과 경사계수, F_4 : 굴착방법계수

2) SMR은 터널 암반분류법의 RMR 기본값에 사면영향인자를 고려
   하여 구한 평점으로 암반사면의 안정성을 평가하는 방법이다.

II. 산정시 계수값

1) RMR기본값 = 암석강도 + RQD + 불연속면간격 + 불연속면상태
   + 지하수상태

2) 주향계수$(F_1) = (1-\sin\alpha)^2$

3) 절리면 전단강도계수$(F_2) = \tan^2\beta$

4) 굴착방법계수$(F_4) = -8 \sim 15$

III. 평가기준

분류	SMR	암반상태	안정성	붕괴	보강
I	81~100	매우 양호	매우 안전	없음	필요 없음
II	61~80	양호	안전	일부 블록파괴	때때로 필요
III	41~60	보통	보통 안전	쐐기파괴	체계적 보강
IV	21~40	불량	불안	대규모 쐐기파괴, 평면파괴	보수차원
V	0~20	매우 불량	매우 불안	대규모 평면파괴	재굴착

Ⅳ. 활용

    1) 암반사면의 파괴형태 추정 및 보강 대책수립

    2) RMR 산정

$$RMR = SMR - F_1F_2F_3 - F_4 + 불연속면의 \ 방향에 \ 따른 \ 보정치$$

문제 13-9) 사면안정해석시 사용되는 전단강도감소기법

답

Ⅰ. 정의

전단강도감소기법은 사면파괴시 전단강도를 응력-변형관계를

이용한 수치해석으로 산정하여 사면의 안전율을 산정하는 해석

방법을 말한다.

Ⅱ. 연속체 암반사면 해석과정

사면파괴면
($F_s=1$)

〈전단강도감소기법 모델링〉

① 유한요소법 또는 유한차분법으로 모델링

② 암반풍화상태 및 풍화과정별 물성치 입력

③ 수치해석으로 사면파괴면 변위 산정

④ 파괴시 전단강도 산정

⑤ 안전율 $(F) = \dfrac{입력\ 전단강도}{파괴시\ 전단강도} = \dfrac{Hoke\text{-}Brown\ 전단강도}{Mohr\text{-}Coulomb\ 등가\ 전단강도}$

Ⅲ. 특징

구분		전단강도 감소기법	한계평형법
장점		• 해석시 가정이 필요없다.	• 단기해석에 적합
		• 응력수준별 변형률 계산가능	• 보편화된 해석으로 신뢰성이 큼
단점		• 해석이 어렵고 시간소요가 많음	• 장기적인 해석은 미흡
		• 시험방법 정립이 필요	• 진행성파괴의 해석이 곤란

Ⅳ. 활용

1) 암반사면, 터널, 토류벽의 장기적인 안정해석

2) 강성보강재(Soil Nailing, Rock Bolt)의 장기안정해석

3) 토목섬유의 장기적인 전단강도 변화 산정

문제 13-10) Hoke-Brown 파괴기준

답

I. 정의

Hoke-Brown 파괴기준이란 암석의 일축압축 및 일축인장시험 결과와 연속체 암반의 상태를 고려하여 암반의 강도를 구하기 위한 파괴규준을 말한다.

II. 모델

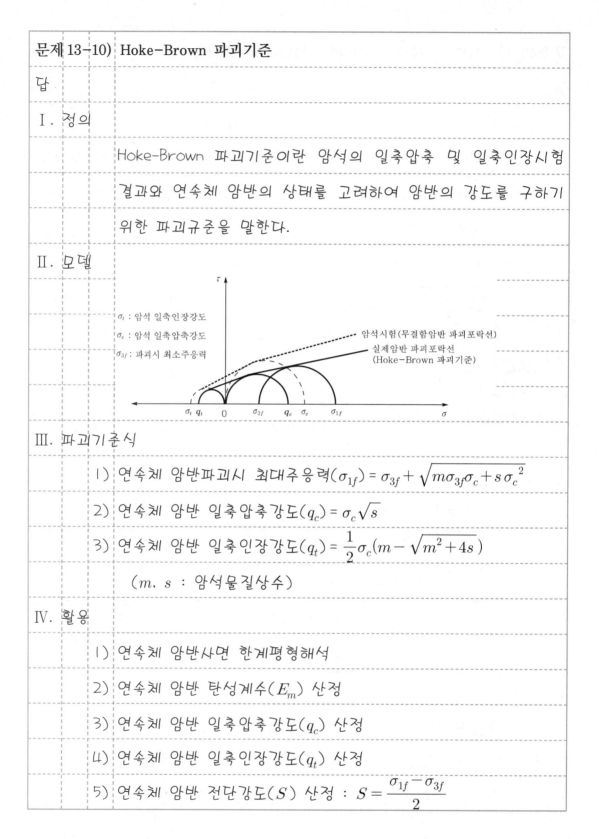

σ_t : 암석 일축인장강도

σ_c : 암석 일축압축강도

σ_{3f} : 파괴시 최소주응력

암석시험(무결함암반 파괴포락선)

실제암반 파괴포락선
(Hoke-Brown 파괴기준)

III. 파괴기준식

1) 연속체 암반파괴시 최대주응력$(\sigma_{1f}) = \sigma_{3f} + \sqrt{m\sigma_{3f}\sigma_c + s\sigma_c^2}$

2) 연속체 암반 일축압축강도$(q_c) = \sigma_c\sqrt{s}$

3) 연속체 암반 일축인장강도$(q_t) = \dfrac{1}{2}\sigma_c(m - \sqrt{m^2 + 4s})$

   $(m,\ s\ :\ 암석물질상수)$

IV. 활용

1) 연속체 암반사면 한계평형해석

2) 연속체 암반 탄성계수(E_m) 산정

3) 연속체 암반 일축압축강도(q_c) 산정

4) 연속체 암반 일축인장강도(q_t) 산정

5) 연속체 암반 전단강도(S) 산정 : $S = \dfrac{\sigma_{1f} - \sigma_{3f}}{2}$

문제 13-11) 장마철 산사태 발생기구(Mechanism)

답

Ⅰ. 산사태의 정의

급경사인 자연사면이 강우지속시간이 길고 강우량이 많은 장마

철에 누적강우량으로 사면파괴면의 전단응력은 증가되고 전단

강도는 감소되어 사면이 붕괴되는 것을 산사태라 한다.

Ⅱ. 발생기구(Mechanism)

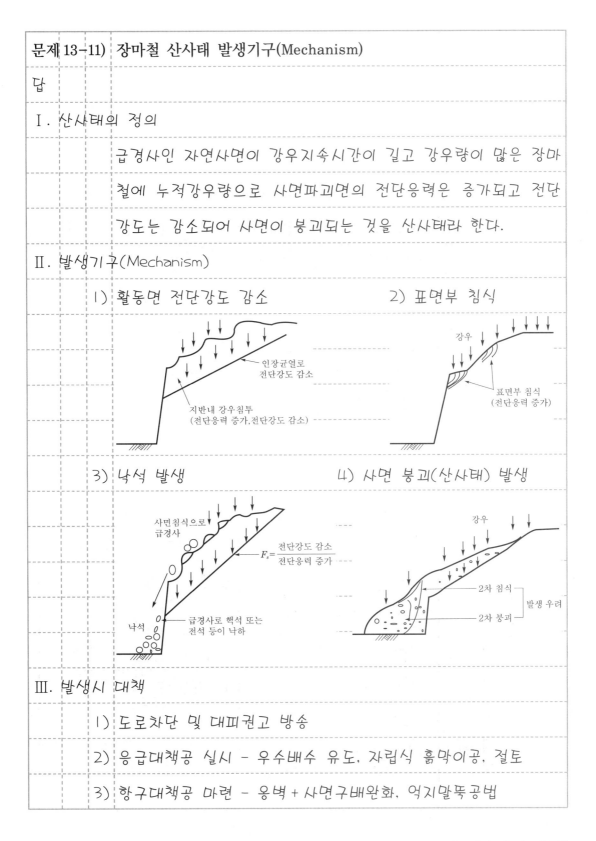

1) 활동면 전단강도 감소

인장균열로
전단강도 감소

지반내 강우침투
(전단응력 증가, 전단강도 감소)

2) 표면부 침식

강우

표면부 침식
(전단응력 증가)

3) 낙석 발생

사면침식으로
급경사

$F_s = \dfrac{전단강도\ 감소}{전단응력\ 증가}$

낙석

급경사로 핵석 또는
전석 등이 낙하

4) 사면 붕괴(산사태) 발생

강우

2차 침식

2차 붕괴

발생 우려

Ⅲ. 발생시 대책

1) 도로차단 및 대피권고 방송

2) 응급대책공 실시 - 우수배수 유도, 자립식 흙막이공, 절토

3) 항구대책공 마련 - 옹벽 + 사면구배완화, 억지말뚝공법

문제 13-12) Land Creep와 Land Slide

답

I. 정의

1) Land Creep란 완만한 경사의 자연사면이 중력의 작용으로 장기간에 걸쳐 천천히 낮은 곳으로 이동하여 붕괴되는 현상이다.

2) Land Slide란 급경사의 자연사면이 짧은 시간에 중력의 작용에 의하여 아래로 이동되어 붕괴되는 현상을 말한다.

II. 비교

구분		Land Creep	Land Slide
원인		① 강우, 융설, 지하수위상승	① 호우, 융설
		② 전단응력증가, 전단강도감소	② 전단응력 증가
발생 상태		① Sliding속도가 느리고 연속적이다.	① Sliding 속도가 빠르고 순간적이다.
		② 발생규모가 크다.	② 발생규모가 적다.
		③ 지하수위상승에 의한 영향이 큼	③ 강우강도에 의한 영향이 큼
		④ 강우 후 시간이 경과된 뒤 발생	④ 강우 직후 발생
대책 공법		① 배수공 및 피복공	① 사면보호공
		② 절토 및 압성토공	② 옹벽공
		③ 엄지말뚝 또는 앵커공	③ 배수공
		④ 옹벽	

문제 13-13)	사면침식(Slope Erosion)

답

I. 정의

사면침식이란 사면에 자연적인 충격(우수, 바람 및 융설에 의한 충격)과 유수(우수 및 지하수 유출에 따른 물의 흐름) 등의 외적인 영향으로 사면이 유실되는 것을 말한다.

II. 발생원인

1) 강우 및 강설   2) 급경사 사면

3) 사면보호공 미흡 또는 미설치

4) 사면 내 지하수 유출

5) 배수로 미설치 및 유지관리 불량

III. 발생시 문제점

1) 구속응력(σ_h) 감소

2) 사면활동력(τ) 증가

① $\tau = \dfrac{\sigma_v - \sigma_h}{2}\sin2\theta$

② σ_h 감소로 τ 증가

3) 사면안전율(F_S) 저하

① $F_s = \dfrac{전단강도(S)}{전단응력(\tau)}$

② τ 증가, S 감소

4) 사면붕괴

① 사면 내 침식 ⇒ 급경사

② 사면붕괴 발생

IV. 대책

① 사면 식생보호공 설치 : 떼붙임, 식생공, 파종공

② 사면 구조물보호공 설치 : 콘크리트블록공, 돌붙임공, 숏크리트공

③ 배수시설 설치 : 지표수배제공, 지하수배제공

문제 13-14) 토석류(Debris Flow)

답

I. 정의

1) 토석류란 급경사 사면계곡부에 집중호우시 대량의 토사가 강우와 함께 급속하게 계곡을 유하하는 것을 말한다.

2) 토석류의 종류에는 붕괴형 토석류와 퇴적형 토석류가 있다.

II. 발생원리(Mechanism)

1) 집중호우로 인한 계곡부 침식으로 토사 퇴적

2) 토사퇴적에 따른 우수흐름 방해로 저류

3) 부력과 간극수압증가로 퇴적물 유하

4) 퇴적물과 우수의 유하로 계곡부 침식 발생

5) 간극수압이 소멸할 때까지 토석류 발생

III. 특징

1) 유하속도가 빠르고 재해발생 규모가 크다.

2) 토석류 선두에는 큰 돌과 유목 등이 유하

3) 강우강도가 큰 지역의 급경사 사면과 계곡부에서 많이 발생

IV. 문제점 및 대책

1) 문제점

① 발생이 돌발적이고 예측이 곤란

② 대규모의 재해가 발생

③ 토석류 도로유입

④ 도로파손 및 도로유실

2) 대책

   ① 사면침식 방지 - 돌망태, 돌쌓기, 돌붙이기

   ② 유하속도 저하

     • 사방댐(콘크리트 사방댐, 철강재 사방댐) 설치

     • 링네트 토석류 방호책 설치

     • 계곡부에 여러 개소의 소규모 체크댐 설치

5 永生의 길잡이 - 다섯

불교

석가모니 탄생

· 싯달타(석가모니)는 카필라성 왕국의 왕자로 태어나 16세에 야소다라와 결혼하여 13년 후인 29세 때 아들 라훌라를 낳고 그 해 출가하였다.

출가한 동기

· 도대체 인간은 왜 괴로움 속에서 살아가야 하며 그 괴로움의 원인은 무엇인가? 하는 의문을 해결하기 위하여 출가하였다.
· 싯달타는 보리수 아래서 인간이 무엇인가를 항상 얻으려 하고, 그칠 줄 모르는 근원적 욕망이 존재함을 알았고, 그 욕망이 소멸되어짐으로써 괴로움이 극복되어짐을 깨달았다.

최초의 석가모니는?

· 석가모니란 말은 깨달은 자(覺者)를 의미하며 부처라고도 한다.
· 싯달타는 최초의 깨달은 자가 되므로 석가모니, 즉 부처님이 되었으며, 모든 인간은 싯달타처럼 깨닫기만 하면 석가모니, 즉 부처가 될 수 있다.
· 최초로 석가모니가 된 싯달타를 보통 석가모니라 한다.

석가모니의 유언

· 열반(별세)에 들면서 제자들에게 하신 말씀으로 "나는 예배와 신앙의 대상이 아니다." 그러므로 불교는 무신론의 종교가 된 근본인 바, 차후 후대에 석가모니(부처님)를 절대자로 신격화하는 현상이 생겨남.
· 불교는 원래부터 부처(깨달은 자)가 되는 것을 가르치는 종교다.

윤회란?

· 윤회란 말은 석가모니가 태어나기 전 이미 인도 사람들이 가지고 있던 세계관 또는 인생관으로 인도인들은 옛부터 불사(不死), 즉 죽음 뒤에 永生을 마음 속으로 강하게 희구했으며 신의 세계에서 찾으려 했다.
· 불교가 성립되기 이전의 인도인의 인생관이던 윤회를 후대에 불교에서 도입하는 현상이 나타남.

불교란?

· 스스로 고행, 금욕, 수도로서 인간의 본성을 깨달아 괴로움으로부터 탈피하여 모든 사람은 부처(석가모니)가 될 수 있는 무신론의 종교임.

참고문헌

불교 입문, 우리출판사, 著者 홍사성(불교신문사 편집부장, 불교방송국 제작부장)
알기 쉽게 풀어 쓴 불교 입문, 장승출판사, 著者 유경훈(불교학자)

제7장 ▶ 토 압

| 문제 1) | 강성벽체와 연성벽체의 벽체변형과 토압분포가 서로 다른 이유에 대하여 기술하시오. |

답

I. 강성벽체와 연성벽체의 개요

1) 정의

① 강성벽체란 벽체가 배면토체 주동파괴면 내의 토체무게를 충분히 지지할만큼 강성이 큰 벽체를 말한다.

② 연성벽체란 벽체가 배면토체 주동파괴면 내의 토체무게를 지지하지 못하는 벽체를 말한다.

2) 벽체구조물 강성구분

구분	강성구분	해당구조물
강성벽체	벽체강성 > 토체강성	콘크리트 벽체구조물
연성벽체	벽체강성 < 토체강성	강재 벽체구조물

3) 강성벽체 수평변위와 토압계수(K)

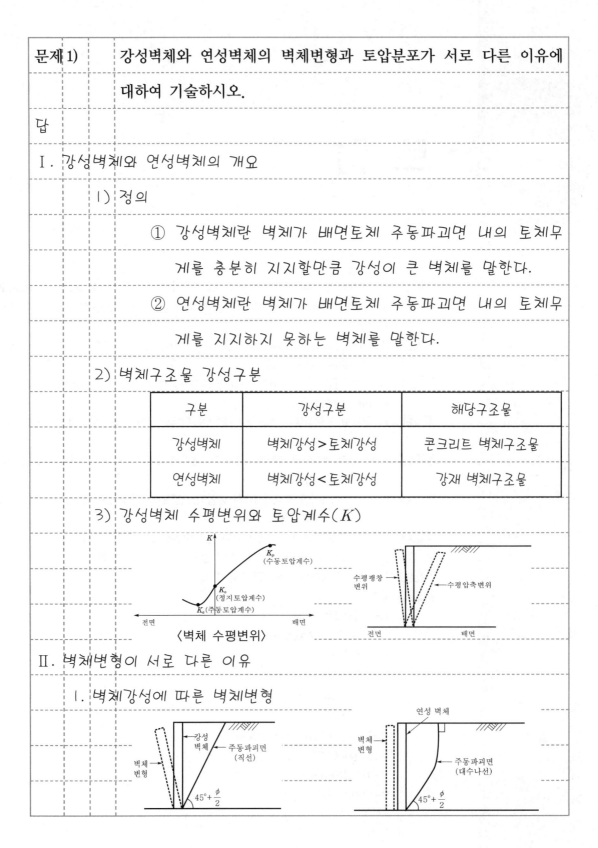

〈벽체 수평변위〉

II. 벽체변형이 서로 다른 이유

1. 벽체강성에 따른 벽체변형

2. 서로 다른 이유

　1) 주동파괴면의 토체지지 여부

　　① 강성벽체 : 주동파괴면의 토체무게 지지

　　② 연성벽체 : 주동파괴면의 토체무게를 지지하지 못함

　2) 기초존재 여부

　　① 강성벽체인 옹벽은 기초와 벽체가 고정되어 하단부는

　　　변위가 없고 상단부는 전면변위 발생

　　② 연성벽체인 흙막이공은 기초가 없어 벽체 상하단 모두

　　　버팀대 설치까지 전면쪽으로 변위 발생

Ⅲ. 토압분포가 서로 다른 이유

　1. 벽체강성에 따른 토압분포도

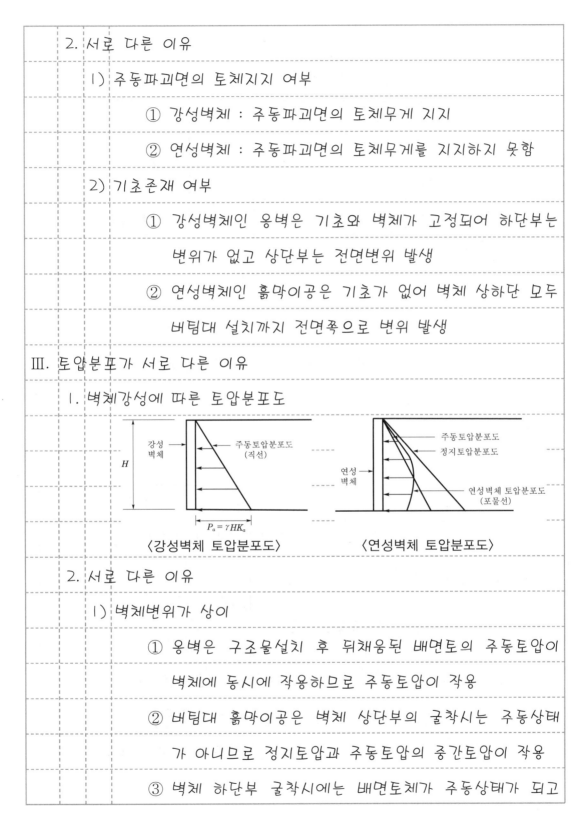

〈강성벽체 토압분포도〉　　　〈연성벽체 토압분포도〉

　2. 서로 다른 이유

　1) 벽체변위가 상이

　　① 옹벽은 구조물설치 후 뒤채움된 배면토의 주동토압이

　　　벽체에 동시에 작용하므로 주동토압이 작용

　　② 버팀대 흙막이공은 벽체 상단부의 굴착시는 주동상태

　　　가 아니므로 정지토압과 주동토압의 중간토압이 작용

　　③ 벽체 하단부 굴착시에는 배면토체가 주동상태가 되고

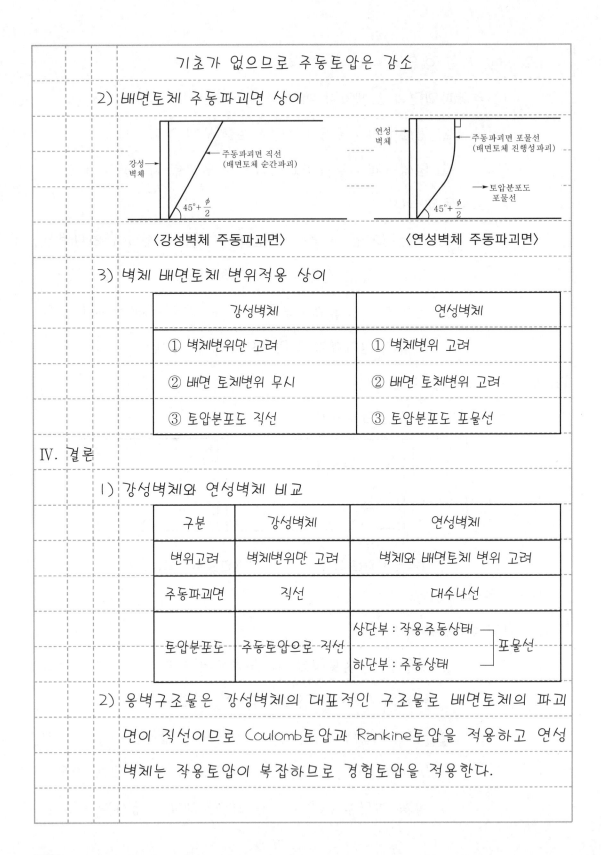

기초가 없으므로 주동토압은 감소

2) 배면토체 주동파괴면 상이

강성벽체

주동파괴면 직선
(배면토체 순간파괴)

$45° + \dfrac{\phi}{2}$

〈강성벽체 주동파괴면〉

연성벽체

주동파괴면 포물선
(배면토체 진행성파괴)

토압분포도
포물선

$45° + \dfrac{\phi}{2}$

〈연성벽체 주동파괴면〉

3) 벽체 배면토체 변위적용 상이

강성벽체	연성벽체
① 벽체변위만 고려	① 벽체변위 고려
② 배면 토체변위 무시	② 배면 토체변위 고려
③ 토압분포도 직선	③ 토압분포도 포물선

Ⅳ. 결론

1) 강성벽체와 연성벽체 비교

구분	강성벽체	연성벽체
변위고려	벽체변위만 고려	벽체와 배면토체 변위 고려
주동파괴면	직선	대수나선
토압분포도	주동토압으로 직선	상단부 : 작용주동상태 ─┐ 하단부 : 주동상태 ─┘ 포물선

2) 옹벽구조물은 강성벽체의 대표적인 구조물로 배면토체의 파괴
면이 직선이므로 Coulomb토압과 Rankine토압을 적용하고 연성
벽체는 작용토압이 복잡하므로 경험토압을 적용한다.

문제 2)	사력댐의 심벽에서 Arching현상과 Arching현상이 댐에 미치는 영

향에 대하여 기술하시오.

답

I. 사력댐 심벽의 개요

  1) 정의

    사력댐 심벽이란 사력댐 중앙부에 차수목적으로 투수성이 낮은 점성토를 일정한 두께로 다져서 형성된 코어층을 말한다.

  2) 사력댐의 구조도

  3) 사력댐 구성별 역할

구분	역할
사력층	성토사면 안전성 확보(성토단면유지)
투수층	성토사면 안전성 확보 사력층과 필터층의 투수성 천이
상류측 필터층	성토사면 안전성 확보, 간극수압상승 방지
하류측 필터층	Piping 발생방지, 심벽 세립자유실 방지
심벽(core)층	차수(지수)

II. 심벽의 Arching현상

  1. 정의

아칭(Arching)현상이란 변위가 발생하는 토체의 응력이 변위가 발생하지 않는 인접한 토체로 전달되어 토압이 재분배되면서 아치모양의 지반변형이 발생되는 것을 말한다.

2. 발생원인

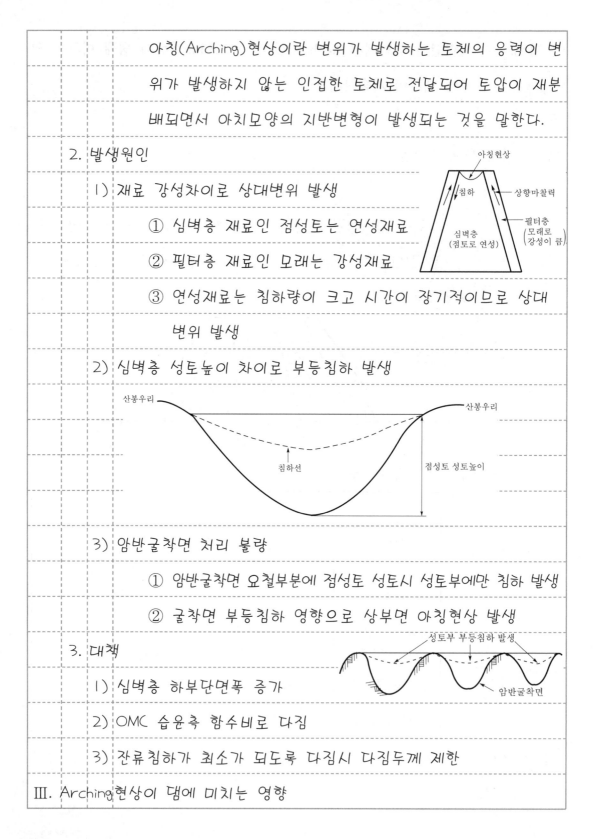

1) 재료 강성차이로 상대변위 발생

① 심벽층 재료인 점성토는 연성재료

② 필터층 재료인 모래는 강성재료

③ 연성재료는 침하량이 크고 시간이 장기적이므로 상대변위 발생

2) 심벽층 성토높이 차이로 부등침하 발생

3) 암반굴착면 처리 불량

① 암반굴착면 요철부분에 점성토 성토시 성토부에만 침하 발생

② 굴착면 부등침하 영향으로 상부면 아칭현상 발생

3. 대책

1) 심벽층 하부단면폭 증가

2) OMC 습윤측 함수비로 다짐

3) 잔류침하가 최소가 되도록 다짐시 다짐두께 제한

III. Arching현상이 댐에 미치는 영향

1) 수압할렬에 따른 심벽층 균열 발생

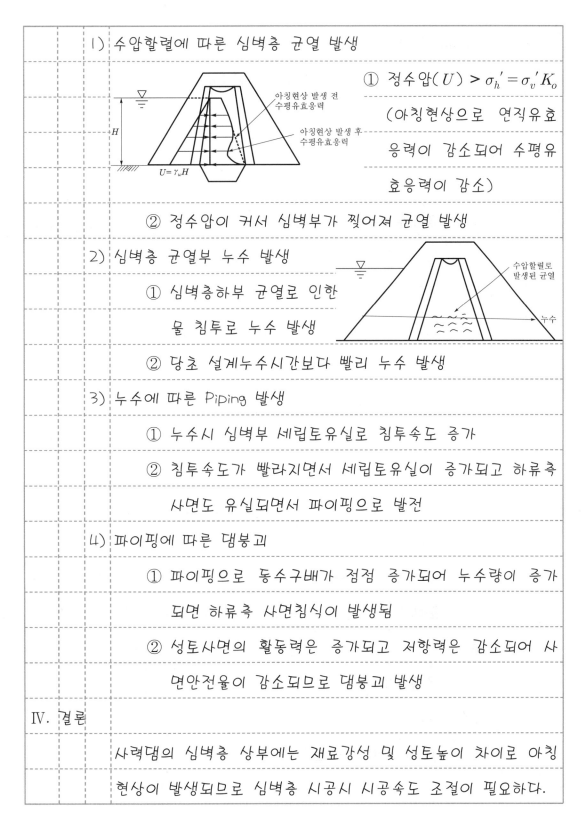

① 정수압(U) $> \sigma_h' = \sigma_v' K_o$

(아칭현상으로 연직유효

응력이 감소되어 수평유

효응력이 감소)

② 정수압이 커서 심벽부가 찢어져 균열 발생

2) 심벽층 균열부 누수 발생

① 심벽층하부 균열로 인한

물 침투로 누수 발생

② 당초 설계누수시간보다 빨리 누수 발생

3) 누수에 따른 Piping 발생

① 누수시 심벽부 세립토유실로 침투속도 증가

② 침투속도가 빨라지면서 세립토유실이 증가되고 하류측

사면도 유실되면서 파이핑으로 발전

4) 파이핑에 따른 댐붕괴

① 파이핑으로 동수구배가 점점 증가되어 누수량이 증가

되면 하류측 사면침식이 발생됨

② 성토사면의 활동력은 증가되고 저항력은 감소되어 사

면안전율이 감소되므로 댐붕괴 발생

IV. 결론

사력댐의 심벽층 상부에는 재료강성 및 성토높이 차이로 아칭

현상이 발생되므로 심벽층 시공시 시공속도 조절이 필요하다.

문제 3)	Rankine 및 Coulomb 주동토압 해석이론과 실제토압이 이론토압과
	차이가 나는 주된 원인에 대하여 기술하시오.

답

Ⅰ. 주동토압의 개요

1) 정의

주동토압이란 연직으로 굴착된 지반이 수평방향으로 팽창 파괴되는 주동상태일때 작용하는 수평토압이다.

2) 전주동토압$(P_A) = \dfrac{1}{2}\gamma H K_a$

(γ : 흙의 단위중량, H : 굴착높이, K_a : 주동토압계수)

3) Rankine 주동토압의 정의

① 강성벽체인 옹벽에 작용하는 주동토압을 Mohr-Coulomb의 파괴규준으로 해석한 주동토압계수를 사용하여 구한 주동토압

② $K_a = \dfrac{1-\sin\phi}{1+\sin\phi} = \tan^2\left(45° - \dfrac{\phi}{2}\right)$

4) Coulomb 주동토압의 정의

옹벽에 작용하는 주동토압을 흙쐐기이론과 힘의 다각형의 도해로 해석한 주동토압계수를 이용하여 구한 주동토압

Ⅱ. 해석이론

1. Rankine 주동토압

1) 소성론에 근거

① 파괴면 내의 토체는 모두 파괴되는 소성체

② 옹벽 배면토체는 수평방향 팽창소성변형으로 파괴

2) Mohr-Coulomb 파괴규준 적용

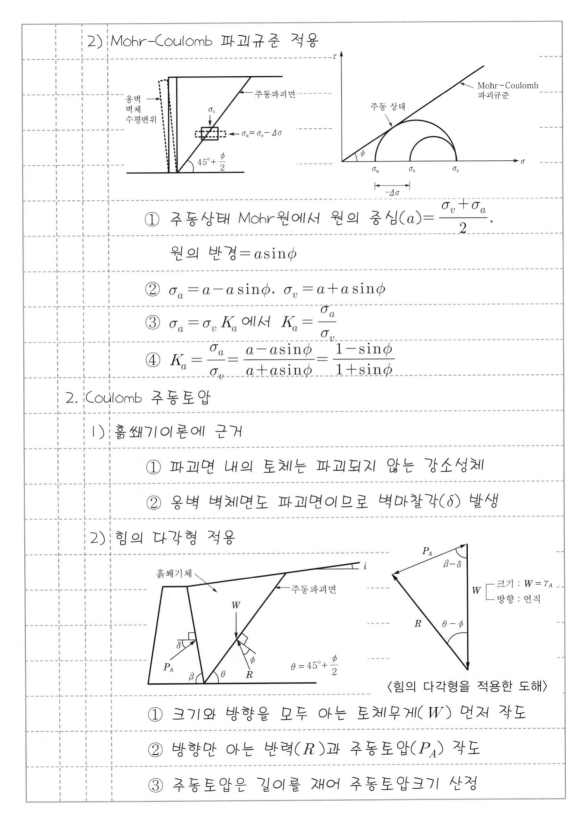

① 주동상태 Mohr원에서 원의 중심$(a) = \dfrac{\sigma_v + \sigma_a}{2}$,

　원의 반경$= a\sin\phi$

② $\sigma_a = a - a\sin\phi$, $\sigma_v = a + a\sin\phi$

③ $\sigma_a = \sigma_v K_a$ 에서　$K_a = \dfrac{\sigma_a}{\sigma_v}$

④ $K_a = \dfrac{\sigma_a}{\sigma_v} = \dfrac{a - a\sin\phi}{a + a\sin\phi} = \dfrac{1 - \sin\phi}{1 + \sin\phi}$

2. Coulomb 주동토압

1) 흙쐐기이론에 근거

① 파괴면 내의 토체는 파괴되지 않는 강소성체

② 옹벽 벽체면도 파괴면이므로 벽마찰각(δ) 발생

2) 힘의 다각형 적용

〈힘의 다각형을 적용한 도해〉

① 크기와 방향을 모두 아는 토체무게(W) 먼저 작도

② 방향만 아는 반력(R)과 주동토압(P_A) 작도

③ 주동토압은 길이를 재어 주동토압크기 산정

3) sin법칙을 적용하여 근사해법으로 주동토압계수(K_a) 산정

Ⅲ. 실제토압이 이론토압과 차이가 나는 주된 원인

　1) 벽마찰각(δ) 고려 여부

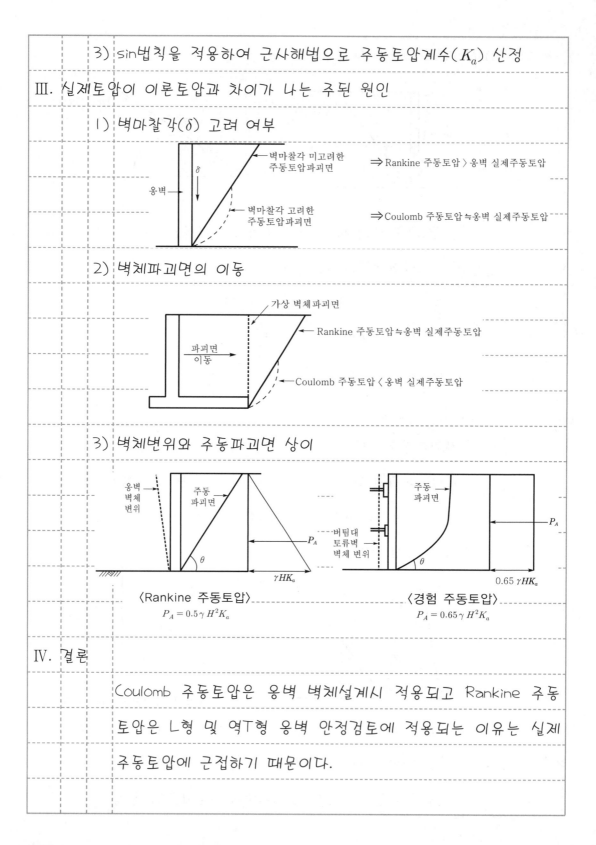

⇒ Rankine 주동토압 〉 옹벽 실제주동토압

⇒ Coulomb 주동토압 ≒ 옹벽 실제주동토압

　2) 벽체파괴면의 이동

Rankine 주동토압 ≒ 옹벽 실제주동토압

Coulomb 주동토압 〈 옹벽 실제주동토압

　3) 벽체변위와 주동파괴면 상이

〈Rankine 주동토압〉
$$P_A = 0.5\gamma H^2 K_a$$

〈경험 주동토압〉
$$P_A = 0.65\gamma H^2 K_a$$

Ⅳ. 결론

Coulomb 주동토압은 옹벽 벽체설계시 적용되고 Rankine 주동토압은 L형 및 역T형 옹벽 안정검토에 적용되는 이유는 실제 주동토압에 근접하기 때문이다.

| 문제 4) | Rankine토압에서 주동상태의 Mohr원과 응력경로, 수동상태의 Mohr원과 응력경로에 대하여 기술하시오. |

답

Ⅰ. Rankine토압의 개요

1) 정의

Rankine토압이란 옹벽 배면토체의 소성파괴시 벽마찰각은 발생하지 않고 배면토체의 파괴면에서만 저항력이 작용하며 Mohr-Coulomb파괴규준으로 저항력을 산정하여 토압계수를 해석하는 옹벽 토압이론을 말한다.

2) 해석이론

소성론에 근거	① 파괴면 내의 토체는 모두 파괴되는 소성체
	② 벽마찰은 발생하지 않는다.
	③ 배면토체는 수평방향으로 팽창 또는 압축소성파괴
Mohr-Coulomb 파괴규준 적용	Mohr-Coulomb 파괴포락선으로 주동토압과 수동토압을 산정하여 토압계수를 해석

Ⅱ. 주동상태의 Mohr원과 응력경로

1) 주동상태의 정의

주동상태란 연직으로 굴착된 지반이 수평방향으로 팽창파괴가 되는 응력상태를 말하며, 이때의 수평토압을 주동토압이라 한다.

2) Mohr원

① 벽체 수평변위 = 0

(정지상태 : σ_v, σ_o)

σ_v : 연직토압
σ_o : 정지토압

주동토압(σ_a) = $\sigma_o - \Delta\sigma$

$45° + \dfrac{\phi}{2}$

② 벽체 수평변위가 전면 쪽으로 발생 - 주동상태

③ 배면토체 응력상태 $\begin{cases} \sigma_v : \text{정지상태와 동일} \\ \sigma_h = \sigma_o - \Delta\sigma = \sigma_a (\Delta\sigma \text{만큼 감소}) \end{cases}$

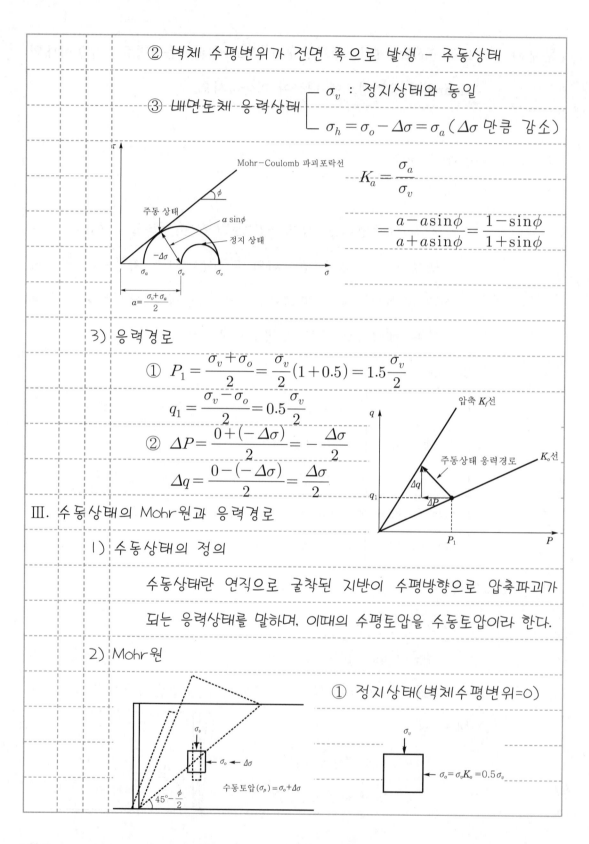

$$K_a = \frac{\sigma_a}{\sigma_v}$$

$$= \frac{a - a\sin\phi}{a + a\sin\phi} = \frac{1 - \sin\phi}{1 + \sin\phi}$$

3) 응력경로

① $P_1 = \dfrac{\sigma_v + \sigma_o}{2} = \dfrac{\sigma_v}{2}(1 + 0.5) = 1.5\dfrac{\sigma_v}{2}$

$q_1 = \dfrac{\sigma_v - \sigma_o}{2} = 0.5\dfrac{\sigma_v}{2}$

② $\Delta P = \dfrac{0 + (-\Delta\sigma)}{2} = -\dfrac{\Delta\sigma}{2}$

$\Delta q = \dfrac{0 - (-\Delta\sigma)}{2} = \dfrac{\Delta\sigma}{2}$

Ⅲ. 수동상태의 Mohr원과 응력경로

1) 수동상태의 정의

수동상태란 연직으로 굴착된 지반이 수평방향으로 압축파괴가

되는 응력상태를 말하며, 이때의 수평토압을 수동토압이라 한다.

2) Mohr원

① 정지상태(벽체수평변위=0)

② 수동상태(벽체는 배면 쪽으로 수평변위)

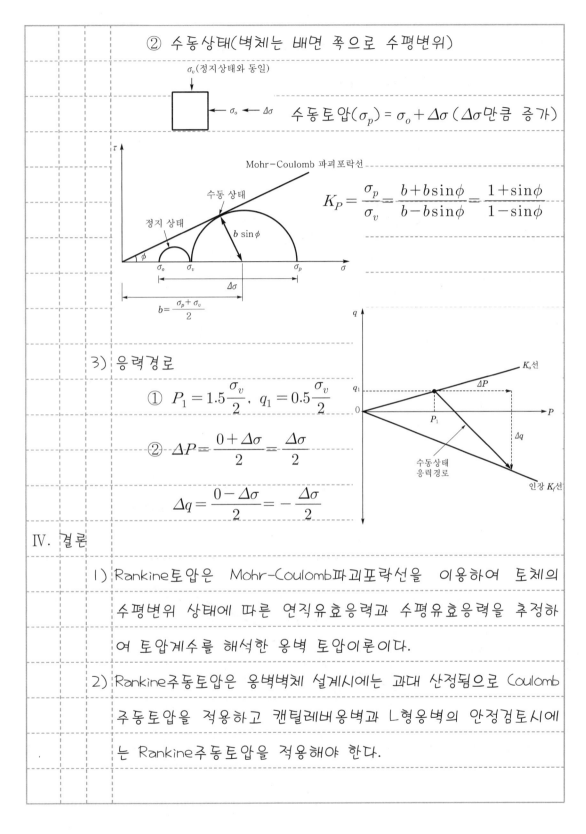

3) 응력경로

① $P_1 = 1.5\dfrac{\sigma_v}{2}$, $q_1 = 0.5\dfrac{\sigma_v}{2}$

② $\Delta P = \dfrac{0 + \Delta\sigma}{2} = \dfrac{\Delta\sigma}{2}$

$\Delta q = \dfrac{0 - \Delta\sigma}{2} = -\dfrac{\Delta\sigma}{2}$

Ⅳ. 결론

1) Rankine토압은 Mohr-Coulomb파괴포락선을 이용하여 토체의 수평변위 상태에 따른 연직유효응력과 수평유효응력을 추정하여 토압계수를 해석한 옹벽 토압이론이다.

2) Rankine주동토압은 옹벽벽체 설계시에는 과대 산정됨으로 Coulomb 주동토압을 적용하고 캔틸레버옹벽과 L형옹벽의 안정검토시에는 Rankine주동토압을 적용해야 한다.

| 문제 5) | 역T형옹벽 안정검토시 Rankine토압 적용이유와 옹벽 안정검토방법에 대하여 기술하시오. |

답

Ⅰ. Rankine토압의 개요

1) 정의

Rankine토압이란 옹벽 배면토체의 소성파괴시 벽마찰각은 발생하지 않고 배면토체의 파괴면에서만 저항력이 작용하며 Mohr-Coulomb파괴규준으로 저항력을 산정하여 토압계수를 해석하는 옹벽토압이론을 말한다.

2) 해석이론

소성론에 근거	① 파괴면 내의 토체는 모두 파괴되는 소성체
	② 벽마찰은 발생하지 않는다.
	③ 배면토체는 수평방향으로 팽창 또는 압축소성파괴
Mohr-Coulomb 파괴규준 적용	Mohr-Coulomb파괴포락선으로 주동토압과 수동토압을 산정하여 토압계수를 해석

Ⅱ. Rankine토압 적용이유

1) 안전검토시 가상파괴면이 존재

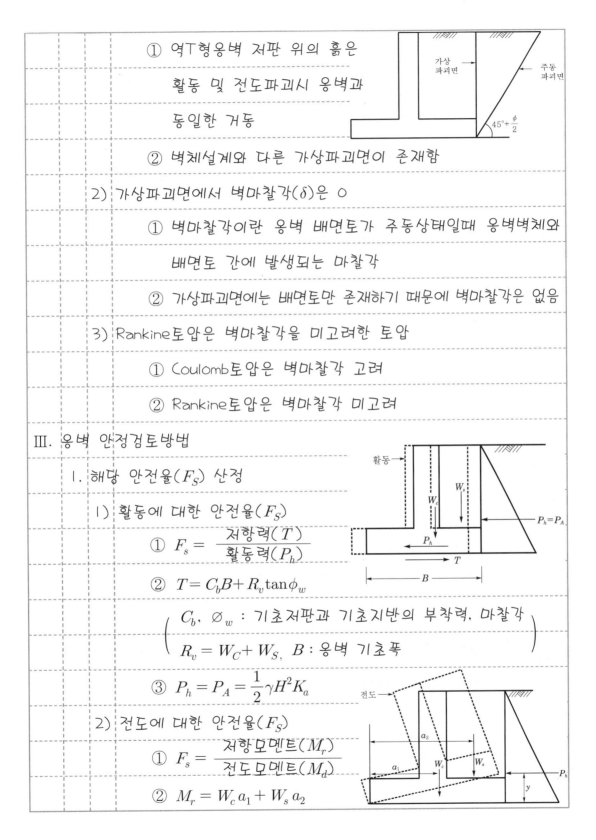

① 역T형옹벽 저판 위의 흙은

활동 및 전도파괴시 옹벽과

동일한 거동

② 벽체설계와 다른 가상파괴면이 존재함

2) 가상파괴면에서 벽마찰각(δ)은 0

① 벽마찰각이란 옹벽 배면토가 주동상태일때 옹벽벽체와

배면토 간에 발생되는 마찰각

② 가상파괴면에는 배면토만 존재하기 때문에 벽마찰각은 없음

3) Rankine토압은 벽마찰각을 미고려한 토압

① Coulomb토압은 벽마찰각 고려

② Rankine토압은 벽마찰각 미고려

Ⅲ. 옹벽 안정검토방법

1. 해당 안전율(F_S) 산정

1) 활동에 대한 안전율(F_S)

① $F_s = \dfrac{저항력(T)}{활동력(P_h)}$

② $T = C_b B + R_v \tan\phi_w$

$$\left(\begin{array}{l} C_b,\ \varnothing_w : 기초저판과\ 기초지반의\ 부착력,\ 마찰각 \\ R_v = W_C + W_S,\ B : 옹벽\ 기초폭 \end{array} \right)$$

③ $P_h = P_A = \dfrac{1}{2}\gamma H^2 K_a$

2) 전도에 대한 안전율(F_S)

① $F_s = \dfrac{저항모멘트(M_r)}{전도모멘트(M_d)}$

② $M_r = W_c a_1 + W_s a_2$

③ $M_d = P_h\,y$

3) 지지력에 대한 안전율(F_S)

① $F_s = \dfrac{\text{허용지지력}(q_a)}{\text{최대접지압}(P_{\max})}$

② $q_a = \dfrac{q_u}{3}$ 와 $\dfrac{q_y}{2}$ 중 작은 값

③ $P_{\max} = \dfrac{R_V}{B}\left(1 + \dfrac{6e}{B}\right)$

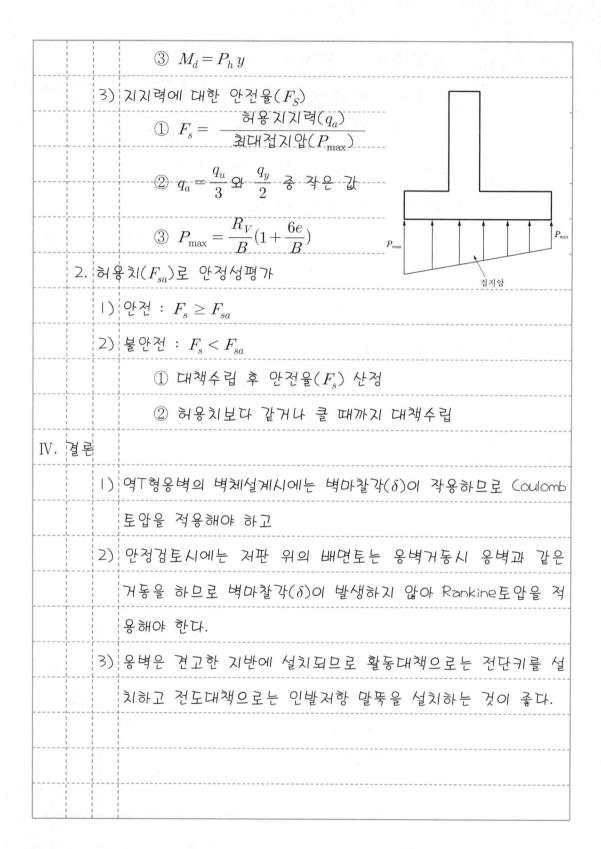

P_{max} P_{min}

접지압

2. 허용치(F_{sa})로 안정성평가

1) 안전 : $F_s \geq F_{sa}$

2) 불안전 : $F_s < F_{sa}$

① 대책수립 후 안전율(F_s) 산정

② 허용치보다 같거나 클 때까지 대책수립

IV. 결론

1) 역T형옹벽의 벽체설계시에는 벽마찰각(δ)이 작용하므로 Coulomb 토압을 적용해야 하고

2) 안정검토시에는 저판 위의 배면토는 옹벽거동시 옹벽과 같은 거동을 하므로 벽마찰각(δ)이 발생하지 않아 Rankine토압을 적용해야 한다.

3) 옹벽은 견고한 지반에 설치되므로 활동대책으로는 전단키를 설치하고 전도대책으로는 인발저항 말뚝을 설치하는 것이 좋다.

| 문제 6) | 옹벽배수로 계획에서 연직배수로와 경사배수로 설치시 옹벽에 작용하는 수압과 설치이유에 대하여 기술하시오. |

답

I. 옹벽배수로의 개요

1) 정의

옹벽배수로란 옹벽벽체에 설치되는 배수공과 옹벽배면에 설치된 필터층을 말하며, 우기철에 옹벽배면으로 침투된 물을 빨리 배수하기 위하여 설치한다.

2) 종류

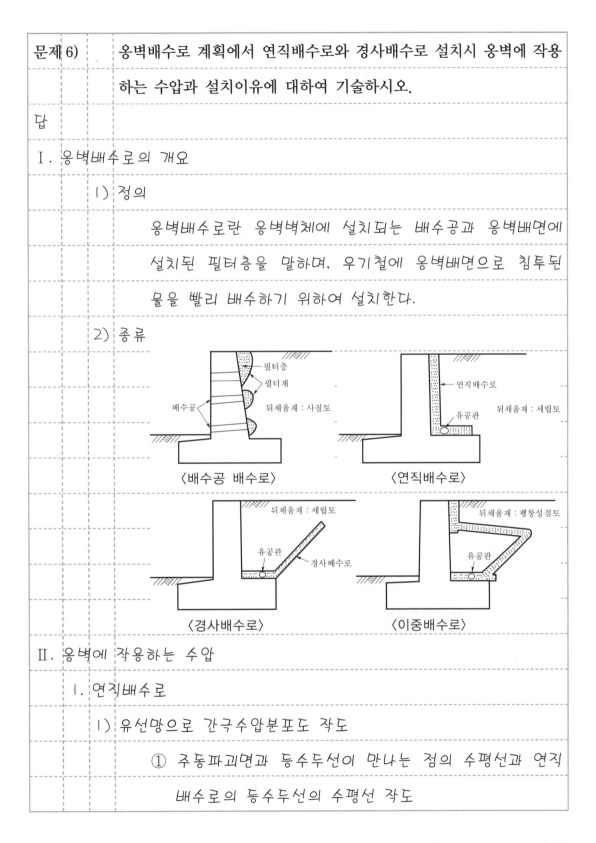

〈배수공 배수로〉 〈연직배수로〉

〈경사배수로〉 〈이중배수로〉

II. 옹벽에 작용하는 수압

1. 연직배수로

1) 유선망으로 간극수압분포도 작도

① 주동파괴면과 등수두선이 만나는 점의 수평선과 연직배수로의 등수두선의 수평선 작도

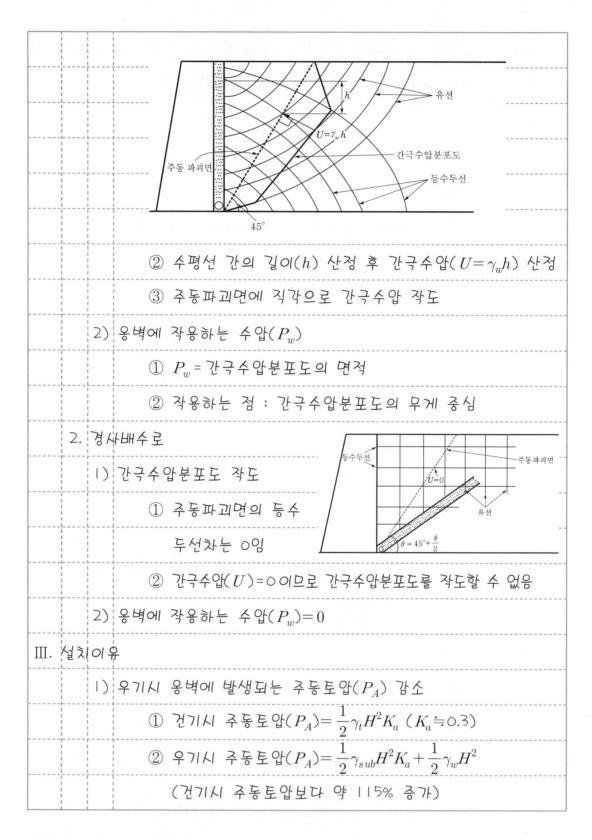

② 수평선 간의 길이(h) 산정 후 간극수압($U = \gamma_w h$) 산정

③ 주동파괴면에 직각으로 간극수압 작도

2) 옹벽에 작용하는 수압(P_w)

　① P_w = 간극수압분포도의 면적

　② 작용하는 점 : 간극수압분포도의 무게 중심

2. 경사배수로

1) 간극수압분포도 작도

　① 주동파괴면의 등수

　　두선차는 0임

　② 간극수압(U) = 0이므로 간극수압분포도를 작도할 수 없음

2) 옹벽에 작용하는 수압(P_w) = 0

Ⅲ. 설치이유

1) 우기시 옹벽에 발생되는 주동토압(P_A) 감소

　① 건기시 주동토압(P_A) = $\frac{1}{2}\gamma_t H^2 K_a$ ($K_a = 0.3$)

　② 우기시 주동토압(P_A) = $\frac{1}{2}\gamma_{sub} H^2 K_a + \frac{1}{2}\gamma_w H^2$

　　(건기시 주동토압보다 약 115% 증가)

③ 연직배수로 주동토압 $= \dfrac{1}{2}\gamma_{sub}H^2K_a + P_w$

（건기시 주동토압보다 약 35% 증가）

④ 경사배수로 주동토압 $= \dfrac{1}{2}\gamma_{sat}H^2K_a$

（건기시 주동토압보다 약 5% 증가）

2) 옹벽배면 지하수위 상승방지

① 옹벽배수로가 없는 경우

옹벽배면 지하수위 상승

② 옹벽배수로 존재시

침투수를 빨리 배수시켜

지하수위 상승을 방지함

3) 옹벽안전성 확보

① 우기시 주동토압 증가를 최소화시켜 옹벽활동력과 전도활동모멘트 증가를 최소화함으로 옹벽의 활동과 전도안전성을 확보

② 옹벽기초의 허용지지력(q_a) 감소를 최소화시켜 지지력 안전성 확보

③ $q_a = \dfrac{1}{3}q_u = \dfrac{1}{3}(CN_c + \dfrac{1}{2}\gamma_1 BN_r + \gamma_2 D_f N_q)$에서 γ_1과 γ_2은 유효단위중량으로 수중시 γ_{sub}가 됨

IV. 결론

옹벽붕괴는 우기철에 옹벽에 작용하는 간극수압 증가로 대부분 발생되므로 옹벽설계시 적절한 배수대책과 유지관리를 마련하는 것이 중요하다.

문제 7)	다층지반의 가시설 벽체설계에서 경험토압 분포식 사용시 문제점과
	합리적인 토압 산정방법에 대하여 기술하시오.

답

I. 경험토압 분포식의 개요

1) 정의

경험토압 분포식이란 굴착과 지지구조 설치가 완료된 연성벽체에 발생하는 변위와 작용토압을 계측한 자료들로부터 경험적으로 제안된 횡토압분포식을 말한다.

2) 토질별 경험토압 분포식

① 모래지반   ② 견고한 점토지반   ③ 연약점토지반

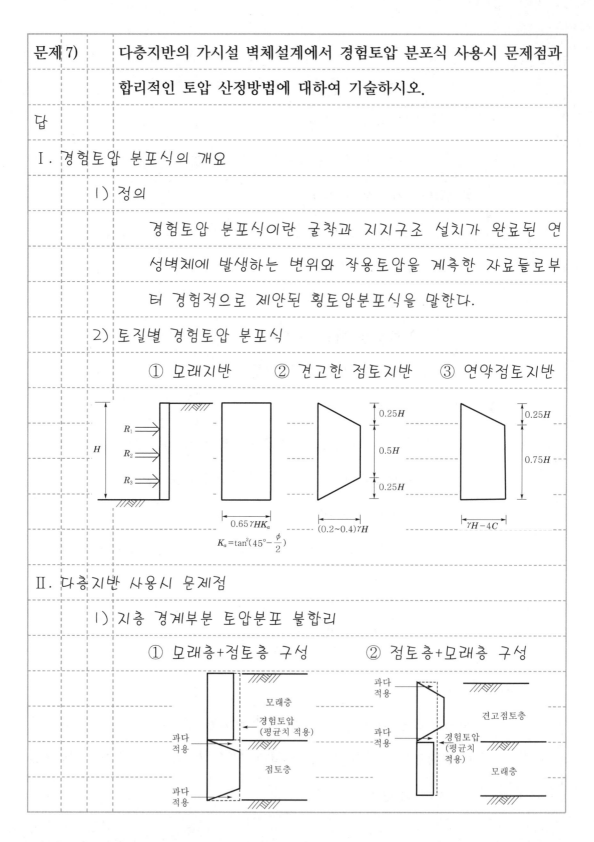

II. 다층지반 사용시 문제점

1) 지층 경계부분 토압분포 불합리

① 모래층+점토층 구성   ② 점토층+모래층 구성

2) 점토층 토압 과다적용

　　• 점토층과 경계지점 토압분포도상 과다 적용됨

3) 암반층 토압 불합리

　　• 경험토압은 토사층을 대상으로 제안된 토압

　　• 암반층에 적용시 실제와 다른 토압 작용

Ⅲ. 합리적인 토압 산정방법

1. 토사 다층지반

1) 각 토층별 단위중량 사용

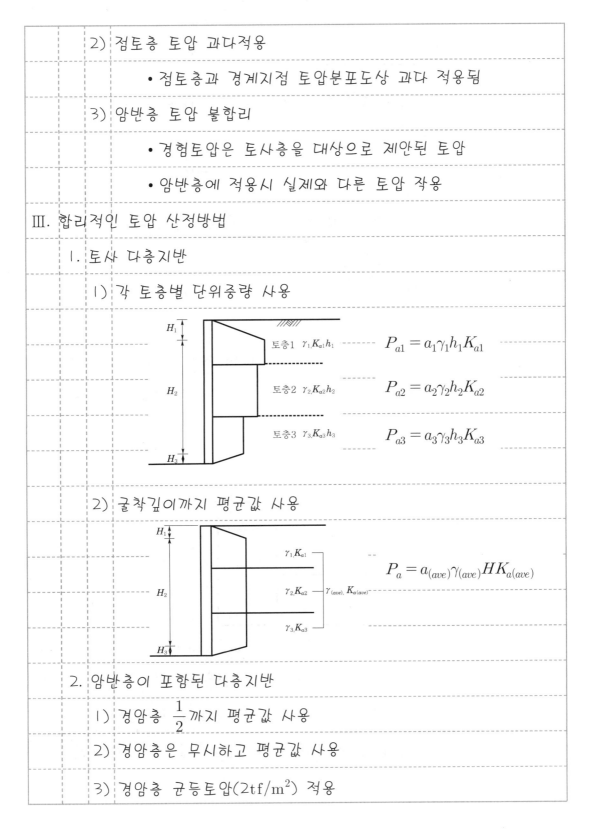

$$P_{a1} = a_1\gamma_1 h_1 K_{a1}$$

$$P_{a2} = a_2\gamma_2 h_2 K_{a2}$$

$$P_{a3} = a_3\gamma_3 h_3 K_{a3}$$

2) 굴착깊이까지 평균값 사용

$$P_a = a_{(ave)}\gamma_{(ave)} H K_{a(ave)}$$

2. 암반층이 포함된 다층지반

1) 경암층 $\frac{1}{2}$까지 평균값 사용

2) 경암층은 무시하고 평균값 사용

3) 경암층 균등토압($2\text{tf}/\text{m}^2$) 적용

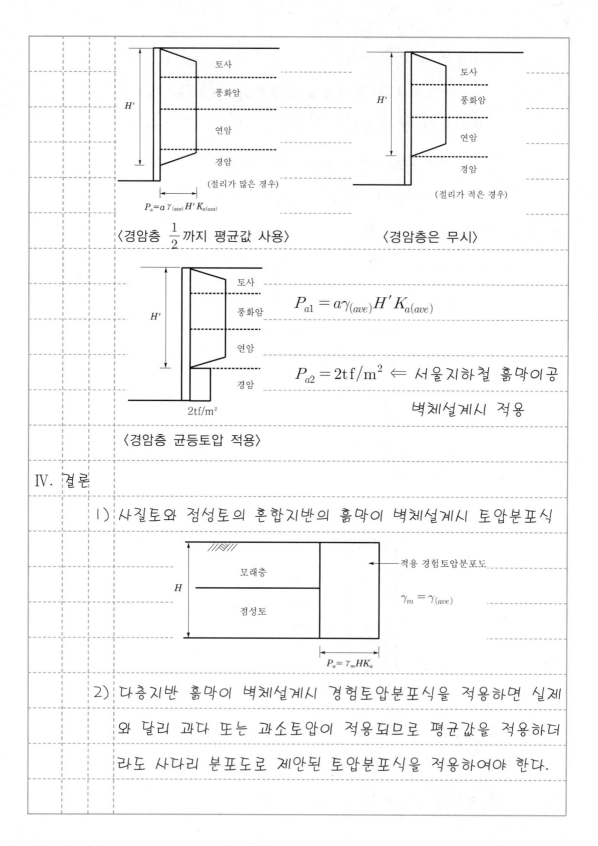

(절리가 많은 경우)

$$P_a = a\gamma_{(ave)}H'K_{a(ave)}$$

〈경암층 $\dfrac{1}{2}$까지 평균값 사용〉

(절리가 적은 경우)

〈경암층은 무시〉

$$P_{a1} = a\gamma_{(ave)}H'K_{a(ave)}$$

$$P_{a2} = 2\mathrm{tf/m^2} \Leftarrow 서울지하철 흙막이공$$

$$벽체설계시 적용$$

〈경암층 균등토압 적용〉

IV. 결론

1) 사질토와 점성토의 혼합지반의 흙막이 벽체설계시 토압분포식

적용 경험토압분포도

$$\gamma_m = \gamma_{(ave)}$$

$$P_a = \gamma_m H K_a$$

2) 다층지반 흙막이 벽체설계시 경험토압분포식을 적용하면 실제 와 달리 과다 또는 과소토압이 적용되므로 평균값을 적용하더 라도 사다리 분포도로 제안된 토압분포식을 적용하여야 한다.

문제 8)	흙막이구조물 구조해석시 탄성법과 탄소성법에 대하여 기술하시오.

답

I. 흙막이구조물 구조해석의 개요

    1) 정의

        흙막이구조물의 구조해석은 벽체의 종류와 지지방식, 지반 조건 및 근접시공 여부 등을 고려하여 벽체의 변형과 작용토압을 구하는 과정을 말한다.

    2) 흙막이 구조물 해석법 종류

        ① 굴착 완료 후 벽체해석법 ┌ 단순보법, 연속보법
                                          └ 탄성법, 탄소성법

        ② 굴착 단계별 벽체해석법 ┌ 탄소성법
                                         └ 유한요소법, 유한차분법

II. 탄성법

    1) 정의

        흙막이구조물 구조해석시 탄성법이란 흙막이벽체를 탄성체 연속보, 지반을 탄성체로 가정하여 흙막이벽체에 작용하는 횡토압을 구하는 해석법을 말한다.

    2) 적용

        ① 앵커식 널말뚝벽체 작용 횡토압 산정

        ② 버팀식 널말뚝벽체 작용 횡토압 산정

    3) 특징

        ① 모든 흙막이벽체 설계시 적용 가능

② 배면지반 거동분석은 불가능함

4) 해석방법

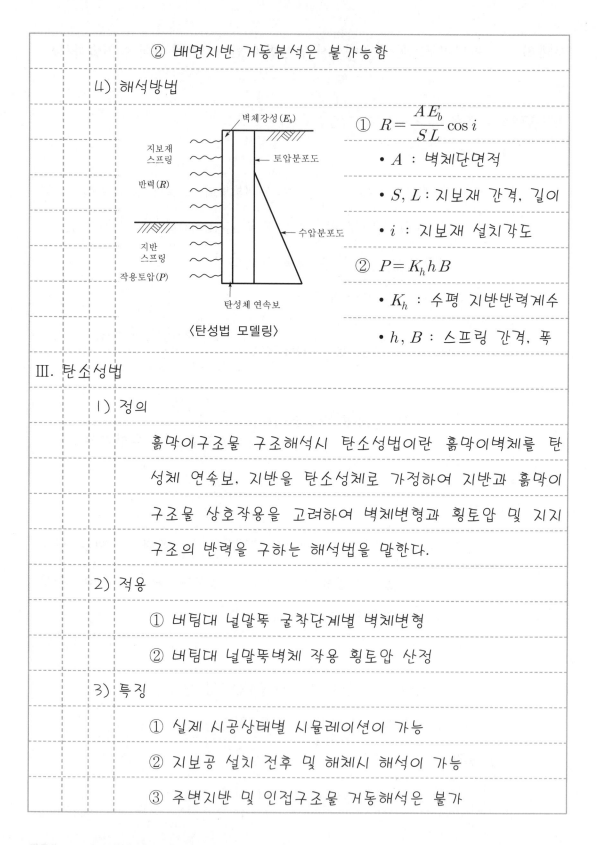

〈탄성법 모델링〉

① $R = \dfrac{AE_b}{SL}\cos i$

• A : 벽체단면적

• S, L : 지보재 간격, 길이

• i : 지보재 설치각도

② $P = K_h h B$

• K_h : 수평 지반반력계수

• h, B : 스프링 간격, 폭

Ⅲ. 탄소성법

1) 정의

흙막이구조물 구조해석시 탄소성법이란 흙막이벽체를 탄성체 연속보, 지반을 탄소성체로 가정하여 지반과 흙막이 구조물 상호작용을 고려하여 벽체변형과 횡토압 및 지지구조의 반력을 구하는 해석법을 말한다.

2) 적용

① 버팀대 널말뚝 굴착단계별 벽체변형

② 버팀대 널말뚝벽체 작용 횡토압 산정

3) 특징

① 실제 시공상태별 시뮬레이션이 가능

② 지보공 설치 전후 및 해체시 해석이 가능

③ 주변지반 및 인접구조물 거동해석은 불가

④ Heaving 또는 Boiling은 별도 검토가 필요

4) 해석방법

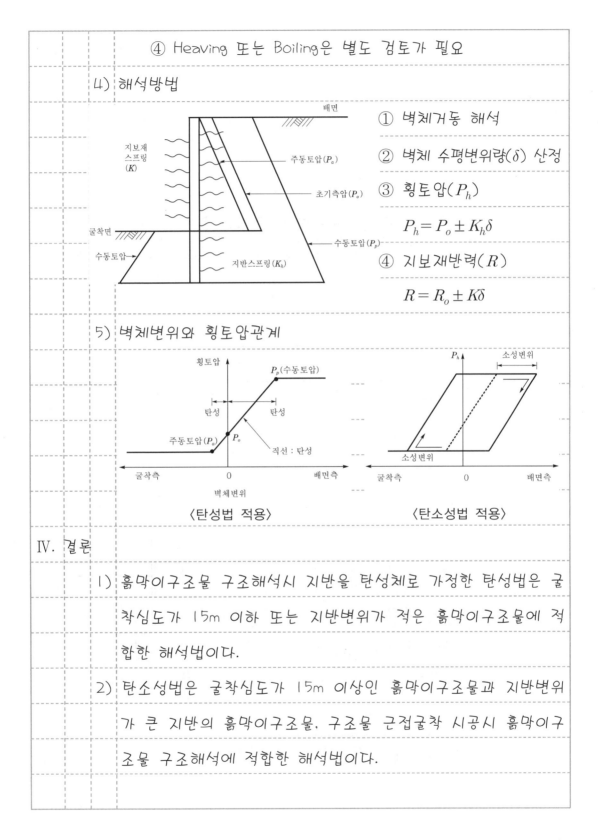

① 벽체거동 해석

② 벽체 수평변위량(δ) 산정

③ 횡토압(P_h)

$$P_h = P_o \pm K_h \delta$$

④ 지보재반력(R)

$$R = R_o \pm K\delta$$

5) 벽체변위와 횡토압관계

〈탄성법 적용〉　〈탄소성법 적용〉

IV. 결론

1) 흙막이구조물 구조해석시 지반을 탄성체로 가정한 탄성법은 굴착심도가 15m 이하 또는 지반변위가 적은 흙막이구조물에 적합한 해석법이다.

2) 탄소성법은 굴착심도가 15m 이상인 흙막이구조물과 지반변위가 큰 지반의 흙막이구조물, 구조물 근접굴착 시공시 흙막이구조물 구조해석에 적합한 해석법이다.

문제 9)	흙막이구조체의 굴착부 융기에 대한 안정성검토와 대책에 대하여 기술하시오.

답

I. 굴착부 융기의 개요

1) 정의

굴착부 융기란 흙막이공으로 배면토를 보호하면서 지반을 연직으로 굴착시 굴착면이 Boiling현상 또는 Heaving현상으로 부풀어 오르는 것을 말한다.

2) 토질종류에 따른 융기분류와 발생원인

토질	융기분류	발생원인
사질토	Boiling현상	수두차에 의한 상향침투압 작용
점성토	Heaving현상	굴착에 따른 편재하중 작용, 피압수 작용

II. Boiling현상에 대한 안정성검토와 대책

1. 안정성검토

1) 유효응력방법

① $F_s = \dfrac{W}{J} = \dfrac{\gamma_{sub}DA}{\gamma_w iDA}$

② 동수구배$(i) = \dfrac{h_a}{D}$

③ 평균전수두(h_a)는

유선망 또는 Terzaghi 방법$\left(h_a = \dfrac{h}{2}\right)$으로 구함

④ 안정성 판단

$F_s \geq F_{sa} = 1.5$	안전
$F_s < F_{sa}$	불안정 ⇒ 대책수립 후 재검토

2) 한계동수구배방법

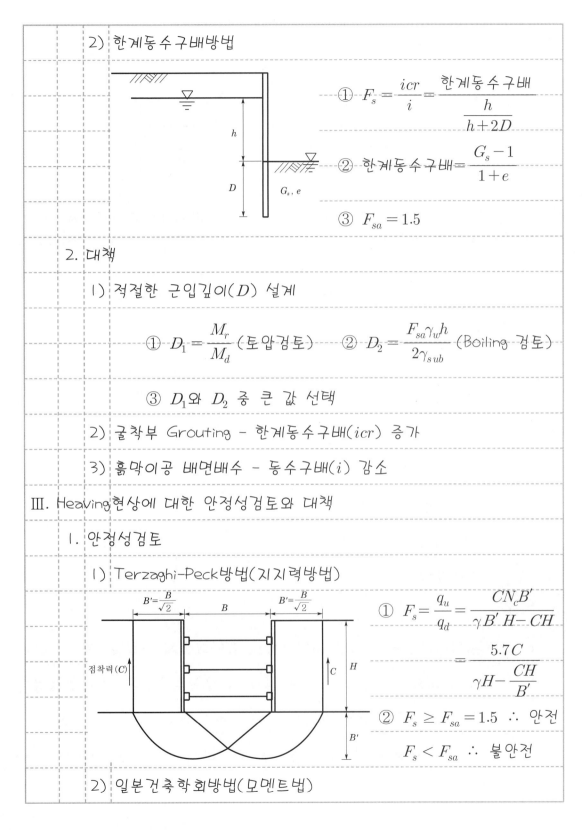

① $F_s = \dfrac{icr}{i} = \dfrac{한계동수구배}{\dfrac{h}{h+2D}}$

② 한계동수구배 $= \dfrac{G_s - 1}{1+e}$

③ $F_{sa} = 1.5$

2. 대책

1) 적절한 근입깊이(D) 설계

① $D_1 = \dfrac{M_r}{M_d}$ (토압검토)　　② $D_2 = \dfrac{F_{sa}\gamma_w h}{2\gamma_{sub}}$ (Boiling 검토)

③ D_1와 D_2 중 큰 값 선택

2) 굴착부 Grouting - 한계동수구배(icr) 증가

3) 흙막이공 배면배수 - 동수구배(i) 감소

Ⅲ. Heaving현상에 대한 안정성검토와 대책

1. 안정성검토

1) Terzaghi-Peck방법(지지력방법)

① $F_s = \dfrac{q_u}{q_d} = \dfrac{CN_c B'}{\gamma B' H - CH}$

$= \dfrac{5.7 C}{\gamma H - \dfrac{CH}{B'}}$

② $F_s \geq F_{sa} = 1.5$ ∴ 안전

$F_s < F_{sa}$ ∴ 불안전

2) 일본건축학회방법(모멘트법)

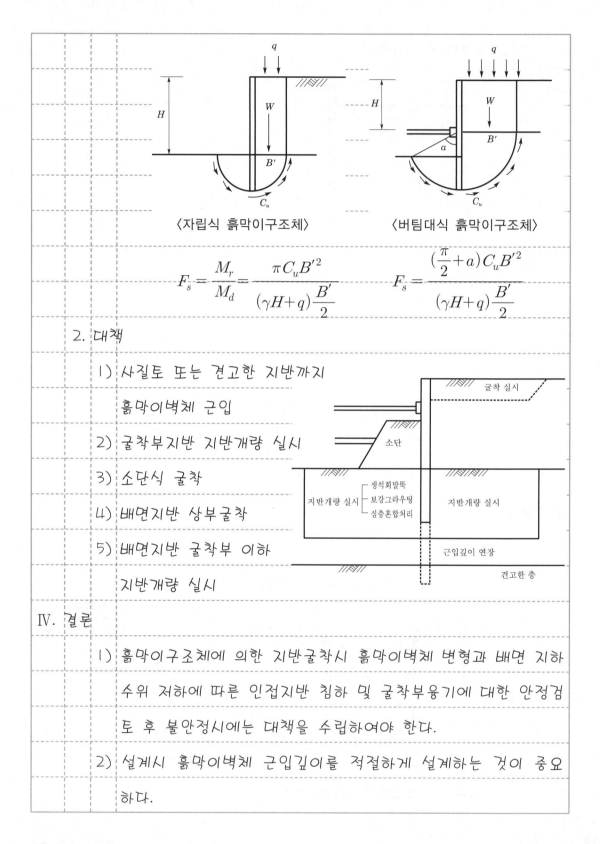

〈자립식 흙막이구조체〉　　　　〈버팀대식 흙막이구조체〉

$$F_s = \frac{M_r}{M_d} = \frac{\pi C_u B'^2}{(\gamma H + q)\dfrac{B'}{2}}$$

$$F_s = \frac{\left(\dfrac{\pi}{2} + a\right) C_u B'^2}{(\gamma H + q)\dfrac{B'}{2}}$$

2. 대책

1) 사질토 또는 견고한 지반까지 흙막이벽체 근입

2) 굴착부지반 지반개량 실시

3) 소단식 굴착

4) 배면지반 상부굴착

5) 배면지반 굴착부 이하 지반개량 실시

Ⅳ. 결론

1) 흙막이구조체에 의한 지반굴착시 흙막이벽체 변형과 배면 지하 수위 저하에 따른 인접지반 침하 및 굴착부융기에 대한 안정검 토 후 불안정시에는 대책을 수립하여야 한다.

2) 설계시 흙막이벽체 근입깊이를 적절하게 설계하는 것이 중요 하다.

문제 10)　　　매립관에 작용하는 연직토압 결정시 고려사항에 대하여 기술하시오.

답

Ⅰ. 매립관의 개요

1) 정의

매립관이란 지중에 설치된 상·하수도관 또는 송유관 등의 매설관을 말하며 설계시 연직토압 결정이 중요하다.

2) 매립관의 파손원인

① 매립관 강성부족

② 매립관 작용 연직토압 설계 부적절

③ 시공시 매설방법 변경

④ 매립관 매설 후 다짐불량

Ⅱ. 연직토압 결정시 고려사항

1. 매설방식

1) 굴착식 매립관

① 연직토압(W_c) $= \gamma B^2 C_d (tf/m)$

② γ : 흙의 단위중량

B : 굴착폭

H : 관상단까지 심도

③ C_d : 하중계수

2) 성토시 매립관

① 연직토압(W_c) $= \gamma D^2 C_c (tf/m)$

② D : 매립관 외경

③ C_c : 하중계수

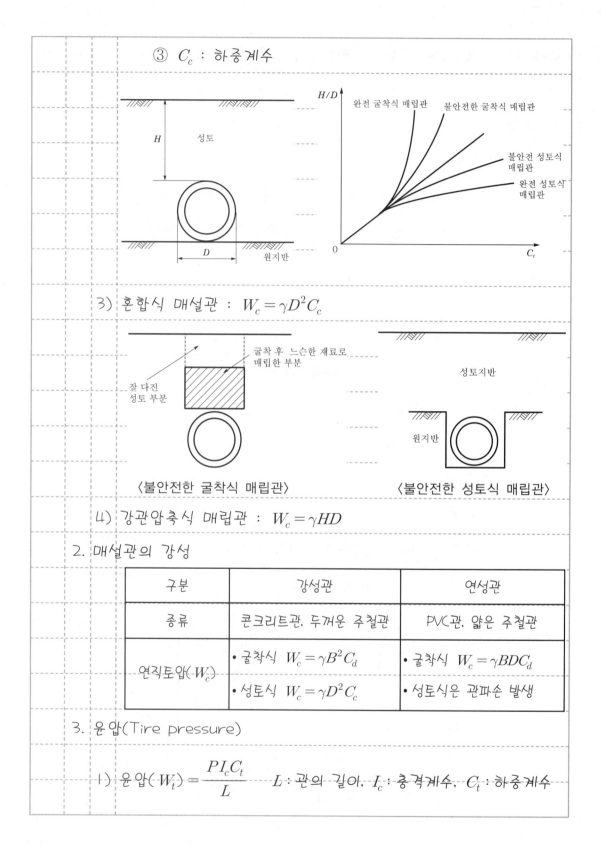

3) 혼합식 매설관 : $W_c = \gamma D^2 C_c$

〈불안전한 굴착식 매립관〉   〈불안전한 성토식 매립관〉

4) 강관압축식 매립관 : $W_c = \gamma HD$

2. 매설관의 강성

구분	강성관	연성관
종류	콘크리트관, 두꺼운 주철관	PVC관, 얇은 주철관
연직토압(W_c)	• 굴착식 $W_c = \gamma B^2 C_d$ • 성토식 $W_c = \gamma D^2 C_c$	• 굴착식 $W_c = \gamma BDC_d$ • 성토식은 관파손 발생

3. 윤압(Tire pressure)

1) 윤압(W_t) = $\dfrac{PI_c C_t}{L}$ L : 관의 길이, I_c : 충격계수, C_t : 하중계수

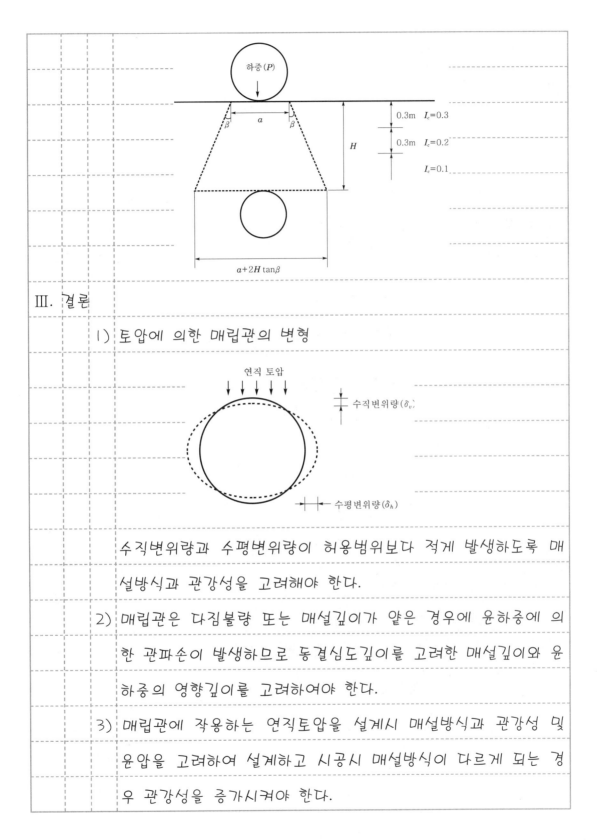

III. 결론

1) 토압에 의한 매립관의 변형

수직변위량과 수평변위량이 허용범위보다 적게 발생하도록 매설방식과 관강성을 고려해야 한다.

2) 매립관은 다짐불량 또는 매설깊이가 얕은 경우에 윤하중에 의한 관파손이 발생하므로 동결심도깊이를 고려한 매설깊이와 윤하중의 영향깊이를 고려하여야 한다.

3) 매립관에 작용하는 연직토압을 설계시 매설방식과 관강성 및 윤압을 고려하여 설계하고 시공시 매설방식이 다르게 되는 경우 관강성을 증가시켜야 한다.

문제 11-1)	정지토압

답

I. 정의

정지토압이란 수평방향으로 변형이 전혀 발생하지 않을 때의 수평토압을 말한다.

II. 산정방법

1) 단위면적당 정지토압(P_o)

$$P_o = P_o' + U = \gamma' Z K_o + \gamma_w Z$$

(P_o' : 유효정지토압, U : 간극수압, K_o : 정지토압계수)

2) 전 정지토압(P_O) $= \dfrac{1}{2} P_o Z = \dfrac{1}{2}\gamma' Z^2 K_o + \dfrac{1}{2}\gamma_w Z^2$

III. 주동토압(P_a)보다 큰 이유

1) 토압계수(K)가 크다.

① 정지토압계수(K_o) $= 1 - \sin\phi'$

② 주동토압계수(K_a) $= \dfrac{1-\sin\phi}{1-\sin\phi}$

③ $K_o > K_a \Rightarrow P_o > P_a$

2) 수평방향 변위가 없다.

① 주동토압 : 수평방향 팽창파괴 ⇒ 구속응력(σ_3) 감소

② 정지토압 : 수평변위 없음

IV. 정지토압계수(K_o) 산정방법과 활용

1) 정지토압계수 산정방법

① $K_o = 1 - \sin\varnothing$: 직접전단시험, $\overline{CU}$ 삼축압축시험

② $K_o = \dfrac{v}{1-v}$: 포아송비(v) 측정 $\begin{cases} \text{일축압축시험} \\ UU \text{ 삼축압축시험} \end{cases}$

2) 정지토압 활용 : 지하구조물 벽체, 지중암거, 지하연속벽체 설계

문제 11-2) 포아송비(Poisson's Ratio)

답

I. 정의

   1) 포아송비$(v)= \dfrac{\varepsilon_h\,(측변형률)}{\varepsilon_v\,(축변형률)}$

   2) $\varepsilon_h = \dfrac{\Delta D}{D} \times 100(\%)$, $\varepsilon_v = \dfrac{\Delta H}{H} \times 100(\%)$

II. 산정방법

   1) 일축압축시험, UU 삼축압축시험 : $v = \dfrac{\varepsilon_h}{\varepsilon_v}$

   2) 정지토압계수(K_o)로 추정 : $v = \dfrac{K_o}{1+K_o}$

   3) 탄성계수(E)와 전단탄성계수(G)로 추정 : $v = \dfrac{E}{2G} - 1$

III. 범위

   1) 흙종류별

흙종류별	포아송비
암반	0.2 이하
모래	0.2~0.3
점토	0.35~0.5
팽창성점토	0.5 이상

   2) 포화도(S_r)별

포화도(S_r)		v
$S_r < 100(\%)$	모래	0.2~0.25
	점토	0.35~0.45
$S_r = 100(\%)$	모래	0.3
	점토	0.5

IV. 이용

   1) 탄성변형해석 : 수직변위량으로 수평변위량 산정

   2) 암반시험에 의한 탄성계수(E) 산정

      ① $E = (1+v)R_m \dfrac{\Delta P}{\Delta R}$ ② $E = (1-v^2)\dfrac{1}{d}\dfrac{\Delta P}{\Delta \delta}$

   3) 얕은기초 즉시침하량(S_i) 산정 : $S_i = q_o B \dfrac{I_s}{E_s}(1-v^2)$

문제 11-3) 아칭현상

답

Ⅰ. 정의

아칭현상이란 변위가 발생하는 토체의 응력이 변위가 발생하지 않는 인접한 토체로 전달되어 토압이 재분배되면서 아치모양의 지반변형이 발생되는 것을 말한다.

Ⅱ. 발생원리(Mechanism)

지반변위 발생	→	토압재분배	→	아치모양의 지반변형 발생

- ─ 성토부 또는 성토 하부지반
- ─ 절토부

- ─ 재료강성 차이
- ─ 성토높이 차이
- ─ 지반변위 차이

- ─ 오목아치 변형
- ─ 볼록아치 변형

Ⅲ. 종류

$$W' = W_o - 2F$$
$$W_o = \gamma H D$$
〈오목아칭〉

$$W' = W_o + 2F$$
〈볼록아칭〉

Ⅳ. 발생시 구조물의 문제점과 대책

발생하는 구조물	문제점	대책
흙댐 core층	수압파쇄로 심벽 하단부 균열	① OMC 습윤측으로 다짐 실시 ② Core층 폭 증가
지하매설관	연직토압 증가로 매설관 파손	① 강성이 큰 매설관으로 교체 ② 성토 후 굴착하여 매설
터널	지보재설치 후 변형	2차원해석으로 지보재 변형해석 실시

문제 11-4)	쐐기이론(Wedge Theory)

답

I. 정의

쐐기이론이란 파괴면 내의 토체를 흙쐐기(강소성체)로 가정하여 파괴면에 작용하는 힘과 방향을 작도하고 힘의 평형상태로 해석하여 작용하는 힘을 구하는 이론을 말한다.

II. 파괴면에 따른 쐐기이론

파괴면 1개	파괴면 2개	파괴면 3개
$W\sin\theta$=활동력(산정)$N=W\cos\theta$	P_A=주동토압(산정)A : 쐐기면적	활동력(산정)• E_1과 E_2는 별도 해석

III. 특징

1) 해석방법이 단순하고 명쾌하여 실적이 많음

2) 암반사면은 파괴면 내의 토체가 쐐기와 같음

3) 옹벽에서 쐐기이론으로 구한 주동토압은 실제와 비슷하나 수동토압은 과다하게 산정됨

IV. 적용

1) 옹벽의 주동토압과 수동토압 산정

2) 사면안정해석시 파괴면에 작용하는 활동력 산정

3) 흙막이공 배면 차수벽두께 결정시 배면활동력 산정

문제 11-5)　Coulomb토압의 정확성

답

Ⅰ. Coulomb토압의 정의

　　　Coulomb토압이란 옹벽 배면토체 파괴면 내의 토체를 파괴되지
　　　않는 흙쐐기로 가정하고 벽마찰각을 고려하여 힘의 다각형으로
　　　해석하는 옹벽 토압이론을 말한다.

Ⅱ. 정확성

　　1. 주동토압 정확성

　　　1) 옹벽 벽체설계와 중력식옹벽 안정검토시에는 정확성이 높음

　　　　　① 실제파괴면과 Coulomb토압 파괴면이 비슷함

　　　　　② 벽마찰각(δ)이 발생됨

　　　2) L형옹벽과 캔틸레버옹벽 안정검토시에는 정확성이 낮음

　　　　　① 가상파괴면에서는 벽마찰각이 발생하지 않음

　　　　　② Coulomb토압 적용시 주동토압이 과소 적용됨

　　2. 수동토압 정확성은 낮음

　　　1) 실제파괴면과 가정파괴면의 차이가 큼

　　　2) 벽마찰각 적용으로 저항력이 감소되어 과대토압이 산정됨

　　　3) 수동토압은 Rankine토압이 실제와 비슷함

문제 11-6) 벽마찰각

답

Ⅰ. 정의

　　　　벽마찰각이란 옹벽 벽체에 수평방향으로 변위가 발생시 벽체와 배

　　　면토 사이의 마찰로 인한 저항으로 발생되는 마찰각을 말한다.

Ⅱ. 옹벽 수평변위별 작용방향

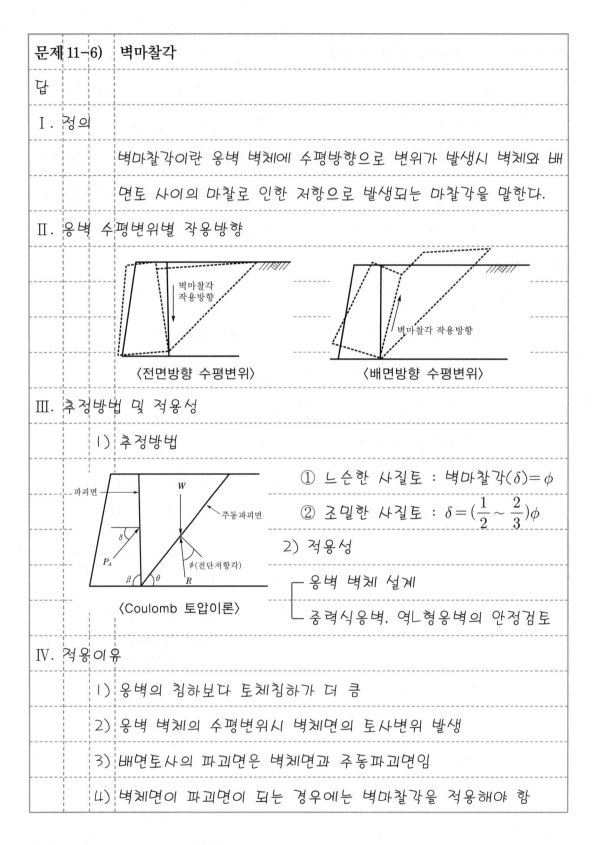

〈전면방향 수평변위〉　　　　　　〈배면방향 수평변위〉

Ⅲ. 추정방법 및 적용성

　　1) 추정방법

〈Coulomb 토압이론〉

① 느슨한 사질토 : 벽마찰각$(\delta) = \phi$

② 조밀한 사질토 : $\delta = (\frac{1}{2} \sim \frac{2}{3})\phi$

　　2) 적용성

　　　　┌ 옹벽 벽체 설계

　　　　└ 중력식옹벽, 역ㄴ형옹벽의 안정검토

Ⅳ. 적용이유

　　1) 옹벽의 침하보다 토체침하가 더 큼

　　2) 옹벽 벽체의 수평변위시 벽체면의 토사변위 발생

　　3) 배면토사의 파괴면은 벽체면과 주동파괴면임

　　4) 벽체면이 파괴면이 되는 경우에는 벽마찰각을 적용해야 함

| 문제 11-7) 인장균열(Tension Crack) |

답

Ⅰ. 정의

점착력(C)이 존재하는 흙을 연직으로 굴착하면 주동토압이 발생되고 주동토압과 반대방향으로 인장력이 발휘되어 지반에 생기는 연직균열을 인장균열이라 한다.

Ⅱ. 인장균열깊이(Z_c)

주동토압 인장력 인장균열

H

$+$ $=$

$Z_c = \dfrac{2C}{\gamma}\sqrt{K_p}$

$P_a = \gamma H K_a$ $2C\sqrt{K_a}$

Ⅲ. 특성

1) 인장균열구간의 수평토압은 0임

2) 인장균열깊이는 강도정수(C, ϕ)에 비례함

3) 인장균열깊이는 점토의 단위중량(γ)에 반비례함

4) 인장균열이 발생하면 주동토압은 감소하나 우기시 수압이 추가로 작용함

Ⅳ. 발생시 수평토압

1) 주동토압(P_A)

$$P_A = \frac{1}{2}P_a(H+D-Z_c) + \frac{2C^2}{\gamma}$$

2) 수동토압(P_P)

$$P_P = \frac{1}{2}P_p D + 2C\sqrt{K_P}\,D$$

Z_c

H

D

$P_A = \frac{1}{2}P_a(H+D-Z_c)+\frac{2C^2}{\gamma}$

$P_p = \gamma D K_p + 2C\sqrt{K_p}$ $P_a = \gamma(H+D-Z_c)K_a$

문제 11-8)	흙막이벽의 가상지지점

답

I. 정의

흙막이벽의 가상지지점이란 굴착지반에서 휨모멘트가 0이 되는 지점을 말한다.

II. 결정방법

작용수동토압(P_{pm}) 작용지점	경험식(Lohmeyer)방법
① 자립식 흙막이벽에 적용	① 버팀대식 흙막이벽에 적용
② Anchor식 흙막이벽에 적용	② 작용위치 결정식
③ 작용수동토압 작용위치	

$\varnothing$	$20°$	$30°$	$40°$
y	$0.25h$	$0.08h$	$0.006h$

III. 결정시 고려사항

1) 지반의 점착력(C) 존재시 작용수동토압 작용지점으로 적용

2) 내부마찰각($\varnothing$)만 존재시 경험식을 적용

3) 모래지반의 버팀대식 흙막이벽 가상지지점은 경험식으로 적용

IV. 이용

1) 널말뚝 근입깊이(d) 산정

2) 버팀대식 흙막이벽 굴착단계별 안정검토

3) 어스앵커 자유장길이 산정

문제 11-9) 팽상(Heave)

답

Ⅰ. 정의

팽상이란 굴착저면 또는 연약지반 성토외곽부가 부풀어 오르는 현상을 말한다.

Ⅱ. 굴착저면의 팽상

원인	상향침투압 발생	편재하중 작용	피압수 작용
발생 모식도	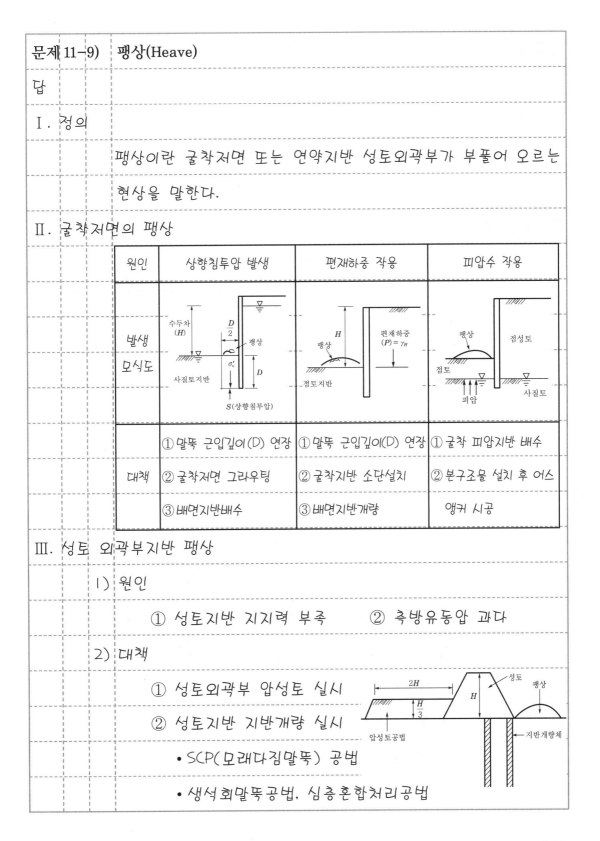		
대책	① 말뚝 근입깊이(D) 연장 ② 굴착저면 그라우팅 ③ 배면지반배수	① 말뚝 근입깊이(D) 연장 ② 굴착지반 소단설치 ③ 배면지반개량	① 굴착 피압지반 배수 ② 본구조물 설치 후 어스 앵커 시공

Ⅲ. 성토 외곽부지반 팽상

　　1) 원인

　　　① 성토지반 지지력 부족　　② 측방유동압 과다

　　2) 대책

　　　① 성토외곽부 압성토 실시

　　　② 성토지반 지반개량 실시

　　　　• SCP(모래다짐말뚝) 공법

　　　　• 생석회말뚝공법, 심층혼합처리공법

문제 11-10) 매설관의 하중인자

답

Ⅰ. 매설관하중의 정의

　　매설관하중이란 지중에 설치된 상·하수도관 또는 송유관등의

　　매설관에 작용하는 연직하중을 말한다.

Ⅱ. 하중인자

　1) 매설방식과 관강성에 따른 하중계수(C_c)

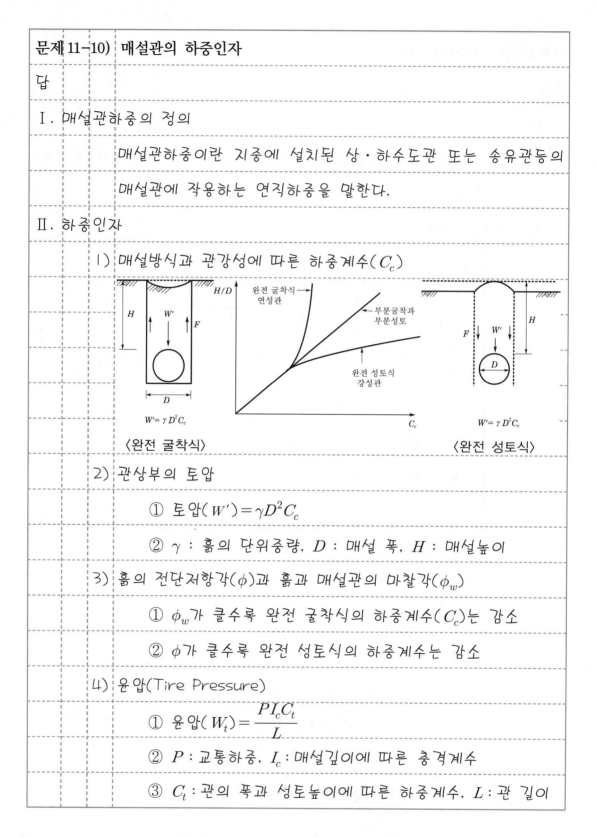

〈완전 굴착식〉　　　　　　　　　　　　　〈완전 성토식〉

　2) 관상부의 토압

　　① 토압(W') $= \gamma D^2 C_c$

　　② γ : 흙의 단위중량, D : 매설 폭, H : 매설높이

　3) 흙의 전단저항각(ϕ)과 흙과 매설관의 마찰각(ϕ_w)

　　① ϕ_w가 클수록 완전 굴착식의 하중계수(C_c)는 감소

　　② ϕ가 클수록 완전 성토식의 하중계수는 감소

　4) 윤압(Tire Pressure)

　　① 윤압(W_t) $= \dfrac{PI_c C_t}{L}$

　　② P : 교통하중, I_c : 매설깊이에 따른 충격계수

　　③ C_t : 관의 폭과 성토높이에 따른 하중계수, L : 관 길이

제8장 흙막이공

제8장

흙막이공

문제 1)	도심지 근접 지반굴착에서 흙막이구조체 선정시 검토사항과 사전
	안정성검토시 고려사항에 대하여 기술하시오.
답	

I. 도심지 근접 지반굴착의 개요

　　1) 정의

　　　　도심지 근접 지반굴착이란 인접구조물에 접근하여 흙막이

　　　　벽체를 설치한 후에 지반을 연직으로 굴착하여 버팀대를

　　　　설치하면서 계획심도까지 지반을 굴착하는 것을 말한다.

　　2) 흙막이구조체 종류

　　　　① H-pile : 엄지말뚝 + 토류판

엄지말뚝　　　　토류판

　　　　② 강널말뚝(Sheet pile)

　　　　③ CIP(Cast In Place Pile)

철근　　콘크리트

　　　　④ 지하 연속벽(Slurry Wall)

철근
콘크리트

3) 지반굴착시 문제점

    ① 굴착연직면 측방이동　② 지하수 유출

    ③ 굴착면 융기　　　　　④ 인접지반 침하 및 지하수 저하

    ⑤ 인접구조물 부등침하 발생

Ⅱ. 흙막이구조체 선정시 검토사항

1. 벽체강성 검토

  1) 벽체강성 크기 : H-Pile < Sheet Pile < SCW < CIP < 지하연속벽

  2) 토류벽체강성이 중요한 조건이 되는 굴착

    ① 작용횡토압 및 지반횡변위가 큰 지반 굴착

    ② 느슨한 사질토 또는 연약한

    　점토지반 굴착

    ③ 구조물 근접 굴착시공

    ④ 피압대수층 지반

2. 차수성 검토

  1) 벽체차수성크기 : H-Pile < CIP < 강널말뚝 < SCW < 지하연속벽

  2) 벽체차수성이 중요한 조건이 되는 굴착

    ① 지하수위가 높은 지반 또는 피압대수층 지반

    ② 주변에 구조물이 많고 투수성이 큰 지반

3. 주변환경 및 시공성 검토

  1) 토류벽 시공시 진동·소음 또는 지하수오염 영향

  2) 작업공간 확보에 따른 교통흐름 영향

  3) 시공 가능 지반과 시공깊이 검토

4. 경제성 검토

　　1) 안전성과 시공성을 최우선으로 고려한 후 경제성 검토

　　2) 흙막이구조체의 문제점을 보완하는 방법도 검토

Ⅲ. 사전 안전성검토시 고려사항

　　1) 지반굴착시 거동

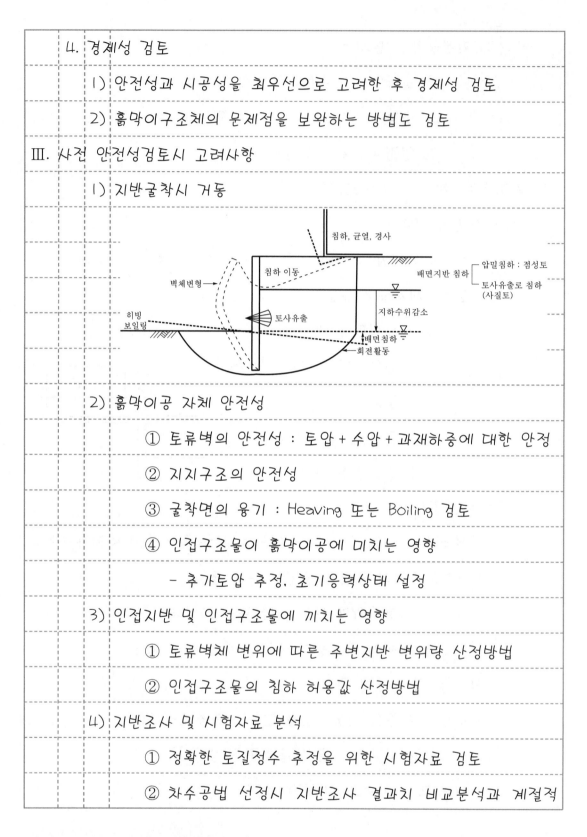

　　2) 흙막이공 자체 안전성

　　　　① 토류벽의 안전성 : 토압 + 수압 + 과재하중에 대한 안정

　　　　② 지지구조의 안전성

　　　　③ 굴착면의 융기 : Heaving 또는 Boiling 검토

　　　　④ 인접구조물이 흙막이공에 미치는 영향

　　　　　- 추가토압 추정, 초기응력상태 설정

　　3) 인접지반 및 인접구조물에 끼치는 영향

　　　　① 토류벽체 변위에 따른 주변지반 변위량 산정방법

　　　　② 인접구조물의 침하 허용값 산정방법

　　4) 지반조사 및 시험자료 분석

　　　　① 정확한 토질정수 추정을 위한 시험자료 검토

　　　　② 차수공법 선정시 지반조사 결과치 비교분석과 계절적

지하수위변동도 고려

5) 설계토압 적정성 파악

벽체 설계토압	탄성설계법, 탄소성설계법, 유한요소법
굴착단계별 설계토압	탄소성설계법, 유한요소법
벽체 근입깊이 설계토압	탄성설계법, 탄소성설계법, 유한요소법

IV. 결론

1) 도심지 근접 지반굴착에서 흙막이구조체 선정시 안전성이 확보되는 공법을 선정하여 시공성과 경제성을 검토해야 한다.

2) 안전성검토시 설계 적용토압은 설계단계별에 적합한 설계 Model을 선정하여 해석된 값을 적용하여야 한다.

| 문제 2) | 쉬트파일공법 적용시 고려사항과 시공시 예상문제점 및 대책에 대하여 기술하시오. |

답

I. 쉬트파일공법의 개요

1) 정의

쉬트파일(Sheet Pile)공법이란 지하수위가 높은 지반을 굴착시 강널말뚝(Sheet Pile)을 지중에 연결관입하여 설치한 뒤 일정한 심도까지 굴착 후 띠장과 버팀대를 설치하면서 지반을 굴착하는 흙막이공법을 말한다.

2) 시공방법

구분	시공방법
일반항타식	① Sheet Pile 항타 + 굴착시공 완료 후 인발 ② 점토지반, 느슨한 모래지반 적용
Water Jet식	① Jet Pile 제작 및 정착 후 고압호스 연결 ② Jet Pump를 가동하여 Sheet Pile 항타 ③ 견고한 점토, 모래자갈층, 풍화암지반 적용
압입식	① 반력 받침대와 Power Unit 설치 ② 압입 항타기로 압입 ③ 무진동 및 무소음 시공방식
천공식	① 오거장비에 Sheet Pile를 물려 천공과 동시에 지중에 설치 ② 도심지에서 많이 사용

II. 적용시 고려사항

1) 벽체변형

① 쉬트파일은 벽체강성 부족으로 벽체변형이 큼

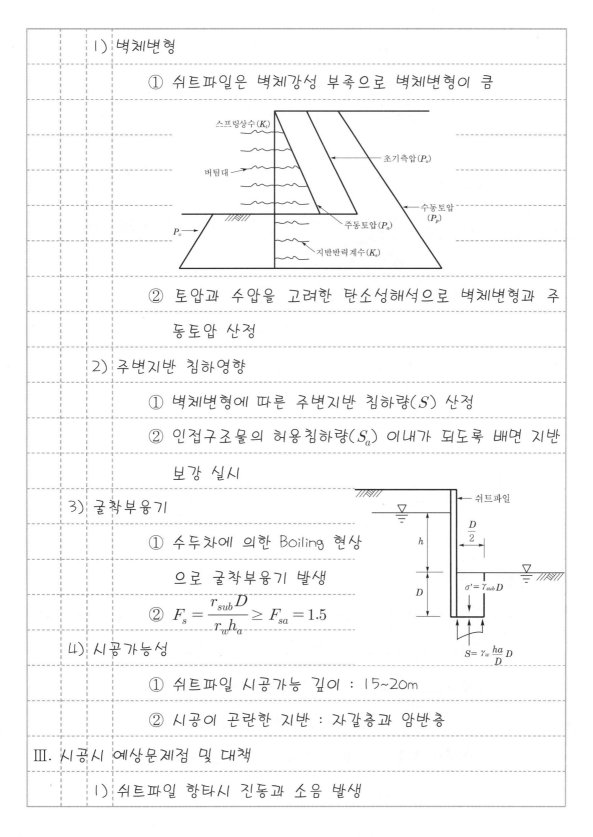

② 토압과 수압을 고려한 탄소성해석으로 벽체변형과 주동토압 산정

2) 주변지반 침하영향

① 벽체변형에 따른 주변지반 침하량(S) 산정

② 인접구조물의 허용침하량(S_a) 이내가 되도록 배면 지반 보강 실시

3) 굴착부융기

① 수두차에 의한 Boiling 현상으로 굴착부융기 발생

② $F_s = \dfrac{r_{sub}\,D}{r_w h_a} \geq F_{sa} = 1.5$

4) 시공가능성

① 쉬트파일 시공가능 깊이 : 15~20m

② 시공이 곤란한 지반 : 자갈층과 암반층

III. 시공시 예상문제점 및 대책

1) 쉬트파일 항타시 진동과 소음 발생

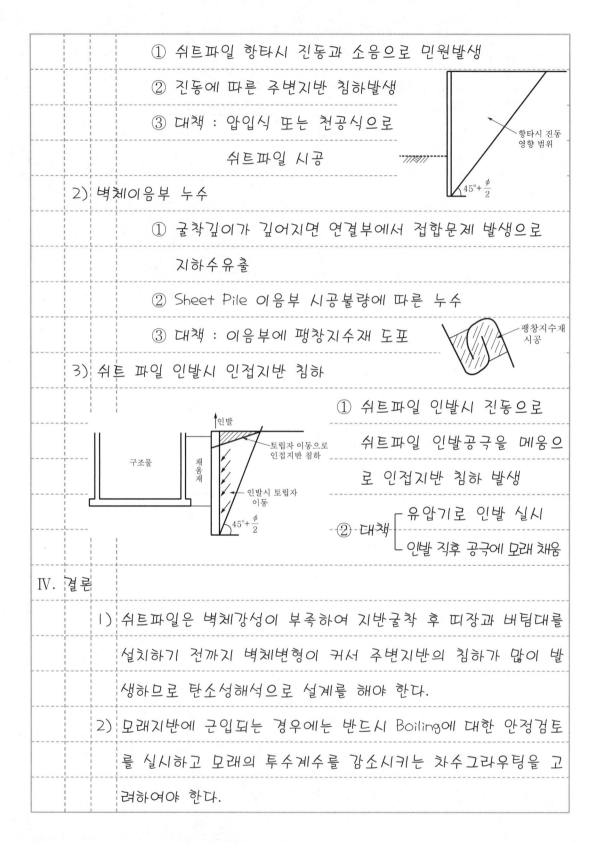

① 쉬트파일 항타시 진동과 소음으로 민원발생

② 진동에 따른 주변지반 침하발생

③ 대책 : 압입식 또는 천공식으로

쉬트파일 시공

항타시 진동
영향 범위

$45° + \dfrac{\phi}{2}$

2) 벽체이음부 누수

① 굴착깊이가 깊어지면 연결부에서 접합문제 발생으로

지하수유출

② Sheet Pile 이음부 시공불량에 따른 누수

③ 대책 : 이음부에 팽창지수재 도포

팽창지수재
시공

3) 쉬트 파일 인발시 인접지반 침하

인발

구조물

채움재

토립자 이동으로
인접지반 침하

인발시 토립자
이동

$45° + \dfrac{\phi}{2}$

① 쉬트파일 인발시 진동으로

쉬트파일 인발공극을 메움으

로 인접지반 침하 발생

② 대책 ─ 유압기로 인발 실시

└ 인발 직후 공극에 모래 채움

IV. 결론

1) 쉬트파일은 벽체강성이 부족하여 지반굴착 후 띠장과 버팀대를

설치하기 전까지 벽체변형이 커서 주변지반의 침하가 많이 발

생하므로 탄소성해석으로 설계를 해야 한다.

2) 모래지반에 근입되는 경우에는 반드시 Boiling에 대한 안정검토

를 실시하고 모래의 투수계수를 감소시키는 차수그라우팅을 고

려하여야 한다.

문제 3)	도심지 굴착시 지반변위와 지하수위변화가 굴착안전에 미치는 영향과 해결대책에 대하여 기술하시오.

답

I. 도심지굴착의 개요

1) 정의

도심지굴착이란 인접구조물에 접근하여 흙막이벽체를 설치한 후에 지반을 연직으로 굴착하여 버팀대를 설치하면서 계획심도까지 지반을 굴착하는 것을 말한다.

2) 지반굴착시 거동

II. 지반변위가 굴착안전에 미치는 영향과 해결대책

1. 토류벽체 변형좌굴 발생

1) 토류벽체 강성부족으로 토류벽 변형좌굴 발생

2) 배면지반 수평이동으로 배면지반 침하 발생

3) 해결대책

① 벽체설계시 탄소성설계법 또는 유한요소법을 적용하여

벽체강성 선정

② 편토압 작용시 대책수립

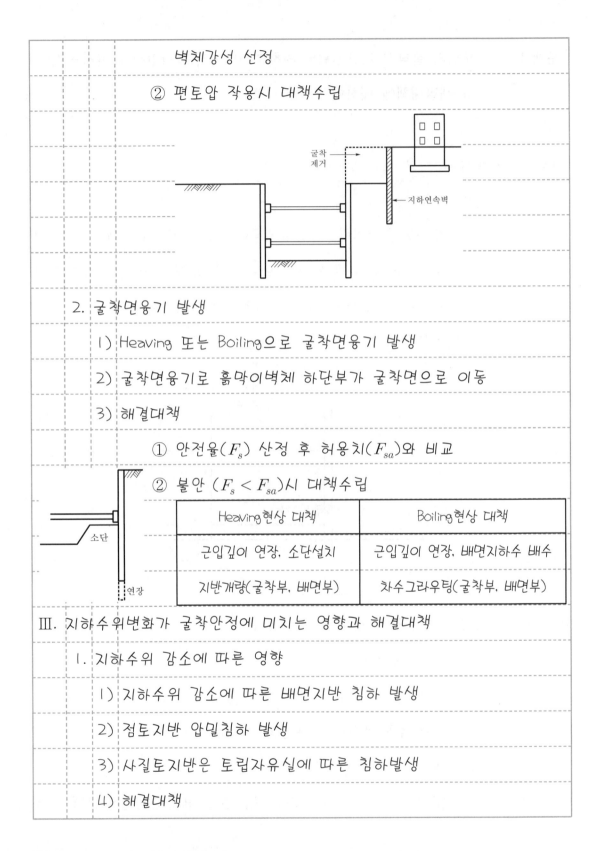

2. 굴착면융기 발생

1) Heaving 또는 Boiling으로 굴착면융기 발생

2) 굴착면융기로 흙막이벽체 하단부가 굴착면으로 이동

3) 해결대책

① 안전율(F_s) 산정 후 허용치(F_{sa})와 비교

② 불안 ($F_s < F_{sa}$)시 대책수립

Heaving현상 대책	Boiling현상 대책
근입깊이 연장, 소단설치	근입깊이 연장, 배면지하수 배수
지반개량 (굴착부, 배면부)	차수그라우팅 (굴착부, 배면부)

Ⅲ. 지하수위변화가 굴착안정에 미치는 영향과 해결대책

1. 지하수위 감소에 따른 영향

1) 지하수위 감소에 따른 배면지반 침하 발생

2) 점토지반 압밀침하 발생

3) 사질토지반은 토립자유실에 따른 침하발생

4) 해결대책

① 차수성이 큰 흙막이구조 선정

② 차수그라우팅을 배면지반에 실시

2. 지하수위 상승에 따른 영향

1) 토류벽체 작용토압증가로 토류벽체 변형좌굴 발생

2) 사질토지반은 상향침투압 증가로 인한 Boiling현상으로 굴착면 융기 발생

3) 점성토지반은 함수비증가로 지반강도가 감소되어 Heaving현상이 발생되어 굴착면융기

4) 토류벽체 변형과 굴착면융기가 동시에 발생되므로 굴착면붕괴 우려가 가장 큼

5) 해결대책

① 상·하수도매설

주변지반 보강

② 배면부 배수 + 굴착부 투여

③ 배면부 지반보강

IV. 결론

1) 도심지 굴착시 인접지반의 변위는 반드시 발생하므로 인접구조물이나 인접지반의 허용치보다 적게 발생하는 토류벽 설계와 시공이 되어야 한다.

2) 토류벽을 선정할 때 지반굴착시 거동을 파악한 후 주변지반의 침하를 예측하여 설계하고 시공시 계측관리로 안전한 굴착시공이 되도록 관리해야 한다.

문제 4)	지반굴착시 벽체변위에 따른 배면지반의 침하 예측방법에 대하여 기술하시오.

답

I. 지반굴착시 벽체변위의 개요

1) 정의

지반굴착시 벽체변위란 흙막이벽체를 지중에 연직으로 설치한 후 지반을 일정한 깊이까지 굴착하여 버팀대를 설치하기 전까지 발생하는 흙막이 벽체변위를 말한다.

2) 지반굴착시 벽체변위 과정

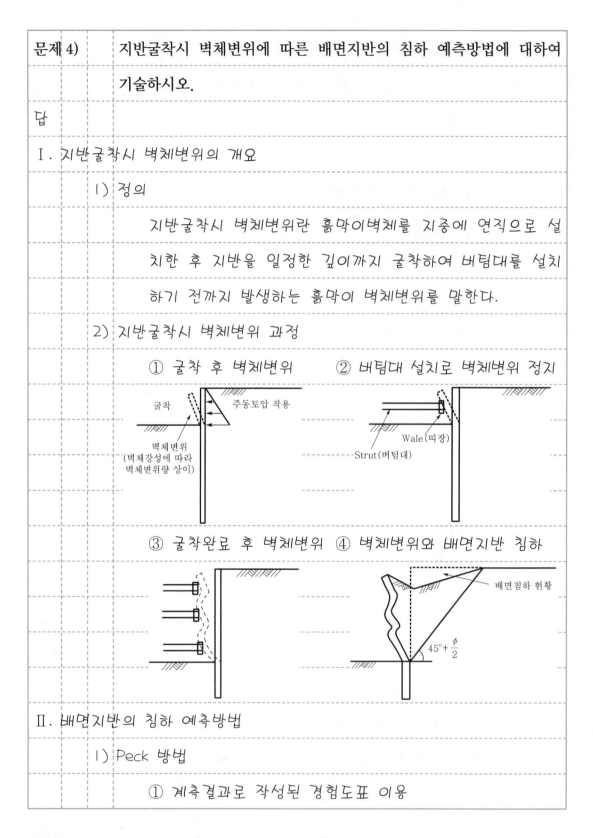

① 굴착 후 벽체변위 ② 버팀대 설치로 벽체변위 정지

굴착 주동토압 작용

벽체변위
(벽체강성에 따라 벽체변위량 상이)

Wale(띠장)
Strut(버팀대)

③ 굴착완료 후 벽체변위 ④ 벽체변위와 배면지반 침하

배면침하 현황

$45° + \dfrac{\phi}{2}$

II. 배면지반의 침하 예측방법

1) Peck 방법

① 계측결과로 작성된 경험도표 이용

② 흙막이벽체 강성이 낮은 강널말뚝에 적용

③ S : 침하량, H : 굴착고, x : 굴착면에서부터의 거리

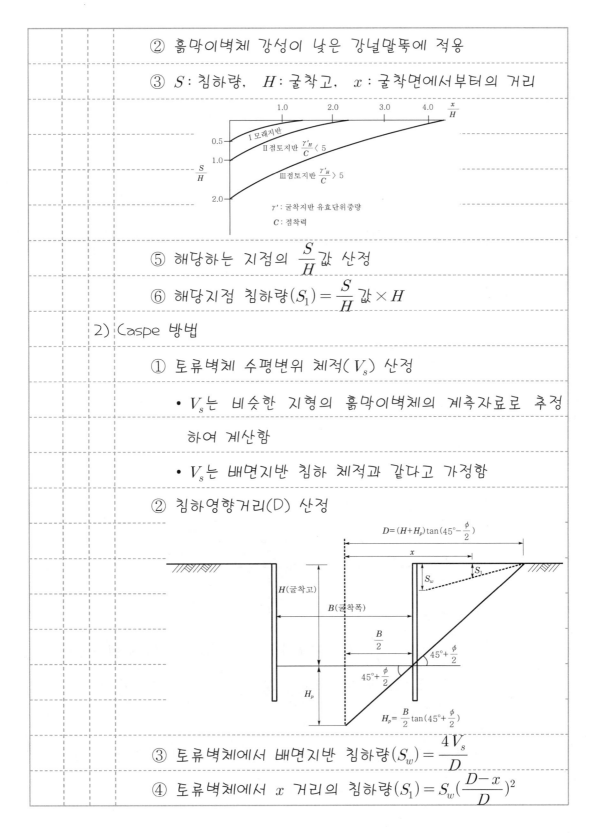

⑤ 해당하는 지점의 $\dfrac{S}{H}$ 값 산정

⑥ 해당지점 침하량$(S_1) = \dfrac{S}{H}$ 값 $\times H$

2) Caspe 방법

① 토류벽체 수평변위 체적(V_s) 산정

- V_s 는 비슷한 지형의 흙막이벽체의 계측자료로 추정하여 계산함

- V_s 는 배면지반 침하 체적과 같다고 가정함

② 침하영향거리(D) 산정

③ 토류벽체에서 배면지반 침하량$(S_w) = \dfrac{4V_s}{D}$

④ 토류벽체에서 x 거리의 침하량$(S_1) = S_w \left(\dfrac{D-x}{D}\right)^2$

3) Clough 방법

① 계측자료를 이용한 유한요소법(FEM)으로 도표제안

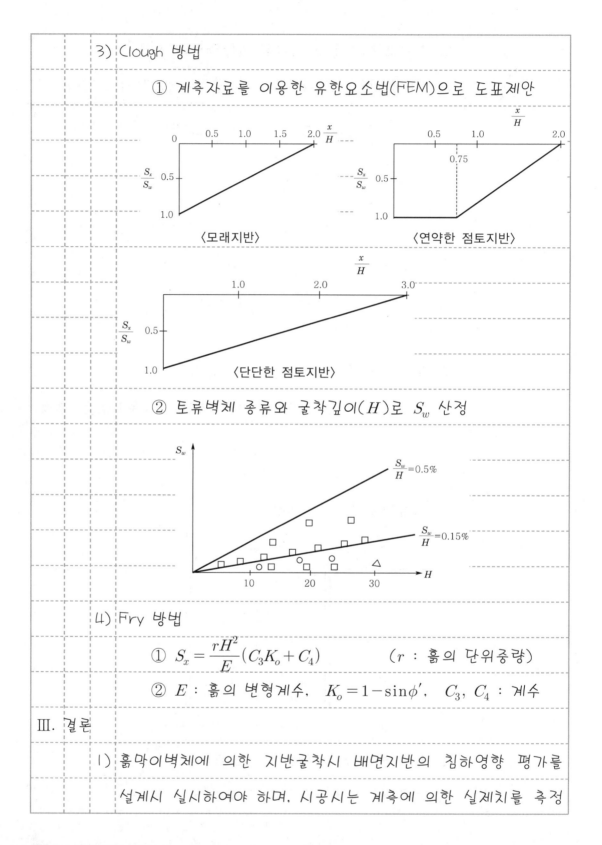

〈모래지반〉

〈연약한 점토지반〉

〈단단한 점토지반〉

② 토류벽체 종류와 굴착깊이(H)로 S_w 산정

4) Fry 방법

① $S_x = \dfrac{rH^2}{E}(C_3 K_o + C_4)$ (r : 흙의 단위중량)

② E : 흙의 변형계수, $K_o = 1 - \sin\phi'$, C_3, C_4 : 계수

Ⅲ. 결론

1) 흙막이벽체에 의한 지반굴착시 배면지반의 침하영향 평가를 설계시 실시하여야 하며, 시공시는 계측에 의한 실제치를 측정

하여 침하영향 평가를 실시하여야 한다.

2) 굴착시공시 배면지반 침하영향 평가

　① 안전 : 계측치 < 설계치 < 허용치

　② 주의 : 설계치 < 계측치 < 허용치

　③ 불안전 : 설계치 < 허용치 < 계측치

| 문제 5) | 보강토옹벽의 안전성 검토사항에 대하여 기술하시오. |

답

I. 보강토옹벽의 개요

　　1) 정의

　　　　보강토옹벽이란 기성제품인 전면판에 인장력이 큰 보강재를 연결 부설한 후 다짐성토하여 보강재와 토사 사이의 마찰저항으로 지지하는 구조체를 말한다.

　　2) 구조도

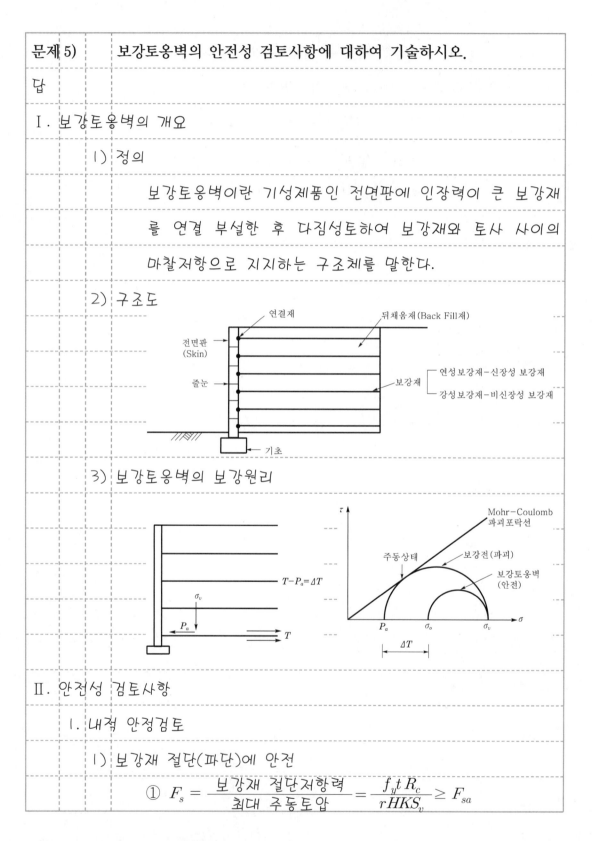

　　3) 보강토옹벽의 보강원리

II. 안전성 검토사항

　1. 내적 안정검토

　1) 보강재 절단(파단)에 안전

$$① \quad F_s = \frac{보강재\ 절단저항력}{최대\ 주동토압} = \frac{f_y t R_c}{r H K S_v} \geq F_{sa}$$

② f_y : 보강재 항복인장강도, t : 보강재 두께

$$R_c(\text{보강재 면적비}) = \frac{\text{보강재 폭}(w)}{\text{보강재 수평간격}(S_H)}$$

③ r : 성토재 단위중량 H : 옹벽높이 K : 토압계수

S_v : 보강재 연직간격

2) 보강재 인발에 안전

① $F_s = \dfrac{\text{보강재 인발저항력}}{\text{최대 주동토압}} = \dfrac{2\ell_e rH\tan\phi_w R_c}{rHKS_v} \geq F_{sa}$

② ℓ_e : 보강재 인발저항 유효길이

ϕ_w : 흙과 보강재의 마찰각

3) 보강재 종류별 토압계수(K)와 허용치(F_{sa})

구분	연성보강재	강성보강재
재질	합성섬유	강봉 및 금속재
허용치(F_{sa})	절단과 인발 $F_{sa}=1.5$	절단 : $F_{sa}=1.0$ 인발 : $F_{sa}=1.5$
토압계수(K)	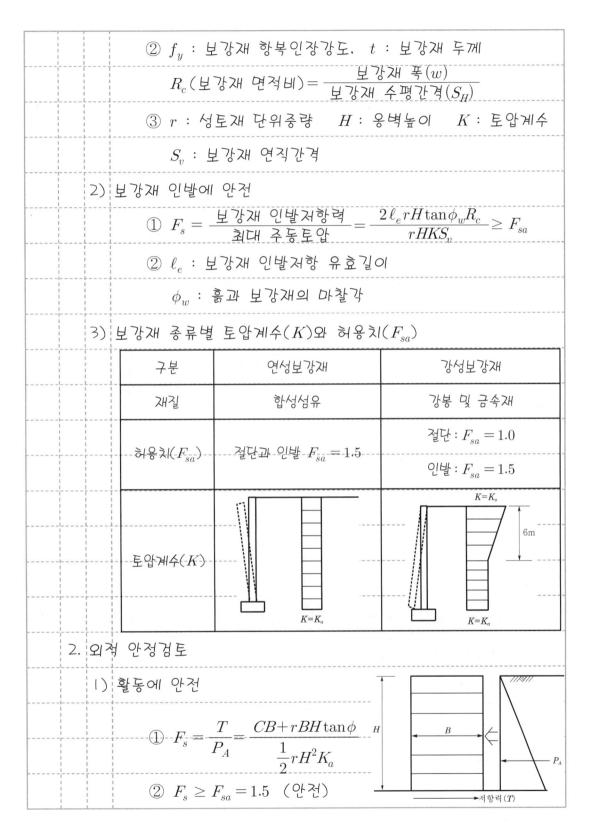	

2. 외적 안정검토

1) 활동에 안전

① $F_s = \dfrac{T}{P_A} = \dfrac{CB+rBH\tan\phi}{\frac{1}{2}rH^2K_a}$

② $F_s \geq F_{sa} = 1.5$ (안전)

2) 전도에 안전

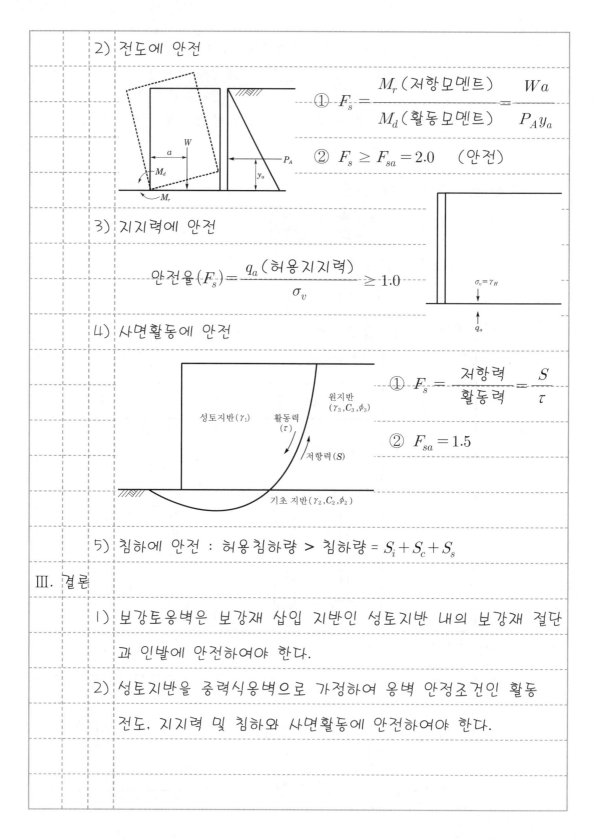

① $F_s = \dfrac{M_r(저항모멘트)}{M_d(활동모멘트)} = \dfrac{Wa}{P_A y_a}$

② $F_s \geq F_{sa} = 2.0$ （안전）

3) 지지력에 안전

안전율$(F_s) = \dfrac{q_a(허용지지력)}{\sigma_v} \geq 1.0$

$\sigma_v = \gamma_H$

q_a

4) 사면활동에 안전

성토지반(γ_1) 활동력 (τ) 원지반 (γ_3, C_3, ϕ_3) 저항력(S) 기초 지반(γ_2, C_2, ϕ_2)

① $F_s = \dfrac{저항력}{활동력} = \dfrac{S}{\tau}$

② $F_{sa} = 1.5$

5) 침하에 안전 : 허용침하량 > 침하량 $= S_i + S_c + S_s$

Ⅲ. 결론

1) 보강토옹벽은 보강재 삽입 지반인 성토지반 내의 보강재 절단과 인발에 안전하여야 한다.

2) 성토지반을 중력식옹벽으로 가정하여 옹벽 안정조건인 활동 전도, 지지력 및 침하와 사면활동에 안전하여야 한다.

문제 6)	보강토옹벽의 보강재가 연성일 때와 강성일 때 적용토압이 다른 이유와 보강재길이 산정방법에 대하여 기술하시오.

답

I. 보강토옹벽의 개요

1) 정의

보강토옹벽이란 기성제품인 전면판에 인장력이 큰 보강재를 연결 부설한 후 다짐성토하여 보강재와 토사 사이의 마찰저항으로 지지하는 구조체를 말한다.

2) 구조도

3) 보강재 종류

구분		연성보강재	강성보강재
재질		합성섬유	강봉 및 금속재
축변형률		1% 이상	1% 미만
특징	장점	• 내구성 좋고 부식이 없음 • 반영구적인 구조물에 사용	• 인장강도가 크다. • 변형률이 적다.
	단점	자외선에 약하고 변형이 크다	부식에 대한 대책이 필요
적용설계법		마찰쐐기법	복합중력식법

II. 적용토압이 다른 이유

1) 보강재의 특성과 적용 안전율이 상이

구분	연성보강재	강성보강재
보강재 특성	인장강도 小, 변형률 大	인장강도 大, 변형률 小
적용안전율	절단과 인발 $F_{sa} = 1.5$	절단 $F_{sa} = 1.0$, 인발 $F_{sa} = 1.5$

2) 주동파괴 영역과 토압계수분포가 상이

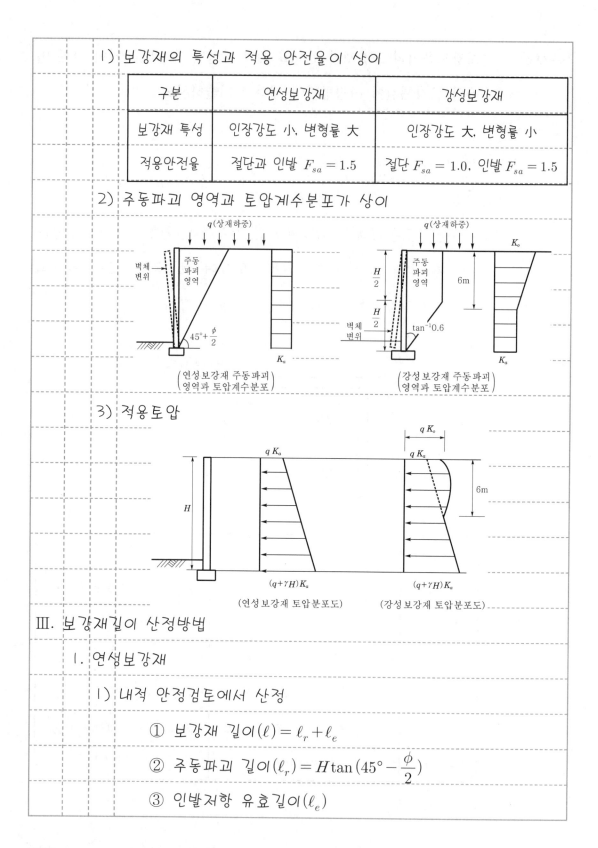

(연성보강재 주동파괴 영역과 토압계수분포)

(강성보강재 주동파괴 영역과 토압계수분포)

3) 적용토압

(연성보강재 토압분포도)   (강성보강재 토압분포도)

Ⅲ. 보강재길이 산정방법

1. 연성보강재

1) 내적 안정검토에서 산정

① 보강재 길이$(\ell) = \ell_r + \ell_e$

② 주동파괴 길이$(\ell_r) = H\tan\left(45° - \dfrac{\phi}{2}\right)$

③ 인발저항 유효길이(ℓ_e)

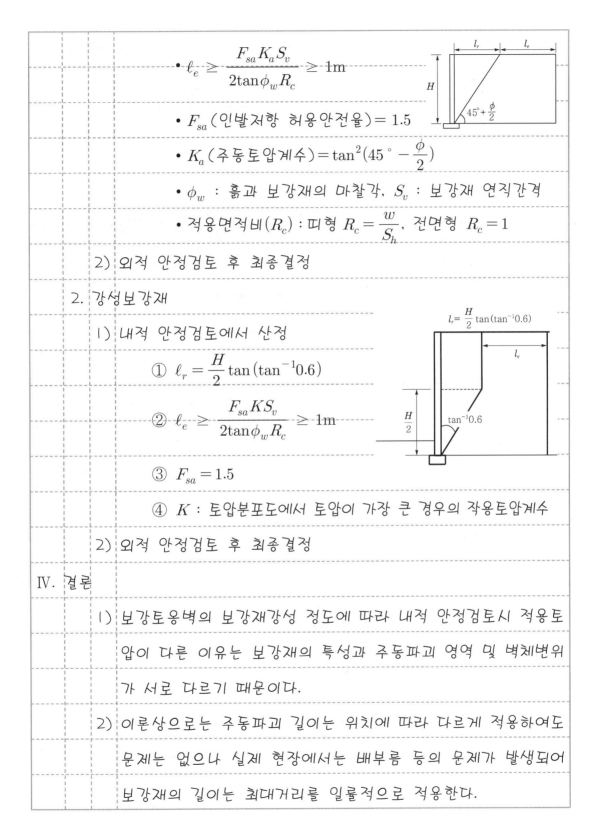

$$\bullet \; \ell_e \geq \frac{F_{sa} K_a S_v}{2\tan\phi_w R_c} \geq 1\mathrm{m}$$

- F_{sa}(인발저항 허용안전율) = 1.5

- K_a(주동토압계수) = $\tan^2\left(45° - \dfrac{\phi}{2}\right)$

- ϕ_w : 흙과 보강재의 마찰각, S_v : 보강재 연직간격

- 적용면적비(R_c) : 띠형 $R_c = \dfrac{w}{S_h}$, 전면형 $R_c = 1$

2) 외적 안정검토 후 최종결정

2. 강성보강재

1) 내적 안정검토에서 산정

① $\ell_r = \dfrac{H}{2}\tan\left(\tan^{-1}0.6\right)$

② $\ell_e \geq \dfrac{F_{sa} K S_v}{2\tan\phi_w R_c} \geq 1\mathrm{m}$

③ $F_{sa} = 1.5$

④ K : 토압분포도에서 토압이 가장 큰 경우의 작용토압계수

2) 외적 안정검토 후 최종결정

IV. 결론

1) 보강토옹벽의 보강재강성 정도에 따라 내적 안정검토시 적용토압이 다른 이유는 보강재의 특성과 주동파괴 영역 및 벽체변위가 서로 다르기 때문이다.

2) 이론상으로는 주동파괴 길이는 위치에 따라 다르게 적용하여도 문제는 없으나 실제 현장에서는 배부름 등의 문제가 발생되어 보강재의 길이는 최대거리를 일률적으로 적용한다.

문제 7)	계단식 다단 보강토옹벽 설계법과 설계 및 시공시 고려사항에 대하
	여 기술하시오.

답

Ⅰ. 계단식 다단 보강토옹벽의 개요

1) 정의

계단식 다단 보강토옹벽이란 공장에서 제작된 전면판에 연결된

보강재를 포설하고 다짐성토하여 축조된 보강토옹벽이 이격거

리를 두고 계단형태로 시공된 것을 말한다.

2) 다단 보강토옹벽 설계법별 적용조건

구분	FHWA 방법	NCMA 방법
전면벽체	패널식 또는 블록식, 그 외 벽체	블록식 벽체
보강재	신장성 또는 비신장성 보강재	신장성 보강재
제안기관	미 연방도로국	미 석조협회

Ⅱ. 설계법

1. FHWA(Federal Highway Administration) 방법

1) 상·하단 이격거리(D)로 보강재길이(L) 설정

① $D > H_1 \tan(90° - \phi)$: 개별 보강토옹벽으로 보강재길이

(L) 설정

② $H_1 \tan(90° - \phi) \geq D > H_1 \tan\left(45° - \dfrac{\phi}{2}\right)$

- $L_1 \geq 0.6(H_1 + H_2)$ • $L_2 \geq 0.7 H_2$

③ $D \leq H_1 \tan\left(45° - \dfrac{\phi}{2}\right)$: 단일옹벽으로 보강재길이 설정

2) 내적 안정성검토

① 보강재 절단에 안전

$$F_s = \dfrac{\text{보강재 절단저항력}}{\text{최대 주동토압(유발인장력)}}$$

② 보강재 인발에 안전

$$F_s = \dfrac{\text{보강재 인발저항력}}{\text{최대 주동토압}}$$

③ 신장성 보강재 허용치(F_{sa}) = 1.5

④ 비신장성 보강재 허용치 : 절단 F_{sa} = 1.0, 인발 F_{sa} = 1.5

3) 외적 안정성검토 - 활동 및 전도, 지지력의 안전, 사면안정 및

침하에 안전, 지진에 안전

2. NCMA(National Concrete Masonry Association) 방법

1) 하단부 보강토옹벽의 보강재 길이(L_1) 설정

2) 상단부 옹벽의 영향을 고려한 최대주동토압(P_A) 산정

① 상·하단 옹벽의 이격거리(D)로 옹벽영향 산정

② $D > L_1$: 등가상재하중(q_d) = 0

③ $0.3 L_1 < D \leq L_1$: $q_d = \dfrac{(L_1 - D)}{L_1} r_2 H_2$

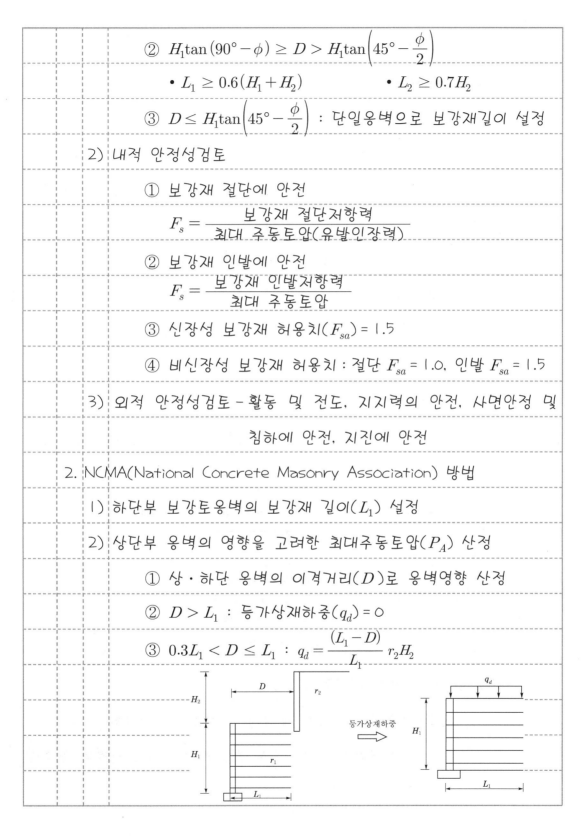

$$④ \ D \leq 0.3L_1 \ : \ q_d = r_2 H_2$$

3) 내적안정성 및 외적안정성 검토 실시

Ⅲ. 설계 및 시공시 고려사항

1) 적용조건에 맞는 설계법 선택

① NCMA 설계법 – 블록식전면판과 신장성 보강재에만 제
한적 적용

② FHWA 설계법 – 모든 전면판과 보강재에 적용

2) 적합한 뒤채움 흙 사용

① 강우시에 계단식옹벽 수평변위와 보강재 변형률이 증가됨

② 현장유용토보다는 적절한 재료선정이 필요

3) 기초지반 강성 확보

① 하단 옹벽 기초지반의 강성이 클수록 침하와 수평변위
가 억제됨

② 상단 옹벽 설치시 원지반 보강이 필요함

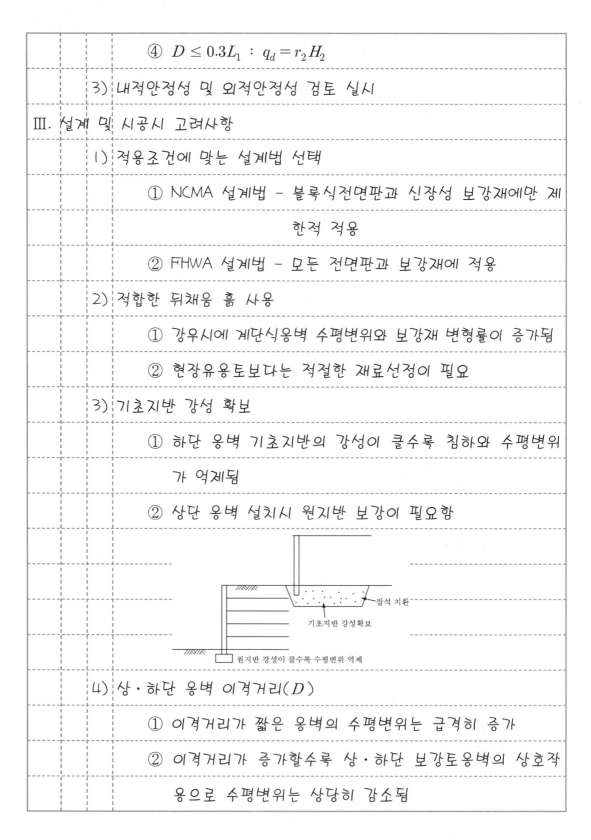

4) 상·하단 옹벽 이격거리(D)

① 이격거리가 짧은 옹벽의 수평변위는 급격히 증가

② 이격거리가 증가할수록 상·하단 보강토옹벽의 상호작
용으로 수평변위는 상당히 감소됨

Ⅳ. 결론

1) 계단식 다단 보강토옹벽의 도입배경은 과거에 13m 이상 시공 된 보강토옹벽의 하단부 전면벽체에 균열 및 파손이 상당수 발 견되었으나 13m 이하에서는 발견되지 않아 내린 결론이 13m 이하로 높이를 제한함

2) 다단 보강토옹벽의 설계법은 FHWA법과 MCMA법으로 차이는 미미하나 전면벽체와 보강재 종류에 따라 설계법 적용이 결정 된다.

문제 8)		두 개의 보강토옹벽 축이 서로 만나는 코너부의 균열발생 원인과 대
		책에 대하여 기술하시오.

답

Ⅰ. 보강토옹벽의 개요

1) 정의

보강토옹벽이란 기성제품인 전면판에 인장력이 큰 보강재를 연결 부설한 후 다짐성토하여 보강재와 토사 사이의 마찰저항으로 지지하는 구조체를 말한다.

2) 구조도

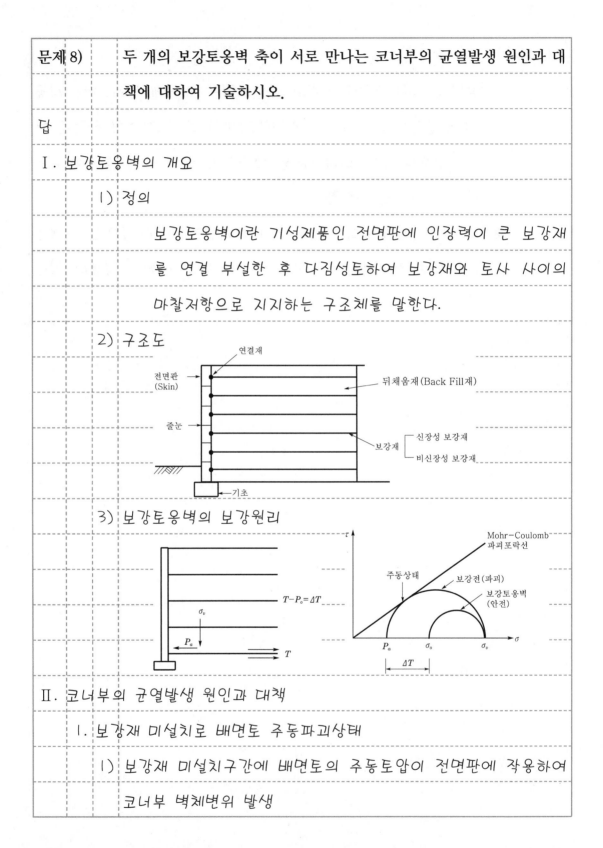

3) 보강토옹벽의 보강원리

Ⅱ. 코너부의 균열발생 원인과 대책

1. 보강재 미설치로 배면토 주동파괴상태

1) 보강재 미설치구간에 배면토의 주동토압이 전면판에 작용하여 코너부 벽체변위 발생

2) 코너부 수평토압 상태

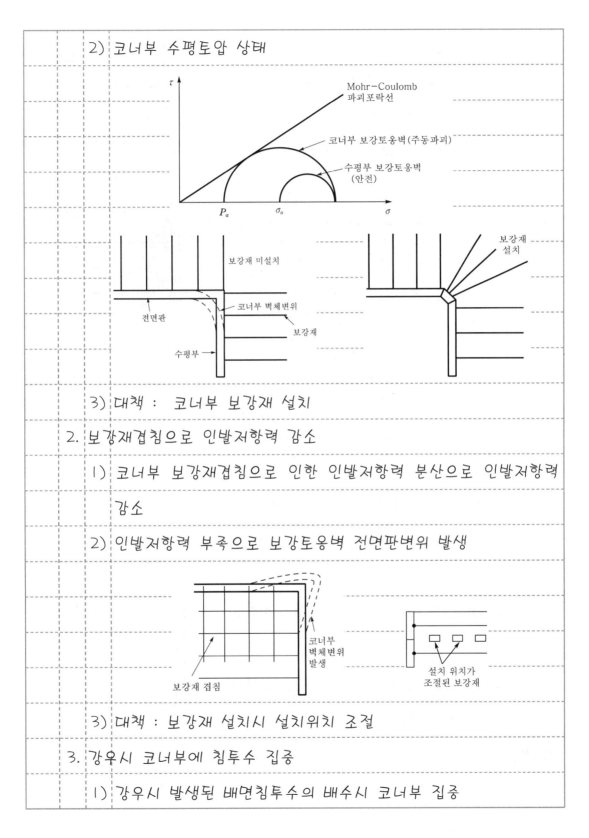

3) 대책 : 코너부 보강재 설치

2. 보강재겹침으로 인발저항력 감소

1) 코너부 보강재겹침으로 인한 인발저항력 분산으로 인발저항력

감소

2) 인발저항력 부족으로 보강토옹벽 전면판변위 발생

3) 대책 : 보강재 설치시 설치위치 조절

3. 강우시 코너부에 침투수 집중

1) 강우시 발생된 배면침투수의 배수시 코너부 집중

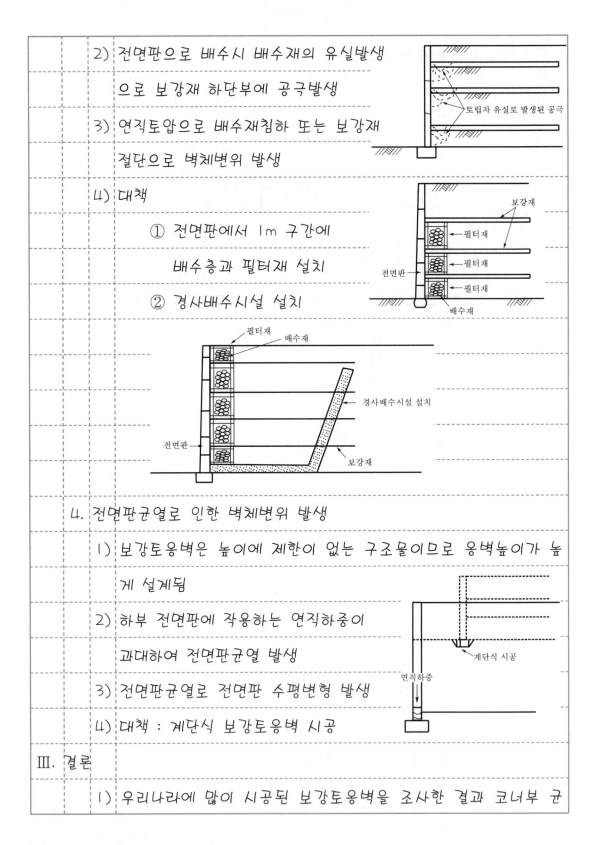

2) 전면판으로 배수시 배수재의 유실발생
으로 보강재 하단부에 공극발생

3) 연직토압으로 배수재침하 또는 보강재
절단으로 벽체변위 발생

4) 대책

① 전면판에서 1m 구간에
배수층과 필터재 설치

② 경사배수시설 설치

4. 전면판균열로 인한 벽체변위 발생

1) 보강토옹벽은 높이에 제한이 없는 구조물이므로 옹벽높이가 높
게 설계됨

2) 하부 전면판에 작용하는 연직하중이
과대하여 전면판균열 발생

3) 전면판균열로 전면판 수평변형 발생

4) 대책 : 계단식 보강토옹벽 시공

Ⅲ. 결론

1) 우리나라에 많이 시공된 보강토옹벽을 조사한 결과 코너부 균

열에는 보강재미설치 및 보강재겹침에 의한 것과 13m 이상 높

이에서 전면판균열 및 강우에 의한 배수재유실이 주원인으로

판명되었다.

2) 13m 이상 보강토옹벽은 계단식 보강토옹벽으로 설계되고 있으

며 코너부 시공시 보강재설치 및 보강재겹침을 방지하도록 개

선되었다.

문제 9-1)	Bentonite

답

I. 정의

Bentonite란 수직굴착공의 공벽이 붕괴되는 것을 방지하기 위하여 수직굴착공 내에 주입하는 액성한계가 높고 고밀도 팽창성을 가진 현탁액을 말한다.

II. 기능별 시험항목

기능		점성	누수량	비중	모래분	PH
굴착벽면의 안정화	수압의 발생			○	○	
	필터케익의 생성	○	○			○
굴착토사의 운반분리	토사의 운반	○		○	○	○
	토사의 분리	○				○
콘크리트와의 치환성		○	○	○	○	○

III. 요구조건

1) 분말도 : 250mesh 또는 300mesh의 체를 통과한 것

2) 현탁액 안전성 : 장시간 동안 분리가 되지 않는 것

3) 점성 : 판넬(Funnel) 점성이 22sec 이상일 것

4) 조벽성 : 실내 여과시험의 누수량이 30분에 20ml 이하일 것

IV. 설계 및 시공시 유의사항

1) 사력지반에는 머드케익 형성이 어렵다.

2) 간극수압이 높은 지반은 구조물로 공벽을 보호해야 한다.

3) 콘크리트와 해수에 대한 열화현상의 대책이 필요하다.

가이드월 / 실트 머드케익 / 누수 방지재 투입 / 자갈 / 모래

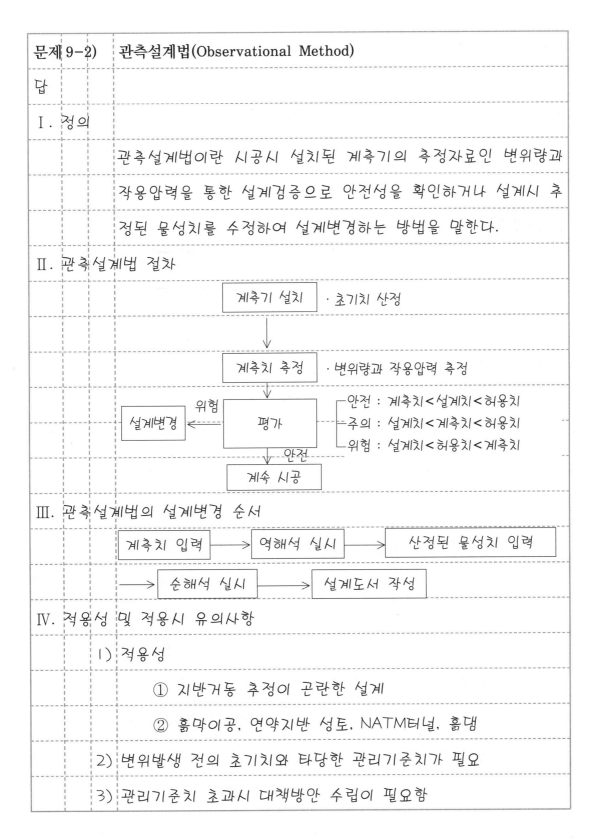

문제 9-2)　관측설계법(Observational Method)

답

Ⅰ. 정의

　　　관측설계법이란 시공시 설치된 계측기의 측정자료인 변위량과
　　　작용압력을 통한 설계검증으로 안전성을 확인하거나 설계시 추
　　　정된 물성치를 수정하여 설계변경하는 방법을 말한다.

Ⅱ. 관측설계법 절차

　　　　　　　　　　　계측기 설치　· 초기치 산정

　　　　　　　　　　　계측치 측정　· 변위량과 작용압력 측정

　　　설계변경　←위험─　평가　─┬안전 : 계측치<설계치<허용치
　　　　　　　　　　　　　　　　├주의 : 설계치<계측치<허용치
　　　　　　　　　　　　　　　　└위험 : 설계치<허용치<계측치
　　　　　　　　　　　　안전
　　　　　　　　　　　계속 시공

Ⅲ. 관측설계법의 설계변경 순서

　　　계측치 입력　→　역해석 실시　→　산정된 물성치 입력

　　→　순해석 실시　→　설계도서 작성

Ⅳ. 적용성 및 적용시 유의사항

　　　1) 적용성

　　　　　① 지반거동 추정이 곤란한 설계

　　　　　② 흙막이공, 연약지반 성토, NATM터널, 흙댐

　　　2) 변위발생 전의 초기치와 타당한 관리기준치가 필요

　　　3) 관리기준치 초과시 대책방안 수립이 필요함

| 문제 9-3) | 보강사면(Reinforced Soil Slopes) |

답

I. 정의

보강사면이란 토목섬유를 수평으로 부설하여 다짐성토한 후 경사면을 토목섬유로 감싸서 형성된 급경사의 성토사면을 말한다.

II. 시공순서

1) 토목섬유 부설

2) 다짐성토 후 경사면 다짐

3) 토목섬유를 당긴 후 토사 포설

주보강재

중간보강재

III. 보강재 정착장(ℓ_e) 산정 방법

1) 비 보강사면 안전율(F_s) 산정

$$F_s = \frac{M_r}{M_d} = \frac{C\ell + W\cos\alpha\tan\phi}{W\sin\alpha}$$

주보강재

T_{max}

2) 설계인장력$(T_{max}) = (F_{sa} - F_s)\dfrac{M_d}{D}$　　F_{sa} : 허용안전율

3) 보강재 정착장$(\ell_e) = \dfrac{F_{sa}\,T_{max}}{F\alpha\sigma_v'}$

F : 인발계수, α : 치수계수

σ_v' : 보강재 위치의 연직

IV. 특징 　　　　　　　　　　　　　　　　　　유효응력

1) 성토량을 절감할 수 있음

2) 다소 미흡한 성토재(PI≤20, 세립함유율 50% 이하) 사용 가능

3) 급경사의 성토사면도 시공 가능

4) 사전 검증된 보강재만 사용하도록 제한이 필요함

제9장 ▶ 얕은기초

문제 1)	구조물 기초형식별로 지반공학적 두 가지 핵심요소의 제반사항에 대하여 기술하시오.

답

I. 구조물 기초형식의 개요

1) 정의

구조물 기초형식이란 구조물의 단위하중을 견디면서 지지층까지 전달하는 기초의 형태를 말하며, 가장 대표적인 기초형식은 직접(얕은)기초와 깊은기초가 있다.

2) 기초형식의 대표적인 분류

① 얕은기초($\frac{D_f}{B} < 1$)

② 깊은기초($\frac{D_f}{B} > 1$)

〈얕은기초〉　　〈깊은기초〉

3) 지반공학적 핵심요소

① 지지력조건 만족 : 허용지지력 ≥ 구조물 단위중량

② 침하조건만족 : 허용침하량 > 침하량

4) 핵심요소 검토방법

① 얕은기초 : 기초지반의 핵심요소만 검토

② 깊은기초 : 기초지반과 말뚝재료의 핵심요소 모두 검토하며, 침하조건보다 지지력이 중요함

II. 지반공학적 두 가지 핵심요소의 제반사항

1. 얕은기초

1) 계절별 지하수위 변동

① 지하수위 상승시 지지력은 감소하고 침하량은 증가

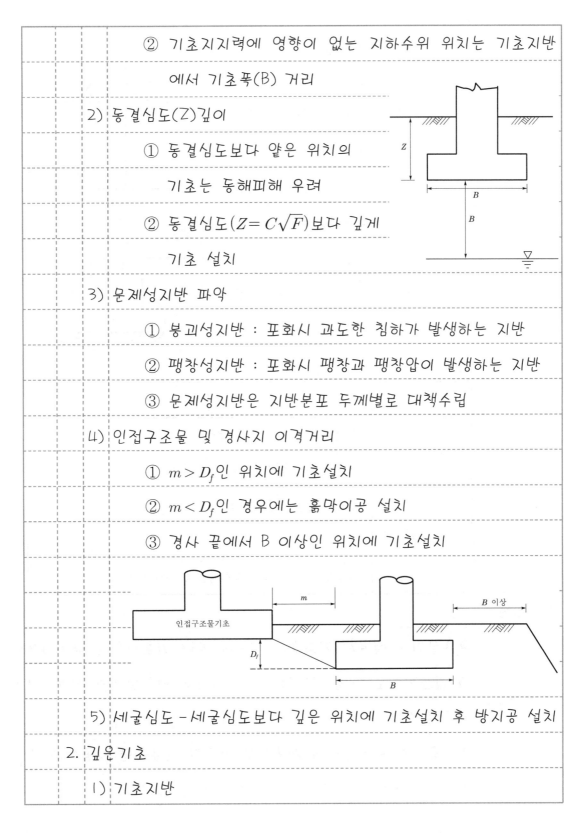

② 기초지지력에 영향이 없는 지하수위 위치는 기초지반

에서 기초폭(B) 거리

2) 동결심도(Z)깊이

① 동결심도보다 얕은 위치의

기초는 동해피해 우려

② 동결심도($Z = C\sqrt{F}$)보다 깊게

기초 설치

3) 문제성지반 파악

① 붕괴성지반 : 포화시 과도한 침하가 발생하는 지반

② 팽창성지반 : 포화시 팽창과 팽창압이 발생하는 지반

③ 문제성지반은 지반분포 두께별로 대책수립

4) 인접구조물 및 경사지 이격거리

① $m > D_f$인 위치에 기초설치

② $m < D_f$인 경우에는 흙막이공 설치

③ 경사 끝에서 B 이상인 위치에 기초설치

5) 세굴심도 – 세굴심도보다 깊은 위치에 기초설치 후 방지공 설치

2. 깊은기초

1) 기초지반

① 부마찰력(Q_{ns})

• 말뚝지반 연직지지력 감소

• 말뚝파손 및 균열 발생

② 측방유동

• 말뚝지반 수평지지력 감소

• 말뚝파손 발생

③ 무리말뚝효과

• 말뚝지반 연직지지력 감소

• 말뚝의 침하량 증가

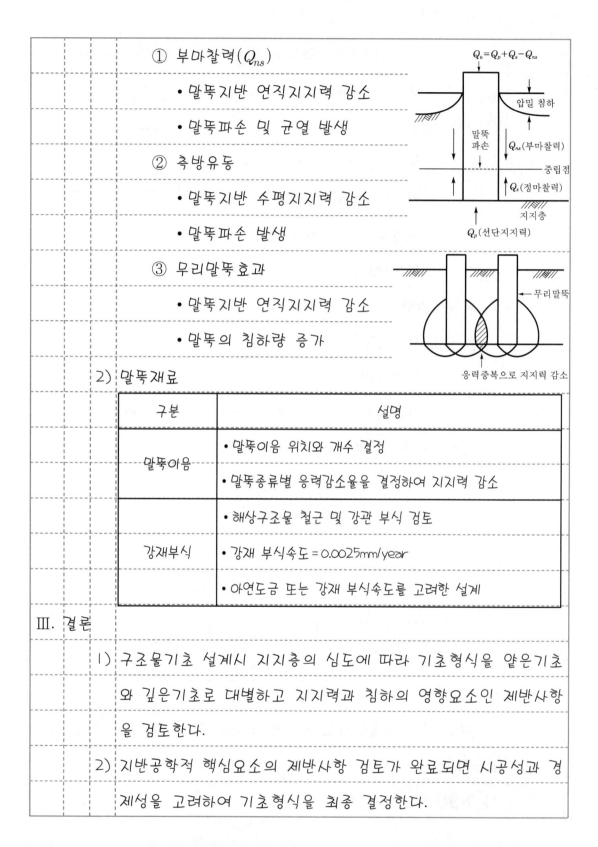

2) 말뚝재료

구분	설명
말뚝이음	• 말뚝이음 위치와 개수 결정
	• 말뚝종류별 응력감소율을 결정하여 지지력 감소
강재부식	• 해상구조물 철근 및 강관 부식 검토
	• 강재 부식속도 = 0.0025mm/year
	• 아연도금 또는 강재 부식속도를 고려한 설계

Ⅲ. 결론

1) 구조물기초 설계시 지지층의 심도에 따라 기초형식을 얕은기초와 깊은기초로 대별하고 지지력과 침하의 영향요소인 제반사항을 검토한다.

2) 지반공학적 핵심요소의 제반사항 검토가 완료되면 시공성과 경제성을 고려하여 기초형식을 최종 결정한다.

| 문제 2) | 하천 또는 해양기초 설계시 세굴영향 요소와 세굴예측 기법 및 방지 대책에 대하여 기술하시오. |

답

I. 세굴의 개요

1) 정의

세굴이란 흐르는 물에 의하여 토사가 운반되어 지반이 패이는 현상을 말한다.

2) 세굴의 종류

① 전반세굴(수축세굴) : 단면감소에 따른 유속증가로 발생

② 국부세굴 : 단면증가에 따른 와류로 발생

3) 하천 또는 해양기초에서의 문제점

① 세굴발생 지반은 지지력이 크게 감소

② 부등침하 또는 허용치

이상의 침하발생

II. 세굴영향 요소

1) 유속

① 유속증가 - 지반 전반적인 세굴발생, 세굴영향 大

② 유속감소 - 와류(소용돌이)로 국부적인 세굴, 세굴영향 小

2) 유입단면적

① 단면적 大 : 유속감소

② 단면적 小 : 유속증가

3) 지반경사와 수심

① 경사 및 수심증가 : 유속증가

② 경사 및 수심감소 : 유속감소

4) 지반조건

① 세립토이고 입도분포 불량 : 세굴영향 大

② 조립토이고 입도분포 양호 : 세굴영향 小

Ⅲ. 세굴예측 기법

1. 전반세굴예측

1) 전반세굴깊이$(Y_{s1}) = Y_2 - Y_1$ Y_1 : 상류부 평균수심(m)

2) 수축단면수심$(Y_2) = \left(\dfrac{Q_2}{Q_1}\right)^{\frac{6}{7}}\left(\dfrac{W_1}{W_2}\right)^{K_1}\left(\dfrac{n_2}{n_1}\right)^{K_2} Y_1$

① Q_1, W_1, n_1 : 상류부 유량, 수로폭, 조도계수

② Q_2, W_2, n_2 : 수축부 유량, 수로폭, 조도계수

③ K_1, K_2 : 계수

2. 국부세굴예측

1) 국부세굴깊이$(Y_{s2}) = Y_2 - Y_1$ Y_1 : 구조물 상류부 평균수심(m)

2) 구조물위치 수심$(Y_2) = 2K_1K_2K_3K_4\left(\dfrac{a}{Y_1}\right)^{0.65} F^{0.43} Y_1$

① K_1 : 교각형상 보정계수 K_2 : 흐름입사각 보정계수

    K_3 : 하상조건 보정계수 K_4 : 하상재료크기 보정계수

② a : 교각폭 F : 구조물 상류부 Froude 수

3. 장기 하상 세굴심도(Y_{s3}) = 모형시험으로 예측

4. 세굴심도$(Y_s) = Y_{s1} + Y_{s2} + Y_{s3}$

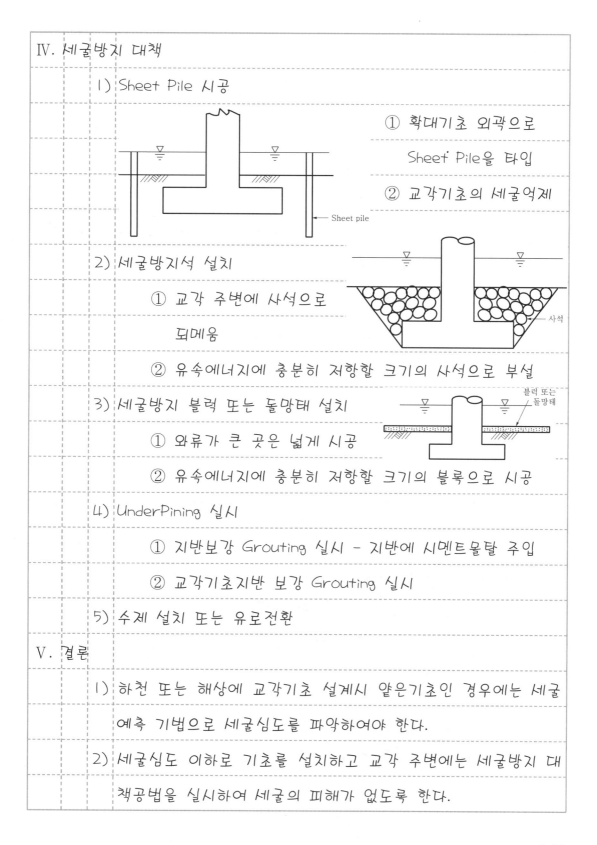

IV. 세굴방지 대책

　1) Sheet Pile 시공

　　① 확대기초 외곽으로 Sheet Pile을 타입

　　② 교각기초의 세굴억제

Sheet pile

　2) 세굴방지석 설치

　　① 교각 주변에 사석으로 되메움

　　② 유속에너지에 충분히 저항할 크기의 사석으로 부설

사석

　3) 세굴방지 블럭 또는 돌망태 설치

　　① 와류가 큰 곳은 넓게 시공

　　② 유속에너지에 충분히 저항할 크기의 블록으로 시공

블럭 또는 돌망태

　4) UnderPining 실시

　　① 지반보강 Grouting 실시 - 지반에 시멘트몰탈 주입

　　② 교각기초지반 보강 Grouting 실시

　5) 수제 설치 또는 유로전환

V. 결론

　1) 하천 또는 해상에 교각기초 설계시 얕은기초인 경우에는 세굴 예측 기법으로 세굴심도를 파악하여야 한다.

　2) 세굴심도 이하로 기초를 설치하고 교각 주변에는 세굴방지 대책공법을 실시하여 세굴의 피해가 없도록 한다.

| 문제 3) | 얕은기초 지지력산정 공식과 각종 파라미터가 지지력산정에 미치는 영향과 실무적용 방법에 대하여 기술하시오. |

답

I. 얕은기초의 개요

1) 정의

얕은기초란 상부구조물의 하중을 지지력조건과 침하조건을 모두 만족시키는 지지층까지 직접 전달하는 기초형식을 말한다.

2) 지지력산정 방법

① 강도정수(C, ϕ)를 이용한 지지력공식으로 산정

② 표준관입시험의 N치로 산정

③ 평판재하시험 결과치로 산정

II. 지지력산정 공식

연속기초
기초폭(B)
기초 근입깊이(D_f)
$q' = \gamma_2' D_f$
$45° - \dfrac{\phi}{2}$
ϕ
I
ϕ
$45° - \dfrac{\phi}{2}$
III
III
기초지반 γ_1'
C
C
II
II
전반 전단파괴면

I : 주동상태로 거동
II : 주동상태 → 수동상태
III : 수동상태

1) 극한지지력 $(q_u) = \alpha C N_c + \beta r_1' B N_r + r_2' D_f N_q$

2) α, β : 기초형상계수, C : 기초지반의 점착력

N_c, N_r, N_q : 얕은기초 지지력계수

3) Terzaghi 얕은기초 지지력산정 공식

Ⅲ. 각종 파라미터가 지지력산정에 미치는 영향

　　1) 기초형상계수(α, β)

　　　　① 기초형상계수가 크면 지지력은 증가됨

　　　　② 기초종류별 형상계수

구분	연속기초	정사각형기초	직사각형기초	원형기초
α	1	1.3	$1+0.3B/L$	1.3
β	0.5	0.4	$0.5-0.1B/L$	0.3

　　2) 기초지반 점착력(C) : 점착력이 증가하면 지지력도 증가함

　　3) 얕은기초 지지력계수(N_c, N_r, N_q)

　　　　① 얕은기초 지지력계수가 증가하면 지지력도 증가

　　　　② 파라미터(영향인자) 중 가장 지지력에 영향이 큼

　　　　③ 기초지반의 전단저항각(ϕ)이 클수록 N_c, N_r, N_q 증가

　　4) 흙의 유효단위중량(r_1', r_2')

　　　　① 지지력은 흙의 유효단위중량이 증가할수록 증가함

　　　　② 지하수위가 상승하면 r_1', r_2'가 감소되므로 지지력도

　　　　감소함

　　5) 기초폭(B)과 기초근입깊이(D_f)

　　　　① 사질토지반에서는 기초

　　　　폭(B)이 클수록 지지력은 증가하나 점토지반에서는 기

　　　　초폭과 지지력이 서로 관계가 없다.

　　　　② 기초근입깊이(D_f)가 증가할수록 지지력은 증가함

Ⅳ. 실무적용 방법

1) 합당한 기초지반 전단저항각(ϕ) 결정

    ① 얕은기초는 대부분 사질토지반에 설치하므로 ϕ값 결정

       이 중요함

    ② 기초 종류별 ϕ값 산정방법

원형기초 또는 사각형기초	연속기초
• 실내시험(직접전단시험, $\overline{CU}$삼축압축시험) • SPT N치 및 CPTU의 q_t로 추정	$\phi = (1.1 - 0.1B/L)\phi_{삼축}$

2) 가정조건과 다른 부분 보정

    ① 기초형상에 따른 보정 - 기초형상계수 이용

    ② 지하수위 위치에 따른 유효단위중량 보정 - r_1', r_2'

    ③ 편심하중 작용시 보정 : B 대신 B'를 적용

$$e(편심거리) = \frac{B}{2} - \frac{M}{Q}$$

$$P_{max} = \frac{Q}{B}\left(1 + \frac{6e}{B}\right)$$

$$P = \frac{Q}{B}$$

⇒ 불균등접지압일 때의 B 대신

⇒ 균등접지압을 가정한 B' 적용

$$B' = B - 2e$$

3) 설계지지력 ≤ 허용지지력(q_a) $= \dfrac{q_u}{3}$

V. 결론

얕은기초 지지력을 공식으로 적용시 합당한 ϕ값 결정이 중요

하며 지지력산정시 적용한 공식의 가정조건과 실제조건이 다른

사항은 보정을 해야 한다.

| 문제 4) | 즉시침하량 산정방법에 대하여 기술하시오. |

답

I. 즉시침하(Immediate Settlement)의 개요

1) 정의

즉시침하란 상부구조물 축조기간에 발생하는 기초지반의 침하를 말한다.

2) 기초지반 토질별 즉시침하 형태

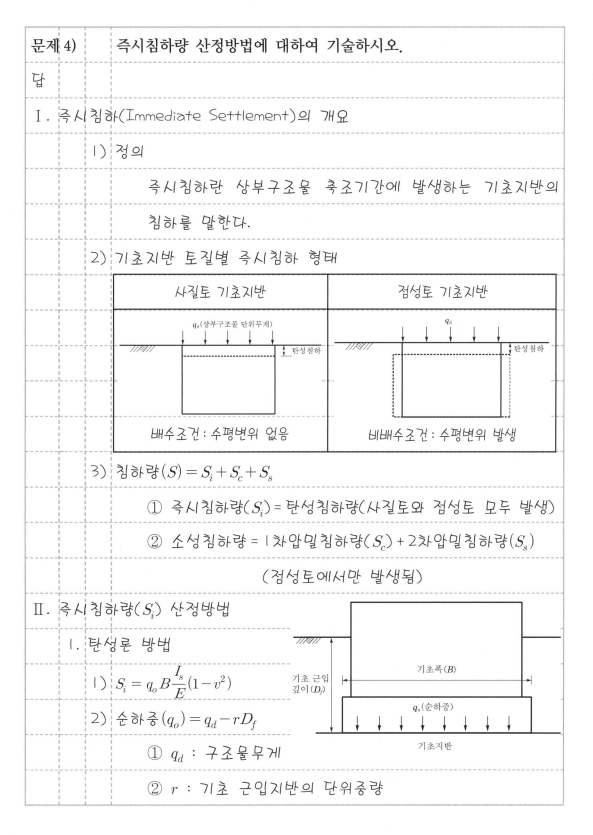

사질토 기초지반	점성토 기초지반
q_d(상부구조물 단위무게) / 탄성침하	q_d / 탄성침하
배수조건 : 수평변위 없음	비배수조건 : 수평변위 발생

3) 침하량$(S) = S_i + S_c + S_s$

① 즉시침하량(S_i) = 탄성침하량(사질토와 점성토 모두 발생)

② 소성침하량 = 1차압밀침하량(S_c) + 2차압밀침하량(S_s)

(점성토에서만 발생됨)

II. 즉시침하량(S_i) 산정방법

1. 탄성론 방법

1) $S_i = q_o B \dfrac{I_s}{E}(1-v^2)$

2) 순하중$(q_o) = q_d - rD_f$

① q_d : 구조물무게

② r : 기초 근입지반의 단위중량

기초폭(B)

기초 근입 깊이(D_f)

q_o(순하중)

기초지반

3) I_s : 탄성침하영향계수, v : 기초지반의 포아송비

4) E : 기초지반의 변형계수, B : 기초폭

5) 사질토지반과 점성토지반 모두 적용

2. 변형영향계수(I_z) 방법(Schmertmann 방법)

1) $S_i = C_1 C_2 q_o \sum \dfrac{I_z}{E} \Delta Z$

2) 기초 근입깊이 보정계수$(C_1) = 1 - 0.5 \left(\dfrac{q'}{q_o} \right)$

① $q' = r' D_f$ ② 순하중$(q_o) = q_d - q'$

③ $C_1 > 0.5$

3) 흙의 Creep 보정계수$(C_2) = 1 + 0.2 \log[10 \times 기초사용기간(년)]$

4) 변형영향계수(I_z)

① 원형 또는 정사각형 기초   ② 직사각형 기초

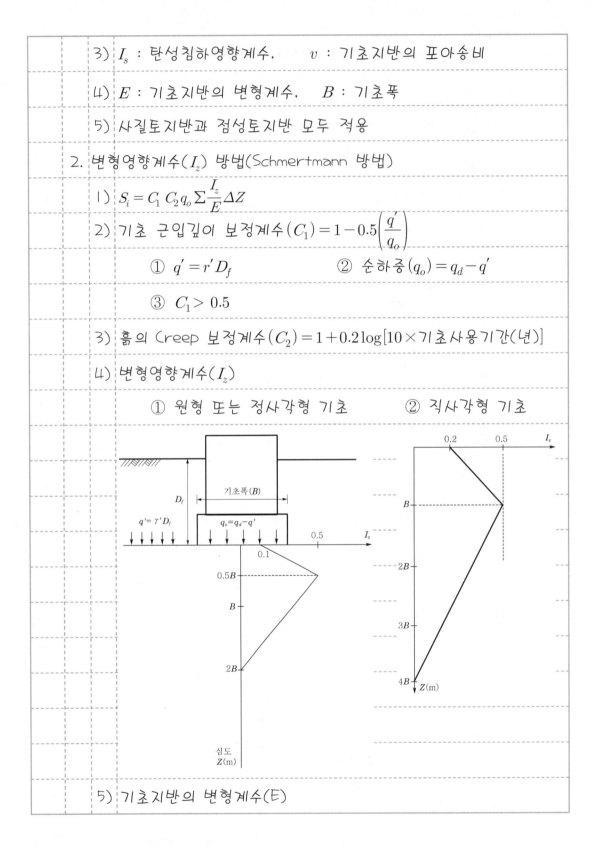

5) 기초지반의 변형계수(E)

① 정사각형 또는 원형 기초 : $E = 2.5 q_c$

② 연속기초 또는 직사각형기초 : $E = 3.5 q_c$

③ q_c : CPT 시험의 콘(cone) 저항치

6) $\Delta Z : I_z$ 또는 E의 분포곡선에 있는 변곡점간의 심도

7) 사질토지반과 점성토지반 모두 적용

3. 평판재하시험 방법

1) 평판재하시험으로 단위하중(P)-침하량(S) 곡선 작도

2) 상부구조물 단위하중(q_d)에 해당하는 침하량(S_1) 산정

3) 재하판 30cm에 해당하는 침하량(S_0)으로 수정

① $S_o = \dfrac{S_{40}}{1.5} = \dfrac{S_{75}}{2.2}$

② S_{40} : 40cm 재하판으로

구한 침하량

4) 실제기초판폭(B)에 해당하는 침하량(S_i)으로 수정

① 사질토지반 $S_i = S_o \left(\dfrac{2B}{B+0.3} \right)^2$

② 점성토지반 $S_i = S_o \dfrac{B}{0.3}$

Ⅲ. 결론

일반적으로 얕은기초는 대부분 사질토지반에 설치되므로 즉시 침하량은 얕은기초의 침하해석에 매우 중요하며 설계시 대부분 변형영향계수 방법을 적용하고 기초시공전 평판재하시험으로 확인해야 한다.

| 문제 5) | 얕은기초의 침하원인과 침하종류 및 침하로 인한 인접구조물의 영향에 대하여 기술하시오. |

답

Ⅰ. 얕은기초 침하의 개요

1) 정의

얕은기초의 침하란 상부구조물의 하중과 중요도에 대한 안전조건(지지력과 침하조건)을 충분히 만족하는 지지층에 설치된 기초의 근입깊이(D_f)가 기초폭(B)보다 적은 얕은기초에 발생하는 지반의 연직변형을 말한다.

2) 얕은기초의 안전조건 만족

① 구조물하중에 의한 접지압(P) ≤ 지반의 허용지지력(q_a)

② 얕은기초지반의 침하량(S) < 허용침하량(S_a)

Ⅱ. 얕은기초의 침하원인

1. 설계상의 원인

1) 기초지반에서 2B 이상 지층분포상태 조사 누락

2) 지반의 물성치 과대평가

① $S_i = C_1 C_2 q_o \sum_{0}^{2B} \dfrac{I_z}{E_s} \Delta Z$에서

변형계수(E_s) 과대평가

② 미고결 이암지반에서 주로 발생

3) 상부구조물 하중(q_d) 과소적용

순하중($q_o = q_d - r_2 D_f$) 과소적용

2. 상부구조물 하중증가 원인

1) 인접신설 구조물영향으로 순하중 증가

2) 상부구조물 증축 또는 구조물내부에 추가하중 재하

3) 기존구조물의 영향으로 순하중 증가

3. 기초지반의 원인

1) 문제성(붕괴성 및 팽창성) 기초지반

2) 이질층분포 차이가 큰 기초지반

3) 지하수위 변동이 심한 기초지반

4) 기초지반에서 2B 이상 깊이에 연약점토층 존재

4. 기타 원인

1) 근접시공에 의한 지반굴착의 영향

2) 동해현상 및 세굴현상 발생

3) 절·성토 경계부에 얕은기초 설치

III. 침하종류

1. 침하시기에 따른 종류

1) 즉시침하량(S_i)

① 구조물축조 완료시점까지의 침하량

② $S_i = C_1 C_2 q_o \sum_{-\theta}^{2B} \dfrac{I_z}{E_s} \Delta Z$

2) 압밀침하량(S_c)

① 구조물축조 완료이후에 발생하는 침하량

② $S_c = \dfrac{C_c}{1+e} H \log_{10} \dfrac{P' + \Delta P}{P'}$ (P' : 점토층 중앙부 유효연직압력)

2. 침하량에 따른 종류

1) 탄성침하량(S_e) : 침하크기가 적은 경우(사질토층)에 해당

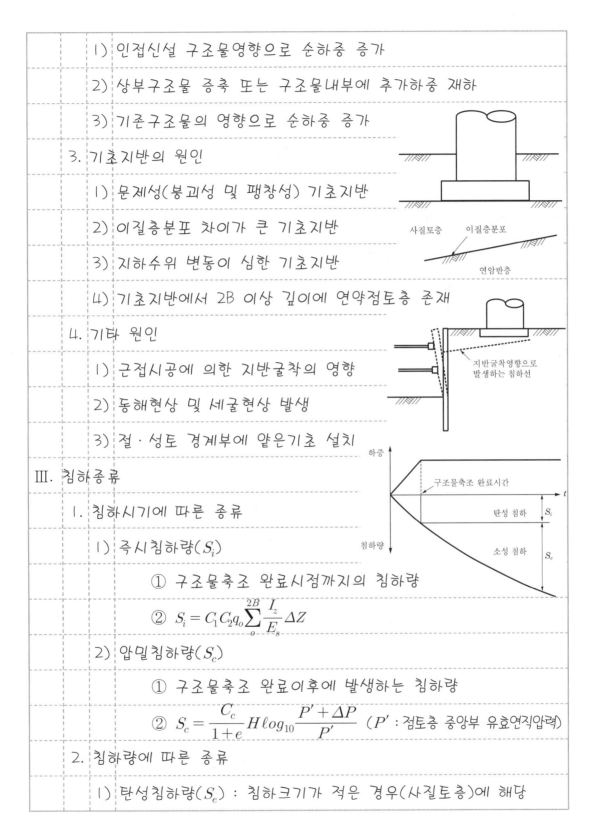

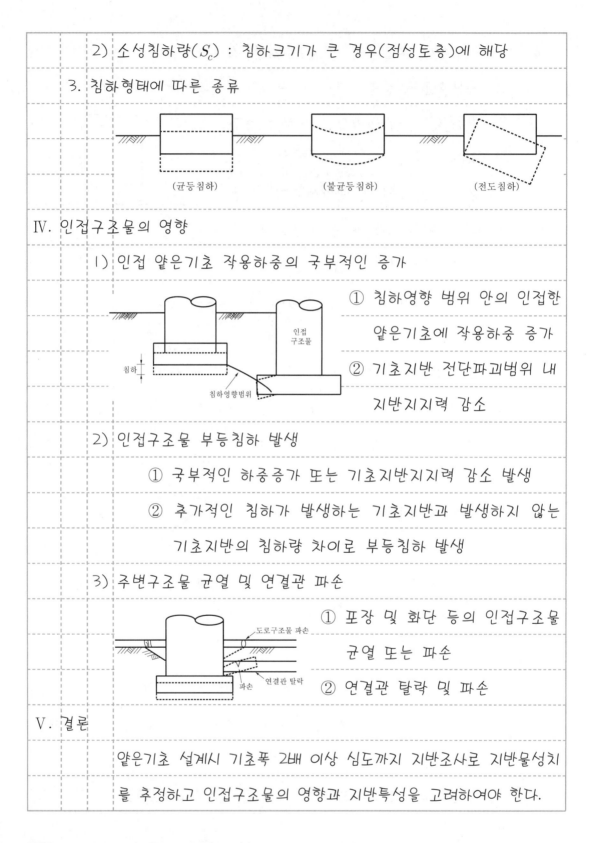

2) 소성침하량(S_c) : 침하크기가 큰 경우(점성토층)에 해당

3. 침하형태에 따른 종류

(균등침하)　　　　(불균등침하)　　　　(전도침하)

Ⅳ. 인접구조물의 영향

1) 인접 얕은기초 작용하중의 국부적인 증가

① 침하영향 범위 안의 인접한 얕은기초에 작용하중 증가

② 기초지반 전단파괴범위 내 지반지지력 감소

침하

침하영향범위

인접구조물

2) 인접구조물 부등침하 발생

① 국부적인 하중증가 또는 기초지반지지력 감소 발생

② 추가적인 침하가 발생하는 기초지반과 발생하지 않는 기초지반의 침하량 차이로 부등침하 발생

3) 주변구조물 균열 및 연결관 파손

① 포장 및 화단 등의 인접구조물 균열 또는 파손

② 연결관 탈락 및 파손

도로구조물 파손

연결관 탈락

파손

Ⅴ. 결론

얕은기초 설계시 기초폭 2배 이상 심도까지 지반조사로 지반물성치를 추정하고 인접구조물의 영향과 지반특성을 고려하여야 한다.

문제 6) 평판재하시험의 결과로 실무적용 방법과 실무적용시 문제점에 대하여 기술하시오.

답

I. 평판재하시험의 개요

1) 정의

평판재하시험이란 기초지반에 설치된 재하판에 단계별 하중을 재하하면서 침하량을 측정하여 작도한 하중-침하곡선으로 지지력과 침하량 및 지반반력계수를 구하는 시험이다.

2) 시험방법

① 시험지점에 재하판 설치

② 단계하중 재하 후 침하량 산정

(15분간 침하량이 1/100mm 이하가 될 때까지 재하)

③ 시험하중까지 재하 후 시험종료

3) 시험결과의 지반물성치

① 허용지지력(q_{30})

② 침하량(S_{30})

③ 지반반력계수(K_{30})

④ 30 : 30cm 재하판의 첨자

II. 실무적용 방법

1. 실계기초의 설계지지력(허용지지력, q_a) 산정

1) 사질토 기초지반

① $q_a = q_{30}\dfrac{B}{B_{30}} + \dfrac{1}{3}r_2{'}D_f N_q$

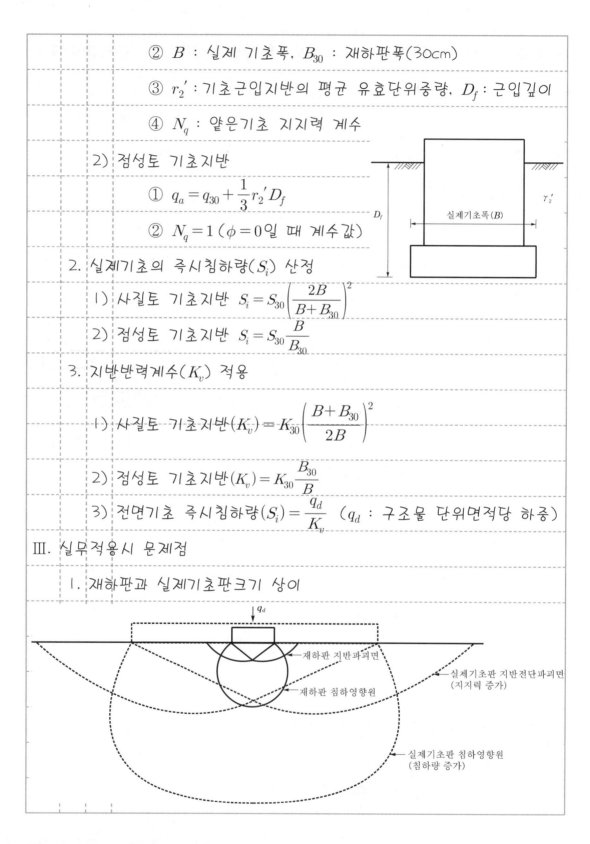

② B : 실제 기초폭, B_{30} : 재하판폭(30cm)

③ r_2' : 기초근입지반의 평균 유효단위중량, D_f : 근입깊이

④ N_q : 얕은기초 지지력 계수

2) 점성토 기초지반

① $q_a = q_{30} + \dfrac{1}{3} r_2' D_f$

② $N_q = 1$ ($\phi = 0$일 때 계수값)

D_f

실제기초폭(B)

r_2'

2. 실제기초의 즉시침하량(S_i) 산정

1) 사질토 기초지반 $S_i = S_{30} \left(\dfrac{2B}{B + B_{30}} \right)^2$

2) 점성토 기초지반 $S_i = S_{30} \dfrac{B}{B_{30}}$

3. 지반반력계수(K_v) 적용

1) 사질토 기초지반(K_v) $= K_{30} \left(\dfrac{B + B_{30}}{2B} \right)^2$

2) 점성토 기초지반(K_v) $= K_{30} \dfrac{B_{30}}{B}$

3) 전면기초 즉시침하량(S_i) $= \dfrac{q_d}{K_v}$ (q_d : 구조물 단위면적당 하중)

Ⅲ. 실무적용시 문제점

1. 재하판과 실제기초판크기 상이

$\downarrow q_d$

재하판 지반파괴면

실제기초판 지반전단파괴면
(지지력 증가)

재하판 침하영향원

실제기초판 침하영향원
(침하량 증가)

2. 지하수위 변동 미반영

구분	PBT 시험시 지반	실제 기초지반
지하수위 변동	없음(단기간 재하)	있음(장기간 재하)
지하수위 상승시 문제점	지하수위 상승에 따른 영향 미반영	① 기초지반 지지력 감소 ② 지지력감소로 침하량 증가
적용시 대책		우수기 지하수위를 기준하여 지지력과 침하량 수정

3. 기초근입깊이 미반영

기초근입깊이(D_f) 미반영

$\gamma_2{'}D_f$

$q_a = q_{30}\dfrac{B}{B_{30}} + \gamma_2{'}D_f N_q$ 미반영

평판재하시험의 기초지반 전단파괴면

실제기초지반 전단파괴면

4. 압밀침하량 미반영

1) 평판재하시험 : 단기하중이므로 즉시침하에 해당

2) 실제기초의 재하 : 장기하중으로 압밀침하 발생

3) $S = S_i + S_c = S_{30}\dfrac{B}{B_{30}} + \left(\dfrac{C_c}{1+e}H\log_{10}\dfrac{P'+\Delta P}{P}\right) \times K$ (K : 침하비)

1차원 압밀침하량 공식

Ⅳ. 결론

평판재하시험은 기초설치전에 실시하여 설계지지력과 침하량을 확인하는 원위치시험으로 시험결과 적용시 기초판크기 영향과 기초근입깊이 및 지하수위 변동을 고려하여 적용해야 한다.

문제 7-1)   후진세굴현상

답

Ⅰ. 정의

후진세굴현상이란 투수층에 설치된 댐에서 하류측 기초지반에서 토립자유실이 발생되어 상류측으로 발전되는 댐기초지반 파이핑현상 또는 지표면 차이가 큰 하천 바닥이 역행으로 침식되는 현상을 말한다.

Ⅱ. 종류

Ⅲ. 발생원인

흙댐의 후진세굴	하천바닥 역행침식
• 수두차에 의한 침투력 발생	• 하천바닥 지표차 발생
• 토립자비중 小, 간극비 大	• 강한 소류력 작용 - 토립자유실
• 토립자유실로 동수구배 증가	• 급구배의 사면 존재

Ⅳ. 방지대책

흙댐	하천바닥
• 기초지반 차수벽 설치	• 급경사 완화
• Cutain Grouting 실시	• 강성 호안공 설치(돌망태, 블록)
• 세굴부위 충진 Grouting 실시	• 하상콘크리트 보호공 설치

문제 7-2)	부력기초(Floating Foundation)
답	

I. 정의

부력기초란 구조물을 지지층이 아닌 순하중(q_o)이 0이 되는 지반까지

굴착하여 설치된 얕은기초를 말하며, 완전 보상기초라고도 한다.

II. 원리

1) 기초의 지지층이 너무 깊어 구조물공사비보다 기초공사비가 많은

구조물

2) 지반침하는 구조물하중에 의한 지중응력증가량으로 발생

3) 지반굴착으로 지중응력 증가를 방지→지반침하 방지

III. 설계 및 시공시 고려사항

1) 적절한 지반조사 및 시험실시

2) 계절별 지하수위변동 파악

3) 기초형식은 전면기초를 채택

4) 지지층이 너무 깊은 경우 대책 수립 후 시공

5) 침하를 허용하는 구조물에만 국한적으로 적용

$q_o=q_d-\gamma D_f=0$인 기초 지반

지지층(지지력과 침하 조건 만족)

IV. 문제점과 대책

문제점	대책
① 연약지반에서의 과대침하	① 자갈포설후 부력기초 설치
② 부등침하 발생	② 지반개량공법 실시후 기초설치
	(응력영향원까지 침하저감공법)
	③ 마찰말뚝 설치 후 기초설치

문제 7-3)	연성전면기초(Winkler Foundation)

답

Ⅰ. 정의

연성전면기초란 기초판의 강성이 연성인 전면기초를 말하며,
부등침하가 예상되는 지반의 기초에 적합한 기초이다.

Ⅱ. 설계모델

1) 전면기초 : 탄성(연성)체

2) 지반 : 탄성스프링

3) 탄성스프링의 탄성계수 = 지반반력계수(K_v)

Ⅲ. 판단방법

1) 판별식 : $\lambda L = \sqrt[4]{\dfrac{K_v B}{4 E_F I_F}} L$ B : 기초폭 E_F : 기초탄성계수

2) 판정 : $\lambda L \geq \pi$ I_F : 기초단면 2차모멘트 $= \dfrac{Bt^3}{12}$

3) 연성기초판설계 한계성 t : 기초두께, L : 기초길이

    ① $\lambda L \geq \pi$ 에서만 적용가능

    ② $\lambda L \leq \dfrac{\pi}{4}$: 강성기초판설계가 적합

Ⅳ. 적용성

1) 독립 전면기초가 불가능한 연약지반의 기초

2) 폭이 넓고 길이가 긴 BOX 기초

3) 큰 저장탱크기초

문제 7-4) 기초지반 파괴형태

답

I. 기초지반파괴의 정의

기초지반파괴란 기초에 작용하는 상부구조물 하중이 계속 증가
하면 기초를 지지하는 지반이 견디지 못하고 전단파괴되어 침
하가 발생하는 것을 말한다.

II. 파괴형태

1) 전반전단파괴(General Shear Failure)

① 기초지반에서 지표면까
지 전단파괴면 형성

② 지표면 융기 발생

2) 국부전단파괴(Local Shear Failure)

① 기초지반의 일부분만
전단파괴면 형성

② 지표면까지 전단파괴면은
형성되지 않으나 지표면 융기발생

3) 관입파괴(Punching Shear Failure)

① 기초지반에 전단파괴면은
발생하지 않음

② 지표면에 융기도 발생하지
않음

문제 7-5) 기초설계시 평판재하시험 결과만을 적용하기 어려운 이유

답

I. 평판재하시험의 정의

평판재하시험은 시험지점에 설치된 재하판에 단계하중을 가한 후 시간별 침하량을 측정한 후 하중-침하곡선을 작도하여 지지력과 침하량, 지반반력계수를 구하는 시험이다.

II. 적용하기 어려운 이유

1) 기초판크기 영향으로 지지력과 침하량 변화 발생

실제 기초
재하판
사질토
기초지반 파괴면 : 길수록 기초지반 지지력 증가
압력구근(지중응력 영향원의 면적) -압력구근이 클수록 침하량 증가
점토

2) 계절별로 지하수위가 변동

① 지하수위 상승시 기초지반의 지지력 감소

• 극한지지력$(q_u) = CN_c + r_1 B N_r + r_2 D_f N_q$ 에서 r_1, r_2 감소

② 지반지지력 감소로 침하량 증가

3) 기초근입깊이(D_f) 미반영으로 기초지지력 과소평가

① 평판재하시험 : $q_u = CN_c + r_1 B N_r$

② 근입깊이 존재시 : $q_u = CN_c + r_1 B N_r + r_2 D_f N_q$

4) 다층지반 영향 미반영

• 다층지반시 기초지반 지지력과 침하량 변동

문제 7-6)	지반반력계수(Modulus of Subgrade Reaction)

답

Ⅰ. 정의

1) 지반반력계수$(K_v) = \dfrac{P}{S} = \dfrac{\text{단위하중}(\text{kgf/cm}^2)}{\text{침하량}(\text{cm})}$

2) 기초설계시에는 항복지지력(q_y)의 $\dfrac{1}{2}$인 단위하중과 해당하는 침하량의 비를 말하고 도로설계시에는 기준침하량(S_1)에 해당하는 평판재하시험하중과 기준침하량의 비를 말한다.

Ⅱ. 구하는 방법

1. 평판재하시험

1) 기초설계시 $K_v = \dfrac{P_1}{S} \quad (P_1 = \dfrac{q_y}{2})$

① 사질토 $K_v = K_{30}\left(\dfrac{B+0.3}{B}\right)^2$

② 점성토 $K_v = K_{30}\left(\dfrac{0.3}{B}\right)$

2) 도로설계시 $K_v = \dfrac{P}{S_1}$

구분	콘크리트 포장·철도·공항 활주로	아스팔트 포장	탱크 기초
S_1(mm)	1.25	2.5	5.0

2. 표준관입시험

$K_{30} = 1.8N_{60} \quad (\text{MN/m}^3) \quad (N_{60}:$타격에너지가 보정된 수정$N$치$)$

3. 변형계수(E_s) 이용

$K_{30} = \dfrac{E_s}{B(1-v^2)} \quad (B:$기초폭, $v:$포아송비$)$

Ⅲ. 특징

1) 재하판크기에 반비례한다. ($K_{30} > K_{40} > K_{75}$)

2) 재하판크기의 영향은 지반의 토질에 따라 다르다.

3) 기초근입깊이(D_f)에 비례한다.

4) 점토지반은 장기침하가 크므로 적용이 곤란하다.

Ⅳ. 활용

1) 고속도로 및 공항 활주로 포장두께 산정

2) 전면기초 침하량 산정

3) 깊은기초 수평지지력 산정

4) 탄소성체 모델 해석시 입력자료

제10장 깊은기초

문제 1 말뚝기초 설계시 축방향 허용지지력을 산정할 때의 안전율 적용기준과 말뚝기초 설계시 고려할 사항에 대하여 기술하시오.

문제 2 매입말뚝 설계시 허용지지력 산정방법과 확인시험인 말뚝재하시험을 통한 안정성 평가 방법에 대하여 기술하시오.

문제 3 말뚝 축방향 허용지지력 결정방법에 대하여 기술하시오.

문제 4 항타분석기에서 측정하는 파의 종류와 설치되는 계측기 및 측정원리, 각 층의 파형태 추정과 이유에 대하여 기술하시오.

문제 5 점성토지반의 타입마찰말뚝을 시공 직후 재하시험의 허용지지력이 설계지지력 이상 이었는데 수개월 후 재확인시험결과 허용지지력이 감소한 원인과 대책에 대하여 기술 하시오.

문제 6 대구경말뚝 재하시험에서 양방향 재하시험의 하중 재하원리와 장단점 및 시험결과를 두부 재하시험의 하중-변위 곡선으로 추정하는 방법에 대하여 기술하시오.

문제 7 부마찰력의 검토목적과 발생조건 및 부마찰력크기 산정방법에 대하여 기술하시오.

문제 8 토질별 말뚝두부 구속조건과 말뚝길이에 따른 횡하중을 받는 말뚝의 지반반력과 휨 모멘트분포에 대하여 기술하시오.

문제 9 원지반과 지반개량 후 교대 측방유동 가능성을 판단하는 방법에 대하여 기술하시오.

문제 10 교대에 과도한 수평변위가 발생시 원인과 대책에 대하여 기술하시오.

문제 11 암반에서 Socketed Pier의 지지력과 침하의 영향인자에 대하여 기술하시오.

문제 12 현장타설말뚝의 설치시 지반조사 항목과 말뚝건전도 검사방법 및 말뚝재하시험 방법에 대하여 기술하시오.

문제 13 해상교량기초 설계시 조사계획 및 적용 가능한 기초형식에 대하여 기술하시오.

문제 14 해상풍력구조물의 기초종류에 대하여 기술하시오.

문제 15 폐광지역 및 석회암 공동지역에 구조물 침하방지 설계의 안정성 평가방법과 대책공법에 대하여 기술하시오.

문제 1)	말뚝기초 설계시 축방향 허용지지력을 산정할 때의 안전율 적용기
	준과 말뚝기초 설계시 고려할 사항에 대하여 기술하시오.

답

Ⅰ. 말뚝 축방향 허용지지력(Q_a)의 개요

1) 정의

말뚝 축방향 허용지지력이란 연직방향의 말뚝재료 허용하

중과 지반의 허용지지력 중 작은 값을 말한다.

2) 말뚝재료와 지반의 허용지지력 산정방법

말뚝재료의 허용지지력	지반의 허용지지력
① 말뚝재료의 장기허용하중 산정 ② 말뚝이음과 장경비를 보정	$Q_a = \dfrac{Q_u}{3}$ $Q_a = \dfrac{Q_y}{2}$ $\Big]$ 작은 값 Q_u : 극한지지력 Q_y : 항복지지력

3) 말뚝 종류별 허용지지력 선택

① 기성말뚝(Pile) : 지반의 허용지지력이 보통 작음

② 현장타설 말뚝(Pier) : 말뚝재료의 허용지지력 선택

(현장타설로 말뚝재료품질이 저하)

Ⅱ. 축방향 허용지지력 산정시 안전율 적용기준

1. 기준안전율을 적용하는 경우

1) 정역학적 방법으로 Q_a 산정시

① $Q_a = \dfrac{Q_u}{3}$

② 극한지지력$(Q_u) = Q_p + Q_s$

③ $Q_p = q_p A_p = (9C + \sigma v' N_q)\left(\dfrac{\pi D^2}{4}\right)$

④ $Q_s = f_s A_s = (\sigma_v' K \tan\phi_w)(\pi DL)$

$Q_u = Q_p + Q_s$

D

L

주면극한
마찰력(Q_s)

지지층 Q_p(선단극한지지력)

2) 현장시험방법으로 Q_a 산정시

① $Q_a = \dfrac{Q_u}{3}$

② SPT시험 : $Q_u = 30 N_{60} A_p + \dfrac{1}{5} \overline{N_{60}} A_s$

③ CPT시험 : $Q_u = q_c A_p + f_c A_s$

④ PMT시험 : $Q_u = [P_o + K_g(P_L - P_o)] A_p + f_s A_s$

3) 말뚝재하시험으로 Q_a 산정시

① 일반적인 말뚝재하시험 횟수(구조물당 1회 해당)

② Q_u 결정방법이 Davisson 방법이 아닌 경우($Q_a = \dfrac{Q_u}{3}$)

③ 항복지지력(Q_y) 산정시 ($Q_a = \dfrac{Q_y}{2}$)

2. 기준안전율보다 낮은 안전율을 적용가능한 경우

1) 말뚝 축하중전이를 측정한 경우

정재하 시험

〈강관말뚝〉

축하중측정 센서

〈현장타설 말뚝〉

Load cell

하중

극한하중

Z Q_p Q_s

① Q_p와 Q_s를 분리하여 측정

② 극한하중이 분명하게 규명 : $Q_a = \dfrac{Q_p}{3} + \dfrac{Q_s}{1.5}$

2) 순침하량기준을 적용시

① 말뚝 정재하시험의 하중 - 침하곡선에서 순침하량으로

구한 극한지지력(Q_y)인 경우 : $Q_a = \dfrac{Q_y}{2}$

② 순침하량 = 말뚝직경의 2.5%에 해당하는 침하량

3) Davisson 방법으로 극한지지력 산정시 : $Q_a = \dfrac{Q_y}{2}$

Ⅲ. 말뚝기초 설계시 고려할 사항

  1. 부마찰력(Q_{ns})

    1) 압밀층에 말뚝설계시 부마찰력이 발생됨

    2) 발생시 문제점

문제점	대책
① 말뚝축방향 지지력 감소	① Preloading으로 압밀침하 후 말뚝설치
$Q_u = Q_p + Q_s - Q_{ns}$	② SL(Slip Layer) Pile 시공
② 중립점에서 말뚝파손	③ 이중관말뚝 시공
작용하중$(Q) = Q_d + Q_{ns}$	③ 말뚝재질 변경과 수량증가

  2. 측방유동

    1) 인근지역에 고성토가 진행중인 압밀층에 말뚝 설계시 측방유동압 작용

    2) 문제점

       ① 구조물 측방이동

       ② 말뚝파손 또는 말뚝이동

  3. 무리말뚝효과

    1) 말뚝지지력 감소 및 말뚝침하량 증가

    2) 무리말뚝 침하량$(S_g) = S\sqrt{\dfrac{B_g}{D}}$ (S : 단말뚝침하량, B_g : 무리말뚝 폭)

  4. 말뚝재료 지지력 감소 - 강재부식, 말뚝이음

  5. 말뚝시공성 및 진동·소음

Ⅳ. 결론

     말뚝기초 설계시 말뚝재료와 지반조건을 고려하여 허용지지력

     을 결정하고 말뚝재하시험으로 확인하여야 한다.

문제 2)	매입말뚝 설계시 허용지지력 산정방법과 확인시험인 말뚝재하시험을 통한 안정성 평가방법에 대하여 기술하시오.

답

I. 매입말뚝(Bored Precast Pile)의 개요

1) 정의

매입말뚝이란 연속오거 또는 암석 굴착장비로 선단지지층까지 착공한 후 기성말뚝을 삽입하여 지반에 설치된 말뚝을 말하며 선굴착 기성말뚝이라고도 한다.

2) 시공법 종류

① SIP(Soil cement Injected precast Pile)

② SAIP(Special Auger and Soil cement Injected precast Pile)

③ SDA(Separated Doughnut Auger)

④ PRD(Percussion Rotary Drill)

3) 종류별 시공방법

구분	SIP	SAIP	SDA	PRD
천공	오거	특수오거	케이싱+오거	강관선단 비트 +내부오거
공벽보호	시멘트풀	시멘트풀	케이싱	강관말뚝
오거회수	말뚝삽입 전	말뚝삽입 후	말뚝삽입 전	굴착완료 후
선단부관입	최종경타		말뚝회전압입	강관회전압입
주면고정액	케이싱인발시 주입		케이싱인발후 주입	

II. 설계시 허용지지력 산정방법

1. 극한지지력(Q_u) 산정

  1) 사질토지반의 매입말뚝

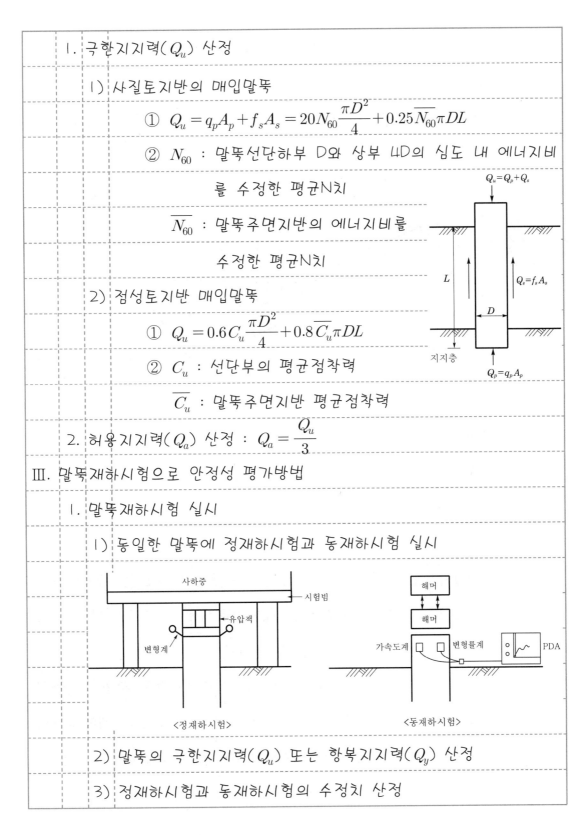

    ① $Q_u = q_p A_p + f_s A_s = 20 N_{60} \dfrac{\pi D^2}{4} + 0.25 \overline{N_{60}} \pi D L$

    ② N_{60} : 말뚝선단하부 D와 상부 4D의 심도 내 에너지비

       를 수정한 평균N치

       $\overline{N_{60}}$: 말뚝주면지반의 에너지비를

       수정한 평균N치

  2) 점성토지반 매입말뚝

    ① $Q_u = 0.6 C_u \dfrac{\pi D^2}{4} + 0.8 \overline{C_u} \pi D L$

    ② C_u : 선단부의 평균점착력

       $\overline{C_u}$: 말뚝주면지반 평균점착력

2. 허용지지력(Q_a) 산정 : $Q_a = \dfrac{Q_u}{3}$

Ⅲ. 말뚝재하시험으로 안정성 평가방법

1. 말뚝재하시험 실시

  1) 동일한 말뚝에 정재하시험과 동재하시험 실시

<정재하시험>　　　　　<동재하시험>

  2) 말뚝의 극한지지력(Q_u) 또는 항복지지력(Q_y) 산정

  3) 정재하시험과 동재하시험의 수정치 산정

4) 시방규정에 맞는 시험개수만큼 동재하 시험 실시

2. 허용지지력(Q_a) 산정

1) 허용지지력(Q_a)은 Q_u와 Q_y로 구한 Q_a값 중 작은 값 선택

2) 재하시험에서 Q_u와 Q_y 산정방법

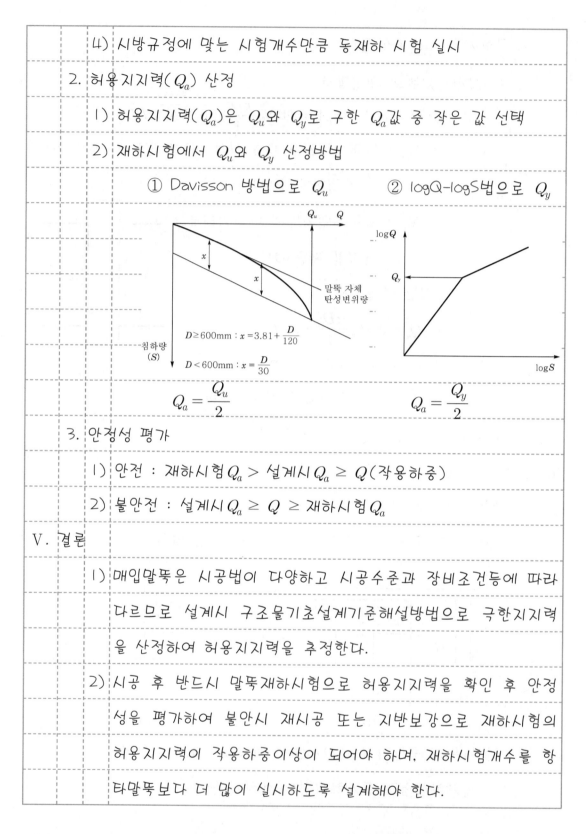

① Davisson 방법으로 Q_u ② logQ-logS법으로 Q_y

말뚝 자체 탄성변위량

침하량 (S)

$D \geq 600mm : x = 3.81 + \dfrac{D}{120}$

$D < 600mm : x = \dfrac{D}{30}$

$$Q_a = \frac{Q_u}{2}$$ $$Q_a = \frac{Q_y}{2}$$

3. 안정성 평가

1) 안전 : 재하시험Q_a > 설계시 $Q_a \geq Q$(작용하중)

2) 불안전 : 설계시 $Q_a \geq Q \geq$ 재하시험Q_a

V. 결론

1) 매입말뚝은 시공법이 다양하고 시공수준과 장비조건등에 따라 다르므로 설계시 구조물기초설계기준해설방법으로 극한지지력을 산정하여 허용지지력을 추정한다.

2) 시공 후 반드시 말뚝재하시험으로 허용지지력을 확인 후 안정성을 평가하여 불안시 재시공 또는 지반보강으로 재하시험의 허용지지력이 작용하중이상이 되어야 하며, 재하시험개수를 항타말뚝보다 더 많이 실시하도록 설계해야 한다.

| 문제 3) | 말뚝 축방향 허용지지력 결정방법에 대하여 기술하시오. |

답

I. 말뚝 축방향 허용지지력(Q_a)의 개요

1) 정의

말뚝 축방향 허용지지력이란 연직방향의 말뚝재료 허용하중과 지반의 허용지지력 중 작은 값을 말한다.

2) 말뚝재료와 지반의 허용지지력 산정방법

말뚝재료의 허용지지력	지반의 허용지지력	
① 말뚝재료의 장기허용하중 산정	$Q_a = \dfrac{Q_u}{3}$ ⎱ 작은 값	Q_u : 극한지지력
② 말뚝이음과 장경비를 보정	$Q_a = \dfrac{Q_y}{2}$	Q_y : 항복지지력

3) 말뚝 종류별 허용지지력 선택

① 기성말뚝(Pile) : 지반의 허용지지력이 보통 작음

② 현장타설 말뚝(Pier) : 말뚝 재료의 허용지지력을 선택

(현장타설이므로 말뚝 재료품질이 저하)

II. 말뚝 축방향 허용지지력 결정방법

1. 단말뚝 허용지지력(Q_a)

1) 정역학적 방법

① $Q_a = \dfrac{Q_u}{3} = \dfrac{Q_p + Q_s}{3}$

② $Q_p = q_p A_p$ q_p : 단위 면적당 극한지지력

$q_p = 9C + \sigma_v' N_q$

선단면적$(A_p) = \dfrac{\pi D^2}{4}$ D : 말뚝직경

③ $Q_s = f_s A_s$ f_s : 단위면적당 주면마찰력

극한지지력$(Q_u) = Q_p + Q_s$

D

L

주면극한마찰력(Q_s)

지지층

선단극한지지력(Q_p)

$$f_s = \alpha c, \quad f_s = \sigma_v{}' K \tan \phi_w$$

$$주면적(A_s) = \pi D L \qquad L : 말뚝관입길이$$

2) 현장시험방법

① $Q_a = \dfrac{Q_u}{3}$

② 현장시험 종류별 극한지지력(Q_u) 산정공식

표준관입시험 (SPT)	① $Q_u = 30 N_{60} A_p + \dfrac{1}{5}\overline{N_{60}} A_s$
	② N_{60} : 보정된 말뚝선단부의 평균N치
	③ $\overline{N_{60}}$: 보정된 말뚝주면부의 평균N치
정적콘관입시험 (CPT)	① $Q_u = q_c A_s + f_c A_s$
	② q_c : 말뚝선단부의 평균콘저항치
	③ f_c : 말뚝주면부의 평균마찰저항치
공내수평재하시험 (PMT)	① $Q_u = [P_o + K_g(P_L - P_o)]A_p + f_s A_s$
	② P_o, P_L : PMT의 정지압력, 한계압력
	③ PMT 지지력 계수(K_g) = 0.8~0.9
	④ f_s : PMT 한계압력으로 도표에서 구함

3) 동역학적 방법(Hiley 공식)

① $Q_a = \dfrac{R_u}{2}$

② $R_u = \dfrac{W_H H e}{S + \dfrac{C_1 + C_2 + C_3}{2}} \times \dfrac{W_H + n^2 W_P}{W_H + W_P}$ 　　n : 반발계수

　　　　　　　　　　　　　　　　　　　　　　　　　e : 해머효율

③ 지지층 관입후 최종항타시 10회 평균침하량(S)과 리바

운드량($\dfrac{C_2 + C_3}{2}$)을 대입하여 산정

4) 말뚝재하시험방법

① 말뚝재하시험(정재하시험, 동재하시험, 양방향재하시험)

으로 하중(Q) - 침하(S) 곡선작도

② 극한지지력(Q_u)과 항복지지력(Q_y) 산정

③ 허용지지력(Q_a) $\left[\dfrac{Q_u}{3} \atop \dfrac{Q_y}{2}\right]$ 작은 값

2. 무리말뚝 축방향 허용지지력(Q_{ga})

1) 사질토지반 무리말뚝

① $Q_{ga} = Q_a n E$ (n : 말뚝 수)

② 무리말뚝효율(E) $\left[\begin{array}{l} S(말뚝간격) > 3D \ 타입말뚝 : E = 1 \\ S = 3D \ 착공말뚝 : E = \dfrac{2}{3} \sim \dfrac{3}{4} \end{array}\right.$

2) 점토지반 무리말뚝

① 단말뚝 허용지지력 합(Q_{ga1}) = $Q_a n$

② 가상케이슨 허용지지력(Q_{ga2}) = $\dfrac{(q_p A_{gp} + f_s A_{gs})}{3}$

③ $Q_{ga} = Q_{ga1}$과 Q_{ga2} 중 작은 값

3) 암반지반 무리말뚝(Q_{ga}) = $Q_a n$

Ⅲ. 결론

1) 말뚝 축방향 허용지지력 설계시 말뚝재하시험이 곤란한 경우 전단시험으로 구한 강도정수(C, ϕ)로 정역학적 방법 또는 현장시험방법으로 결정한다.

2) 공식(정역학적 방법과 현장시험방법)으로 설계한 축방향 허용지지력은 반드시 말뚝시공 후 말뚝재하시험으로 축방향 허용지지력을 확인한 후 직접기초를 시공하여야 한다.

문제 4)		항타분석기에서 측정하는 파의 종류와 설치되는 계측기 및 측정원
		리, 각 층의 파형태 추정과 이유에 대하여 기술하시오.
답		

I. 항타분석기(PDA)의 개요

　　1) 정의

　　　　　항타분석기란 지지층에 관입된 말뚝상부에 부착된 변형률
　　　　계와 가속도계를 연결하여 항타로 인한 시간별 힘과 속도
　　　　의 파형을 분석하여 타격에너지, 말뚝의 변위와 건전도 및
　　　　지지력을 산정하는 동재하시험의 분석기계를 말한다.

　　2) 항타분석기 시험 장치

II. 항타분석기에서 측정하는 파의 종류

　　1) F파(Force Wave, 힘파)

　　　　① 변형률계의 측정치로 구한 힘의 파형으로 F파 산정

　　　　② $F = \varepsilon EA$ (ε : 변형률, E : 말뚝의 탄성계수, A : 말뚝의 단면적)

　　2) V파(입자속도파)

　　　　① 가속도계의 측정치로
　　　　　구한 입자속도 파형
　　　　　으로 V파 산정

$$② \text{ 입자속도}(V) = \frac{\text{변위량}(\Delta\delta)}{\text{시간}(\Delta t)}$$

Ⅲ. 설치되는 계측기 및 측정원리

설치되는 계측기	측정원리
변형률계 (Strain gage)	① 시간에 따른 말뚝의 변형률을 측정 ② 항타분석기에서 힘(F)을 산출
가속도계 (Accelerometer)	① 시간에 따른 가속도를 측정 ② PDA에서 속도와 변위로 변환 ③ 입자속도(V)와 파속도(C) 산출
항타분석기 $\left(\begin{array}{c}\text{Pile Driving} \\ \text{Analyzer}\end{array}\right)$	① 계측기에서 측정되는 파의 파형 산정(F파형과 속도파형) ② 파동방정식과 비례성 원칙이론에 입각하여 파형산정 ③ 말뚝의 건전도, 작용응력, 지지력 산정

Ⅳ. 각층의 파형태 추정과 이유

1. 연약점토층에 설치된 암반지지 말뚝

1) 파형태 추정

2) 이유

각층	이유
연약점토층 ($t = 0 \sim \dfrac{2L}{C}$ 구간)	① 말뚝주면마찰력이 작음(F파와 V파 적게 분리) ② 주면마찰력 ≒0(속도파는 거의 0에 가까움)

암반층	① 말뚝 선단지지력이 매우 큼(F파와 V파 많이 분리)
($t > \dfrac{2L}{C}$구간)	② F파의 파형은 선단부에서 크게 증가

2. 연약점토층에 설치된 마찰말뚝

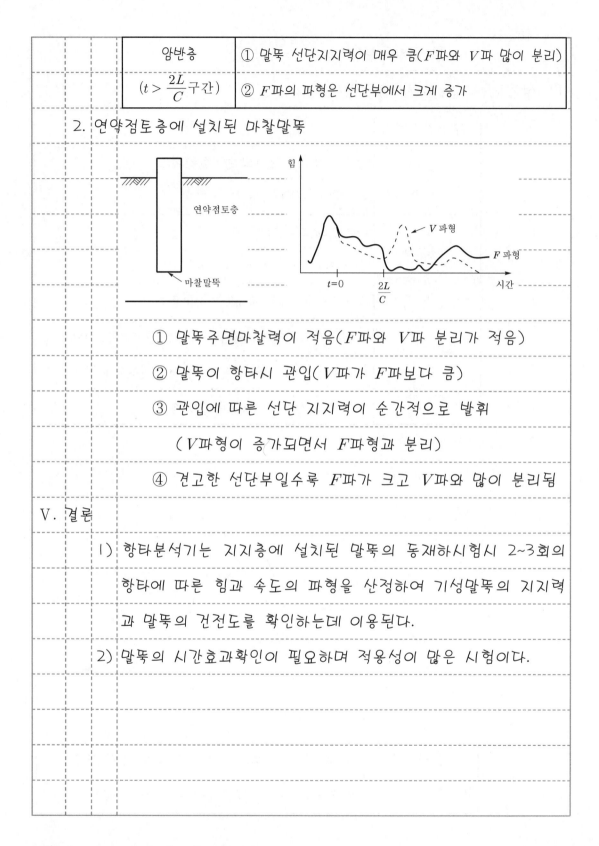

① 말뚝주면마찰력이 적음(F파와 V파 분리가 적음)

② 말뚝이 항타시 관입(V파가 F파보다 큼)

③ 관입에 따른 선단 지지력이 순간적으로 발휘

　(V파형이 증가되면서 F파형과 분리)

④ 견고한 선단부일수록 F파가 크고 V파와 많이 분리됨

V. 결론

1) 항타분석기는 지지층에 설치된 말뚝의 동재하시험시 2~3회의 항타에 따른 힘과 속도의 파형을 산정하여 기성말뚝의 지지력 과 말뚝의 건전도를 확인하는데 이용된다.

2) 말뚝의 시간효과확인이 필요하며 적용성이 많은 시험이다.

문제 5)	점성토지반의 타입마찰말뚝을 시공 직후 재하시험의 허용지지력이
	설계지지력 이상이었는데 수개월 후 재확인시험결과 허용지지력이
	감소한 원인과 대책에 대하여 기술하시오.

답

I. 점성토지반의 타입마찰말뚝 개요

1) 정의

점성토지반 타입마찰말뚝이란 말뚝의 지지층심도가 너무 깊고 상부구조물의 하중이 적은 경우 설치되는 마찰지지 말뚝을 항타로 설치한 것을 말한다.

2) 마찰말뚝이 설치되는 점토지반조건

Q(작용 하중)

과압밀 점토지반

Q_s(주면마찰력)

마찰말뚝

① 말뚝침하량 > 지반침하량

② 허용지지력(Q_a) ≥ Q

$$Q_a = \frac{Q_s}{3}$$

③ 과압밀점토지반에 설치된 마찰 말뚝은 ①②조건을 만족함

3) 말뚝타입시 과압밀점토지반 거동

① 부의 과잉간극수압 발생

② 지표면 융기 및 말뚝주변지반 균열 유발

II. 허용지지력이 감소한 원인

1. 부의 과잉간극수압 소산

1) 타입시 발생된 부의 과잉간극수압 소산 발생

타입시 발생된 $-\Delta U$는 시간이 경과하면 소산됨

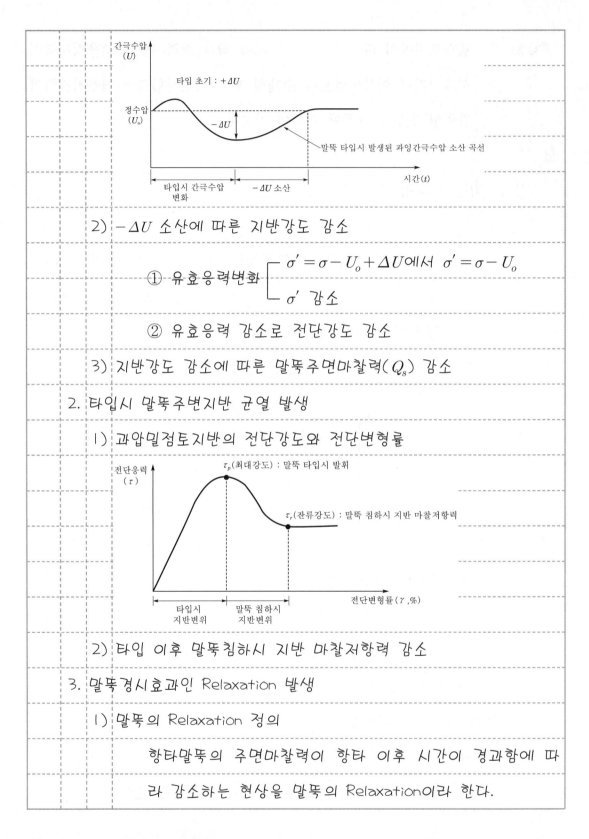

간극수압
(U)

타입 초기 : $+\Delta U$

정수압
(U_o)

$-\Delta U$

말뚝 타입시 발생된 과잉간극수압 소산 곡선

시간(t)

타입시 간극수압
변화

$-\Delta U$ 소산

2) $-\Delta U$ 소산에 따른 지반강도 감소

① 유효응력변화 $\begin{cases} \sigma' = \sigma - U_o + \Delta U \text{에서} \ \sigma' = \sigma - U_o \\ \sigma' \text{ 감소} \end{cases}$

② 유효응력 감소로 전단강도 감소

3) 지반강도 감소에 따른 말뚝주면마찰력(Q_s) 감소

2. 타입시 말뚝주변지반 균열 발생

1) 과압밀점토지반의 전단강도와 전단변형률

전단응력
(τ)

τ_p(최대강도) : 말뚝 타입시 발휘

τ_r(잔류강도) : 말뚝 침하시 지반 마찰저항력

전단변형률(γ,%)

타입시
지반변위

말뚝 침하시
지반변위

2) 타입 이후 말뚝침하시 지반 마찰저항력 감소

3. 말뚝경시효과인 Relaxation 발생

1) 말뚝의 Relaxation 정의

항타말뚝의 주면마찰력이 항타 이후 시간이 경과함에 따라 감소하는 현상을 말뚝의 Relaxation이라 한다.

2) 말뚝의 동재하시험 이후 주면마찰력 감소

① $-\Delta U$ 소산으로 유효응력이 감소되어 Q_s 감소

② 지반전단강도 감소($\tau_p \to \tau_r$)에 따른 Q_s 감소

III. 대책

1. 감소된 지지력만큼 말뚝설치

① ΔQ_a = 설계 Q_a - 재하 Q_a

② 말뚝 수 $= \dfrac{\Delta Q_a}{\text{단말뚝} \, Q_a}$

③ 무리말뚝효과 고려

2. 말뚝주변지반 그라우팅으로 보강

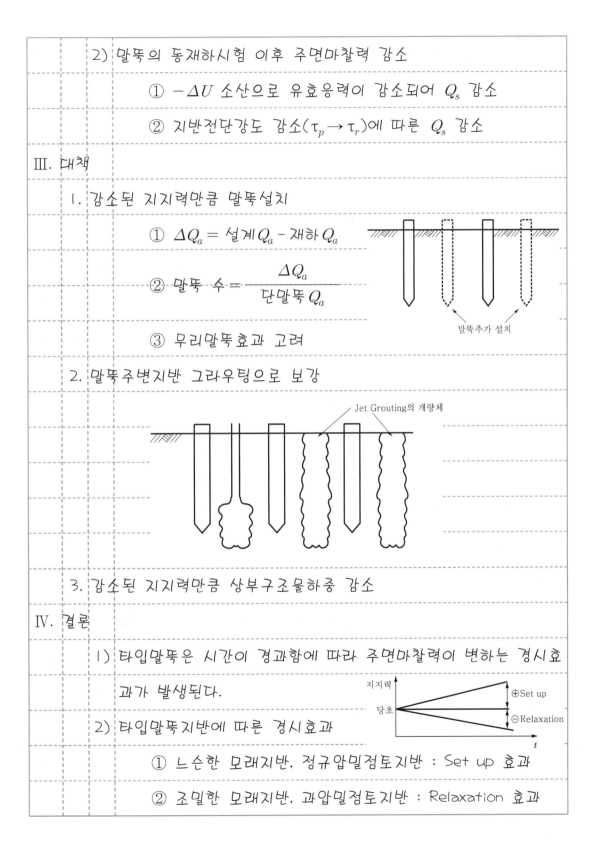

3. 감소된 지지력만큼 상부구조물하중 감소

IV. 결론

1) 타입말뚝은 시간이 경과함에 따라 주면마찰력이 변하는 경시효과가 발생된다.

2) 타입말뚝지반에 따른 경시효과

① 느슨한 모래지반, 정규압밀점토지반 : Set up 효과

② 조밀한 모래지반, 과압밀점토지반 : Relaxation 효과

문제 6)	대구경말뚝 재하시험에서 양방향 재하시험의 하중 재하원리와 장단
	점 및 시험결과를 두부 재하시험의 하중-변위 곡선으로 추정하는
	방법에 대하여 기술하시오.

답

I. 양방향 재하시험의 개요

　1) 정의

　　양방향 재하시험은 현장타설말뚝의 선단부 또는 적당한 위치에 양방향 재하장치를 설치하여 시험말뚝의 자중과 상향주면저항력을 반력으로 하는 말뚝의 정적 재하시험을 말한다.

　2) 시험의 목적

지지력 특성조사	① 말뚝의 선단지지력 특성 자료획득
	② 말뚝의 주면지지력 특성 자료획득
지지력 확인	설계지지력의 만족여부 확인

　3) 시험방법

　　① 시험하중(Q_m) = 설계지지력×2배

　　② 단계하중(Q) : $Q_1 = \dfrac{Q_m}{4}$, $Q_2 = \dfrac{Q_m}{2}$, $Q_3 = \dfrac{3}{4}Q_m$, $Q_4 = Q_m$

　　③ 재하방법 : 단계하중 재하후 1시간 유지하면서 말뚝 두부 침하량 측정 후 20분 간격으로 재하

　　④ 시험하중까지 반복하여 시험

II. 하중재하원리

　1) 1단 양방향 재하장치 재하원리

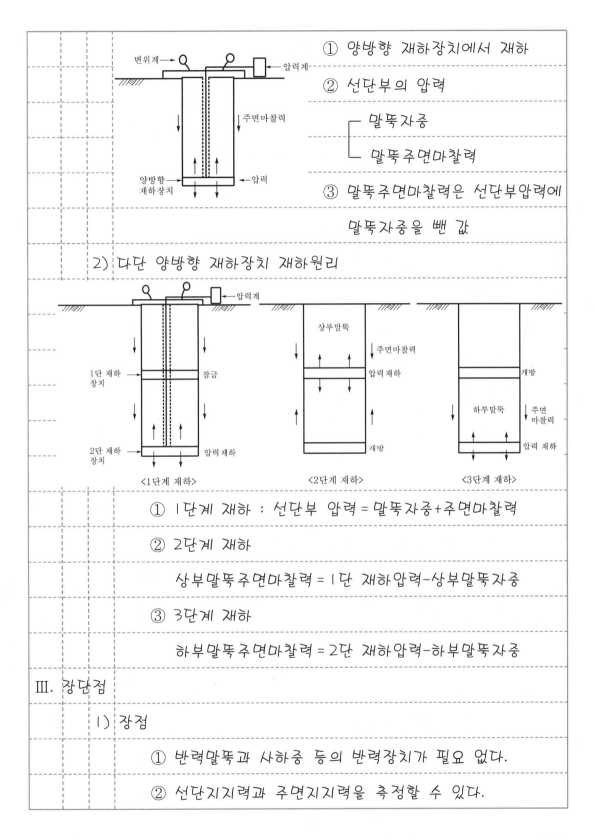

① 양방향 재하장치에서 재하

② 선단부의 압력

   ┌ 말뚝자중

   └ 말뚝주면마찰력

③ 말뚝주면마찰력은 선단부압력에

    말뚝자중을 뺀 값

2) 다단 양방향 재하장치 재하원리

<1단계 재하>　　<2단계 재하>　　<3단계 재하>

① 1단계 재하 : 선단부 압력 = 말뚝자중+주면마찰력

② 2단계 재하

    상부말뚝주면마찰력 = 1단 재하압력-상부말뚝자중

③ 3단계 재하

    하부말뚝주면마찰력 = 2단 재하압력-하부말뚝자중

Ⅲ. 장단점

  1) 장점

    ① 반력말뚝과 사하중 등의 반력장치가 필요 없다.

    ② 선단지지력과 주면지지력을 측정할 수 있다.

③ 하중전이 측정시험이 가능하다.

2) 단점

① 현장타설말뚝에서만 시험이 가능하다.

② 선단지지력이 큰 경우 보조반력장치가 필요하다.

③ 시험말뚝의 변위거동이 허용치 이상일 때 구조물기초
로 사용이 곤란

Ⅳ. 두부 재하시험의 하중-변위 곡선으로 추정방법

1. 양방향 재하시험결과 곡선작도

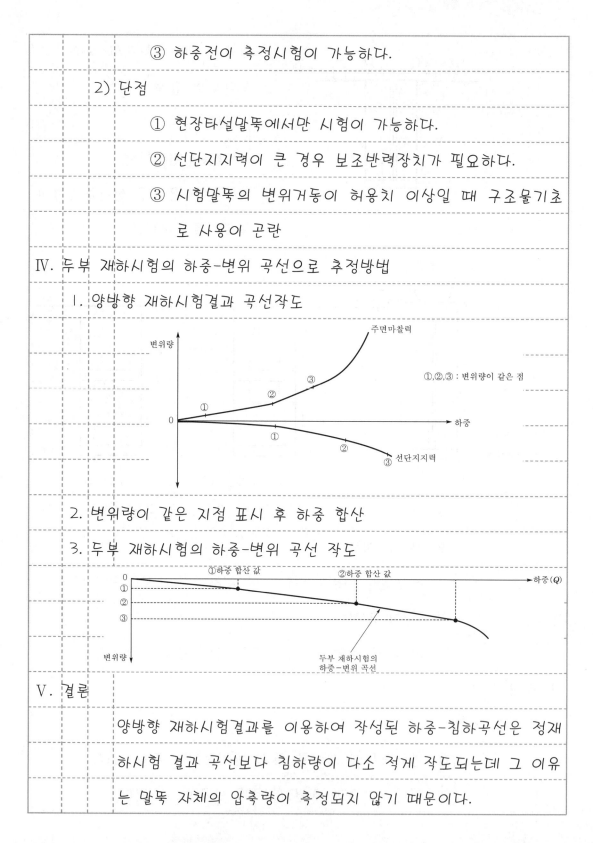

2. 변위량이 같은 지점 표시 후 하중 합산

3. 두부 재하시험의 하중-변위 곡선 작도

Ⅴ. 결론

양방향 재하시험결과를 이용하여 작성된 하중-침하곡선은 정재
하시험 결과 곡선보다 침하량이 다소 적게 작도되는데 그 이유
는 말뚝 자체의 압축량이 측정되지 않기 때문이다.

문제 7)	부마찰력의 검토목적과 발생조건 및 부마찰력크기 산정방법에 대하여 기술하시오.

답

I. 부마찰력의 개요

1) 정의

부마찰력이란 연약한 점성토지반에 설치된 말뚝의 침하보다 말뚝주변지반의 침하가 훨씬 커서 하향으로 작용하는 말뚝의 주면마찰력을 말한다.

2) 발생 메커니즘

① 말뚝 설치 후 점성토지반 압밀침하 발생

② 지반침하량 > 말뚝침하량 ⇒ 부마찰력 발생

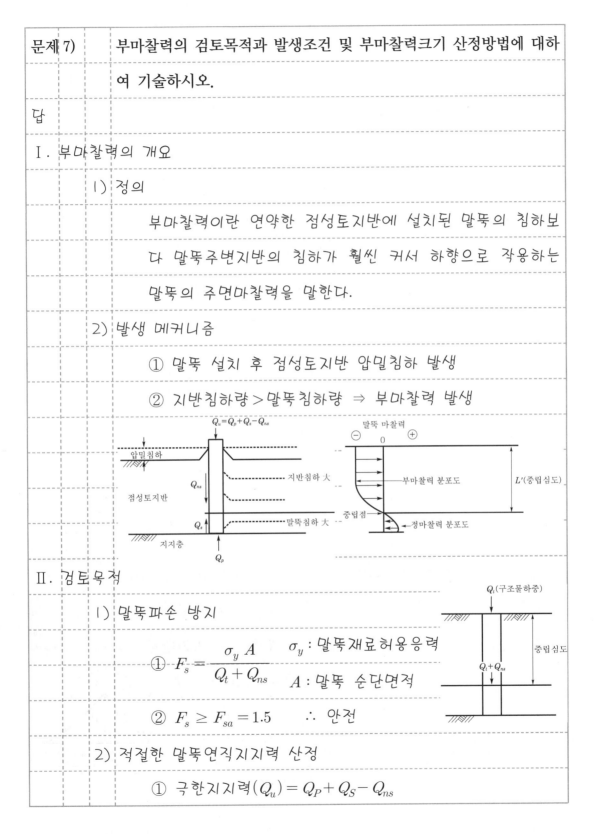

II. 검토목적

1) 말뚝파손 방지

① $F_s = \dfrac{\sigma_y A}{Q_t + Q_{ns}}$ σ_y : 말뚝재료 허용응력

    A : 말뚝 순단면적

② $F_s \geq F_{sa} = 1.5$ ∴ 안전

2) 적절한 말뚝연직지지력 산정

① 극한지지력$(Q_u) = Q_P + Q_S - Q_{ns}$

② 허용지지력$(Q_a) = \dfrac{Q_u}{3}$

Ⅲ. 발생조건

1) 미완압밀점토지반에 설치된 선단지지말뚝

   ① 과소압밀로 압밀침하 발생

   ② 지반침하량 > 말뚝침하량 ⇒ 부마찰력 발생

2) 포화점토지반에 성토 후 설치된 선단지지말뚝

   ① 성토하중에 의한 압밀침하 발생

   ② 지반침하량이 말뚝침하량보다 커서 부마찰력 발생

3) 2차압밀이 발생 중인 지반의 선단지지말뚝

   ① 유기질점토지반은 2차압밀침하 발생

   ② 상당히 큰 부마찰력이 말뚝에 작용함

4) 지하수위가 저하되는 점토지반에 설치된 지지말뚝

   ① $S_c = \dfrac{C_c}{1+e} H \log_{10} \dfrac{P' + \Delta P}{P'}$

   ② $P' = \gamma_{sub} \dfrac{H}{2}$

   ③ $\Delta P = (\gamma_t - \gamma_{sub}) H_1$

   ④ 압밀침하(S_c)로 말뚝에 부마찰력 발생

5) 동하중을 받은 포화점성토층에 설치된 지지말뚝

   ① 동하중으로 과잉간극수압(ΔU) 발생

   ② 과잉간극수압의 소산으로 압밀침하 발생

   ③ 압밀침하로 부마찰력 발생

Ⅳ. 부마찰력크기 산정방법

　1. 단말뚝의 부마찰력(Q_{ns})

　　1) α방법

　　　① $Q_{ns} = \alpha\,C_u\pi DL'$

　　　② 부착력계수(α)

　　　③ D : 말뚝직경

　　　④ L' : 중립심도

　　2) β방법

　　　① $Q_{ns} = \beta\,\sigma_v{}'\pi DL'$

　　　　$= K_o\tan\phi_w\sigma_v{}'\pi DL'$

　　　② 정지토압계수(K_o) $= 1-\sin\phi$

　　　③ ϕ_w : 말뚝과 주변흙의 마찰각 $\begin{cases} \text{강관말뚝} : 20° \\ \text{콘크리트말뚝} : \dfrac{3}{4}\phi \end{cases}$

　　　④ $\sigma_v{}'$: 중립심도 중앙부의 유효연직응력

　2. 무리말뚝의 부마찰력(Q_{gns})

　　1) $Q_{gns} = BL(r_1{}'D_1 + r_2{}'D_2)$

　　2) B, L : 무리말뚝의 폭, 길이

　　3) $r_1{}'$, $r_2{}'$: 성토층, 점토층의 평균

　　　　　유효단위중량

Ⅴ. 결론

　　1) 점토층에 말뚝을 설계시 반드시 부마찰력을 고려하여 말뚝에 발생

　　　하는 문제점(말뚝파손과 지지력감소)의 대책을 마련해야 한다.

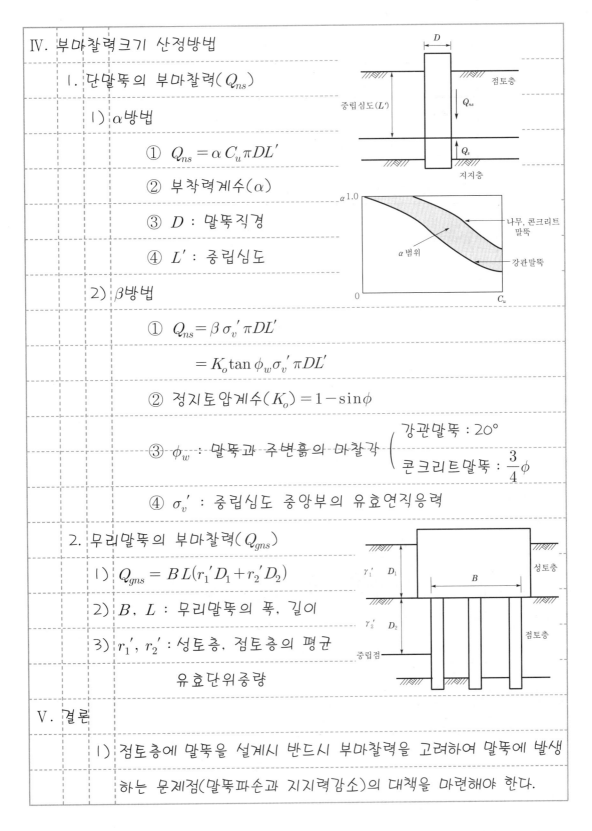

2) 부마찰력 발생원인과 저감대책

발생원인	저감대책
① 연약점토지반에 말뚝설치	① SLP(Slip Layer Pile) 시공
② 성토로 압밀침하 발생	② 이중관 설치 - 외부관 부마찰력부담
③ 수위저하로 압밀 발생	내부관 구조물지지

| 문제 8) | 토질별 말뚝두부 구속조건과 말뚝길이에 따른 횡하중을 받는 말뚝의 지반반력과 휨모멘트분포에 대하여 기술하시오. |

답

I. 횡하중을 받는 말뚝의 개요

1) 정의

횡하중을 받는 말뚝이란 상부구조물에 토압 또는 풍압 등이 작용하여 지중에 설치된 말뚝의 두부에 수평력이 작용하는 말뚝을 말하며, 수평말뚝이라고도 한다.

2) 횡하중을 받는 말뚝의 거동

① 말뚝 두부구속조건에 따른 말뚝거동

<말뚝두부 자유상태>   <말뚝두부 구속회전>

② 말뚝길이에 따른 말뚝거동

구분	짧은말뚝(강성말뚝)	긴말뚝(무한장말뚝)
상대적인 강성여부	말뚝강성 大	흙강성 大
말뚝 축변형	발생하지 않음	발생
횡하중 작용시 극한 수평저항력	흙의 강도에 지배	말뚝저항모멘트에 지배

II. 점토지반 수평말뚝의 지반반력과 휨모멘트분포

1. 짧은말뚝과 긴말뚝 구별

구분	점성토	사질토
짧은말뚝	$\beta L \leq 2.25$	$\eta L < 2.0$
긴말뚝	$\beta L > 2.25$	$\eta L > 4.0$

1) $\beta = \left(\dfrac{k_h B}{4EI} \right)^{\frac{1}{4}}$

2) $\eta = \left(\dfrac{n_h}{EI} \right)^{\frac{1}{5}}$

L : 말뚝길이
k_h : 지반반력계수
B : 기초폭
E, I : 말뚝탄성계수, 단면2차모멘트
n_h : 지반반력계수의 깊이별 증가율

2. 말뚝두부 자유

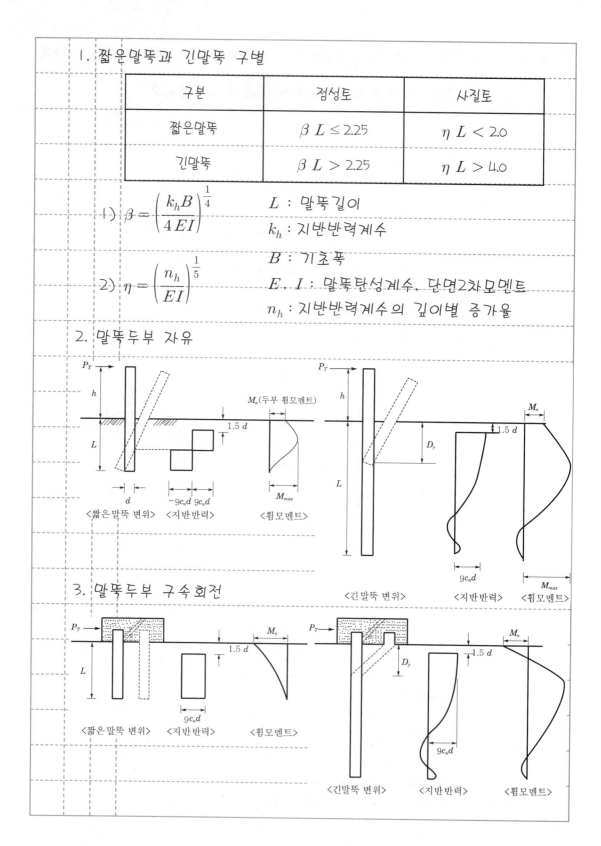

〈짧은말뚝 변위〉 〈지반반력〉 〈휨모멘트〉

〈긴 말뚝 변위〉 〈지반반력〉 〈휨모멘트〉

3. 말뚝두부 구속회전

〈짧은말뚝 변위〉 〈지반반력〉 〈휨모멘트〉

〈긴말뚝 변위〉 〈지반반력〉 〈휨모멘트〉

III. 사질토지반 수평말뚝의 지반반력과 휨모멘트분포

1. 말뚝두부 자유

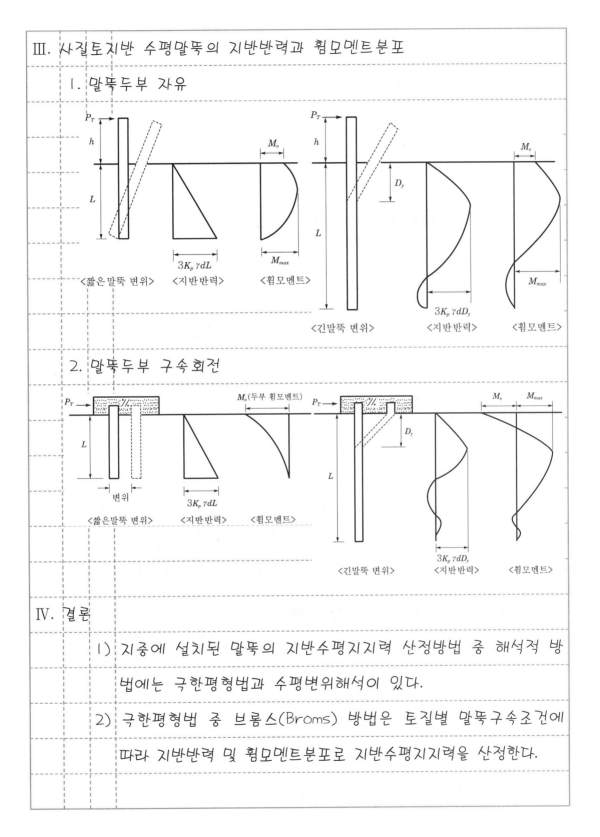

2. 말뚝두부 구속회전

IV. 결론

1) 지중에 설치된 말뚝의 지반수평지지력 산정방법 중 해석적 방법에는 극한평형법과 수평변위해석이 있다.

2) 극한평형법 중 브롬스(Broms) 방법은 토질별 말뚝구속조건에 따라 지반반력 및 휨모멘트분포로 지반수평지지력을 산정한다.

문제 9)	원지반과 지반개량 후 교대 측방유동 가능성을 판단하는 방법에 대하여 기술하시오.

답

I. 교대 측방유동의 개요

1) 정의

교대 측방유동이란 연약지반에 설치된 교대의 뒤채움토 하중인 편재하중이 원지반의 극한지지력보다 커서 소성변형이 발생되어 측방유동압이 교대기초부분에 작용하여 교대가 수평방향으로 이동하는 현상을 말한다.

2) 발생 메커니즘

① 원지반 소성변형 발생

② 교대기초부에 측방유동압 작용

③ 지반수평지반반력 계수(K_h) 감소

④ 교대기초 수평이동

II. 원지반 교대 측방유동 가능성 판단방법

1. 점성토 원지반

1) 지반물성치 산정

① 원지반의 점착력(C)

② 성토지반의 단위중량(r)

2) 경험적인 방법으로 측방유동 가능성 판단

3) 측방유동지수(F)법

① $F = \dfrac{C}{rH}\dfrac{1}{D}$

② 판정 : $F_s \geq 0.04$ (안전), $F_s < 0.04$ (측방유동발생)

4) 측방이동판정지수(I)법

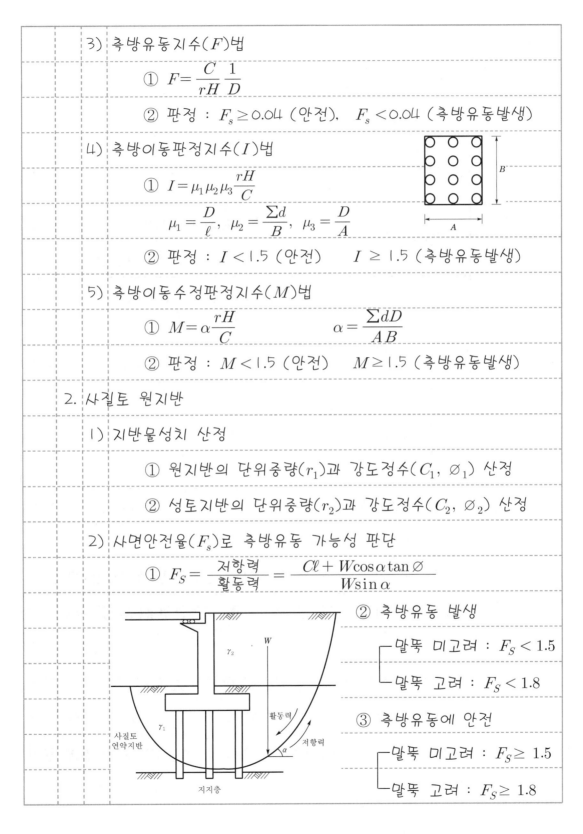

① $I = \mu_1 \mu_2 \mu_3 \dfrac{rH}{C}$

$\mu_1 = \dfrac{D}{\ell}$, $\mu_2 = \dfrac{\sum d}{B}$, $\mu_3 = \dfrac{D}{A}$

② 판정 : $I < 1.5$ (안전) $I \geq 1.5$ (측방유동발생)

5) 측방이동수정판정지수(M)법

① $M = \alpha\dfrac{rH}{C}$ $\alpha = \dfrac{\sum dD}{AB}$

② 판정 : $M < 1.5$ (안전) $M \geq 1.5$ (측방유동발생)

2. 사질토 원지반

1) 지반물성치 산정

① 원지반의 단위중량(r_1)과 강도정수(C_1, $\varnothing_1$) 산정

② 성토지반의 단위중량(r_2)과 강도정수(C_2, $\varnothing_2$) 산정

2) 사면안전율(F_s)로 측방유동 가능성 판단

① $F_S = \dfrac{저항력}{활동력} = \dfrac{C\ell + W\cos\alpha\tan\varnothing}{W\sin\alpha}$

② 측방유동 발생

  ┌ 말뚝 미고려 : $F_S < 1.5$

  └ 말뚝 고려 : $F_S < 1.8$

③ 측방유동에 안전

  ┌ 말뚝 미고려 : $F_S \geq 1.5$

  └ 말뚝 고려 : $F_S \geq 1.8$

Ⅲ. 지반개량 후 교대 측방유동 가능성 판단방법

1. 개량지반 물성치 산정

1) 점성토 개량지반

지반개량공법		개량지반 물성치
침하촉진공법 (연직배수공법)		① $C = C_o + \Delta C$ (C_o : 원지반 점착력) ② 증가된 점착력(ΔC) $= \alpha \Delta P U$ (α : 강도증가율, $\Delta P = \gamma H$, U : 압밀도)
침하저감공법	심층혼합처리 공법	① $C = \dfrac{C_o A_c + C_1 A_s}{A}$ $\begin{cases} C_1 : 개량지반점착력 \\ A_s : 개량체면적 \end{cases}$ ② A : 복합지반 면적, $A_c = A - A_s$
	모래다짐말뚝 공법 또는 쇄석말뚝공법	① $S = (1 - a_s)C_o + \sigma' a_s \mu_s \tan \varnothing_s$ ② $C = (1 - a_s)C_o + \Delta C$ (a_s : 치환율 $= \dfrac{A_s}{A}$, μ_s : 응력집중계수)

2) 사질토 개량지반 - 개량지반 현장시험 또는 실내시험으로 산정

2. 교대 측방유동 가능성 판단

1) 점성토 개량지반 - 산정된 물성치를 경험적인 방법으로 판단

2) 사질토 개량지반 - 산정된 물성치를 사면안전율(F_s)로 판단

Ⅳ. 결론

1) 연약지반에 설계되는 교대기초용 말뚝은 반드시 측방유동 가능성을 판정하고 측방유동시 수동말뚝해석을 실시해야 한다.

2) 교대 측방유동시 교대배면 성토하중을 경감시키는 방법과 원지반을 개량하는 방법 등으로 설계시 대책을 수립하여야 한다.

문제 10)	교대에 과도한 수평변위가 발생시 원인과 대책에 대하여 기술하시오.

답

I. 교대 측방유동의 개요

1) 정의

교대 측방유동이란 연약지반에 설치된 교대의 뒤채움토 하중인 편재하중이 원지반의 극한지지력보다 커서 소성변형이 발생되어 측방유동압이 교대기초부분에 작용하여 교대가 수평방향으로 이동하는 현상을 말한다.

2) 발생 메커니즘

① 원지반 소성변형 발생

② 교대기초부에 측방유동압 작용

③ 지반수평지반반력계수 (K_h) 감소

④ 교대기초 수평이동

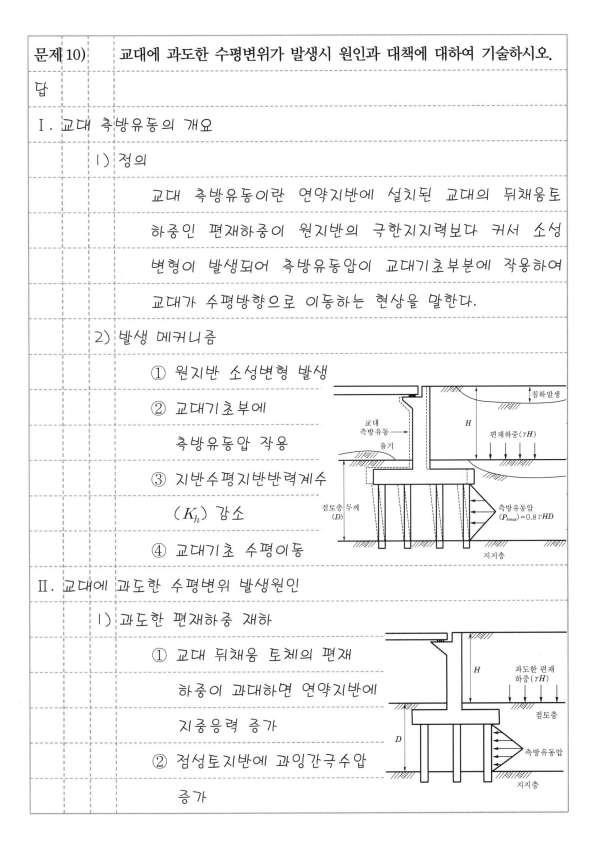

II. 교대에 과도한 수평변위 발생원인

1) 과도한 편재하중 재하

① 교대 뒤채움 토체의 편재 하중이 과대하면 연약지반에 지중응력 증가

② 점성토지반에 과잉간극수압 증가

2) 과도한 측방유동압 작용

　　① 과잉간극수압에 의한 수평토압 증가

　　② 연직하중이 작은 교대전면쪽으로 측방유동압이 발생

　　③ 측방유동압 $\begin{cases} \text{간편법} \quad : P_{hmax} = 0.8\gamma HD \\ \text{유한요소법} : P_{hz} = \delta_{hz} K_h D \end{cases}$

3) 수평방향 지반반력계수(K_h) 감소

　　수평변위증가로 수평지반

　　반력이 항복응력을 초과하면

　　수평지반반력계수가 감소함

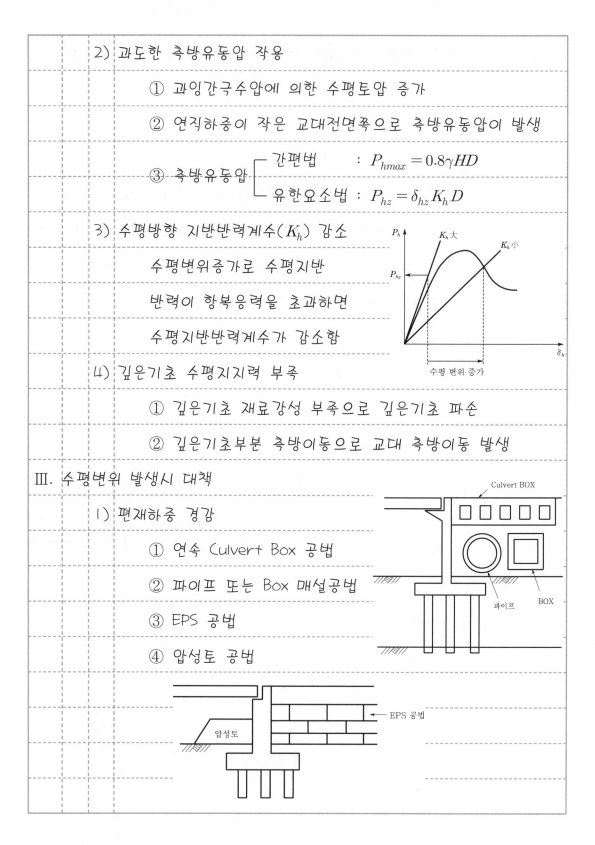

4) 깊은기초 수평지지력 부족

　　① 깊은기초 재료강성 부족으로 깊은기초 파손

　　② 깊은기초부분 측방이동으로 교대 측방이동 발생

Ⅲ. 수평변위 발생시 대책

　1) 편재하중 경감

　　① 연속 Culvert Box 공법

　　② 파이프 또는 Box 매설공법

　　③ EPS 공법

　　④ 압성토 공법

2) 지반 수평반력계수 증가(연약지반 개량공법 실시)

침하촉진공법	① Preloading 공법
	② 연직배수공법
침하저감	① SCP(Sand Compaction Pile) 공법
	② 생석회말뚝공법
	③ 심층혼합처리공법

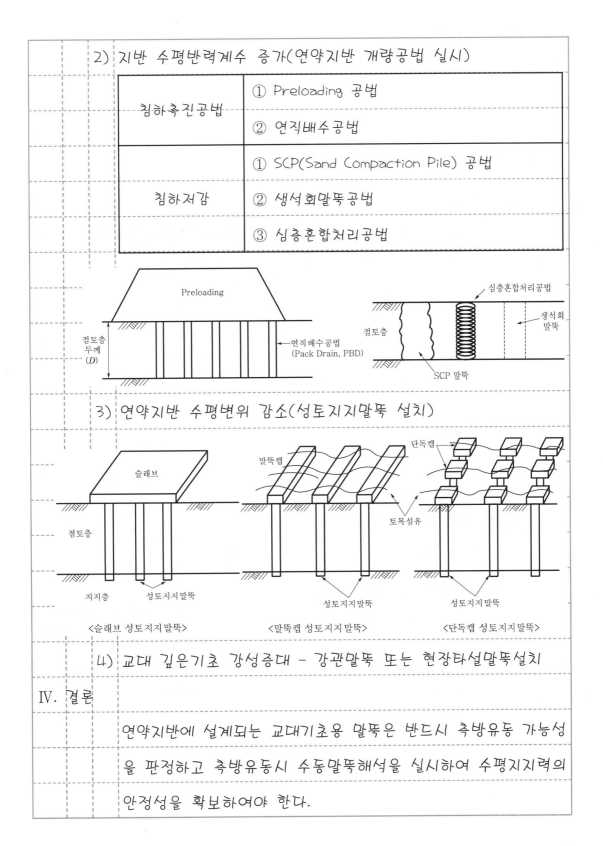

3) 연약지반 수평변위 감소(성토지지말뚝 설치)

<슬래브 성토지지 말뚝>　　　<말뚝캡 성토지지 말뚝>　　　<단독캡 성토지지 말뚝>

4) 교대 깊은기초 강성증대 - 강관말뚝 또는 현장타설말뚝설치

Ⅳ. 결론

연약지반에 설계되는 교대기초용 말뚝은 반드시 측방유동 가능성을 판정하고 측방유동시 수동말뚝해석을 실시하여 수평지지력의 안정성을 확보하여야 한다.

| 문제 11) | 암반에서 Socketed Pier의 지지력과 침하의 영향인자에 대하여 기술하시오. |

답

I. Socketed Pier의 개요

1) 정의

Socketed Pier란 암반에 근입된 현장타설말뚝을 말하며, 교량 또는 하중이 큰 구조물과 중요한 구조물은 Socketed Pier로 설계된다.

2) 설계적용기준

구분	암반근입피어
작용하중범위	200~7000tonf
설계검토	피어부재강도
주 저항요소	선단지지력

II. 지지력과 침하량 산정방법

1. 지지력 산정방법

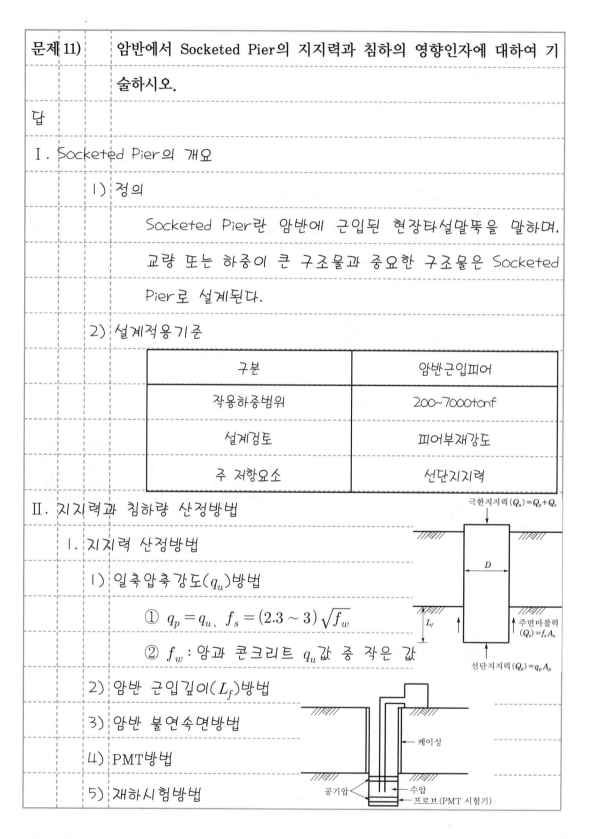

1) 일축압축강도(q_u)방법

① $q_p = q_u, \ f_s = (2.3 \sim 3)\sqrt{f_w}$

② f_w : 암과 콘크리트 q_u값 중 작은 값

극한지지력 $(Q_u) = Q_p + Q_s$

주면마찰력 $(Q_s) = f_s A_s$

선단지지력 $(Q_p) = q_p A_p$

2) 암반 근입깊이(L_f)방법

3) 암반 불연속면방법

4) PMT방법

케이싱

5) 재하시험방법

공기압 수압 프로브(PMT 시험기)

2. 침하량 산정방법

    1) 침하량(S) = $S_1 + S_2$

    2) 말뚝자체 탄성침하량(S_1) = $\dfrac{QL}{A_p E_c}$

    3) 말뚝선단부 침하량(S_2) = $\dfrac{QI_p}{DE_m}$

    L : 말뚝길이

    Q : 적용하중

    A_p : 선단단면적

    E_c, E_m : 콘크리트, 암반 탄성계수

Ⅲ. 지지력과 침하의 영향인자

    1) 암반의 일축압축강도(q_u)와 탄성계수(E_m)

      ① 일축압축강도와 탄성계수는 비례함

      ② 지지력은 일축압축강도와 직선비례

      ③ q_u와 E_m이 클수록 침하량은 감소

    2) 암반근입깊이(L_f)

      ① 암반근입깊이가 깊을수록 지지력은 증가

      ② Socketing에 의한 주면마찰력(Q_s) 증가

      ③ 지지력의 증가로 침하량 감소

    3) 암반 불연속면의 상태

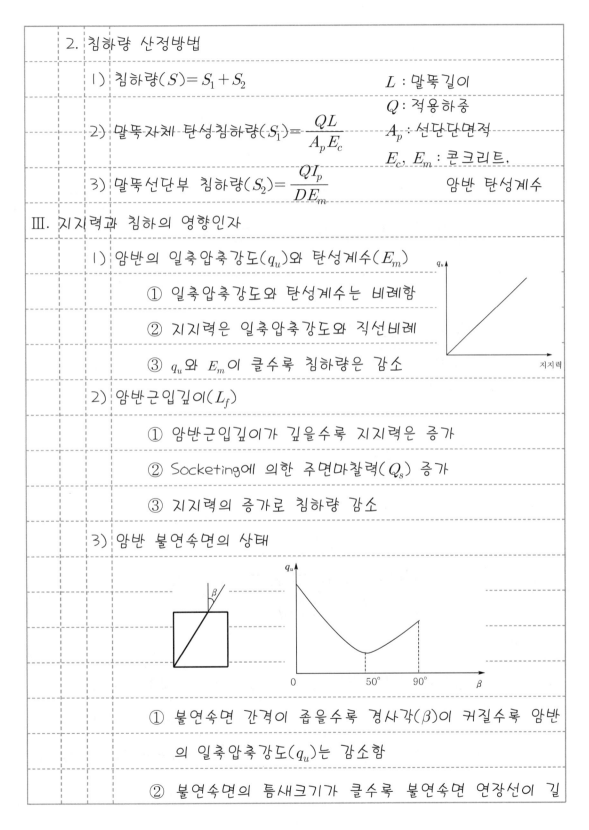

      ① 불연속면 간격이 좁을수록 경사각(β)이 커질수록 암반
의 일축압축강도(q_u)는 감소함

      ② 불연속면의 틈새크기가 클수록 불연속면 연장선이 길

수록 일축압축강도는 감소함

4) 콘크리트 일축압축강도(q_u)와 탄성계수(E_c)

　① q_u가 크면 지지력이 크고 침하량은 적다.

　② E_c가 커지면 침하량은 적고 지지력은 크다.

5) 암반과 콘크리트 접촉면의 거칠기

　① 접촉면이 거칠수록 주면마찰력

　이 증가되어 지지력이 증가함

　② 지지력 증가로 침하량 감소

6) 말뚝의 건전도

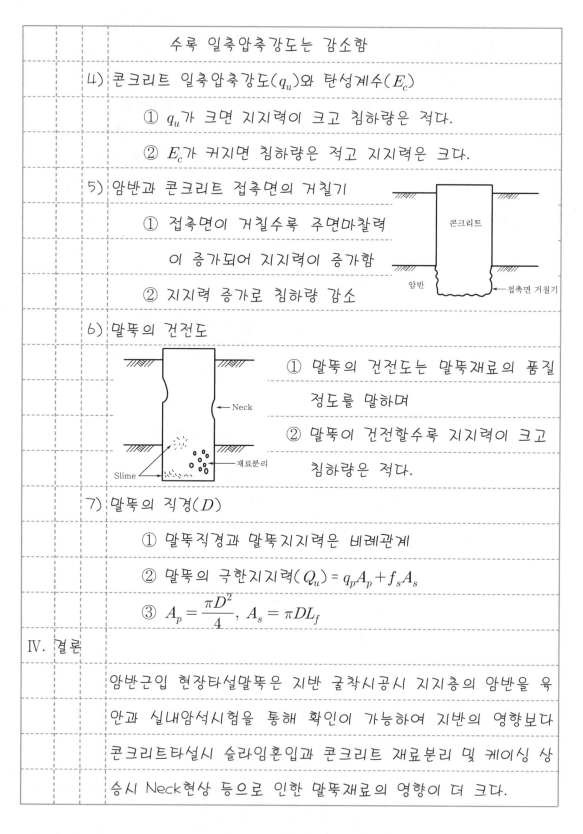

　① 말뚝의 건전도는 말뚝재료의 품질

　정도를 말하며

　② 말뚝이 건전할수록 지지력이 크고

　침하량은 적다.

7) 말뚝의 직경(D)

　① 말뚝직경과 말뚝지지력은 비례관계

　② 말뚝의 극한지지력(Q_u) = $q_p A_p + f_s A_s$

　③ $A_p = \dfrac{\pi D^2}{4}$, $A_s = \pi D L_f$

Ⅳ. 결론

암반근입 현장타설말뚝은 지반 굴착시공시 지지층의 암반을 육

안과 실내암석시험을 통해 확인이 가능하여 지반의 영향보다

콘크리트타설시 슬라임혼입과 콘크리트 재료분리 및 케이싱 상

승시 Neck현상 등으로 인한 말뚝재료의 영향이 더 크다.

| 문제 12) | 현장타설말뚝의 설치시 지반조사 항목과 말뚝건전도 검사방법 및 말뚝재하시험 방법에 대하여 기술하시오. |

답

I. 현장타설말뚝의 개요

1) 정의

현장타설말뚝이란 암반까지 지반을 굴착하여 철근망을 설치한 후 Tremie 관으로 현장에서 콘크리트를 타설해서 만든 직경 75cm 이상의 말뚝을 말한다.

2) 기계굴착말뚝공법 비교

비교	Earth Drill공법	Benoto공법	RCD공법
공벽유지	벤토나이트	케이싱	정수압($0.2kgf/cm^2$)
문제지반	사질토, 암반 (굴착이 문제)	자갈, 암반 (케이싱관입이 문제)	점토, 자갈 (공벽붕괴, 배수가 문제)
시공가능깊이	20m	40m	60m

II. 지반조사 항목

1) 예비조사

① 자료조사 및 현장답사

② 관계기관 간의 협의

1단계 : 물리탐사
2단계 : 시추조사
SPT시험
지하수위
및 간극수압조사
3단계 : 암석채취 및
PMT시험

2) 지층분포 및 지하수위 조사

① 물리탐사와 시추(Boring)

② 표준관입시험(SPT)실시

③ 피에조미터에 의한 간극수압 파악

3) 암석 일축압축시험 및 불연속면 조사

　　① 현장타설말뚝의 선단에서 2B(B:직경)까지 암석 채취

　　② 평균일축압축강도(q_u)와 RQD, 불연속면상태 조사

4) 공내수평재하시험(PMT)

　　① 암반의 정지압(P_o)과 한계압(P_L) 측정

　　② 암반의 수평탄성계수(E_h) 측정

5) 수압 및 현장 투수성 조사

6) 강재의 부식성과 주위환경조사

III. 말뚝건전도 검사방법

1) Core 일축압축강도 시험법

　　① 말뚝중심부 core 채취 후 일축압축시험으로 q_u 산정

　　② Slime에 의한 말뚝강도 저하여부 검사

2) 검측공 시험방법

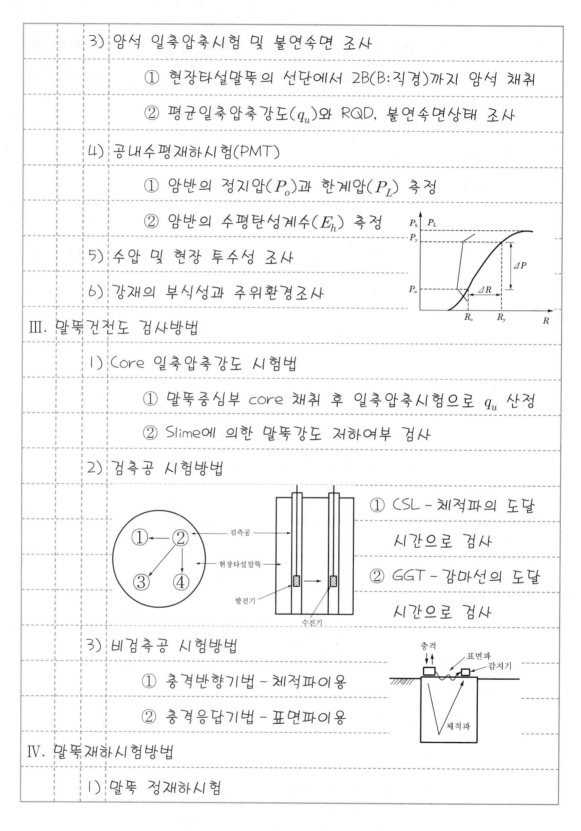

　　① CSL - 체적파의 도달 시간으로 검사

　　② GGT - 감마선의 도달 시간으로 검사

3) 비검측공 시험방법

　　① 충격반향기법 - 체적파이용

　　② 충격응답기법 - 표면파이용

IV. 말뚝재하시험방법

1) 말뚝 정재하시험

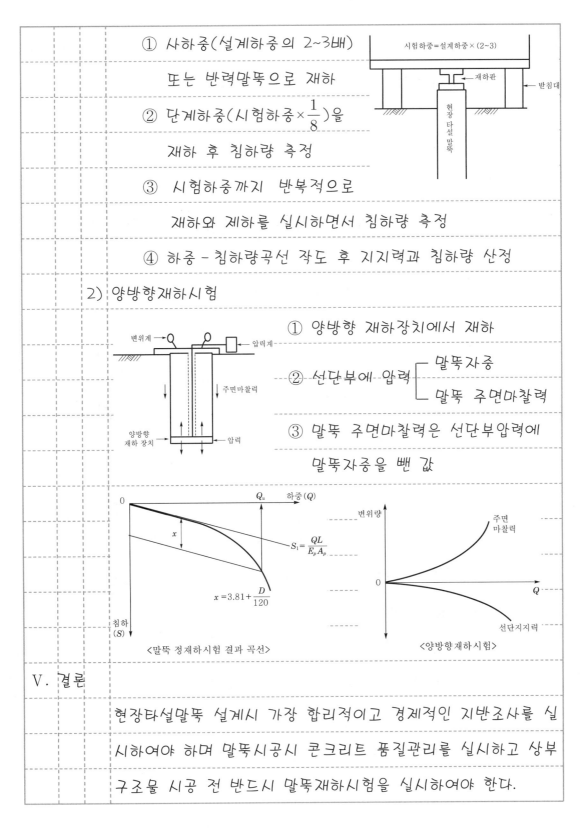

① 사하중(설계하중의 2~3배)

또는 반력말뚝으로 재하

② 단계하중(시험하중 × $\frac{1}{8}$)을

재하 후 침하량 측정

③ 시험하중까지 반복적으로

재하와 제하를 실시하면서 침하량 측정

④ 하중-침하량곡선 작도 후 지지력과 침하량 산정

2) 양방향재하시험

① 양방향 재하장치에서 재하

② 선단부에 압력 ┌ 말뚝자중
　　　　　　　　 └ 말뚝 주면마찰력

③ 말뚝 주면마찰력은 선단부압력에

말뚝자중을 뺀 값

시험하중=설계하중×(2~3)

$S_1 = \dfrac{QL}{E_p A_p}$

$x = 3.81 + \dfrac{D}{120}$

〈말뚝 정재하시험 결과 곡선〉

〈양방향재하시험〉

V. 결론

현장타설말뚝 설계시 가장 합리적이고 경제적인 지반조사를 실

시하여야 하며 말뚝시공시 콘크리트 품질관리를 실시하고 상부

구조물 시공 전 반드시 말뚝재하시험을 실시하여야 한다.

| 문제 13) | 해상교량기초 설계시 조사계획 및 적용 가능한 기초형식에 대하여 기술하시오. |

답

Ⅰ. 해상교량의 개요

1) 정의

해상교량이란 바다를 사이에 둔 섬과 섬 또는 섬과 육지를 연결하는 교량으로 연도교 또는 연륙교라 하며 대부분 특수교량인 현수교 및 사장교 형식이다.

2) 특징

① 장경 간의 교량형식

② 교대와 교각이 높고 주탑이 필요

③ 기초규모가 크다.

3) 해상 교량 기초 설계시 고려사항

① 상부구조물 안전성 확보

② 자연조건 및 사회적 조건 고려

③ 기초시공 가능성 및 기초재료품질 확보 방안

Ⅱ. 기초설계시 조사계획

1) 기초설치 지점의 자연조건 확인

① 지형, 지질, 수심 및 조수 간만차

② 유속 및 파랑, 해상측량(GPS) 실시

2) 사회적 조건확인 - 항해 선박종류 및 운항횟수, 환경보존

3) 기초설치지점 지반조사

① 조사방법 : 개략조사(노선 선정 전)→본조사(노선 선정 후)→보완조사(시공 및 유지 관리시)

② 시추선 또는 고정식 시추작업대를 이용한 현장시험

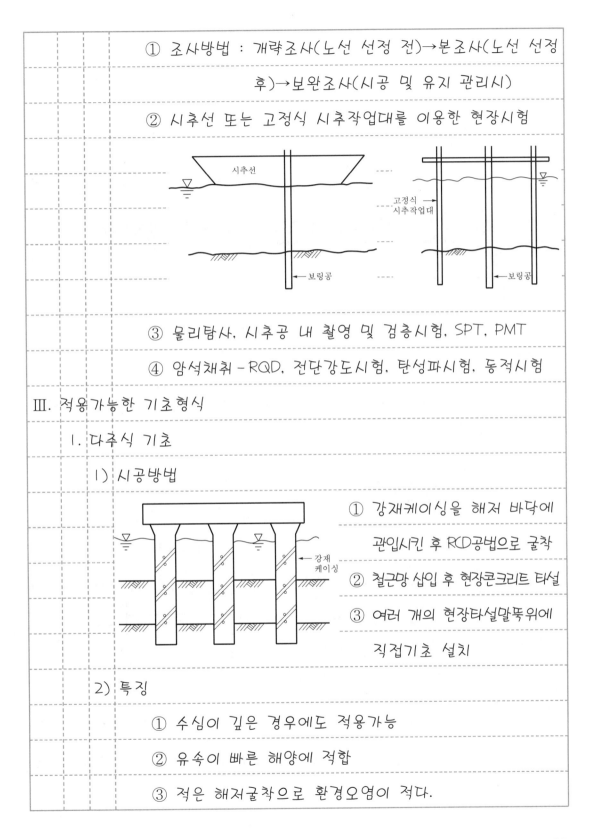

③ 물리탐사, 시추공 내 촬영 및 검층시험, SPT, PMT

④ 암석채취 - RQD, 전단강도시험, 탄성파시험, 동적시험

Ⅲ. 적용가능한 기초형식

1. 다주식 기초

1) 시공방법

① 강재케이싱을 해저 바닥에 관입시킨 후 RCD공법으로 굴착

② 철근망 삽입 후 현장콘크리트 타설

③ 여러 개의 현장타설말뚝위에 직접기초 설치

2) 특징

① 수심이 깊은 경우에도 적용가능

② 유속이 빠른 해양에 적합

③ 적은 해저굴착으로 환경오염이 적다.

2. BOX형 케이슨 기초

　1) 시공방법

　　① 육상에서 BOX 케이슨

　　　제작 후 진수

　　② 예인 후 굴착지점에 거치

　　　→ 속채움 → 콘크리트타설 → 직접기초설치

　2) 특징

　　① 대규모 기초시공이 가능하고 공사기간 단축

　　② 육상에서 제작되므로 품질확보가 용이

3. 공기케이슨 기초

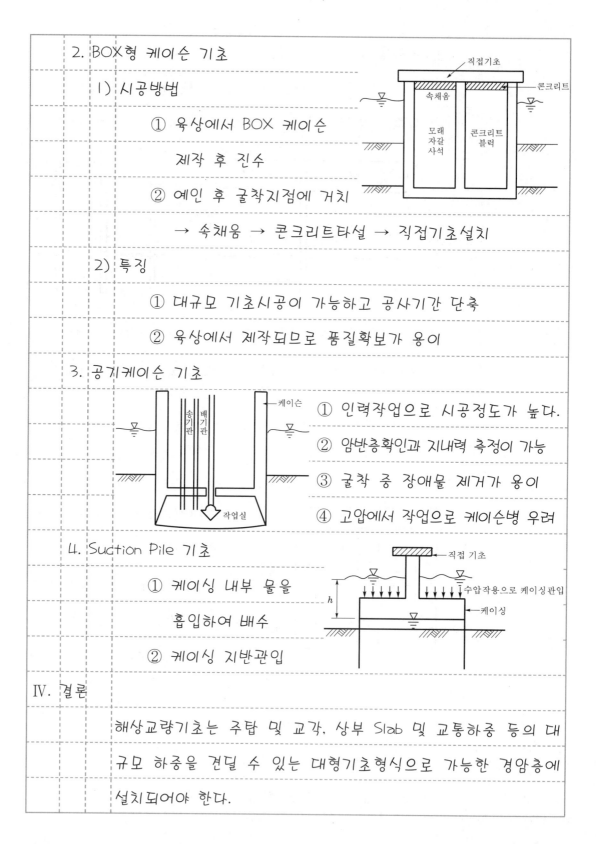

　① 인력작업으로 시공정도가 높다.

　② 암반층확인과 지내력 측정이 가능

　③ 굴착 중 장애물 제거가 용이

　④ 고압에서 작업으로 케이슨병 우려

4. Suction Pile 기초

　① 케이싱 내부 물을

　　흡입하여 배수

　② 케이싱 지반관입

Ⅳ. 결론

　해상교량기초는 주탑 및 교각, 상부 Slab 및 교통하중 등의 대

규모 하중을 견딜 수 있는 대형기초형식으로 가능한 경암층에

설치되어야 한다.

문제 14) 해상풍력구조물의 기초종류에 대하여 기술하시오.

답

Ⅰ. 해상풍력구조물의 개요

   1) 정의

      해상풍력구조물이란 풍력발전기(터빈)를 바다에 설치하여 생산된 전기를 육지로 전달하는 구조물을 말한다.

   2) 구성 요소

풍력발전기	높이 : 50~100m, 무게 : 수백톤(tonf)
기초	발전기를 단단하게 해저에 설치
송전망	케이블을 해저에 고정시켜 전기를 전달

   3) 해상풍력구조물의 기초요건

     ① 거친 풍랑에도 견디도록 견고하게 설치

     ② 수백톤 무게를 안전하게 지지하도록 설치

     ③ 수심에 따라 기초공사비가 상승하기 때문에 경제적인 기초형식이어야 함

Ⅱ. 기초종류

  1. 중력케이스기초

   1) 시공방법

     ① 해저면을 콘크리트로 다짐

     ② 풍력발전기 기둥을 콘크리트에 관입하여 설치

   2) 특징

① 수심이 얕은 곳(20m 이내)에 적용

② 시공이 간단하므로 초창기에 많이 사용

③ 수심이 깊은 곳에는 적용하기가 곤란

2. 모노파일(Mono Pile)기초

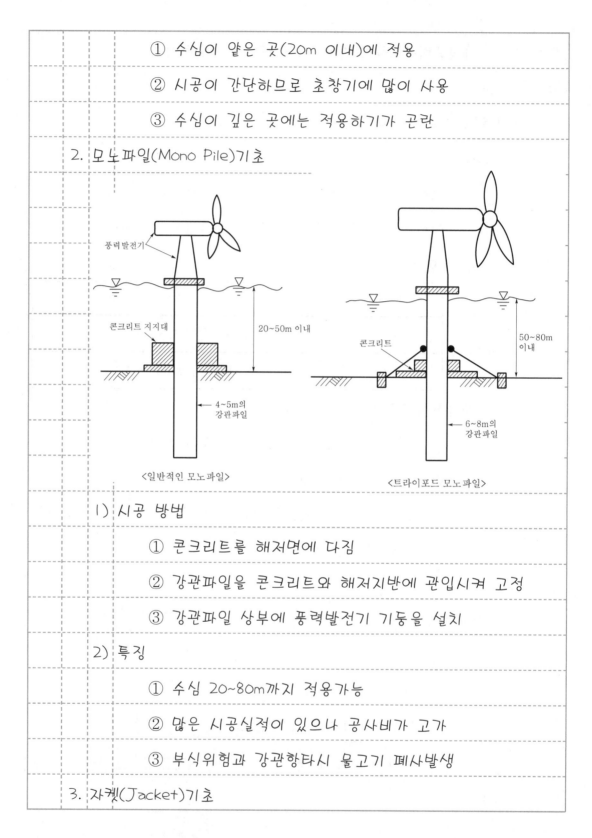

<일반적인 모노파일>   <트라이포드 모노파일>

1) 시공 방법

① 콘크리트를 해저면에 다짐

② 강관파일을 콘크리트와 해저지반에 관입시켜 고정

③ 강관파일 상부에 풍력발전기 기둥을 설치

2) 특징

① 수심 20~80m까지 적용가능

② 많은 시공실적이 있으나 공사비가 고가

③ 부식위험과 강관항타시 물고기 폐사발생

3. 자켓(Jacket)기초

1) 시공방법

    ① 경사지게 강관파일 설치

    ② 4개의 경사 베타형 자켓을

       기중기로 고정 후 핀으로 정착

2) 특징

    ① 공사비가 저렴하고 국내에서

       개발된 기초공법

    ② 수심이 깊어도 설치가 가능

    ③ 파력에 안전성이 타 기초보다 크다.

4. 부유식기초

  1) 시공방법

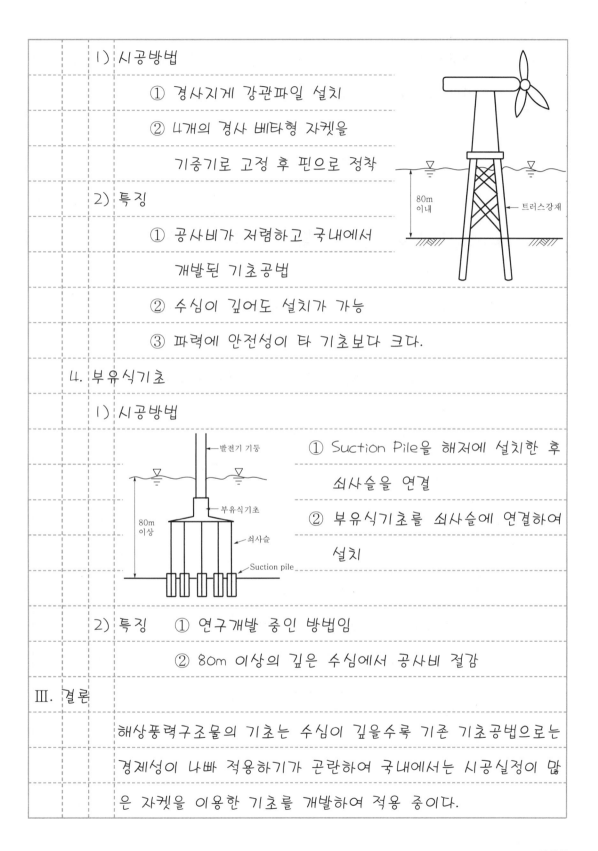

    ① Suction Pile을 해저에 설치한 후

       쇠사슬을 연결

    ② 부유식기초를 쇠사슬에 연결하여

       설치

  2) 특징   ① 연구개발 중인 방법임

        ② 80m 이상의 깊은 수심에서 공사비 절감

Ⅲ. 결론

    해상풍력구조물의 기초는 수심이 깊을수록 기존 기초공법으로는

    경제성이 나빠 적용하기가 곤란하여 국내에서는 시공실정이 많

    은 자켓을 이용한 기초를 개발하여 적용 중이다.

| 문제 15) | 폐광지역 및 석회암 공동지역에 구조물 침하방지 설계의 안정성 평가방법과 대책공법에 대하여 기술하시오. |

답

I. 개요

1) 폐광지역과 석회암 공동지역에 구조물설치시 지반의 침하유형이 다양하고 복잡하여 침하량 산정이 어렵다.

2) 폐광지역과 석회암 공동지역 특성
  ① 상재하중 작용시 침하유형이 복잡하다.
  ② 지지력 및 침하량 산정이 어렵다.
  ③ 지반의 자료가 축적되지 않아 예측이 어렵다.

3) 대표적인 침하유형별 특성

구분	트러프형 침하	함몰형 침하
경사	대체로 완만	급경사
범위	대체로 넓은 구역	대체로 좁은 구역
침하량	최대침하량 1m 정도	수m ~ 수십m
발생속도	서서히 발생	갑자기 발생
발생심도	다양한 심도에서 발생	대체로 50m 미만
피해사항	지상구조물 피해	인명 및 시설물 심각한 피해
침하 모식도		

II. 구조물 침하방지 설계의 안정성 평가방법

1. 지반조사실시

1) 지역주민 탐문조사 및 지표지질 조사

2) 지표면 물리탐사와 시추조사 및 현장시험 실시

3) 공내 물리탐사 및 시추촬영

2. 구조물침하 방지대책에 대한 안정검토 실시

1) 대책공법에 의한 지반보강효과 산정

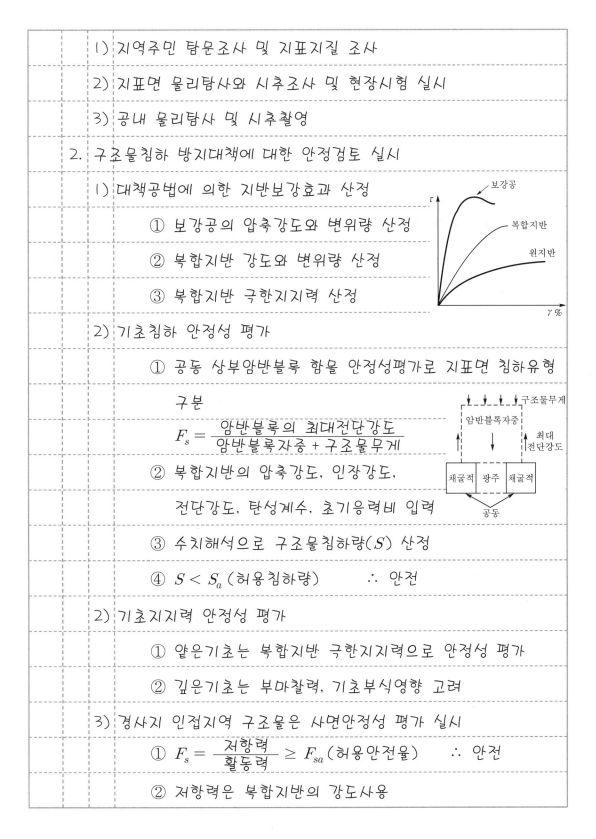

① 보강공의 압축강도와 변위량 산정

② 복합지반 강도와 변위량 산정

③ 복합지반 극한지지력 산정

2) 기초침하 안정성 평가

① 공동 상부암반블록 함몰 안정성평가로 지표면 침하유형

구분

$$F_s = \frac{\text{암반블록의 최대전단강도}}{\text{암반블록자중} + \text{구조물무게}}$$

② 복합지반의 압축강도, 인장강도,

전단강도, 탄성계수, 초기응력비 입력

③ 수치해석으로 구조물침하량(S) 산정

④ $S < S_a$ (허용침하량)   ∴ 안전

2) 기초지지력 안정성 평가

① 얕은기초는 복합지반 극한지지력으로 안정성 평가

② 깊은기초는 부마찰력, 기초부식영향 고려

3) 경사지 인접지역 구조물은 사면안정성 평가 실시

① $F_s = \frac{\text{저항력}}{\text{활동력}} \geq F_{sa}$ (허용안전율)   ∴ 안전

② 저항력은 복합지반의 강도사용

Ⅲ. 대책 공법

　1. 공동이 지중응력영향 범위 내 존재시

　　1) 공동이 적은 경우

　　　① CGS(Compation Grouting System) 실시

　　　② Slump 2.5cm 이하인 비유동성 몰탈을 공동에 주입

　　2) 공동이 큰 경우

　　　① 굴착 후 성토다짐실시　② 동다짐 실시　③ 몰탈채움

　2. 공동이 지중응력영향 범위 이외에 존재시

　　1) PRD(Percussion Rotary Drilling)

　　　① 강관파일 선단에 Hammer Bit를 부착하여 천공 후 지지층까지 강관파일 설치

　　　② 강관파일 항타시 Pile 손상과 공동부충격 방지

　　2) PRD + SIG

　　　① 기초허용지지력 < 구조물하중, 침하량 ≥ 허용침하량인 경우에 선정

　　　② 강관파일 선단부에 SIG공법으로 보강

Ⅳ. 결론

　　1) 폐광지역과 석회암 공동지역은 침하유형과 지반지질상태가 다양하므로 구조물설치시 지반조사를 철저히 하여야 한다.

2) 공동부의 보강대책공법은 지형과 위치 및 공동모양 등을 고려하여 선정하고 보강 후 보강효과확인과 거동분석이 필요하다.

3) 심도 50m 이내에 채굴적 또는 석회암 공동이 존재하는 경우가 지표면 침하는 가장 크고, 심도 200m 이상의 공동은 파괴되어도 암석의 체적팽창율때문에 지표침하가 거의 일어나지 않는다.

4) 침하는 탄층의 물성변화보다는 모암의 물성변화가 더 크게 작용하며, 초기응력비가 클수록 침하가 많이 발생한다.

문제 16-1) 하중-저항설계법(LRFD)

답

I. 정의

하중-저항설계법이란 말뚝지지력 검토시 말뚝설계지지력을 말뚝 정재하시험의 극한지지력에 저항계수를 곱하여 구하고 설계하중은 외부작용하중에 하중계수를 곱하여 구한 값으로 말뚝의 지지력의 안정성을 판정하는 설계법을 말한다.

II. 허용응력설계법과 비교

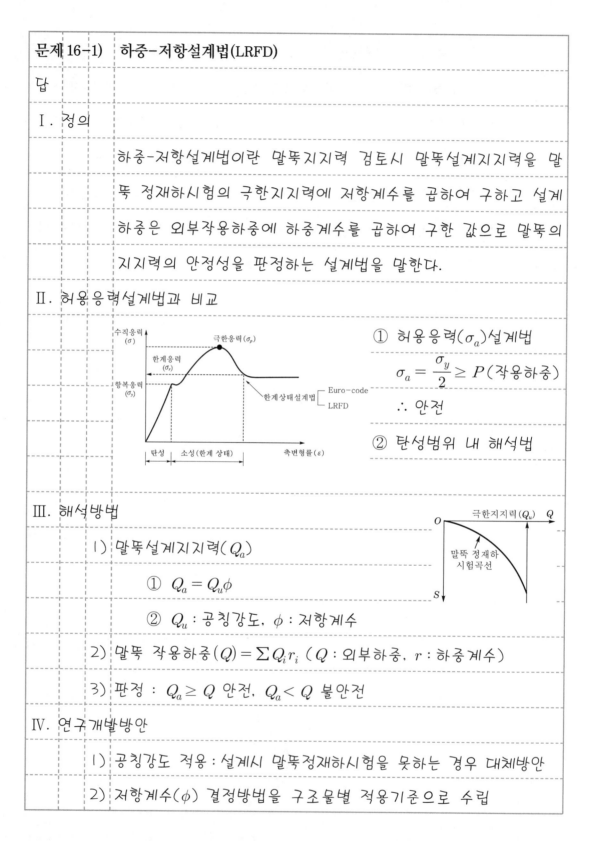

① 허용응력(σ_a)설계법

$$\sigma_a = \frac{\sigma_y}{2} \geq P(작용하중)$$

∴ 안전

② 탄성범위 내 해석법

III. 해석방법

1) 말뚝설계지지력(Q_a)

① $Q_a = Q_u \phi$

② Q_u : 공칭강도, ϕ : 저항계수

2) 말뚝 작용하중(Q) $= \sum Q_i r_i$ (Q : 외부하중, r : 하중계수)

3) 판정 : $Q_a \geq Q$ 안전, $Q_a < Q$ 불안전

IV. 연구개발방안

1) 공칭강도 적용 : 설계시 말뚝정재하시험을 못하는 경우 대체방안

2) 저항계수(ϕ) 결정방법을 구조물별 적용기준으로 수립

문제 16-2) 말뚝지지 전면기초(Piled Raft Foundation)

답

I. 정의

말뚝지지 전면기초란 단단한 점토지반에 설치된 전면기초는 상부

구조물하중을 분산시켜 충분한 지지력을 확보하고 말뚝은 전면

기초의 과도한 침하를 억제시켜 상부구조물을 지지하는 기초

II. 하중지지 메커니즘

1) $Q = Q_{Raft} + Q_{pile}$

2) Q_{Raft} : 전면기초의 지지력

   Q_{Pile} : 말뚝의 지지력

   Q : 말뚝지지 전면기초의
   지지력

III. 설계개념 종류

구분	개념
일반적인 설계개념	① 말뚝이 하중의 대부분을 부담 ⎤ 대부분 ② 전면기초는 일부기여 ⎦ 설계에 적용
Creep-piling 설계개념	① 작용하중이 극한지지력의 70~80%인 점토지반에 Creep 침하발생 ② 기초지반 선행압밀하중 ≥ Raft와 지반의 접지압
부등침하 조절 목적의 설계 개념	부등침하량 감소를 위하여 말뚝적용 개념

IV. 해석법

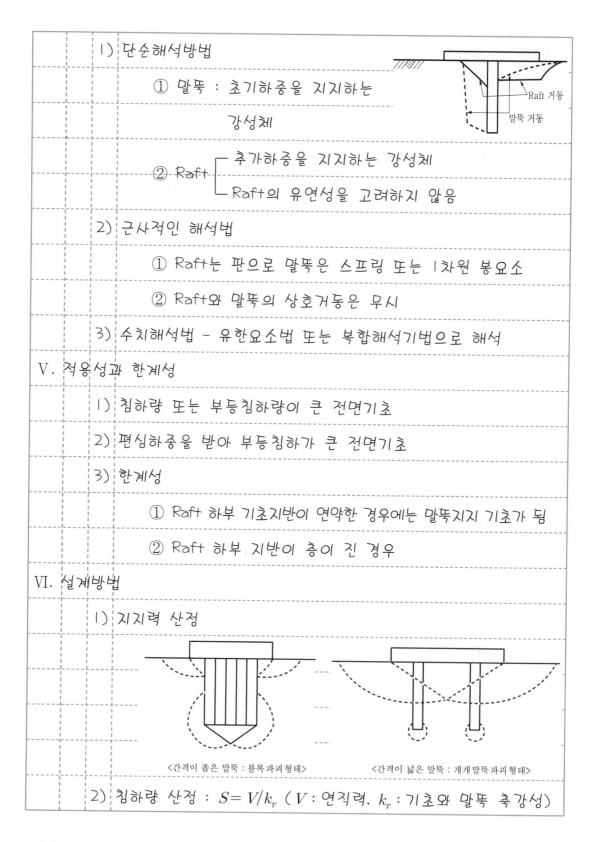

1) 단순해석방법

    ① 말뚝 : 초기하중을 지지하는

        강성체

    ② Raft ┌ 추가하중을 지지하는 강성체

            └ Raft의 유연성을 고려하지 않음

2) 근사적인 해석법

    ① Raft는 판으로 말뚝은 스프링 또는 1차원 봉요소

    ② Raft와 말뚝의 상호거동은 무시

3) 수치해석법 – 유한요소법 또는 복합해석기법으로 해석

V. 적용성과 한계성

1) 침하량 또는 부등침하량이 큰 전면기초

2) 편심하중을 받아 부등침하가 큰 전면기초

3) 한계성

    ① Raft 하부 기초지반이 연약한 경우에는 말뚝지지 기초가 됨

    ② Raft 하부 지반이 층이 진 경우

VI. 설계방법

1) 지지력 산정

<간격이 좁은 말뚝 : 블록파괴형태>   <간격이 넓은 말뚝 : 개개말뚝파괴형태>

2) 침하량 산정 : $S = V/k_r$ (V : 연직력, k_r : 기초와 말뚝 축강성)

문제 16-3) 무리말뚝(Group Pile) 지지력 및 침하량 산정방법

답

I. 무리말뚝의 정의

무리말뚝이란 말뚝에 작용하는 하중을 저항하는 지반응력범위가 서로 중복되어 말뚝의 지지력과 침하량이 영향을 받는 집단말뚝을 말한다.

II. 지지력 산정방법

1) 단말뚝 극한지지력 합(ΣQ_u)

① $\Sigma Q_u = Q_u n E$

② Q_u : 단말뚝 극한지지력, n : 말뚝수

③ 무리말뚝효율(E) : 타입 $E = 1$, 천공 $E = \dfrac{2}{3} \sim \dfrac{3}{4}$

2) 가상케이슨의 극한지지력(Q_g)

① $Q_g = q_p A_{gp} + f_s A_{gs}$

② q_p, f_s : 단위면적당 선단, 마찰지지력

③ A_{gp}, A_{gs} : 가상케이슨 선단, 주면 면적

$A_{gp} = ab$

$A_{gs} = 2(a+b)\ell$

III. 침하량 산정방법

1) 선단지지 무리말뚝(사질토 지반)

$$S_g = S\sqrt{\dfrac{B_g}{B}} \quad \left(\begin{array}{l} \text{단말뚝 침하량}(S) = S_1 + S_2 + S_3 \\ B_g,\ B : \text{무리말뚝 폭, 말뚝직경} \end{array}\right.$$

2) 마찰 무리말뚝

$$S_g = \dfrac{C_c}{1+e} H \log \dfrac{P' + \Delta P}{P} \quad \left(\begin{array}{l} C_c : \text{압축지수} \\ P',\ \Delta P : \text{유효연직응력, 구조물무게} \end{array}\right.$$

문제16-4) 말뚝의 주면마찰력

답

I. 정의

말뚝의 주면마찰력이란 지중에 설치된 말뚝의 상·하 변형 또는 말뚝주변지반의 상·하 변형시 말뚝과 말뚝주변 지반 간의 마찰력을 말하며, 지반파괴시 말뚝의 주면마찰력을 말뚝의 극한마찰력이라고 한다.

II. 종류

〈정주면마찰력 : 말뚝 침하〉	〈부주면마찰력 : 주변지반 침하〉

III. 산정방법

1) 정역학적 방법 : $f_s = \alpha C_u$, $f_s = \sigma_v' K \tan \phi_w$

2) 현장시험 : $f_s = \frac{1}{5} \overline{N_{60}}$ (SPT시험), $f_s = f_c$ (CPT시험)

3) 하중전이 분석시험

 ① 하중계가 부착된 말뚝설치 + 말뚝정재하시험

 ② 계측자료로 f_s 산정

IV. 영향 요인

1) 주면지반 토성 – 사질토층 : $\oplus f_s$, 점성토층 : $\ominus f_s$

2) 말뚝의 종류 : 콘크리트 말뚝 $\phi_w = \left(\frac{1}{2} \sim \frac{2}{3} \right) \phi$, 강관말뚝 $\phi_w = 20°$

3) 시공방법 : 타입말뚝 f_s = 천공말뚝 $f_s \times 2$

문제 16-5) 말뚝의 마찰저항력 산정시 α방법

답

I. 정의

1) α방법이란 점토지반에 근입된 말뚝의 단위면적당 주면마찰 저항력을 부착력계수(α)를 이용하여 정역학적 공식으로 산정하는 방법을 말한다.

2) 부착력계수(α) = $\dfrac{\text{단위 면적당 주면마찰력}(f_s)}{\text{불교란 비배수점착력}(C_u)}$

II. α방법에 의한 말뚝마찰저항력 산정

1) 말뚝마찰저항력(Q_s) = $f_s A_s$

2) $f_s = \alpha C_u$

3) 말뚝주면적(A_s) = $\pi D L$

4) 비배수조건의 말뚝마찰저항력 산정방법

III. α의 영향요인

1) 점토의 굳기 : 연약한 점토 > 단단한 점토

2) 말뚝종류 : 콘크리트 말뚝 > 강관말뚝

3) 말뚝시공법 : 타입말뚝 > 천공말뚝

4) 주면마찰력 작용방향 : 하향마찰력(부마찰력) > 상향마찰력(정마찰력)

IV. β방법과 비교

구분	α방법	β방법
주면마찰력 공식	$f_s = \alpha C_u$	$f_s = \beta \sigma_v' = K_o \tan\phi_w \sigma_v'$
점토층배수여부	비배수조건	배수조건
거동해석 이용	단기거동	장기거동

문제 16-6) 말뚝항타공식

답

I. 말뚝항타공식의 기본원리

　　1) 항타에너지 = 말뚝이 행한 일

　　(에너지 보존법칙 성립)

　　2) 실제 항타시 항타에너지와 말뚝이 행한 일

　　　　① $W_H \times h \times e = R_u \times (S + 에너지손실량)$

　　　　② e : 해머효율

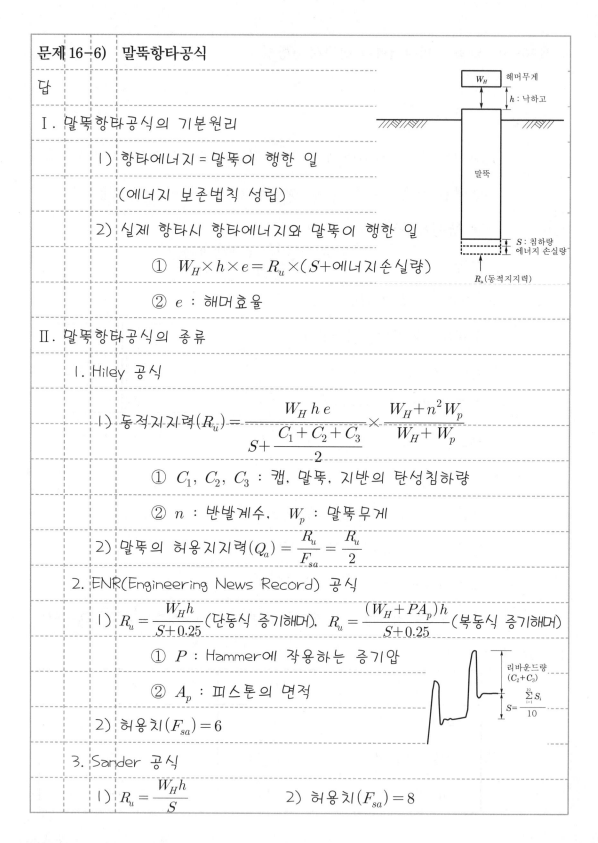

II. 말뚝항타공식의 종류

　　1. Hiley 공식

　　　1) 동적지지력$(R_u) = \dfrac{W_H\, h\, e}{S + \dfrac{C_1 + C_2 + C_3}{2}} \times \dfrac{W_H + n^2 W_p}{W_H + W_p}$

　　　　① C_1, C_2, C_3 : 캡, 말뚝, 지반의 탄성침하량

　　　　② n : 반발계수, W_p : 말뚝무게

　　　2) 말뚝의 허용지지력$(Q_a) = \dfrac{R_u}{F_{sa}} = \dfrac{R_u}{2}$

　　2. ENR(Engineering News Record) 공식

　　　1) $R_u = \dfrac{W_H h}{S + 0.25}$ (단동식 증기해머), $R_u = \dfrac{(W_H + PA_p)h}{S + 0.25}$ (복동식 증기해머)

　　　　① P : Hammer에 작용하는 증기압

　　　　② A_p : 피스톤의 면적

　　　2) 허용치$(F_{sa}) = 6$

　　3. Sander 공식

　　　1) $R_u = \dfrac{W_H h}{S}$ 　　　　2) 허용치$(F_{sa}) = 8$

문제 16-7) 말뚝하중-침하곡선

답

I. 정의

말뚝하중-침하곡선이란 지중에 설치된 말뚝에 정재하시험 또는
동재하시험으로 구한 하중과 침하량에 해당하는 점들을 연결한
곡선을 말한다.

II. 작도방법

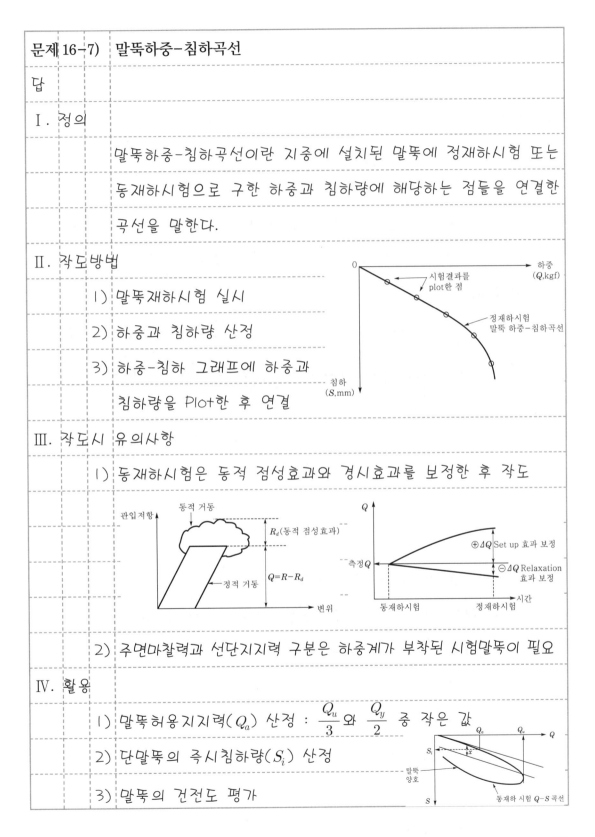

1) 말뚝재하시험 실시

2) 하중과 침하량 산정

3) 하중-침하 그래프에 하중과
   침하량을 Plot한 후 연결

III. 작도시 유의사항

1) 동재하시험은 동적 점성효과와 경시효과를 보정한 후 작도

2) 주면마찰력과 선단지지력 구분은 하중계가 부착된 시험말뚝이 필요

IV. 활용

1) 말뚝허용지지력(Q_a) 산정 : $\dfrac{Q_u}{3}$와 $\dfrac{Q_y}{2}$ 중 작은 값

2) 단말뚝의 즉시침하량(S_i) 산정

3) 말뚝의 건전도 평가

문제 16-8) 말뚝거동해석시 파동방정식(Wave Equation)

답

I. 정의

1) $\dfrac{\partial^2 D}{\partial t^2} = \dfrac{E_p}{\rho_p}\dfrac{\partial^2 D}{\partial x^2} + R$ (일차원 파동방정식)

2) 파동방정식은 시간과 응력 및 거리(x)를 독립변수로 하는 동적

에너지의 전파량에 대한 편미분 방정식이다.

II. 해석모델

1) D : 말뚝의 변위량, t : 시간

2) E_p, ρ_p : 말뚝의 탄성계수, 밀도

3) x : 응력파의 거리

4) 흙의 저항력(R) = $R_p + R_s$

III. 파동방정식의 특징

1) 파동이론에 근거한 동적해석방법이다.

2) 말뚝 내의 응력변화로 말뚝변위를 산정할 수 있다.

3) 말뚝거동해석시 항타장비와 주변 흙의 성질을 고려해야 한다.

IV. 이용

1) WEAP(파동방정식 수치해석프로그램)의 해석모델

2) PDA(항타분석기)의 해석모델

3) 내진설계시 동적해석프로그램의 해석모델 - 2차원 파동방정식

문제 16-9) 항타분석기(Pile Driving Analyzer)

답

I. 정의

항타분석기란 지지층에 관입된 말뚝 상부에 변형률계와 가속도계를 연결하여 항타로 인한 시간별 힘과 속도의 파형을 분석하여 타격에너지, 말뚝의 변위와 건전도 및 지지력을 산정하는 동재하시험의 분석기계를 말한다.

II. 항타분석기 시험장치

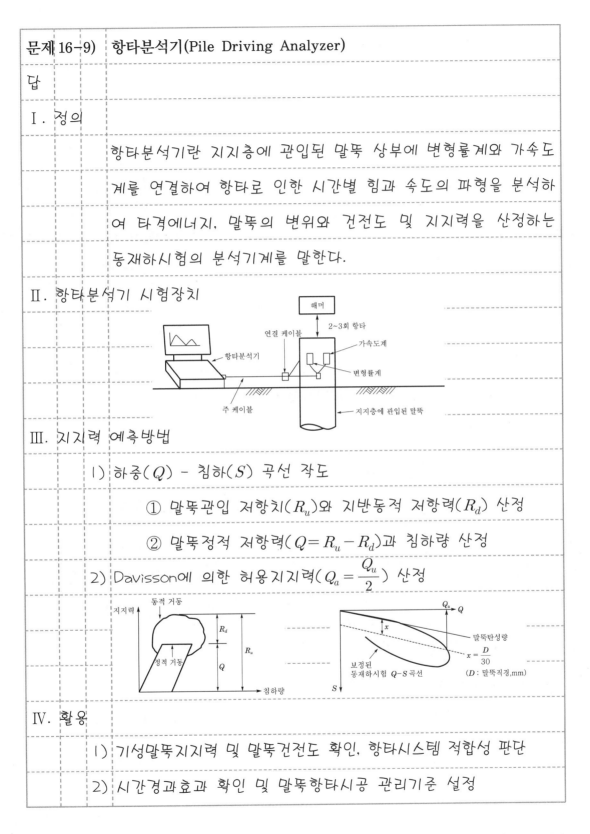

III. 지지력 예측방법

1) 하중(Q) - 침하(S) 곡선 작도

① 말뚝관입 저항치(R_u)와 지반동적 저항력(R_d) 산정

② 말뚝정적 저항력($Q = R_u - R_d$)과 침하량 산정

2) Davisson에 의한 허용지지력($Q_a = \dfrac{Q_u}{2}$) 산정

IV. 활용

1) 기성말뚝지지력 및 말뚝건전도 확인, 항타시스템 적합성 판단

2) 시간경과효과 확인 및 말뚝항타시공 관리기준 설정

문제 16-10) 말뚝의 시간효과

답

Ⅰ. 정의

말뚝의 시간효과란 지반에 관입된 항타말뚝의 주면마찰력이 시간이 경과함에 따라 증가되거나 감소되어 말뚝의 지지력이 시간에 따라 변하는 현상을 말한다.

Ⅱ. 말뚝의 시간효과 형태

1) Set-up효과

시간경과에 따라

주면마찰력이 증가

2) Relaxation효과 : 주면마찰력 감소로 지지력 감소

Ⅲ. 발생원인

1) 과잉간극수압(ΔU) 소산

2) ΔU 소산으로 유효응력(σ') 변화

① $+\Delta U$ 소산지반 유효응력은 증가 → 지반강도 증가

② $-\Delta U$ 소산지반 유효응력은 감소 → 지반강도 감소

3) 지반강도 변화에 따른 말뚝 주면마찰력 변화

Ⅳ. 항타말뚝 시간효과 보정방법

1) 동일 말뚝에 정재하시험과 동재하시험을 실시 후 보정하는 방법

2) 동일 말뚝에 동재하시험을 두 번 실시 후 보정하는 방법

(사질토지반은 일주일 후 재시험, 점토지반은 한달 후 재시험)

문제 16-11) 정동재하시험(Statnamic Load Test)

답

Ⅰ. 정의

정동재하시험이란 정적하중(정재하시험의 $\frac{1}{20}$ 하중)과 동적하중 (화약폭발력+충격하중)을 이용하여 대구경말뚝의 지지력과 침하량을 측정하는 시험을 말한다.

Ⅱ. 시험방법

1) 폭약실의 특수 고체연료로 폭발
2) 폭발력으로 말뚝하중재하와 반력콘크리트의 낙하 충격력으로 2차 하중재하
3) 레이저로 속도, 가속도, 힘, 변위 측정 후 해석프로그램에 입력
4) 말뚝의 극한지지력(Q_u)과 침하량 산정

Ⅲ. 특징

장점	단점
시험시간 단축 및 말뚝손상이 없음	화약이 고가
시험결과 신뢰성이 큼	적용사례가 적어 충분한 연구필요
현장타설말뚝의 재하시험 가능	마찰말뚝은 적용곤란

Ⅳ. 정재하시험과 비교

구분	정재하시험	양방향 정재하시험	정·동재하시험
시험시간	大	中	小
신뢰성	大	大	大

문제 16-12) 항타시 말뚝거동과 주변흙의 거동

답

I. 항타의 정의

　　항타란 말뚝을 리더기를 사용하여 연직으로 세운 뒤 말뚝항타

　　기로 말뚝이 파손되지 않으면서 소요지지력을 가지는 지중까지

　　관입시키는 작업을 말한다.

II. 항타시 말뚝거동

　　1) 항타순간 말뚝상부는 하향거동

　　　　① 말뚝상부는 탄성압축

　　　　② 말뚝선단부는 지반으로 관입

　　2) 곧바로 말뚝 탄성압축부분 회복 거동(리바운드)

　　3) 항타작업으로 말뚝은 조금씩 연속적으로 관입

III. 항타시 주변흙의 거동

　　1) 주변지반 교란 발생

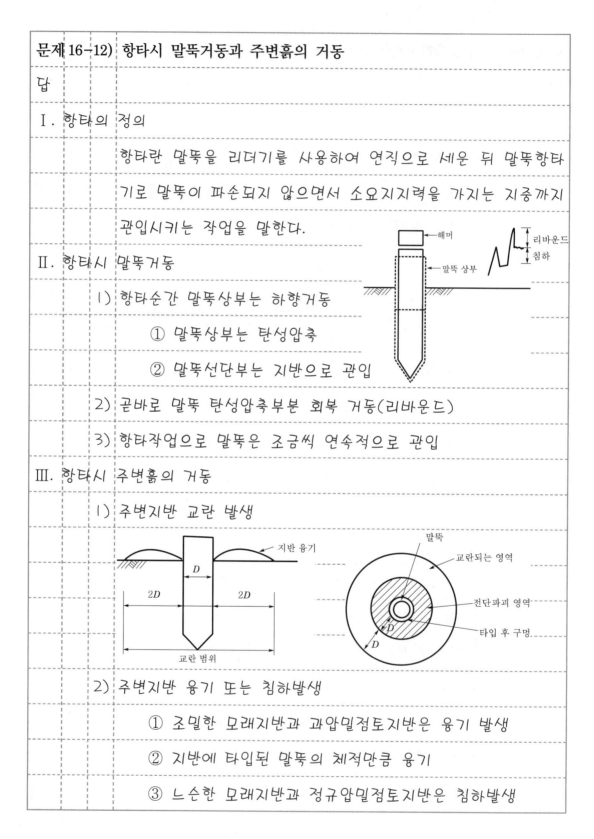

　　2) 주변지반 융기 또는 침하발생

　　　　① 조밀한 모래지반과 과압밀점토지반은 융기 발생

　　　　② 지반에 타입된 말뚝의 체적만큼 융기

　　　　③ 느슨한 모래지반과 정규압밀점토지반은 침하발생

문제 16-13)	폐색효과(Plugging Effect)

답

I. 정의

폐색효과란 지지층에 타입된 개단말뚝의 내부면과 내부 흙과의 마찰로 말뚝선단이 폐색되어 선단지지력이 증가되는 현상을 말한다.

II. 지지층 토질별 폐색효과

1) 사질토 지반

① 지지층 근입깊이(L_b)에 따라 폐색효과가 다름

② $0 < \dfrac{L_b}{D} < 5$일 때 : $\Delta q_p = 3\left(\dfrac{L_b}{D}\right)N < 30N$

③ $5 = \dfrac{L_b}{D}$: $\Delta q_p = 3\left(\dfrac{L_b}{D}\right)N \leq 30N$

2) 점성토 지반

① 지지층 근입깊이에 관계없이 폐색효과는 없음

② 개단말뚝 속채움 흙의 깊이에 관계없이 폐색효과는 없음

③ 점성토 지반에서 폐색효과가 없는 것은 마찰말뚝으로 선단지지력이 미미하기 때문임

문제 16-14) 부마찰력(Negative Skin Friction)

답

Ⅰ. 정의

부마찰력이란 연약한 점성토지반에 설치된 말뚝의 침하보다 말뚝주변지반의 침하가 훨씬 커서 하향으로 작용하는 말뚝의 주면마찰력을 말한다.

Ⅱ. 부마찰력크기 산정방법

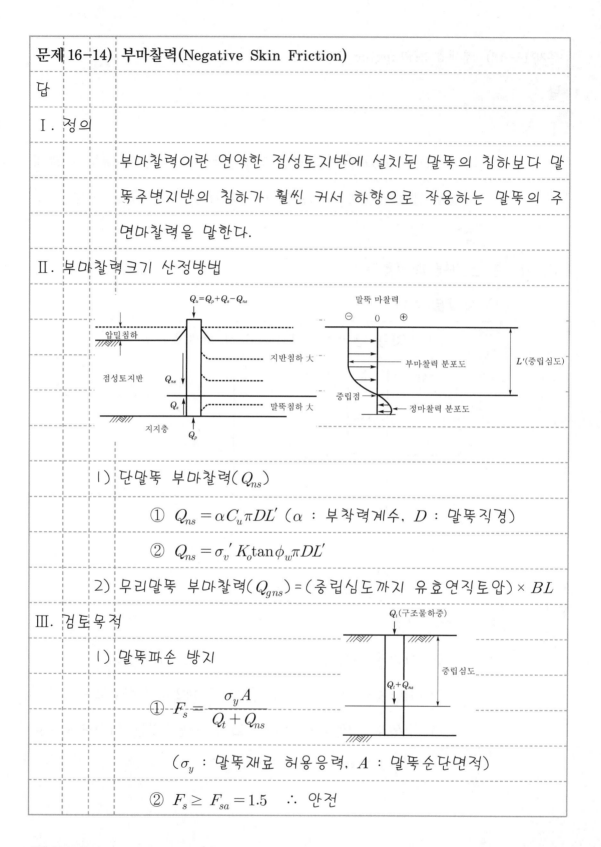

1) 단말뚝 부마찰력(Q_{ns})

① $Q_{ns} = \alpha C_u \pi DL'$ (α : 부착력계수, D : 말뚝직경)

② $Q_{ns} = \sigma_v' K_o \tan\phi_w \pi DL'$

2) 무리말뚝 부마찰력(Q_{gns}) = (중립심도까지 유효연직토압) × BL

Ⅲ. 검토목적

1) 말뚝파손 방지

① $F_s = \dfrac{\sigma_y A}{Q_t + Q_{ns}}$

(σ_y : 말뚝재료 허용응력, A : 말뚝순단면적)

② $F_s \geq F_{sa} = 1.5$ ∴ 안전

2) 적절한 말뚝연직지지력 산정 : $Q_u = Q_p + Q_s - Q_{ns}$

Ⅳ. 발생원인과 저감대책

발생원인	저감대책
① 연약점토지반에 말뚝설치	① SLP(Slip Layer Pile) 시공
② 성토로 압밀침하 발생	② 이중관 설치 - 외부관 부마찰력 부담,
③ 수위저하로 압밀발생	내부관 상부하중지지
④ 항타로 발생된 과잉간극수압	③ Tapered pile 시공
소산으로 지반압밀	

문제 16-15) SLP(Slip Layer Pile)

답

I. 정의

Slip Layer Pile이란 말뚝주면에 역청재가 도포된 표층재를 붙여 말뚝과 말뚝주변 흙 사이에 미끄럼층(Slip Layer)을 형성하여 부마찰력을 저감시키는 말뚝이다.

II. Slip Layer Pile 구조도

III. 부마찰력감소 원리

1) 말뚝 항타시 SL 콤파운드는 탄성체 - 미끄럼층 안전성 확보

2) 관입된 말뚝의 SL 콤파운드는 점성체

    ① 장기간 재하시 탄성체에서 점성체로 전환

    ② 압밀침하시 미끄럼층 역할

    ③ 부마찰력이 80~90% 정도 감소됨

IV. 부마찰력 저감말뚝 간의 비교

비교	SLP	이중관말뚝	군말뚝
저감효과	大	大	小
경제성	中	小	中
원리	미끄럼층 형성	외부관이 부담	선단지지력 증가

문제 16-16) 단일말뚝의 탄성침하량 계산시 침하항목

답

I. 단일말뚝의 탄성침하량 정의

단일말뚝의 탄성침하량이란 말뚝지지층인 선단지반의 저항범위

보다 말뚝간격이 더 넓은 단일말뚝에 설계하중이 작용되면서

발생하는 즉시침하량을 말한다.

II. 탄성침하량 계산시 침하항목

1) 말뚝자체 침하량(S_1)

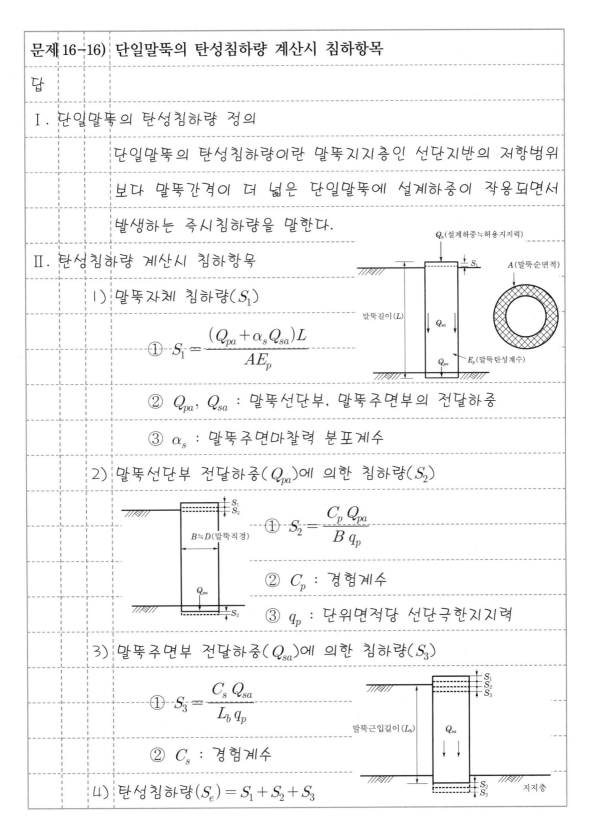

① $S_1 = \dfrac{(Q_{pa} + \alpha_s Q_{sa})L}{AE_p}$

② Q_{pa}, Q_{sa} : 말뚝선단부, 말뚝주면부의 전달하중

③ α_s : 말뚝주면마찰력 분포계수

2) 말뚝선단부 전달하중(Q_{pa})에 의한 침하량(S_2)

① $S_2 = \dfrac{C_p Q_{pa}}{B q_p}$

② C_p : 경험계수

③ q_p : 단위면적당 선단극한지지력

3) 말뚝주면부 전달하중(Q_{sa})에 의한 침하량(S_3)

① $S_3 = \dfrac{C_s Q_{sa}}{L_b q_p}$

② C_s : 경험계수

4) 탄성침하량(S_e) = $S_1 + S_2 + S_3$

문제 16-17) 수동말뚝(Passive Pile)

답

I. 정의

수동말뚝이란 말뚝 인접지반의 성토에 의한 압밀침하 또는 사면파괴 등으로 말뚝 주변지반이 먼저 변형되어 지반에 관입된 말뚝에 측방토압이 작용하는 말뚝을 말한다.

II. 발생 측방토압분포도

III. 수동말뚝 해석방법

간편법	측방유동압을 경험식으로 산정하여 해석
지반반력법	지반을 Winkler 모델로 이상화
탄성법	지반을 탄성 또는 탄소성체로 가정
유한요소법	지반의 응력-변형율 관계로 이상화

수평변위량(δ_h)을 산정하여 해석

IV. 주동말뚝과 차이점

차이점	주동말뚝	수동말뚝
수평변형 주체	말뚝	말뚝 주변지반
수평력 결정방법	상부구조물	지반과 말뚝의 상호작용
해석방법	간단	복잡

문제 16~18) 성토지지말뚝

답

I. 정의

성토지지말뚝이란 성토하중으로 발생하는 문제점(과다침하, 측방유동 및 지반활동파괴)을 해소하기 위하여 지지층에 설치되어 성토하중을 직접 지지층에 전달하는 말뚝을 말한다.

II. 성토지지 말뚝의 형태

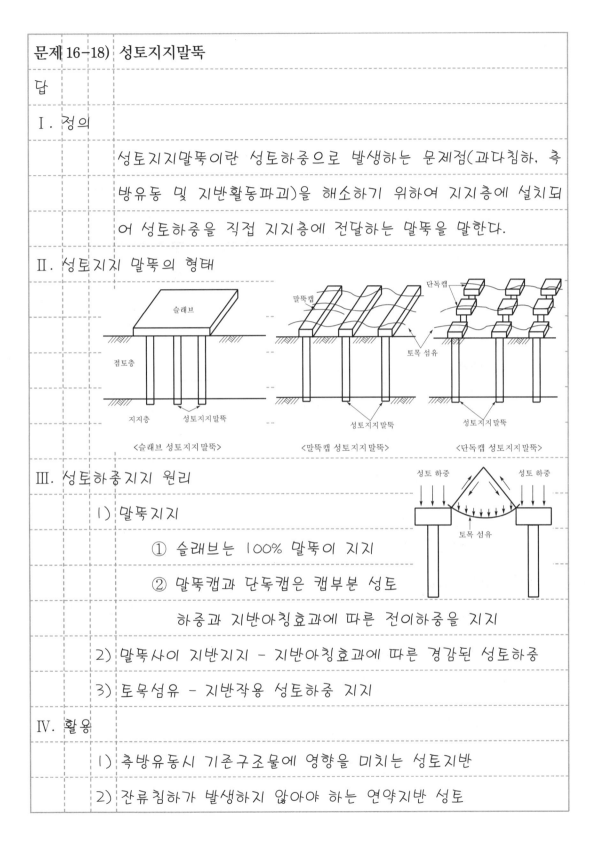

〈슬래브 성토지지 말뚝〉   〈말뚝캡 성토지지 말뚝〉   〈단독캡 성토지지 말뚝〉

III. 성토하중지지 원리

1) 말뚝지지

① 슬래브는 100% 말뚝이 지지

② 말뚝캡과 단독캡은 캡부분 성토

하중과 지반아칭효과에 따른 전이하중을 지지

2) 말뚝사이 지반지지 - 지반아칭효과에 따른 경감된 성토하중

3) 토목섬유 - 지반작용 성토하중 지지

IV. 활용

1) 측방유동시 기존구조물에 영향을 미치는 성토지반

2) 잔류침하가 발생하지 않아야 하는 연약지반 성토

문제 16-19) 말뚝의 건전도

답

I. 정의

말뚝의 건전도란 상부구조물의 사용기간 내에 사용성과 기능성을 확보하기 위해 지중에 설치된 말뚝재료의 품질상태의 정도를 말한다.

II. 항타말뚝의 건전도평가

1) 동재하시험 실시

2) 하중 - 침하곡선 모양으로 평가

<건전도 양호>   <말뚝 파손>

III. 현장타설 말뚝 건전도 평가

1) 말뚝 국부적 시험실시

① Core 일축압축시험

② 검측공 시험 - CSL, GGT

③ 비검측공시험 - 충격반향기법

충격응답기법

2) Slime혼입여부와 Neck현상 판단

IV. 말뚝건전도 향상방안

1. 항타말뚝

1) 시공 전 시항타시 동재하시험으로 항타기 선정

2) 말뚝강성 부족시 말뚝교체

2. 현장타설말뚝

1) 지반굴착시 공벽붕괴 방지 및 Slime 제거 철저

2) 콘크리트 타설시 시공관리 철저 및 케이싱 인발시기 준수

문제 16-20) 말뚝과 Pier의 차이점

답

I. 말뚝과 Pier의 정의

  1) 말뚝(Pile)은 직경이 75cm 미만의 기성말뚝을 말하며,

  2) 피어(Pier)는 직경이 75cm 이상인 현장타설 콘크리트말뚝이다.

II. 차이점

  1) 말뚝지지력 발현 차이점

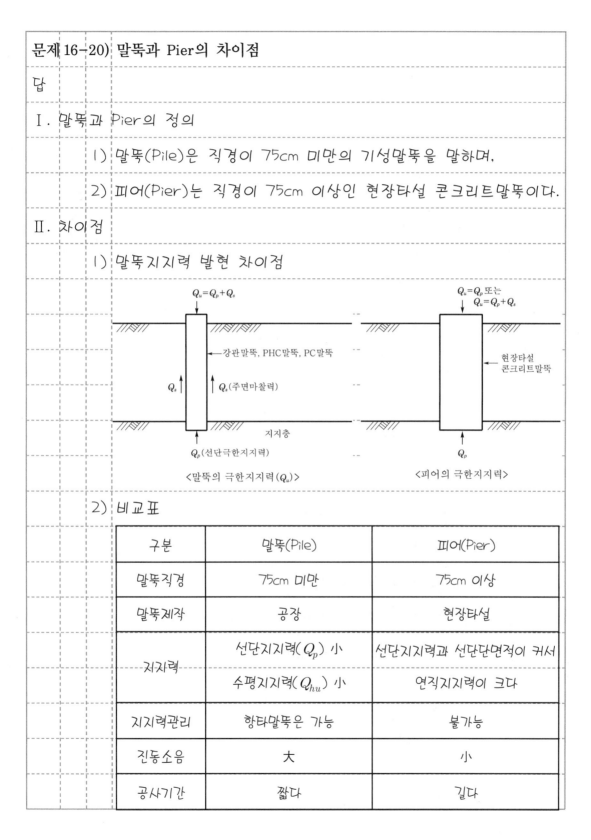

$$Q_u = Q_p + Q_s$$
강관말뚝, PHC말뚝, PC말뚝
Q_s Q_s (주면마찰력)
지지층
Q_p (선단극한지지력)
〈말뚝의 극한지지력(Q_u)〉

$$Q_u = Q_p \text{ 또는}$$
$$Q_u = Q_p + Q_s$$
현장타설
콘크리트말뚝
Q_p
〈피어의 극한지지력〉

  2) 비교표

구분	말뚝(Pile)	피어(Pier)
말뚝직경	75cm 미만	75cm 이상
말뚝제작	공장	현장타설
지지력	선단지지력(Q_p) 小	선단지지력과 선단단면적이 커서
	수평지지력(Q_{hu}) 小	연직지지력이 크다
지지력관리	항타말뚝은 가능	불가능
진동소음	大	小
공사기간	짧다	길다

문제 16-21) 복합말뚝(Hybrid Composite Pile)

답

I. 정의

복합말뚝이란 재료 또는 단면특성이 다른 두 개 이상의 말뚝을
연결한 말뚝을 말하며, 일반적으로 상부에는 수평력이 큰 강관
말뚝을, 하부에는 PHC말뚝을 사용한다.

II. 복합말뚝 구조별 역할

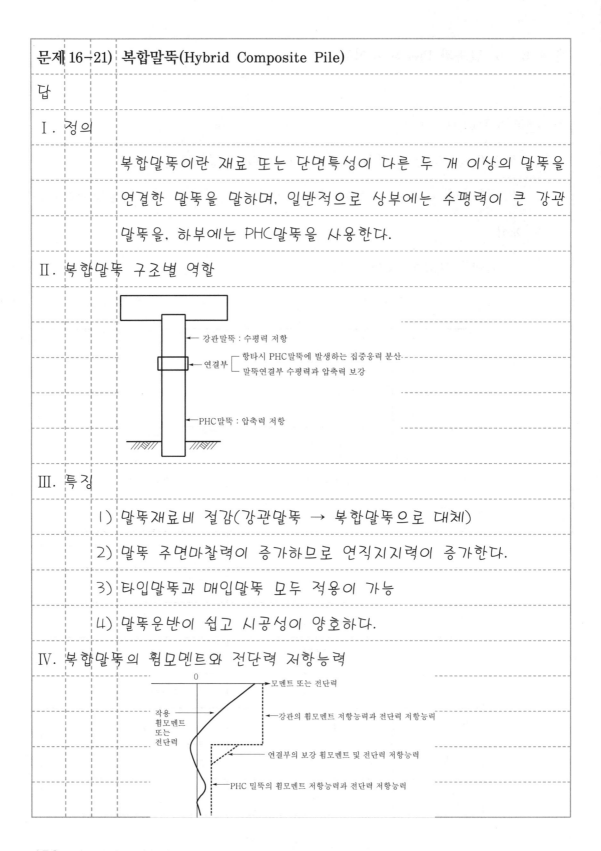

강관말뚝 : 수평력 저항

연결부 ┌ 항타시 PHC말뚝에 발생하는 집중응력 분산
       └ 말뚝연결부 수평력과 압축력 보강

PHC말뚝 : 압축력 저항

III. 특징

1) 말뚝재료비 절감(강관말뚝 → 복합말뚝으로 대체)

2) 말뚝 주면마찰력이 증가하므로 연직지지력이 증가한다.

3) 타입말뚝과 매입말뚝 모두 적용이 가능

4) 말뚝운반이 쉽고 시공성이 양호하다.

IV. 복합말뚝의 휨모멘트와 전단력 저항능력

0

모멘트 또는 전단력

작용
휨모멘트
또는
전단력

강관의 휨모멘트 저항능력과 전단력 저항능력

연결부의 보강 휨모멘트 및 전단력 저항능력

PHC 말뚝의 휨모멘트 저항능력과 전단력 저항능력

문제 16-22) 수압흡입식 수중파일(Suction Pile)

답

I. 정의

수압흡입식 수중파일이란 파일 내부의 물을 흡입하여 외부로 배출함으로써 발생된 파일 내부와 외부의 압력차로 파일을 수중지반에 설치하는 말뚝을 말한다.

II. 파일관입과 인발 메커니즘

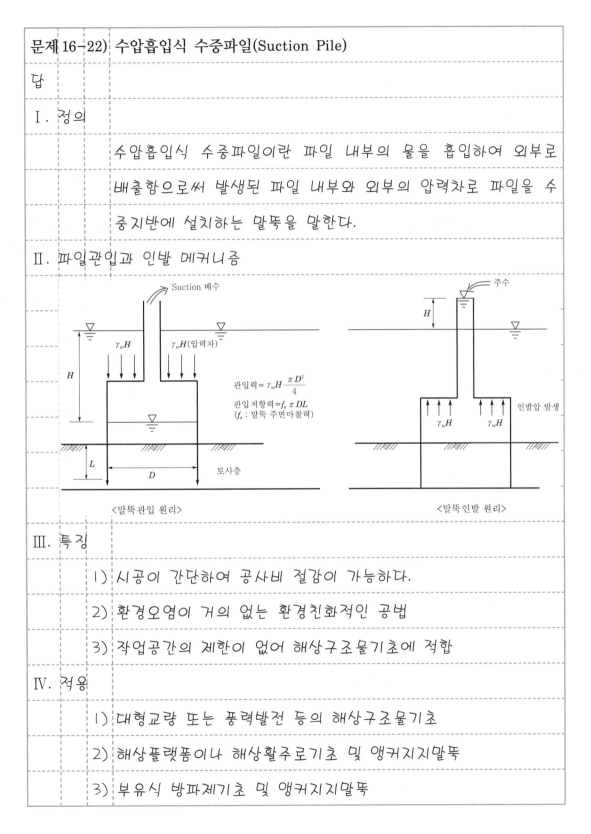

관입력 $= \gamma_w H \dfrac{\pi D^2}{4}$

관입저항력 $= f_s \pi DL$
(f_s : 말뚝 주면마찰력)

Suction 배수

$\gamma_w H$ $\gamma_w H$(압력차)

주수

인발압 발생

$\gamma_w H$ $\gamma_w H$

토사층

〈말뚝관입 원리〉   〈말뚝인발 원리〉

III. 특징

1) 시공이 간단하여 공사비 절감이 가능하다.

2) 환경오염이 거의 없는 환경친화적인 공법

3) 작업공간의 제한이 없어 해상구조물기초에 적합

IV. 적용

1) 대형교량 또는 풍력발전 등의 해상구조물기초

2) 해상플랫폼이나 해상활주로기초 및 앵커지지말뚝

3) 부유식 방파제기초 및 앵커지지말뚝

문제 16-23) 에너지파일(Energy Pile)

답

Ⅰ. 정의

　　1) 에너지파일이란 구조물의 깊은기초인 콘크리트말뚝 내부에 열
　　　　교환파이프를 설치하여 지열에너지를 활용하는 말뚝이다.

　　2) 구조물 지지능력과 콘크리트의 높은 열에너지 축적능력을 동시
　　　　에 활용하는 장점이 있다.

Ⅱ. 에너지파일 구조별 역할

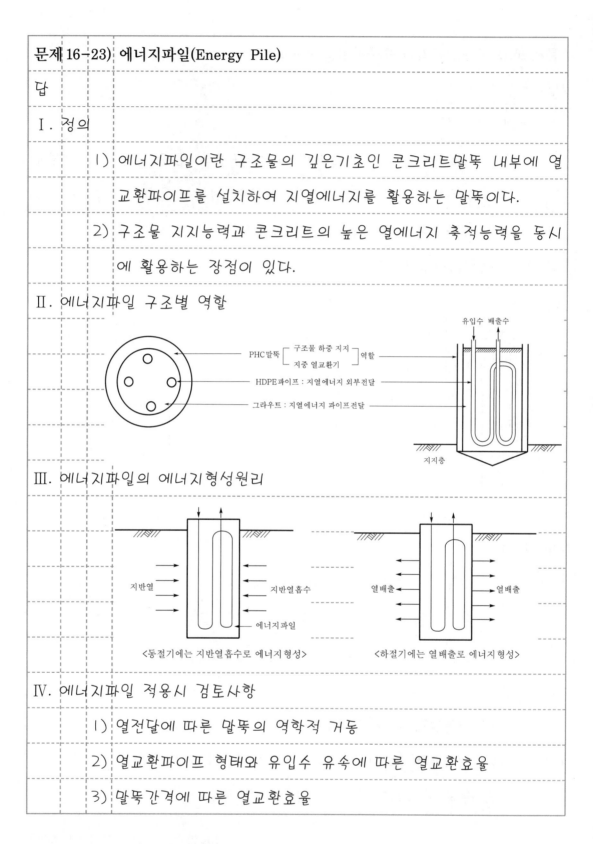

Ⅲ. 에너지파일의 에너지형성원리

Ⅳ. 에너지파일 적용시 검토사항

　　1) 열전달에 따른 말뚝의 역학적 거동

　　2) 열교환파이프 형태와 유입수 유속에 따른 열교환효율

　　3) 말뚝간격에 따른 열교환효율

문제 16-24) Sinkhole 침하, Trough 침하

답

I. Sinkhole 침하

1) 정의

석회암지대에 흐르는 물로 탄산 석회가 용해되어 지하에 생긴 공동인 Sinkhole 천단부가 함몰되어 발생하는 침하

2) 발생 메커니즘

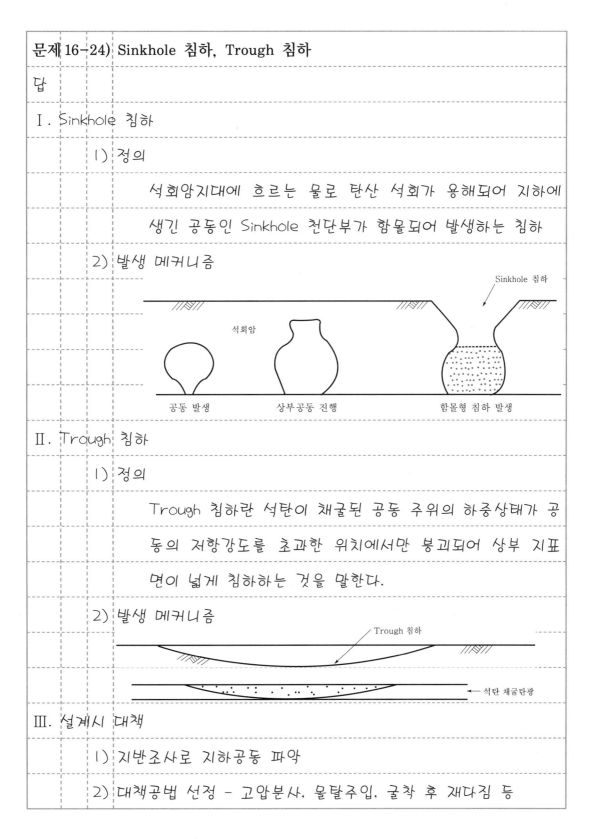

석회암

Sinkhole 침하

공동 발생   상부공동 진행   함몰형 침하 발생

II. Trough 침하

1) 정의

Trough 침하란 석탄이 채굴된 공동 주위의 하중상태가 공동의 저항강도를 초과한 위치에서만 붕괴되어 상부 지표면이 넓게 침하하는 것을 말한다.

2) 발생 메커니즘

Trough 침하

석탄 채굴탄광

III. 설계시 대책

1) 지반조사로 지하공동 파악

2) 대책공법 선정 - 고압분사, 물탈주입, 굴착 후 재다짐 등

문제 16-25) Plug형 침하

답

Ⅰ. 정의

Plug형 침하란 거의 수직인 암맥이나 단층구간 내 설치된 탄광갱의 상부 암반덩어리가 함몰되어 발생된 지표면의 침하를 말한다.

Ⅱ. 발생 메커니즘

1) 단층면 또는 암맥의 절리면 풍화진행

2) 탄광갱 상부암반덩어리의 자중 작용

3) 풍화면의 전단강도 < 풍화면 활동응력

4) 갑자기 갱 내 함몰로 지표면침하 발생

Ⅲ. 특징

1) 지표면침하는 갑자기 발생

2) 암반의 체적팽창없이 함몰이 발생

3) 붕락고가 매우 크고 지표면과 갱 내의 침하량은 동일하다.

4) 붕락각은 거의 90°에 가깝다.

Ⅳ. 문제점과 대책

문제점	대책
인명과 구조물에 심각한 피해유발	① 갱 내에 콘크리트를 채움 ② 구조물 축조 전에 미리 함몰시킨 후에 지표면을 성토 다짐

제11장 지반조사

☞ 永生의 길잡이 – 여섯 : 선행으로 천국에 못가는 이유

문제 1)	표준관입시험에서 시험결과의 N치로 전단강도 결정방법과 전단강도
	결정시 문제점에 대하여 기술하시오.

답

I. 표준관입시험의 개요

1) 정의

표준관입시험이란 63.5kgf의 해머를 76cm 높이에서 자유
낙하시켜 원통분리형 시료채취기(Split Spoon Sampler)가
30cm 관입될 때의 타격횟수인 N치와 교란시료를 채취하
는 현장시험을 말한다.

2) 시험방법

63.5 kgf 해머
76cm
노킹헤드
65~120mm 케이싱
로드
Split Spoon Sampler

① 로드에 Split Spoon Sampler 부착후
시추공 내의 시험지점에 설치

② 예비타로 15cm 관입

③ 본타로 30cm 관입시 타격횟수 N치 측정

④ 후속타로 5cm 관입 후 샘플러 인발

3) 시험시 유의점

① 정확한 지반고측량 및 시추공 내 수위저하 방지

② 시추공 내 Slime처리상태 확인

③ 본타시 타격 1회마다 누계관입량을 측정한다.

④ 50회 타격에도 관입량이 30cm 미만일 때는 50회 타격
시 관입량을 기록한다.

II. N치로 전단강도 결정방법

1. 사질토지반의 전단저항각(ϕ) 결정방법

1) Peck – Meyerhof 제안

N치	상대밀도		전단저항각(ϕ, °)	
	상태	값(%)	Peck	Meyerhof
0~4	매우 느슨	0~20	28.5 이하	30 이하
4~10	느슨	20~40	28.5~30	30~35
10~30	보통	40~60	30~36	35~40
30~50	조밀	60~80	36~41	40~45
50 이상	매우 조밀	80~100	41 이상	45 이상

2) Dunham 제안식

① $\phi = \sqrt{12N} + C$

② 상수(C)
- 15 (입자가 둥글고 빈입도의 모래)
- 20 $\left(\begin{array}{l}\text{입자가 둥글고 양입도의 모래}\\ \text{입자가 모나고 빈입도의 모래}\end{array}\right)$
- 25 (입자가 모나고 양입도의 모래)

2. 점성토지반의 점착력(C) 결정방법

N치	Consistency	일축압축강도(q_u, kgf/㎠)	점착력(kgf/㎠)
2 이하	매우 연약	0.25 이하	0.125 이하
2~4	연약	0.25~0.5	0.125~0.25
4~8	보통	0.5~1.0	0.25~0.5
8~15	단단	1.0~2.0	0.5~1.0
15~30	매우 단단	2.0~4.0	1.0~2.0
30 이상	고결	4.0 이상	2.0 이상

Ⅲ. 전단강도 결정시 문제점

　　1) 시험 자체의 근본적 한계 미반영

　　　　① 시험수행자의 자의적 판단에 의존하여 N치 측정

　　　　② 사용장비의 비표준화 → N치 수정 필요

　　　　③ 시험시 감독 소홀

　　2) 과도한 확대 적용

　　　　① 경험관계의 과도한 확대 적용

　　　　② 시험결과의 오·남용으로 설계와 시공 품질에 악영향

　　　　⇒ 사질토에 한정하여 적용이 원칙

　　3) 도표이용시 N치만 적용

　　　　① Meyerhof도표 이용시 지반상태 파악이 필요

　　　　② 균등입도모래 또는 이토질모래는 작은 값을 적용

　　　　③ 양입도모래는 큰 값을 적용

　　4) N치는 수정이 필요

　　　　① $N = N_F C_E C_N C_D C_R C_S$ (N_F : 측정 N치)

　　　　② 해머타격에너지 보정계수$(C_E) = \dfrac{0.6}{측정에너지비}$

　　　　③ 유효상재압 보정계수$(C_N) = 0.77 \log_{10} \dfrac{20}{\sigma_v'}$

　　　　④ 시추공직경 보정계수(C_D), 로드길이 보정계수(C_R)

　　　　　샘플러 보정계수(C_S)

Ⅳ. 결론

　　표준관입시험의 N치는 반드시 수정된 값으로 사질토지반의 토
　　성치와 기초설계에 적용하여야 한다.

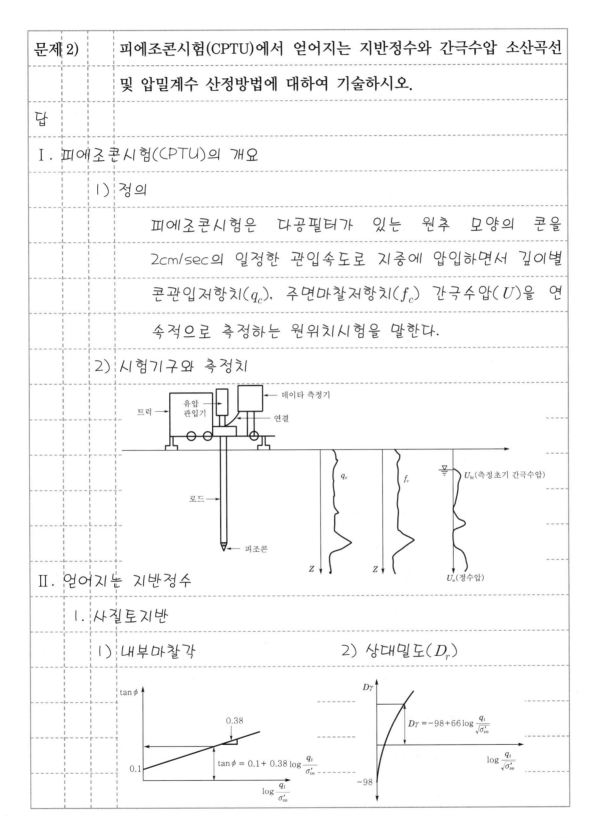

| 문제 2) | 피에조콘시험(CPTU)에서 얻어지는 지반정수와 간극수압 소산곡선 및 압밀계수 산정방법에 대하여 기술하시오. |

답

Ⅰ. 피에조콘시험(CPTU)의 개요

1) 정의

피에조콘시험은 다공필터가 있는 원추 모양의 콘을 2cm/sec의 일정한 관입속도로 지중에 압입하면서 깊이별 콘관입저항치(q_c), 주면마찰저항치(f_c) 간극수압(U)을 연속적으로 측정하는 원위치시험을 말한다.

2) 시험기구와 측정치

데이타 측정기

유압 관입기

트럭

연결

로드

피조콘

q_c

f_c

U_{bt}(측정초기 간극수압)

Z

Z

U_o(정수압)

Ⅱ. 얻어지는 지반정수

1. 사질토지반

1) 내부마찰각

$\tan\phi$

0.38

0.1

$$\tan\phi = 0.1 + 0.38\log\frac{q_t}{\sigma'_{vo}}$$

$$\log\frac{q_t}{\sigma'_{vo}}$$

2) 상대밀도(D_r)

$D\gamma$

$$D\gamma = -98 + 66\log\frac{q_t}{\sqrt{\sigma'_{vo}}}$$

$$\log\frac{q_t}{\sqrt{\sigma'_{vo}}}$$

-98

2. 점토지반

$$q_t = q_c + U_{bt}(1-a)$$

1) 점착력$(C) = \dfrac{q_t - \sigma_{vo}}{5 \sim 30}$

$$a = \dfrac{내관직경(d)}{외관직경(D)}$$

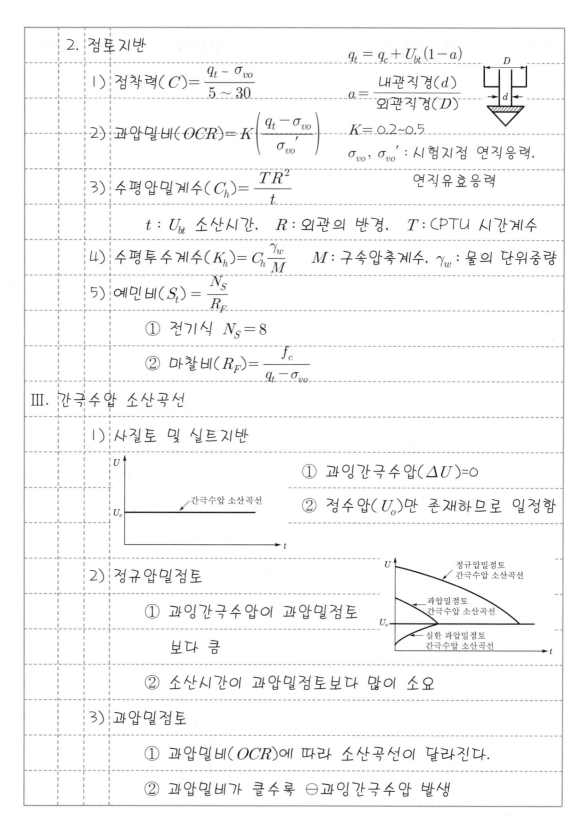

2) 과압밀비$(OCR) = K\left(\dfrac{q_t - \sigma_{vo}}{\sigma_{vo}'}\right)$ $K = 0.2 \sim 0.5$

$\sigma_{vo}, \sigma_{vo}'$: 시험지점 연직응력,

3) 수평압밀계수$(C_h) = \dfrac{TR^2}{t}$ 연직유효응력

    t : U_{bt} 소산시간, R : 외관의 반경, T : CPTU 시간계수

4) 수평투수계수$(K_h) = C_h \dfrac{\gamma_w}{M}$ M : 구속압축계수, γ_w : 물의 단위중량

5) 예민비$(S_t) = \dfrac{N_S}{R_F}$

    ① 전기식 $N_S = 8$

    ② 마찰비$(R_F) = \dfrac{f_c}{q_t - \sigma_{vo}}$

Ⅲ. 간극수압 소산곡선

1) 사질토 및 실트지반

    ① 과잉간극수압$(\Delta U) = 0$

    ② 정수압(U_o)만 존재하므로 일정함

2) 정규압밀점토

    ① 과잉간극수압이 과압밀점토

      보다 큼

    ② 소산시간이 과압밀점토보다 많이 소요

3) 과압밀점토

    ① 과압밀비(OCR)에 따라 소산곡선이 달라진다.

    ② 과압밀비가 클수록 ⊖과잉간극수압 발생

Ⅳ. 압밀계수 산정방법

  1. 공식으로 산정

    1) 임의시간의 간극수압(U_t) 측정

    2) 압밀도(U) 산정 : $U = 1 - \dfrac{U_t - U_o}{U_{bt} - U_o}$

    3) 산정된 압밀도로 도표에서 시간계수(T) 추정

    4) 구한 값을 공식에 대입하여 수평압밀계수(C_h) 산정

$$C_h = \frac{TR^2}{t(\text{임의시간})} \quad (R : \text{외관의 반경})$$

  2. $C_h - t$ 곡선에서 산정방법

    1) 압밀도(U) 50%에 해당하는

       시간(t_{50})을 결정

    2) t_{50}과 지반의 강성지수(I_R)로

       C_h 산정

Ⅴ. 결론

    1) 피에조콘시험은 사질토와 점성토지반 모두 신뢰성이 높은 토성
       치를 추정할 수 있는 시험으로 최근 많이 적용하는 원위치시험
       이며, 점성토의 수평압밀계수를 연속적으로 측정하여 연직배수
       공법의 압밀특성에 이용한다.

    2) 피에조콘시험의 단점은 시료를 채취할 수 없어 육안으로 토사
       를 확인할 수 없다는 것이다.

문제 3)	딜라토미터시험(DMT)의 시험방법과 보정방법, 고유지수 산정방법
	및 현장적용성에 대하여 기술하시오.

답

I. 딜라토미터시험(DMT)의 개요

1) 정의

딜라토미터시험이란 DMT날을 시험지점에 압입시켜 DMT 날 중앙부 원형멤브레인을 가스압력으로 수평팽창시켜 측정된 압력과 수평변위관계로 지반특성치를 구하는 시험을 말한다.

2) 시험기구

II. 시험방법

1) DMT날(Blade)을 지상에서 팽창시켜 압력 측정

① 0.05mm 팽창압력(ΔA)

② 1.1mm 팽창압력(ΔB)

2) 시험지점까지 DMT날을 최대한 빨리 관입

3) 멤브레인의 수평팽창량에 해당하는 압력 측정

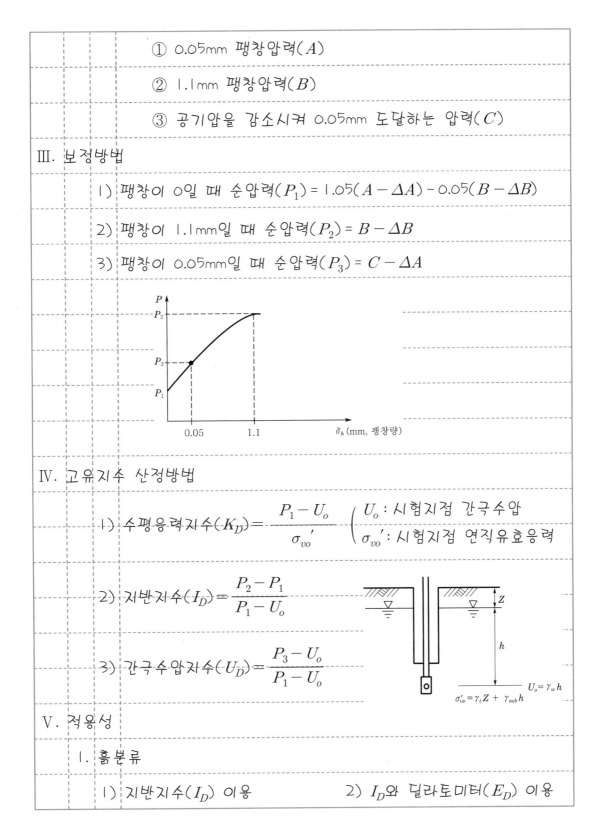

① 0.05mm 팽창압력(A)

② 1.1mm 팽창압력(B)

③ 공기압을 감소시켜 0.05mm 도달하는 압력(C)

III. 보정방법

1) 팽창이 0일 때 순압력(P_1) = $1.05(A - \Delta A) - 0.05(B - \Delta B)$

2) 팽창이 1.1mm일 때 순압력(P_2) = $B - \Delta B$

3) 팽창이 0.05mm일 때 순압력(P_3) = $C - \Delta A$

IV. 고유지수 산정방법

1) 수평응력지수(K_D) = $\dfrac{P_1 - U_o}{\sigma_{vo}{'}}$ $\left(\begin{array}{l} U_o : \text{시험지점 간극수압} \\ \sigma_{vo}{'} : \text{시험지점 연직유효응력} \end{array}\right.$

2) 지반지수(I_D) = $\dfrac{P_2 - P_1}{P_1 - U_o}$

3) 간극수압지수(U_D) = $\dfrac{P_3 - U_o}{P_1 - U_o}$

V. 적용성

1. 흙분류

1) 지반지수(I_D) 이용

2) I_D와 딜라토미터(E_D) 이용

I_D	흙의 종류
0.1 이하	연약 점성토
0.1 ~ 0.35	점성토
0.35 ~ 0.6	실트질 점토
0.6 ~ 1.2	실트
1.2 ~ 1.8	실트질 모래

$$\text{DMT계수}(E_D) = 34.7(P_2 - P_1)$$

2. 정지토압계수(K_o) 산정

1) $K_o = \left(\dfrac{K_D}{1.5}\right)^{0.47} - 0.6$

2) 지반지수(I_D)가 2 이하인 점성토지반에 적합

3. 비배수강도(C_u) 산정 : $C_u = 0.22\sigma_{vo}{'}(0.5K_D)^{1.25}$

4. 과압밀비(OCR) 산정

1) $OCR = (0.5K_D)^{1.56}$

2) $K_D = 2$ 일때 $OCR = 1$(정규압밀점토)이 됨

5. 탄성계수(E_s) 산정 : $E_s = (1-v^2)E_D$ (v : 포아송비)

6. 얕은기초 즉시침하량(S_i) 산정

1) $S_i = q_o B \dfrac{1-v^2}{E_s} I_s$ (q_o : 순하중, B : 기초폭)

2) E_s : DMT계수(E_D)로 추정된 탄성계수

VI. 결론

1) 딜라토미터시험은 매우 신속하고 시험장비는 간편하며 경제적이고 매우 신뢰성이 큰 시험이다.

2) 자갈과 암반층에는 시험이 곤란하며 국내시험실적과 적용이 최근 증가하는 추세로 연구개발이 필요하다.

문제 4-1)	SPT의 Energy Ratio

답

I. 정의

1) SPT의 Energy Ratio $= \dfrac{\text{실제 측정에너지}}{\text{이론적인 에너지}(63.5 \times 76)}$

2) SPT의 에너지비는 로드에너지비와 동일한 값으로 국제표준 SPT에너지비는 0.6이며, 장비종류와 특성에 따라 이론에너지와 매우 상이하게 되어 N치에 영향을 미친다.

II. 영향인자

1) 로드상태와 길이

2) 앤빌시스템(Anvil System)

3) 해머모양 : 도넛해머가 영향이 크다.

76 cm

해머(63.5 kgf)

앤빌

로드

Split Spoon
Sampler

III. 산정방법

1) 장비별 도표이용(국가별 기준) 방법

2) 실제에너지 측정방법

① $E_R = \dfrac{\text{실제에너지}}{63.5 \times 76}$ ─ 초음파 송수신기 장치 + PC

② 실제에너지 측정방법 ─ 항타분석기(PDA) 이용

─ 촬영된 비디오분석

③ 실측된 실제에너지를 대입하여 에너지비(E_R) 산정

IV. 이용

1) N치의 에너지비 보정 : $N_{60} = N_F C_E$ (N_F : SPT 시험 N치)

2) 에너지비 보정계수(C_E) 산정 ÷ $C_E = \dfrac{0.6}{E_R}$

문제 4-2)	N치 보정방법

답

I. N치의 정의

SPT(표준관입시험)의 N치란 63.5kgf의 해머를 76cm 높이에서

자유낙하시켜 원통분리형 시료채취기(Split Spoon Sampler)를

30cm 관입시킬 때의 타격횟수를 말한다.

II. N치 보정방법

1) N치 보정식

① $N = N_F C_E C_N C_D C_R C_S$

② N_F : 현장에서 측정된 N치

2) 해머타격에너지비 보정계수(C_E)

① $C_E = \dfrac{0.6}{측정에너지비(E_R)}$

② 측정에너지비는 직접 측정 또는 도표에서 산정

3) 유효상재압 보정계수(C_N)

① $C_N = 0.77 \log \dfrac{20}{\sigma_v'}$

② σ_v' : 시험지점의 연직유효응력

4) 시추공직경 보정계수(C_D)

① $D = 60 \sim 120mm$: $C_D = 1$

② $D = 150mm$: $C_D = 1.05$

③ $D = 200mm$: $C_D = 1.15$

5) 로드길이 보정계수(C_R)

（그림 설명: 63.5 kgf 해머, 76 cm, 노킹헤드(앤빌), 로드(Rod), 케이싱, Split Spoon Sampler）

로드길이	0~4m	4~6m	6~10m	10m 이상
C_R	0.75	0.85	0.95	1.0

6) 샘플러종류 보정계수(C_S)

① 표준샘플러 : $C_S = 1.0$

② 라이너가 없는 US 샘플러 : $C_S = 1.2$

문제 4-3)   Cone 관입시험에서 관입속도 영향

답

I. Cone 관입시험의 정의

   Cone 관입시험이란 원추형의 콘을 일정한 관입속도로 관입시켜 콘의 저항치(q_c)와 외관의 마찰저항치(f_c) 및 간극수압(U_{bt})을 측정하는 시험이다.

II. 관입속도 영향

  1. Cone의 적정 관입속도 : 2cm/sec

  2. 적정 관입속도보다 빠를 때의 영향

    1) 사질토지반은 시험치의 영향이 거의 없음

    2) 점성토지반의 시험치는 증가됨

      ① 콘의 저항치(q_c)와 외관의 마찰저항치(f_c) 증가

      ② 간극수압(U_{bt})이 증가됨

      ③ 과잉간극수압 소산시간(t)이 증가하므로 수평압밀계수

      (C_h)가 감소됨 $C_h = \dfrac{T_n R^2}{t}$ (R : 피에조콘 반경)

  3. 적정 관입속도보다 느릴 때의 영향

    1) 사질토지반은 시험치의 영향이 거의 없음

    2) 점성토지반의 시험치는 감소되고 수평압밀계수는 증가됨

| 문제 4-4) | 지반종류에 따른 피에조콘 간극수압 소산곡선 |

답

I. 피에조콘 간극수압 소산곡선의 정의

피에조콘 간극수압 소산곡선이란 피에조콘 관입시 발생된 과잉간극

수압이 시간경과에 따라 증감되는 점들을 연결한 곡선을 말한다.

II. 지반종류에 따른 간극수압 소산곡선

1) 사질토지반 간극수압 소산곡선

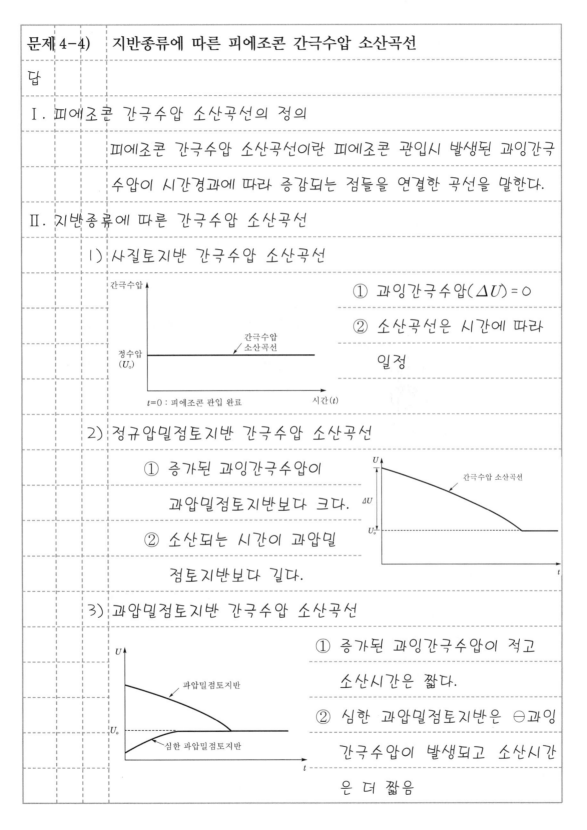

① 과잉간극수압(ΔU) = 0

② 소산곡선은 시간에 따라

일정

2) 정규압밀점토지반 간극수압 소산곡선

① 증가된 과잉간극수압이

과압밀점토지반보다 크다.

② 소산되는 시간이 과압밀

점토지반보다 길다.

3) 과압밀점토지반 간극수압 소산곡선

① 증가된 과잉간극수압이 적고

소산시간은 짧다.

② 심한 과압밀점토지반은 ⊖과잉

간극수압이 발생되고 소산시간

은 더 짧음

문제 4-5)	공내수평재하시험(Pressuremeter Test)

답

Ⅰ. 정의

공내수평재하시험이란 시추공벽에 설치된 시험기구의 방사방향 압력과 발생하는 공벽의 변형량관계로 지반특성을 조사하는 시험을 말한다.

Ⅱ. 시험방법

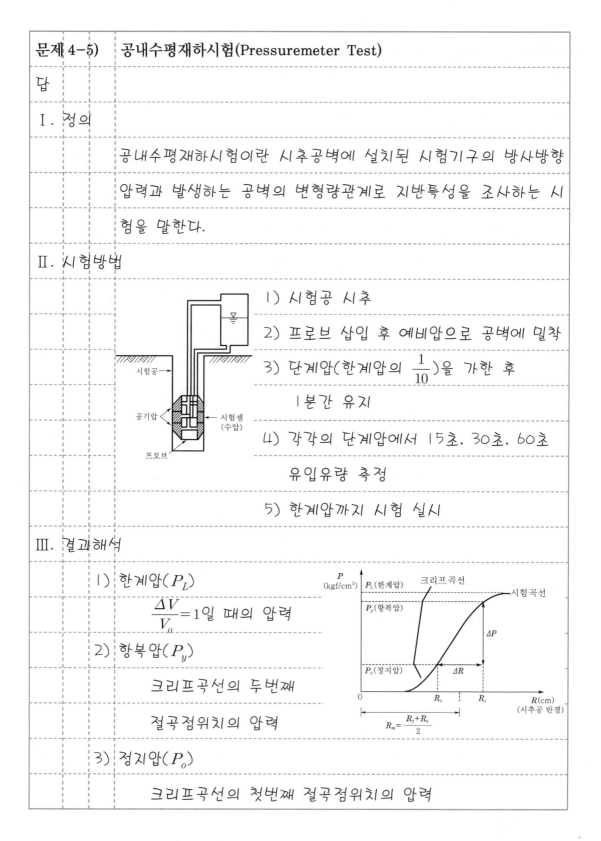

시험공

공기압 시험셀 (수압)

프로브

1) 시험공 시추

2) 프로브 삽입 후 예비압으로 공벽에 밀착

3) 단계압(한계압의 $\frac{1}{10}$)을 가한 후 1분간 유지

4) 각각의 단계압에서 15초, 30초, 60초 유입유량 측정

5) 한계압까지 시험 실시

Ⅲ. 결과해석

1) 한계압(P_L)

$\frac{\Delta V}{V_o} = 1$일 때의 압력

2) 항복압(P_y)

크리프곡선의 두번째 절곡점위치의 압력

P (kgf/cm²)

크리프곡선

P_L(한계압) 시험곡선

P_y(항복압)

ΔP

P_o(정지압)

ΔR

0 R_o R_y R(cm) (시추공 반경)

$R_m = \frac{R_y + R_o}{2}$

3) 정지압(P_o)

크리프곡선의 첫번째 절곡점위치의 압력

IV. 적용성

    1) 지반의 토성치

        ① 정지토압계수(K_o)

        ② 전단탄성계수(G)

        ③ 비배수강도(C_u)

    2) 기초지지력 산정

        ① 얕은기초 극한지지력

        ② 깊은기초 극한지지력 - 항타말뚝, 현장타설말뚝

문제 4-6)	터널막장면 탄성파탐사(TSP)

답

I. 정의

터널막장면 탄성파(Tunnel Seismic Profiling)탐사란 터널막장에 설치된 발파점에서 소량의 발파로 발생된 탄성파의 반사파가 수진점까지 도달하는 시간을 측정하여 터널막장주변의 암질상태와 단층파쇄대를 파악하는 시험이다.

II. 시험방법

1) 터널막장면의 바닥 또는 측벽부에 1m 간격으로 수진점 설치

<다 발파점 - 소 수진점 방법>

2) 발파점에서 발파

3) 수진점에서 측정된 반사파의 도달시간을 해석하고 V_p와 V_s를 측정하여 터널막장 주변상태 영상화

III. TSP탐사 종류

1) 다 수진점 - 소 발파점 방법 : 갱 내에 다수(20~50개) 수진점과 소수(3~5개) 발파점으로 시험

2) 다 발파점 - 소 수진점 방법 : 갱 내에 다수 발파점과 소수 수진점으로 시험

IV. 적용성

1) 터널 갱 내에서 단층파쇄대 및 암질변화 위치파악

2) 단층파쇄대 규모 및 터널 축방향과 교차각도

3) 단층파쇄대의 특성 규명

문제 4-7) 탄성파 토모그래피탐사

답

I. 정의

탄성파 토모그래피탐사란 한 개의 시추공에는 탄성파 발생장치를 다른 시추공에는 수신장치를 설치한 후 단계별로 탄성파를 발생시켜 여러 각도로 탄성파를 측정하여 두 시추공 사이의 지층구조를 영상화하는 방법이다.

II. 시험방법

1) 시추공 Boring

2) 탄성파 발생장치와 수신장치 (감지기) 설치

3) 탄성파 발생 후 도달시간(주시) 측정

4) 시추공 사이 지층구조를 영상화시킴

III. 특징

장점	단점
① 가장 정확한 시추공 내의 탐사법	① 모든 방향의 투시는 곤란
② 다중채널 수신시스템으로 자료 획득이 신속	② 시간과 비용이 많이 소요된다.
	③ 해석시 전문지식이 필요하다.

IV. 결과이용

1) 정확한 지층구분

2) 지중공동 및 연약대위치 파악

3) 지반 동적물성치(v_d, E_d, G_d) 산정

문제 4-8)	BIPS(Borehole Image Processing System)

답

Ⅰ. 정의

BIPS란 시추공벽에 고광도 광원을 주사하여 360° 촬영한 다음 이를 고해상도 영상파일로 변환시켜 원지반 불연속면의 주향과 경사 및 절리크기를 산정하는 시추공벽 촬영법이다.

Ⅱ. 시험방법

1) 시추공 Boring

2) 촬영기구를 공 내에 투입 후 촬영

3) 촬영된 자료를 고해상도 영상파일로 변환시켜 해석

시추공

투명 PVC 케이싱

촬영 광선

Ⅲ. 획득할 수 있는 설계자료

1) 심도별 불연속면의 주향과 경사

① 주향 = Sine 곡선에서 위상이 0이 되는 지점

② 경사 $= \tan^{-1}\left(\dfrac{2h}{D}\right)$

D : 시추공 직경

sine 곡선

N　E　W　S　N

$2h$

주향

경사방향

2) 주 절리군 분류

3) 불연속면 충진여부 판정 및 암구분

Ⅳ. 성과 이용

1) 기초지반 지하공동 파악

2) 암반사면 불연속면조사 및 안정검토

3) 터널설계 및 시공관리 - 예상되는 Face Mapping 이용

4) 현장타설말뚝의 건전도평가

V. 초음파촬영법(BHTV, Bore Hole Televiewer)과 비교

구분	초음파촬영법(BHTV)	광원촬영법(BIPS)
촬영원리	초음파 빔을 360° 주사 후 반사되는 초음파 도달시간 및 진폭을 기록	고광도 광원을 주사 후 반사되는 공벽 이미지를 스캔하여 기록
공내수	필요	필요 없음
케이싱	필요	투명 PVC 케이싱 필요
주획득자료	불연속면의 주향과 경사	불연속면의 주향과 경사
부가자료	• 암반강도 추정 • 시추공경 측정 • 수치자료	• 암층 및 암맥 구분 • 불연속면 충진여부 판정 • 코어 이미지 재현

6 永生의 길잡이 – 여섯

선행으로 천국에 못가는 이유

"모든 사람이 죄를 범하였으매 하나님의 영광에 이르지 못하더니" 라고 했습니다.

(로마서 3 : 23)

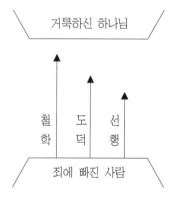

거룩하신 하나님

철학 도덕 선행

죄에 빠진 사람

하나님은 거룩하시고 사람은 죄에 빠졌습니다. 그리하여 서로 사이에는 큰 간격이 생기게 되었습니다. 사람들은 철학이나 도덕 또는 선행 등 자기 힘으로 하나님께 도달하여 풍성한 삶을 누려보려고 애쓰고 있으나 이것은 불가능한 것입니다. 하나님께 도달하는 길은 오직 예수 그리스도를 통하여야 합니다.

제12장 ▶ 연약지반

························

문제 1 연약지반 압밀침하를 촉진시킬 수 있는 4가지 공법을 설명하고 각 공법의 특징을 지중응력변화와 관련하여 기술하시오.

문제 2 연약지반에 건설된 도로를 확장하기 위해 파악해야 하는 연약지반의 특성, 확장시 발생되는 문제점과 대책에 대하여 기술하시오.

문제 3 Sand Compaction Pile공법의 원리와 목적 및 설계방법에 대하여 기술하시오.

문제 4 심층혼합개량공법의 기본원리와 개량체의 설계방법과 시공상의 주의사항에 대하여 기술하시오.

문제 5 지하수가 흐르는 대수층에 물유리계 약액을 주입할 때 실내모의주입시험 요령과 이 시험에서 얻어지는 주입요소에 대하여 기술하시오.

문제 6 개착식 굴착에서 가시설토류벽 배면에 차수목적의 약액주입 설계시 차수공 소요두께 결정에 필요한 주요 검토사항에 대하여 기술하시오.

문제 7 약액주입에 의한 토사지반과 암반지반에서 개량원리의 차이점에 대하여 기술하시오.

문제 8 PBD(Plastic Board Drain)를 이용한 선재하공법을 적용시 배수거리를 최소화할 때, 발생가능한 공학적 문제점과 대책에 대하여 기술하시오.

문제 9 해성점토층 지역과 해성점토를 준설매립한 지역의 지층을 압밀촉진공법으로 설계할 때 차이점에 대하여 기술하시오.

문제 10 동다짐공법의 기본이론과 설계 및 시공관리방법에 대하여 기술하시오.

문제 11 성토에 의한 연약지반개량을 위한 계측기설치위치와 정보화시공목적 및 활용방안에 대하여 기술하시오.

문제 12 연약한 점성토지반위에 준설매립한 느슨한 실트질모래층이 10m 이상 형성된 지반을 개량시 적합한 개량공법과 공법선정시 기술적으로 검토해야 할 사항에 대하여 기술하시오.

문제 13 용어설명

13-1 지반개량시 복합지반효과(Composit Ground Effect)

13-2 쇄석말뚝(Stone Column)

13-3 쇄석말뚝의 파괴 메커니즘

13-4 심층혼합처리공법

13-5 심층혼합처리공법에서 개량률과 복합지반의 강도

☞ 永生의 길잡이 - 일곱 : 하나님께 이르는 길

문제 1)	연약지반 압밀침하를 촉진시킬 수 있는 4가지 공법을 설명하고 각
	공법의 특징을 지중응력변화와 관련하여 기술하시오.

답

I. 연약지반 압밀침하촉진공법의 개요

1) 정의

연약지반 압밀침하촉진공법이란 연약한 점성토지반을 사전에 빨리 침하시켜 필요한 지반강도를 확보하고, 잔류침하량을 허용치보다 작게 만드는 점토지반 개량공법을 말한다.

2) 압밀침하에 따른 개량효과

① 지반유효응력 증가에 따른 전단강도 증가

② 사전침하에 따른 잔류침하량 감소

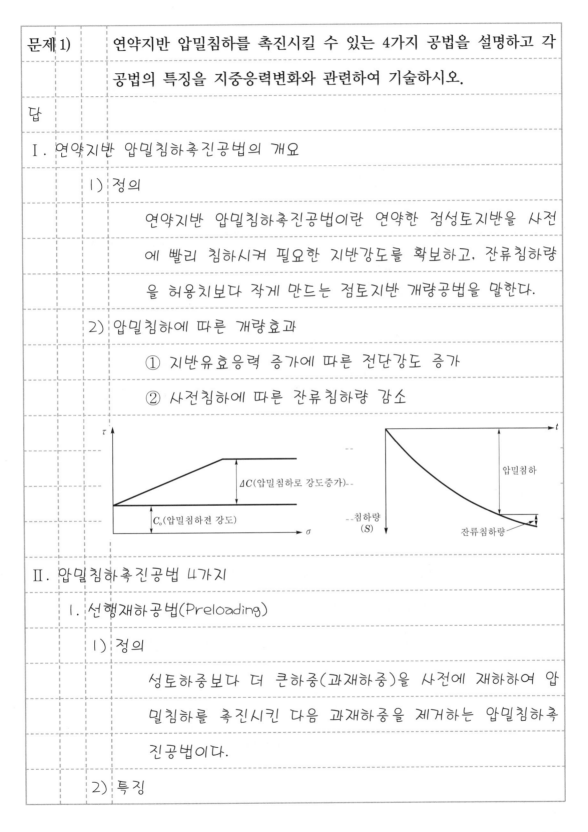

II. 압밀침하촉진공법 4가지

1. 선행재하공법(Preloading)

1) 정의

성토하중보다 더 큰하중(과재하중)을 사전에 재하하여 압밀침하를 촉진시킨 다음 과재하중을 제거하는 압밀침하촉진공법이다.

2) 특징

① 공사기간이 충분할 때 적용한다.

② 선행재하하중 제거시기를 설계시 결정하여야 한다.

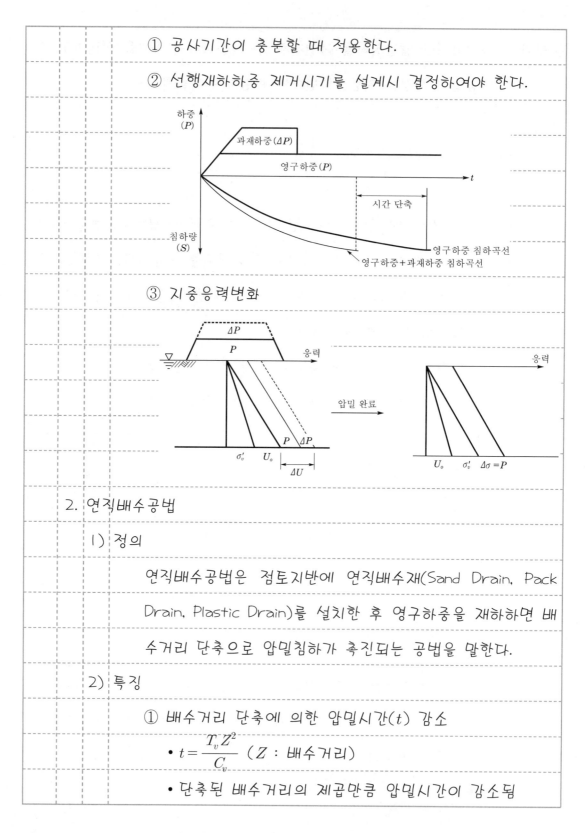

③ 지중응력변화

2. 연직배수공법

1) 정의

연직배수공법은 점토지반에 연직배수재(Sand Drain, Pack Drain, Plastic Drain)를 설치한 후 영구하중을 재하하면 배수거리 단축으로 압밀침하가 촉진되는 공법을 말한다.

2) 특징

① 배수거리 단축에 의한 압밀시간(t) 감소

- $t = \dfrac{T_v Z^2}{C_v}$ (Z : 배수거리)

- 단축된 배수거리의 제곱만큼 압밀시간이 감소됨

② 점토지반 압밀촉진공법

　중 제일 많이 적용

③ 지중응력변화

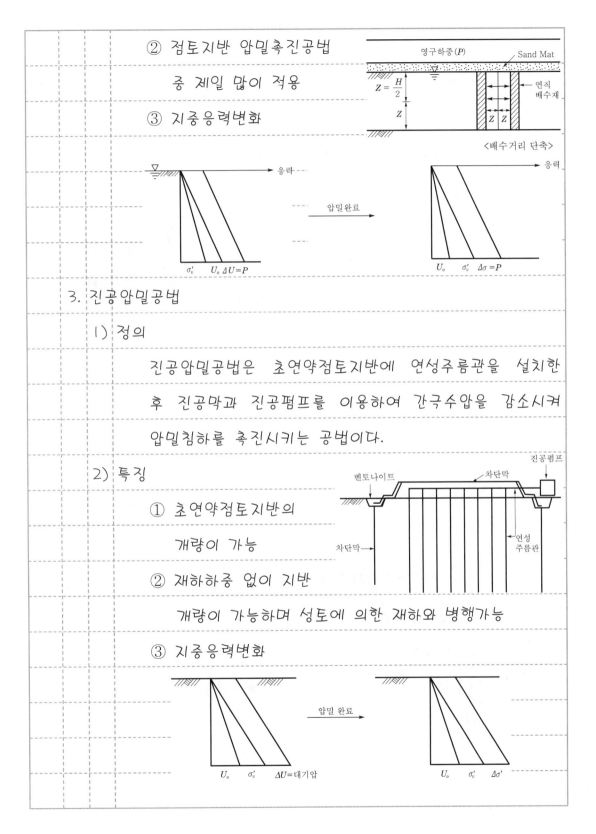

<배수거리 단축>

3. 진공압밀공법

1) 정의

　진공압밀공법은 초연약점토지반에 연성주름관을 설치한

후 진공막과 진공펌프를 이용하여 간극수압을 감소시켜

압밀침하를 촉진시키는 공법이다.

2) 특징

① 초연약점토지반의

　개량이 가능

② 재하하중 없이 지반

　개량이 가능하며 성토에 의한 재하와 병행가능

③ 지중응력변화

4. 지하수위 저하공법

1) 정의

지름 50mm 소형 배수정을 다수 설치하여 지하수위를 저하
시켜 점토질 모래지반의 압밀을 촉진시키는 지반개량공법

2) 특징

① 투수성이 클수록 압밀침하
   촉진이 빠르다.

② 영구적인 압밀침하가 아니라
   일시적인 공법이다.

③ 지중응력변화

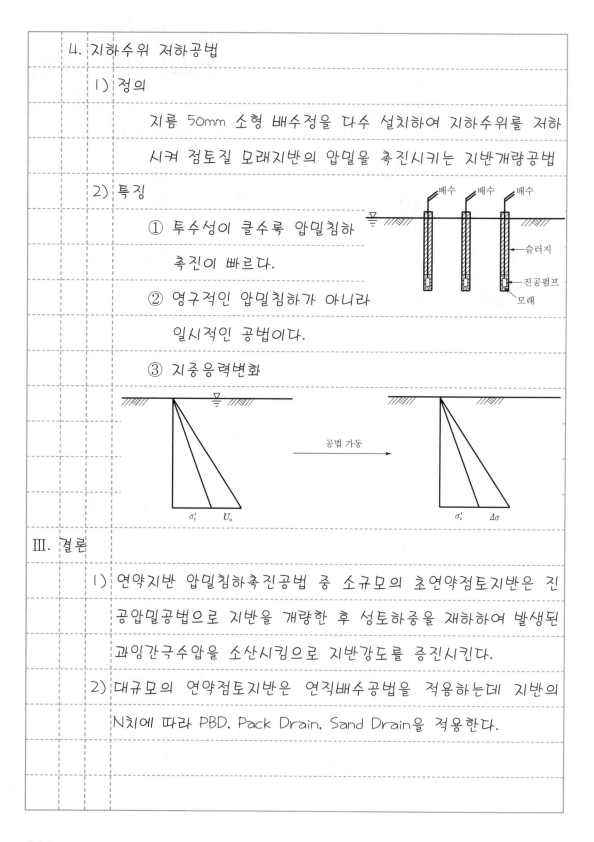

III. 결론

1) 연약지반 압밀침하촉진공법 중 소규모의 초연약점토지반은 진
   공압밀공법으로 지반을 개량한 후 성토하중을 재하하여 발생된
   과잉간극수압을 소산시킴으로 지반강도를 증진시킨다.

2) 대규모의 연약점토지반은 연직배수공법을 적용하는데 지반의
   N치에 따라 PBD, Pack Drain, Sand Drain을 적용한다.

문제 2) 연약지반에 건설된 도로를 확장하기 위해 파악해야 하는 연약지반의 특성, 확장시 발생되는 문제점과 대책에 대하여 기술하시오.

답

I. 연약지반의 개요

1) 정의

연약지반이란 지반상에 축조되는 구조물의 구조적인 안전성과 사용성을 만족시키지 못하는 지반강도가 작고 압축되기 쉬운 흙으로 구성된 지반을 말한다.

2) 판정기준

① 일반적인 기준
- 점성토 : $N \leq 4$인 지반
- 사질토 : $N \leq 10$인 지반

② 안정해석에 의한 기준
- 응력해석 : $F_s < F_{sa}$
- 변위해석 : $S > S_a$

(F_s : 안전율, F_{sa} : 허용안전율, S : 침하량, S_a : 허용침하량)

3) 도로확장시 조사방법

① 설계 전구간조사 : 지표면 물리탐사

② 취약구간조사 (대표위치조사-시추조사)

③ 취약구간에 많은 시추조사로 연약지반의 특성 파악

현장시험	SPT, CPTU, Vane Test, 투수시험
시료채취	SPT시 교란시료채취, 불교란시료채취
실내시험	토성시험, 압밀시험, 전단시험

II. 파악해야 하는 연약지반 특성

1. 물리적특성(기본적성질)

1) 물성치 : 함수비, 비중, 간극비, 간극률, 포화도, 입도,

Atterberg한계(수축한계, 소성한계, 액성한계)

2) 물리적 물성치 특성

① 자연상태에서는 교란이 되어도 물성치는 같으나

② 하중 또는 에너지를 받은 경우에는 변함

기존도로　확장구간

하중을 받은 자연상태　하중을 받지 않은 자연상태

2. 역학적특성(공학적성질)

1) 전단특성

① 점성토지반은 배수조건에 따른 강도정수를 파악

② 사질토지반은 SPT의 N치 또는 CPTU로 강도정수($\varnothing$) 산정

2) 압축특성

① 지반의 압밀상태 평가

$$OCR = \frac{선행압밀압력(P_c')}{연직유효압력(P_v')}$$

② 침하량(S)=$S_i + S_c + S_s$

③ 침하완료시간(t)

④ 압밀도 파악

3) 투수특성 ─ 압밀계수로 추정
           └ 현장투수시험으로 산정

Ⅲ. 확장시 발생되는 문제점

1) 부등침하발생

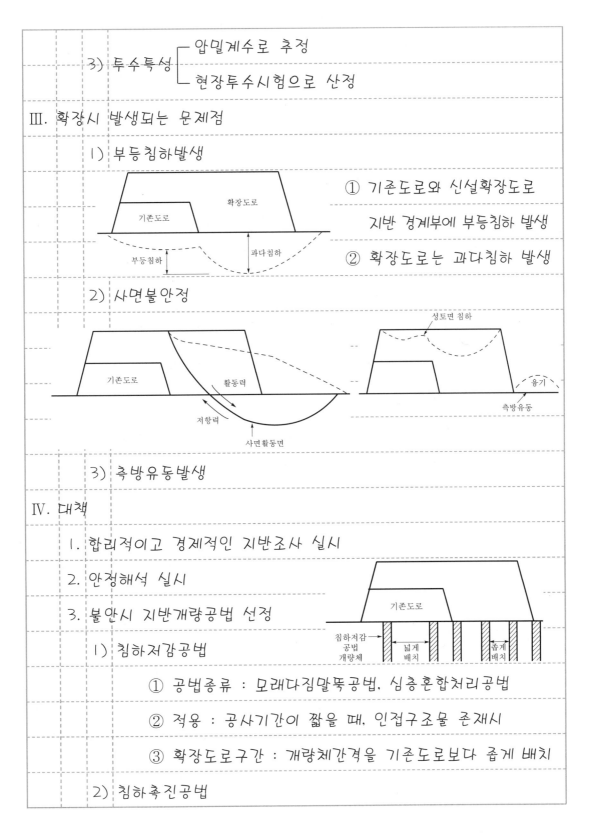

① 기존도로와 신설확장도로

지반 경계부에 부등침하 발생

② 확장도로는 과다침하 발생

2) 사면불안정

3) 측방유동발생

Ⅳ. 대책

1. 합리적이고 경제적인 지반조사 실시

2. 안정해석 실시

3. 불안시 지반개량공법 선정

1) 침하저감공법

① 공법종류 : 모래다짐말뚝공법, 심층혼합처리공법

② 적용 : 공사기간이 짧을 때, 인접구조물 존재시

③ 확장도로구간 : 개량체간격을 기존도로보다 좁게 배치

2) 침하촉진공법

① 공법종류 : 연직배수공법, Preloading공법

② 적용 : 공기가 충분할 때, 인접구조물이 없을 때

3) 기존도로와 확장도로 경계부 층따기 실시

4. 계측관리 실시

1) 계측치(침하량 및 수평변위량, 작용토압)에 의한 안정관리 및 침하관리

2) 설계치와 비교하여 불안시 역해석에 의한 지반개량공법 변경

Ⅴ. 결론

1) 연약지반의 도로확폭시 기존도로지반과 확장구간의 지반은 물리적특성과 역학적특성이 서로 다르므로 철저한 지반조사와 안정해석이 요구된다.

2) 지반개량공법 설계시 문제점을 파악하여 합리적이고 경제적인 공법을 선정하고 시공시 계측관리에 의한 설계변경을 시방서에 기재하여야 한다.

| 문제 3) | Sand Compaction Pile공법의 원리와 목적 및 설계방법에 대하여 기술하시오. |

답

I. Sand Compaction Pile공법의 개요

　　1) 정의

　　　　　모래다짐말뚝공법은 침하저감목적으로 연약지반에 관입된 40cm 케이싱 속에 투입된 모래를 공기압과 연직진동을 통해 모래다짐기둥을 형성하여 연약지반을 개량하는 공법을 말한다.

　　2) 시공방법

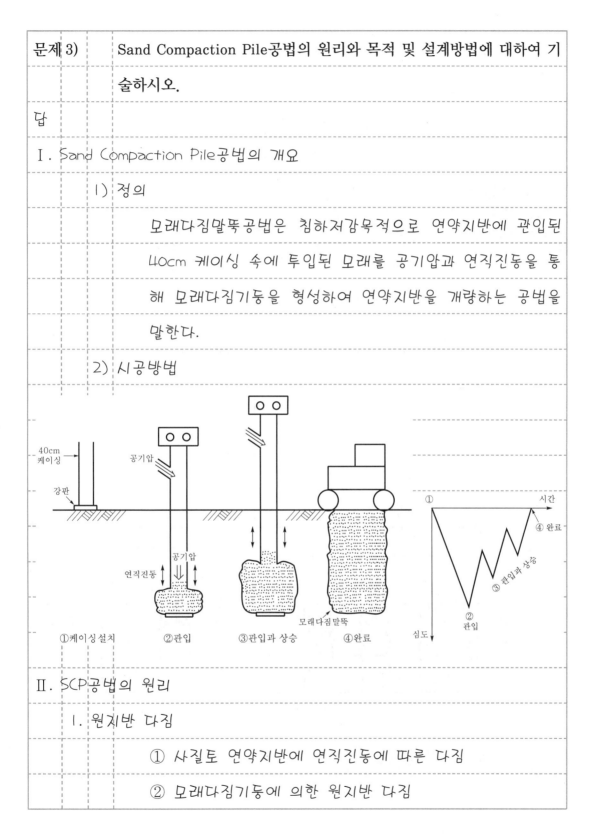

40cm 케이싱
공기압
강판
공기압
연직진동
모래다짐말뚝
①케이싱설치　②관입　③관입과 상승　④완료

시간
①
④ 완료
③ 관입과 상승
② 관입
심도

II. SCP공법의 원리

　1. 원지반 다짐

　　　① 사질토 연약지반에 연직진동에 따른 다짐

　　　② 모래다짐기둥에 의한 원지반 다짐

2. 원지반 보강

　　1) 사질토지반

　　　　① 모래다짐말뚝으로 지반강도 증가

　　　　② 원지반다짐에 따른 지반강도 증가

　　2) 점성토지반

　　　　① 복합지반효과에 따른 지반강도 증가

　　　　② 모래다짐말뚝의 치환율에 따라 보강효과 상이

3. 압밀배수 – 연직진동으로 발생된 과잉간극수압이 SCP로 배수

Ⅲ. SCP공법의 목적

사질토지반	점성토지반
① 지지력 증가	① 지지력 증가
② 침하 저감	② 압밀시간 단축
③ 액상화 방지	③ 침하량 저감
④ 수평저항력 증가	

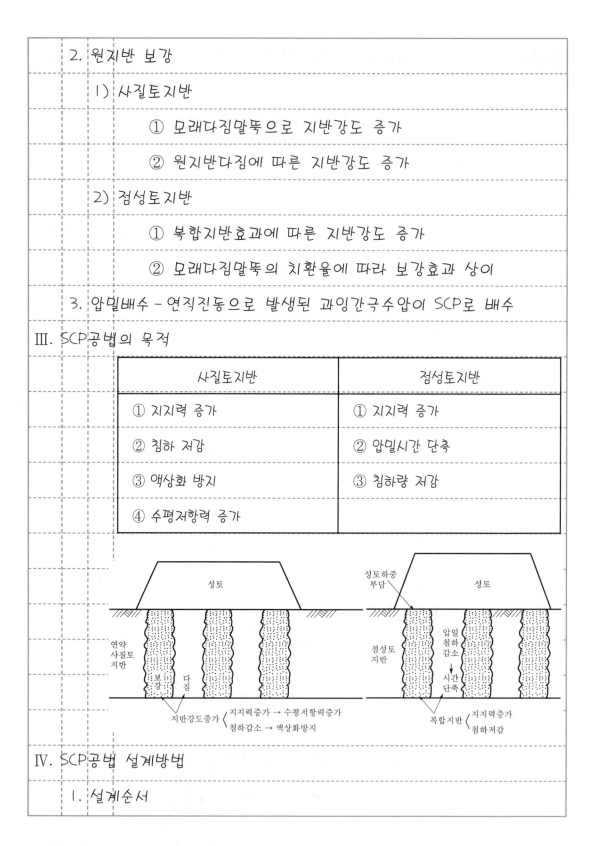

Ⅳ. SCP공법 설계방법

　1. 설계순서

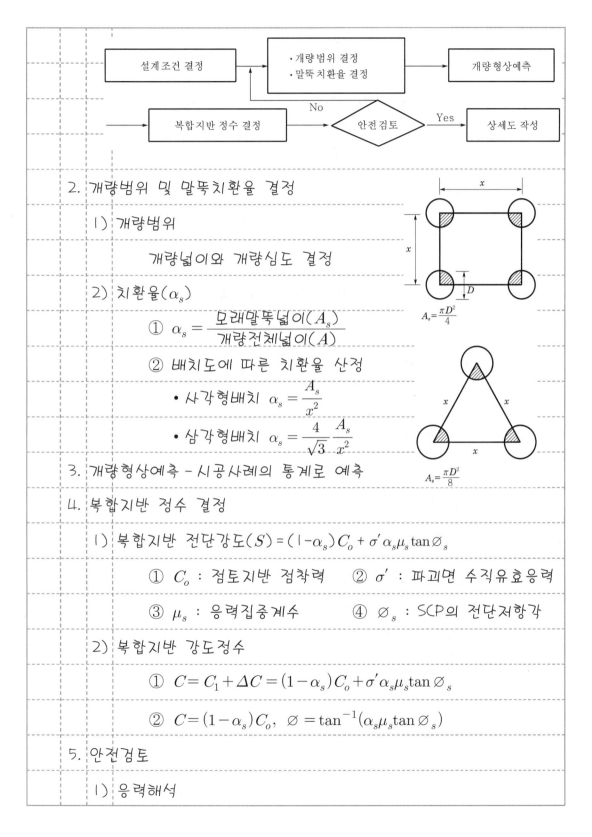

2. 개량범위 및 말뚝치환율 결정

 1) 개량범위

  개량넓이와 개량심도 결정

 2) 치환율(α_s)

  ① $\alpha_s = \dfrac{\text{모래말뚝넓이}(A_s)}{\text{개량전체넓이}(A)}$

  ② 배치도에 따른 치환율 산정

   • 사각형배치 $\alpha_s = \dfrac{A_s}{x^2}$

   • 삼각형배치 $\alpha_s = \dfrac{4}{\sqrt{3}}\dfrac{A_s}{x^2}$

3. 개량형상예측 – 시공사례의 통계로 예측

4. 복합지반 정수 결정

 1) 복합지반 전단강도$(S) = (1-\alpha_s)C_o + \sigma'\alpha_s\mu_s\tan\varnothing_s$

  ① C_o : 점토지반 점착력   ② σ' : 파괴면 수직유효응력

  ③ μ_s : 응력집중계수   ④ $\varnothing_s$: SCP의 전단저항각

 2) 복합지반 강도정수

  ① $C = C_1 + \Delta C = (1-\alpha_s)C_o + \sigma'\alpha_s\mu_s\tan\varnothing_s$

  ② $C = (1-\alpha_s)C_o, \ \varnothing = \tan^{-1}(\alpha_s\mu_s\tan\varnothing_s)$

5. 안전검토

 1) 응력해석

① 사면안정해석 또는 지지력해석 실시

② $F_S = \dfrac{\text{저항력}(S)}{\text{활동력}}$, $F_S = \dfrac{\text{허용지지력}}{\text{접지압}}$

③ $F_s \geq F_{sa}($허용치$)$ $\therefore$ 안전함

2) 침하해석

① 복합지반 침하량$(S) = \dfrac{C_c}{1+e} H \log_{10} \dfrac{P' + \Delta P \mu_s}{P'}$

② C_c : 압축지수, H : 점토층두께, ΔP : 성토하중

③ $S < S_a ($허용침하량$)$ $\therefore$ 안전함

6. 상세도면 작성

V. 결론

1) SCP공법은 개량효과가 확실하여 많이 이용되었으나 최근 모래 부족현상으로 쇄석말뚝(Stone Column)공법이 많이 적용되고 있다.

2) SCP공법은 1m 이내의 심도에서는 말뚝형성이 곤란하므로 반드시 진동롤러에 의한 진동다짐이 실시되어야 한다.

문제 4) 심층혼합개량공법의 기본원리와 개량체의 설계방법과 시공상의 주

의사항에 대하여 기술하시오.

답

I. 심층혼합개량공법의 개요

1) 정의

심층혼합개량공법이란 연약지반에 교결재(석회 또는 시멘트)를

강제교반 또는 고압분사로 원지반의 흙과 혼합시켜 원지반 흙의

탈수 및 경화에 의한 고결로 연약지반을 개량하는 공법을 말한다.

2) 공법분류

공법		안정재	시공방법	개량패턴
기계교반	DLM	생석회	연직승강	말뚝식
	DJM	시멘트		
	CMC	시멘트 몰탈	날개교반	벽식, 말뚝식
	DCM	시멘트 슬러리		전면식, 벽식
고압분사교반		시멘트 슬러리	고압분사에 의한 교반	말뚝식

II. 기본원리

1) 간극수흡수로 인한 함수비감소로 강도증가

강도 / 포졸란반응 ⇒ 경화 / 간극수흡수 ⇒ 함수비감소 / 원지반강도 / 0 단기 장기(양생시간) 시간 〈석회개량〉

강도 / 포졸란반응 / 수화반응 ⇒ 경화 / 간극수흡수 / 원지반강도 / 0 단기 장기 시간 〈시멘트개량〉

2) 지반경화에 따른 고결로 강도증가

① 수화반응 : 시멘트, 생석회(CaO) + H_2O(물)

$\Rightarrow Ca(OH)_2 + 125cal$

② 포졸란반응 : $Ca(OH)_2 + 2(CaO \cdot SiO_2 \cdot H_2O)$

$\Rightarrow 3CaO + 2SiO_2 + 3H_2O$ $\uparrow$ $\left(\begin{array}{c}규산칼슘\\수화물\end{array}\right)$

III. 개량체의 설계방법

1) 설계조건 결정

① 개량대상지반 지반조사실시

② 유기질토는 특수안정재, 시멘트몰탈 사용

2) 개량범위와 개량율 결정 - 개량넓이와 심도 및 개량면적

3) 개량패턴결정 $\Rightarrow$ 개량율$(\alpha_s) = \dfrac{개량체면적(A_s)}{복합지반면적(A)}$

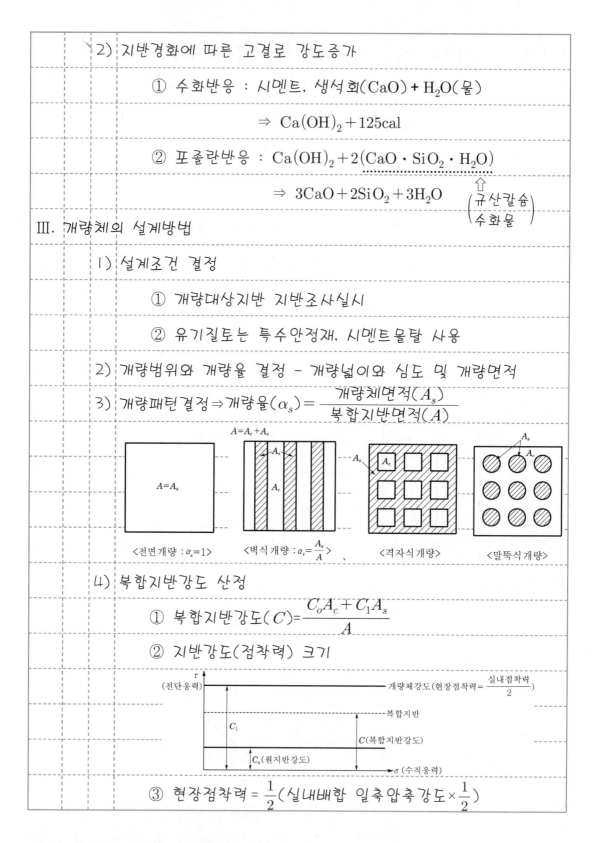

〈전면개량 : α_s=1〉   〈벽식개량 : $\alpha_s = \dfrac{A_s}{A}$〉   〈격자식개량〉   〈말뚝식개량〉

4) 복합지반강도 산정

① 복합지반강도$(C) = \dfrac{C_o A_c + C_1 A_s}{A}$

② 지반강도(점착력) 크기

③ 현장점착력 $= \dfrac{1}{2}($실내배합 일축압축강도$\times \dfrac{1}{2})$

5) 안전검토실시 - 개량패턴에 따라 다름

전면식 개량패턴	활동, 전도, 지지력에 대한 검토
벽식 개량	활동, 전도, 지지력+비개량토 반출
격자식 개량	활동, 전도, 지지력
말뚝식 개량	원호활동에 대한 검토

Ⅳ. 시공상의 주의사항

1) 균일한 혼합

① 혼합의 정도가 불량시 복합지반강도 부족

② 시험시공에 의한 기계 승강속도 결정

2) 위치 정밀도 및 수직도 유지

① 기계교반시 교반날개 승강

수직도 유지가 어렵다.

② 벽식 또는 격자식은 이음의

정밀도가 중요함

〈전면식개량〉

3) 지지층 관입 시공

① 지지층에 미관입시 개량체 안전성 저하

② 기계교반 날개를 지지층에 수십cm 관입후 교반실시

4) 융기토는 반드시 제거

Ⅴ. 결론

1) 심층혼합개량공법의 배합은 반드시 실내일축압축시험으로 결정하여야

하며, 해안 인근 적용시에는 해수에 강한 시멘트를 사용하여야 한다.

2) 개량효과 확인이 곤란하므로 설계 및 시공시 유의사항 숙지가 필요

문제 5) 지하수가 흐르는 대수층에 물유리계 약액을 주입할 때 실내모의주입시험 요령과 이 시험에서 얻어지는 주입요소에 대하여 기술하시오.

답

I. 실내모의주입시험의 개요

1) 정의

실내모의주입시험이란 물유리계 약액주입지반의 토질특성 (투수계수, 단위중량)에 맞게 재현된 시료에 현장주입조건과 같은 조건으로 실내에서 약액을 주입하여 주입효과를 파악하는 시험을 말한다.

2) 주입효과 평가방법

시험종류		평가내용
	실내모의주입시험	지하수 흐름이 있는 대수층 주입효과
실	침투성 평가시험	주입조건에 따른 침투거리로 평가
내	어독성 시험	주입재의 수질오염영향 평가
	내구성 평가시험	주입후 개량체의 차수성과 강도 유지기간
현장주입시험		투수성과 강도 및 주입재존재 확인

II. 실내모의주입시험 요령

1) 몰드조립

① 직경 100mm, 높이 300mm의 몰드조립

② 현장에서 측정된 간극률과 투수계수, 단위중량을 재현한 몰드 사용

③ 상·하단 몰드에 금속망과 다공판 설치

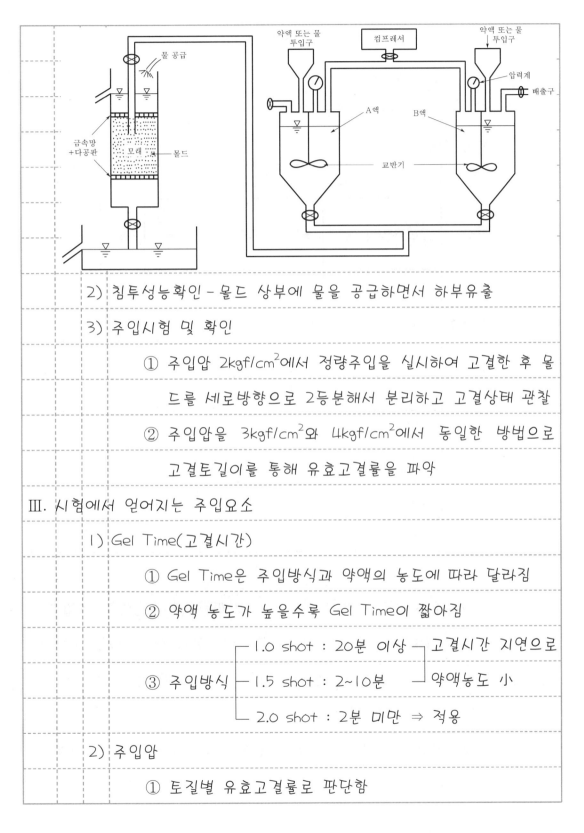

2) 침투성능확인 - 몰드 상부에 물을 공급하면서 하부유출

3) 주입시험 및 확인

① 주입압 $2kgf/cm^2$에서 정량주입을 실시하여 고결한 후 몰드를 세로방향으로 2등분해서 분리하고 고결상태 관찰

② 주입압을 $3kgf/cm^2$와 $4kgf/cm^2$에서 동일한 방법으로 고결토길이를 통해 유효고결률을 파악

III. 시험에서 얻어지는 주입요소

1) Gel Time(고결시간)

① Gel Time은 주입방식과 약액의 농도에 따라 달라짐

② 약액 농도가 높을수록 Gel Time이 짧아짐

③ 주입방식
- 1.0 shot : 20분 이상 ┐ 고결시간 지연으로
- 1.5 shot : 2~10분 ┘ 약액농도 小
- 2.0 shot : 2분 미만 ⇒ 적용

2) 주입압

① 토질별 유효고결률로 판단함

② 굵은 모래(투수계수가 큰 지반) : 정압보다 크게

③ 가는 모래(투수계수가 작은 지반) : 정압보다 작게

④ 세립분이 많은 사질토 지반 : 정압보다 작게

3) 약액 배합비

A액(350ml)			B액(350ml)			
물:물유리	물	물유리	SGR	마이크로 시멘트	물	Gel-time

4) 유속에 따른 주입요소 변화

주입요소	유속이 빠를수록
Gel-time	짧게
약액농도 및 주입량	진하게, 주입량 많이
주입압	정압보다 크게
약액배합설계	반응률이 큰 경화재 사용, 물 감소
주입공 간격	간격감소

Ⅳ. 결론

1) 지하수가 흐르는 대수층에 물유리계약액을 주입하면 주입효과를 파악하기가 매우 곤란하므로 설계 전에 실내모의주입시험으로 유속과 Gel-time 변화에 따른 고결효과를 검토하여 주입효과를 판정하여야 한다.

2) 실험결과 유속이 존재하는 지층의 Gel-time은 10초일 때가 가장 적절함

문제 6)	개착식 굴착에서 가시설토류벽 배면에 차수목적의 약액주입 설계시 차수공 소요두께결정에 필요한 주요 검토사항에 대하여 기술하시오.

답

I. 약액주입공법의 개요

1) 정의

약액주입공법은 천공된 지중에 주입관을 삽입하고 주입재를 압력으로 지중으로 압송, 충전하여 지반을 고결시키는 방법이다.

2) 목적

① 차수목적 - 지반의 불투수화

② 지반강도증대목적 - 지반의 혼합 또는 시멘트몰탈 충진

3) 가시설토류벽 배면 차수벽두께 산정방법

차수목적	① 공식화된 계산식은 없음
	② 두께결정에 필요한 검토사항을 고려해 경험적으로 산정
지반강도증대	① 토류벽 배면토의 활동력으로 산정 ┐ 큰 값을 선택
	② 토류벽 작용수평토압으로 산정 ┘

II. 차수목적의 설계시 차수공 소요두께결정에 필요한 주요 검토사항

1) 토류벽의 종류

① 토류벽 자체의 차수정도에 따라 소요두께가 달라진다.

② 토류벽의 차수성이 적을수록 소요두께는 커진다.

2) 배면지반의 토성

    ① 토성 : 투수계수(K), 간극수압(U), SPT의 N치

    ② 배면지반의 투수특성과 간극수압의 크기에 따라 소요 두께가 달라진다.

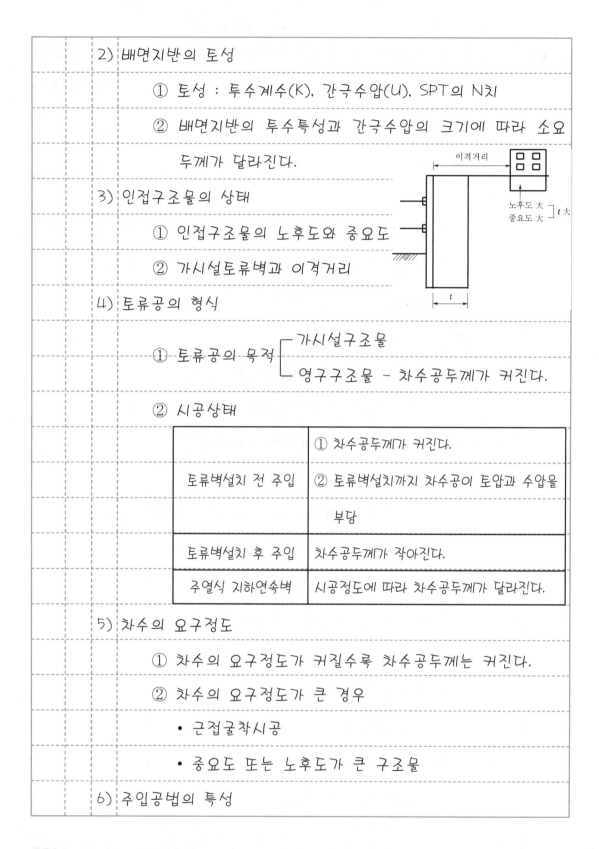

3) 인접구조물의 상태

    ① 인접구조물의 노후도와 중요도

    ② 가시설토류벽과 이격거리

4) 토류공의 형식

    ① 토류공의 목적 ┌ 가시설구조물

                      └ 영구구조물 - 차수공두께가 커진다.

    ② 시공상태

토류벽설치 전 주입	① 차수공두께가 커진다.
	② 토류벽설치까지 차수공이 토압과 수압을 부담
토류벽설치 후 주입	차수공두께가 작아진다.
주열식 지하연속벽	시공정도에 따라 차수공두께가 달라진다.

5) 차수의 요구정도

    ① 차수의 요구정도가 커질수록 차수공두께는 커진다.

    ② 차수의 요구정도가 큰 경우

      • 근접굴착시공

      • 중요도 또는 노후도가 큰 구조물

6) 주입공법의 특성

① 주입공법 종류별 특성

종류	주입방식	특성
롯드공법	1 shot	큰 공극이나 지반의 균열과 틈을 충진
LW공법	1.5 shot	대부분 토질에 적용가능
SGR공법	2 shot	굴착부 국부적 용수차수에 효과적

② 주입공법별 차수공두께 : 롯드공법 > LW공법 > SGR공법

7) 사용주입재의 특성

① 주입재의 종류에 따라 차수공두께가 달라진다.

② 사용주입재별 차수공두께 : 현탁액계 > 물유리계 >

아크릴레이트계 > 우레탄계

Ⅲ. 토류벽 종류와 배면지반 토성에 따른 경험적 차수공두께

토류벽 종류 \ 배면지반의 토성	투수성이 매우크다	투수성이 보통	투수성이 작으며 연약	비고
H-말뚝+토류판	2.0~3.0m	1.5~2.0m	1.5m	차수정도와 주입재특성 고려
주열식 말뚝	1.0~1.5m	1.0m	1.0m	말뚝시공정도 고려
강널말뚝	1.0m	0.8~1.0m	0.8~1.0m	침하방지가 주목적

Ⅳ. 결론

1) 약액주입공법은 불균질한 복합토층에 시공하기 때문에 주입고결상태 역시 불규칙하여 완벽한 차수효과를 기대할 수 없다.

2) 토류벽 차수공두께 산정시 현장여건을 고려하여 허용안전율을 충분히 하지 않으면 차수효과를 기대할 수 없다.

| 문제 7) | 약액주입에 의한 토사지반과 암반지반에서 개량원리의 차이점에 대하여 기술하시오. |

답

I. 약액주입공법의 개요

1) 정의

약액주입공법은 천공된 지중에 주입관을 삽입하고 주입재를 압력으로 지중에 압송, 충전하여 지반을 고결시키는 공법이다.

2) 목적

① 차수목적 - 지반의 불투수화

② 지반강도증대목적 - 지반의 혼합 또는 시멘트몰탈 충진

3) 암반지반의 약액주입

① 차수목적의 약액주입이 대부분

② 물유리계에 의한 약액주입으로 개량원리를 서술코자 함

II. 토사지반의 물유리계 약액주입의 개량원리

1. 전단강도의 개량원리

1) 전단강도(S)식

① $S = \tau_f = C + \sigma \tan \varnothing$

② C : 점착력, σ : 파괴면의 수직응력, $\varnothing$: 내부마찰각

2) 강도정수(C, $\varnothing$)변화

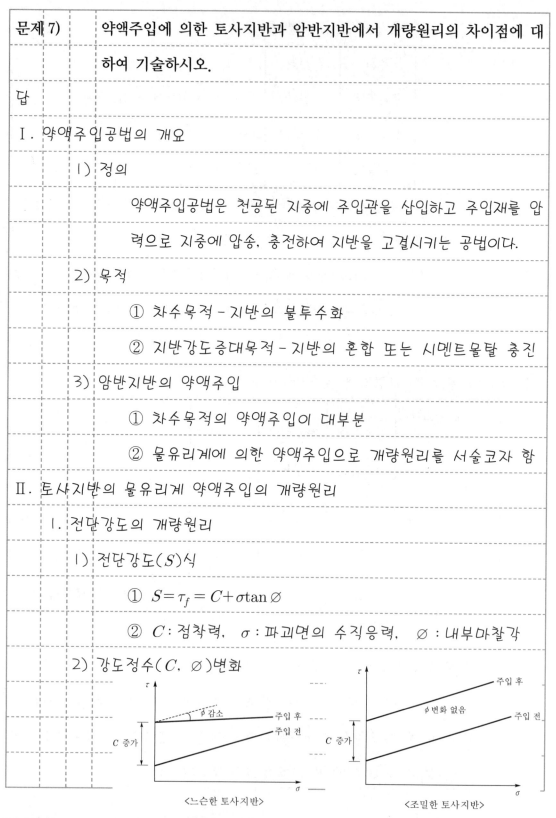

<느슨한 토사지반>   <조밀한 토사지반>

3) 파괴면 수직응력(σ) 변화

① $\sigma = \gamma Z$ (γ : 흙의 단위중량, Z : 심도)

② 약액주입으로 흙의 단위중량이 조금 증가됨

2. 투수계수 개량원리

1) 흙의 간극비(e) 감소

① 흙속 간극에 침투된 약액이 Gel화되어 간극을 충진

② 흙의 간극체적이 감소되므로 간극비감소

2) 간극비감소로 흙의 투수계수감소

① 투수계수(K) = $Cd^2 \dfrac{e^3}{1+e} \dfrac{\gamma_w}{\mu}$ 에서 e 감소 → K 감소

② 주입지반의 밀도와 입자형상 및 입경에 따라 간극비

감소가 달라짐

Ⅲ. 암반지반의 물유리계 약액주입의 개량원리

1. 전단강도 개량원리

1) 절리면 충전율(f/a)에 따른 전단강도 변화

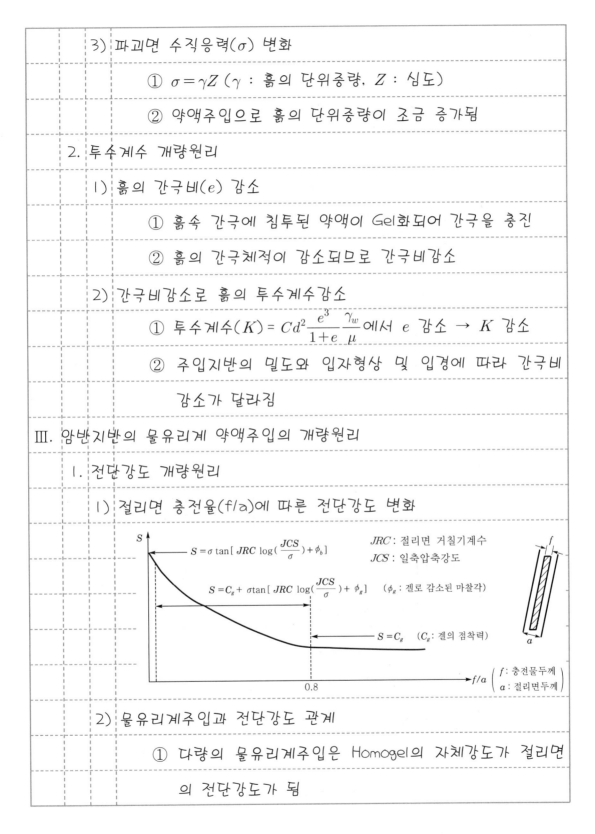

2) 물유리계주입과 전단강도 관계

① 다량의 물유리계주입은 Homogel의 자체강도가 절리면

의 전단강도가 됨

② 암반절리면 자체의 전단강도는 감소됨

2. 투수성 감소원리

1) 암반절리면 틈새충진으로 투수성 감소

① 약액이 암반절리면 틈새로 침투 또는 맥상주입되어 고결되면서 틈새를 충진

② 암반절리면 틈새크기의 감소로 투수성 감소

2) 침투주입시 투수성 감소효과가 증대된다.

IV. 개량원리의 차이점

차이점	토사지반	암반지반
전단강도 개량 원리	① 점착력(C) 증가 ② 조밀정도에 따라 내부 마찰각($\varnothing$) 감소가 다름 ③ 수직응력(σ) 증가	① 충전율(f/a)에 따라 전단강도 감소가 다름 ② 충전율이 클수록 점착력(C)은 증가하고 내부마찰각($\varnothing$)은 감소됨
투수성 개량원리	① 흙의 간극비(e)를 감소시켜 투수계수(k)를 저하시킴 ② 침투주입시 효과증대	① 암반절리면의 틈새를 충진하여 투수계수를 감소시킴 ② 침투주입시 차수효과가 증대됨

V. 결론

1) 순수 물유리계에 의한 주입시 토사지반은 침투주입이 가능한 범위까지 주입하고 암반지반은 충전율에 따라 전단강도가 감소하므로 지반의 안전성이 확보되는 범위를 파악하여야 한다.

2) 맥상주입이 많이 발생되므로 맥상주입설계도 연구 중에 있다.

| 문제 8) | PBD(Plastic Board Drain)를 이용한 선재하공법을 적용시 배수거리를 최소화할 때, 발생가능한 공학적 문제점과 대책에 대하여 기술하시오. |

답

I. PBD공법의 개요

1) 정의

PBD(Plastic Board Drain)공법이란 초연약점성토지반에 배수의 연속성이 확보가능한 합성섬유 배수재를 맨드렐장비로 연직으로 타입하여 배수거리를 단축하므로 압밀을 촉진시키는 연직배수공법을 말한다.

2) 개량원리

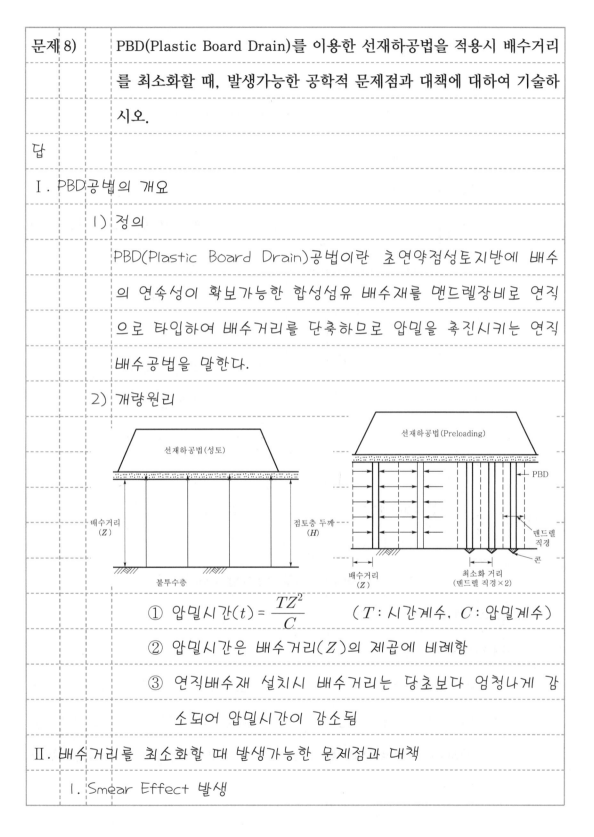

① 압밀시간$(t) = \dfrac{TZ^2}{C}$ (T : 시간계수, C : 압밀계수)

② 압밀시간은 배수거리(Z)의 제곱에 비례함

③ 연직배수재 설치시 배수거리는 당초보다 엄청나게 감소되어 압밀시간이 감소됨

II. 배수거리를 최소화할 때 발생가능한 문제점과 대책

1. Smear Effect 발생

1) 정의

Smear Effect(교란효과)란 맨드렐을 이용하여 지중에 PBD를 설치할 때 맨드렐의 관입과 인발시 배수재 주변이 교란되어 압밀이 지연되는 현상을 말한다.

2) 압밀지연 원리

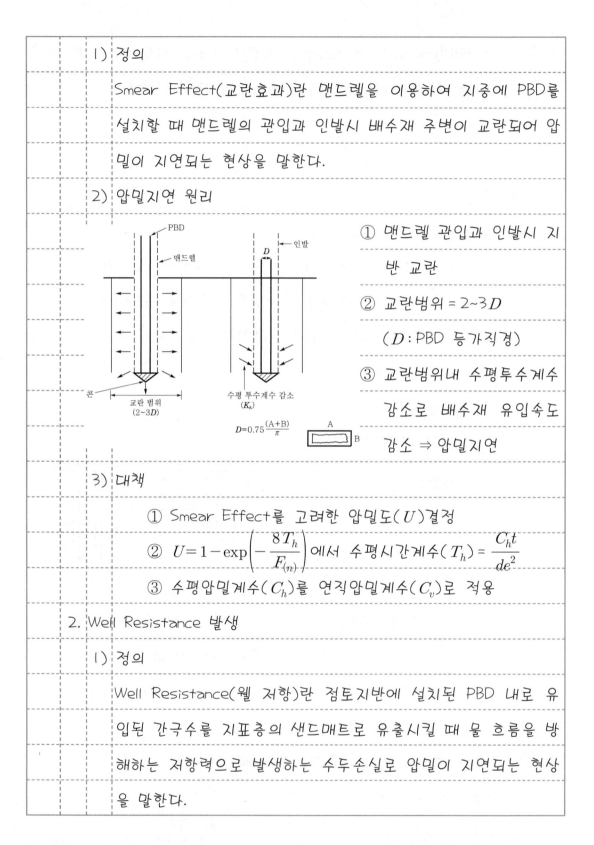

① 맨드렐 관입과 인발시 지반 교란

② 교란범위 = 2~3D

  (D : PBD 등가직경)

③ 교란범위내 수평투수계수 감소로 배수재 유입속도 감소 ⇒ 압밀지연

3) 대책

① Smear Effect를 고려한 압밀도(U)결정

② $U = 1 - \exp\left(-\dfrac{8T_h}{F_{(n)}}\right)$ 에서 수평시간계수(T_h) = $\dfrac{C_h t}{d_e^2}$

③ 수평압밀계수(C_h)를 연직압밀계수(C_v)로 적용

2. Well Resistance 발생

1) 정의

Well Resistance(웰 저항)란 점토지반에 설치된 PBD 내로 유입된 간극수를 지표층의 샌드매트로 유출시킬 때 물 흐름을 방해하는 저항력으로 발생하는 수두손실로 압밀이 지연되는 현상을 말한다.

2) 압밀지연 원리

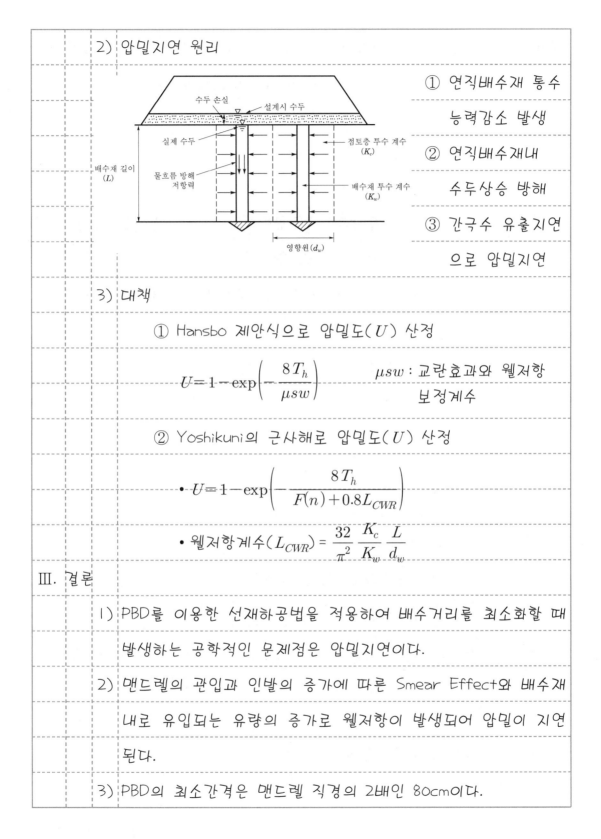

① 연직배수재 통수
   능력감소 발생
② 연직배수재내
   수두상승 방해
③ 간극수 유출지연
   으로 압밀지연

3) 대책

① Hansbo 제안식으로 압밀도(U) 산정

$$U = 1 - \exp\left(-\frac{8T_h}{\mu sw}\right)$$

μsw : 교란효과와 웰저항
보정계수

② Yoshikuni의 근사해로 압밀도(U) 산정

$$\bullet\; U = 1 - \exp\left(-\frac{8T_h}{F(n) + 0.8L_{CWR}}\right)$$

• 웰저항계수(L_{CWR}) = $\dfrac{32}{\pi^2}\dfrac{K_c}{K_w}\dfrac{L}{d_w}$

Ⅲ. 결론

1) PBD를 이용한 선재하공법을 적용하여 배수거리를 최소화할 때 발생하는 공학적인 문제점은 압밀지연이다.

2) 맨드렐의 관입과 인발의 증가에 따른 Smear Effect와 배수재 내로 유입되는 유량의 증가로 웰저항이 발생되어 압밀이 지연 된다.

3) PBD의 최소간격은 맨드렐 직경의 2배인 80cm이다.

문제 9	해성점토층 지역과 해성점토를 준설매립한 지역의 지층을 압밀촉진
	공법으로 설계할 때 차이점에 대하여 기술하시오.

답

I. 압밀촉진공법의 개요

1) 정의

연약지반 압밀침하촉진공법이란 연약한 점성토지반을 사전

에 빨리 침하시켜 필요한 지반강도를 확보하고, 잔류침하량

을 허용치보다 작게 만드는 점토지반개량공법을 말한다.

2) 압밀침하에 따른 개량효과

① 지반유효응력 증가에 따른 전단강도 증가

② 사전침하에 따른 잔류침하량 감소

3) 압밀촉진공법의 설계사항

① 최종 침하량 = 압밀침하량(S_c)

② 압밀도(U) $= 1 - \exp\left(\dfrac{-8T_h}{F_{(n)}}\right)$

③ 강도증가량(Δc) $= \alpha \Delta P U$ $\quad\begin{bmatrix} \alpha : 강도증가율 \\ \Delta P : 성토하중 \end{bmatrix}$

④ 시공성 및 공사기간

II. 압밀촉진공법으로 설계할 때 차이점

1. 최종 침하량 산정방법

1) 압밀침하해석 적용

해성점토지층	해성점토 준설매립한 지층
• Terzaghi 압밀론	• 유한변형압밀이론
• 미소변형압밀이론	• 압밀구성관계($\sigma' - e - k$)에 근거한 미소변형압밀이론

2) 압밀시험 선택

　① 해성점토지층 - 표준압밀시험, 하중증분비조절시험

　② 준설매립한 지층 - 침강 및 자중압밀시험, 원심모형시험

3) 압밀특성의 차이

〈해성점토지층〉　　　　　〈해성점토 준설매립한 지층〉

2. 전단강도 산정방법

1) 해성점토지층 - Vane Test

2) 해성점토 준설매립한 지층 - 슬러리 Vane Test

3) 함수비/액성한계에 따른 비배수전단강도(S_u)

3. 시공시 지반상태 변화

1) 해성점토 매립지층의 지반상태 변화

    ① 조사시기와 시공시기의 차이로 지반상태 변화가 현저

    ② 해성점토지층의 지반상태 변화는 미비함

2) 조사시점에서 계측관리 실시

4. 표층처리공법 선택

해성점토지층	해성점토 매립한 지층
• 샌드매트공법	• 수평진공드레인 + 토목섬유 + 샌드매트공법
• 토목섬유+샌드매트공법	• 토목섬유 + 샌드매트공법

5. 연직배수공법 선정

1) 공법선정

해성점토지층	해성점토 매립한 지층
• Pack Drain	• PBD
• PBD(Plastic Board Drain)	• 1차 PBD+2차 PBD(압밀도 70%)

2) 지층에 따른 연직배수공법

3) 준설매립지층

    ① 배수재 변형시험, 배수재 통수능력 및 강성시험으로

연직 배수 공법 선정 - 시험결과 PBD가 가장 적합

② 하부 해성점토층까지 압밀촉진시 이종드레인 공법 선정

　　- 준설매립지층과 하부지층의 균일한 압밀속도 유지가

　　목적

Ⅲ. 결론

1) 연약점토층인 해성점토지층과 슬러리 형태인 준설매립 해성점
토지층은 물리적 특성과 압밀특성 및 전단특성이 서로 다르다.

2) 연직배수공법에 의한 압밀촉진 설계시 배수재간격이 좁은 경우
최종침하량은 설계치보다 20% 정도 감소되었다.

3) 준설매립된 해성점토층에 PBD시공시 대변형이 발생되므로 배
수재 꺾임에 의한 압밀지연방지를 위하여 압밀도가 70% 정도
에서 2차 PBD를 설치하면 효과적이다.

| 문제 10) | 동다짐공법의 기본이론과 설계 및 시공관리방법에 대하여 기술하시 |
| 오. |

답

I. 동다짐공법의 개요

1) 정의

동다짐공법이란 무거운 추(10~40ton, 2~4m² 단면적)를 크레인으로 높은 위치에서 지표면에 반복 낙하시켜 발생되는 충격에너지로 지반의 심층까지 다져 지반강도를 증가시키는 연약지반개량 공법을 말한다.

2) 동다짐에 따른 지반거동

II. 기본이론

1. 충격에너지 지중전달

1) 충격에너지로 지반침하 발생

2) 충격에너지는 탄성파로 지중으로 충격에너지가 전달

2. 지반침하

  1) 사질토

    ① 압축파(P파)에 의한 과잉간극수압 발생으로 토립자 이완

    ② 전단파(S파)와 표면파(R파)로 조밀하게 재배열

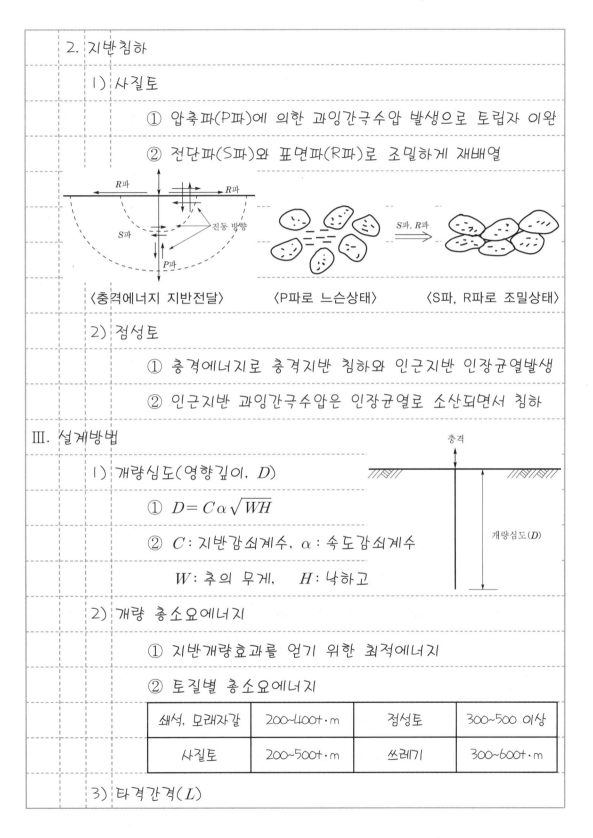

  〈충격에너지 지반전달〉   〈P파로 느슨상태〉   〈S파, R파로 조밀상태〉

  2) 점성토

    ① 충격에너지로 충격지반 침하와 인근지반 인장균열발생

    ② 인근지반 과잉간극수압은 인장균열로 소산되면서 침하

III. 설계방법

  1) 개량심도(영향깊이, D)

    ① $D = C\alpha\sqrt{WH}$

    ② C : 지반감쇠계수, α : 속도감쇠계수

      W : 추의 무게, H : 낙하고

  2) 개량 총소요에너지

    ① 지반개량효과를 얻기 위한 최적에너지

    ② 토질별 총소요에너지

쇄석, 모래자갈	200~400t·m	점성토	300~500 이상
사질토	200~500t·m	쓰레기	300~600t·m

  3) 타격간격(L)

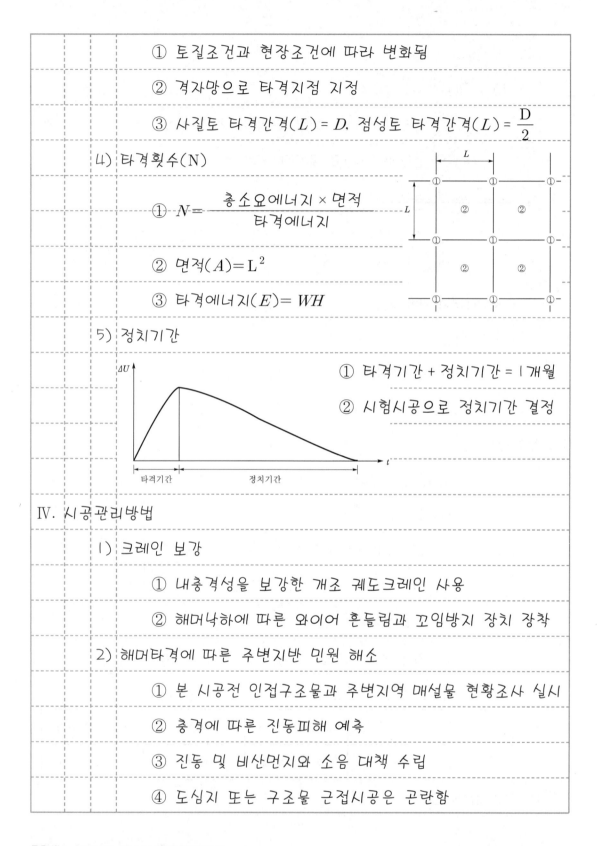

① 토질조건과 현장조건에 따라 변화됨

② 격자망으로 타격지점 지정

③ 사질토 타격간격$(L)=D$, 점성토 타격간격$(L)=\dfrac{D}{2}$

4) 타격횟수(N)

① $N=\dfrac{총소요에너지 \times 면적}{타격에너지}$

② 면적$(A)=L^2$

③ 타격에너지$(E)=WH$

5) 정치기간

① 타격기간 + 정치기간 = 1개월

② 시험시공으로 정치기간 결정

IV. 시공관리방법

1) 크레인 보강

① 내충격성을 보강한 개조 궤도크레인 사용

② 해머낙하에 따른 와이어 흔들림과 꼬임방지 장치 장착

2) 해머타격에 따른 주변지반 민원 해소

① 본 시공전 인접구조물과 주변지역 매설물 현황조사 실시

② 충격에 따른 진동피해 예측

③ 진동 및 비산먼지와 소음 대책 수립

④ 도심지 또는 구조물 근접시공은 곤란함

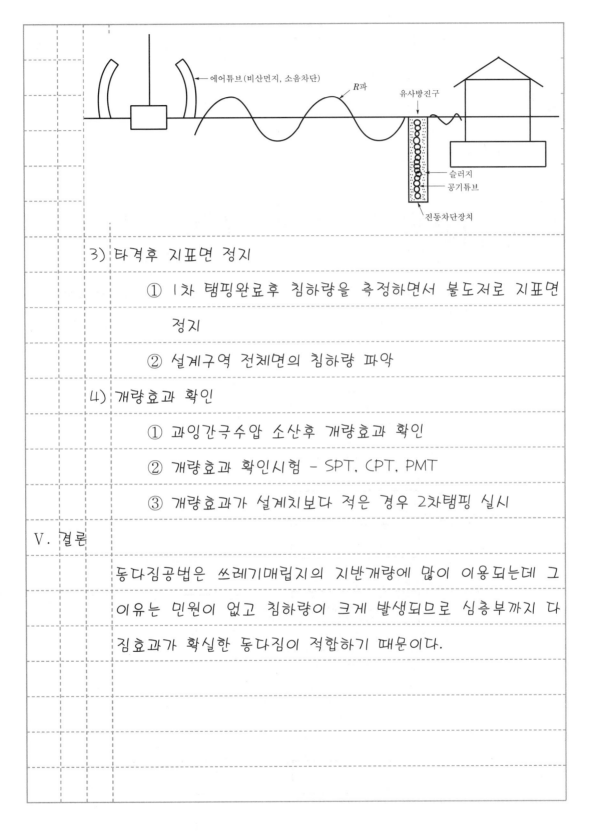

에어튜브(비산먼지, 소음차단)

*R*파

유사방진구

슬러지
공기튜브

진동차단장치

3) 타격후 지표면 정지

    ① 1차 탬핑완료후 침하량을 측정하면서 불도저로 지표면

        정지

    ② 설계구역 전체면의 침하량 파악

4) 개량효과 확인

    ① 과잉간극수압 소산후 개량효과 확인

    ② 개량효과 확인시험 - SPT, CPT, PMT

    ③ 개량효과가 설계치보다 적은 경우 2차탬핑 실시

V. 결론

    동다짐공법은 쓰레기매립지의 지반개량에 많이 이용되는데 그

    이유는 민원이 없고 침하량이 크게 발생되므로 심층부까지 다

    짐효과가 확실한 동다짐이 적합하기 때문이다.

| 문제 11) | 성토에 의한 연약지반개량을 위한 계측기 설치 위치와 정보화시공 목적 및 활용방안에 대하여 기술하시오. |

답

Ⅰ. 정보화시공의 개요

　　1) 정의

　　　　정보화시공이란 연약지반에 매설된 계측기로 성토시공시 변위량과 간극수압 및 토압을 측정하여 설계시 예측한 지반거동과 비교 분석하면서 안전하고 경제적인 지반개량이 되도록 시공관리하는 것을 말한다.

　　2) 정보화 시공 Flow Chart

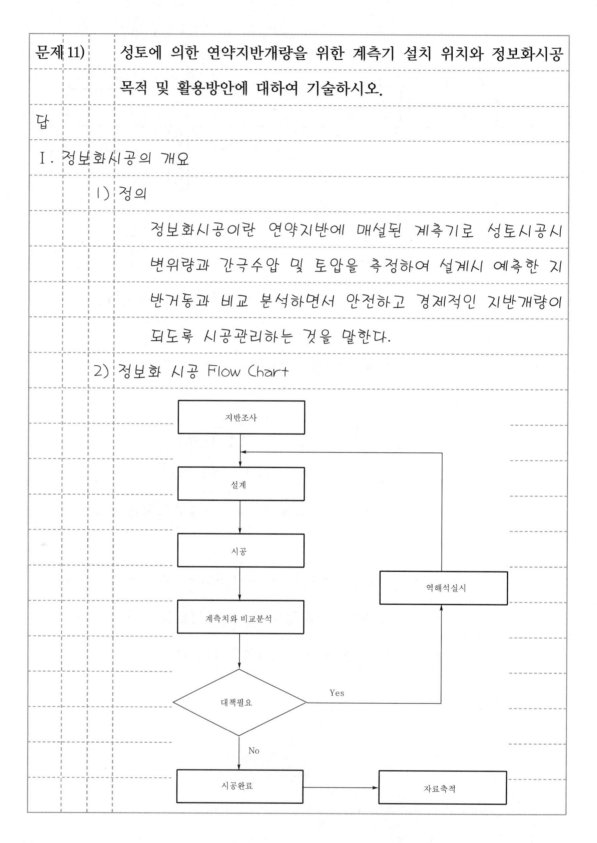

Ⅱ. 연약지반개량 성토시 계측기 설치 위치

　　1) 계측계획 평면도

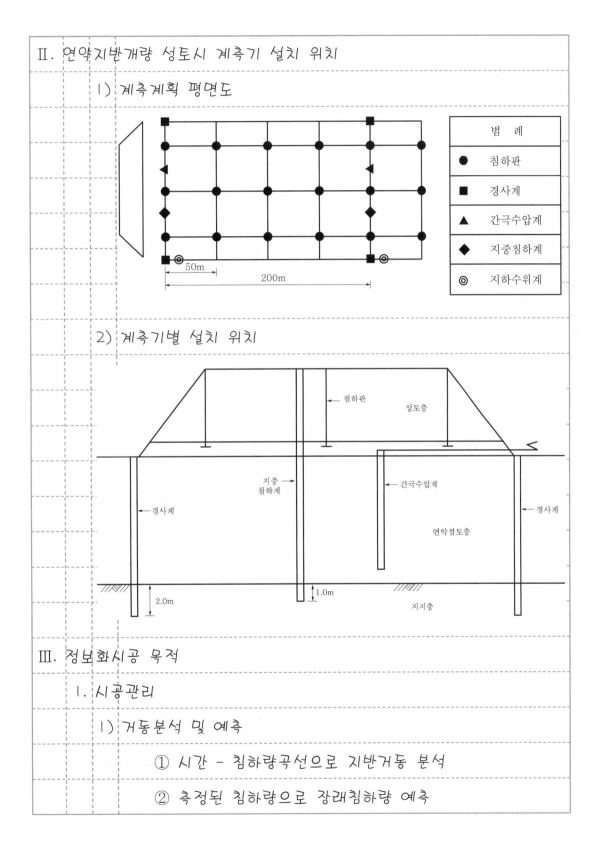

범 례	
●	침하판
■	경사계
▲	간극수압계
◆	지중침하계
◎	지하수위계

50m

200m

　　2) 계측기별 설치 위치

침하판

성토층

지중 침하계

간극수압계

경사계

경사계

연약점토층

2.0m

1.0m

지지층

Ⅲ. 정보화시공 목적

　　1. 시공관리

　　　1) 거동분석 및 예측

　　　　① 시간 - 침하량곡선으로 지반거동 분석

　　　　② 측정된 침하량으로 장래침하량 예측

2) 관리기준치 설정 - 안전관리를 위한 관리기준치 설정

3) 안전진단 및 평가

2. 설계 및 시공방법 개선

1) 설계변경 - 역해석에 의한 물성치로 재설계

2) 시공방법 개선 - 성토속도 및 성토방법 개선

3. 분쟁시 증거자료

4. 자료축적 및 이론의 검증

IV. 활용방안

1. 침하관리

1) 장래침하량 예측

① 쌍곡선법

$$S_c = S_o + \frac{1}{\beta}$$

② 평방근법

③ Asaoka법

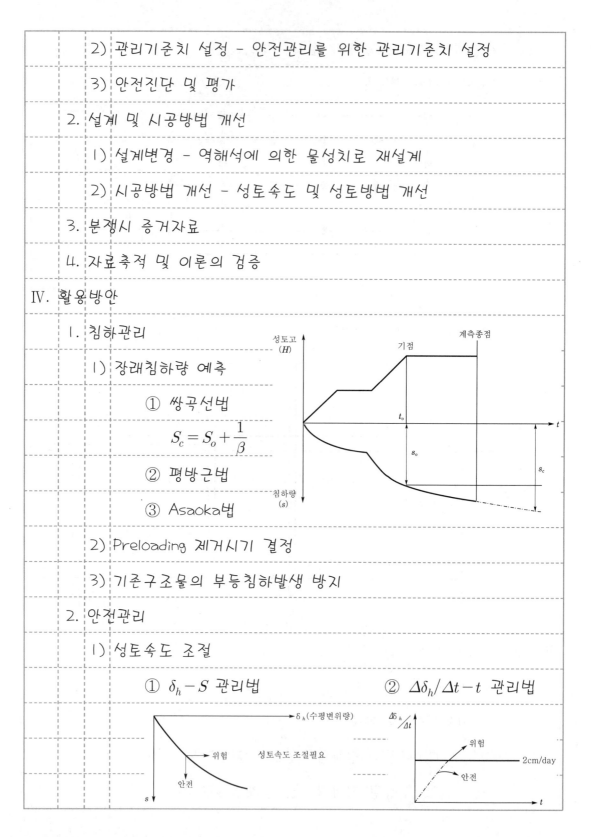

2) Preloading 제거시기 결정

3) 기존구조물의 부등침하발생 방지

2. 안전관리

1) 성토속도 조절

① $\delta_h - S$ 관리법   ② $\Delta\delta_h/\Delta t - t$ 관리법

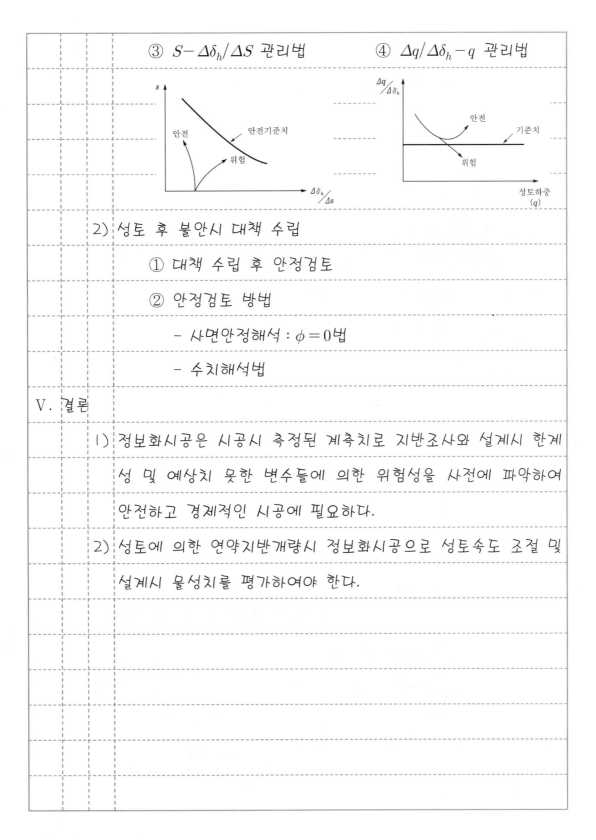

③ $S - \Delta\delta_h / \Delta S$ 관리법 　　　　④ $\Delta q / \Delta\delta_h - q$ 관리법

2) 성토 후 불안시 대책 수립

　① 대책 수립 후 안정검토

　② 안정검토 방법

　　－ 사면안정해석 : $\phi = 0$법

　　－ 수치해석법

V. 결론

1) 정보화시공은 시공시 측정된 계측치로 지반조사와 설계시 한계
　성 및 예상치 못한 변수들에 의한 위험성을 사전에 파악하여
　안전하고 경제적인 시공에 필요하다.

2) 성토에 의한 연약지반개량시 정보화시공으로 성토속도 조절 및
　설계시 물성치를 평가하여야 한다.

문제 12)	연약한 점성토지반 위에 준설매립한 느슨한 실트질모래층이 10m 이상 형성된 지반을 개량시 적합한 개량공법과 공법선정시 기술적으로 검토해야 할 사항에 대하여 기술하시오.

답

Ⅰ. 연약지반개량공법의 개요

1) 정의

연약지반개량공법이란 점토층이나 느슨한 실트 또는 모래층으로 구성된 토층에 건설되는 구조물의 안전성을 확보하기 위하여 실시하는 시공법을 말한다.

2) 연약지반개량공법의 분류

① 표층처리공법 ┌ 표층배수공법, 샌드매트공법
　　　　　　　└ 부설재 포설공법, 안정처리공법

② 침하저감공법

사질토지반	진동다짐공법, 모래다짐말뚝공법(SCP)
	쇄석말뚝공법, 약액주입공법
점성토지반	치환공법, 심층혼합처리공법
	생석회 말뚝공법, 동치환공법, 동결공법

③ 침하촉진공법

사질토지반	동다짐공법, 폭파다짐공법, 전기충격공법
점성토지반	선행재하공법, 연직배수공법
	진공압밀공법, 배수공법

Ⅱ. 적합한 개량공법

1. 현장조건과 문제점

준설매립된 느슨한
실트질모래층

10m 이상

연약한 점성토지반

1) 준설매립층

① 지반강도 부족

② 액상화 및 잔류 변형 발생

2) 연약한 점성토지반

① 준설매립하중으로 압밀침하 발생중

② 상부 구조물축조시 추가침하 예상

2. 적합한 개량공법

1) 준설매립된 느슨한 실트질모래층

① 진동다짐공법　　② 모래다짐말뚝공법

③ 쇄석말뚝공법　　④ 약액주입공법 - 고압분사공법

2) 연약한 점성토지반

① 심층혼합처리공법 - 고압분사공법

② 연직배수공법 - Sand Drain, Pack Drain, PBD(Plastic Board Drain)

3. 적합한 개량공법 선정방법

1) 재료수급 여부 : 양질모래 및 쇄석, 시멘트수급 여부

2) 시공 가능성 : PBD 시공가능 심도는 40m

3) 경제성 : 침하저감공법보다는 침하촉진공법이 경제적

4. 적합한 개량공법 선정

1) 준설매립된 느슨한 실트질모래층 - 진동다짐공법

2) 연약한 점성토지반 - PBD에 의한 연직배수공법

Ⅲ. 공법 선정시 기술적으로 검토해야 할 사항

1. 개량목적과 개량기준

  1) 개량목적

      ① 침하저감 : 침하문제 및 지반보강

      ② 침하촉진 : 침하문제 및 지반강도 증가 촉진

  2) 개량기준 : 침하촉진공법 - 허용침하량 기준 필요

2. 연약지반 특성

  1) 준설매립된 느슨한 실트질모래층

      ① 세립분의 함유량에 따라 기대효과

      ② 느슨한 실트질모래층의 공진진동수

  2) 연약한 점성토지반

      ① 압밀특성이 다른

        다층 존재 여부

      ② 압밀계수에 의한

        압밀침하시간

3. 개량공법의 특성

  1) 설계의 신뢰도 및 해석방법

  2) 시공능력 - 시공가능한 심도 및 시공규모

  3) 장비 및 재료 수급의 용이성

4. PBD 배수재의 능력저하

  1) 배수재의 Clogging 현상 발생 - 막힘으로 배수효과 저하

  2) 지반압밀로 인한 배수재 변형 - 꺾임으로 배수효과 저하

3) 대책

    ① 시험에 의한 배수재 선정

    ② 배수재능력 저하 발생시 2차 PBD 시공

IV. 결론

1) 연약점성토지반 위에 준설매립에 의한 해사를 복토하는 경우가 많은데 양질의 모래보다는 실트질모래가 많은 실정이다.

2) 연약점성토지반에 준설매립된 느슨한 실트질모래층의 지반개량공법으로는 하부 점성토지반은 PBD에 의한 연직배수공법과 상부 진동다짐공법 또는 동다짐공법을 선정하는 것이 경제적이다.

문제 13-1) 지반개량시 복합지반효과(Composit Ground Effect)

답

Ⅰ. 복합지반의 정의

복합지반이란 연약점토층에 강도가 큰 재료(모래, 쇄석)를 다
짐한 말뚝이 설치된 지반 또는 원지반과 시멘트재료를 강제 혼
합한 기둥 또는 말뚝이 설치된 지반을 말한다.

Ⅱ. 효과

1) 지반강도증가

① 심층혼합처리개량 복합지반

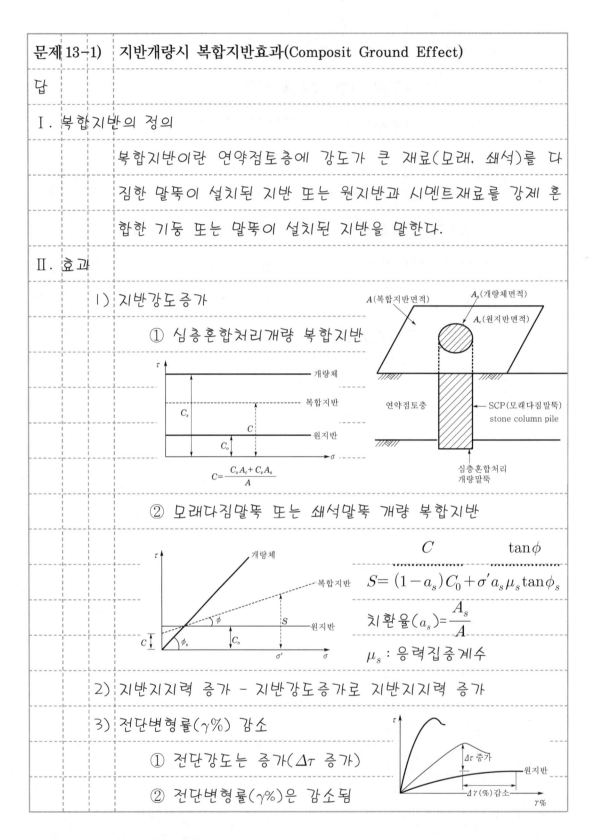

$$C = \frac{C_o A_c + C_s A_s}{A}$$

② 모래다짐말뚝 또는 쇄석말뚝 개량 복합지반

$$S = \overset{C}{\overbrace{(1-a_s)C_0}} + \overset{\tan\phi}{\overbrace{\sigma' a_s \mu_s \tan\phi_s}}$$

치환율$(a_s) = \dfrac{A_s}{A}$

μ_s : 응력집중계수

2) 지반지지력 증가 - 지반강도증가로 지반지지력 증가

3) 전단변형률($\gamma\%$) 감소

① 전단강도는 증가($\Delta\tau$ 증가)

② 전단변형률($\gamma\%$)은 감소됨

문제 13-2) 쇄석말뚝(Stone Column)

답

Ⅰ. 정의

1) 쇄석말뚝은 연약지반에 쇄석과 모래를 적절한 상대밀도로 다지면서 압입하여 원지반에 형성된 일정한 지름의 말뚝이다.

2) 모래 연약지반에서는 진동다짐공법으로 쇄석말뚝을 시공하고 실트 및 점토 연약지반은 진동치환공법이 적합하다.

Ⅱ. 개량원리

1) 사질토지반 개량

주변지반다짐(조밀) ┐ 침하저감
                    │ 지반강도증가
쇄석 말뚝(강도大)

2) 점성토지반 개량

강도 大 ┐ 복합지반
        │ 침하저감
        │ 강도증가
배수(압밀촉진)

Ⅲ. 장단점

장점	단점
• 모래보다 강성이 크고 압축성이 적다.	• 배수시 미세한 점토입자로 공극막힘 (Clogging현상) 발생
• 지반보강 및 침하저감효과가 크다.	
• 간극수압소산의 배수경로 형성	• 너무 연약한 점토지반에는 적용 곤란

Ⅳ. 설계순서

1) 대상지반조사 - 함수비, 압밀도, 간극비, 일축압축강도, N치

2) 예상개량치 산정 - 개량면적 및 심도, 치환율(α_s)

3) 복합지반강도 산정 - 유효면적비

4) 안정검토실시 → 시공 후 평가시험 설정

문제 13-3) 쇄석말뚝의 파괴 메커니즘

답

Ⅰ. 쇄석말뚝의 정의

1) 쇄석말뚝은 연약지반에 쇄석과 모래를 적절한 상대밀도로 다지면서 압입하여 원지반에 형성된 일정한 지름의 말뚝이다.

2) 모래 연약지반에서는 진동다짐공법으로 쇄석말뚝을 시공하고 실트 및 점토연약지반은 진동치환공법이 적합하다.

Ⅱ. 파괴 메커니즘

1) 팽창파괴

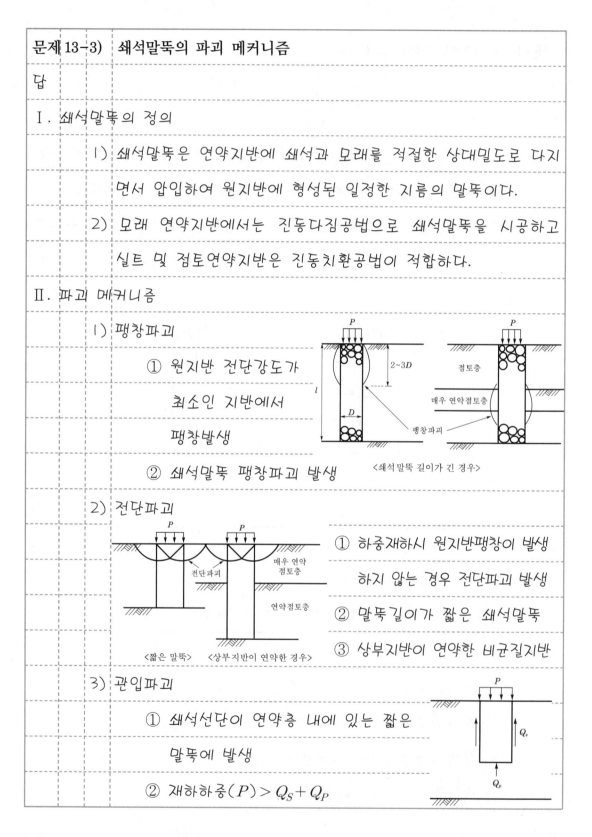

　① 원지반 전단강도가 최소인 지반에서 팽창발생

　② 쇄석말뚝 팽창파괴 발생

〈쇄석말뚝 길이가 긴 경우〉

2) 전단파괴

　① 하중재하시 원지반팽창이 발생하지 않는 경우 전단파괴 발생

　② 말뚝길이가 짧은 쇄석말뚝

　③ 상부지반이 연약한 비균질지반

〈짧은 말뚝〉　〈상부지반이 연약한 경우〉

3) 관입파괴

　① 쇄석선단이 연약층 내에 있는 짧은 말뚝에 발생

　② 재하하중$(P) > Q_S + Q_P$

문제 13-4) 심층혼합처리공법

답

I. 정의

심층혼합처리공법이란 연약지반에 교결재(석회 또는 시멘트)를 강제교반 또는 고압분사로 흙과 혼합시켜 지반흙의 탈수 및 경화에 의한 고결로 연약지반을 개량하는 공법이다.

II. 교결재 종류에 따른 개량원리

1) 석회
2) 시멘트

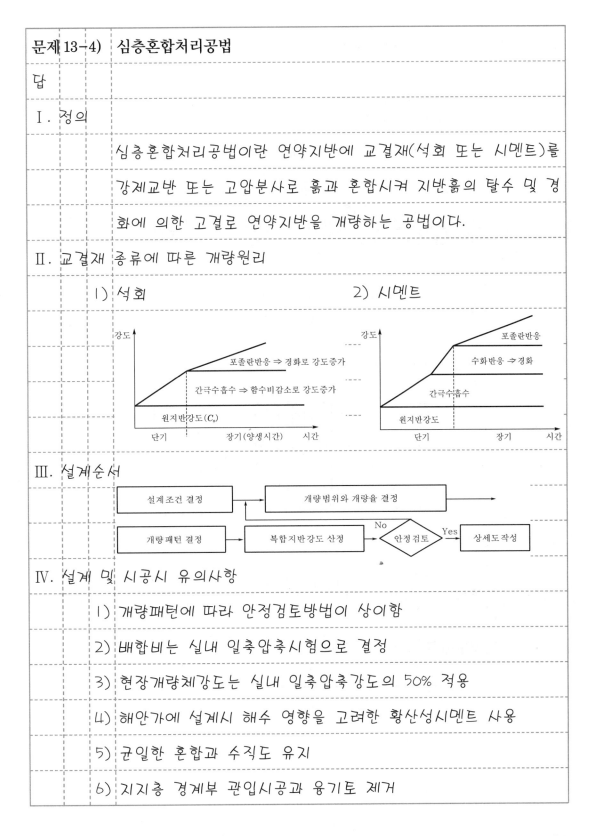

III. 설계순서

IV. 설계 및 시공시 유의사항

1) 개량패턴에 따라 안정검토방법이 상이함

2) 배합비는 실내 일축압축시험으로 결정

3) 현장개량체강도는 실내 일축압축강도의 50% 적용

4) 해안가에 설계시 해수 영향을 고려한 황산성시멘트 사용

5) 균일한 혼합과 수직도 유지

6) 지지층 경계부 관입시공과 융기토 제거

문제 13-5) 심층혼합처리공법에서 개량률과 복합지반의 강도

답

Ⅰ. 심층혼합처리공법의 정의

심층혼합처리공법이란 연약지반에 교결재(석회 또는 시멘트)를 강제교반 또는 고압분사로 흙과 혼합시켜 지반흙의 탈수 및 경화에 의한 고결로 연약지반을 개량하는 공법이다.

Ⅱ. 개량률

1) 개량률$(a_s) = \dfrac{A_s}{A} = \dfrac{\text{개량체면적}}{\text{복합지반면적}} = \text{치환율}$

2) 개량패턴에 따른 개량률

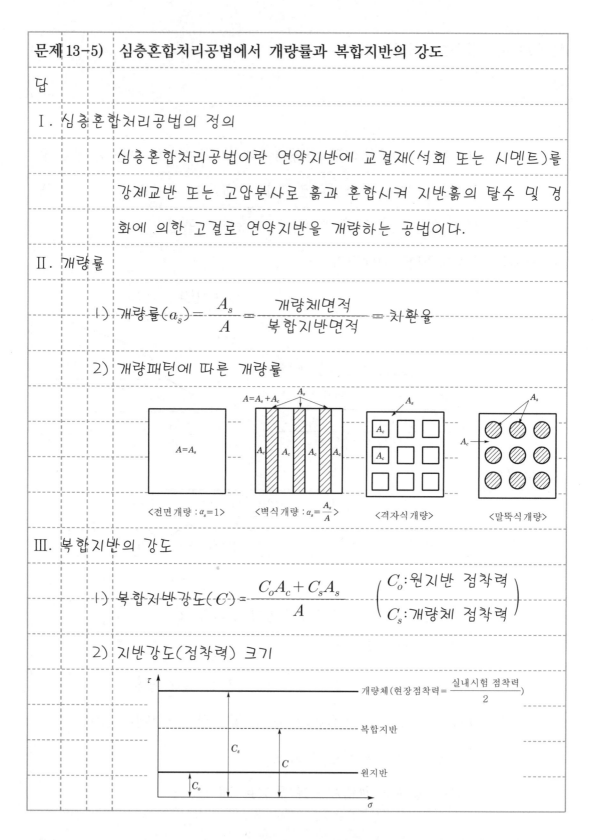

$A = A_s$

$A = A_s + A_c$

〈전면 개량 : $a_s = 1$〉　　〈벽식 개량 : $a_s = \dfrac{A_s}{A}$〉　　〈격자식 개량〉　　〈말뚝식 개량〉

Ⅲ. 복합지반의 강도

1) 복합지반강도$(C) = \dfrac{C_o A_c + C_s A_s}{A}$ $\left(\begin{array}{l} C_o : \text{원지반 점착력} \\ C_s : \text{개량체 점착력} \end{array}\right)$

2) 지반강도(점착력) 크기

개량체(현장점착력 $= \dfrac{\text{실내시험 점착력}}{2}$)

복합지반

원지반

문제 13-6)	X-Ray회절분석(XRD)

답

I. 정의

X-ray회절분석이란 지름 1mm정도의 유리관에 채운 건조시료에 아주 짧은 파장의 X선을 투과시켜 회절되는 전자기파의 전기장 진폭(회절강도)과 각도를 측정하여 X선 회절패턴으로 광물의 종류와 분포비율을 분석하는 시험이다.

II. 시험방법

1) 1mm이하 입경의 건조시료 준비

2) 지름 1mm 유리관 속에 건조시료 채움

3) 시험위치에 놓고 X선 투과

4) 회절되는 전자기파의 회절강도와 각도 측정

III. X-ray회절분석방법

1) 광물의 종류 파악

① X선의 회절패턴으로 광물종류 파악

② 광물별 X선 회절패턴이 존재하는 경우 적용가능

2) 광물량의 백분율 $= \dfrac{광물피크면적}{전체면적}$

IV. 실무이용

1) 점토광물 분류

2) 차수그라우팅 및 심층혼합처리공법의 개량효과 파악

3) 토사나 암석의 광물성분 및 함유백분율 파악

문제 13-7) SGR공법과 LW공법 비교

답

I. SGR공법과 LW공법의 정의

　　1) SGR공법

　　　　SGR공법이란 물유리계 주입재를 사용하는 이중관 복합주입공법
　　　　으로 특수선단장치(Pocket)와 3조식 교반장치로 급결성과 완결성
　　　　주입재를 저압으로 연속주입하는 차수약액주입공법을 말한다.

　　2) LW공법

　　　　LW공법이란 불안정한 물유리용액과 시멘트 현탁액을 Y형
　　　　파이프 합류지점에서 혼합하는 1.5shot 방식으로 지중에
　　　　주입하는 차수약액주입공법을 말한다.

II. 비교

구분	LW공법	SGR공법
주입재료	물유리용액, 시멘트풀	물유리용액, 시멘트풀, 급결약액
주입방식	1.5shot 방식	2.0shot 방식
주입압력	$10kgf/cm^2$	저압
Gel time	2~10분	2분 이하
Gel화 과정	완결	순결과 완결 복합
적용지반	① 세사, 실트층을 제외한 모든 지반	① 모든 지반
	② 정수(흐름이 없는 지하수)지반	② 침투(흐름이 있는 지하수)지반
	차수	차수
개량강도	1~3MPa	0.36~2.5MPa

문제 13-8)	MSG(Micro Silica Grouting)
답	
I. 정의	
	MSG란 마이크로 복합실리카계 주입재를 토질상태 및 현장여건에 따라 1.5shot 또는 2.0shot 방식으로 지중에 주입하는 첨단약액주입공법이다.

II. 주입방식

1) 1.5shot 방식(LW공법)   2) 2.0shot 방식(SGR공법)

완결재 마이크로 실리카 | A액 | B액 | 마이크로 시멘트풀
중간 노즐
Seal재
Packer
〈정수지반 차수주입〉

급결약액+ 완결재 마이크로 실리카계 | A액 | B액 | 마이크로 시멘트풀
케이싱
특수 선단 장치
〈침투지반 차수주입〉

III. 특징

1) 초미립자 주입재 사용으로 균질한 침투주입 가능

2) 고강도가 발현되고 장기적으로 내구성이 우수

3) 토질상태 및 현장여건에 따라 주입방식 변경이 가능

4) 지하수에 의한 실리카용탈이 적어 환경영향이 없다.

〈침투주입〉
〈맥상주입〉

IV. 적용범위

1) 균질한 침투주입 : 실트질모래지반과 세사지반

2) 맥상주입 : 점토지반

3) 영구적인 차수그라우팅용과 지반지지력 보강용으로 적용

문제 13-9) CGS(Compaction Grouting System)

답

Ⅰ. 정의

컴팩션주입공법(CGS)은 슬럼프치가 2.5cm이하인 비유동성 몰탈이나 콘크리트를 지중에 압입하여 원기둥형태의 균일한 고결체로 주변지반을 압축강화시키는 주입공법이다.

Ⅱ. CGS 주입목적별 주입방식

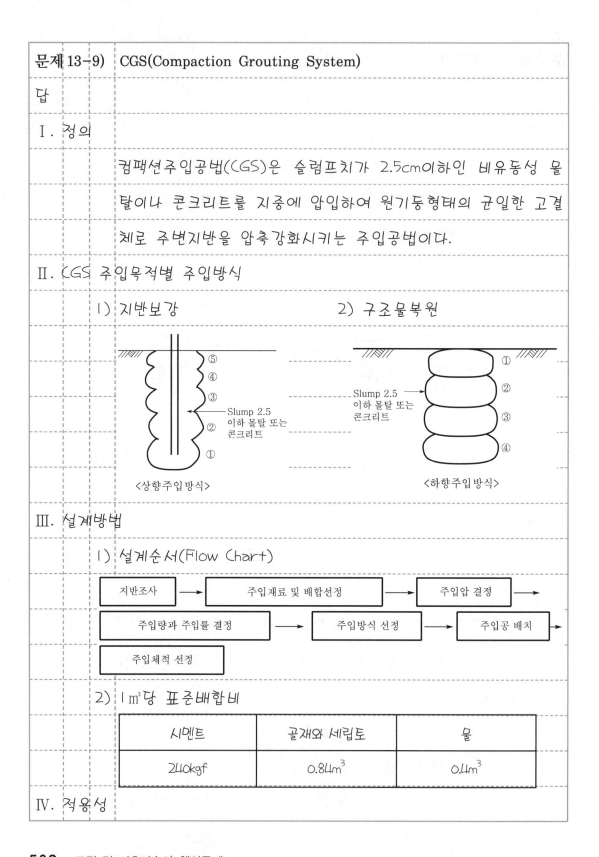

1) 지반보강

Slump 2.5 이하 몰탈 또는 콘크리트

⑤ ④ ③ ② ①

〈상향주입방식〉

2) 구조물복원

Slump 2.5 이하 몰탈 또는 콘크리트

① ② ③ ④

〈하향주입방식〉

Ⅲ. 설계방법

1) 설계순서(Flow chart)

지반조사 → 주입재료 및 배합선정 → 주입압 결정 →

주입량과 주입률 결정 → 주입방식 선정 → 주입공 배치

주입체적 선정

2) 1m³당 표준배합비

시멘트	골재와 세립토	물
240kgf	0.84m³	0.4m³

Ⅳ. 적용성

1) 지반개량 - 심층의 연약지반 보강, 터널주변 보강

2) 지진시 액상화방지

3) 기초보강 - Underpinning, 구조물복원

V. 특징

1) 주입관을 축으로 원기둥의 균질한 고결체형성이 가능

2) 주변지반을 압축강화하여 지반강도를 증가시킴

3) 말뚝대용으로 사용가능

4) 협소한 장소에서도 시공이 가능하고 진동·소음이 적다

5) 재료배합으로 고결체강도를 30~200kg/cm² 까지 조절가능

문제 13-10) 주입비(Groutability Ratio)

답

Ⅰ. 정의

1) 주입비$(G_R) = \dfrac{\text{주입대상지반 흙입경}(D)}{\text{그라우팅재 입경}(G)}$

2) 주입이 불가능한 주입비인 경우 그라우팅재의 입경을 적게하여 주입비를 증가시켜야 침투주입이 가능하다.

Ⅱ. 토질별 침투주입이 가능한 주입비

토질	주입비	침투주입가능
토사	① $G_R = \dfrac{D_{15}}{G_{85}}$ ② D_{15} : 주입지반 15% 통과율일 때 입경 ③ G_{85} : 그라우팅재 85% 통과율일 때 입경	$G_R \geq 15$
암반	$G_R = \dfrac{\text{암반균열폭}}{G_{95}}$	$G_R \geq 5$

Ⅲ. 그라우팅재 최대입경에 의한 주입비

1) $G_R = \dfrac{\text{암반균열폭}}{\text{그라우팅재 최대입경}}$

2) 침투주입이 가능한 주입비 : $G_R > 3$

Ⅳ. 주입비 향상방안

1) Grouting재의 입경을 작은 것으로 선택

   ① 지반투수계수$(K) > 10^{-4}$cm/s - 보통시멘트

   ② $K > 10^{-5}$cm/s - 미립시멘트, $K > 10^{-5}$cm/s - 초미립시멘트

2) 시험시공으로 주입재 선정

문제 13-11) Homogel과 Sandgel

답

Ⅰ. 정의

1) Homogel이란 지중에 주입된 약액만이 고결되어 고체상태가 된 것을 말한다.

2) Sandgel은 지중에 주입된 약액이 토립자와 함께 고결된 고체이다.

Ⅱ. 물유리계 겔(gel)화 원리

| 규산모노마 (수용액) | → 제1단계 중합 | 콜로이드입자 (Sol) | → 제2단계 집합+중합 | 망눈형 입자구조 (Gel) |

Ⅲ. 사질토지반 개량시 전단강도 변화

1) Sandgel

  : C와 ∅ 모두 증가

2) Homogel : C만 증가

Ⅳ. 비교

비교	Homogel	Sandgel
지중고결상태	토립자 / Homogel	Sandgel
개량목적	차수	차수+지반강도증가
주입공법	① LW공법 ② SGR공법	MSG공법

문제 13-12) Pack Drain

답

Ⅰ. 정의

Pack Drain이란 직경 12cm의 포대(Pack) 속에 모래를 채워

형성된 연직배수재를 말하며, 시공 후 절단되는 Sand Drain의

단점을 보완하여 개발된 연직배수공법이다.

Ⅱ. 개량원리

1) 연직배수재(Pack Drain)로 인한 배수거리(Z) 감소

2) 압밀촉진으로 압밀시간(t) 단축

3) $t = \dfrac{\text{시간계수}(T) \times (\text{배수거리}(Z))^2}{\text{압밀계수}(C)}$

Ⅲ. 설계방법

1) 최종침하량(S_f)

① $S_f = S_i + S_c$

② $S_c = \dfrac{C_c}{1+e} H \log_{10} \dfrac{P' + \Delta P}{P'}$

2) 압밀도(U) = $1 - \exp \dfrac{-8 T_h}{F_{(n)}}$

3) 강도증가(ΔC) = $\alpha \Delta P U$ α : 강도증가율, T_h : 수평압밀계수

Ⅳ. 설계시 고려사항

1) 압밀시간 산정시 Smear Effect 고려

2) 1차압밀침하량(S_c) 산정시 선행압밀압력(P_c') 영향이 매우 크

므로 물성치적용시 주의

3) 강도증가율(α) 적용시 시료교란영향을 고려해야 한다.

4) Pack Drain은 초연약점토지반에 적용가능

문제 13-13) 연직배수재 통수능력

답

I. 정의

연직배수재 통수능력이란 연약점토층에 설치된 연직배수재로 들어오는 간극수를 지표층에 설치된 샌드매트로 유출시키는 유량을 말한다.

II. 시험방법

1) Delft 시험방법

① 삼축압축시험원리를 이용

② 구속압으로 유출되는 유량측정

2) 복합통수능력 시험방법

① 공기압으로 구속압 재하

② 단계하중 재하에 따른 유출유량 측정

Q_{out}

σ_3(구속압)

수압 Q_{in}

III. 영향요인

외적요인	내적요인
지반측압(σ_3)	배수재 재질
배수재 변형	통수단면적
지중온도 및 공기기포	배수재 길이
세립자이동 및 동수구배	배수재 간격

IV. 통수능력 확보방안

1) 강성이 큰 연직 배수재 선정 : Pack Drain > Menard Drain > PBD

2) 교란효과를 고려한 통수능력 시험으로 배수재 간격 결정

3) 통수 단면적이 큰 연직배수재 선정

문제 13-14) 연직배수재 Clogging현상

답

I. 정의

연직배수재 Clogging현상은 침하촉진을 위해 점토지반에 설치된 연직배수재의 필터구멍이 세립자로 막히는 것을 말하며, Clogging현상으로 간극수 배출이 느려져 압밀이 지연된다.

II. 발생원인

1) 연직배수재 필터 유효구멍크기 설계불량

   ① 필터구멍에 박힘

   ② 필터주변에 세립자형성

2) 필터통과 세립자 코어부 쌓임

III. 문제점

1) 압밀지연발생

   ① Well Resistance 발생 : 간극수 유입속도 > 간극수 배출속도

   ② Smear Effect 발생 : 간극수 유입속도 감소

2) 공기지연

IV. 대책

1) 연직배수재 유효구멍크기 시험으로 연직배수재 선정

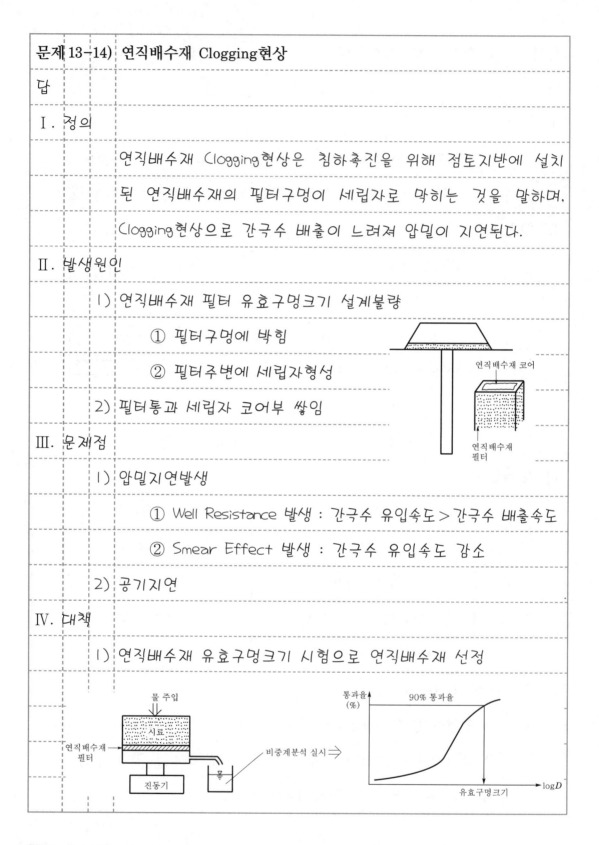

2) 동수경사비 시험으로 Clogging현상 판단

① 동수경사비$(i_R) = \dfrac{\text{필터 동수경사}}{\text{주변흙 동수경사}}$

② $i_R > 3$ ∴ Clogging현상 발생

문제 13-15) 교란효과(Smear Effect)

답

Ⅰ. 정의

교란효과란 케이싱 또는 Mandrel을 지중에 관입하여 연직배수

재를 설치할 때 배수재 주변의 점토지반이 교란되면 투수계수

가 감소되어 압밀이 지연되는 현상을 말한다.

Ⅱ. 발생원리

1) 관입시 주변지반 교란

2) 인발시 주변지반 교란

3) Smear Zone(교란범위)

　내 수평투수계수(K_h) 감소

4) 수평압밀계수(C_h) 감소로 압밀지연 : $K_h = C_h m_v \gamma_w$

Ⅲ. 영향요인

영향요인	교란효과
교란범위의 크기	교란효과와 비례관계
Mandrel의 크기	교란범위와 비례관계
~~Mandrel의 형태~~	원형 - Smear Zone 大
	직사각형, 마름모-교란범위 小
연직배수재 강성	교란범위와 비례관계

Ⅳ. Smear Effect를 고려한 압밀시간 설계

1) 수평압밀계수(C_n)를 수직압밀계수(C_v)와 같게 적용

2) 현장 Vane시험과 콘관입시험으로 교란범위 확인 후 수정

문제 13-16) 웰저항(Well Resistance)

답

I. 정의

웰저항이란 점토지반에 설치된 연직배수재 내로 유입된 간극수를 지표층의 샌드매트로 유출시킬 때 물흐름을 방해하는 저항력으로 발생하는 수두손실로 압밀이 지연되는 현상을 말한다.

II. 발생메커니즘

① 연직배수재 통수능력 감소발생

② 연직배수재 내 수두상승 방해(웰저항)

③ 간극수 유출지연으로 압밀지연

III. 영향요인

외적요인	내적요인
지반측압(구속압, σ_3)	배수재 재질(투수계수)
배수재 변형	통수단면적
지중온도 및 공기기포	배수재 길이
세립자이동 및 동수구배	배수재 간격

IV. Well Resistance를 고려한 압밀시간 설계

1) 통수능력시험으로 연직배수재 통수능력 확인

2) 웰저항을 고려한 압밀도(U_h) $= 1 - \exp\left(\dfrac{-8T_h}{F_{(n)} + 0.8L_{CWR}}\right)$

웰저항계수(L_{CWR}) $= \dfrac{32}{\pi^2}\dfrac{K_c}{K_w}\dfrac{L}{d_w}$

문제 13-17) 샌드매트(Sand Mat)

답

I. 정의

샌드매트란 연약지반에 성토 또는 지반개량시 발생하는 표면수의 수평배수와 시공장비의 주행성을 확보하기 위하여 지반개량하기 전에 포설한 0.5~1.0m의 모래층을 말한다.

II. 설치목적

1) 연약지반 표면수의 원활한 수평배수

2) 성토층으로 수위상승 방지

3) 시공장비 주행성

(Trafficability) 확보

III. 설계방법

1. 샌드매트 폭 - 양단부 1.5m 여유

2. 샌드매트 두께

1) 배수기능확보시 두께(H) ≤ 70cm

① 샌드매트 내 압력수두(H_P) $= \dfrac{SL^2}{2KH}$ (양면배수조건)

- $Q = \dfrac{1}{2}LS = KiA = K\dfrac{H_P}{L}H$

- S : 성토재하시 평균침하속도, K : 투수계수

② $H_P \leq H = 70cm$ 이하

2) 시공장비 주행성확보

① 연약지반의 극한지지력(q_u) $= 5.14C_u$

② 장비접지압(q_d) $= \dfrac{V(장비무게)}{A(접지면적)} + \gamma_t H$

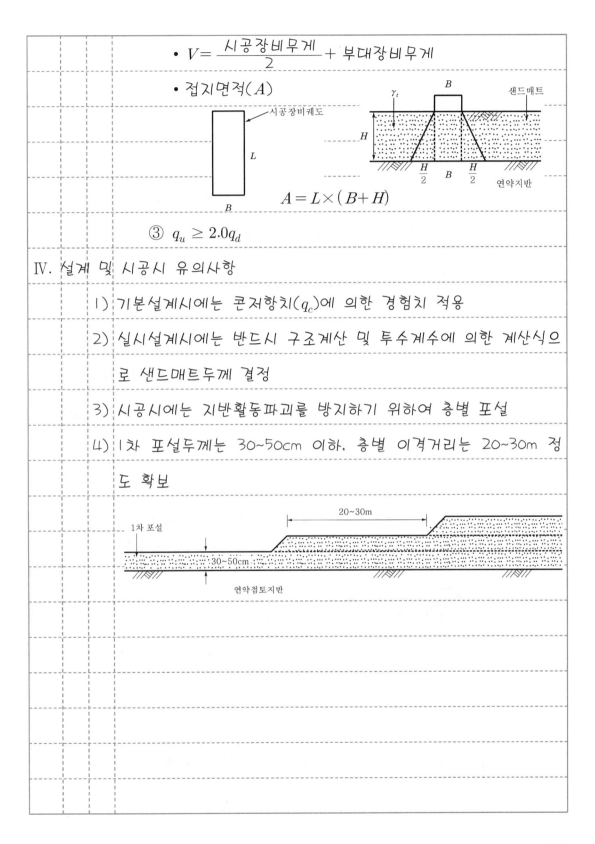

$$\bullet\ V = \frac{시공장비무게}{2} + 부대장비무게$$

- 접지면적(A)

$$A = L \times (B+H)$$

③ $q_u \geq 2.0q_d$

Ⅳ. 설계 및 시공시 유의사항

1) 기본설계시에는 콘저항치(q_c)에 의한 경험치 적용

2) 실시설계시에는 반드시 구조계산 및 투수계수에 의한 계산식으로 샌드매트두께 결정

3) 시공시에는 지반활동파괴를 방지하기 위하여 층별 포설

4) 1차 포설두께는 30~50cm 이하, 층별 이격거리는 20~30m 정도 확보

문제 13-18) 점토지반에서 샌드심(Sand Seam)

답

I. 정의

점토지반에서 샌드심이란 점토지반에 연속 또는 제한적으로 형성된 얇은 모래층을 말하며, 연속적으로 형성된 샌드심은 성토지반의 압밀특성에 영향을 미친다.

II. 샌드심의 생성원리

① 퇴적된 점토층위에 홍수 등으로 모래입자이동 퇴적

② 퇴적된 얇은 모래층위에 오랜 시간동안 점토퇴적

III. 샌드심 조사방법

1) 설계범위 내 지표면 탄성파탐사 실시

2) 샌드심 예상위치에 시추조사 및 피조콘관입시험(CPTU) 실시

- 지표면 탄성파탐사 신뢰도판정 및 지반물성치산정

IV. 샌드심존재시 문제점 및 대책

문제점	대책
① 압밀침하량 감소 및 시간단축	① 원심모형시험으로 설계
② 전체적인 분포현황파악 곤란	② 물리탐사로 파악방법 연구개발

문제 13-19) 진공압밀공법

답

I. 정의

진공압밀공법이란 초연약점토지반에 연성주름관을 설치한 후 진공막과 진공펌프를 이용하여 간극수압을 감소시켜 압밀침하를 촉진시키는 공법을 말한다.

II. 특징

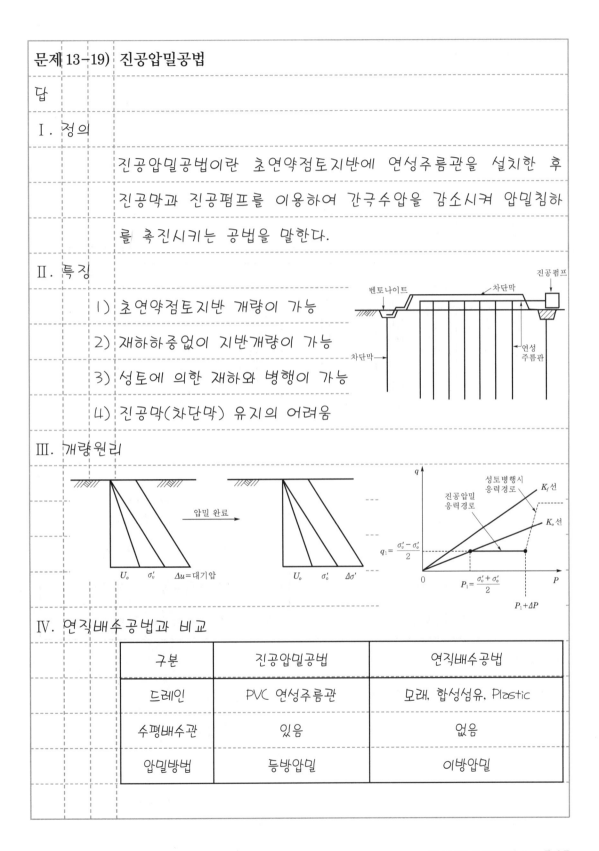

1) 초연약점토지반 개량이 가능
2) 재하하중없이 지반개량이 가능
3) 성토에 의한 재하와 병행이 가능
4) 진공막(차단막) 유지의 어려움

III. 개량원리

IV. 연직배수공법과 비교

구분	진공압밀공법	연직배수공법
드레인	PVC 연성주름관	모래, 합성섬유, Plastic
수평배수관	있음	없음
압밀방법	등방압밀	이방압밀

문제 13-20) 전기삼투

답

Ⅰ. 정의

전기삼투란 투수계수가 적은 점토질 연약지반에 전류를 흐르게

하여 간극수가 ⊕극에서 ⊖극으로 이동되는 현상을 말한다.

Ⅱ. 원리

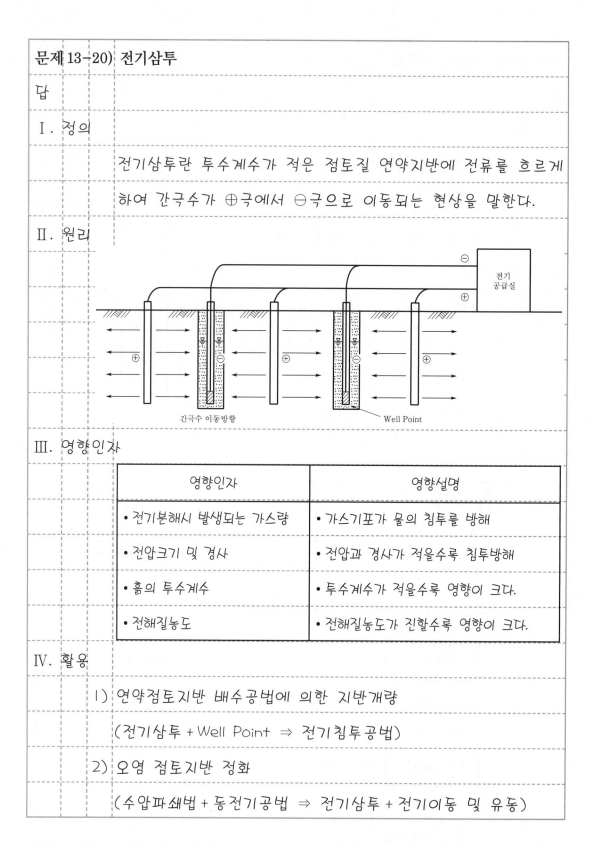

간극수 이동방향   Well Point

Ⅲ. 영향인자

영향인자	영향설명
• 전기분해시 발생되는 가스량	• 가스기포가 물의 침투를 방해
• 전압크기 및 경사	• 전압과 경사가 적을수록 침투방해
• 흙의 투수계수	• 투수계수가 적을수록 영향이 크다.
• 전해질농도	• 전해질농도가 진할수록 영향이 크다.

Ⅳ. 활용

1) 연약점토지반 배수공법에 의한 지반개량

(전기삼투 + Well Point ⇒ 전기침투공법)

2) 오염 점토지반 정화

(수압파쇄법 + 동전기공법 ⇒ 전기삼투 + 전기이동 및 유동)

문제 13-21) 토목섬유의 기능

답

Ⅰ. 토목섬유의 정의

토목섬유란 고분자 합성섬유(폴리프로필렌, 폴리에스터, 폴리에틸렌, 나일론)를 제조하여 만든 토목건설재료를 말한다.

Ⅱ. 토목섬유의 종류

지오텍스타일(Geotextile)	다공성(필터) 제품
지오멤브레인(Geomenbrane)	차수성 제품
지오그리드(Geogrid)	고강도 제품

Ⅲ. 기능

기능	설명	
필터기능	① 세립자이동 차단기능	
	② 흙댐 필터층, 맹암거, 옹벽 적용	옹벽 필터기능
배수기능	① 물을 통과시키는 기능	
	② 흙댐 필터층, 맹암거, 옹벽 등 적용	
차수기능	① 물의 이동을 차단하는 기능	
	② 폐기물매립장, 방수에 적용	
보강기능	① 인장응력 및 전단응력에 저항하는 기능	
	② 보강토공법, 연약지반성토에 적용	보강 및 분리 기능
분리기능	① 원지반과 성토재의 혼합방지 기능	
	② 연약지반 성토시 적용	

문제 13-22) 연약지반성토시 침하관리와 안정관리의 개념과 차이

답

I. 연약지반성토시 침하관리

　　1) 정의

　　　　연약지반성토시 침하관리란 성토 전에 설치된 침하계의

　　　　시간별 측정치를 이용하여 장래침하량 예측, 선행하중제거

　　　　시기 및 침하완료시간 추정, 침하에 따른 문제를 해결하기

　　　　위하여 실시하는 계측관리를 말한다.

　　2) 개념

　　　　① 장래침하량 예측 및 침하

　　　　　　완료시간 추정

　　　　② 선행하중 제거시기 결정

　　　　③ 기존구조물의 부등침하 억제

II. 연약지반성토시 안정관리

　　1) 정의

　　　　연약지반성토시 안정관리란 연약지반 성토하중의 증가가

　　　　지반강도증가와 균형이 되도록 성토속도를 조절하는 것을

　　　　말하며, 관리방법에는 극한평형법, 수치해석 및 계측관리

　　　　방법이 있다.

　　2) 개념

　　　　① 성토속도 조절

　　　　② 성토방치기간에 불안시 대책수립

③ 성토완료 후 수평변위량이 감소할 때까지 계측

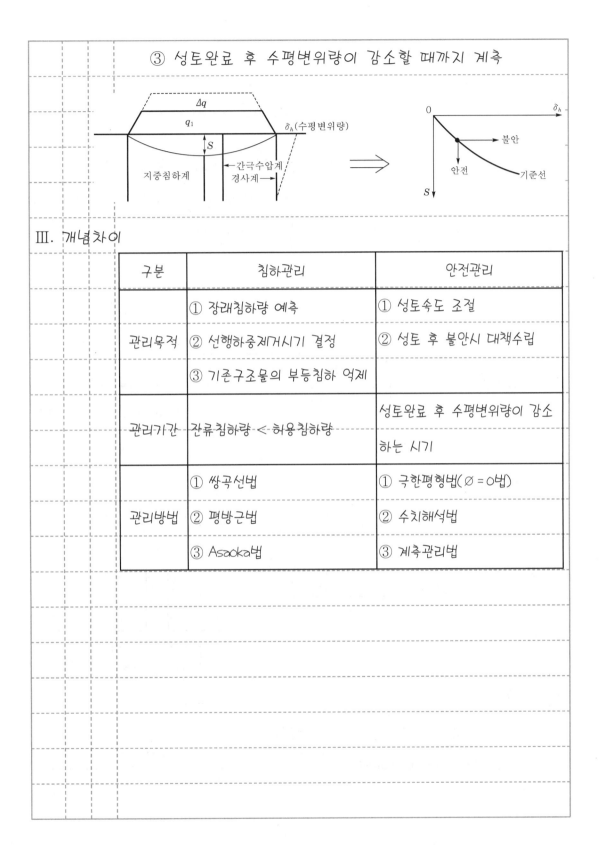

III. 개념차이

구분	침하관리	안전관리
관리목적	① 장래침하량 예측 ② 선행하중제거시기 결정 ③ 기존구조물의 부등침하 억제	① 성토속도 조절 ② 성토 후 불안시 대책수립
관리기간	잔류침하량 < 허용침하량	성토완료 후 수평변위량이 감소 하는 시기
관리방법	① 쌍곡선법 ② 평방근법 ③ Asaoka법	① 극한평형법($\varnothing = 0$법) ② 수치해석법 ③ 계측관리법

문제 13-23) 연약지반 측방유동

답

I. 정의

연약지반 측방유동이란 연약점토지반의 극한지지력에 근접한 성토 등의 하중이 작용할 때 지반이 소성변형을 일으키면서 측방으로 크게 변형이 발생하는 현상을 말한다.

II. 발생메커니즘

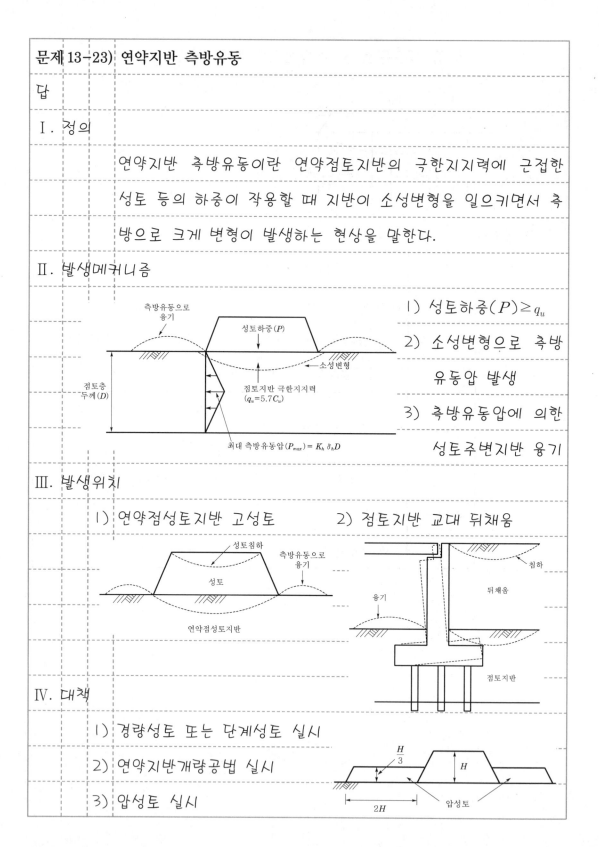

1) 성토하중$(P) \geq q_u$

2) 소성변형으로 측방 유동압 발생

3) 측방유동압에 의한 성토주변지반 융기

III. 발생위치

1) 연약점성토지반 고성토   2) 점토지반 교대 뒤채움

IV. 대책

1) 경량성토 또는 단계성토 실시

2) 연약지반개량공법 실시

3) 압성토 실시

문제 13-24) EPS(Expended Poly System)

답

I. 정의

EPS란 석유정제과정에서 발생된 폴리스틸렌과 발포제를 주재료로 하여 만든 대형발포스티로폼을 말하며, 경량의 성토 및 뒤채움에 사용하는 성토용재료이다.

II. 특성

1) 단위중량(γ_{ESP}) = 토사단위중량(γ_s)×$\dfrac{1}{100}$

2) 허용압축응력은 단위중량과 압축률에 따라 다름

3) 허용압축응력은 압축률(ε_a)이 1%일 때 탄성변형에 해당

4) 수침시 설계단위중량은 0.1tf/m³

5) 온도범위는 70℃ 이하에서 사용하면 제품에 이상이 없음

III. 경량성토적용시 설계방법

1) EPS 두께(H) 결정

$$H = \frac{\Delta P_1}{(\gamma_s - \gamma_{ESP})} = \frac{\left(\dfrac{\text{성토하중}}{\text{전 침하량}}\right) \times \text{허용침하량}}{(\gamma_s - \gamma_{ESP})}$$

2) 안전검토

① 작용하중(P) = $P_1 + P_2$

② 안전 : EPS허용압축응력 ≥ P

IV. 적용

1) 연약지반 교대 뒤채움 시공

2) 연약지반성토시 측방유동발생 예상지반

문제 13-25) 경량혼합토공법

답

I. 정의

경량혼합토공법이란 성토재로 사용하기 곤란한 원지반의 토사를 고화재 및 경량재와 혼합한 후 연약한 준설점성토층 상부에 포설하여 경량성토재의 고결작용으로 시공장비안정성을 확보하는 준설매립지반 표층처리공법이다.

II. 경량혼합토공법 원리

〈준설토〉 → 고화재, 경량재 첨가 → 혼합 및 운반 → 포설 후 양생 → 〈고결토〉 (준설토+기포)

III. 설계방법

1) 사용목적별 단위중량(γ)과 압축강도 결정

2) 실내배합시험으로 고화재(시멘트)와 경량재(기포) 첨가량 산정

⇒ 최대압축강도는 $8tf/m^2$ 이하

3) 현장배합시 이물질 제거와 함수비조절 방법 결정

4) 타설후 양생기간 결정(소요강도 확보시점)

IV. 적용

1) 연약한 준설매립지반의 표층처리

2) 항만구조물 배면의 성토

3) 연약점성토지반에 설치된 교대배면 성토

4) 양질의 성토재료확보가 곤란하거나 긴급복구공사

문제 13-26) 표층처리공법

답

I. 정의

표층처리공법이란 준설매립지반의 표층부에 모래포설, 고화처리, 보강재의 부설 등으로 지반강도를 증가시켜 심층개량을 위한 장비주행성을 확보하는 지반개량 공법이다.

II. 종류별 개량원리 및 특징

종류		개량원리	특징
모래 포설	덤프 + 습지도쟈	하중분산	① 얇은 모래층 형성으로 하중분산효과
	벨트컨베이어		② 원지반 간극수 배수층 형성
	크레인		③ 타표층처리공법과 병용 가능
표층 고화 처리	PTM	물리적 고결	① 자연건조 및 진공압에 의한 강제 건조로 표층 지지력 확보
	Suction Device		
	수평진공배수		② 지반교란이 적고 공사기간이 짧음
	경량혼합토	화학적고결	강성이 큰 경량성토재를 포설로 강성 확보
보강재 부설	토목섬유부설	지반보강	① 보강재의 강성으로 지지력 확보
	대나무매트		② 시공이 간편하고 재료수급이 용이
	부목·침상		③ 급속시공이 가능

III. 선정시 유의사항

1) 각 공법별 개요 및 특성을 파악

2) 지반조건 및 공법적용 목적 파악

3) 공사기간 및 공사 비용

4) 시공성 및 시공효과 확보

토목섬유 및 대나무매트 / 모래포설 / 수평진공배수 / PTM에 의한 배수층

하나님께 이르는 길

"내가 곧 길이요 진리요 생명이니 나로 말미암지 않고는 아버지께로 올 자가 없느니라"

(요 14 : 6)

하나님은 2천년 전에 그의 외아들 예수 그리스도를 이 세상에 보내어 우리를 대신해서 십자가에 못박혀 죽게 하심으로써 하나님과 사람 사이에 구원의 다리를 놓아주셨습니다.

사람의 죄를 해결할 수 있는 분은 오직 예수 그리스도이십니다.

제13장 ▶ 폐기물매립

☞ 永生의 길잡이 - 여덟 : 예수 그리스도는 누구십니까?

문제 1)	폐기물매립지 최종복토층의 설계 및 시공시 고려사항에 대하여 기

술하시오.

답

Ⅰ. 최종복토층의 개요

1) 정의

최종복토층이란 폐기물매립이 완료된 후 우수침투 방지 및 환경오염 방지, 매립지침하 억제를 위하여 시행하는 성토층을 말한다.

2) 최종복토층의 기능

① 우수침투 방지

② 환경오염 방지

③ 매립지침하 억제

④ 가스 누출 억제

3) 폐기물관리법상 최종복토층 구성요소

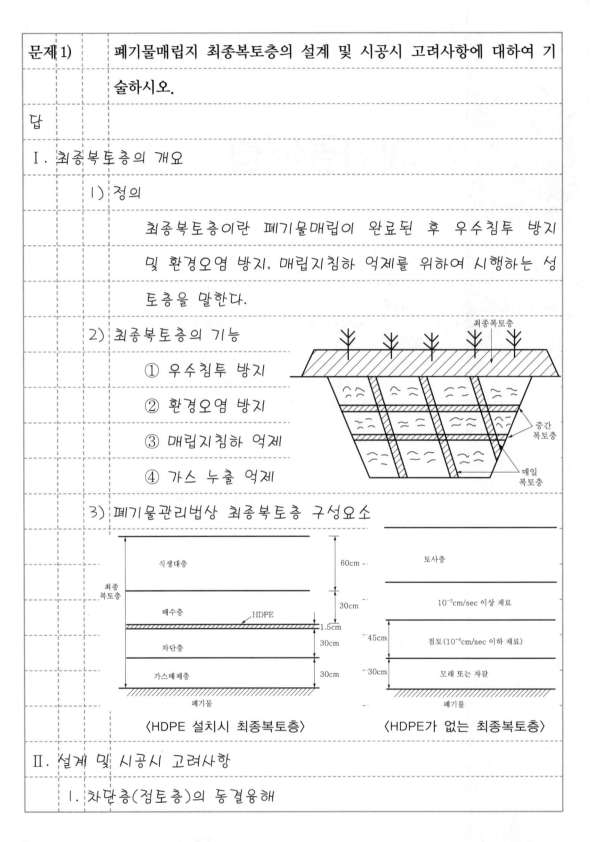

〈HDPE 설치시 최종복토층〉　〈HDPE가 없는 최종복토층〉

Ⅱ. 설계 및 시공시 고려사항

1. 차단층(점토층)의 동결융해

1) 동결 융해시 문제점

   ① 차단층의 동결융해시 균열로 투수계수 증가

   ② 차단층의 기능저하로 우수유입

   ③ 우수유입에 따른 침출수 증가

2) 설계시 고려사항

   ① 동결깊이를 고려한 식생대층 두께 산정 - 90cm 이상

   ② 차단층 상부에 배수층 설치로 유입수 배수유도

   ③ 동결깊이를 최소화시키는 방안

3) 시공시 고려사항

   ① 동절기 차단층 시공시 보온대책 마련 - 양생포 부설

   ② 동상현상이 발생한 차단층의 대책마련

2. 차단층의 건조균열 발생

1) 건조균열시 문제점

   ① 차단층 내부까지 균열 진행

   ② 우수유입에 따른 침출수 증가

2) 설계시 고려사항

   ① 건조균열방지를 위한 식생대층 두께 산정 - 90cm 이상

   ② 차단층 상부에 HDPE재 포설 및 토목섬유 포설

3) 시공시 고려사항

   ① 건조기 차단층 시공시 보습대책 : 토목섬유+살수

   ② 차단층시공과 상부배수층 및 식생대층 시공병행

3. 지반과 폐기물 매립층의 침하거동

1) 설계시 고려사항

   ① 지반의 침하량 및 제방의 안정성 검토

   ② 폐기물매립층의 침하량검토후 대책 수립

2) 시공시 고려사항 - 계측관리 실시

4. 폐기물분해에 따른 가스 발생

1) 발생되는 가스포집 및 이송관리

   ① 수직 가스포집정의 설치위치

   ② 가스 이송을 위한 배관설치

2) 포집이송된 가스의 처리방안 - 가스발전시설 설치 또는 가스
소각장 설치

5. 우수에 의한 침식 및 유실

1) 우수집배수시설 설치

   ① 100년 빈도의 우수유입량으로 우수집배수시설 계획

   ② 최종복토층으로 유입되는 우수량 최소화

2) 최종복토층 표면 및 경사면 유실 방지

   • 식생보호공과 구조물보호공으로 유실 방지

Ⅲ. 결론

폐기물매립지의 최종복토층 구성재료 선택시 폐기물의 특성,
우수관리 계획 및 지역의 수문 지질학적 특성 등을 고려하여
적합한 재료와 두께를 선택하여야 한다.

문제 2)	가축매몰지 주변지반의 공학적 문제점과 지하수 오염확산 방지대책
	및 오염토양과 오염지하수 복원기법에 대하여 기술하시오.

답

I. 가축매몰지의 개요

1) 정의

가축매몰지란 가축전염병예방법에 따라 살처분한 가축사체를 규정된 매물방법으로 매몰한 장소를 말한다.

2) 특징

① 병원성 전염균이 존재

② 가축사체의 70%가 수분을 함유한 부패성 유기물질

③ 긴급조치에 따른 매물대상지 조사 미흡

④ 매물방법이 구제역과 조류 인플루엔자가 상이

3) 가축매물지 현황도

공기 투입구   침출수 배출구   최종 복토

석회 혼합층

멤브레인 또는 비닐
(차수재)

복토층(1m 이상)

II. 주변지반 공학적 문제점

1. 환경공학적 문제점

1) 토양 및 지하수 오염 : 침출수 유출에 따른 오염

2) 유독가스 배출 및 악취 : 생물학적 분해에 따른 가스 발생

3) 동·식물 성장장애 및 건강장애 유발

2. 지반공학적 문제점

   1) 지반의 연약화 : 유기물에 의한 유기질토로 지반연약

   2) 성토재료로 부적합 : 흙의 강도가 작아지고 변형 증가

Ⅲ. 지하수 오염확산 방지대책

1. 연직차수벽 설치

   1) 지하수 오염조사로 오염범위 결정

   2) 연직차수벽 설치

     ① Slurry wall공법   ② Sheet pile공법

     ③ Curtain Grouting공법   ④ 동결차수벽공법

     ⑤ 심층혼합처리공법   ⑥ Jet Grouting공법

     ⑦ HDPE 쉬트공법

2. 가축매몰지 안정화 촉진

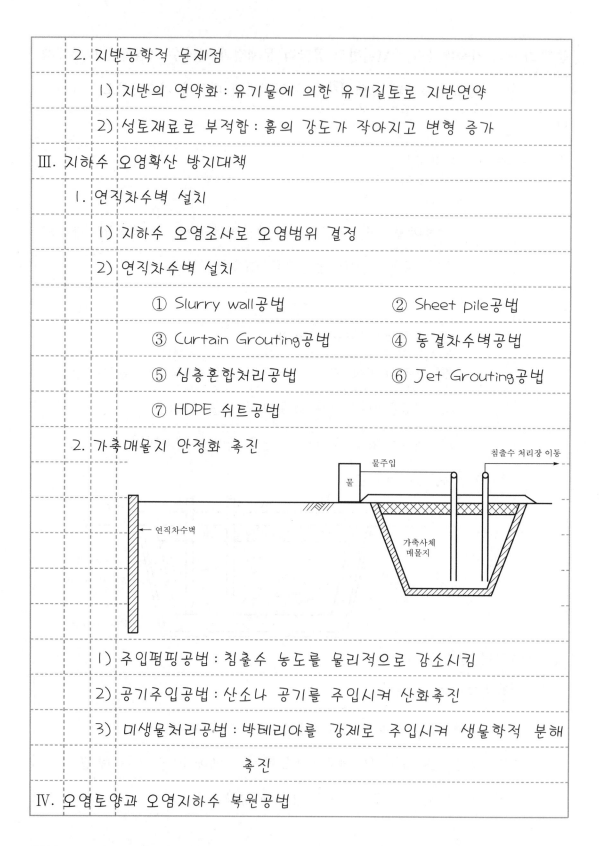

   1) 주입펌핑공법 : 침출수 농도를 물리적으로 감소시킴

   2) 공기주입공법 : 산소나 공기를 주입시켜 산화촉진

   3) 미생물처리공법 : 박테리아를 강제로 주입시켜 생물학적 분해
                                 촉진

Ⅳ. 오염토양과 오염지하수 복원공법

1. 오염토양 복원공법

1) 퇴비화공법

① 굴착 → 미생물 혼합 → 공기+물 주입

② 유기 오염물질에 적합하나 넓은 공간이 필요함

2) 토양수세공법

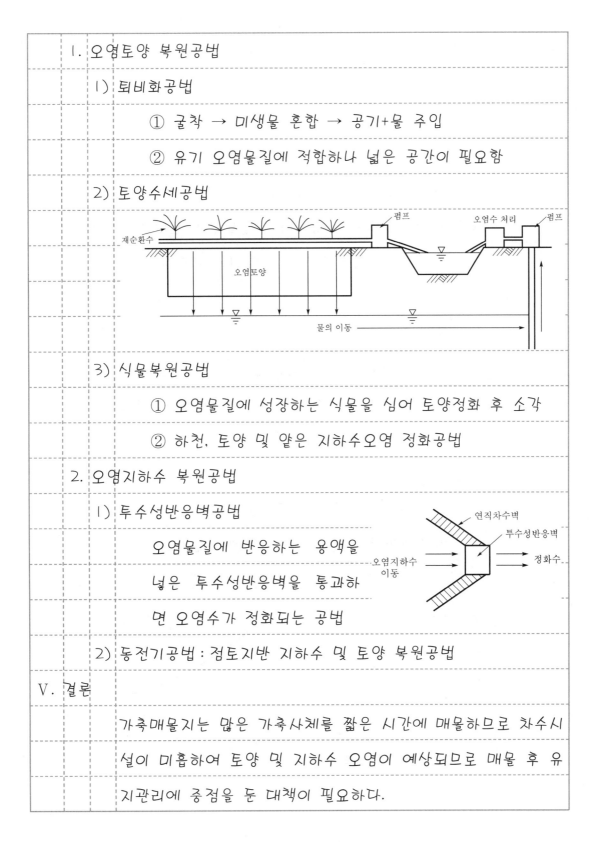

3) 식물복원공법

① 오염물질에 성장하는 식물을 심어 토양정화 후 소각

② 하천, 토양 및 얕은 지하수오염 정화공법

2. 오염지하수 복원공법

1) 투수성반응벽공법

오염물질에 반응하는 용액을

넓은 투수성반응벽을 통과하

면 오염수가 정화되는 공법

2) 동전기공법 : 점토지반 지하수 및 토양 복원공법

V. 결론

가축매몰지는 많은 가축사체를 짧은 시간에 매몰하므로 차수시

설이 미흡하여 토양 및 지하수 오염이 예상되므로 매몰 후 유

지관리에 중점을 둔 대책이 필요하다.

문제 3-1)	지연계수(Ratardation Coefficient)

답

Ⅰ. 정의

1) 지연계수$(R) = \dfrac{V_{qw}(지하수\ 이동속도)}{V_c(오염물질의\ 이동속도)} = 1 + \rho\dfrac{K_p}{\theta}$

(ρ : 겉보기 밀도, K_p : 분배계수, θ : 함수율)

2) 지연계수란 오염된 토양에서 오염물질이 토양과 상호작용으로 용질이동이 지연되는 특성을 나타내는 계수이다.

Ⅱ. 산정방법

1) 실내배치(Batch)시험으로 산정

① 분배계수$(K_p = \dfrac{평형오염농도}{흡착오염농도})$ 결정

② 시험시료에 대한 겉보기 밀도(ρ)와 함수율(θ) 측정

③ 지연계수공식으로 산정

2) 현장시료채취로 측정

① 지하수와 토양에서 오염물질의 농도 측정

② 분배계수를 결정하여 지연계수 산정

Ⅲ. 영향요소

1) 오염농도 범위

2) 분배계수

3) 토양함수율

Ⅳ. 활용성

1) 오염물질의 지중이동 해석

2) 오염물질의 지중흡착능력에 대한 상대적인 평가

문제 3-2)	PG(Pack Grouting) Pile

답

I. 정의

Pack Grouting Pile이란 쓰레기 매립지반을 오거로 계획 깊이 까지 굴착하고 공내에 특수제작한 WGS Pack을 넣고 그 속에 Fly Ash가 첨가된 몰탈을 주입하여 형성된 말뚝

II. 개량 원리

1) 파일지지력 확보

   극한지지력$(Q_u) = Q_p$

2) 공동확장으로 주변지반개량 느슨한 지반 수평팽창으로 2.5cm/m 압축발생

3) 복합지반효과로 개량

III. 특징

1) 산업폐기물 재활용으로 환경친화적이고 경제적인 공법

2) Pack 외부로 몰탈이 유출되지 않아 재료손실이 적음

3) 저소음, 무진동 공법으로 민원 최소화

4) 확실한 구근형성으로 지지력증대와 지반개량효과 발휘

IV. 활용방안

1) 폐기물매립지반 개량

2) 연약지반 침하저감에 의한 개량

3) 구조물 기초지반 보강

문제 3-3)	토양증기추출법(Soil Vapor Extraction)

답

I. 정의

토양증기추출법이란 불포화 대수층위에 추출정을 설치하고 토양을 진공상태로 만들어서 토양으로부터 휘발성과 준 휘발성 오염물질을 제거하는 토양정화공법을 말한다.

II. 토양증기추출법 System

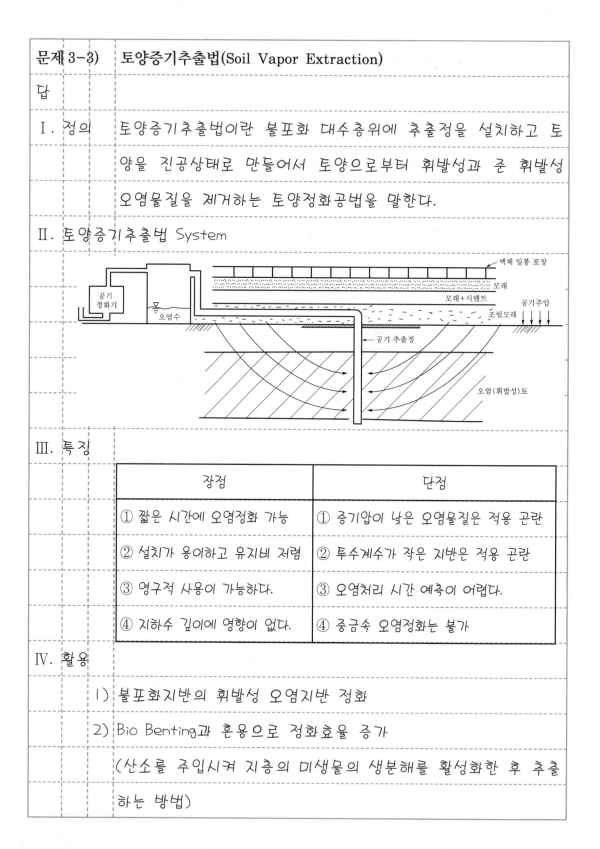

III. 특징

장점	단점
① 짧은 시간에 오염정화 가능	① 증기압이 낮은 오염물질은 적용 곤란
② 설치가 용이하고 유지비 저렴	② 투수계수가 작은 지반은 적용 곤란
③ 영구적 사용이 가능하다.	③ 오염처리 시간 예측이 어렵다.
④ 지하수 깊이에 영향이 없다.	④ 중금속 오염정화는 불가

IV. 활용

1) 불포화지반의 휘발성 오염지반 정화

2) Bio Benting과 혼용으로 정화효율 증가

(산소를 주입시켜 지층의 미생물의 생분해를 활성화한 후 추출하는 방법)

문제 3-4)	동전기(Electrokinetic)현상

답

I. 정의

동전기현상이란 지중에 전류를 가하면 전기삼투에 의한 간극수이동과 전기이동 및 전기유동으로 전하를 가진 입자가 이동하는 현상을 말한다.

II. 동전기현상 발생원리

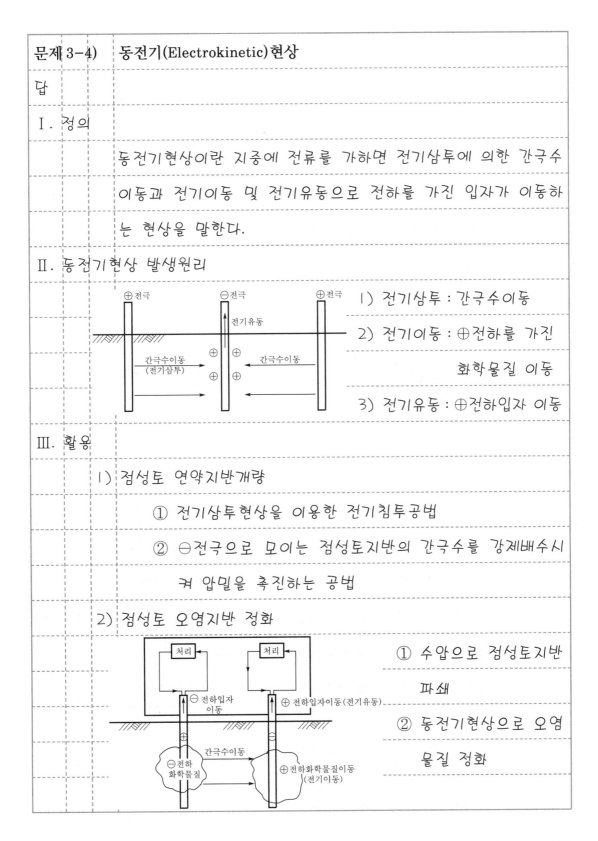

1) 전기삼투 : 간극수이동

2) 전기이동 : ⊕전하를 가진 화학물질 이동

3) 전기유동 : ⊕전하입자 이동

III. 활용

1) 점성토 연약지반개량

① 전기삼투현상을 이용한 전기침투공법

② ⊖전극으로 모이는 점성토지반의 간극수를 강제배수시켜 압밀을 촉진하는 공법

2) 점성토 오염지반 정화

① 수압으로 점성토지반 파쇄

② 동전기현상으로 오염물질 정화

문제 3-5) 투수성반응벽(Permeable Reactive Barriers)

답

I. 정의

　투수성반응벽이란 오염대 경계지층에 오염물질과 반응하는 용액을 넣은 반투막투수벽체를 말하며, 오염수가 통과하는 동안 화학적 반응을 유도하여 오염물질을 제거한다.

II. 투수성반응벽의 종류

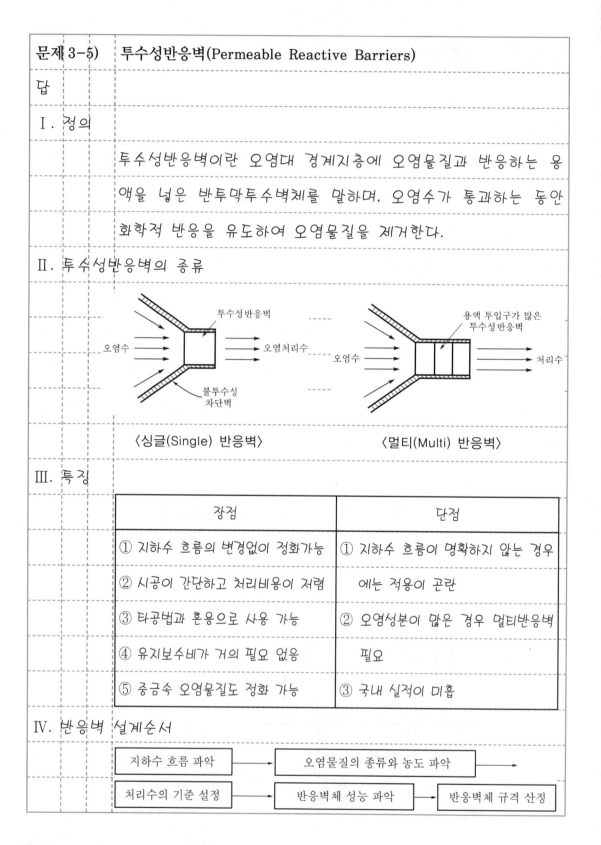

〈싱글(Single) 반응벽〉　　　　　〈멀티(Multi) 반응벽〉

III. 특징

장점	단점
① 지하수 흐름의 변경없이 정화가능	① 지하수 흐름이 명확하지 않는 경우
② 시공이 간단하고 처리비용이 저렴	에는 적용이 곤란
③ 타공법과 혼용으로 사용 가능	② 오염성분이 많은 경우 멀티반응벽
④ 유지보수비가 거의 필요 없음	필요
⑤ 중금속 오염물질도 정화 가능	③ 국내 실적이 미흡

IV. 반응벽 설계순서

지하수 흐름 파악 → 오염물질의 종류와 농도 파악 →

처리수의 기준 설정 → 반응벽체 성능 파악 → 반응벽체 규격 산정

문제 3-6)   굴패각(Oyster Shell)

답

I. 정의

굴패각이란 굴껍질을 말하며, 굴 양식업의 부산물로 대량의 굴
패각을 발생시켜 바다오염과 자연경관 훼손 등의 환경문제를
초래하고 있다.

II. 굴패각의 공학적인 성질

1) 구성요소 성분 : 90% 정도가 $CaCO_3$

2) 비중 ≒ 2.0 ~ 2.6

3) 흙과 혼합시 공학적 성질 개선

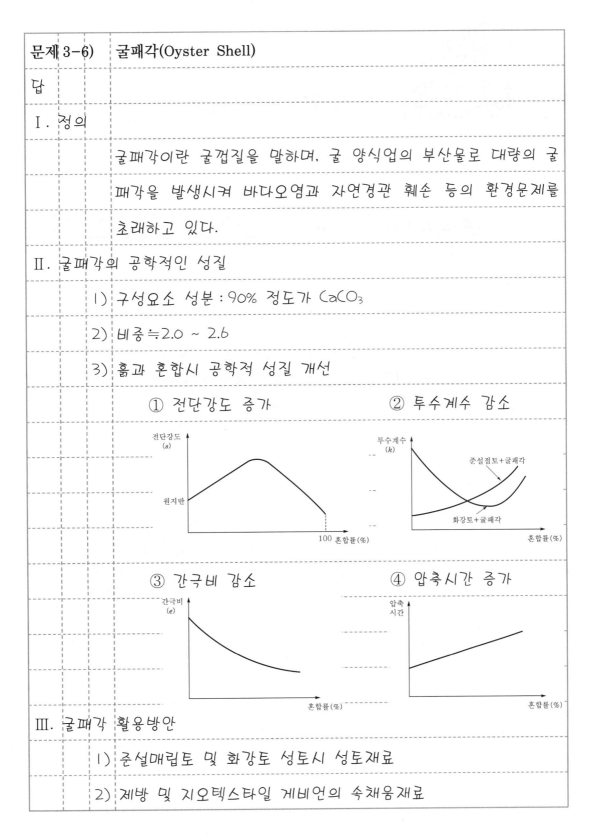

① 전단강도 증가   ② 투수계수 감소

③ 간극비 감소   ④ 압축시간 증가

III. 굴패각 활용방안

1) 준설매립토 및 화강토 성토시 성토재료

2) 제방 및 지오텍스타일 게비언의 속채움재료

예수 그리스도는 누구십니까?

❖ 우리의 구주(救主)가 되시며(마태복음 1 : 21), 살아계신 하나님의 아들이십니다.
  (마태복음 16 : 16)

❖ 예수님은 유대땅 베들레헴 말구유에서 태어나셨습니다. 30년동안은 가정에서 가사를 돕는
  일을 하셨고, 마지막 3년은 구속사업(救贖事業)을 완성하셨습니다.

❖ 예수님은 우리의 죄를 대신 짊어지고 십자가에 못박혀 죽으셨습니다.
  (마태복음 27 : 35)

❖ 예수님은 장사 지낸 후 3일만에 다시 살아나셔서 40일동안 10여차에 걸쳐 제자들에게 나
  타나 보이셨다가 하늘로 올라가셨습니다.(사도행전 1 : 11)

❖ 우리는 예수 그리스도를 믿음으로만 구원을 받을 수 있습니다.(사도행전 4 : 12)

제14장 ▶ 암 반

☞ 永生의 길잡이 – 아홉 : 성경은 무슨 책입니까?

문제 1)	단층파쇄대의 정의와 터널, 사면 댐 공사시 문제점에 대하여 기술하
	시오.

답

I. 단층파쇄대의 정의

  1. 의의

    1) 단층파쇄대란 단층면을 따라 파쇄된 암이 지하수 등으로 풍화

       되어 형성된 지층 또는 지각운동으로 단층면이 밀집된 지층을

       말한다.

    2) 단층 주위 파쇄암은 풍화작용이나 열수작용으로 쉽게 점토가

       되어 단층파쇄대에는 많은 점토가 충진되어 있다.

  2. 단층파쇄대 형태

〈집중파괴형태〉	〈한쪽 파괴형태〉	〈양쪽 파괴형태〉

  3. 단층파쇄대 조사

    1) 조사항목

      ① 파쇄대 유무 및 파쇄대 폭   ② 파쇄대 연장

      ③ 파쇄대 내의 물질 종류(점토와 각력의 체적비, 점토 종류)

      ④ 강도와 변형성 및 투수성

    2) 조사방법

① 설계 구역 지표면 물리탐사를 실시하여 단층파쇄대 예
상 위치 파악

② 공내 물리탐사 및 현장시험으로 상세 조사

4. 특징

1) 전단파괴 정도에 따라 단층파쇄대 구성물질은 다르다.

2) 단층파쇄대의 폭은 수m~수백m로 다양하다.

3) 단층면 가까이에서 형성되어 있다.

4) 단층파쇄대는 강도가 작고 침투수의 통로가 된다.

Ⅱ. 터널, 사면, 댐 공사시 문제점

1. 터널공사

1) 문제점

문제점	내용
큰 소성지압 작용	단층파쇄대는 강도가 적어 큰 소성지압이 작용
지하수 유입	• 단층파쇄대로 지하수 침투 • 점토 충진물로 막혔던 지하수가 터널굴착으로 뚫려 갱내로 용수 유입 • 돌발적인 용수 유입으로 막장 붕괴
터널 변형	• 단층파쇄대 내의 암반 팽창성 또는 압착성 발생으로 큰 소성지압 발생 • 지보재 변형이나 침하발생

2) 대책

① 터널 굴착전 TSP탐사 또는 수평보링으로 단층파쇄대

확인

② 터널 굴착전 막장보강공법과 차수그라우팅 실시

③ 분할굴착 및 굴착 후 빠른 시일내 지보재 설치

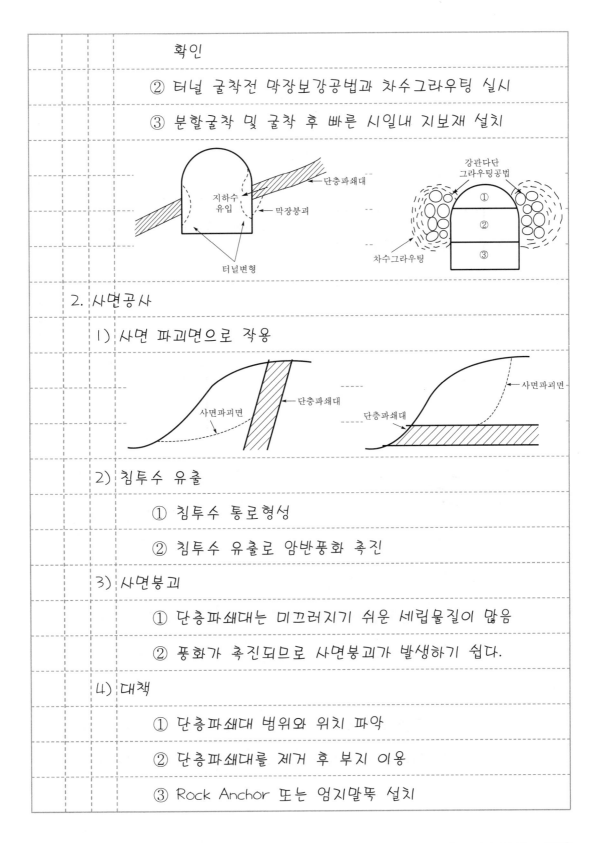

2. 사면공사

1) 사면 파괴면으로 작용

2) 침투수 유출

　① 침투수 통로형성

　② 침투수 유출로 암반풍화 촉진

3) 사면붕괴

　① 단층파쇄대는 미끄러지기 쉬운 세립물질이 많음

　② 풍화가 촉진되므로 사면붕괴가 발생하기 쉽다.

4) 대책

　① 단층파쇄대 범위와 위치 파악

　② 단층파쇄대를 제거 후 부지 이용

　③ Rock Anchor 또는 엄지말뚝 설치

3. 댐공사

1) 문제점

문제점	내용
누수 또는 Piping 발생	• 단층파쇄대에 수로형성으로 누수 • 유속이 빠른 경우 토립자유실로 파이핑 발생
부등침하 발생	• 기초지반 지지력 부족으로 부등침하 발생 • 상향침투압으로 양압력 발생
절취사면 붕괴	• 수몰지 내 절취사면 붕괴 • 퇴적물에 의한 담수용량 감소

<제체 미끄럼 영향>   <양압력 영향>

2) 대책

① 기초지반에 차수그라우팅 및 보강그라우팅 실시

② 단층파쇄대 구역 굴착 후 콘크리트로 치환

Ⅲ. 결론

단층파쇄대는 토목공사에 치명적인 문제들을 유발시키므로 철저한 지반조사 후 문제점을 파악하여 설계하고 시공중에는 계측관리로 안정성을 파악하고 유지관리 자료로 활용하여야 한다.

| 문제 2) | 퇴적연암의 종류와 일반적인 특성 및 역학적거동에 대하여 기술하시오. |

답

I. 연암(Soft Rock)의 개요

1) 정의

연암이란 리퍼작업으로 굴착할 수 있는 경도의 암반 또는 불연속면이 많고 고결도가 낮으며 풍화 또는 변질로 이완이 큰 비교적 연약한 암반을 말한다.

2) 퇴적연암 판정방법

① 불연속면 간격 = 10~30cm

② 일축압축강도(q_u) = 200~500kgf/cm^2

③ 균열계수 $= 1 - \left(\dfrac{V_m}{V_L}\right)^2 = 0.5 \sim 0.65$ $\left(\begin{array}{l} V_m : \text{암반탄성파속도} \\ V_L : \text{암석탄성파속도} \end{array}\right)$

④ 변질지수 $= \dfrac{W_w}{W_s} \times 100(\%) = 5 \sim 10(\%)$

II. 퇴적연암의 종류

1) 풍화 퇴적연암

① 고결된 퇴적연암이 풍화작용으로 불연속면이 발달된 암반을 풍화퇴적연암이라 한다.

② 절리를 따라 풍화가 촉진된 사암, 이암, 화산쇄설암

2) 미고결 퇴적연암

① 퇴적물이 고결된 암석으로 변화는 중간과정에 있는 암반을 미고결 퇴적연암이라 한다.

② 쇄설성 퇴적암 : 사암, 이암, 화산쇄설암

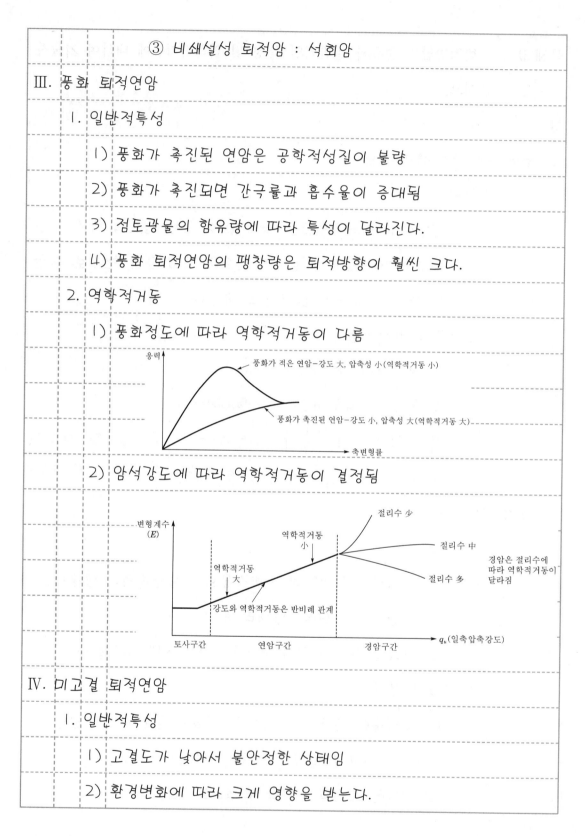

③ 비쇄설성 퇴적암 : 석회암

Ⅲ. 풍화 퇴적연암

1. 일반적특성

1) 풍화가 촉진된 연암은 공학적성질이 불량

2) 풍화가 촉진되면 간극률과 흡수율이 증대됨

3) 점토광물의 함유량에 따라 특성이 달라진다.

4) 풍화 퇴적연암의 팽창량은 퇴적방향이 훨씬 크다.

2. 역학적거동

1) 풍화정도에 따라 역학적거동이 다름

응력

풍화가 적은 연암-강도 大, 압축성 小(역학적거동 小)

풍화가 촉진된 연암-강도 小, 압축성 大(역학적거동 大)

축변형률

2) 암석강도에 따라 역학적거동이 결정됨

변형계수
(E)

절리수 少

역학적거동
小

절리수 中

역학적거동
大

경암은 절리수에
따라 역학적거동이
달라짐

절리수 多

강도와 역학적거동은 반비례 관계

토사구간   연암구간   경암구간

q_u(일축압축강도)

Ⅳ. 미고결 퇴적연암

1. 일반적특성

1) 고결도가 낮아서 불안정한 상태임

2) 환경변화에 따라 크게 영향을 받는다.

3) 굴착 등으로 외기에 노출되면 고결력을 잃고 토사와 유사해짐

4) 강도는 상재하중에 영향을 받음

5) 투수성은 층리에 따른 이방성이 뚜렷하다

6) 압축성이 크고 Creep현상이 발생한다.

7) 건조 후 수침시 비화현상 또는 팽윤현상이 발생

2. 역학적거동

1) 상재하중에 따라 역학적거동 상이

구분	강도	압축성	변형계수(E, 역학적거동)
상재하중 大	大	小	大(역학적거동 小)
상재하중 小	小	大	小(역학적거동 大)

2) 크리프(Creep) 현상이 발생됨

응력

크리프현상 : 응력증가 없이 변형이 계속 발생

축변형률(ε_a)

3) 수침시 팽창거동 발생

① 수침시 하중변화없이 갑자기 붕괴되는 거동(Slaking) 발생

② 수침시 팽창거동(Swelling) 발생

V. 결론

1) 퇴적연암의 공학적성질과 역학적거동은 풍화정도와 환경변화에 큰 영향을 받는다.

2) 풍화 퇴적연암은 풍화정도와 암석강도에 따라 역학적거동이 달라지며, 미고결 퇴적연암은 흡수율과 구속응력의 영향이 크다.

문제3)		암석의 일축압축시험과 삼축압축시험 결과에 따른 응력-변형거동과
		Rock Bolt가 풍화암 보강에 효과적인 이유를 응력-변형거동으로 설
		명하시오.
답		

I. 암석응력-변형거동의 개요

    1) 정의

        암석응력-변형거동이란 원통형의 암석시편에 일정한 축변
형률이 되도록 압축응력을 재하하여 구한 시험결과를 작
도한 응력-축변형률 곡선의 모양을 말한다.

    2) 암석의 일축압축시험

        ① 암석시편(원통형 시료, $\dfrac{l}{D}=2.0 \sim 2.5$)준비

        ② 축차응력($\Delta\sigma$)으로 시편파괴

        ③ 일축압축강도(σ_c) = 최대 축차응력

    3) 암석의 삼축압축시험

        ① 일축압축시험과 동일한 암석시편 준비

        ② 구속응력(σ_3, 등방응력) 재하

        ③ 축차응력($\Delta\sigma$)으로 시편파괴

        ④ 삼축압축강도 = 최대 축차응력

II. 암석의 압축시험결과에 따른 응력-변형거동

  1. 구속응력(등방응력) 재하시 거동

    1) 삼축압축시험결과에 해당되는 거동

    2) 구속응력(σ_3)크기별 체적변형률(ε_v) 거동

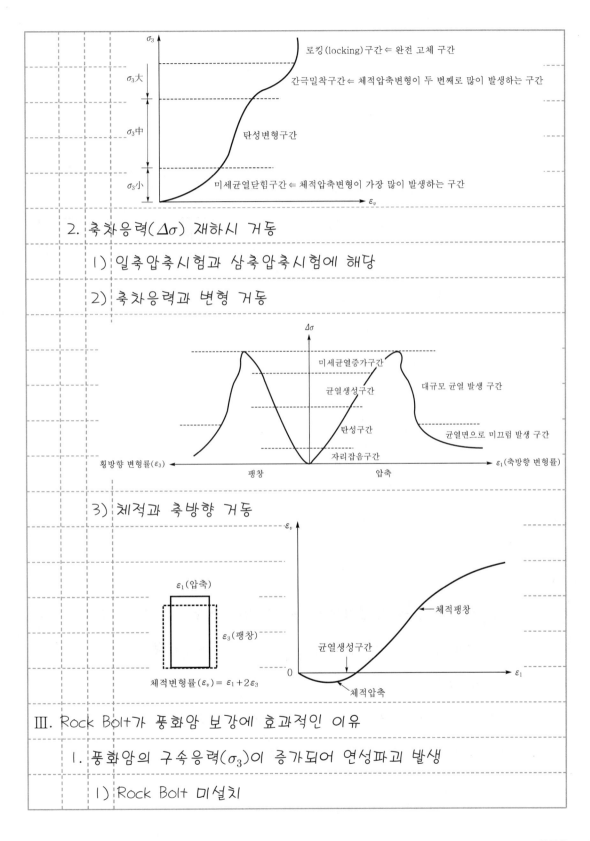

로킹(locking)구간 ⇐ 완전 고체 구간

간극밀착구간 ⇐ 체적압축변형이 두 번째로 많이 발생하는 구간

탄성변형구간

미세균열닫힘구간 ⇐ 체적압축변형이 가장 많이 발생하는 구간

2. 축차응력(Δσ) 재하시 거동

1) 일축압축시험과 삼축압축시험에 해당

2) 축차응력과 변형 거동

미세균열증가구간

균열생성구간

대규모 균열 발생 구간

탄성구간

균열면으로 미끄럼 발생 구간

자리잡음구간

횡방향 변형률(ε_3)

팽창

압축

ε_1(축방향 변형률)

3) 체적과 축방향 거동

ε_1(압축)

ε_3(팽창)

체적변형률(ε_v) = $\varepsilon_1 + 2\varepsilon_3$

체적팽창

균열생성구간

체적압축

III. Rock Bolt가 풍화암 보강에 효과적인 이유

1. 풍화암의 구속응력(σ_3)이 증가되어 연성파괴 발생

1) Rock Bolt 미설치

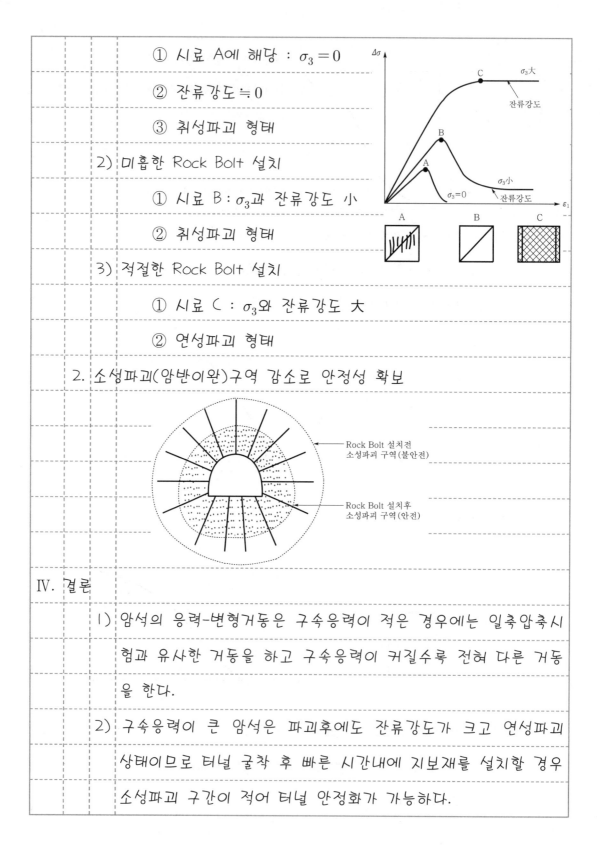

① 시료 A에 해당 : $\sigma_3 = 0$

② 잔류강도 ≒ 0

③ 취성파괴 형태

2) 미흡한 Rock Bolt 설치

① 시료 B : σ_3과 잔류강도 小

② 취성파괴 형태

3) 적절한 Rock Bolt 설치

① 시료 C : σ_3와 잔류강도 大

② 연성파괴 형태

2. 소성파괴(암반이완)구역 감소로 안정성 확보

Rock Bolt 설치전
소성파괴 구역(불안전)

Rock Bolt 설치후
소성파괴 구역(안전)

Ⅳ. 결론

1) 암석의 응력-변형거동은 구속응력이 적은 경우에는 일축압축시험과 유사한 거동을 하고 구속응력이 커질수록 전혀 다른 거동을 한다.

2) 구속응력이 큰 암석은 파괴후에도 잔류강도가 크고 연성파괴 상태이므로 터널 굴착 후 빠른 시간내에 지보재를 설치할 경우 소성파괴 구간이 적어 터널 안정화가 가능하다.

문제 4) 암반변형특성을 구할 수 있는 시험방법에 대하여 기술하시오.

답

Ⅰ. 암반변형특성의 개요

1) 정의

암반변형특성이란 암반에 외력이 작용할 때 발생하는 역학적거동의 크기와 변화를 말한다.

2) 영향요인

① 암반을 구성하는 암석의 성질

② 암반 내에 존재하는 불연속면의 특성

③ 응력상태 및 지하수에 의한 간극수압크기

3) 암반변형특성 곡선으로 암반구분

〈절리가 적은 경암〉　　〈절리가 많은 경암〉　　〈연암〉

4) 이용

① 터널내공 변위량 및 지표침하량 산정

② 기초침하량 산정

Ⅱ. 구할 수 있는 시험방법

1 평판재하시험(Plate loading Test)

1) 시험갱 굴착 후 표면정리가 된 상태에서 상하단에 재하판설치

2) 잭으로 등변위가 되도록 재하

① 예비하중재하　②　계단하중재하　③　반복하중재하

3) 각각 하중에 대한 변위량 산정

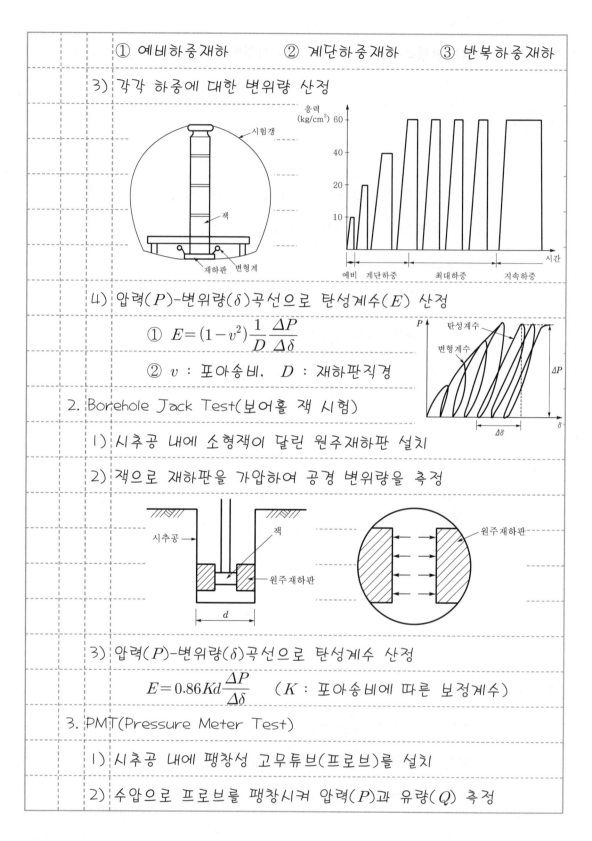

4) 압력(P)-변위량(δ)곡선으로 탄성계수(E) 산정

① $E = (1-v^2)\dfrac{1}{D}\dfrac{\Delta P}{\Delta \delta}$

② v : 포아송비,　D : 재하판직경

2. Borehole Jack Test(보어홀 잭 시험)

1) 시추공 내에 소형잭이 달린 원주재하판 설치

2) 잭으로 재하판을 가압하여 공경 변위량을 측정

3) 압력(P)-변위량(δ)곡선으로 탄성계수 산정

$E = 0.86Kd\dfrac{\Delta P}{\Delta \delta}$　(K : 포아송비에 따른 보정계수)

3. PMT(Pressure Meter Test)

1) 시추공 내에 팽창성 고무튜브(프로브)를 설치

2) 수압으로 프로브를 팽창시켜 압력(P)과 유량(Q) 측정

3) 당초 프로브체적(V_o)과 동일하게 팽창할 때까지 시험

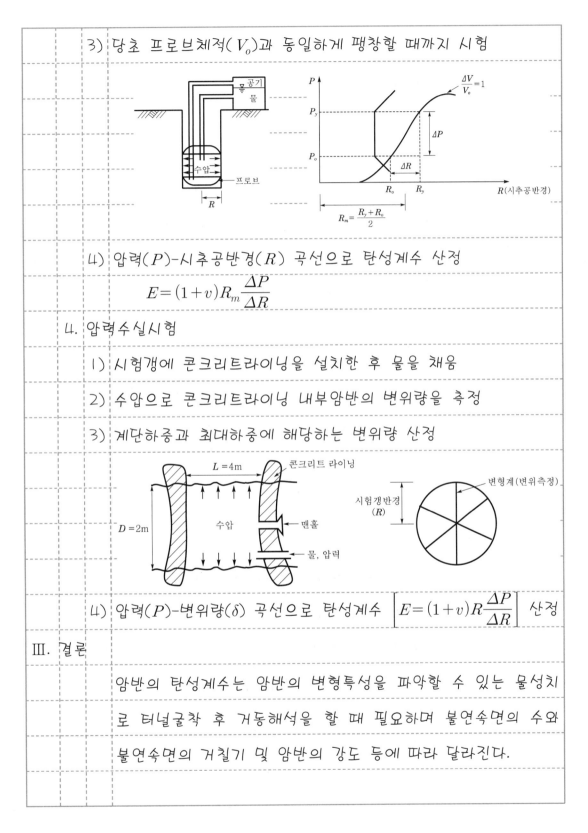

4) 압력(P)-시추공반경(R) 곡선으로 탄성계수 산정

$$E = (1+v)R_m \frac{\Delta P}{\Delta R}$$

4. 압력수실시험

1) 시험갱에 콘크리트라이닝을 설치한 후 물을 채움

2) 수압으로 콘크리트라이닝 내부암반의 변위량을 측정

3) 계단하중과 최대하중에 해당하는 변위량 산정

4) 압력(P)-변위량(δ) 곡선으로 탄성계수 $\left[E = (1+v)R \dfrac{\Delta P}{\Delta R} \right]$ 산정

Ⅲ. 결론

암반의 탄성계수는 암반의 변형특성을 파악할 수 있는 물성치

로 터널굴착 후 거동해석을 할 때 필요하며 불연속면의 수와

불연속면의 거칠기 및 암반의 강도 등에 따라 달라진다.

문제 5)	암반 터널 굴착시 초기응력 측정원리와 특징 및 적용 한계성에 대하여 기술하시오.

답

I. 암반의 초기응력의 개요

1) 정의

암반의 초기응력이란 암반지반 내부에 터널과 같은 공동을 굴착하기 전에 작용하고 있는 암반지반의 응력을 말하며 1차지압(Primary Rock Pressure)이라고도 한다.

2) 암반의 2차응력과 비교

$$\sigma_{vo1}$$
$$\sigma_{ho1}$$
$$Z_1$$
$$Z_2$$
$$\sigma_{vo2}$$
$$\sigma_{ho2}$$

← 터널굴착예정

〈초기응력상태〉

$$\sigma_{v1}=0$$
$$\sigma_{h1}=3\sigma_{ho1}-\sigma_{vo1}$$
$$\sigma_{v2}=3\sigma_{vo2}-\sigma_{ho2}$$
$$\sigma_{h2}=0$$

← 터널굴착

〈2차응력상태〉

3) 초기응력 산정방법

① 초기연직응력$(\sigma_{vo}) = rZ$ r : 암반 평균단위중량

② 초기수평응력(σ_{ho})

- 설계시 : 수압파쇄법
- 시공중 : 응력해방법, 응력보상법

II. 초기응력 측정원리와 특징 및 적용한계성

1. 수압파쇄법(Hydraulic Fraturing Test)

1) 측정 원리

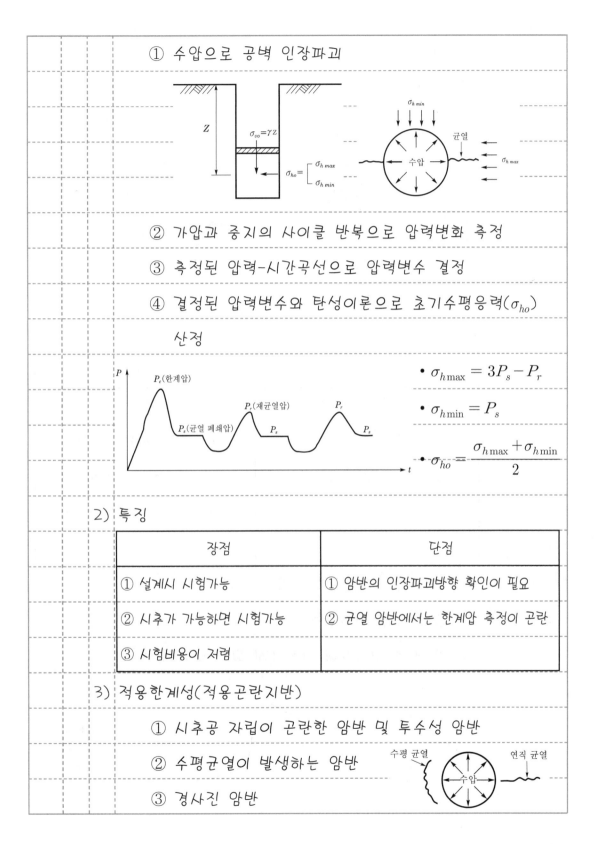

① 수압으로 공벽 인장파괴

② 가압과 중지의 사이클 반복으로 압력변화 측정

③ 측정된 압력-시간곡선으로 압력변수 결정

④ 결정된 압력변수와 탄성이론으로 초기수평응력(σ_{ho}) 산정

- $\sigma_{h\max} = 3P_s - P_r$

- $\sigma_{h\min} = P_s$

- $\sigma_{ho} = \dfrac{\sigma_{h\max} + \sigma_{h\min}}{2}$

2) 특징

장점	단점
① 설계시 시험가능	① 암반의 인장파괴방향 확인이 필요
② 시추가 가능하면 시험가능	② 균열 암반에서는 한계압 측정이 곤란
③ 시험비용이 저렴	

3) 적용한계성(적용곤란지반)

① 시추공 자립이 곤란한 암반 및 투수성 암반

② 수평균열이 발생하는 암반

③ 경사진 암반

2. 응력해방법(Overcoring Method)

1) 측정원리

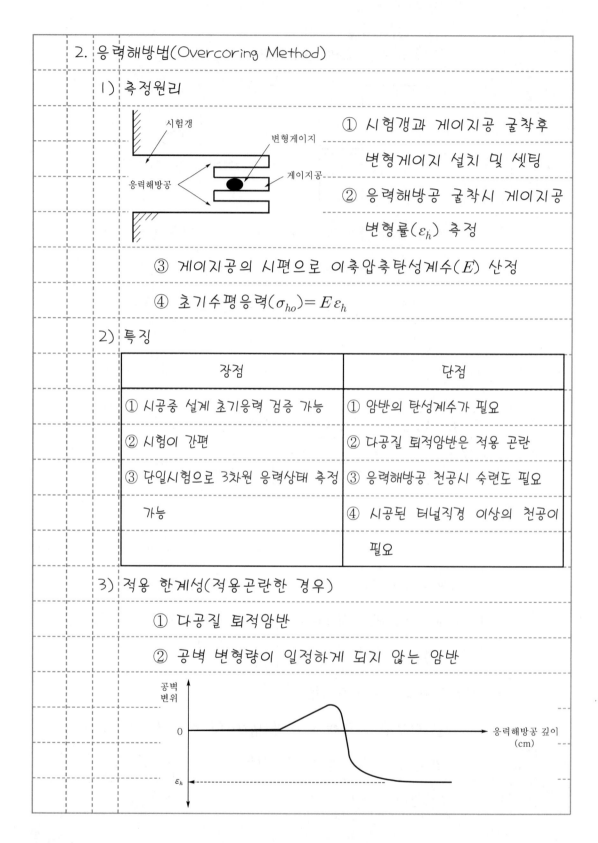

① 시험갱과 게이지공 굴착후 변형게이지 설치 및 셋팅

② 응력해방공 굴착시 게이지공 변형률(ε_h) 측정

③ 게이지공의 시편으로 이축압축탄성계수(E) 산정

④ 초기수평응력(σ_{ho})$= E \varepsilon_h$

2) 특징

장점	단점
① 시공중 설계 초기응력 검증 가능	① 암반의 탄성계수가 필요
② 시험이 간편	② 다공질 퇴적암반은 적용 곤란
③ 단일시험으로 3차원 응력상태 측정 가능	③ 응력해방공 천공시 숙련도 필요
	④ 시공된 터널직경 이상의 천공이 필요

3) 적용 한계성(적용곤란한 경우)

① 다공질 퇴적암반

② 공벽 변형량이 일정하게 되지 않는 암반

3. 응력보상법(Flatjack Test)

1) 측정원리

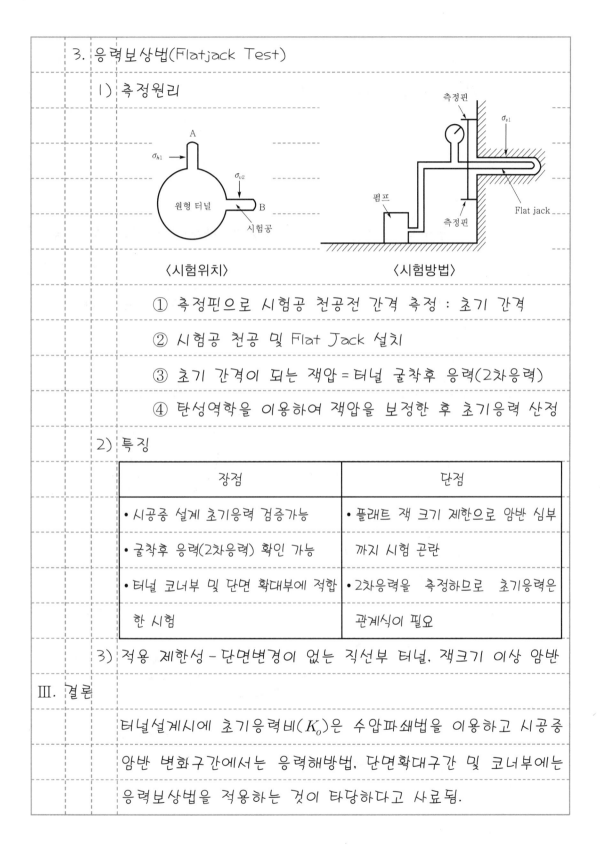

〈시험위치〉　　　　　　〈시험방법〉

① 측정핀으로 시험공 천공전 간격 측정 : 초기 간격

② 시험공 천공 및 Flat Jack 설치

③ 초기 간격이 되는 재압 = 터널 굴착후 응력(2차응력)

④ 탄성역학을 이용하여 재압을 보정한 후 초기응력 산정

2) 특징

장점	단점
• 시공중 설계 초기응력 검증가능	• 플래트 잭 크기 제한으로 암반 심부
• 굴착후 응력(2차응력) 확인 가능	까지 시험 곤란
• 터널 코너부 및 단면 확대부에 적합	• 2차응력을 측정하므로 초기응력은
한 시험	관계식이 필요

3) 적용 제한성 - 단면변경이 없는 직선부 터널, 잭크기 이상 암반

III. 결론

터널설계시에 초기응력비(K_o)은 수압파쇄법을 이용하고 시공중

암반 변화구간에서는 응력해방법, 단면확대구간 및 코너부에는

응력보상법을 적용하는 것이 타당하다고 사료됨.

문제 6)	암의 초기응력에 대하여 기술하고 초기 응력비가 큰 경우 터널에 미
	치는 영향에 대하여 기술하시오.
답	

I. 암의 초기응력

　1) 정의

　　　　암반의 초기응력이란 암반지반 내부에 터널과 같은 공동
　　　　을 굴착하기 전에 작용하고 있는 암반지반의 응력을 말하
　　　　며 1차지압(Primary Rock Pressure)이라고도 한다.

　2) 암반의 2차응력과 비교

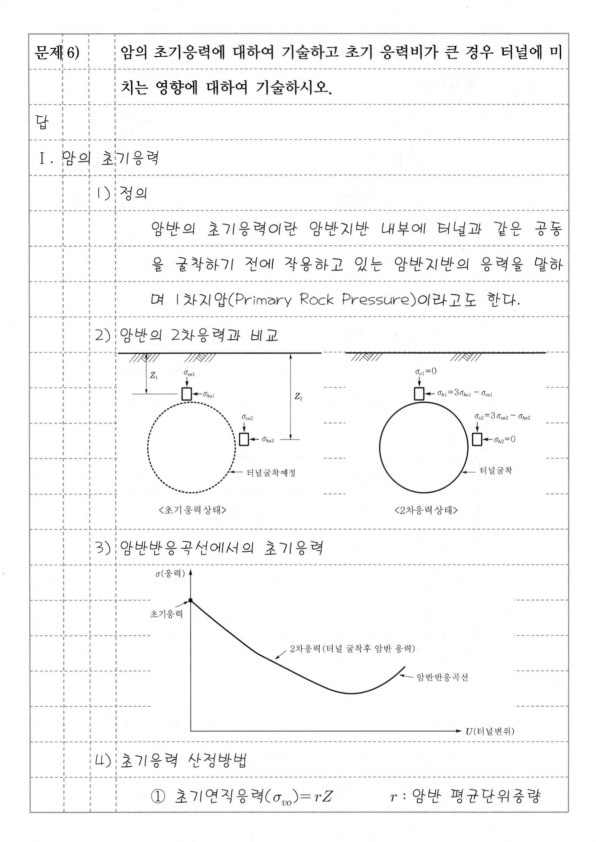

　　　　　　〈초기응력상태〉　　　　　　　　〈2차응력상태〉

　3) 암반반응곡선에서의 초기응력

　4) 초기응력 산정방법

　　　① 초기연직응력$(\sigma_{vo}) = rZ$　　　　r : 암반 평균단위중량

② 초기수평응력(σ_{ho})

구분	수압파쇄법	응력해방법	응력보상법
시험시기	설계시	시공중	시공중
시추방향	연직	수평	연직, 수평
암의 탄성계수	불필요	필요	불필요
측정치	초기수평응력	변형율	2차응력

Ⅱ. 초기응력비가 큰 경우 터널에 미치는 영향

1. 초기응력비(K_o) $= \dfrac{\sigma_{ho}(초기수평응력)}{\sigma_{vo}(초기연직응력)}$

2. 초기응력비가 큰 경우 : $K_o > 1 \Rightarrow \sigma_{ho} > \sigma_{vo}$

3. 터널에 미치는 영향

1) 터널 측벽부에 소성영역 확대

$(\sigma_{h1} 大) \Rightarrow$ 강도가 큼

$\sigma_{h1} = 3\sigma_{ho1} - \sigma_{vo1}$

$\sigma_{v2} = 3\sigma_{vo2} - \sigma_{ho2}$

$(\sigma_{v2} 小) \Rightarrow$ 강도가 적어 변형이 많음

[$K_o > 1$, $\sigma_{ho} > \sigma_{vo}$]   [강도가 적어 변형이 많음]

2) 터널 측벽부 팽창변위

① 터널 측벽부 2차응력인 σ_{v2}는 천단부의 2차응력인 σ_{h1} 보다 적어 강도가 작음

② 암반의 강도가 작아서 측벽부는 터널 내공쪽으로 팽창 변위가 발생됨

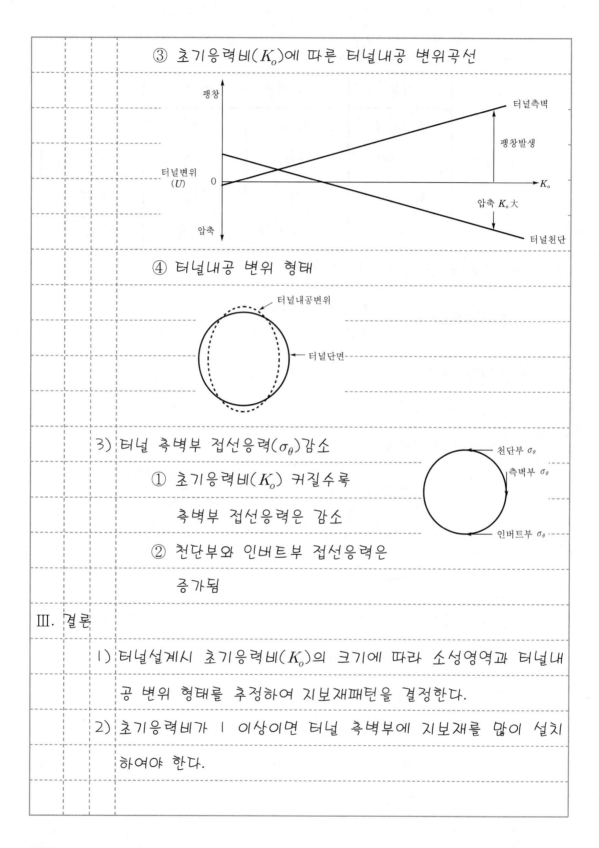

③ 초기응력비(K_o)에 따른 터널내공 변위곡선

팽창

터널변위
(U)

0

K_o

압축

터널측벽

팽창발생

압축 K_o大

터널천단

④ 터널내공 변위 형태

터널내공변위

터널단면

3) 터널 측벽부 접선응력(σ_θ)감소

① 초기응력비(K_o) 커질수록

측벽부 접선응력은 감소

② 천단부와 인버트부 접선응력은

증가됨

천단부 σ_θ

측벽부 σ_θ

인버트부 σ_θ

Ⅲ. 결론

1) 터널설계시 초기응력비(K_o)의 크기에 따라 소성영역과 터널내

공 변위 형태를 추정하여 지보재패턴을 결정한다.

2) 초기응력비가 1 이상이면 터널 측벽부에 지보재를 많이 설치

하여야 한다.

문제 7)	국내 암반의 초기수평응력계수(K_o)의 깊이별 분포를 그리고, 초기
	수평응력계수의 변화에 따른 터널단면에 미치는 영향에 대하여 기
	술하시오.

답

I. 암반의 초기수평응력계수의 개요

1) 정의

암반의 초기수평응력계수란 터널을 굴착하기 전의 터널굴
착 위치 암반의 수평응력에 대한 연직응력의 비를 말한다.

2) 산정방법

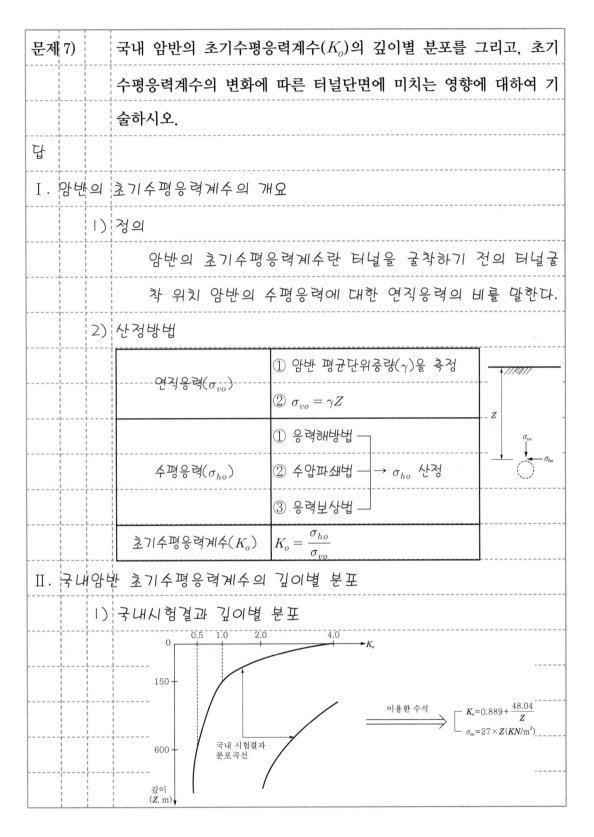

연직응력(σ_{vo})	① 암반 평균단위중량(γ)을 측정
	② $\sigma_{vo} = \gamma Z$
수평응력(σ_{ho})	① 응력해방법
	② 수압파쇄법 $\longrightarrow \sigma_{ho}$ 산정
	③ 응력보상법
초기수평응력계수(K_o)	$K_o = \dfrac{\sigma_{ho}}{\sigma_{vo}}$

II. 국내암반 초기수평응력계수의 깊이별 분포

1) 국내시험결과 깊이별 분포

이용한 수식

$$K_o = 0.889 + \frac{48.04}{Z}$$

$$\sigma_{vo} = 27 \times Z (KN/m^2)$$

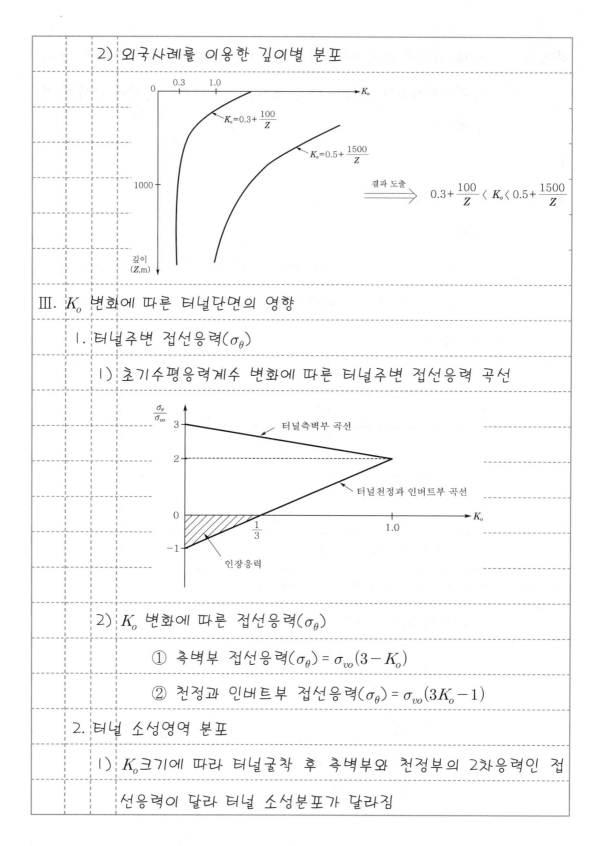

2) 외국사례를 이용한 깊이별 분포

결과 도출 $\Longrightarrow$ $0.3 + \dfrac{100}{Z} < K_o < 0.5 + \dfrac{1500}{Z}$

III. K_o 변화에 따른 터널단면의 영향

1. 터널주변 접선응력(σ_θ)

1) 초기수평응력계수 변화에 따른 터널주변 접선응력 곡선

2) K_o 변화에 따른 접선응력(σ_θ)

① 측벽부 접선응력(σ_θ) = $\sigma_{vo}(3 - K_o)$

② 천정과 인버트부 접선응력(σ_θ) = $\sigma_{vo}(3K_o - 1)$

2. 터널 소성영역 분포

1) K_o 크기에 따라 터널굴착 후 측벽부와 천정부의 2차응력인 접

선응력이 달라 터널 소성분포가 달라짐

2) 초기수평응력계수 변화에 따른 소성영역

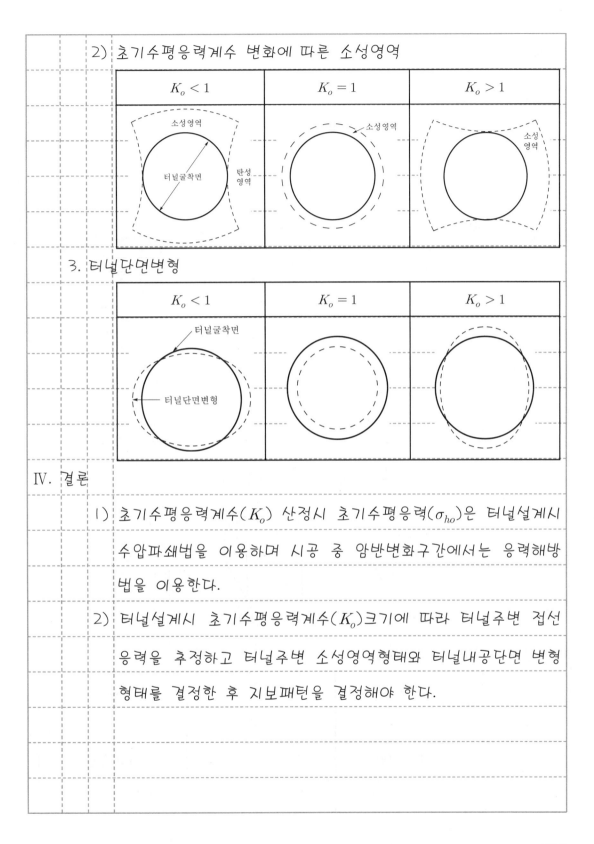

$K_o < 1$	$K_o = 1$	$K_o > 1$

3. 터널단면변형

$K_o < 1$	$K_o = 1$	$K_o > 1$

IV. 결론

1) 초기수평응력계수(K_o) 산정시 초기수평응력(σ_{ho})은 터널설계시
   수압파쇄법을 이용하며 시공 중 암반변화구간에서는 응력해방
   법을 이용한다.

2) 터널설계시 초기수평응력계수(K_o)크기에 따라 터널주변 접선
   응력을 추정하고 터널주변 소성영역형태와 터널내공단면 변형
   형태를 결정한 후 지보패턴을 결정해야 한다.

문제 8-1)   단층과 절리

I. 단층

  1) 정의

       단층이란 지각에 생긴 틈을 경계로 그 양측의 지괴가 상

       대적으로 어긋나는 현상을 말한다.

  2) 종류

⟨정단층⟩   ⟨역단층⟩   ⟨수평단층⟩

II. 절리

  1) 정의

       절리란 암의 수축 또는 외력으로 암반에 존재하는 어느

       정도의 규칙적인 균열을 말한다.

  2) 종류

⟨수축절리⟩   ⟨인장절리⟩   ⟨전단절리⟩

III. 단층과 절리의 특성비교

비교	단층	절리
생성요인	간단	복잡
상대적 변위	발생	거의 없음
주위 및 면 상태	파쇄대 형성, 부드럽다	풍화진행, 거칠다

문제 8-2) 습곡이 지중구조물에 미치는 영향

답

Ⅰ. 습곡의 정의

　　　　습곡이란 수평으로 퇴적된 지층이 횡압력을 받아 물결처럼 굴곡된 단면을 말한다.

Ⅱ. 지중구조물에 미치는 영향

　　1) 천단부 지압추가 및 지하수 집중

〈배사축 횡단터널 : 갱구부 집중〉　　　　〈향사축 횡단터널 : 중앙부 집중〉

　　2) 측벽부 지압추가 및 지하수 집중

　　　　① 향사축과 평형하게 지중구조물 설치시 발생

　　　　② 측벽부 지압추가

　　　　　-측벽부 붕괴 또는 균열

　　　　③ 측벽부 지하수집중으로

　　　　　지하수유출 또는 보강재부식

　　3) 측벽부 편압작용

　　　　① 배사와 향사 중간에 설치된 지중구조물에 발생

　　　　② 터널지보가 어렵고 터널붕괴가 쉽다.

문제 8-3)   팽창성연암

답

I. 정의

팽창성연암이란 몬모릴로나이트(Montmorillonite)를 많이 함유한 미고
결 퇴적연암과 풍화 퇴적연암을 말하며, 물을 흡수할 경우 조직은 변
하지 않으면서 입자가 팽창하여 체적이 증가된다.

II. 물공급시 팽창 모식도

건조시: V_s → 물흡수(수침) → 수침시: V_v: 포화로 팽창, V_s, ΔV_s: 입자 팽창

<건조시 팽창성연암>   <수침시 팽창성연암>

III. 특징

1) 몬모릴로나이트 함유량에 따라 특성이 달라진다.

2) 강도는 상재하중에 영향을 받는다.

3) 수침시 체적팽창 또는 구속시 팽창압이 작용한다.

IV. 지반 안정성 영향 및 대책

지반안정성 영향	대책
① 팽창·수축 반복으로 풍화 촉진	① 팽창량 및 팽창압 산정(흡수팽창시
② 풍화에 따른 암반강도 저하	험 및 팽창압시험 실시)
③ 체적팽창으로 굴착면 돌출	② 팽창압을 고려한 설계
④ 구속조건시 팽창압 발생	③ 굴착직후 보강 및 숏크리트 시공
	④ 지표수 및 지하수 대책 마련

문제 8-4)	RMR(Rock Mass Rating)

I. 정의

1) RMR = RMR 기본값 + 구조물과 불연속면에 따른 보정치

2) RMR 기본값

요소	암석강도	RQD	불연속면 간격	불연속면 상태	지하수 상태	합계
최대값	15점	20점	20점	30점	15점	100점

RMR 기본값 = 5요소에 해당하는 점수의 합산 값

II. 점수에 의한 암반분류 및 강도정수

RMR		100~81	80~61	60~41	40~21	≤20
등급		I	II	III	IV	V
평가		매우 양호	양호	보통 암반	불량	매우 불량
강도 점수	C(kpa)	> 400	300~400	200~300	100~200	< 100
	ϕ	> 45°	45~35°	35~25°	25~15°	< 15°

III. 특징

장점	단점
① 불연속면의 방향성에 중점	① 터널지보방법 적용이 제한적
② 여러 분야에서 적용사례가 많음	② 터널폭에 대한 연구가 불충분
③ 각 요소의 평가가 쉬움	③ 터널 초기 설계에만 한정적용

IV. 적용성

1) 암반 강도정수 및 변형계수(E_m)

2) 터널 무지보 자립시간 및 터널지보 설계

3) 암반사면 안정성 평가 및 보강대책 수립(SMR)

$E_m = 10^{\left(\frac{RMR-10}{40}\right)}$

$E_m = 2RMR - 100$

문제 8-5)	Q-분류법

답

Ⅰ. 정의

1) $Q = \left(\dfrac{RQD}{J_n}\right) \times \left(\dfrac{J_r}{J_a}\right) \times \dfrac{J_w}{SRF} = \left(\begin{array}{c}암괴\\크기\\점수\end{array}\right) \times \left(\begin{array}{c}암괴\\전단강도\\점수\end{array}\right) \times \left(\begin{array}{c}작용\\응력\\점수\end{array}\right)$

2) RQD : 암질지수, J_n : 절리군 수, J_r : 절리면 거칠기계수

J_a : 절리 변질도, J_w : 지하수 저감계수, SRF : 응력저감계수

Ⅱ. 점수에 의한 암반분류 및 터널지보 설계

IX	VIII	VII	VI	V	IV	III	II	I
특별히 불량	대단히 불량	매우 불량	불량	보통	양호	매우 양호	대단히 양호	특별히 양호

터널
유효
크기
(DE)

15

4.5

Cast 콘크리트 라이닝

체계적 R/B+강섬유 보강 S/C+강지 보공

체계적 R/B+강섬유 보강 S/C

체계적 R/B+강섬유 보강 숏크리트

체계적 록볼트+무보강 S/C

체계적 록볼트

국부적 록볼트

무지보 구역

0.001 0.01 0.1 1 4 10 40 100 400 1000

Q

Ⅲ. 특징

장점	단점
① 터널지보 방법을 구체적으로 제시	① 불연속면의 방향성을 무시
② 암반강도와 응력에 중점	② 적용성이 터널에만 국한
③ 터널 시공 중 문제지반에 적합	③ 평가가 어렵고 숙련이 필요

Ⅳ. 적용성

1) 터널지보 설계 및 록볼트길이 결정($L = \dfrac{2 + 0.15B}{ESR}$: 천단부)

2) 암반 변형계수 및 암반 탄성파속도(V_P) 추정

문제 8-6)	DE(터널유효크기)와 ESR(Excavation Support Ratio, 굴착지보비)

답

Ⅰ. DE(Equivalent Dimension of Excavation)

　　1) 정의

$$① \ DE(터널유효크기) = \frac{스팬(Span)}{ESR}$$

　　　　② 스팬이란 무지보 굴진장과 터널직경 중에서 큰 값

　　2) 이용 - 터널지보 설계

Ⅱ. ESR(Excavation Support Ration)

　　1) 정의

$$ESR(굴착지보비) = \frac{지보재설치단면}{터널굴착단면} \times 100(\%)$$

　　2) 터널사용목적별 ESR

터널사용목적	ESR	터널사용목적	ESR
일시적 유지목적의 터널	2~5	지하발전소. 지하터널, 방공호	0.9~1.1
지하수로	1.6~2.0	지하원자력발전소, 지하정류장,	0.5~0.8
지하저장소. 소형터널	1.2~1.3	지하경기장	

문제 8-7)	RQD(Rock Quality Designation)

I. 정의

   1) 암질지수(RQD) = $\dfrac{10cm\ 이상인\ 코어길이의\ 합}{총\ 시추길이} \times 100(\%)$

   2) RQD는 암석 시추작업에서 회수된 암석길이 비율로 암질평가

II. 코어회수율보다 암질평가에 적합한 이유

   1) 시추장비 노후도와 기능공 숙련도 영향이 적다.

   2) 암반균열 상태에 따라 RQD값이 달라짐

   3) 코어회수율은 시추장비와 기능공 숙련도에 따라 달라짐

III. 신뢰성 있는 RQD 산정방법

시추장비	더블코어배럴과 다이아몬드 비트
core 직경	최소 NX(53.9mm)크기
시추구간 길이	1.5m 이내
core 길이 측정	core 중심선의 길이

IV. 적용성

   1) 암질상태 평가

RQD(%)	100~90	90~75	75~50	50~25	25~0
암질상태	매우 양호	양호	보통	불량	매우 불량

   2) 암반분류에 이용 - RMR분류법과 Q분류법에서 적용

   3) 암반탄성계수(E_m) = αE_L

   4) 암반지지력 추정 (E_L : 암석탄성계수)

   5) 터널지보 설계

문제 8-8)	터널 암반분류법과 댐 기초 암반분류법의 차이

I. 터널 암반분류법

   1) 정의

      터널의 굴착과 지보재 설계를 하기 위하여 암반을 등급별로 분류하는 방법을 터널 암반분류법이라 한다.

   2) 사용목적

      ① 터널 굴착시 공사비 산정

      ② 암반등급별 적합한 지반정수 산정

      ③ 터널 지보재 설계

$$E_m = 10^{\left(\frac{RMR-10}{40}\right)}$$

$$E_m = 2RMR - 100$$

II. 댐 기초 암반분류법

   1) 정의

      댐 기초암반분류법이란 댐 기초의 지지층 결정과 굴착을 위한 암반등급 분류방법을 말한다.

   2) 사용목적

      ① 굴착시 공사비 산정

      ② 댐 기초지지층 결정

주상도 / 토사층 / 풍화 암반(연암반) / 경암반(지지층)

III. 차이

구분		터널 암반분류법	댐 기초 암반분류법
분류법 종류		① RMR 분류법	① 건설표준품셈의 분류법
		② Q-System 분류법	② 다나까 암반분류법
분류시 주안점		① 정량적 분류	① 정성적 분류
		② 절리발달 빈도 및 특성	② 암반강도

문제 8-9)	스캔라인샘플링과 윈도우샘플링

답

I. 스캔라인샘플링(Scanline Sampling)

   1) 정의

      스캔라인샘플링은 암반의 노두가 잘 나타나 있는 직선인 스캔라인을 조사선으로 설치하여 지표면 지질을 조사하는 암반 현장조사방법을 말한다.

   2) 조사범위 설정

      〈스캔라인샘플링〉   〈윈도우샘플링〉

II. 윈도우샘플링(Window Sampling)

   1) 정의

      윈도우샘플링이란 암반의 노두가 잘 나타나 있는 일정 면적을 조사면으로 설정하여 지표면 지질을 조사하는 암반 현장조사방법을 말한다.

   2) 특징

      ① 작업이 너무 방대함

      ② 실무에서는 잘 사용하지 않음

3) 조사내용

    ① 암반 표면 – 경사방향과 경사. Overhanging

    ② 불연속면 – 간격, 길이, 상태, 굴곡도, 거칠기, 충진물질,

        지하수 상태

Ⅲ. 비교표

구분	스캔라인샘플링	윈도우샘플링
조사범위	직선	일정면적
조사내용	암반 표면과 불연속면 조사	스캔라인샘플링과 동일
작업량	보통	방대
실무적용성	많음	거의 없음

문제 8-10) 암석시편의 일축압축시험시 강도영향요인

답

I. 암석일축압축시험의 정의

　　　　암석의 일축압축시험은 원통형 암석 또는 정사각형 암석의 시편에 축압을 가하지 않고 축방향으로 일정한 변형률 속도로 재하하여 최대응력을 구하는 시험이다.

II. 강도영향요인

　　1) 암석시편의 모양

　　　　① 강도크기 : 원형시편 > 육각형시편 > 사각형시편

　　　　② 모서리 수가 적을수록 한 모서리의 응력집중이 커짐

　　　　③ 암석시편은 가급적 원주형 시편을 사용

　　2) 암석시편의 크기

　　　　① 암석시편의 크기가 클수록 미세균열이 많아 감소

　　　　② 암석크기 영향

σ_c : 암석일축압축강도
σ_{50} : D=50mm 일 때 일축압축강도
D : 암석시편직경

　　2) 재하속도

4) 재하판과 시편 사이의 마찰

    ① 재하판과 시편 사이의 마찰이 클수록 강도 증가

    ② 시험시 재하판과 시편 사이에 비닐 또는 구리스 등의 윤활유로 마찰을 최소화

5) 수분의 함유량

    ① 암석에 수분이 많으면 강도는 감소됨

    ② 암석표면의 수분은 입자의 결합력을 저하시킴

    ③ 공극 중의 수분은 압축시 입자의 틈이나 공극을 넓히며 강도를 감소시킴

문제 8-11)	점하중시험(Point Load Test)

답

I. 정의

1) 점하중시험이란 암석을 정형하지 않고 채취한 원상태로 점하중을 가해 갈라질 때의 하중을 구하는 시험이다.

2) 현장에서 즉시 인장강도를 알고자 할 때 적합한 암석강도의 간이시험으로 암석의 일축압축강도를 추정할 수 있다.

II. 시험방법

1) 시료채취후 점하중재하

(암시편 직경이 50mm가 표준)

2) 점하중강도(P) 측정

3) 점하중강도지수(I_s) 산정 : $I_s = \dfrac{P}{D^2}$ (MN/m²)

III. 특징

장점	단점
• 현장에서 쉽게 실시 가능	• 점하중강도는 시료직경 크기에 영향
• 불규칙한 시료도 시험 가능	을 받는다.
• 암석의 일축압축강도 추정 가능	• 일축압축강도의 신뢰성은 적음

IV. 결과 활용

1) 암석의 일축압축강도(σ_c) 추정 : $\sigma_c = 24 I_s$ (MN/m²)

2) RMR 암반분류 : 암석강도 평가에 활용

3) 방향에 따른 암석강도 차이 파악

4) 암석의 개략적인 분류

문제 8-12)	틸트시험(Tilt Test)

답

I. 정의

1) 틸트시험(Tilt Test)이란 절리면을 가진 시편을 기울여 상부시편이 흘러 내릴 때의 각도를 측정하는 시험을 말한다.

2) 측정된 각도가 절리면에서의 내부마찰각(ϕ)이며 아주 작은 수직응력에 적합한 ϕ값을 구할 수 있다.

II. 시험방법

1) 절리면을 가진 암석시편 준비

2) 하부 암석시편 고정

하부 암석 시편

3) 암석시편을 천천히 기울여 상부 암석시편이 흘려 내릴 때의 경사각(ϕ) 측정

III. 특징

장점	단점
• 시험이 아주 단순 • 아주 작은 수직응력에 적용 가능	수직응력이 큰 경우에는 적용 곤란

IV. 실무적용 및 유의사항

1) 실무적용

① 암반사면 예비평가에서 마찰원 작도에 이용

② 암반사면 안정해석에서 저항력 산정에 이용

2) 적용시 유의사항

– 수직응력 및 거칠기 효과가 큰 경우에는 적용 곤란

문제 8-13)　절리면 전단강도의 축척효과

답

I. 정의

    1) 절리면 전단강도의 축척효과란 절리면(불연속면)의 길이가 전

       단강도에 미치는 영향을 말하며

    2) 암의 크기가 클수록 절리면의 길이가 길수록 암반의 전단강도

       는 저하된다.

II. 절리면의 축척별 전단강도 크기

III. 절리면 축척별 전단강도와 전단변형률

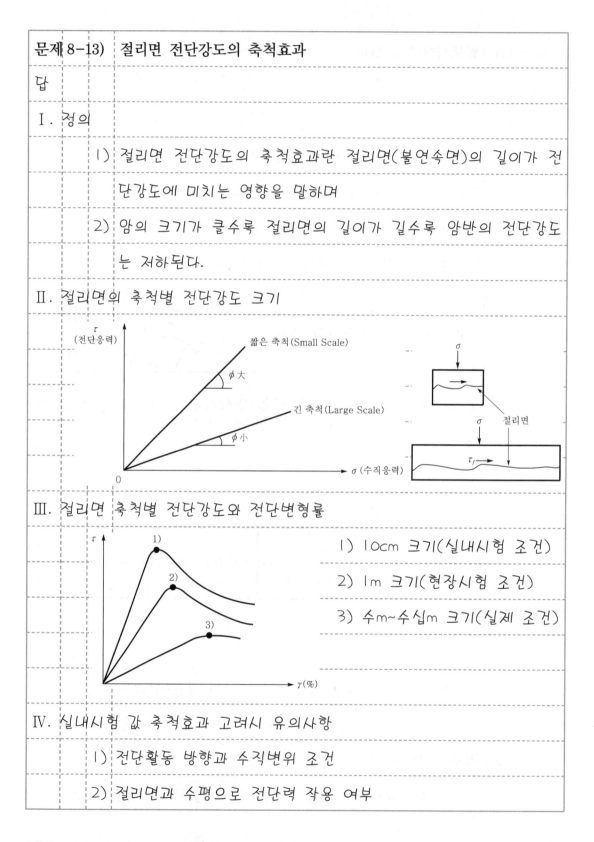

    1) 10cm 크기(실내시험 조건)

    2) 1m 크기(현장시험 조건)

    3) 수m~수십m 크기(실제 조건)

IV. 실내시험 값 축척효과 고려시 유의사항

    1) 전단활동 방향과 수직변위 조건

    2) 절리면과 수평으로 전단력 작용 여부

문제 8-14) 인공절리면의 전단강도모델

답

I. 인공절리면의 정의

인공절리면이란 시험실에서 돌기면이 존재하도록 인위적으로
절단한 면으로 암반의 불연속면형성 과정별 전단강도변화를 파
악하기 위하여 Barton에 의해 제안되었다.

II. 전단강도모델

1. Barton의 비선형 전단강도모델

1) 정의 : Barton의 비선형모델은 인공돌기면이 전단시 파괴되지
않는 신성한 인공불연속면의 전단강도모델이다.

2) 전단강도식

① $\tau_f = \sigma_n \tan\left[\varnothing_b + JRC\log\left(\dfrac{JCS}{\sigma_n}\right)\right]$

② σ_n : 파괴면 수직응력, $\varnothing_b$: 기본마찰각

JCS : 불연속면 암석의 일축압축강도

JRC : Barton의 거칠기계수

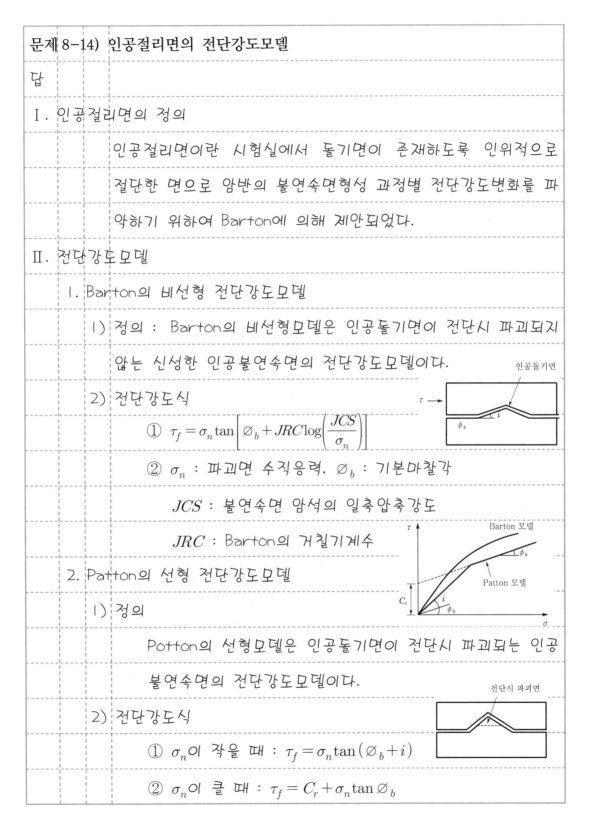

2. Patton의 선형 전단강도모델

1) 정의

Potton의 선형모델은 인공돌기면이 전단시 파괴되는 인공
불연속면의 전단강도모델이다.

2) 전단강도식

① σ_n이 작을 때 : $\tau_f = \sigma_n \tan(\varnothing_b + i)$

② σ_n이 클 때 : $\tau_f = C_r + \sigma_n \tan\varnothing_b$

문제 8-15) 암반의 압착성(Squeezing)

답

I. 정의

1) 암반의 압착성이란 암반 불연속면의 전단변위가 시간경과에 따라 달라지는 성질을 말하며, Creep가 주 원인이다.

2) 암반의 압착성은 시간의존적 전단거동이며 체적팽창으로 발생되는 암반의 팽창성과 구분이 되어야 한다.

II. 응력수준에 따른 암반의 압착성

III. 터널시공시 암반압착성 발생 조건

〈연약한 천층암반〉   〈단층파쇄대 존재〉

IV. 터널 공사시 문제점 및 대책

1) 문제점

① 굴착시 터널 소성변형 발생

② 소성지압에 의한 지보재변형 발생

③ 터널 공통 중에 터널라이닝 균열

2) 대책

① 막장부 보강 후 터널굴착

② H형 강지보 및 락볼트 수량 증가

③ 강섬유콘크리트와 철근보강으로 터널라이닝 강성 증대

문제 8-16)	암반의 초기응력(Initial Stress)
답	

I. 정의

암반의 초기응력이란 암반지반 내부에 터널과 같은 공동을 굴착하기 전에 작용하고 있는 암반지반의 응력을 말하며 1차지압(Primary Rock Pressure)이라고도 한다.

II. 암반의 2차응력과 비교

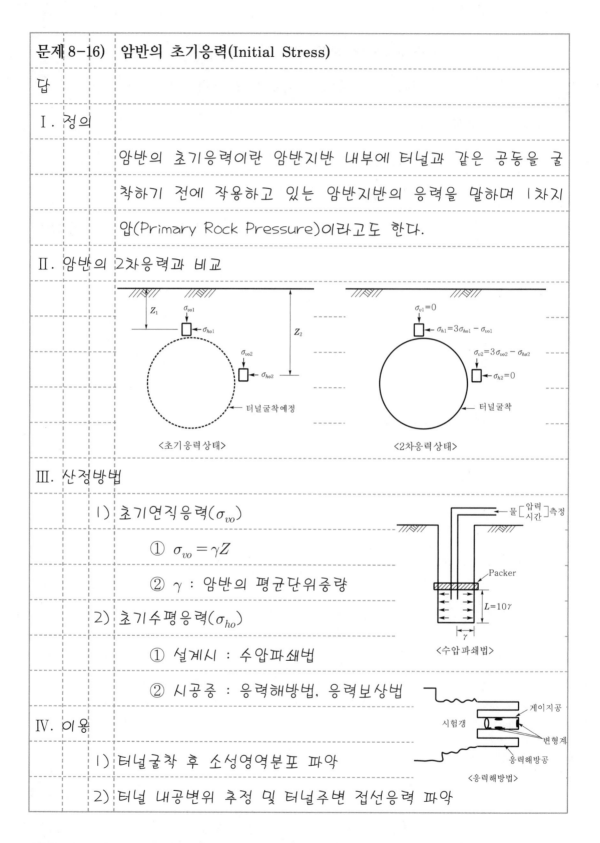

<초기응력상태>

<2차응력상태>

III. 산정방법

1) 초기연직응력(σ_{vo})

① $\sigma_{vo} = \gamma Z$

② γ : 암반의 평균단위중량

2) 초기수평응력(σ_{ho})

① 설계시 : 수압파쇄법

② 시공중 : 응력해방법, 응력보상법

<수압파쇄법>

IV. 이용

1) 터널굴착 후 소성영역분포 파악

2) 터널 내공변위 추정 및 터널주변 접선응력 파악

<응력해방법>

문제 8-17) 미소파괴음(Acoustic Emission, AE)의 활용

답

I. 미소파괴음의 정의

미소파괴음이란 암반응력의 변화로 형성된 암반 내부의 변형에너지가 급격히 방출될 때 발생하는 탄성파를 말한다.

II. 활용

1) 암반의 초기수평응력(σ_{ho}) 산정

① Kaiser 효과(과거 최대응력에서 AE발생)를 활용

② 공시체를 제작하고 AE수신기를 부착한 후 일축압축시험 실시

③ AE변곡점의 시간에 해당하는 응력이 초기수평응력

2) 암반의 손상도 파악

① Felicity 효과(과거 최대응력전에 미소파괴음 발생) 활용

② Felicity 비($\dfrac{\text{미소파괴음의 응력}}{\text{과거 최대응력}}$)가 1 이상이면 안전

3) 터널 및 지하공간 주변지반 거동 파악

4) 암반사면 및 산사태 붕괴 사전예측

5) 석회암지대 및 탄광지역 붕괴 예측

6) 동하중에 의한 지하 암반 미세균열 거동 파악

성경은 무슨 책입니까?

우리의 신앙과 생활의 유일한 법칙은 신구약 성경입니다.
성경은 하나님의 정확무오(正確無誤)한 말씀으로
구약 39권, 신약 27권 합 66권으로 되어 있습니다.
구약은 선지자, 신약은 사도들이 성령의 감동을 받아서 기록하였습니다.
(디모데후서 3 : 16)

❖ 구약에 기록된 내용은 ① 천지만물의 창조로부터
　　　　　　　　　　　　② 인간창조와 타락
　　　　　　　　　　　　③ 인류구속을 위한 메시야의
　　　　　　　　　　　　　 탄생을 예언하고 있습니다.
　　　　　　　　　　　　　 (이사야 7 : 14)

❖ 신약에 기록된 내용은 ① 예수 그리스도의 탄생으로부터
　　　　　　　　　　　　② 역사의 종말과
　　　　　　　　　　　　③ 내세에 관한 일까지 기록하고 있습니다.
　　　　　　　　　　　　　 (요한계시록 22 : 18)

성경을 매일매일 읽고 묵상하되, 그대로 지키려고 힘써야 합니다.

제15장 ▶ 터 널

....

문제 1 단층파쇄대가 존재하는 지역에서 터널설계시 합리적인 조사방법과 단층파쇄대의 발달 방향에 따른 보강대책에 대하여 기술하시오.

문제 2 2-Arch터널 설계 및 시공시 문제점과 대책에 대하여 기술하시오.

문제 3 폐갱통과구간에 터널설계시 사전조사방법과 예상되는 문제점과 대책에 대하여 기술하시오.

문제 4 일반터널과 대단면터널(운하터널)과의 설계, 시공상의 차이점에 대하여 기술하시오.

문제 5 터널수치해석시 해석방법(경계조건설정, 해석메쉬형성, 해석단계결정)과 결과검토 및 분석상 고려사항에 대하여 기술하시오.

문제 6 터널 안정해석시 굴착과정을 고려할 때 실무에서는 3차원해석 대신 2차원해석을 주로 실시하는데 2차원해석 방법에 대하여 기술하시오.

문제 7 터널 굴착시 지반반응곡선과 숏크리트반응곡선을 이용하여 현장조건(숏크리트 타설시기, 지반보강 여부, 암반과 토사지반, 전단면굴착과 분할굴착, 라이닝배면의 Cavity 유무)에 따른 거동에 대하여 기술하시오.

문제 8 터널의 콘크리트라이닝 역할과 설계시 하중결정방법에 대하여 기술하시오.

문제 9 배수형터널과 비배수형터널의 내부라이닝에 작용하는 설계하중과 설계개념에 대하여 기술하시오.

문제 10 대심도 하저/해저터널 설계 및 시공시 고려할 사항에 대하여 기술하시오.

문제 11 터널라이닝에 발생되는 균열종류와 발생요인 및 저감대책에 대하여 기술하시오.

문제 12 장대터널에 설치되는 연직갱 굴착공법에 대하여 기술하시오.

문제 13 터널 갱구부의 1) 정의 및 범위, 2) 설계시 검토사항, 3) 터널중심 축선과 지형적 관계에 대하여 기술하시오.

문제 14 NATM터널에서 시공공정별 예상되는 터널붕괴패턴에 대하여 기술하시오.

문제 15 터널의 안정시공을 위한 보조공법에 대하여 기술하시오.

문제 16 미고결 저토피터널에서 설계 및 시공시 고려사항과 지표침하원인 및 대책에 대하여 기술하시오.

문제 17 터널의 기계화시공에서 기종선정과 장비설계시 고려사항에 대하여 기술하시오.

문제 18 용어설명
18-1 쌍굴터널에서 필러(Pillar)
18-2 근접 터널시공에 따른 기존터널의 안정영역
18-3 토사터널과 암반터널 거동차이
18-4 NATM(New Austria Tunnelling Method)
18-5 터널에서 가축성지보재(Sliding Staging)

| 문제 1) | 단층파쇄대가 존재하는 지역에서 터널설계시 합리적인 조사방법과 |
| | 단층파쇄대의 발달 방향에 따른 보강대책에 대하여 기술하시오. |

답

Ⅰ. 단층파쇄대의 개요

　　1) 정의

　　　단층파쇄대란 단층면을 따라 파쇄된 암이 지하수 등으로 풍화되어

　　　형성된 지층 또는 지각운동으로 단층면이 밀집된 지층을 말한다.

　　2) 단층파쇄대 형태

각력+점토　점토　전단대　전단대　점토　각력　파쇄암　파쇄암

〈집중파괴형태〉　　　〈한쪽 파괴형태〉　　　〈양쪽 파괴형태〉

Ⅱ. 터널설계시 합리적인 조사방법

　　1) 단층파쇄대 개략적인 위치 파악

　　　① 항공사진 및 위성사진-지질경계 및 선구조로 파악

　　　② 지질도 : 단층위치 및 특성 파악

　　　③ 지표지질조사 : 단층 및 단층파쇄대와 지질분포

　　2) 단층파쇄대 위치 및 규모 확인

　　　① 지표면 물리탐사 : 탄성파 굴절법과 전기비저항탐사

| 탄성파굴절법 | 단층파쇄대 위치 및 암질 상태 |
| 전기비저항탐사 | 단층파쇄대 위치 및 규모 |

② 시추공 탐사 : 크로스홀탐사 또는 토모그래피탐사

③ 시추공 영상촬영법 : 텔레뷰어탐사

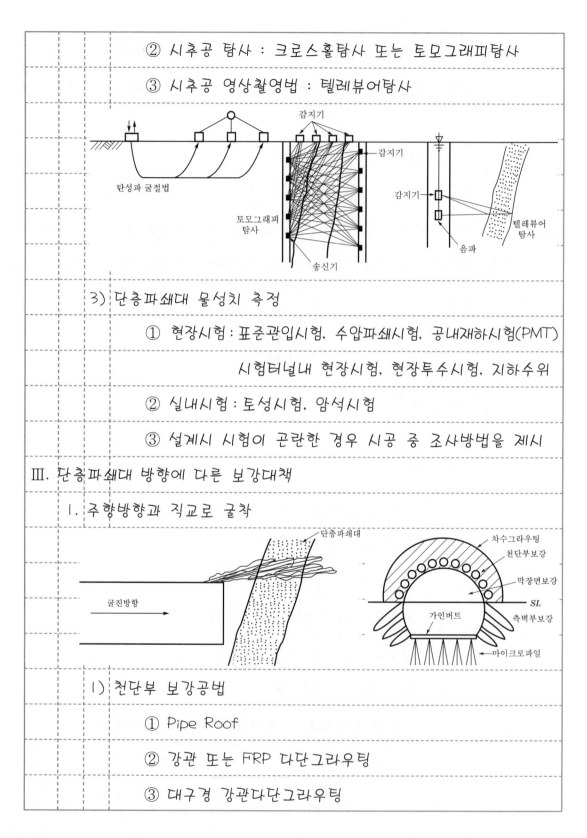

3) 단층파쇄대 물성치 측정

　　① 현장시험 : 표준관입시험, 수압파쇄시험, 공내재하시험(PMT)

　　　　시험터널내 현장시험, 현장투수시험, 지하수위

　　② 실내시험 : 토성시험, 암석시험

　　③ 설계시 시험이 곤란한 경우 시공 중 조사방법을 제시

Ⅲ. 단층파쇄대 방향에 다른 보강대책

1. 주향방향과 직교로 굴착

1) 천단부 보강공법

　　① Pipe Roof

　　② 강관 또는 FRP 다단그라우팅

　　③ 대구경 강관다단그라우팅

④ Trevi Jet공법

2) 막장면 보강공법

① 막장면 지지코아　　　　　② 막장면 숏크리트

③ 막장면 록볼트　　　　　　④ 막장면 약액주입공법

3) 측벽부 보강공법 : 고압분사공법, 압력주입공법

4) 바닥부 보강공법 : 가인버트공법, 마이크로파일공법

5) 차수공법 : 갱외그라우팅 또는 갱내그라우팅 실시

2. 주향방향과 평행하게 굴착

1) 주향방향과 직교로 굴착하는 경우보다 더 위험함

2) 보강대책

① 천단부 보강공법　　　　　② 막장부 보강공법

③ 바닥부 보강공법　　　　　④ 차수공법

IV 결론

1) 단층파쇄대가 존재하는 지역에서 터널 설계시 철저한 지반조사로 구한 물성치를 입력하여 구한 수치해석의 변위량으로 보강대책을 수립하여야 한다.

2) 설계시 시험이 곤란한 경우에는 시공 중 조사방법과 해석 방법을 제시하여야 한다.

문제 2)	2-Arch터널 설계 및 시공시 문제점과 대책에 대하여 기술하시오.

답

I. 2-Arch터널의 개요

　　1) 정의

　　　　2-Arch터널이란 콘크리트 벽체를 사이에 두고 횡방향으로 나란히 형성된 두 터널을 말한다.

　　2) 2-Arch터널 단면도

← 콘크리트 벽체

II. 설계시 문제점과 대책

　　1. 2-Arch터널 중앙부 변위 집중

이완영역(소성영역)

터널변위

　　　1) 2-Arch터널 중앙부에 응력 집중

　　　2) 응력집중에 따른 터널 중앙부에 최대 터널변위 발생

　　　3) 터널 중앙부 굴착 후 막장면 안전성확보가 어려움

　　　4) 지보재설치 후 보강효과가 최소가 됨

　　　5) 대책

　　　　　① 2-Arch터널 중앙부 먼저 굴착

② 터널 중앙부 벽체와 지보재 설치

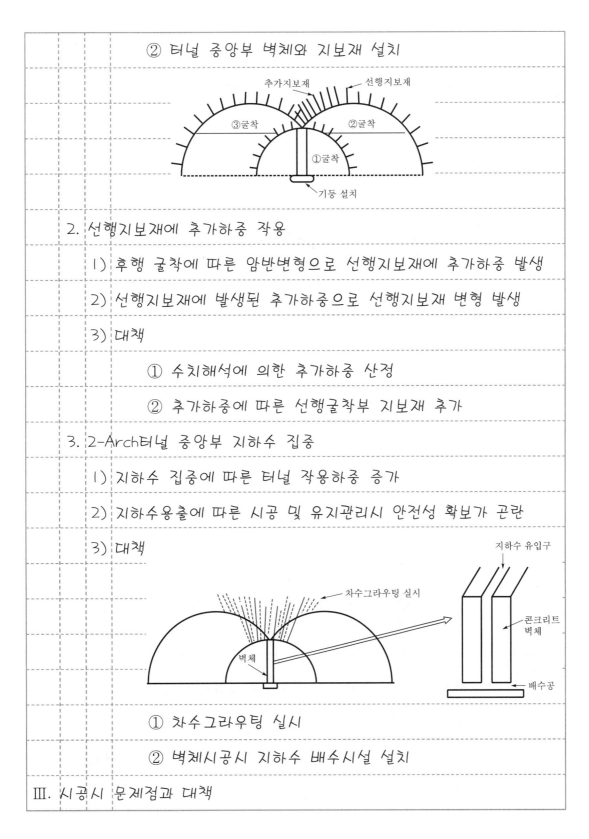

2. 선행지보재에 추가하중 작용

　1) 후행 굴착에 따른 암반변형으로 선행지보재에 추가하중 발생

　2) 선행지보재에 발생된 추가하중으로 선행지보재 변형 발생

　3) 대책

　　　① 수치해석에 의한 추가하중 산정

　　　② 추가하중에 따른 선행굴착부 지보재 추가

3. 2-Arch터널 중앙부 지하수 집중

　1) 지하수 집중에 따른 터널 작용하중 증가

　2) 지하수용출에 따른 시공 및 유지관리시 안전성 확보가 곤란

　3) 대책

　　　① 차수그라우팅 실시

　　　② 벽체시공시 지하수 배수시설 설치

Ⅲ. 시공시 문제점과 대책

1) 발파에 의한 벽체구조물 손상

   ① 발파로 발생하는 버력에 의해 벽체구조물 손상 예상

   ② 2-Arch터널 중앙부 근접굴착시 발생

2) 발파에 따른 추가하중 발생

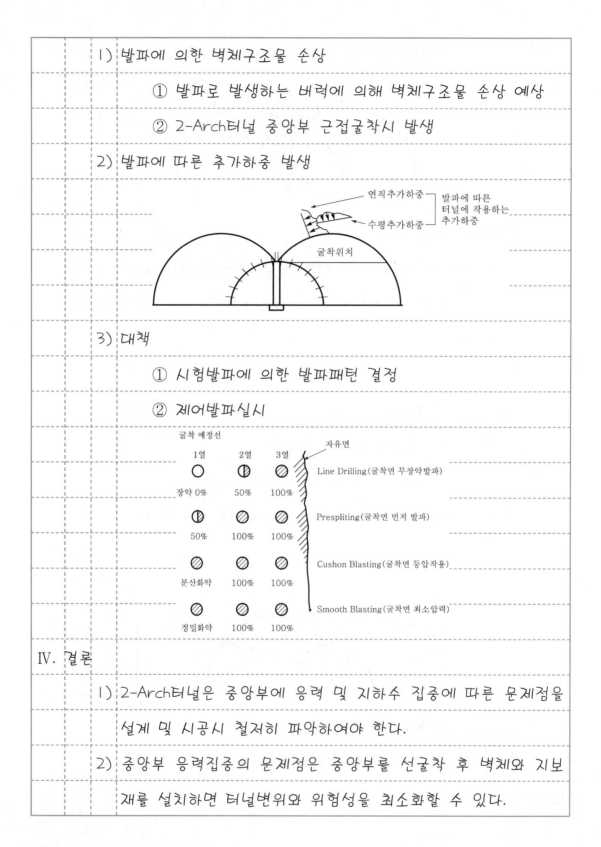

3) 대책

   ① 시험발파에 의한 발파패턴 결정

   ② 제어발파실시

IV. 결론

1) 2-Arch터널은 중앙부에 응력 및 지하수 집중에 따른 문제점을 설계 및 시공시 철저히 파악하여야 한다.

2) 중앙부 응력집중의 문제점은 중앙부를 선굴착 후 벽체와 지보재를 설치하면 터널변위와 위험성을 최소화할 수 있다.

| 문제 3) | 폐갱통과구간에 터널설계시 사전조사방법과 예상되는 문제점과 대책에 대하여 기술하시오. |

답

Ⅰ. 폐갱통과구간의 개요

1) 정의

폐갱통과구간이란 지하자원인 석탄 등을 채굴하고 방치된 폐탄광 터널에 교차 또는 병설로 신설터널을 통과하려는 구간을 말한다.

2) 폐갱통과구간의 특성

① 지반의 침하형태가 복잡

② 잔류성 침하가 발생 중

③ 트러프형 침하와 함몰형 침하가 복합적으로 발생

④ 폐갱 위치와 단면크기가 일정하지 않음

Ⅱ. 터널설계시 사전조사 방법

1. 현황조사

1) 기존자료조사

2) 폐갱도면 합성 및 분석

3) 항공사진 및 위성사진 판독 및 분석

2. 현장조사

1) 지표지질조사 - 현지주민 탐문조사 및 지표지질조사

2) 지표면 물리탐사

　① 탄성파탐사, 전기비저항탐사, GPR탐사

　② 폐갱 위치 및 단면크기 조사

3) 시추조사-표준관입시험 및 교란 시료채취, 주상도 작성

4) 현장시험

　① 수압파쇄시험　　② 공내수평재하시험(PMT, DMT)

5) 공내 물리탐사 및 시추촬영

　① 크로스홀 시험　　② Down 또는 Up Hole Test

　③ 지오토모그래피탐사　④ BIPS, BHTV

III. 예상되는 문제점

1. 폐갱 위치별 예상 문제점

　1) 폐갱과 병설시

　　① 상부 위치 : 천단이완범위 확장, 굴착시

　　　막장붕괴 우려

　　② 측면 위치 : 측방향 변위발생

　　③ 하부 위치 : 신설터널 침하

　2) 폐갱과 교차시

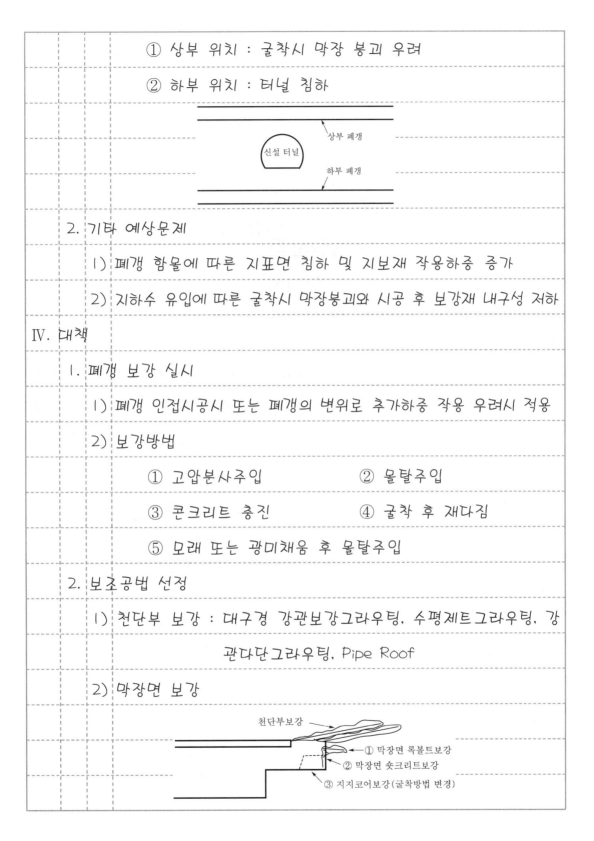

① 상부 위치 : 굴착시 막장 붕괴 우려

② 하부 위치 : 터널 침하

신설 터널

상부 폐갱

하부 폐갱

2. 기타 예상문제

1) 폐갱 함몰에 따른 지표면 침하 및 지보재 작용하중 증가

2) 지하수 유입에 따른 굴착시 막장붕괴와 시공 후 보강재 내구성 저하

Ⅳ. 대책

1. 폐갱 보강 실시

1) 폐갱 인접시공시 또는 폐갱의 변위로 추가하중 작용 우려시 적용

2) 보강방법

① 고압분사주입   ② 몰탈주입

③ 콘크리트 충진   ④ 굴착 후 재다짐

⑤ 모래 또는 광미채움 후 몰탈주입

2. 보조공법 선정

1) 천단부 보강 : 대구경 강관보강그라우팅, 수평제트그라우팅, 강

관다단그라우팅, Pipe Roof

2) 막장면 보강

천단부보강

① 막장면 록볼트보강

② 막장면 숏크리트보강

③ 지지코어보강 (굴착방법 변경)

3) 차수공법 : LW공법, SGR공법, MSG공법, 우레탄주입

4) 배수공법 : 수발공, 배수공

3. 가인버트 설치 및 기초지반 보강

V. 결론

1) 폐탄광터널인 폐갱은 오랫동안 방치되어 주변지반의 이완 확대로 예상치 못한 침하와 붕락 등이 발생할 수 있는 지역이고 정확한 자료가 부족하므로 터널설계시 사전조사가 중요하다.

2) 폐갱지역 터널설계시 예상되는 문제점을 파악하여 적절한 대책공법을 수립하여야 하며, 시공시에는 계측관리로 터널의 시공성과 안정성을 확보하여야 한다.

문제 4) 일반터널과 대단면터널(운하터널)과의 설계, 시공상의 차이점에 대하여 기술하시오.

답

I. 대단면터널의 개요

1) 정의

대단면터널이란 터널내공 단면크기가 15m 이상인 터널 또는 굴착 단면적이 $100m^2$ 이상인 터널을 말한다.

2) 대단면 터널의 활용

터널	지하시설물
① 운하터널	① 지하 정거장
② 3차선 도로터널	② 지하 원유비축기지
	③ 지하 발전소

3) 대단면터널의 특징

① 굴착 후 이완범위가 증가

② 대단면으로 복합지층에 노출

③ 대단면으로 버력량이 많다.

④ 이완범위가 증가되므로 지보재 부담하중 증가

II. 설계상의 차이점

1) 터널단면 형상

① 일반터널 : 1-Arch 단면

② 대단면 터널 : 1-Arch 단면, 2-Arch 단면, 3-Arch 단면

2) 터널 이완범위 및 터널변위

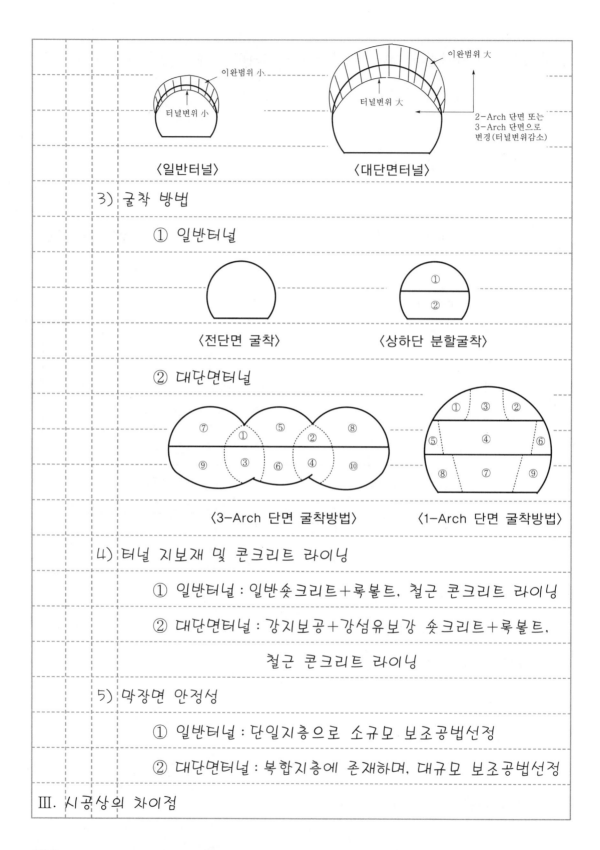

〈일반터널〉 〈대단면터널〉

3) 굴착 방법

① 일반터널

〈전단면 굴착〉 〈상하단 분할굴착〉

② 대단면터널

〈3-Arch 단면 굴착방법〉 〈1-Arch 단면 굴착방법〉

4) 터널 지보재 및 콘크리트 라이닝

① 일반터널 : 일반숏크리트+록볼트, 철근 콘크리트 라이닝

② 대단면터널 : 강지보공+강섬유보강 숏크리트+록볼트,

철근 콘크리트 라이닝

5) 막장면 안정성

① 일반터널 : 단일지층으로 소규모 보조공법선정

② 대단면터널 : 복합지층에 존재하며, 대규모 보조공법선정

Ⅲ. 시공상의 차이점

1) 막장당 굴착량과 Cycle Time

구분	일반터널	대단면터널
막장당 굴착량	적다	많다
여굴 및 버력 처리량	적다	많다
터널시공 Cycle Time	짧다	길다

2) 굴착면 접근에 따른 작업성

　① 일반터널은 접근성이 양호해 작업성이 좋음

　② 대단면터널은 접근성이 불량하므로 대형장비 필요

　③ 장비 크기를 고려하여 Bench Cut 높이를 결정

3) 장비운용

　① 일반터널 : 소형작업대차

　② 대단면터널 : 대형작업대차+장비인양 크레인

4) 라이닝 철근보강 및 철근처짐 대책

　① 대단면터널의 콘크리트 라이닝은 철근 보강이 필요

　② 철근처짐 방지를 위한 고정볼트 등의 대책이 필요함

IV. 결론

1) 대단면터널은 복합지층에 위치하는 경우가 많아 터널 굴착시 이완범위가 넓고 터널변위가 많이 발생되며, 지층의 경계부로 지하수가 유입되어 안정성이 저하되므로 설계시 충분한 검토가 필요하다.

2) 대단면터널 설치 목적에 적합한 터널단면 형상과 현장조건 및 암반특성에 적합한 굴착방법을 설계하여야 한다.

문제 5)	터널수치해석시 해석방법(경계조건설정, 해석메쉬형성, 해석단계결정)과 결과검토 및 분석상 고려사항에 대하여 기술하시오.

답

I. 터널수치해석의 개요

1) 정의

터널수치해석이란 터널주변지반을 연속체모델 또는 불연속체모델로 가정한 후 요소화하여 입력된 지반의 물성치와 지보재의 물성치로 터널굴착 후 주변지반의 거동을 컴퓨터로 시뮬레이션시켜 안전성을 평가하는 것을 말한다.

2) 입력자료

지반물성치	초기수평응력비(K_o), 전단강도정수(C, $\varnothing$), 지층분포상태
	단위중량(γ), 포아송비(v), 탄성계수(E)
지보재물성치	단위중량(γ), 포아송비(v), 탄성계수(E)
	단면2차모멘트(I), 단면면적(A)

II. 경계조건설정

1) 해석결과에 영향을 주지 않는 곳에 설치

① 예비해석을 통해 경계면 위치 설정

② 2차원모델 예비해석
- 측면경계 : x방향변위구속
- 하부경계 : y방향변위구속

③ 일반적인 터널경계
- 상부경계 : 지표면
- 좌우측면경계 : 4 ~ 5D
- 하부경계 : 3 ~ 4D

2) 측면 및 하부 경계요소에 롤러설치

  ① 측면롤러 : 측면경계부

    상하이동

  ② 하부롤러 : 하부경계부

    좌우이동

Ⅲ. 해석메쉬형성

  1) 예비해석에 따라 적합한 요소크기 설정

    ① 터널주변 : 조밀하게 해석메쉬 형성

    ② 외곽지역 : 느슨하게 해석메쉬 형성

  2) 가로와 세로비 설정

    ① 터널주변에 적용되는 정방형요소가 50~100cm 정도가

    되도록 이산화

    ② 가로와 세로비는 1 : 2 또는 2 : 1을 넘지 않도록 설정

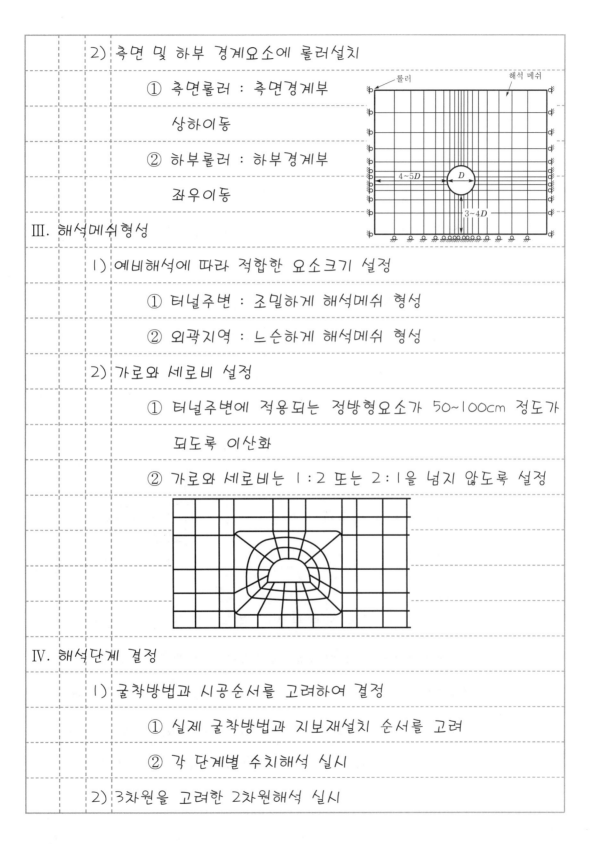

Ⅳ. 해석단계 결정

  1) 굴착방법과 시공순서를 고려하여 결정

    ① 실제 굴착방법과 지보재설치 순서를 고려

    ② 각 단계별 수치해석 실시

  2) 3차원을 고려한 2차원해석 실시

① 복잡한 모델링과 입력 볼륨메쉬가 많아 시간이 오래 걸림

② 종방향 아치효과를 고려한 2차원해석 선택

V. 결과검토 및 분석상 고려사항

1. 결과검토

1) 해석단계별 터널내공 변위량 산정

2) 해석단계별 지보재 작용응력으로 지보재안전성 검토

2. 분석상 고려사항

1) 수치해석은 터널안전성 평가의 보조자료로 이용

　　① 복잡한 지반특성을 단순화한 터널거동 분석 자료임

　　② 실제지반과 상이한 거동발생 가능성이 존재함

2) 시공시 계측치와 비교분석이 필요

　　① 실제지반의 변위량과 작용압력을

　　　계측을 통해 측정

　　② 수치해석 결과와 비교분석

　　③ 계측시 관리기준치 설정

VI. 결론

1) NATM터널은 RMR 암반분류로 지보패턴을 개략적으로 결정한 후 수치해석으로 안전성을 평가하여 지보패턴을 결정한다.

2) 터널수치해석은 해석단계별 터널 내공변위량을 산정하여 구한 지보재 작용응력으로 지보재의 안전성을 평가하는데 시공시에는 반드시 계측치와 비교분석하는 재검토가 필요하다.

| 문제 6) | 터널 안정해석시 굴착과정을 고려할 때 실무에서는 3차원해석 대신 2차원해석을 주로 실시하는데 2차원해석 방법에 대하여 기술하시오. |

답

I. 터널안정해석의 개요

1) 정의

터널안정해석이란 터널 주변지반을 모형화한 수치해석 모델링에 지반조사에서 얻은 지형정보와 지반물성치 및 지보재의 물성치를 입력하여 터널굴착 후 발생되는 터널거동과 지보재 작용압력으로 터널안정성을 평가하는 것이다.

2) 터널굴착 과정의 해석법 비교

구분	3차원해석법	2차원해석법
터널 변위량	小	大
이유	터널 종방향 및 횡방향 Arching 효과로 암반 2차응력이 크다.	터널 횡방향 Arching효과만 고려되어 암반 2차응력이 작다.

3) 터널굴착 과정시 3차원 해석을 하지 않는 이유

① 해석 요소를 3차원으로 모델링하므로 복잡

② 입력자료와 출력자료가 많음

③ 입력 볼륨메쉬가 많아 해석시간이 오래 걸림

II. 2차원해석 방법

1. 2차원해석 개념

1) 2차원해석 + 터널굴진 위치별 변위 고려

① 2차원해석 : 터널 횡방향 Arching 효과 반영

② 터널굴진위치별 변위 고려 : 터널굴진위치에 따라

종방향 Arching효과 반영

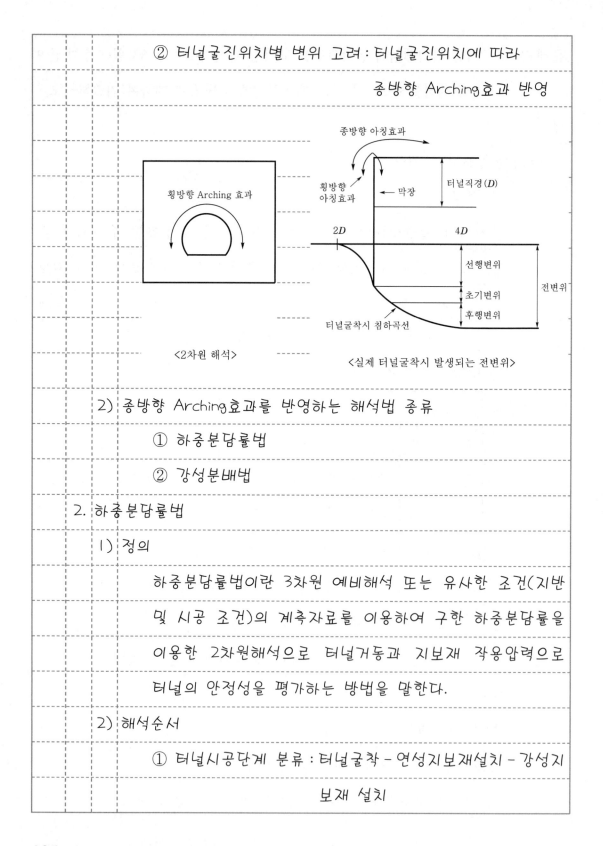

<2차원 해석>

<실제 터널굴착시 발생되는 전변위>

2) 종방향 Arching효과를 반영하는 해석법 종류

　　① 하중분담률법

　　② 강성분배법

2. 하중분담률법

1) 정의

　　하중분담률법이란 3차원 예비해석 또는 유사한 조건(지반

　　및 시공 조건)의 계측자료를 이용하여 구한 하중분담률을

　　이용한 2차원해석으로 터널거동과 지보재 작용압력으로

　　터널의 안정성을 평가하는 방법을 말한다.

2) 해석순서

　　① 터널시공단계 분류 : 터널굴착 - 연성지보재설치 - 강성지

　　　　보재 설치

② 3차원 예비해석으로 추정한 종방향 침하곡선으로 구한 터널시공 단계별 하중분담률(α) 입력

$$\left(\begin{array}{l} \text{예 : 암반}(\alpha_1)=40\%, \ \text{연성지보재}(\alpha_2)=30\%, \\ \text{강성지보재}(\alpha_3)=30\% \end{array} \right)$$

③ 2차원해석으로 지보재 응력과 터널거동을 산정

내압$(P_i)=\alpha_1 \sigma_{ro}$

<굴착시>

$P_i=(\alpha_1+\alpha_2)\sigma_{ro}$

<연성지보재 설치시>

$P_i=(\alpha_1+\alpha_2+\alpha_3)\sigma_{ro}$
$P_i=\sigma_{ro}$

<강성지보재 설치시>

3. 강성분배법

1) 정의

강성분배법이란 굴착진행 과정별 침하예정곡선을 이용하여 구한 터널 주변지반의 강성감소계수(β)을 이용한 2차원해석으로 터널거동과 지보재의 탄성계수로 터널안정성을 평가하는 방법을 말한다.

2) 해석순서

① 터널 시공단계 분류

② 종방향 침하곡선으로 터널 시공별 지반 강성감소계수(β) 입력

$$\left(\begin{array}{l} \text{예 : 굴착시}(\beta_1=0), \ \text{연성지보재설치}(0<\beta_2<1), \\ \text{강성지보재}(\beta_3=1) \end{array} \right)$$

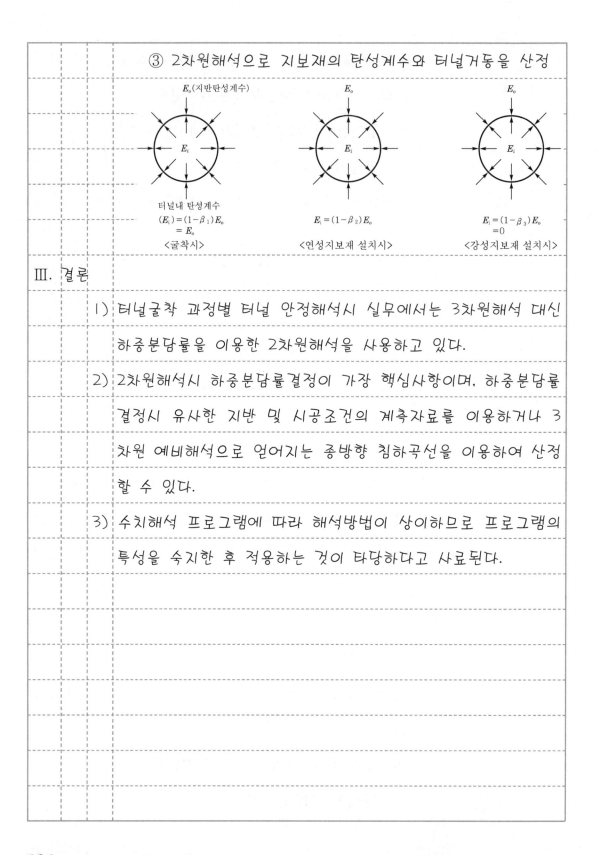

③ 2차원해석으로 지보재의 탄성계수와 터널거동을 산정

E_o(지반탄성계수)

E_i

터널내 탄성계수
$(E_i) = (1 - \beta_1)E_o$
$= E_o$
<굴착시>

E_o

E_i

$E_i = (1 - \beta_2)E_o$
<연성지보재 설치시>

E_o

E_i

$E_i = (1 - \beta_3)E_o$
$= 0$
<강성지보재 설치시>

Ⅲ. 결론

1) 터널굴착 과정별 터널 안정해석시 실무에서는 3차원해석 대신 하중분담률을 이용한 2차원해석을 사용하고 있다.

2) 2차원해석시 하중분담률결정이 가장 핵심사항이며, 하중분담률 결정시 유사한 지반 및 시공조건의 계측자료를 이용하거나 3차원 예비해석으로 얻어지는 종방향 침하곡선을 이용하여 산정할 수 있다.

3) 수치해석 프로그램에 따라 해석방법이 상이하므로 프로그램의 특성을 숙지한 후 적용하는 것이 타당하다고 사료된다.

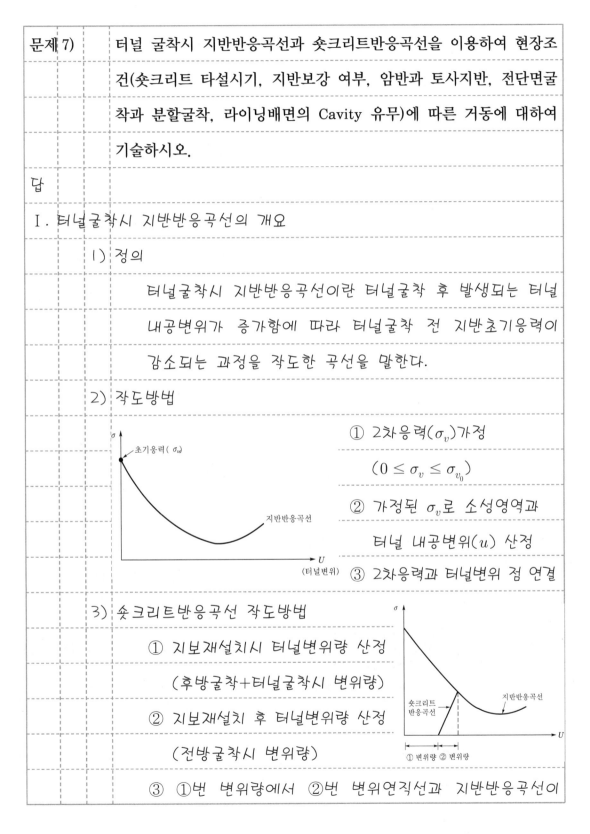

문제 7)   터널 굴착시 지반반응곡선과 숏크리트반응곡선을 이용하여 현장조건(숏크리트 타설시기, 지반보강 여부, 암반과 토사지반, 전단면굴착과 분할굴착, 라이닝배면의 Cavity 유무)에 따른 거동에 대하여 기술하시오.

답

I. 터널굴착시 지반반응곡선의 개요

    1) 정의

       터널굴착시 지반반응곡선이란 터널굴착 후 발생되는 터널내공변위가 증가함에 따라 터널굴착 전 지반초기응력이 감소되는 과정을 작도한 곡선을 말한다.

    2) 작도방법

① 2차응력(σ_v)가정

    ($0 \leq \sigma_v \leq \sigma_{v_0}$)

② 가정된 σ_v로 소성영역과 터널 내공변위(u) 산정

③ 2차응력과 터널변위 점 연결

    3) 숏크리트반응곡선 작도방법

① 지보재설치시 터널변위량 산정

   (후방굴착+터널굴착시 변위량)

② 지보재설치 후 터널변위량 산정

   (전방굴착시 변위량)

③ ①번 변위량에서 ②번 변위연직선과 지반반응곡선이

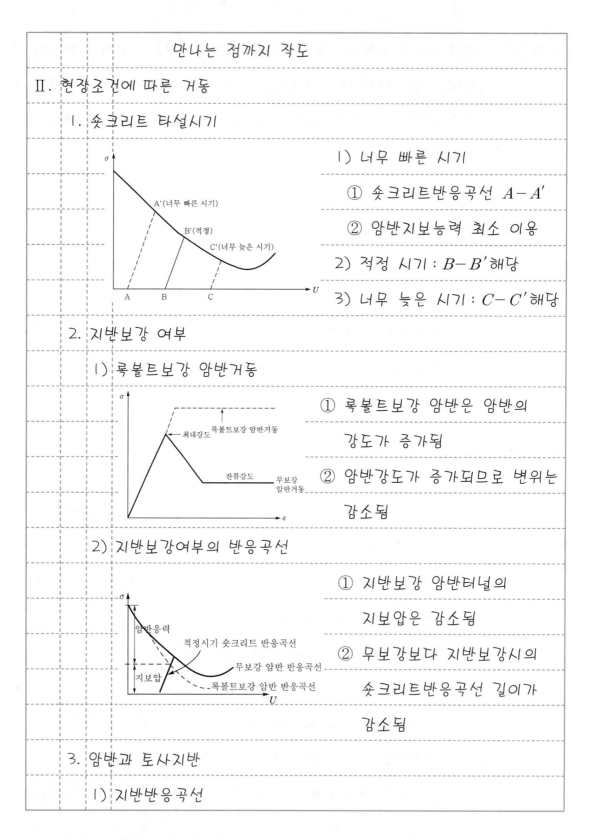

만나는 점까지 작도

Ⅱ. 현장조건에 따른 거동

1. 숏크리트 타설시기

1) 너무 빠른 시기

① 숏크리트반응곡선 $A-A'$

② 암반지보능력 최소 이용

2) 적정 시기 : $B-B'$ 해당

3) 너무 늦은 시기 : $C-C'$ 해당

그래프 라벨:
- σ
- A'(너무 빠른 시기)
- B'(적정)
- C'(너무 늦은 시기)
- A B C
- U

2. 지반보강 여부

1) 록볼트보강 암반거동

① 록볼트보강 암반은 암반의

강도가 증가됨

② 암반강도가 증가되므로 변위는

감소됨

그래프 라벨:
- σ
- 최대강도
- 록볼트보강 암반거동
- 잔류강도
- 무보강 암반거동
- ε

2) 지반보강여부의 반응곡선

① 지반보강 암반터널의

지보압은 감소됨

② 무보강보다 지반보강시의

숏크리트반응곡선 길이가

감소됨

그래프 라벨:
- σ
- 암반응력
- 적정시기 숏크리트 반응곡선
- 무보강 암반 반응곡선
- 지보압
- 록볼트보강 암반 반응곡선
- U

3. 암반과 토사지반

1) 지반반응곡선

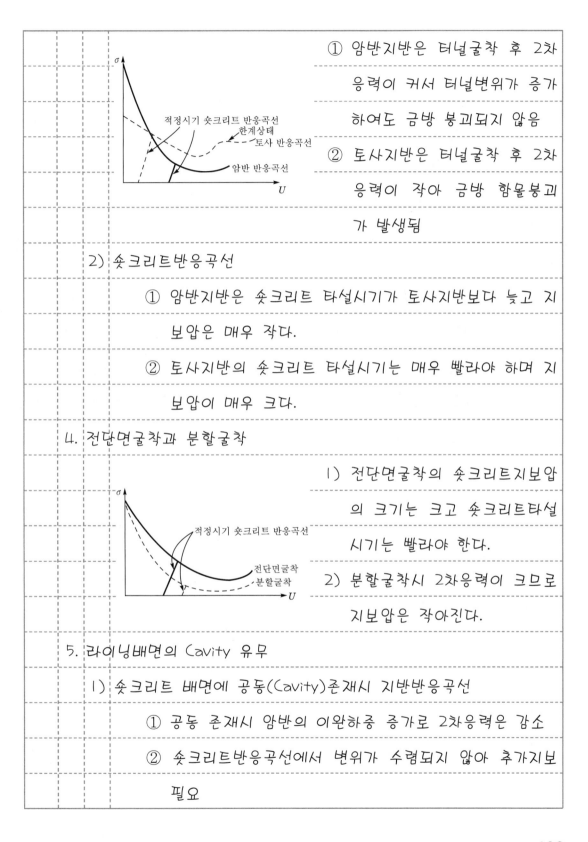

① 암반지반은 터널굴착 후 2차 응력이 커서 터널변위가 증가 하여도 금방 붕괴되지 않음

② 토사지반은 터널굴착 후 2차 응력이 작아 금방 함몰붕괴 가 발생됨

2) 숏크리트반응곡선

　① 암반지반은 숏크리트 타설시기가 토사지반보다 늦고 지 보압은 매우 작다.

　② 토사지반의 숏크리트 타설시기는 매우 빨라야 하며 지 보압이 매우 크다.

4. 전단면굴착과 분할굴착

1) 전단면굴착의 숏크리트지보압 의 크기는 크고 숏크리트타설 시기는 빨라야 한다.

2) 분할굴착시 2차응력이 크므로 지보압은 작아진다.

5. 라이닝배면의 Cavity 유무

1) 숏크리트 배면에 공동(Cavity)존재시 지반반응곡선

　① 공동 존재시 암반의 이완하중 증가로 2차응력은 감소

　② 숏크리트반응곡선에서 변위가 수렴되지 않아 추가지보 필요

2) 지반반응곡선과 숏크리트반응곡선

1) 라이닝배면에 Cavity가 있는 경우 숏크리트 타설시기는 빨라야 하며

2) 숏크리트 지보압을 크게 하여야 한다.

III. 결론

1) NATM터널 설계시 지반반응곡선과 지보재반응곡선을 이용하여 지보재의 설치시기 및 강성을 판단할 수 있으며

2) 터널시공 중 지보재에 설치된 계측기로 측정한 터널변위량을 이용하여 지반반응곡선과 지보재반응곡선으로 터널안정성을 평가할 수 있다.

문제 8) 터널의 콘크리트라이닝 역할과 설계시 하중결정방법에 대하여 기술하시오.

I. 콘크리트라이닝의 개요

1) 정의

콘크리트라이닝이란 터널 주변지반과 지보재를 보호하여 터널 공용중의 안정성과 미관 및 유지관리를 위해 지보재 설치후에 타설된 콘크리트를 말한다.

2) 콘크리트라이닝 설계방법

① 경험적인 방법

② Ring & Plate 모델

③ Beam & Spring 모델

④ 수치해석 방법

3) 콘크리트라이닝 설계기준

구분	한국도로공사	철도청
콘크리트 강도	24MPa	24MPa
콘크리트 자중	$\sigma_c = \gamma_c t$ (γ_c : 단위중량)	$\sigma_c = \gamma_c t$ (t : 두께)
수압	비배수터널 : 정수압	비배수터널 : 정수압
	배수터널 : 0	배수터널 : $\frac{1}{2} \sim \frac{1}{3} H_t$
		(H_t : 터널높이)

II. 터널 콘크리트라이닝 역할

1) 구조체로서의 역학적 기능

① 지보재가 영구구조물 역할을 못하는 경우

② 지반변위가 수렴되기 전에 콘크리트라이닝 시공시

③ 토피가 얕은 토사지반의 터널

④ 공용중 수압작용이 예상되는 경우 - 비배수터널

2) 영구구조물로서의 내구성 확보

　① 지보재의 내구성이 우려되는 경우

　② 지보재의 강도 저하 예상시 적용

3) 내부시설물 보호 및 미관유지 기능

　① 터널 내 조명, 환기 등 시설물보호

　② 지하수 누수방지 및 수밀성 확보

Ⅲ. 설계시 하중결정방법

1. 설계시 고려해야 할 하중

1) 콘크리트라이닝 자중$(q_1) = \gamma_c t$　　$(\gamma_c = 2.5 + f/m^3)$

2) 차량 등의 활하중(q_2)

3) 상부구조물 하중(q_3)

4) 암반이완 하중(D)

5) 수압(U)

6) 온도하중 및 건조수축(P)

2. 설계시 하중결정방법

1) 콘크리트 구조 설계기준으로 결정

　① 콘크리트라이닝 자중

　② 활하중 및 정수압

2) 암반이완 하중(D) 결정

① Terzaghi 암반하중 분류표

암반상태	RQD(%)	암반하중(D)
경질의 무결암~괴상암	100~85	0~0.25B (B : 터널폭)
보통파쇄~완전파쇄	85~0	2.0~1.4$(B+H_t)$
압착성암반, 팽창성 암반	NA	1.1~0.6$(B+H_t)$

② Q-System 방법

- 절리수(J_n) ≥ 3 : $D = 2Q^{-\frac{1}{3}}\mathrm{J}_r^{-1}(\mathrm{kgf/cm^2})$

- $J_n < 3$: $D = \dfrac{2}{3}\sqrt{J_n}\,Q^{-\frac{1}{3}}\mathrm{J}_r^{-1}(\mathrm{kgf/cm^2})$

J_r : 절리면 거칠기계수

③ RMR법

- $D = rB\left(\dfrac{100-RMR}{100}\right)$ r : 암반단위중량

- U_{nal} 제안식 B : 터널 폭

④ 수치해석

- 지보재 기능저하에 따른 이완영역의 하중 산정

- 유한요소법(FED), 유한차분법(FDM)

3) 수압(U)결정

① 비배수형 터널 : 정수압

② 배수형 터널 : 암반 $U = \dfrac{1}{3}H_t$, 토사 $U = \dfrac{1}{2}H_t$

IV. 결론

콘크리트라이닝 해석시 발생가능한 다양한 하중조합을 적용하여 현장조건에 가장 근접한 결과가 도출되도록 작용하중을 결정하여야 한다.

문제 9)	배수형터널과 비배수형터널의 내부라이닝에 작용하는 설계하중과
	설계개념에 대하여 기술하시오.

답

Ⅰ. 배수형터널과 비배수형터널의 개요

1. 배수형터널

1) 정의

배수형터널이란 내부라이닝 배면의 방수층을 따라 흐르는 지하수를 방수층 외부에 설치된 배수로로 배수하는 터널을 말한다.

2) 단면도

<배수형 방수형식 터널>   <외부배수형 방수형식 터널>

2. 비배수형터널

1) 정의

비배수형터널이란 내부라이닝 배면의 방수층 외부에 지하수 배수관을 설치하여 인위적으로 지하수를 배수하지 않는 형식의 터널을 말한다.

2) 단면도

Ⅱ. 내부라이닝에 작용하는 설계하중

　1) 이완하중과 수압

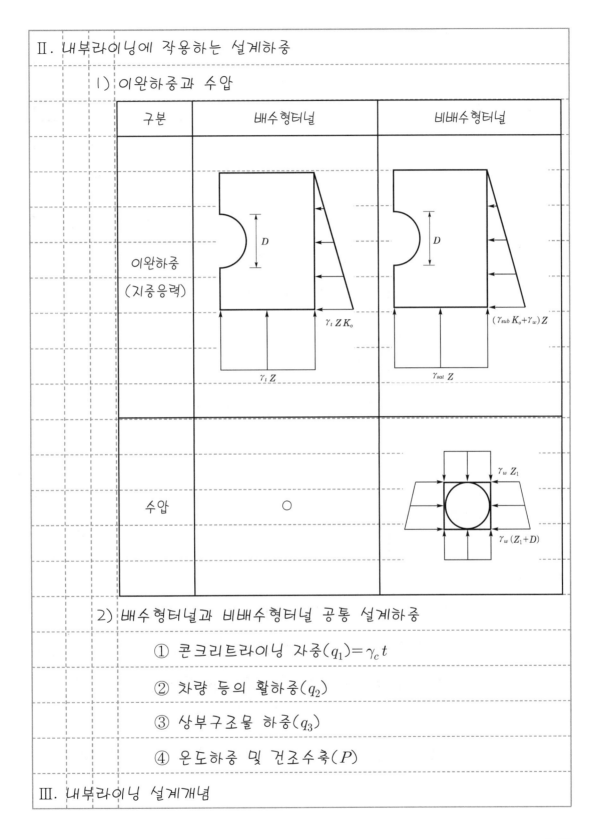

구분	배수형터널	비배수형터널
이완하중 (지중응력)	$\gamma_t Z K_o$ $\gamma_t Z$	$(\gamma_{sub} K_o + \gamma_w) Z$ $\gamma_{sat} Z$
수압	○	$\gamma_w Z_1$ $\gamma_w (Z_1 + D)$

　2) 배수형터널과 비배수형터널 공통 설계하중

　　　① 콘크리트라이닝 자중$(q_1) = \gamma_c t$

　　　② 차량 등의 활하중(q_2)

　　　③ 상부구조물 하중(q_3)

　　　④ 온도하중 및 건조수축(P)

Ⅲ. 내부라이닝 설계개념

구분	배수형터널		비배수형터널
	배수 개념	침투시 배수개념	
설계 개념	 ① 배수시설 가동시 ② 지하수위가 터널 하단부 아래로 저하시 적용	 ① 지하수공급이 원 활한 지반 적용 ② 하천 인접지반에 적용	 지하수차단시 적용
지하수위	배수에 의한 강하	변동 없음	변동 없음
침투	발생	발생	발생 없음
해석조건 해석경계부	유효응력	유효응력 + 정수압	유효응력 + 정수압
해석조건 지중응력	유효응력	유효응력 + 침투압	유효응력 + 정수압
해석조건 작용수압	○	○	정수압

IV. 결론

1) 배수형터널은 내부라이닝에 수압을 고려하지 않으므로 라이닝두께
가 얇아 시공비가 적은 장점이 있으나 지하수위를 저하시켜 지표침
하 문제와 시공후에는 배수시설을 운영하여야 하는 문제가 있다.

2) 비배수형터널은 라이닝두께가 두꺼워 시공비가 증가되는 문제와
허용누수량 기준을 만족하는 방수시공비 증가 문제가 존재한다.

| 문제 10) | 대심도 하저/해저터널 설계 및 시공시 고려할 사항에 대하여 기술하시오. |

답

I. 대심도 하저/해저터널의 개요

1) 정의

대심도 하저/해저터널이란 수심이 존재하는 하천 또는 바다를 횡단하는 일반적인 토지이용에 지장이 없는 심도인 한계심도 이상에 설치되는 터널을 말한다.

2) 분당선 한강 하저터널 종단면도

환기구
(수직갱)

환기구
(수직갱)

하저터널

3) 대심도 하저/해저터널의 특징

① 설계시 정밀조사가 어려워 보수적인 설계 적용

② 시공중에 확인된 각종 정보로 설계변경이 즉시 개선되는 시스템 설계

③ 공사 및 유지관리를 위한 경제성 분석이 필요

II. 설계시 고려할 사항

1. 지반조사

1) 탄성파 탐사

① 터널심도 - 30m 이하 지반 : 굴절법 탐사

② 터널심도 - 30m 이상 지반 : 반사법 탐사

2) 전기비저항 탐사

    ① 2D : 정밀물리탐사 계획수립에 이용

    ② 3D : 단층대의 위치 및 방향성 분석

3) 공내재하시험 및 수압시험

2. 굴착단면 및 굴착공법 선정

1) 굴착단면 : 원형단면 또는 원형성 마제형 단면

2) 굴착공법 선정

구분	쉴드TBM	NATM
용수대책	밀폐형 쉴드 경우 우수	용수대책이 어렵다.
지반 적용성	단층파쇄대 통과시 우수	모든지반 적용가능
경제성	터널연장이 짧은 경우 나쁨	초기투자비가 저렴

3. 라이닝설계시 작용수압 한계

1) 작용수압 한계치 설정 : 외국의 경우 $4kgf/cm^2$가 한계치

2) 작용수압 한계치 이하 : 비배수형터널로 설계

3) 작용수압 한계치 이상

    ① 배수형터널로 설계

    ② 그라우팅에 의한 난투수층지반으로 수압 부담

    ③ 라이닝에는 수압이 작용하지 않도록 설계

Ⅲ. 시공시 고려사항

  1) 터널굴착 전방 지반상태

    ① 막장면 관찰조사, 선진수평 시추조사

    ② TSP 탐사 및 천공 Slime을 통한 지질조사

  2) 지반조건에 적합한 보조공법 선정

    ① 단층파쇄대 및 풍화대 존재시 적합한 지반보강 보조공법 실시(Fore poling, 강관다단식 그라우팅)

    ② 시공중 누수량이 기준치 이상이 되면 즉시 차수보조공법 실시(차수 그라우팅 실시)

터널막장 / 강관다단식 그라우팅 / 차수 그라우팅

  3) 예비장비 및 비축자재 확보

    ① 예비장비 : 비상용발전기, 숏크리트 타설용장비, 에어 콤프레스

    ② 비상용 비축자재 : 록볼트, 강관파이프, 지보공, 와이어 메쉬

  4) 계측관리 및 비상연락 통신시스템

    ① 계측과 막장면 관찰결과를 시스템화로 실시간 관리

    ② 비상연락 통신구축과 CCTV 설치

  5) 비상방수문 설치 - 침수발생시 다른쪽의 터널로 대피공간 확보

Ⅳ. 결론

  대심도 하저/해저터널은 터널상단에 무한량의 물이 존재하므로 터널굴착중 붕괴시 복구의 어려움, 공기지연 등의 문제점이 발생되므로 적절한 보강공법 및 대비책 수립이 설계 및 시공시 필요하다.

| 문제 11) | 터널라이닝에 발생되는 균열종류와 발생요인 및 저감대책에 대하여 |
| 기술하시오. |

답

Ⅰ. 터널라이닝의 개요

1) 정의

터널라이닝이란 터널주변의 원지반과 지보재를 보호하여 터널의

안전성과 미관 및 유지관리를 위해 타설하는 콘크리트를 말한다.

2) 역할

① 터널안전성 확보

② 지보재 보호

③ 사용 중 점검 및 유지보수작업 용이

④ 터널 내 조명, 환기 등의 시설물지지

3) 설계시 작용하중

① 암반이완 하중 : RMR 또는 Q값을 이용하여 산정

② 작용수압 : 비배수터널과 배수터널에 따라 다름

③ 라이닝 자중 : 자중 $= \gamma_c t$

$(\gamma_c :$ 콘크리트단위중량, $t :$ 라이닝두께$)$

Ⅱ. 균열종류

균열종류	균열형태	발생위치
종방향균열	터널중심선과 평행	터널천단부와 어깨부
횡방향균열	터널중심선과 직교	시공이음부와 천단부, 어깨부
전단균열	터널중심에서 대각선	터널어깨부
복합균열	• 종균열과 횡균열의 복합 • 종균열이 전단균열로 발전	• 터널천단부 • 터널어깨부

Ⅲ. 균열발생요인

1) 계획요인

    ① 산사태 또는 사면활동지역 - 편토압발생

    ② 단층파쇄대 및 팽창성 암반지역 - 이완토압 증가

2) 설계요인

    ① 터널구조의 부적절 또는 측벽의 지내력 부족

    ② 라이닝 설계두께 부족 및 지반보강설계 미비

    ③ 인버트 미설계

3) 시공요인

    ① 시공치수의 적당주의 처리 또는 라이닝두께 부족

    ② 콘크리트품질 불량 및 라이닝배면 공동 존재

4) 유지관리요인

    ① 인접구조물 시공 - 근접터널 시공, 상부사면 성토 또는 하부사면 절토

    ② 유지보수·보강의 적당주의 처리

    ③ 콘크리트라이닝의 열화

Ⅳ. 저감대책

1. 국내 터널 콘크리트라이닝 균열조사 결과

　　1) 상위균열 : 종방향균열 - 54%, 횡방향균열 - 27%

　　2) 균열위치 : 종방향균열 - 천단부에서 20° 범위, 횡방향균열 - 시공이음부

　　3) 균열요인 : 시공요인 - 50%, 유지관리요인 - 25%

2. 저감대책

　　1) 콘크리트 품질개선

섬유보강 콘크리트
20°20°
터널 중심선

　　　　① 터널천단부를 중심선으로 좌우 20° 범위

　　　　② 섬유보강 콘크리트 적용 - 시험시공으로 결정

　　2) 철근 피복유지용 간격재 개선

콘크리트
철근
〈간격재〉

　　　　- 콘크리트로 원형간격재를 생산하여 사용

　　3) 콘크리트의 타설 및 양생 개선

　　　　① 콘크리트투입구를 좌우에 추가 설치

　　　　② 거푸집탈형 후 자동살수기 사용

스프링쿨러
자동살수기

〈콘크리트 타설방법 개선〉　　　　〈콘크리트 양생〉

　　4) 적절한 거푸집탈형시기 결정

　　　　① 콘크리트 압축강도가 50kgf/m² 이상 발현된 이후 거푸집 제거

② 라이닝콘크리트의 양생온도별, 시간별 강도특성곡선을 작도하여 결정

5) 하중작용요인의 제거

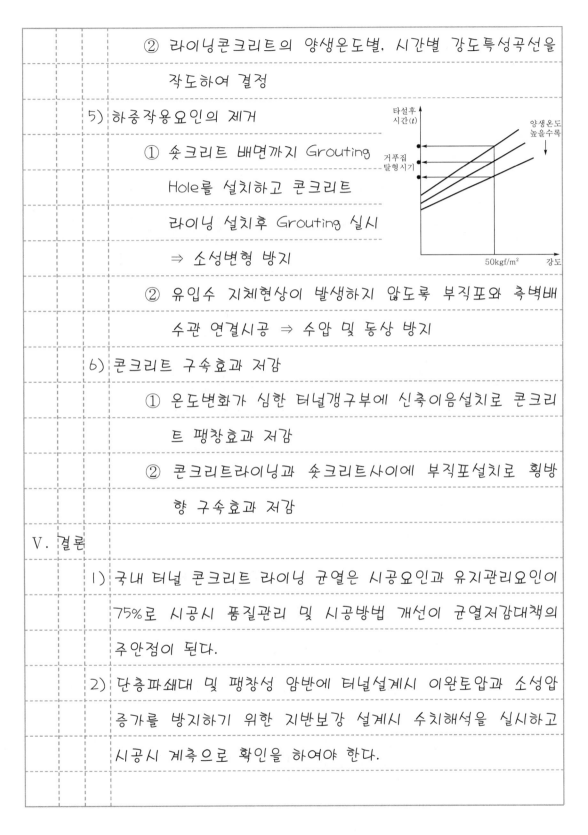

① 숏크리트 배면까지 Grouting Hole를 설치하고 콘크리트 라이닝 설치후 Grouting 실시

⇒ 소성변형 방지

② 유입수 지체현상이 발생하지 않도록 부직포와 측벽배수관 연결시공 ⇒ 수압 및 동상 방지

6) 콘크리트 구속효과 저감

① 온도변화가 심한 터널갱구부에 신축이음설치로 콘크리트 팽창효과 저감

② 콘크리트라이닝과 숏크리트사이에 부직포설치로 횡방향 구속효과 저감

V. 결론

1) 국내 터널 콘크리트 라이닝 균열은 시공요인과 유지관리요인이 75%로 시공시 품질관리 및 시공방법 개선이 균열저감대책의 주안점이 된다.

2) 단층파쇄대 및 팽창성 암반에 터널설계시 이완토압과 소성압 증가를 방지하기 위한 지반보강 설계시 수치해석을 실시하고 시공시 계측으로 확인을 하여야 한다.

| 문제 12) | 장대터널에 설치되는 연직갱 굴착공법에 대하여 기술하시오. |

답

I. 연직갱 굴착의 개요

　　1) 정의

　　　　연직갱 굴착이란 장대터널의 종류식 환기구나 대심도 터널의 작업구 및 댐의 취수구 등 연직통로를 확보하기 위하여 연직방향으로 터널을 굴착하는 것을 말한다.

　　2) 연직갱의 활용

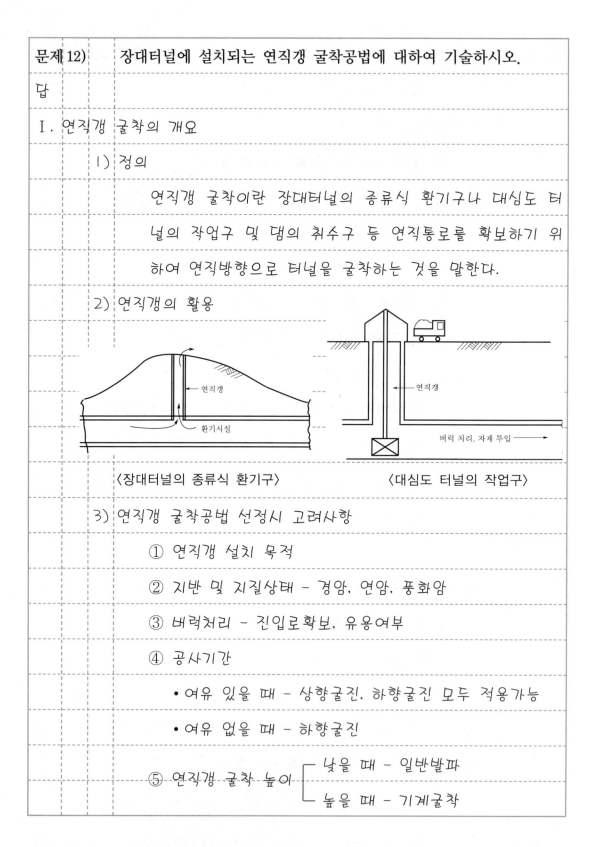

〈장대터널의 종류식 환기구〉　　　　〈대심도 터널의 작업구〉

　　3) 연직갱 굴착공법 선정시 고려사항

　　　　① 연직갱 설치 목적

　　　　② 지반 및 지질상태 - 경암, 연암, 풍화암

　　　　③ 버력처리 - 진입로확보, 유용여부

　　　　④ 공사기간

　　　　　　• 여유 있을 때 - 상향굴진, 하향굴진 모두 적용가능

　　　　　　• 여유 없을 때 - 하향굴진

　　　　⑤ 연직갱 굴착 높이 ┌ 낮을 때 - 일반발파
　　　　　　　　　　　　　 └ 높을 때 - 기계굴착

Ⅱ. 하향식 굴착공법

1step 20~40m

1. Long Step 공법

   1) 시공 방법

      지질상태에 따라 20~40m를

      1Step으로 굴착 후 복공을 하는 공법

   2) 특징

      ① 지질이 불량할 때 적용 곤란

      ② 적용심도는 특별한 제한이 없고 단면직경 5m 이내

2. Shot Step 공법.

   1) 시공방법

      1Step을 1.2~2.5m 시공 후 즉시 복공하는 방법

   2) 특징

      ① 지질에 대한 적응성이 크다.

      ② 적용심도는 제한이 없고 단면직경 4m 이내

3. NATM 공법

   1) 숏크리트와 락볼트로 지반변위억제하면서 주변지반 이완 방지

   2) 용수에 대한 대책 필요(단면직경 4m 이상)

4. 전단면 수직갱 굴착공법

   1) 장비를 사용하여 파일럿갱 선시공 후 하향 보링머신에 의하여

      확공하는 방법

   2) 다양한 지질에는 적용이 곤란하며 단면직경은 4.5~6.4m

   3) 보통암 이상의 지질에 적용

Ⅲ. 상향식 굴착공법

1. 레이즈 크라이머(Raise Climber, RC 공법)공법

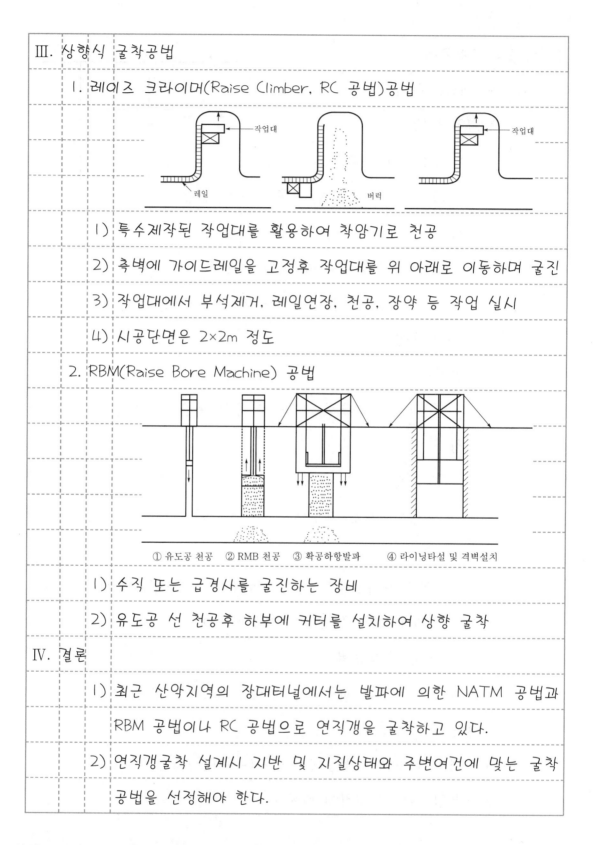

1) 특수제작된 작업대를 활용하여 착암기로 천공

2) 측벽에 가이드레일을 고정후 작업대를 위 아래로 이동하며 굴진

3) 작업대에서 부석제거, 레일연장, 천공, 장약 등 작업 실시

4) 시공단면은 2×2m 정도

2. RBM(Raise Bore Machine) 공법

① 유도공 천공 ② RMB 천공 ③ 확공하향발파 ④ 라이닝타설 및 격벽설치

1) 수직 또는 급경사를 굴진하는 장비

2) 유도공 선 천공후 하부에 커터를 설치하여 상향 굴착

Ⅳ. 결론

1) 최근 산악지역의 장대터널에서는 발파에 의한 NATM 공법과
RBM 공법이나 RC 공법으로 연직갱을 굴착하고 있다.

2) 연직갱굴착 설계시 지반 및 지질상태와 주변여건에 맞는 굴착
공법을 선정해야 한다.

문제 13) 터널 갱구부의 1) 정의 및 범위, 2) 설계시 검토사항, 3) 터널중심 축선과 지형적 관계에 대하여 기술하시오.

답

Ⅰ. 터널 갱구부의 정의 및 범위

1) 정의

갱구부란 갱문구조물 배면으로부터 터널길이의 방향으로 터널직경의 1~2배 정도의 범위 또는 터널직경의 1.5배 이상의 토피가 확보되는 범위까지를 말한다.

2) 표준적인 갱구부의 범위

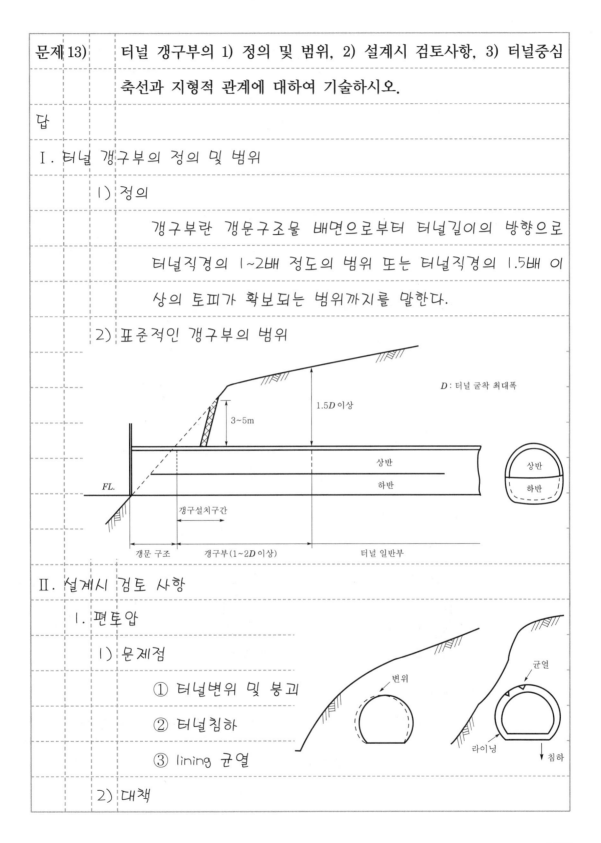

Ⅱ. 설계시 검토 사항

1. 편토압

1) 문제점

① 터널변위 및 붕괴

② 터널침하

③ lining 균열

2) 대책

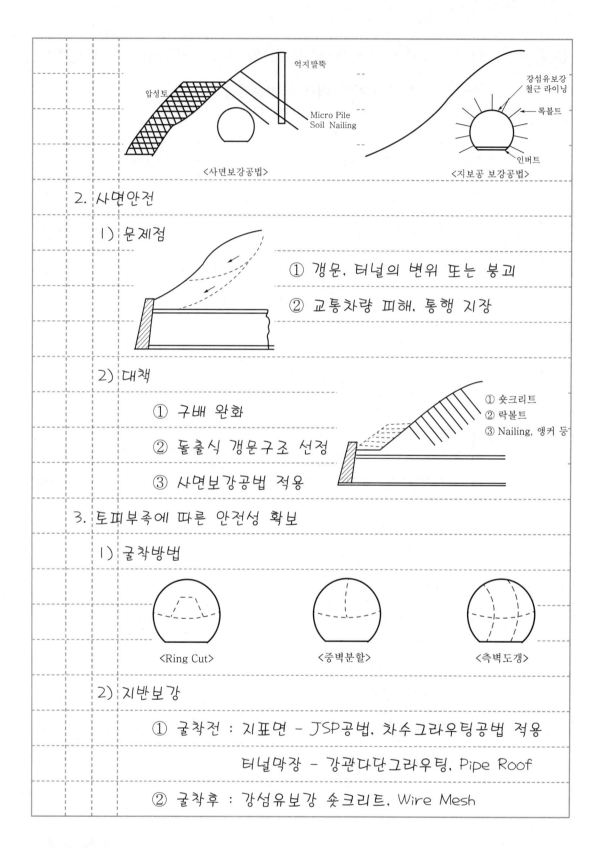

＜사면보강공법＞　　　　　　　　　　＜지보공 보강공법＞

2. 사면안전

1) 문제점

① 갱문, 터널의 변위 또는 붕괴

② 교통차량 피해, 통행 지장

2) 대책

① 구배 완화

② 돌출식 갱문구조 선정

③ 사면보강공법 적용

① 숏크리트
② 락볼트
③ Nailing, 앵커 등

3. 토피부족에 따른 안전성 확보

1) 굴착방법

＜Ring Cut＞　　　　　　　＜중벽분할＞　　　　　　　＜측벽도갱＞

2) 지반보강

① 굴착전 : 지표면 - JSP공법, 차수그라우팅공법 적용

　　　　　　터널막장 - 강관다단그라우팅, Pipe Roof

② 굴착후 : 강섬유보강 숏크리트, Wire Mesh

Ⅲ. 터널중심 축선과 지형적 관계

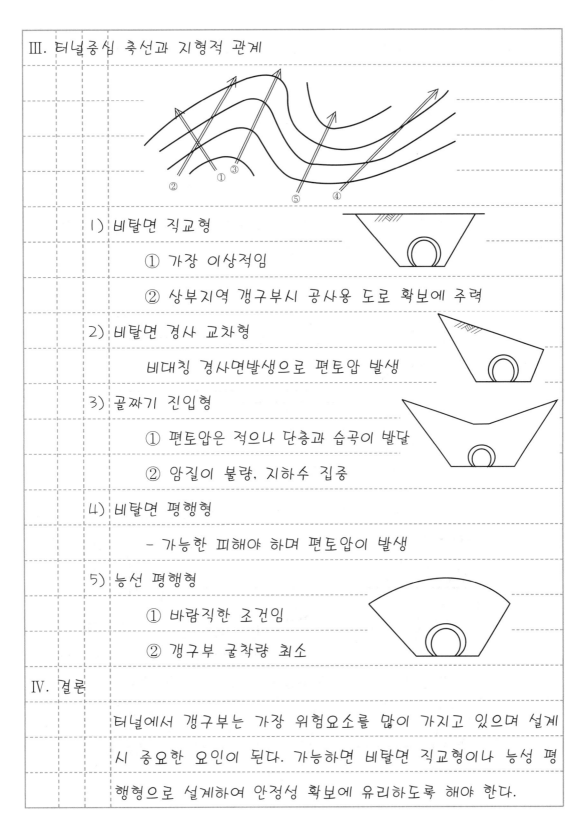

1) 비탈면 직교형

　① 가장 이상적임

　② 상부지역 갱구부시 공사용 도로 확보에 주력

2) 비탈면 경사 교차형

　비대칭 경사면발생으로 편토압 발생

3) 골짜기 진입형

　① 편토압은 적으나 단층과 습곡이 발달

　② 암질이 불량, 지하수 집중

4) 비탈면 평행형

　- 가능한 피해야 하며 편토압이 발생

5) 능선 평행형

　① 바람직한 조건임

　② 갱구부 굴착량 최소

Ⅳ. 결론

터널에서 갱구부는 가장 위험요소를 많이 가지고 있으며 설계시 중요한 요인이 된다. 가능하면 비탈면 직교형이나 능성 평행형으로 설계하여 안정성 확보에 유리하도록 해야 한다.

| 문제 14) | NATM터널에서 시공공정별 예상되는 터널붕괴패턴에 대하여 기술하시오. |

답

Ⅰ. NATM터널의 개요

1) 정의

NATM터널이란 터널굴착후에 작용하는 하중이 탄성 또는 탄소성상태에서 평형이 되도록 지보재 응력을 결정하는 터널 설계 및 시공법을 말한다.

2) NATM 시공공정

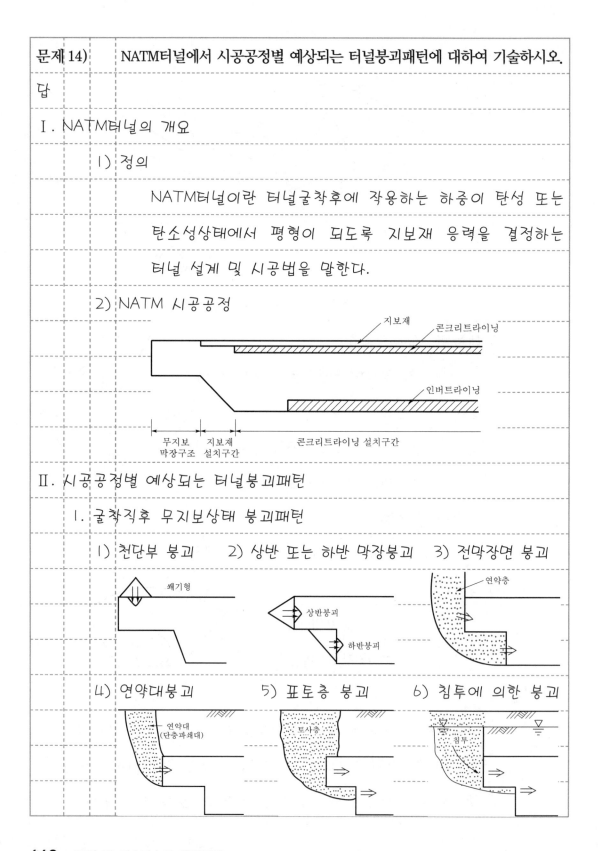

Ⅱ. 시공공정별 예상되는 터널붕괴패턴

1. 굴착직후 무지보상태 붕괴패턴

1) 천단부 붕괴   2) 상반 또는 하반 막장붕괴   3) 전막장면 붕괴

4) 연약대붕괴   5) 표토층 붕괴   6) 침투에 의한 붕괴

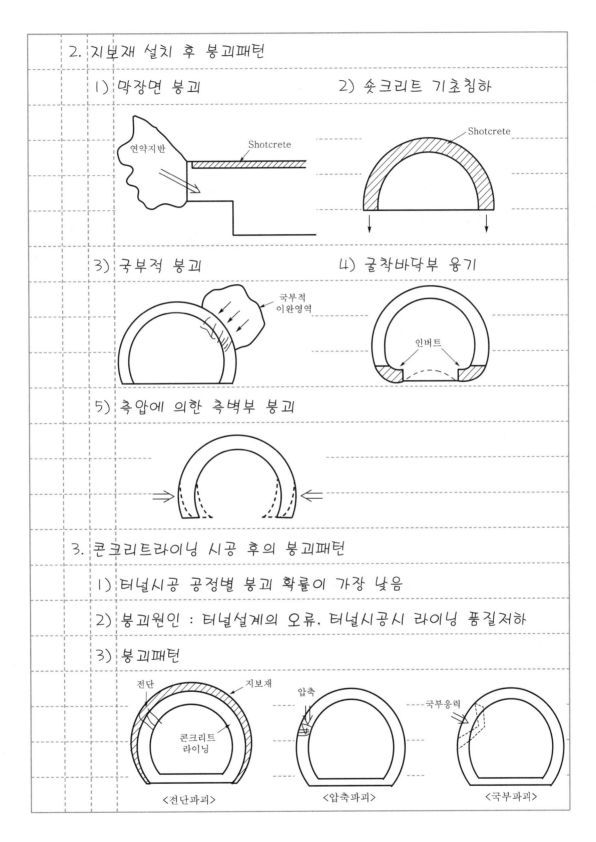

2. 지보재 설치 후 붕괴패턴

1) 막장면 붕괴

연약지반

Shotcrete

2) 숏크리트 기초침하

Shotcrete

3) 국부적 붕괴

국부적
이완영역

4) 굴착바닥부 융기

인버트

5) 측압에 의한 측벽부 붕괴

3. 콘크리트라이닝 시공 후의 붕괴패턴

1) 터널시공 공정별 붕괴 확률이 가장 낮음

2) 붕괴원인 : 터널설계의 오류, 터널시공시 라이닝 품질저하

3) 붕괴패턴

전단   지보재

콘크리트
라이닝

〈전단파괴〉

압축

〈압축파괴〉

국부응력

〈국부파괴〉

Ⅲ. 붕괴패턴별 방지대책

붕괴패턴	방지대책
1. 굴착직후 무지보 상태 붕괴	1. 굴착직후 붕괴 방지대책
① 천단부 붕괴, 연약대 붕괴	① 굴착전 수평보링 또는 TSP로 지
② 표토층 및 침투에 의한 붕괴	반 확인
③ 막장면 붕괴	② 적절한 보조공법 선정 후 시공
2. 지보재설치 후 붕괴	2. 지보재설치 후 붕괴 대책
① 막장면 붕괴	① 굴착후 빠른 시간내 지보재설치
② 숏크리트 측벽부 붕괴 및 국부	② Rock Bolt 보강 및 조기 가인버
적 붕괴	트 설치
③ 숏크리트 침하 및 바닥부 융기	

Ⅳ. 결론

1) NATM터널 시공공정별 붕괴는 상반굴진 직후인 무지보상태에서 가장 많이 발생하므로 터널굴착 후 빠른 시간 내에 지보재를 설치하여야 한다.

2) NATM터널 설계시 시공공정별 붕괴패턴을 고려할 수 있도록 합리적인 지반조사와 적절한 수치해석을 하여야 한다.

문제 15)	터널의 안정시공을 위한 보조공법에 대하여 기술하시오.

답

Ⅰ. 터널 보조공법의 개요

1) 정의

터널 보조공법이란 일반적인 지보공법(와이어 매쉬, 강지보공, 숏크리트, 록볼트)으로 터널의 안정성 확보 및 주변 시설물 보호를 할 수 없는 경우 터널 굴착전에 실시하는 보조적 공법을 말한다.

2) 목적

① 터널 안정성을 확보를 위해 터널 주변지반 강도증대

② 지표면 침하방지 및 기존시설물 보호

③ 투수성 저감으로 터널 내 유입수 감소

④ 터널굴착에 따른 지반변형 및 이완영역 확대 방지

Ⅱ. 보조공법

1. 천단보강공법

1) Fore Poling

① 종류

- 충전식 : 천공 후 철근 또는 강관 삽입 후 몰탈충전
- 주입식 : PU-IF, AB Fore Poling

② 표준단면

철근 : ∅25mm
강관 : ∅30~40mm
길이 : 5m 이내
간격 : 50cm

숏크리트   강지보공   Fore Poling

2) Pipe Roof

    ① 주요용도

      • 터널 갱구부 보강

      • 도로, 철도 하부 통과

      • 상부구조물 하부 통과

    ② 표준단면

3) 강관 또는 FRP 다단그라우팅

4) 대구경 강관보강그라우팅

    ① 강관 φ : 114mm, 천공 : 150mm 이상

    ② 설치간격 : 300~600mm

5) 강관 동시 삽입형 수평제트그라우팅(Trevi Jet 공법)

    ① 천공과 동시에 대구경 강관

      (φ 114mm)을 삽입하면서

    ② 고압분사 실시 – 원주형

    개량체 형성

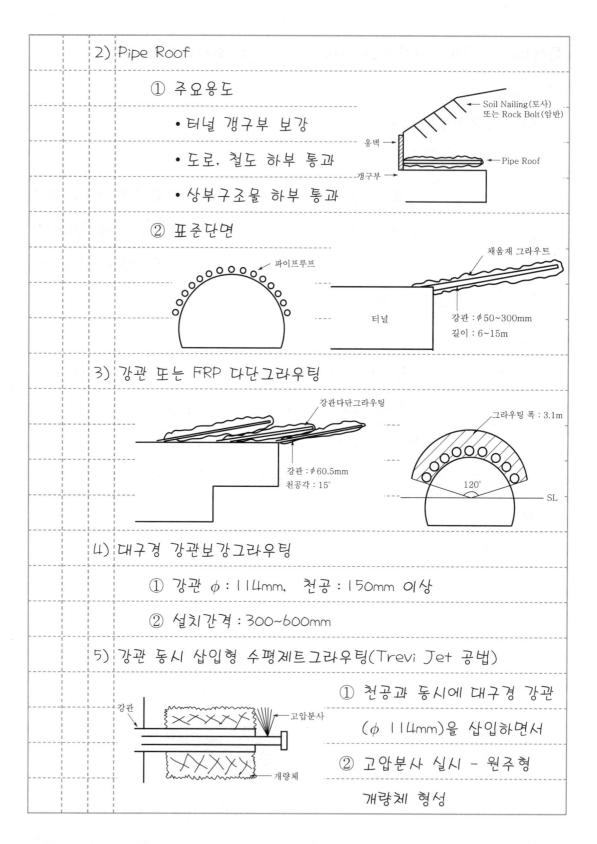

2. 막장면 보강공법

    1) 막장면 지지코아

    2) 막장면 숏크리트

    3) 막장면 록볼트

3. 차수공법

    1) 주입공법

        ① 갱외 그라우팅   ② 갱내 그라우팅

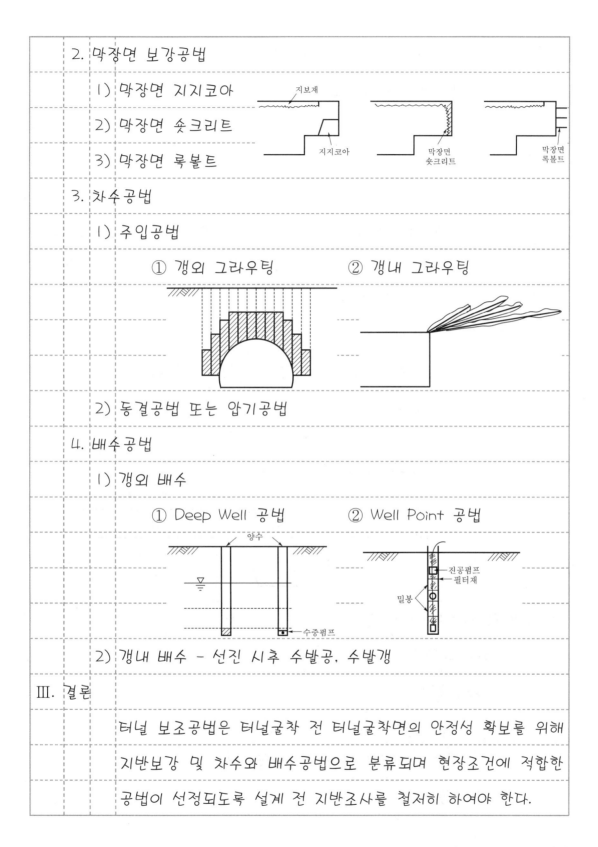

    2) 동결공법 또는 압기공법

4. 배수공법

    1) 갱외 배수

        ① Deep Well 공법   ② Well Point 공법

    2) 갱내 배수 - 선진 시추 수발공, 수발갱

Ⅲ. 결론

       터널 보조공법은 터널굴착 전 터널굴착면의 안정성 확보를 위해

       지반보강 및 차수와 배수공법으로 분류되며 현장조건에 적합한

       공법이 선정되도록 설계 전 지반조사를 철저히 하여야 한다.

문제16)	미고결 저토피터널에서 설계 및 시공시 고려사항과 지표침하원인 및 대책에 대하여 기술하시오.

답

I. 미고결저토피 터널의 개요

1) 정의

미고결저토피 터널이란 터널 상부토층이 고결되지 않은 암반 또는 토사층이고 지표면과 터널천단과의 두께가 얕은 터널을 말한다.

2) 도심지 천층터널의 특성

① 상부 : 토사층(매립층과 충적층) + 풍화대

② 하부 : 기반암층

③ 지하수위 : 지표면에 근접

토사층(매립층과 충적층)

풍화대

기반암층

II. 설계 및 시공시 고려사항

1. 지하수 대책

1) 차수공법

① 갱외 그라우팅 또는 갱내 그라우팅공법 중 선택

② 지반평가 및 적용가능성 검토

2) 배수공법

2. 안정성 확보

　　1) 터널막장 보강

　　　　① 지반보강 및 천단부 강성증대

　　　　② 천단부 및 막장면 보강

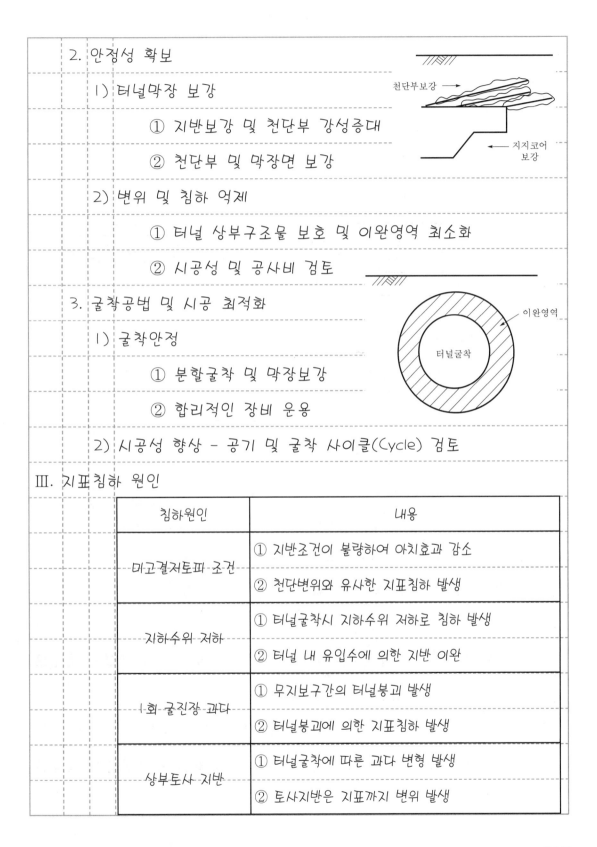

천단부보강 →

← 지지코어 보강

　　2) 변위 및 침하 억제

　　　　① 터널 상부구조물 보호 및 이완영역 최소화

　　　　② 시공성 및 공사비 검토

3. 굴착공법 및 시공 최적화

　　1) 굴착안정

　　　　① 분할굴착 및 막장보강

　　　　② 합리적인 장비 운용

이완영역

터널굴착

　　2) 시공성 향상 - 공기 및 굴착 사이클((ycle) 검토

Ⅲ. 지표침하 원인

침하원인	내용
미고결저토피 조건	① 지반조건이 불량하여 아치효과 감소
	② 천단변위와 유사한 지표침하 발생
지하수위 저하	① 터널굴착시 지하수위 저하로 침하 발생
	② 터널 내 유입수에 의한 지반 이완
1회 굴진장 과다	① 무지보구간의 터널붕괴 발생
	② 터널붕괴에 의한 지표침하 발생
상부토사 지반	① 터널굴착에 따른 과다 변형 발생
	② 토사지반은 지표까지 변위 발생

IV. 대책

　　1) 지반조사 실시

　　　　① 미고결저토피 구간 지표면 물리탐사 실시

　　　　② 현장시험과 실내시험으로 지반물성치 산정

　　2) 3차원 수치해석으로 지표 침하곡선 산정

침하량

지하수위저하로 침하

굴착에 의한 침하

지하수위저하와 굴착으로 침하

　　3) 터널 보조공법 및 지보재 설계

　　　　① 보조공법

```
                                    ┌ 강관다단그라우팅
                        ┌ 천단부 보강 ├ 대구경 강관그라우팅
                        │            └ Trevi Jet 공법
          ┌ 지반보강 ────┤
보조                     │            ┌ 지지코아공법(벤치컷)
공법                     └ 막장면 보강 ├ 막장면 약액주입
          │                          └ 막장면 숏크리트
          └ 차수공법 : 갱외 또는 갱내 그라우팅
```

　　　　② 지보재-강지보공, 숏크리트, 록볼트

　　4) 시공시 계측관리로 지표침하 분석 및 영향 검토

V. 결론

　　1) 우리나라 미고결저토피(천층) 터널은 도심지 지하철을 중심으로 최근 증가하는 추세이다.

　　2) 도심지 천층터널은 터널자체의 안정성과 지표침하에 대한 영향이 주요 고려사항이므로 설계시 지표침하 영향검토가 필요하다.

문제 17)	터널의 기계화시공에서 기종선정과 장비설계시 고려사항에 대하여 기술하시오.

답

I. 터널의 기계화시공의 개요

1) 정의

터널의 기계화시공이란 터널굴착시 소음 및 진동등의 환경 피해를 최소화하고, 장대터널 시공시 경제성과 안정성 확보를 위하여 지반조건에 적합한 터널굴착장비로 터널을 굴착하는 것을 말한다.

2) 터널기계화 시공법 분류

분류방법			터널기계화 시공법
쉴드유무	지보방법	반력	
무쉴드	무지보	자중	로더헤더(Roadheader)
			디거(Backhoe, Hydranlic 해머)
		그리퍼	open TBM
			터널확공기(TBE)
쉴드	주면지보 (전면 개방형)	그리퍼	그리퍼 쉴드TBM
		추진잭	세그멘트 쉴드TBM
		그리퍼 + 추진잭	더블 쉴드TBM
	주면 + 막장면		이수식 쉴드TBM
	지보	추진잭	토압식 쉴드TBM
	(전면 밀폐형)		혼합식 쉴드TBM

Ⅱ. 기종선정 시 고려사항

1) 지반강도

지반 조건		open TBM	그리퍼 쉴드TBM	세그멘트 쉴드TBM	이수식 쉴드TBM	토압식 쉴드TBM
지반분류	일축압축강도(MPa)					
극경암	>200	○	○			
경암	120~200	○	○		△	△
	60~120	○	○		△	△
보통암	40~60	○	○		△	△
	20~40	○	△		△	△
연암	6~20	△		△	○	○
풍화지반	0.5~6			○	○	○
	<0.5			○	○	○
점성토	-				○	○

(○ : 적합, △ : 적용가능)

2) 암질 및 터널굴착 위치

① 암질양호 또는 산악터널 : open TBM

② 암질불량 또는 도심지터널 : 그리퍼 쉴드TBM

3) 수압 및 토질조건

① 수압존재 : 전면 밀폐형(이수식 또는 토압식) 쉴드TBM

② 수압크기 : 수압大(이수식 쉴드TBM) 수압小(토압식 쉴드TBM)

③ 토질조건 ┏ 점토가 많은 토질조건 - 토압식 쉴드TBM
            ┗ 점토가 많은 사질토 - 이수식 쉴드TBM

4) 시공실적 및 환경요소

    ① 시공실적 : 토압식 쉴드TBM이 더 많음

    ② 환경요소 : 지상설비가 간단하고 환경 위해요소가 적은

        것은 토압식 쉴드TBM

Ⅲ. 장비설계시 고려사항

1. 터널 굴진속도

1) 터널 굴진속도의 영향요소

    ① 지반의 불연속성   ② 암반강도

    ③ 연약지반   ④ 지반의 불균일성

2) 터널 굴진속도 평가를 위한 조사항목

    ① 지형·지질조사   ② 토질시험(강도 및 입도분포)

    ③ 압열 인장강도   ④ RQD   ⑤ 탄성파속도

    ⑥ 절리의 간격과 방향   ⑦ 석영함유율

    ⑧ 굴질성능 평가 시험(반발 경도시험, 마모 경도시험)

    ⑨ 암맥 및 단층파쇄대 조사   ⑩ 용수량 및 지하수위 조사

2. 시공실적

1) 공사규모 및 토질조건에 따른 경계적인 장비운용

2) 선정된 장비시공시 사고사례 및 개선사례

3. 터널단면 크기

1) 건축한계 고려

2) 터널내부 부속설비 설치 여유공간 확보

3) 지보 및 세그멘트 설치공간 확보

지보공 및 세그멘트 / 사행오차 및 세그멘트 변형량 / 시공여유

4) 시공상 시행오차

① 쉴드TBM 경우 사행오차 = 50mm

② 총여유 = 사행오차(50mm) + 세그멘트 변형량(50mm) +

보수여유(50mm)

4. 선형계획

1) 평면 선형계획

① 가능한 직선 또는 곡선반경이 큰 선형 선정

② 대구경(도로, 철도)터널 곡선반경(R)=250m 이상

③ 중, 소구경(전력구, 상하수도)터널 곡선반경(R) = 120m

이상

2) 종단 선형계획

① 토피고는 함몰과 융기영향이 최소가 되도록 선정

② 도로 및 철도는 등급별 선형 선정기준의 종단구배 선정

③ 수로터널은 목적에 따른 통수량 및 통수단면적과 유속

등을 고려하여 결정

IV. 결론

1) 터널의 기계화시공은 최근 대구경의 쉴드TBM에 의한 지하철

적용사례가 많아 기술적으로 발전을 거듭하였으나 아직도 전문

기술 인력이 부족하여 많은 연구가 필요하다.

2) 우리나라 기계화시공시 최대굴진속도는 3~6m/일이며 일본과

유럽에 비해 60%에도 못 미치는 형편으로 굴진속도 향상방안

을 적극적으로 도입하여 굴진속도를 향상시켜야 한다.

문제 18-1)	쌍굴터널에서 필러(Pillar)

답

I. 정의

쌍굴터널에서 필러란 두 개의 터널을 근접하여 굴착하면 상호간섭효과로 인하여 쌍굴터널 사이에 응력집중이 발생하는 구간을 말한다.

II. 필러부 작용 연직응력(σ_p)

1) 터널이 근접할수록 필러부 작용연직응력(σ_p)은 증가

2) 터널이 근접할수록 필러에 접한 터널부 변형 증가

III. 필러부 응력변화 영향요소

1) 쌍굴터널 필러 폭

2) 터널직경의 크기

3) 필러부 암반의 종류

4) 필러부 암반의 불연속면의 상태

IV. 필러 안정확보 대책

1) 필러부 작용응력이 최소가 되도록 터널이격거리 확보

2) 터널 굴착순서 고려

① 필러 인접부 선굴착 후 보강하고 나머지부분 굴착

② 수치해석에 의한 안정성검토가 필요함

문제 18-2) 근접 터널시공에 따른 기존터널의 안정영역

답

Ⅰ. 정의

근접 터널시공에 따른 기존터널의 안정영역이란 근접 터널시공
으로 기존터널의 응력상태가 변화되지 않는 이격거리를 기존터
널을 기준으로 표시한 영역을 말한다.

Ⅱ. 근접터널 시공위치별 안정영역

1) 기존터널에 병설시공시

구분	상부병설	하부병설
제한영역	$1D'$	$1.5D'$
요주의영역	$1{\sim}2.5D'$	$1.5{\sim}2.5D'$
안정영역	$2.5D'$ 이상	$2.5D'$ 이상

(D' : 신설터널 직경)

2) 기존터널에 교차시공시

구분	상부교차	하부교차
제한영역	$1.5D'$	$2D'$
요주의영역	$1.5{\sim}3.0D'$	$2{\sim}3.5D'$
안정영역	$3.0D'$ 이상	$3.5D'$ 이상

Ⅲ. 근접터널시공시 기존터널 안정성 평가

1) 지반조건 및 기존터널 단면을 고려한 영향평가 실시

2) 시공시 기존터널과 신설터널의 계측결과 분석

문제 18-3) 토사터널과 암반터널 거동차이

답

I. 토사터널의 거동

　　1) 지표면 침하형상

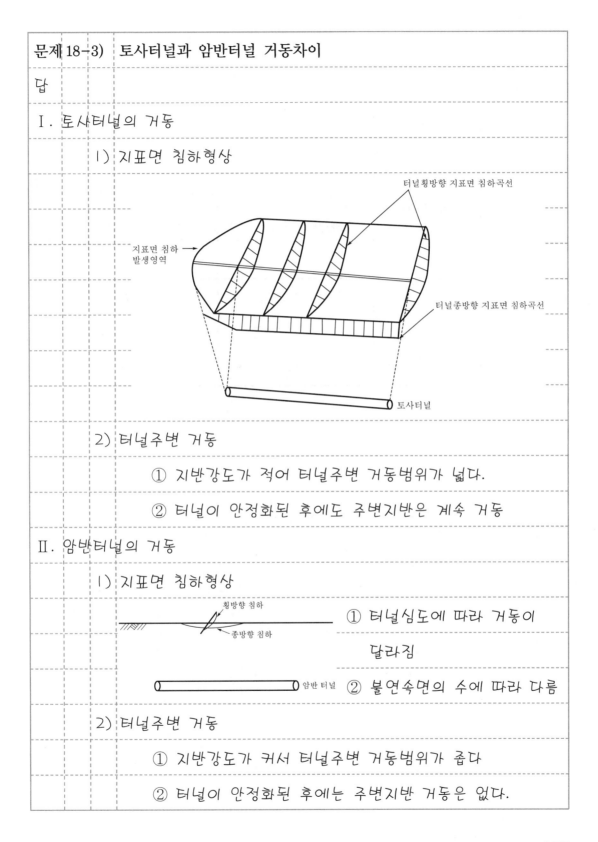

터널횡방향 지표면 침하곡선

지표면 침하
발생영역

터널종방향 지표면 침하곡선

토사터널

　　2) 터널주변 거동

　　　　① 지반강도가 적어 터널주변 거동범위가 넓다.

　　　　② 터널이 안정화된 후에도 주변지반은 계속 거동

II. 암반터널의 거동

　　1) 지표면 침하형상

횡방향 침하

종방향 침하

① 터널심도에 따라 거동이
　달라짐

암반터널
② 불연속면의 수에 따라 다름

　　2) 터널주변 거동

　　　　① 지반강도가 커서 터널주변 거동범위가 좁다

　　　　② 터널이 안정화된 후에는 주변지반 거동은 없다.

③ 불연속면의 수와 암반강도에 따라 거동은 달라짐

Ⅲ. 거동차이

구분	토사터널	암반터널
지표면 침하	① 터널심도에 관계없이 발생 ② 침하영역이 넓다.	① 터널심도가 깊으면 미발생 ② 침하영역은 일부분 ③ 암반의 불연속면의 수와 강도에 영향을 받음
터널주변지반거동	① 거동범위가 넓다. ② 터널안정화 후에도 계속 주변지반은 변형	① 거동범위가 좁다. ② 터널안정화 후에는 거동이 발생하지 않음

문제 18-4)	NATM(New Austria Tunnelling Method)

답

I. 정의

NATM이란 터널굴착후에 작용하는 하중이 탄성 또는 탄소성상태에서 평형이 되도록 지보재응력을 결정하는 터널 설계 및 시공법을 말한다.

II. NATM 원리

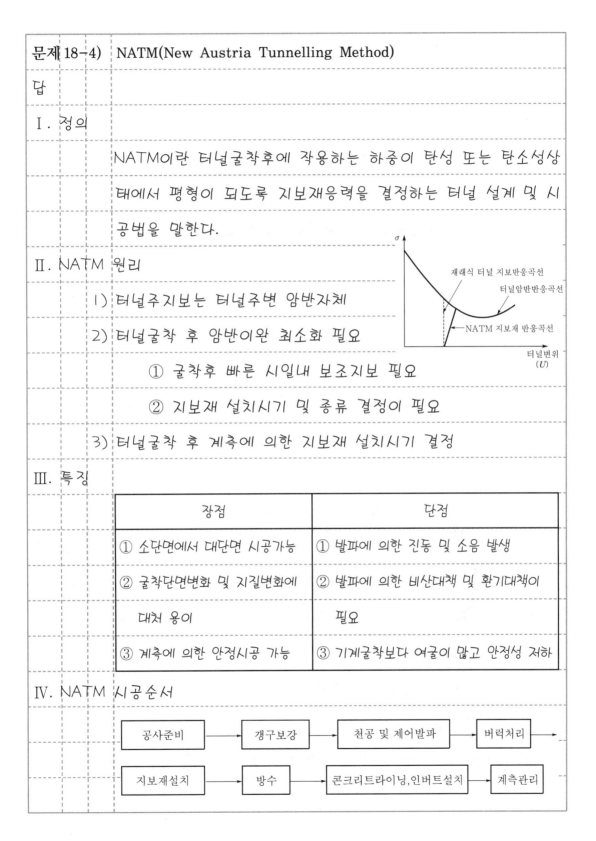

1) 터널주지보는 터널주변 암반자체

2) 터널굴착 후 암반이완 최소화 필요

   ① 굴착후 빠른 시일내 보조지보 필요

   ② 지보재 설치시기 및 종류 결정이 필요

3) 터널굴착 후 계측에 의한 지보재 설치시기 결정

III. 특징

장점	단점
① 소단면에서 대단면 시공가능	① 발파에 의한 진동 및 소음 발생
② 굴착단면변화 및 지질변화에 대처 용이	② 발파에 의한 비산대책 및 환기대책이 필요
③ 계측에 의한 안정시공 가능	③ 기계굴착보다 여굴이 많고 안정성 저하

IV. NATM 시공순서

공사준비 → 갱구보강 → 천공 및 제어발파 → 버럭처리 →

지보재설치 → 방수 → 콘크리트라이닝,인버트설치 → 계측관리

문제 18-5) 터널에서 가축성지보재(Sliding Staging)

답

Ⅰ. 정의

터널에서 가축성지보재란 터널굴착후 숏크리트 양생전까지 터널 이완하중 작용시 부재 간의 미끄러짐으로 작용하중을 흡수하는 조인트구조의 강지보공을 말한다.

Ⅱ. 가축성지보재 거동

1) AB : 비 가축성지보
   (강성 강지보공)

2) AC : 가축성이 적합

3) AD : 가축성이 과다
   (연성 강지보공)

Ⅲ. 강지보공 가축위치 및 강성정도

1) H형 강지보공 : 강성이 큼

2) 격자형 강지보공 : 강성이 큼

3) U형 강지보공 : 연성

Ⅳ. 가축성지보재 선정조건

1) 허용지지하중 범위내에서 탄성변위 허용

2) 외력을 흡수하는 시스템으로 구성

3) 변위가 발생한 후 조인트부 Bolt 재조임이 쉬운 구조

4) 터널굴착 후 빠른 시간내 설치가 가능

문제 18-6) 숏크리트 잔류강도등급(Residual Strength Class)

답

I. 정의

숏크리트 잔류강도등급이란 숏크리트 잔류강도를 휨인성강도와 처짐량관계 또는 인성지수와 잔류강도계수관계로 산정하여 등급화시킨것을 말한다.

II. 국제터널협회의 숏크리트 잔류강도등급

1) 잔류강도등급

구분	등급	인성지수		잔류강도계수비(R_{30}/R_{10})
		I_{10}	I_{30}	
I	최저	< 4	< 12	< 40
II	적정	4	12	40
III	좋음	6	18	60
IV	매우 좋음	8	24	80

2) 산정방법 : ASTM C1018시험으로 인성지수와 잔류강도계수 산정

III. 유럽통합기준의 숏크리트 잔류강도등급

1) 빔 처짐량과 잔류 강도 산정

2) 도표로 잔류 강도 등급 산정

Ⅳ. 국내 숏크리트 잔류강도등급

    1) 국내 강섬유숏크리트 잔류강도등급이 없음

    2) 강섬유보강 숏크리트 설계시 잔류강도등급이 필요함

    3) 국제터널협회 잔류강도등급보다 유럽통합기준의 잔류강도등급
       이 실무에 적용하기가 용이함

    4) 국내에 적합한 숏크리트 잔류강도등급을 규정하여야 함

문제 18-7) 숏크리트 첨가재의 실리카흄(Silica Hume)의 특성

답

I. 실리카흄의 정의

실리카흄이란 실리콘 메탈공장의 폐가스를 집진하여 얻어지는 부산물로 이산화규소(SiO_2)가 90% 이상이고 분말도가 약 200,000cm^2/g인 포졸란 재료를 말한다.

II. 실리카흄의 특성

1) 고강도 발현

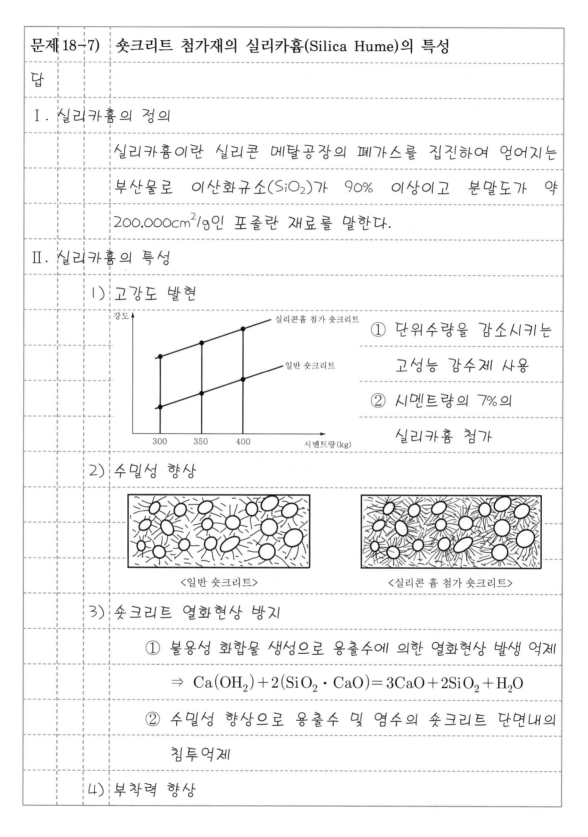

① 단위수량을 감소시키는 고성능 감수제 사용

② 시멘트량의 7%의 실리카흄 첨가

2) 수밀성 향상

<일반 숏크리트>   <실리콘 흄 첨가 숏크리트>

3) 숏크리트 열화현상 방지

① 불용성 화합물 생성으로 용출수에 의한 열화현상 발생 억제

⇒ $Ca(OH_2) + 2(SiO_2 \cdot CaO) = 3CaO + 2SiO_2 + H_2O$

② 수밀성 향상으로 용출수 및 염수의 숏크리트 단면내의 침투억제

4) 부착력 향상

① 고성능 숏크리트는 습식시공으로 부착력 증가

② 실리카흄 첨가로 부착력이 더 증가되어 리바운드량이

감소됨(5% 이상 감소)

5) 외국수입으로 고가

① 국내 생산이 이루어지지 않고 생산시 전력이 많이 소

모됨

② 숏크리트 첨가재 국산화와 고강도 및 고내구성 숏크리

트 개발 중

문제 18-8) 터널지보반응곡선

답

I. 정의

터널지보반응곡선이란 터널굴착후 발생되는 터널내공변위가 증
가함에 따라 지보재에 작용되는 지보압의 크기와 지보재의 변
위량을 작도한 곡선을 말한다.

II. 작도방법

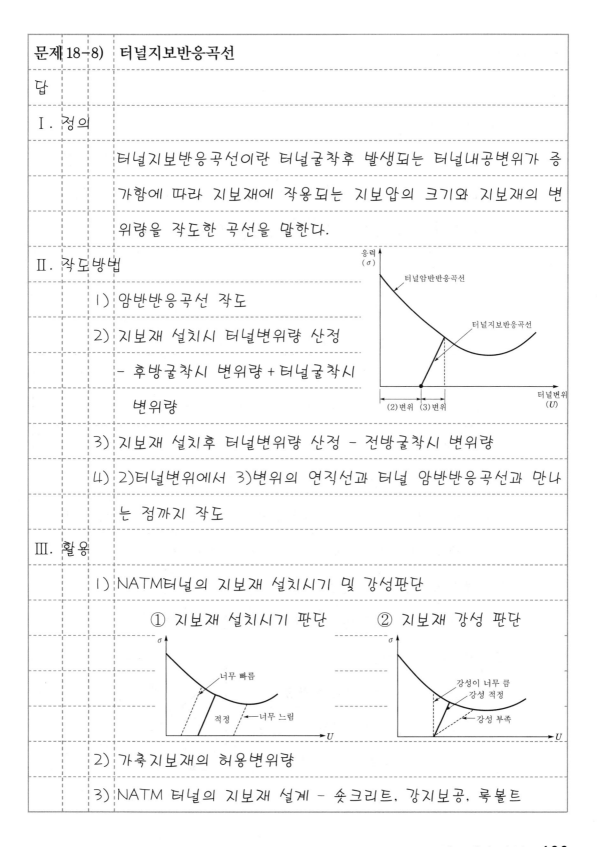

1) 암반반응곡선 작도

2) 지보재 설치시 터널변위량 산정

   - 후방굴착시 변위량 + 터널굴착시
     변위량

3) 지보재 설치후 터널변위량 산정 - 전방굴착시 변위량

4) 2)터널변위에서 3)변위의 연직선과 터널 암반반응곡선과 만나
   는 점까지 작도

III. 활용

1) NATM터널의 지보재 설치시기 및 강성판단

   ① 지보재 설치시기 판단   ② 지보재 강성 판단

2) 가축지보재의 허용변위량

3) NATM 터널의 지보재 설계 - 숏크리트, 강지보공, 록볼트

문제 18-9) 터널지보재의 적정성 검토방법

답

I. 터널지보재의 정의

터널지보재란 터널굴착 후 콘크리트라이닝을 타설하기 전까지
터널굴착단면의 안정성을 확보하기 위해 설치하는 강지보공,
숏크리트 및 록볼트 등의 구조물을 말한다.

II. 적정성 검토방법

1. 수치해석에 의한 검토방법

1) 지반조건과 지보재조건을 입력

지반 입력자료	초기응력비(K_o), 전단강도정수(C, $\varnothing$), 단위중량(γ)
	지층분포상태, 포아송비(v), 탄성계수(E)
지보재 입력자료	지보재 탄성계수, 단면2차모멘트, 단면면적, 압축강도

2) 3차원을 고려한 2차원해석으로 적정성평가

3) 터널지보재 설계시 RMR분류법으로 지보패턴을 결정한 후 지
보재의 적정성검토에 이용되며 신뢰성이 크다.

2. 암반반응곡선에 의한 검토방법

1) 터널굴착 후 설치된 지보재의 계측결과로 평가

2) 지보재곡선 작도

① 계측된 터널변위와 작
용압력과 지보재응력으
로 지보재곡선 작도

AB : 지보재 과다
AC : 지보재 적정
AD, AE, AF : 지보재 과소

② 지보재곡선과 암반반응곡선으로 적정성 평가

문제 18-10) 터널공학에서 한계변형률개념과 공학적 의미

답

I. 터널공학에서 한계변형률 개념

 1) 한계변형률의 정의

 $$한계변형률(\varepsilon_o) = \frac{\sigma_c}{E_i}$$

  σ_c : 암석시편 일축압축강도

  E_i : 초기접선 탄성계수

 2) 한계변형률 - 일축압축강도곡선

 3) 터널굴착시 터널변형률(ε)

  ① $$\varepsilon = \frac{터널굴착시\ 천단부\ 내공변위량(\varDelta U)}{터널반경(R)}$$

  ② 한계변형률 - 일축압축강도곡선과 터널변형률을 이용

  하여 터널굴착시 안정성평가

II. 공학적 의미

 1) 한계변형률개념을 터널공학의 적용이 공학적으로 타당

  ① 터널변형률과 한계변형률로 터널안정성 평가 타당

  ② 터널 총변위량과 계측변위량과의 관계 정립이 필요

 2) 터널시공시 변형률 관리기준치 결정

  - 상·하한계변형률선이 변형률 관리기준치가 됨

 3) 공학적인 측면에서 안전율이 내포된 개념

① 터널변형률(ε) < 하 한계변형률(ε_{o1}) ∴ 안전

② $\varepsilon_{o1} \leq \varepsilon \leq$ 상 한계변형률(ε_{o2}) ∴ 불안전

③ $\varepsilon > \varepsilon_{o2}$ ∴ 파괴

문제 18-11)	싱글쉘터널(Single Shell Tunnel)

답

I. 정의

싱글쉘터널이란 별도의 방수재를 시공하지 않고 콘크리트라이 닝 대신 숏크리트라이닝을 타설하여 구체 방수효과 및 암반과 일체화 거동으로 전단력이 전달되는 구조의 터널을 말한다.

II. 더블쉘(Double Shell)터널과 비교

① 더블쉘터널(NATM 터널)	① 싱글쉘터널
② 숏크리트 전단력이 전달 안되는 이중구조체	② 1차 단면과 2차 단면간에 전단력 이 전달되는 일체구조체

III. 싱글쉘 터널공법의 종류

1) NMT(Norwegian Method of Tunnelling)

① 노르웨이에서 Q 분류법으로 실시설계

② 방부식 고성능 록볼트와 강섬유보강 숏크리트 사용

2) 싱글쉘 NATM

① 일본과 독일에서 적용

② 지반조건과 계측결과에 따라 숏크리트단면 결정

③ 고내력과 내부식성의 록볼트와 고품질의 숏크리트 사용

IV. 싱글쉘터널 적용시 유의사항

    1) 숏크리트타설 단계마다 필요한 첨가재료 적용

        ① 1차 숏크리트는 암반거동방지 역할 ⇒ 고강도 첨가재료

        ② 마무리 숏크리트는 화학적 열화속도 저하 ⇒ 고성능
            첨가재료 적용

    2) 터널 공용성 확보를 위한 누수 최소화

    3) 터널굴착전 용출수 대책 및 지수주입이 필요함

문제 18-12) Spring Line

답

Ⅰ. 정의

스프링라인(Spring Line)이란 터널내부 내공단면중 가장 폭이 넓은 부분의 수평선 또는 내공단면 작도시 원의 중심에 위치하는 수평선을 말한다.

Ⅱ. 터널 내공단면별 스프링라인(SL)

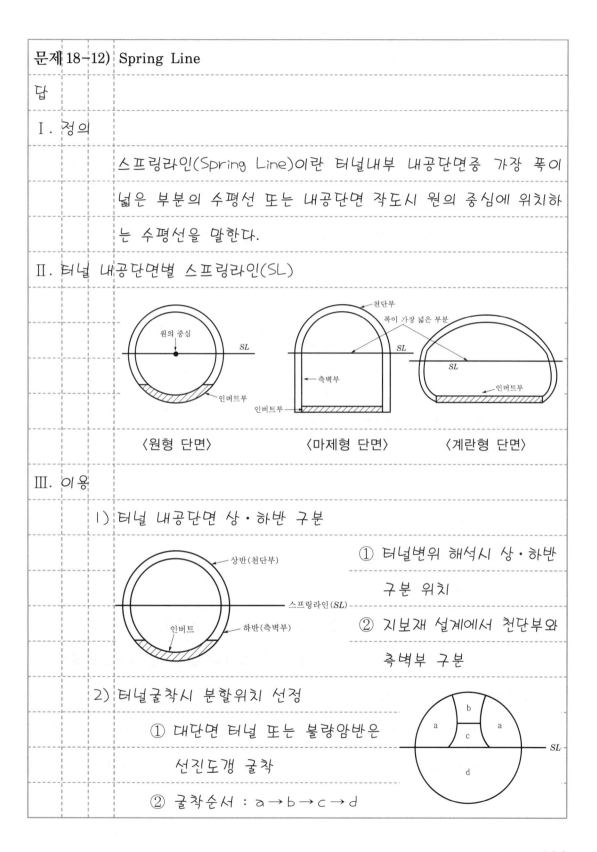

〈원형 단면〉   〈마제형 단면〉   〈계란형 단면〉

Ⅲ. 이용

1) 터널 내공단면 상·하반 구분

① 터널변위 해석시 상·하반 구분 위치

② 지보재 설계에서 천단부와 측벽부 구분

2) 터널굴착시 분할위치 선정

① 대단면 터널 또는 불량암반은 선진도갱 굴착

② 굴착순서 : a → b → c → d

문제 18-13) 외향각천공(Lock-out)

답

Ⅰ. 정의

외향각천공이란 터널을 발파로 굴착시 설계단면보다 좁아지는 것을 방지하기 위하여 외곽부 천공시 설계굴착 예정선에서 바깥쪽으로 4°~6° 정도의 경사로 천공하는 것을 말한다.

Ⅱ. 외향각천공과 여굴관계

Ⅲ. 외향각천공과 지불선 관계

1) 터널굴착시 외향각천공으로 여굴은 불가피

2) 천공시공성을 고려한 여굴부분은 인정 ⇒ 지불선

3) 여굴허용 기준 = 지불선

　① 강지보재가 없는 경우 : 10cm + 천공장 × 3cm/m

　② 강지보재가 있는 경우 : 강지보재 없는 경우 + 강지보공두께

Ⅳ. 외향각천공각도 최소화 방안

1) 천공기계 : 소형장비선정　　2) 천공로드 : 강성이 큰 로드

3) 천공길이 축소　　　　　　4) 천공기능공 정기적 교육

문제 18-14) 디커플링지수(Decoupling Index)

답

Ⅰ. 정의

1) 디커플링지수$(DI) = \dfrac{\text{천공경}(D)}{\text{장약경}(d)}$

2) 디커플링지수는 발파시 발생되는 폭압력이 공기에 의해 완충되는 정도를 말하며, 클수록 발파효율은 저하된다.

Ⅱ. 디커플링지수 크기별 발파영향

디커플링지수	발파효율	발파진동
$DI = 1.0$	크다	크다
$1.0 < DI < 1.5$	중간	중간
$DI \fallingdotseq 1.5 \sim 2.0$	적다	발파진동 제어

Ⅲ. 디커플링지수 크기별 폭압력

Ⅳ. 실무적용

1) 진동 제어발파공법에 적용

  ① Smooth Blasting 공법   ② Cushion Blasting 공법

2) 시험발파에 의한 외향각천공부 여굴정도로 판단

3) 일반적으로 디커플링지수(DI)는 1.5~2.0을 적용함

문제 18-15) 발파에서 Decoupling Effect

답

Ⅰ. 정의

발파에서 Decoupling Effect란 천공경보다 적은 장약경으로 발파시 발생되는 폭압력이 공기에 의해 완충되어 작아지는 것을 말한다.

Ⅱ. 발생원리

1) 발파시 충격파와 가스압 발생

2) 공기로 완충되어 충격파는 감소

3) 가스압과 감소된 충격파가 암반파괴

Ⅲ. 디커플링지수 크기별 Decoupling Effect

Ⅳ. 실무적용

1) 진동제어발파공법에 적용

① Smooth Blasting 공법

② Cushion Blasting 공법

2) 시험발파에 의한 외향각천공부 여굴정도로 판단

3) 일반적으로 디커플링지수가 1.5~2.0에서 Decoupling Effect가 크다.

문제 18-16) 조절발파(Smooth Blasting)

답

Ⅰ. 정의

조절발파(Smooth Blasting)란 발파에 의한 굴착시 굴착면의 암반손상과 요철을 최소화하기 위하여 외향각천공부에 디커플링지수가 1.5~2.0 되도록 정밀화약을 넣고 인접 일반장약공보다 나중에 발파하는 것을 말한다.

Ⅱ. 원리

1) 조절발파장약공 동시 발파

2) 발생된 응력파가 중앙에서 충돌 간섭

DI=1.5~2.0인 조절발파 장약공

DI=1.0인 일반 장약공

\<S/B=0.8인 천공간격 설계\>

3) 인장응력이 발생하여 천공방향과 직각으로 암반 파단

4) 디커플링지수(DI)가 크고 정밀화약으로 굴착면 손상저하

Ⅲ. 조절발파 시공방법

1) 굴착예정선에 S/B가 0.8이 되게 천공

2) 디커플링지수가 1.5~2.0이 되도록 정밀화약 장약

3) 인접 일반장약공과 시간차로 나중에 발파

Ⅳ. NATM공법에서 적용하는 이유

1) 암반을 주지보로 이용

① 암반손상(균열)을 최소화   ② 암반강도 저하 방지

2) 굴착면의 굴곡(요철)을 최소화

① 굴곡부는 응력집중 초래   ② 지보재 설치시간 단축

문제 18-17) 선균열발파(Presplit Blasting)

답

Ⅰ. 정의

선균열발파란 굴착예정선인 외향각천공부에 디커플링지수가 2.0이 되도록 함수화약을 넣고 인접 일반장약공보다 먼저 발파하여 균열을 유발시켜 인접 일반장약공의 발파시 굴착면의 암반을 보호하는 발파방법을 말한다.

Ⅱ. 원리

1) 선균열장약공 먼저 발파로 균열층 형성(자유면 작용)

2) 후발파인 주발파에너지와 충돌

3) 주발파에너지 감소 및 자유면 확보로 굴착면의 암반보호

Ⅲ. 시공방법

1) 굴착예정선에 주발파공 간격보다 좁게 천공

2) 디커플링지수(DI)가 2.0 되도록 함수화약 장약

3) 주발파공과 시간차로 먼저 발파

Ⅳ. 조절발파(Smooth Blasting)와 비교

구분	선균열발파	조절발파
선 발파	선균열발파공	주발파공
적용 화약	함수화약	정밀화약
장약량	조절발파보다 적다	선균열발파보다 많다

문제 18-18) 터널굴착시 여굴 발생원인

답

I. 여굴의 정의

1) 여굴이란 터널굴착공사에서 계획된 굴착선보다 더 크게 굴착된 것을 말한다.

2) 여굴의 문제점

① 화약의 낭비 및 버력량 증가

② 콘크리트 충전량 증가

③ 암반 이완범위 확대

II. 여굴 발생원인

1) 천공장비에 의한 원인

① 외향각천공이 불가피

② 천공장비가 커질수록 여굴량이 많아짐

2) 천공기능에 의한 원인

① 천공위치에 따른 난이도 - 천정부가 여굴이 많음

② 작업원의 천공기능 숙련도

3) 천공로드(Rod)의 휨 발생

4) 제어발파공법 미선정

① 과다한 발파 충격으로 여굴발생

② 다이나마이트 등 일반장약으로 발파

5) 연약한 암반 존재

문제 18-19) 진행성 여굴

답

Ⅰ. 정의

진행성 여굴이란 터널굴착면이 연약한 암반이거나 지보재 설치 지연 또는 지하수 집중유입등으로 터널굴착 계획선보다 점점 더 확대되어 발생하는 여굴을 말한다.

Ⅱ. 발생시 문제점

1) 터널시공 지연 및 인명피해 유발

2) 과도한 터널굴착면 변형 발생

3) 터널붕괴 발생 및 인접구조물 파손

Ⅲ. 원인

불량한 지반조건	① 암 피복이 얕은 지역 굴착 및 암반 손상
	② 파쇄대 및 불연속면 존재
	③ 지하수위 이하의 충적토층 굴착
시공기술 미숙	① 불충분한 지반보강 및 지하수 처리
	② 과다한 장약 사용 및 너무 긴 굴진장
	③ 지보재 설치지연 및 부적합한 지보설치

Ⅳ. 대책

1) 터널 굴진전 전방 지반조사 실시 - 수평보링 및 TSP 탐사

2) 지반조건에 맞는 지반보강 및 차수시설 설치

3) 적합한 굴진장과 제어발파 실시 - Smooth Blasting 공법

4) 지보재 및 인버트 조기 시공 - 진행성 여굴 발생 초기에 조치

문제 18-20) 합경도(Total Hardness)

답

I. 정의

1) 합경도(H_T) $= H_R\sqrt{H_A}$

2) H_R : 반발경도(Rebound Hardness)

　H_A : 마모경도(Taber Abraser Hardness)

II. 산정방법

1) 반발경도(H_R)

① 시공중인 터널측벽에 슈미트해머로 측정

② 터널측벽에서 직경 10cm 이상 수평으로 채취한 코어에

　슈미트해머로 측정

2) 마모경도(H_A)

① 암석시편을 일정한 속도로 회전시키면서 마모시험기

　휠에 마모된 무게(g) 측정

② $H_A = \dfrac{1}{평균손실무게}$

III. 적용성

1) TBM 커터 관입률　　　　　2) TBM 커터 소모량

3) TBM 커터 작용력(F) $= (8 + 0.15H_T)P$　　　P : 커터 압입길이

문제 18-21)	이수가압식 쉴드(Slurry Type Shield)

답

I. 정의

이수가압식 쉴드란 커터헤드의 후면 챔버(Chamber) 내의 벤토나이트 슬러리를 가압순환하여 굴착면을 안정시키고 커트헤드로 굴착된 토사를 배송시키는 밀폐형 쉴드를 말한다.

II. 굴착원리

1) 챔버내 이수가압

2) 이막형성으로 굴착면 보호

3) 이수 순환으로 굴착토 후방 배송

커트헤드 / 챔버 / 가압장치 / 벤토나이트 공급 / 이막형성 / 벤토나이트 / 벤토나이트+굴착토 배송

III. 설계 및 시공시 고려사항

1) 토립자크기에 따라 슬러리농도(S)와 설계지보압(ΔP) 산정

안전율 / $\Delta P=40MPa$ / $S=4\%$ / 1.5 / $S=7\%$ / $\Delta P=20MPa$ / 1.0 / 세사 실트 / 모래 / 입경

① 세사 또는 실트 : 설계지보압 증가

② 모래 : 슬러리농도 증가가 효과

2) 모래지반은 슬러리 침투효과를 고려하여 설계지보압(ΔP) 산정

3) 굴진속도가 빠를수록 슬러리 지보시간은 짧아져 안전율은 증가

IV. 토압식 쉴드와 비교

토압식 쉴드	굴착토로 막장지지. 지상플랜드 설치공간이 적다
이수식 쉴드	가압압력으로 막장지지. 이수처리 시설로 지상공간이 크다.

문제 18-22) 테일보이드(Tail Void)

답

I. 정의

    테일보이드란 쉴드장비의 외판의 외경과 세그먼트의 외경 사이에 존재하는 원통형의 간극으로 테일스킨플레이트 두께와 세그먼트거치에 필요한 두께의 합을 말한다.

II. 테일보이드 크기 산정

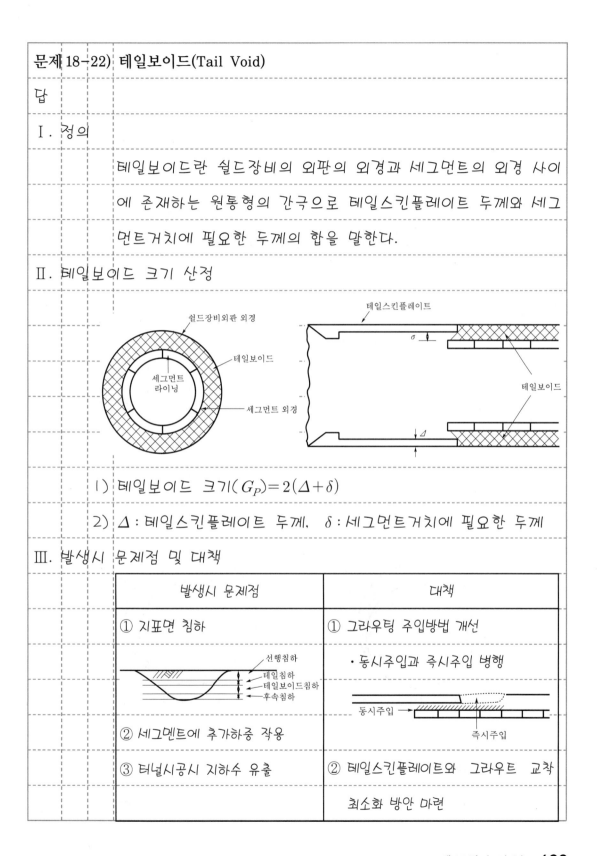

    1) 테일보이드 크기$(G_P)=2(\Delta+\delta)$

    2) Δ : 테일스킨플레이트 두께, δ : 세그먼트거치에 필요한 두께

III. 발생시 문제점 및 대책

발생시 문제점	대책
① 지표면 침하	① 그라우팅 주입방법 개선
	· 동시주입과 즉시주입 병행
② 세그멘트에 추가하중 작용	
③ 터널시공시 지하수 유출	② 테일스킨플레이트와 그라우트 교착 최소화 방안 마련

문제 18-23) 쉴드터널에서 Gap Parameter 발생원인과 대책

답

I. Gap Parameter의 정의

    1) 갭 파라미터(GAP) = $G_P + U + w$

    2) G_P(테일보이드에 의한 쉴드 천정부 변위) = $\Delta + \delta$

      U : 막장전면의 지반 탄소성거동에 의한 천정부 변위

      w : 시공오차에 의한 천정부 변위

II. 쉴드 종류별 Gap Parameter 발생원인

    1) 밀폐형 쉴드 발생원인 - 테일보이드

$GAP = G_{p-}$

$G_p = \Delta + \delta$

Δ : 테일 피스 두께

δ : 세그멘트 거치시 두께

쉴드   라이닝

    2) 개방형 쉴드 발생원인 - 테일보이드 + 막장전면부 토사유입 + 시공오차

$GAP = G_p + U$

$GAP = G_p + U + w$

〈시공오차가 없는 경우〉   〈시공오차가 있는 경우〉

III. 대책

    1) 개방형 쉴드보다 밀폐형 쉴드 선정

    2) 그라우팅 주입방법 개선 - 동시주입과 즉시주입 병행

문제 18-24) 터널막장안정성 평가방법과 대책

I. 터널막장의 정의

터널막장이란 터널 굴착시공이 시작되는 터널단면 또는 굴착시

공이 막 끝난 터널단면을 말한다.

II. 안정성 평가방법

1. 계측에 의한 안정성 평가

1) 관리기준치 설정

① 과거 유사한 터널의 시공실측치로 설정

② 시공중인 터널의 시공실측치로 설정

③ 수치해석에 의한 설정

④ 주변구조물 안정성확보를 위한 강제기준으로 설정

2) 계측자료와 관리기준치를 비교하여 안정성 평가

2. 한계평형법에 의한 안전율로 평가

1) 파괴면의 안전율(F_s) 산정 : $F_s = \dfrac{W\cos\theta\,\tan\varnothing}{W\sin\theta}$

2) 허용치(F_{sa})와 비교하여 안정성 평가

III. 대책

1) 천단부 보강대책

① Fore Poling   ② 강관다단그라우팅   ③ Pipe Roof

2) 막장면 보강대책

① Shotcrete   ② Rock Bolt

3) 차수 또는 용수 및 굴착방법

① 차수 Grouting   ② 수발공 또는 수발갱   ③ Bench Cut

문제 18-25) 터널에서 Face Mapping

답

I. 정의

터널에서 Face Mapping이란 터널굴착면(막장)을 육안관찰하여
지질구조와 암반상태 및 지하수상태 등의 불연속면 조사내용을
터널단면도에 표시하는 조사방법이다.

II. 터널 Face Mapping 작성 예

<Face Mapping 작성> <굴진방향별 지질도 작성>

III. 조사방법

1) 지질분야 전문기술자가 조사

2) 조사항목

① 막장 붕괴여부, 붕괴 위치와 형태 및 규모

② 암반 종류 및 풍화정도, 강도 및 암반등급

③ 불연속면의 종류 및 주향과 경사 등과 터널방향

IV. 결과활용

1) 암반분류를 실시하여 굴착방법 및 지보패턴 조정

2) 막장면 안전성 평가 및 계측위치 선정

3) 터널지질도 작성으로 터널 공용시 기초자료로 활용

문제 18-26) 휘폴링(Fore Poling)과 파이프루프(Pipe Roof) 차이

답

I. 휘폴링(Fore Poling)

　1) 정의

　　휘폴링은 터널굴착 전 터널 천단부에 5m 이하의 철근 또는 강관을 종방향으로 시공하여 지반이완을 방지하는 보조공법이다.

　2) 종류 및 표준단면

　　① 충전식 : 천공 후 철근 또는 강관 삽입 후 몰탈충전

　　② 주입식 : Pu−IF, AB Fore poling

최대 5m
철근 : φ 25mm 또는
강관 : φ 30~40mm
강지보공　숏크리트
Fore poling
1차 숏크리트
2차 숏크리트
120°

II. 파이프루프(Pipe Roof)

　1) 정의

　　파이프루프란 터널 바깥 둘레를 따라 수평보링후 강관을 삽입하고 강관내외를 주입하여 터널굴착에 따른 터널변위를 최대한 억제하여 상부시설물 보호 및 터널안정성 확보를 위한 터널보조공법을 말한다.

　2) 시공사례

선형배치
파이프루프

강관 : $\phi\,50\sim300mm$

$L=6\sim15m$

채움재 시멘트그라우트

Ⅲ. 차이

구분	Fore Poling	Pipe Roof
강관규격	$\phi\,30\sim40mm$	$\phi\,50\sim300mm$
시공길이	5m 이내	$6\sim15m$
설치각도	$60°\sim120°$	$120°\sim180°$
적용지반	연암, 풍화암	연암, 풍화암, 토사
설치방법	강지보재에 밀착시켜 2점지지가 되도록 설치	강지보재 바깥쪽에서 가능한 수평이 되도록 설치
적용성	터널막장 천단부 보강	① 터널 갱구부 보강 ② 도로, 철도 및 지중구조물 통과시 ③ 단층파쇄대 관통시 ④ 충적층 통과시

문제 18-27) 수로터널에서 내수압에 의한 Hydraulic Jacking

답

I. 정의

수로터널에서 내수압에 의한 Hydraulic Jacking이란 수로터널
내부의 수압이 초기지중응력보다 큰 경우 피복지반을 들어주어
지반을 파괴하는 현상을 말한다.

II. 발생원리(Mechanism)

1) 수로터널에 만수상태로
   물 공급 ⇒ 내수압 작용

2) 내수압(P) > 초기지중응력

3) 피복지반을 들어올려 파괴

III. 발생시 문제점

1) 수로터널 주변 암반지반 균열 유발

2) 인접 지하구조물 변형 유발

3) 내수압 저하시 수로터널 변형 및 붕괴

내수압 감소시 터널변형

주변 지반
균열로
이완 하중
증가

IV. 대책

1) 수밀라이닝 설치

   ① 철근콘크리트 라이닝

   ② 철관 라이닝

내수압

투수성

반투수성라이닝
(무근콘크리트라이닝)

외수압

수밀라이닝

2) 설계시 Hydraulic Jacking 검토

   ① 암반 피복두께(H_r) = $\dfrac{1.3\gamma_w H_w - \gamma_s H_s}{\gamma_r\,(\text{암반단위중량})}$

   ② $\gamma_w H_w$: 내수압 $\gamma_s H_s$: 토사층 토압

문제 18-28) 인버트 정의와 활용방안

답

Ⅰ. 인버트 정의

　　1) 의의

　　　　인버트란 터널단면에서 바닥에 타설된 역아칭형상의 콘크
　　　　리트를 말한다.

　　2) 터널형상별 인버트

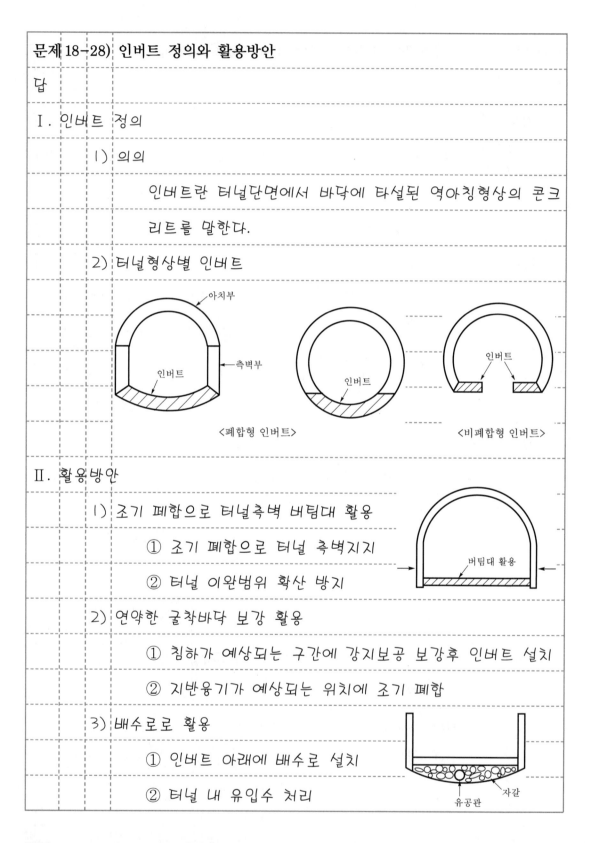

<폐합형 인버트>　　　　　　　　<비폐합형 인버트>

Ⅱ. 활용방안

　　1) 조기 폐합으로 터널측벽 버팀대 활용

　　　　① 조기 폐합으로 터널 측벽지지

　　　　② 터널 이완범위 확산 방지

　　2) 연약한 굴착바닥 보강 활용

　　　　① 침하가 예상되는 구간에 강지보공 보강후 인버트 설치

　　　　② 지반융기가 예상되는 위치에 조기 폐합

　　3) 배수로로 활용

　　　　① 인버트 아래에 배수로 설치

　　　　② 터널 내 유입수 처리

문제 18-29) 저토피구간의 Doorframe Slab공법

답

I. 정의

저토피구간의 Doorframe Slab공법이란 저토피구간을 먼저 굴착한 후 지지층까지 말뚝을 설치하여 철근콘크리트로 터널 천단부를 먼저 시공하고 되메우기 한 후 터널을 굴착하는 저토피구간 터널공법을 말한다.

II. 시공순서

1) 저토피구간 굴착

2) 지지말뚝 설치

3) Doorframe Slab 시공

4) 상부 되메움 및 시설물 복구

5) 터널 굴착

III. 특징

1) 개착식 공법보다 경제적이고 안전한 공법임

2) 상부 도로 교통차단 기간이 짧다.

3) 상부 토피하중이 터널에 작용하지 않음

4) 암반층이 깊은 경우에는 지지말뚝길이가 길어 비경제적임

IV. 개착식 공법과 비교

구분	개착식 공법	Doorframe Slab공법
토공량	많다	적다
교통대책	복공판	빠른시공 외 없다

문제 18-30) 침매터널

답

I. 정의

    침매터널이란 강이나 해협 저면을 Trench 준설 및 지반개량과 기초를 설치한 후 육지에서 진수 예인된 함체들을 침설 연결시킨 후 토피 두께가 1~2m 되도록 되메우기 하여 건설된 터널공법을 말한다.

II. 설계순서

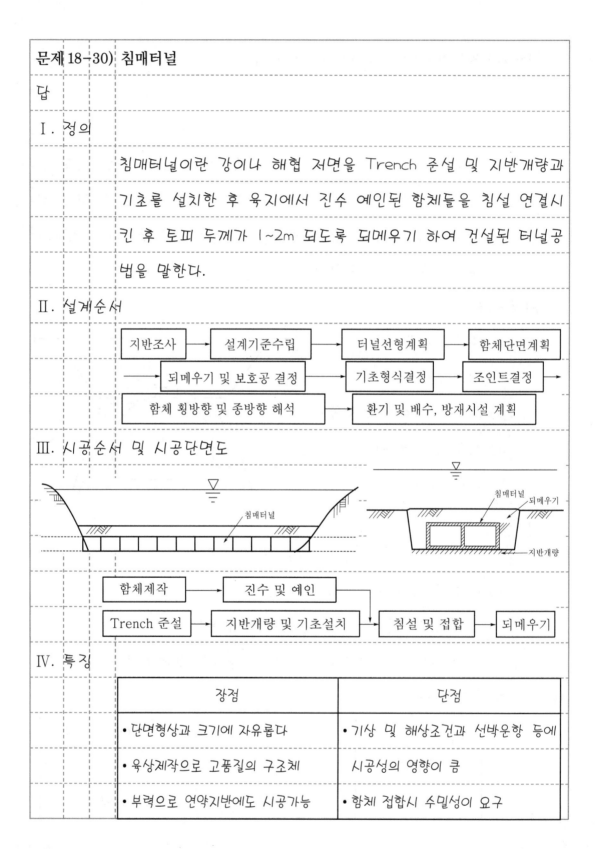

지반조사 → 설계기준수립 → 터널선형계획 → 함체단면계획

→ 되메우기 및 보호공 결정 → 기초형식결정 → 조인트결정 →

함체 횡방향 및 종방향 해석 → 환기 및 배수, 방재시설 계획

III. 시공순서 및 시공단면도

침매터널

침매터널 / 되메우기 / 지반개량

함체제작 → 진수 및 예인

Trench 준설 → 지반개량 및 기초설치 → 침설 및 접합 → 되메우기

IV. 특징

장점	단점
• 단면형상과 크기에 자유롭다	• 기상 및 해상조건과 선박운항 등에
• 육상제작으로 고품질의 구조체	시공성의 영향이 큼
• 부력으로 연약지반에도 시공가능	• 함체 접합시 수밀성이 요구

제16장 ▶ 진동·내진

문제 1 내진설계시 지반응답특성 평가에 필요한 지반정수와 구하는 시험법에 대하여 기술하시오.

문제 2 동적전단탄성계수의 정의 및 구하는 방법과 영향요소 및 이용에 대하여 기술하시오.

문제 3 진동삼축압축시험의 응력상태와 응력경로를 도시하고 시험결과의 적용에 대하여 기술하시오.

문제 4 말뚝항타, 발파 및 지진의 진동하중특성에 따른 탁월진동수와 동적전단변형률에 대하여 기술하시오.

문제 5 진동하중이 작용하는 직접기초를 연약지반상에 설치할 때 설계 및 시공시 유의사항에 대하여 기술하시오.

문제 6 지반의 내진해석기법의 종류에 대하여 기술하시오.

문제 7 내진설계시 실지진기록으로 구한 가속도이력데이터를 적용하지 않고 별도의 지진응답해석을 실시하는 이유에 대하여 기술하시오.

문제 8 암반 위의 A건물과 연약지반 위의 B건물의 지진시 거동특성 및 내진설계를 위한 입력지진 선정방안에 대하여 기술하시오.

문제 9 교대의 내진설계시 기초공학적으로 검토할 사항과 옹벽으로 설계하는 방법에 대하여 기술하시오.

문제 10 사면 내진해석법에서 동적사면 안정기준과 동적사면 안정해석법에 대하여 기술하시오.

문제 11 균질한 토사사면에서 파괴면을 아래 그림과 같이 직선으로 가정하고 다음에 대하여 답하시오.

1) 지진발생시 사면안전율을 유사정적해석방법으로 구하시오.($K_h = 0.1$, $K_v = 0$)

2) 항복가속도 α_y(Newmark 활동블럭해석)를 계산하여 활동으로 인한 변위가 발생하는지 여부를 판단하시오.

문제 12 액상화현상의 정의와 발생가능 지반 및 지배요인과 예측방법 및 대책에 대하여 기술하시오.

문제 13 액상화현상의 발생가능성을 검토하는 방법을 단계별로 기술하시오.

문제 14 모래의 전단거동을 한계상태선(CSL) 또는 정상상태선(SSL)과 상태변수(State Parameter)의 개념을 이용하여 설명하시오.

| 문제 1) | 내진설계시 지반응답특성 평가에 필요한 지반정수와 구하는 시험법 |
| 에 대하여 기술하시오. |

답

Ⅰ. 지반응답특성 평가의 정의

1) 정의

지반응답특성 평가란 내진설계지진($M = 6.5$ 또는 $M = 5.5$)으로 설계대상지반의 지표면에서 예측되는 시간이력 가속도 및 변위 데이터를 분석하는 것을 말한다.

2) 평가순서

① 지반구성상태 및 지반정수 입력

② 보통암지반 경계부에 내진설계지진의 진동 입력

③ 지표면의 시간별 가속도 및 시간별 변위곡선 추정

④ 주기와 최대가속도로 지반의 동적특성 평가

Ⅱ. 필요한 지반정수

1) 동적전단탄성계수(G_d)

$$① \quad G_d = \frac{\text{반복 전단응력}(\Delta \tau_d)}{\text{전단변형률}(\Delta \gamma, \%)}$$

② 전단변형률별 동적전단탄성계수가 필요함

2) 동적탄성계수(E_d)

$$① \ E_d = \frac{반복연직응력(\Delta\sigma_d)}{축변형률(\Delta\varepsilon, \%)}$$

3) 동적포아송비(v_d)

$$① \ v_d = \frac{반복연직응력에 \ 의한 \ 수평변형률}{반복연직응력에 \ 의한 \ 수직변형률}$$

$$② \ v_d = \left(\frac{E_d}{2G_d}\right) - 1$$

4) 감쇠비(D)

$$① \ D = \frac{감쇠상수}{임계감쇠상수}$$

② 전단변형률별 감쇠비가 필요함

③ 감쇠정수(h) = $2D$

Ⅲ 구하는 시험법

1. 시험종류

시험종류		동적 물성치					전단변형률 ($\gamma\%$) 범위	측정치
		v_d	E_d	G_d	D	$\frac{\sigma_d}{2\sigma_v{'}}$		
현장 시험	공내시험	○	○	○				V_P, V_S
	표면파기법			○			$\gamma < 10^{-3}$	V_R
	초음파진동시험	○	○	○				V_P, V_S
실내 시험	공진주 시험	○	○	○	○		$\gamma = 10^{-6} \sim 1$	f, A
	반복삼축압축시험	○	○		○	○	$\gamma = 10^{-2} \sim 1$	$\Delta\sigma_d$, $\varepsilon(\%)$
	반복단순전단시험	○		○	○			$\Delta\tau_d$, $\gamma(\%)$
	반복비틀림전단시험	○		○	○		$\gamma = 10^{-4} \sim 1$	

2. 시험법

  1) 현장 공내시험

    ① 시험법

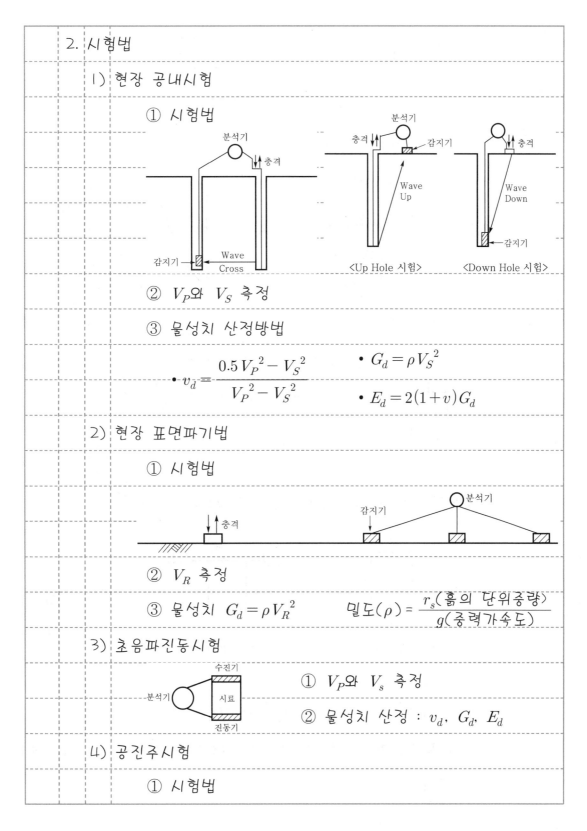

    ② V_P와 V_S 측정

    ③ 물성치 산정방법

$$\cdot\, v_d = \frac{0.5\,V_P^{\,2} - V_S^{\,2}}{V_P^{\,2} - V_S^{\,2}}$$

$$\cdot\, G_d = \rho\,V_S^{\,2}$$

$$\cdot\, E_d = 2(1+v)\,G_d$$

  2) 현장 표면파기법

    ① 시험법

    ② V_R 측정

    ③ 물성치 $G_d = \rho\,V_R^{\,2}$　　　밀도$(\rho) = \dfrac{r_s(\text{흙의 단위중량})}{g(\text{중력가속도})}$

  3) 초음파진동시험

    ① V_P와 V_s 측정

    ② 물성치 산정 : v_d, G_d, E_d

  4) 공진주시험

    ① 시험법

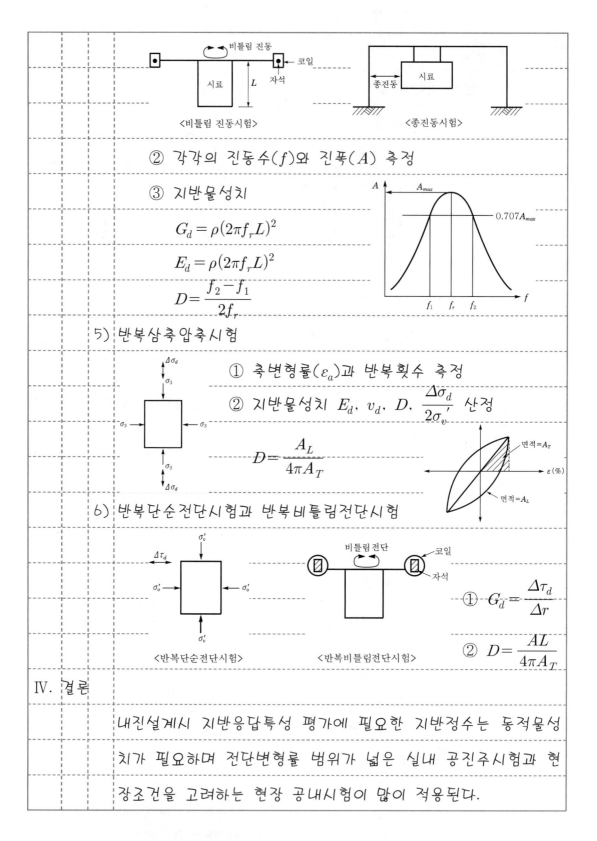

<비틀림 진동시험>

<종진동시험>

② 각각의 진동수(f)와 진폭(A) 측정

③ 지반물성치

$$G_d = \rho(2\pi f_r L)^2$$

$$E_d = \rho(2\pi f_r L)^2$$

$$D = \frac{f_2 - f_1}{2f_r}$$

5) 반복삼축압축시험

① 축변형률(ε_a)과 반복횟수 측정

② 지반물성치 E_d, v_d, D, $\dfrac{\Delta\sigma_d}{2\sigma_v'}$ 산정

$$D = \frac{A_L}{4\pi A_T}$$

6) 반복단순전단시험과 반복비틀림전단시험

① $G_d = \dfrac{\Delta\tau_d}{\Delta r}$

② $D = \dfrac{AL}{4\pi A_T}$

<반복단순전단시험>

<반복비틀림전단시험>

IV. 결론

내진설계시 지반응답특성 평가에 필요한 지반정수는 동적물성치가 필요하며 전단변형률 범위가 넓은 실내 공진주시험과 현장조건을 고려하는 현장 공내시험이 많이 적용된다.

| 문제 2) | 동적전단탄성계수의 정의 및 구하는 방법과 영향요소 및 이용에 대하여 기술하시오. |

답

I. 동적전단탄성계수의 정의

1) 동적전단탄성계수(G_d) = $\dfrac{\text{동적전단응력}(\tau_d)}{\text{동적전단변형률}(\gamma_d)}$

2) 동적전단탄성계수는 동적해석시 지반응답특성평가에 이용되며 전단변형률에 영향을 받는다.

3) 필요성

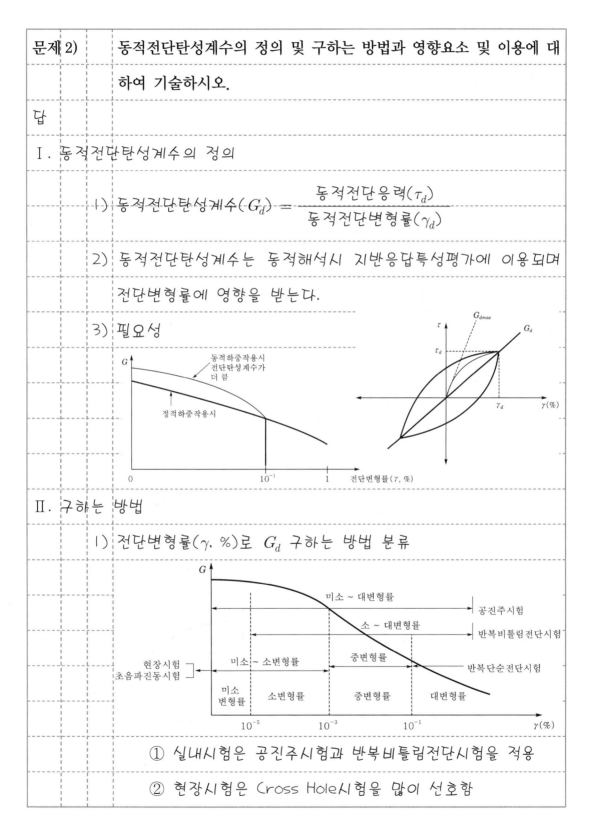

II. 구하는 방법

1) 전단변형률$(\gamma, \%)$로 G_d 구하는 방법 분류

① 실내시험은 공진주시험과 반복비틀림전단시험을 적용

② 현장시험은 Cross Hole시험을 많이 선호함

2) 구하는 방법

		시험법		측정치	G_d 산정
현장 시험	공내시험	Cross Hole			$G_d = \rho V_s^{\,2}$
		Up Hole		V_p(압축파속도)	
		Down Hole		V_s(전단파속도)	밀도$(\rho) = \dfrac{\gamma_s}{g}$
		토모그래피탐사			
	표면파기법			V_R(R파속도)	$G_d \fallingdotseq \rho V_R^{\,2}$
실내 시험	초음파진동시험			V_p, V_s	$G_d = \rho V_s^{\,2}$
	공진주시험			f_r(비틀림진동수)	$G_d = \rho (2\pi f_r L)^2$
	반복단순전단시험			τ_d, $\gamma_d(\%)$	$G_d = \dfrac{\tau_d}{\gamma_d(\%)}$
	반복비틀림전단시험				

Ⅲ. 영향요소

1) 비례관계

① 상대밀도(D_r)

② 반복횟수(N_e)

③ 연직유효응력(σ_v')

2) 반비례관계

① 전단변형률$(\gamma, \%)$

② 감쇠비(D)

③ 포화도(S_r)

Ⅳ. 이용

1) 동탄성계수(E_d) 산정

① $E_d = 2(1 + v_d)G_d$

② 동포아송비(v_d) : G_d값의 전단변형률과 같을 때의 값

2) 동포아송비(v_d) 산정

① $v_d = \dfrac{E_d}{2G_d} - 1$

② 동일한 전단변형률의 E_d 또는 G_d

3) 지반응답해석시 입력자료로 이용

① 저 전단변형률에서의 최대 전단탄성계수(G_{max}) 입력

② 전단탄성계수비(G/G_{max})-전단변형률(γ, %) 곡선 입력

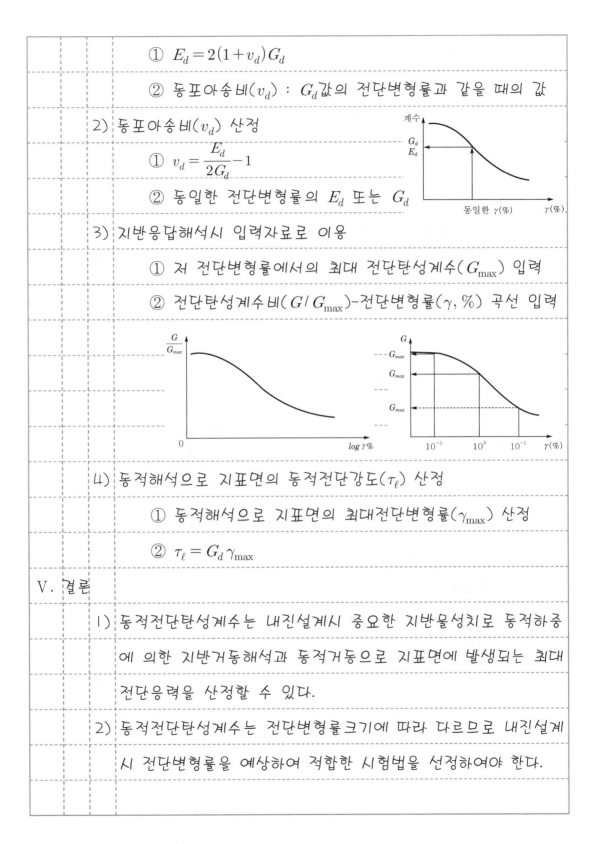

4) 동적해석으로 지표면의 동적전단강도(τ_ℓ) 산정

① 동적해석으로 지표면의 최대전단변형률(γ_{max}) 산정

② $\tau_\ell = G_d \gamma_{max}$

V. 결론

1) 동적전단탄성계수는 내진설계시 중요한 지반물성치로 동적하중에 의한 지반거동해석과 동적거동으로 지표면에 발생되는 최대 전단응력을 산정할 수 있다.

2) 동적전단탄성계수는 전단변형률크기에 따라 다르므로 내진설계시 전단변형률을 예상하여 적합한 시험법을 선정하여야 한다.

문제3) 진동삼축압축시험의 응력상태와 응력경로를 도시하고 시험결과의 적용에 대하여 기술하시오.

답

Ⅰ. 진동삼축압축시험의 개요

1) 정의

진동삼축압축시험이란 일반 삼축압축시험과 같이 성형된 시료에 구속압(σ_3)을 가한 후 압밀시킨 후 진동장치로 축차응력($\Delta\sigma$)을 축방향으로 반복재하하는 시험을 말한다.

2) 시험 방법

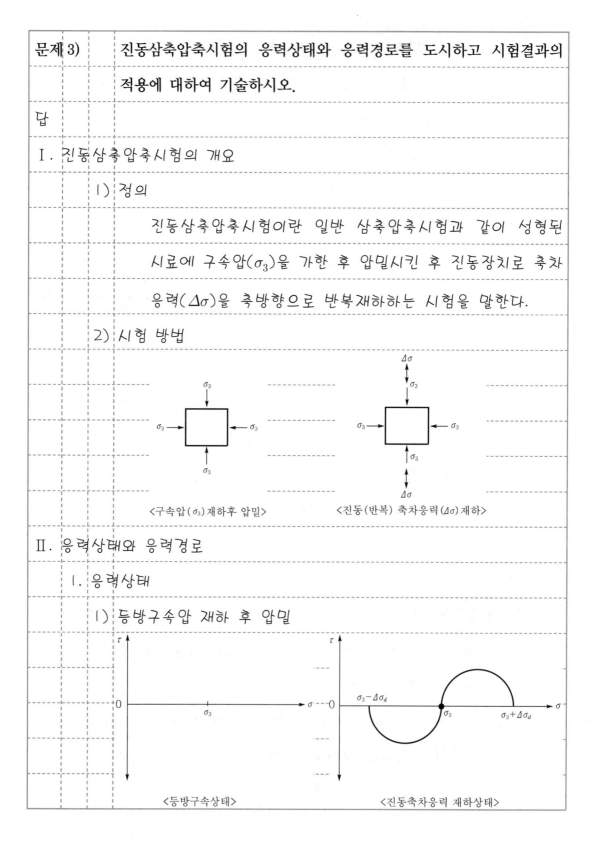

<구속압(σ_3) 재하후 압밀>   <진동(반복) 축차응력($\Delta\sigma$) 재하>

Ⅱ. 응력상태와 응력경로

1. 응력상태

1) 등방구속압 재하 후 압밀

<등방구속상태>   <진동축차응력 재하상태>

2) 진동축차응력 재하

　　① 축차응력 재하($+\Delta\sigma_d$)상태

$$\sigma_1 = \sigma_3 + \Delta\sigma_d, \ \sigma_3 = \sigma_3$$

　　② 축차응력 제하($-\Delta\sigma_d$)상태

$$\sigma_1 = \sigma_3 - \Delta\sigma_d, \ \sigma_3 = \sigma_3$$

2. 응력경로

　1) 등방구속상태

$$P_1 = \frac{\sigma_3 + \sigma_3}{2} = \sigma_3, \qquad q_1 = \frac{\sigma_3 - \sigma_3}{2} = 0$$

　2) 진동축차응력 재하

　　① 축차응력 재하상태

$$P_2 = P_1 + \frac{\Delta\sigma_d}{2} = \sigma_3 + \frac{\Delta\sigma_d}{2}, \qquad q_2 = \frac{\Delta\sigma_d}{2}$$

　　② 축차응력 제하상태

$$P_3 = \sigma_3 - \frac{\Delta\sigma_d}{2}, \qquad q_3 = -\frac{\Delta\sigma_d}{2}$$

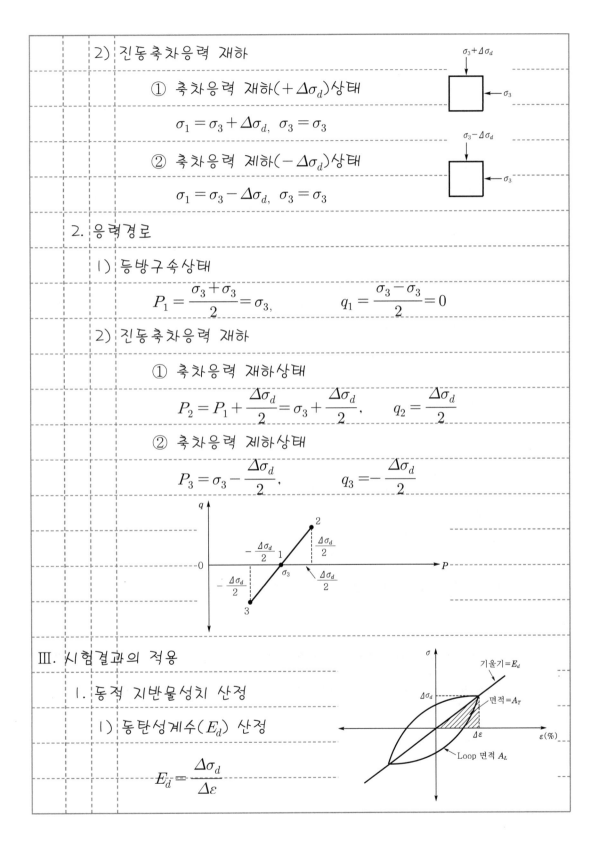

III. 시험결과의 적용

1. 동적 지반물성치 산정

　1) 동탄성계수(E_d) 산정

$$E_d = \frac{\Delta\sigma_d}{\Delta\varepsilon}$$

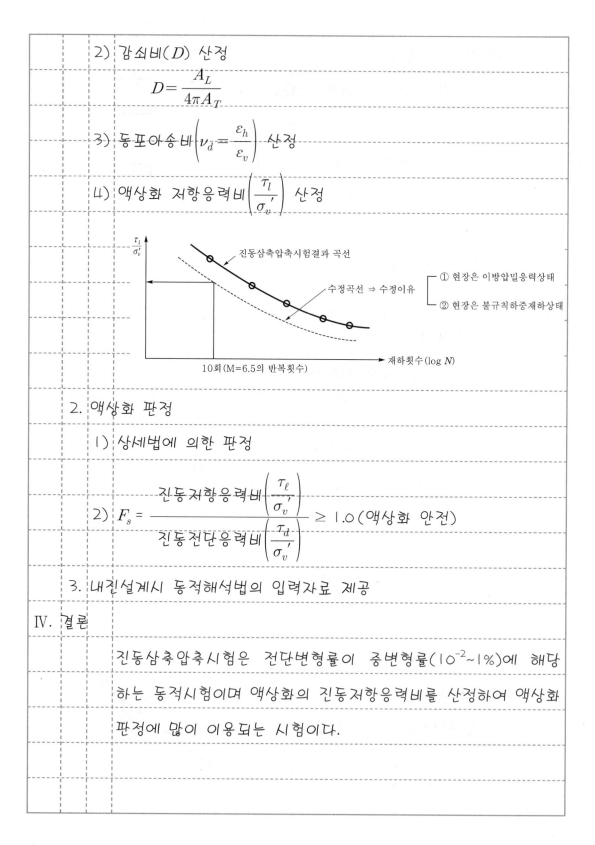

2) 감쇠비(D) 산정

$$D = \frac{A_L}{4\pi A_T}$$

3) 동포아송비$\left(\nu_{\bar{d}} = \frac{\varepsilon_h}{\varepsilon_v}\right)$ 산정

4) 액상화 저항응력비$\left(\frac{\tau_l}{\sigma_v'}\right)$ 산정

진동삼축압축시험결과 곡선

수정곡선 ⇒ 수정이유

① 현장은 이방압밀응력상태

② 현장은 불규칙하중재하상태

10회(M=6.5의 반복횟수)

재하횟수($\log N$)

2. 액상화 판정

1) 상세법에 의한 판정

2) $F_s = \dfrac{\text{진동저항응력비}\left(\dfrac{\tau_\ell}{\sigma_v'}\right)}{\text{진동전단응력비}\left(\dfrac{\tau_d}{\sigma_v'}\right)} \geq 1.0\,(\text{액상화 안전})$

3. 내진설계시 동적해석법의 입력자료 제공

Ⅳ. 결론

진동삼축압축시험은 전단변형률이 중변형률(10^{-2}~1%)에 해당하는 동적시험이며 액상화의 진동저항응력비를 산정하여 액상화 판정에 많이 이용되는 시험이다.

문제 4)		말뚝항타, 발파 및 지진의 진동하중특성에 따른 탁월진동수와 동적
		전단변형률에 대하여 기술하시오.

답5)

I. 동적하중의 개요

1) 정의

동적하중이란 지진이나 기계적 진동 또는 충격 등으로 발생하는 하중을 말하며, 동적하중 요소에는 반복과 하중속도가 있다.

2) 동적하중별 특성

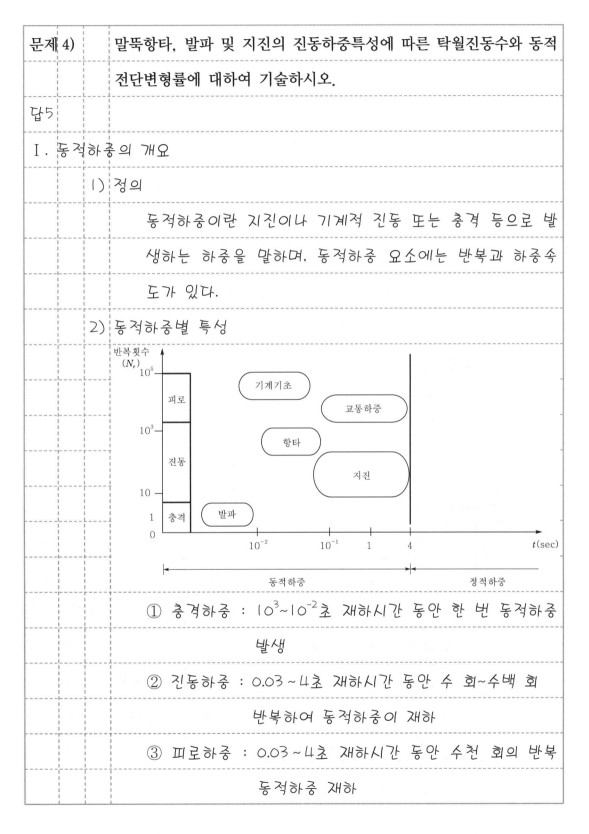

① 충격하중 : $10^3 \sim 10^{-2}$초 재하시간 동안 한 번 동적하중 발생

② 진동하중 : $0.03 \sim 4$초 재하시간 동안 수 회~수백 회 반복하여 동적하중이 재하

③ 피로하중 : $0.03 \sim 4$초 재하시간 동안 수천 회의 반복 동적하중 재하

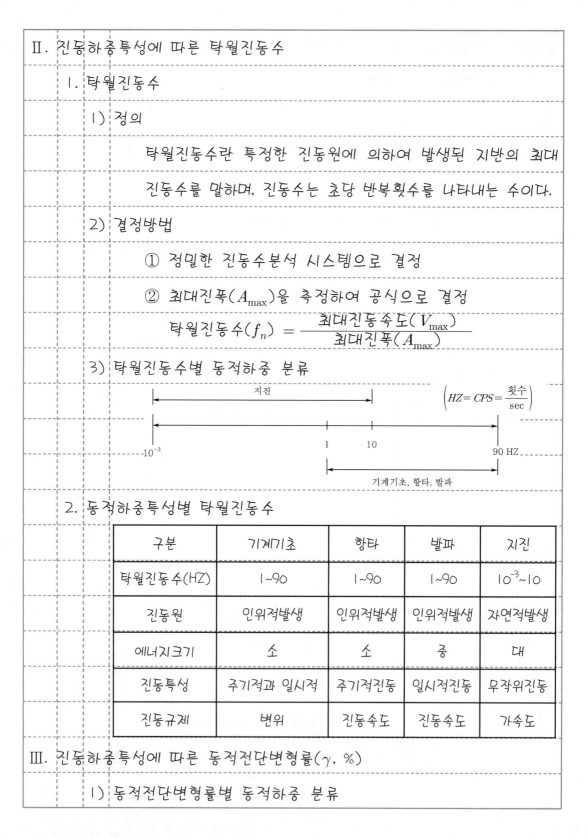

Ⅱ. 진동하중특성에 따른 탁월진동수

1. 탁월진동수

1) 정의

탁월진동수란 특정한 진동원에 의하여 발생된 지반의 최대

진동수를 말하며, 진동수는 초당 반복횟수를 나타내는 수이다.

2) 결정방법

① 정밀한 진동수분석 시스템으로 결정

② 최대진폭(A_{max})을 측정하여 공식으로 결정

$$탁월진동수(f_n) = \frac{최대진동속도(V_{max})}{최대진폭(A_{max})}$$

3) 탁월진동수별 동적하중 분류

$$\left(HZ = CPS = \frac{횟수}{sec} \right)$$

2. 동적하중특성별 탁월진동수

구분	기계기초	항타	발파	지진
탁월진동수(HZ)	1~90	1~90	1~90	10^{-3}~10
진동원	인위적발생	인위적발생	인위적발생	자연적발생
에너지크기	소	소	중	대
진동특성	주기적과 일시적	주기적진동	일시적진동	무작위진동
진동규제	변위	진동속도	진동속도	가속도

Ⅲ. 진동하중특성에 따른 동적전단변형률(γ, %)

1) 동적전단변형률별 동적하중 분류

기계기초
교통하중
소규모 지진(약진)   항타 / 발파 / 중규모 지진(중진)   대규모 지진(강진)

10^{-5} 10^{-4} 10^{-3} 10^{-1} $\gamma(\%)$

(소변형률)   (중변형률)   (대변형률)

2) 동적하중특성에 따른 동적전단변형률

구분	기계기초	항타	발파	지진
동적전단변형률	소변형률	중변형률	중변형률	소~대변형률
지반거동	탄성거동	탄소성거동	탄소성거동	탄소성거동
지반피해		부등침하로 지반균열발생	부등침하로 지반 균열발생	부등침하, 지반균열, 액상화, 유동화발생
감쇠	거하감쇠발생	기하감쇠와 재료감쇠발생	기하감쇠와 재료감쇠발생	기하감쇠와 재료감쇠발생

IV. 결론

1) 동적하중은 반복재하횟수와 재하시간 및 진동원의 종류에 따라 구분되며 동적하중의 종류에 따라 동적거동이 달라진다.

2) 지진 동하중은 탁월진동수는 적으나 전단변형률이 가장 크므로 지진발생시 지반피해가 가장 크다.

3) 동적하중은 동적하중별 특성과 거동에 적합한 이상화로 단순화하여 설계에 이용하여야 한다.

문제 5)		진동하중이 작용하는 직접기초를 연약지반상에 설치할 때 설계 및
		시공시 유의사항에 대하여 기술하시오.

답

I. 기계기초의 개요

  1) 정의

    기계기초란 진동하중이 작용하는 직접기초를 말하며, 초기
    에는 복합진동(강제진동 + 자유진동)을 하지만 점차 기초
    – 지반의 고유진동인 자유진동은 소멸되고 주기적인 강제
    진동만 발생된다.

  2) 강제진동 형태

〈조화진동〉 〈주기진동〉

  3) 기계기초 형식

    ① 블록형   ② 상자 또는 케이슨형   ③ 뼈대형

II. 설계시 유의사항

  1. 공진현상 발생 방지

    1) 정의

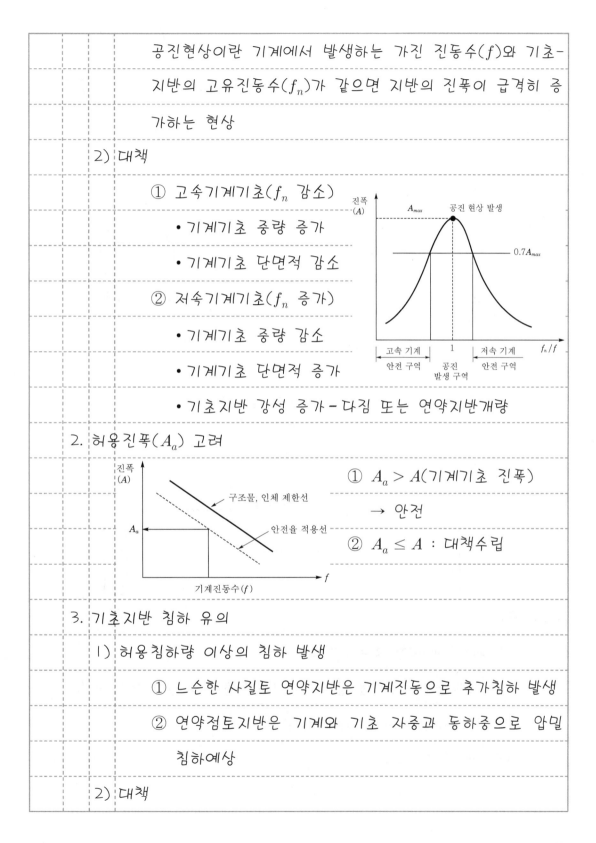

공진현상이란 기계에서 발생하는 가진 진동수(f)와 기초-지반의 고유진동수(f_n)가 같으면 지반의 진폭이 급격히 증가하는 현상

2) 대책

① 고속기계기초(f_n 감소)

- 기계기초 중량 증가
- 기계기초 단면적 감소

② 저속기계기초(f_n 증가)

- 기계기초 중량 감소
- 기계기초 단면적 증가
- 기초지반 강성 증가 - 다짐 또는 연약지반개량

2. 허용진폭(A_a) 고려

① $A_a > A$(기계기초 진폭)

→ 안전

② $A_a \leq A$: 대책수립

3. 기초지반 침하 유의

1) 허용침하량 이상의 침하 발생

① 느슨한 사질토 연약지반은 기계진동으로 추가침하 발생

② 연약점토지반은 기계와 기초 자중과 동하중으로 압밀 침하예상

2) 대책

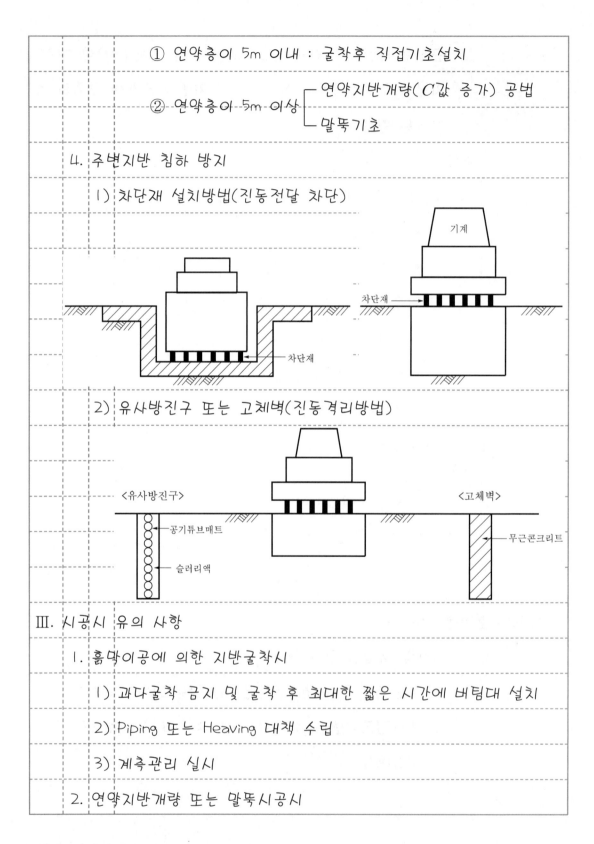

① 연약층이 5m 이내 : 굴착후 직접기초설치

② 연약층이 5m 이상 ┬ 연약지반개량(C값 증가) 공법
                    └ 말뚝기초

4. 주변지반 침하 방지

   1) 차단재 설치방법(진동전달 차단)

   기계

   차단재

   차단재

   2) 유사방진구 또는 고체벽(진동격리방법)

   〈유사방진구〉   〈고체벽〉

   공기튜브매트   무근콘크리트

   슬러리액

Ⅲ. 시공시 유의 사항

1. 흙막이공에 의한 지반굴착시

   1) 과다굴착 금지 및 굴착 후 최대한 짧은 시간에 버팀대 설치

   2) Piping 또는 Heaving 대책 수립

   3) 계측관리 실시

2. 연약지반개량 또는 말뚝시공시

1) 연약지반은 점착력(C)이 증가되는 공법 선택

2) 말뚝시공시 부마찰력 검토

3. 유사방진구 설치시

1) 수직도 유지 및 굴착깊이 준수

2) 공벽붕괴 및 공기튜브 부상 방지대책 수립

4. 기계 설치시

1) 기계기초의 중앙부와 기계중심부가 일치되도록 기계 설치←편심방지

2) 기계설치 후 기계 작동장치를 켤 때와 끌 때의 진폭을 측정하여 지반과 기계기초 영향 고려

IV. 결론

1) 진동기계기초 설계시 진동기계에서 발생되는 지반의 진폭을 허용치 이내로 하는 것이 제일 중요하다.

2) 진동기계 작동 직후와 작동 정지 직후에 진폭이 허용치보다 순간적으로 커지는 경우가 많으므로 반드시 진동기계 밑에 차단재를 설치하여야 한다.

3) 기계를 설치할 때 기초의 중심선과 기계의 중심선이 일치하도록 설치하고 작동 전후의 진폭을 측정하여 영향을 검토하고 불안시 대책을 수립해야 한다.

문제 6)		지반의 내진해석기법의 종류에 대하여 기술하시오.

답

I. 내진해석기법의 개요

    1) 정의

        내진해석기법이란 해당 구조물과 주변지반이 내진설계 지진에 안전하도록 안정 검토하는 것을 말한다.

    2)

종류	대상 구조물
진도법(등가정적해석법)	기계기초, 일반 옹벽과 사면
응답변위법	일반 지중구조물(암거, 매설관, 터널)
동적해석법	• 중요한 옹벽과 사면, 중요한 지중구조물 • 지진 후 옹벽 사용성 판단

II. 종류

    1. 진도법

    1) 정의

        진도법이란 내진설계 지진력을 정적하중으로 환산하여 지상구조물의 안정성을 검토하는 방법을 말한다.

    2) 내진설계 지진력(F)

        ① $F = KW$ (W : 구조물중량)

        ② 설계진도계수(K) $= \dfrac{\text{내진설계 지진가속도}(\alpha_{max})}{\text{중력가속도}(g)}$

        ③ 설계진도계수(K) 산정방법

            • 시방서에서 지역과 지반조건 및 내진등급으로 산정

- 공식으로 추정(내진설계 지진가속도 산정)

| a. 표준설계응답 스펙트럼에서 $\alpha_{\max}$ 산정 |
| b. 지반응답해석으로 설계 부지의 $\alpha_{\max}$ 산정 |

3) 특징

① 지상구조물 내진설계에 많이 이용

② 해석이 간단하며 경험에 의한 실적이 많다.

③ 지반변위에 민감한 구조물은 적합하지 않다.

④ 지반변위를 해석할 수 없다.

4) 해석방법

① 작용하중($Q = W + F$) 산정

② 안전율(F_s) 산정 : $F_s = \dfrac{\text{저항력}}{\text{작용력}} = \dfrac{\text{저항력}}{\text{정적하중} + \text{동적하중}}$

③ 허용치(F_{sa})와 비교하여 안정성 판단

2. 응답변위법

1) 정의

응답변위법이란 내진설계지진에 의한 지표면 지반운동인 설계지반운동으로 지중구조물에 발생되는 가상의 변위로 산정된 주면전단력을 이용하여 지중구조물의 안정성을 검토하는 방법을 말한다.

2) 해석방법

① 지표면에 내진설계지진하중과 지반응답해석으로 구한 깊이별 전단변형률을 입력

② 지중구조물 측면에 작용하는 지반변위량(y) 산정

- $y(x, t) = A \sin \alpha_n (t - x/V)$

여기서 x : 파동진행 방향 좌표, t : 시간

A : 변위진폭, α_n : 가속도, V : 파동 전단속도

③ 지반변위량(y)으로 작용하는 토압(P) 산정

- $P = K_h y$ (K_h : 수평 지반반력계수)

④ 안정검토실시

- $F_s = \dfrac{\text{구조물 허용응력}}{P_1}$

- 안전 : $F_s \geq F_{sa}$

⑤ 구조물 부재단면력 산출

3) 특징

장점	단점
① 진도법과 동적해석법의 단점을 보완한 내진해석법	① 국내부지 특성상 하부지층 변위량이 실제보다 크게 산정된다.
② 지중구조물 내진해석에 적합	② 적용부지의 전단파속도가 일정하다
③ 해당부지의 설계응답스펙트럼값이 적절한 경우 신뢰성이 큼	고 가정되므로 복잡한 지층에는 신뢰성이 낮음

3. 동적해석법

1) 정의

동적해석법이란 지반 및 구조물을 유한요소화하여 지반응답해석으로 결정된 설계응답스펙트럼에 대한 응답배율 및 증폭도와 기타 응답치를 이용하여 안정성을 평가하는 내

진해석법을 말한다.

2) 해석방법

① 지층구성 및 지반물성치 산정

② 지반응답해석으로 지표면 설계응답스펙트럼 산정

구분	입력자료
지반물성치	$G/G_{\max} - \gamma(\%)$ 곡선, $D - \gamma(\%)$ 곡선
	G : 동적 전단탄성계수, D : 감쇠비 $G_{\max}$: 최대 전단탄성계수, $\gamma(\%)$: 전단변형률
입력지진	내진설계지진의 장주기파와 단주기파 및 인공지진파

③ 해석대상 지반 및 구조물을 유한요소화

④ 지반물성치 및 입력지진 입력

• 지반물성치 : $v_d,\ E_d,\ G_d,\ D$

• 입력지진 : 지반응답해석의 설계응답스펙트럼

⑤ 수치해석으로 지표면의 최대가속도($\alpha_{\max}$), 최대전단응력($\tau_{\max}$), 최대전단변형률($\gamma_{\max}$, %) 산정

⑥ 안정성 검토

• 응력검토 $\left[\begin{array}{l}\text{최대가속도}(\alpha_{\max}) \\ \text{최대전단응력}(\tau_{\max})\end{array}\right.$ 안정성 판단

• 변위검토 : 최대전단변형률로 안정성 판단

3) 특징

장점	단점
• 구조물의 동적특성이 고려됨	• 결과처리가 과다

			• 해석결과가 정확함	• 해석시간이 많이 소요
			• 향후 사용이 증가될 추세	

Ⅲ. 결론

1) 지반의 내진설계시 지진의 불확실성과 지진해석의 난이도 때문에 해석이 단순하고 보수성이 큰 진도법을 실무에서 많이 사용하고 있는 실정이다.

2) 지진시 전단강도 감소율이 15% 이상되는 연약지반과 지표면에서 기반암까지 두꺼운 토사층 또는 불규칙적인 토층 및 중요한 구조물의 내진설계시에는 동적해석법을 필수적으로 실시하여야 한다.

문제 7)			내진설계시 실지진기록으로 구한 가속도이력데이터를 적용하지 않
			고 별도의 지진응답해석을 실시하는 이유에 대하여 기술하시오.

답

I. 지진응답해석의 개요

1) 정의

지진응답해석이란 보통암에 내진설계지진을 입력하여 설계
부지의 동적특성을 고려한 부지 고유의 응답해석을 구하는
것을 말한다.

2) 해석방법

① 지반 구성 및 지반 동적물성치 산정

- 현장시험 - 지반의 전단파속도 주상도
- 실내시험 - 전단변형률별 전단탄성계수 및 감쇠비곡선

② 해석 대상지반 모델링 및 지반물성치 입력

③ 보통암 경계부에 내진설계의 장주기파, 단주기파, 인공
지진파 입력

④ 수치해석으로 깊이별 최대지반가속도 및 지표면 최대
가속도, 전단변형률, 전단응력 및 구조물 주기에 따른
응답스펙트럼, 지반운동시간이력 산정

II. 별도의 지진응답해석을 실시하는 이유

1) 국내 실지진기록 가속도이력데이터 전무

① 내진설계지진에 해당하는 실지진

지진관측소
보통노두암반에
지진계측기
설치

기록 가속도이력데이터는 없음

② 실지진기록 가속도이력데이터는 지표면이 아닌 보통암
에서 측정됨

2) 지표면 가속도이력데이터는 지반조건에 따라 다름

① 지반조건에 따른 지표면 가속도이력데이터

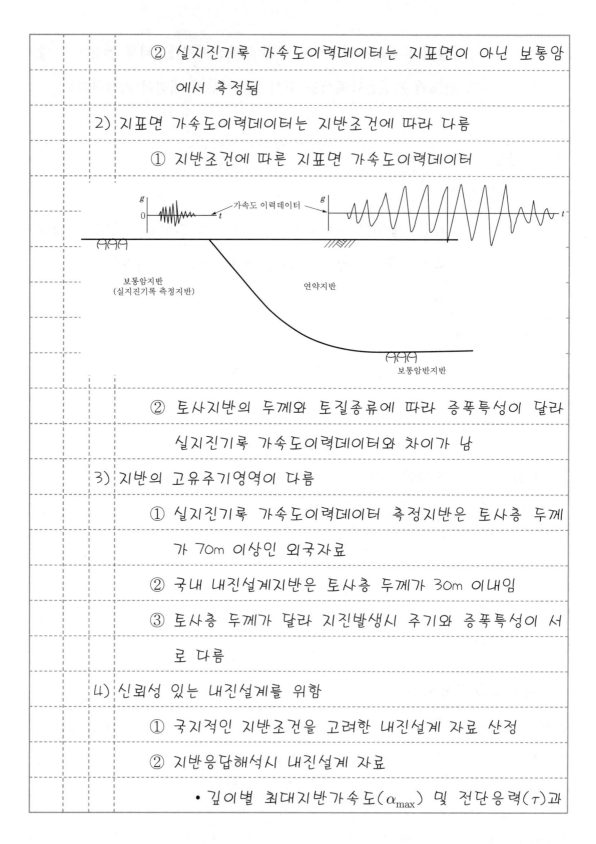

② 토사지반의 두께와 토질종류에 따라 증폭특성이 달라
실지진기록 가속도이력데이터와 차이가 남

3) 지반의 고유주기영역이 다름

① 실지진기록 가속도이력데이터 측정지반은 토사층 두께
가 70m 이상인 외국자료

② 국내 내진설계지반은 토사층 두께가 30m 이내임

③ 토사층 두께가 달라 지진발생시 주기와 증폭특성이 서
로 다름

4) 신뢰성 있는 내진설계를 위함

① 국지적인 지반조건을 고려한 내진설계 자료 산정

② 지반응답해석시 내진설계 자료

• 깊이별 최대지반가속도(α_{max}) 및 전단응력(τ)과

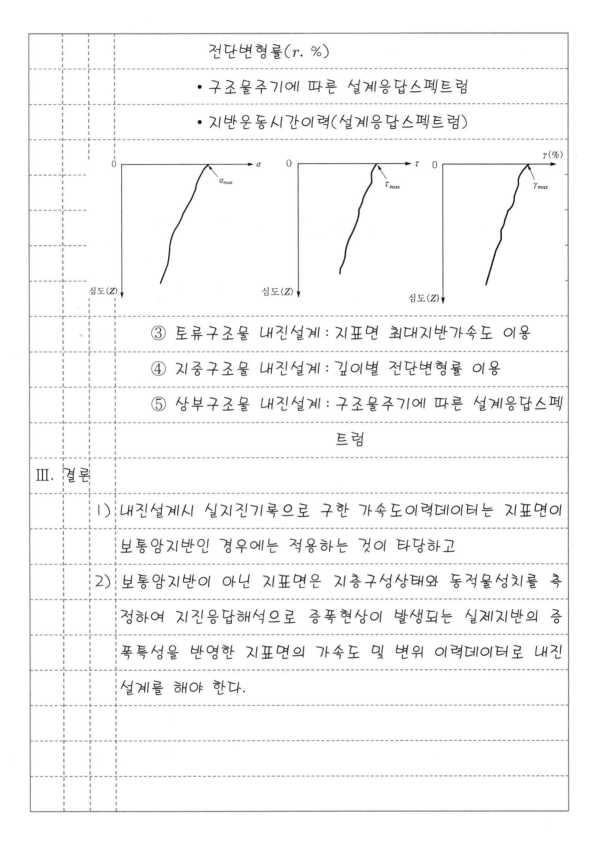

전단변형률(r, %)

- 구조물주기에 따른 설계응답스펙트럼

- 지반운동시간이력(설계응답스펙트럼)

③ 토류구조물 내진설계 : 지표면 최대지반가속도 이용

④ 지중구조물 내진설계 : 깊이별 전단변형률 이용

⑤ 상부구조물 내진설계 : 구조물주기에 따른 설계응답스펙트럼

Ⅲ. 결론

1) 내진설계시 실지진기록으로 구한 가속도이력데이터는 지표면이 보통암지반인 경우에는 적용하는 것이 타당하고

2) 보통암지반이 아닌 지표면은 지층구성상태와 동적물성치를 측정하여 지진응답해석으로 증폭현상이 발생되는 실제지반의 증폭특성을 반영한 지표면의 가속도 및 변위 이력데이터로 내진설계를 해야 한다.

문제 8)	암반 위의 A건물과 연약지반 위의 B건물의 지진시 거동특성 및 내
	진설계를 위한 입력지진 선정방안에 대하여 기술하시오.

답

I. 지진시 건물거동의 개요

1) 정의

지진시 건물거동이란 지진이 발생하는 동안 건물이 평탄한 지반의 지표면 지반운동인 설계지반운동으로 발생하는 건물의 움직임을 말한다.

2) 건물 위치별 예상되는 설계지반운동

II. 지진시 건물거동 특성

1. 암반 위의 A건물

1) 단주기에 의한 지반운동 발생

주기 ⇒ 단주기, 작은 지진에너지 작용

① 가속도 또는 변위의 주기가 짧은 단주기 거동

② 작은 지진에너지 작용

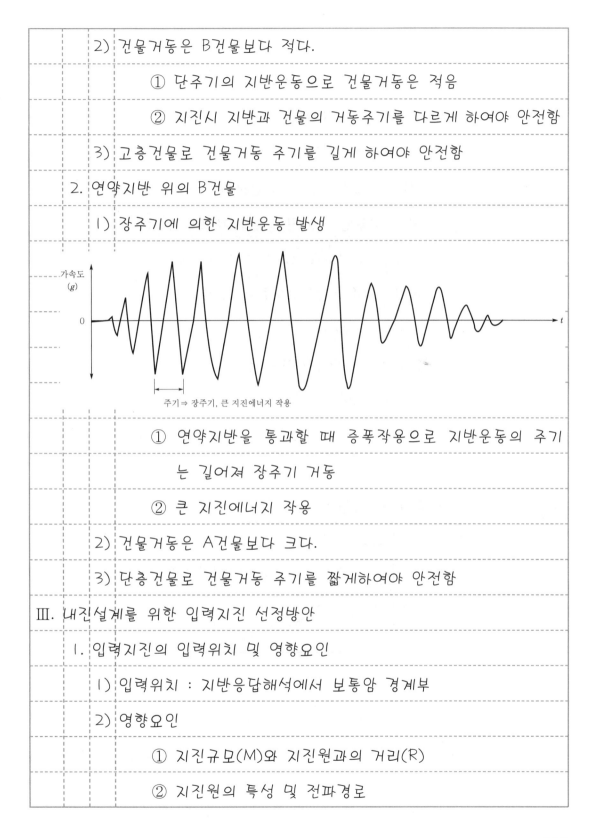

2) 건물거동은 B건물보다 적다.

    ① 단주기의 지반운동으로 건물거동은 적음

    ② 지진시 지반과 건물의 거동주기를 다르게 하여야 안전함

3) 고층건물로 건물거동 주기를 길게 하여야 안전함

2. 연약지반 위의 B건물

1) 장주기에 의한 지반운동 발생

가속도
(g)

0

t

주기 ⇒ 장주기, 큰 지진에너지 작용

    ① 연약지반을 통과할 때 증폭작용으로 지반운동의 주기는 길어져 장주기 거동

    ② 큰 지진에너지 작용

2) 건물거동은 A건물보다 크다.

3) 단층건물로 건물거동 주기를 짧게하여야 안전함

Ⅲ. 내진설계를 위한 입력지진 선정방안

1. 입력지진의 입력위치 및 영향요인

1) 입력위치 : 지반응답해석에서 보통암 경계부

2) 영향요인

    ① 지진규모(M)와 지진원과의 거리(R)

    ② 지진원의 특성 및 전파경로

2. 선정방안

1) 단주기파와 장주기파 선정방안

① 확률론적 지진재해분석으로 지진재해가 가장 큰 대표

시나리오의 지진규모와 진원과의 거리 선택

② 선택된 지진규모와 진원과의 거리에 상응하는 보통암

에서 계측된 실지진기록의 지진파 선택

③ 선택된 지진파를 내진설계기준으로 구해진 단주기 설

계지진계수(C_a)와 장주기 설계지진계수(C_v)에 맞추어

스케링(Scaling)

④ 입력지진인 단주기파와 장주기파 선정

2) 인공지진파 선정방안

① SIMQKE 프로그램과 우리나라 표준설계응답스펙트럼을

이용하여 인공지진파 선정

② 표준설계응답스펙트럼

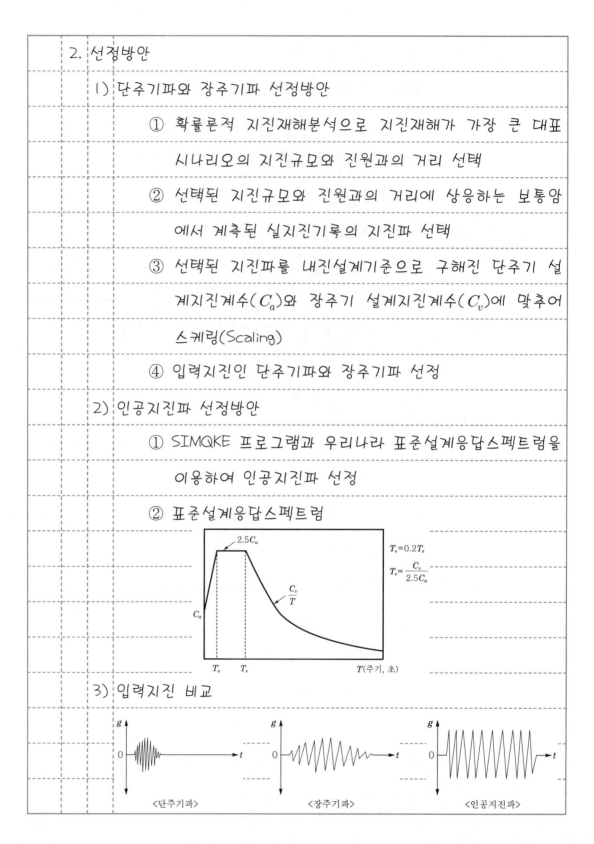

3) 입력지진 비교

<단주기파>   <장주기파>   <인공지진파>

Ⅳ. 결론

1) 상부구조물의 지진시 거동특성은 구조물 기초지반과 구조물의 고유주기에 따라 달라진다.

2) 내진설계시 지표면 지반운동인 설계지반운동을 산정하기 위한 지반응답해석시 보통암 경계부에 입력하는 입력지진은 반드시 단주기파와 장주기파 및 인공지진파를 모두 고려하여야 한다.

| 문제 9) | 교대의 내진설계시 기초공학적으로 검토할 사항과 옹벽으로 설계하는 방법에 대하여 기술하시오. |

답

I. 내진설계의 정의

1) 내진설계란 내진설계지진에 설계대상 구조물과 주변 지반의 피해를 최소화하기 위한 설계를 말한다.

2) 교대 및 교량기초 내진설계 기본개념

① 내진설계지진 발생시 인명피해 최소화

② 부분적인 피해는 허용하나 전체적인 붕괴는 방지

③ 내진설계 지진시에도 구조물의 원래 기능은 수행

3) 교대 내진설계 Flow Chart

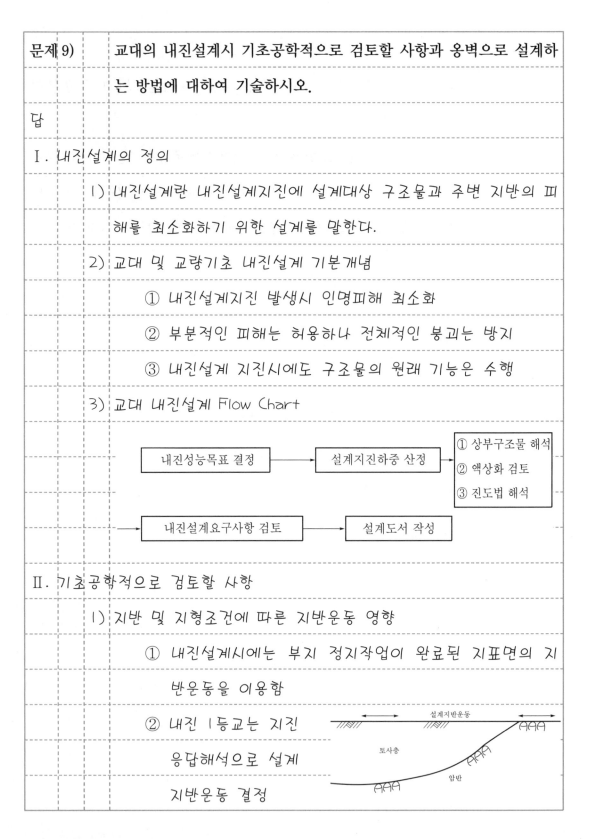

II. 기초공학적으로 검토할 사항

1) 지반 및 지형조건에 따른 지반운동 영향

① 내진설계시에는 부지 정지작업이 완료된 지표면의 지반운동을 이용함

② 내진 1등교는 지진

응답해석으로 설계

지반운동 결정

③ 내진 2등교는 지반종류에 따른 표준설계응답 스펙트럼으로 결정함

2) 기초지반 액상화

구분		대상지반	판정방법
액상화 발생 가능성 판정		설계부지 전체	• $e-\log\sigma_3$ 곡선 • 액상화가능지수(LPI)
예측방법	간편예측법	내진 2등교 지반	• SPT의 N치와 세립률로 진동저항응력비 산정 • 경험식으로 진동전단응력비 산정 • 안전율$(F_s)=\dfrac{진동저항응력비}{진동전단응력비}$ • $F_s \geq 1.5$ ∴ 안전
	상세예측법	내진 1등교 지반	• 반복삼축압축시험으로 진동저항응력비 산정 • 지반응답해석으로 진동전단응력비 산정 • $F_s \geq 1.0$ ∴ 안전

3) 교대 측방유동

① 지진발생시 점토지반에 발생된 과잉간극수압 및 수평변위에 따른 교대 측방유동 발생

② 교대 측방유동에 따른 구조물 균열 및 교량연결부 파손, 구조물과 토공 경계부 단차 발생

4) 교대 작용토압 변화

① 지진발생시 교대에 작용하는 주동토압은 증가됨

② 지진시 교대(옹벽) 주동토압(P_{AE}) 산정방법

　　　• Mononobe-Okabe 주동토압 적용

　　　• $P_{AE} = \dfrac{1}{2} r H^2 (1 - K_v) K_{ae}$

5) 기초지반 지지력 변화

　　① 불포화토 지반은 지진시 지지력이 증가함

　　② 포화 연약지반은 지진시 지지력이 감소됨

Ⅲ. 옹벽으로 설계하는 방법

1. 지반 구성상태 및 지반물성치 산정

2. 표준 옹벽설계도로 옹벽단면 가정

3. 내진설계 지진에 해당하는 주동토압(P_{AE}) 산정

1) $P_{AE} = \dfrac{1}{2} r H^2 (1 - K_v) K_{ae}$

2) 내진설계시 주동토압계수(K_{ae})

3) $K_v = \dfrac{\text{내진설계 지진가속도 연직성분}}{\text{중력가속도}}$

　　$K_h = \dfrac{\text{내진설계 지진가속도 수평성분}}{\text{중력가속도}}$

4) 내진설계 지진가속도 연직성분과 수평성분

은 내진 1등교에서는 지반응답해석, 내진 2등교는 표준설계응

답스펙트럼 또는 내진설계 시방규정에서 산정함

4. 등가정적해석

1) 옹벽벽체 안정성 평가

2) 안정검토

구분	안정검토 종류
옹벽	① 활동, 전도, 지지력 안정검토
	② 침하 및 수평변위 안정검토
주변지반	액상화 및 사면 안정검토

5. 옹벽단면 결정 및 설계도서 작도

1) 철근 배근도

2) 옹벽 및 배면지반 배수시설

Ⅳ. 결론

1) 교량기초 내진설계시 검토사항은 현장조건에 부합된 내진설계 지진에 대한 지반거동 형태와 지반거동 형태에 따른 기초구조물과 주변지반의 피해를 최소화하는 것이다.

2) 교대와 교량기초 구조물의 내진해석은 내진 2등교인 경우 등가정적해석만 하고, 내진 1등교는 동적해석을 추가로 실시하여야 한다.

문제 10)	사면 내진해석법에서 동적사면 안정기준과 동적사면 안정해석법에
	대하여 기술하시오.
답	

I. 사면 내진해석의 개요

    1) 정의

        사면 내진해석이란 내진설계지진에 설계대상 사면이 내진

        성능 수준의 만족여부를 평가하는 것을 말한다.

    2) 사면 내진설계 순서

        ① 지반 구성상태 및 지반물성치 산정

        ② 동적사면 안정기준 설정

        ③ 액상화 안정성 평가

        ④ 동적사면 안정성 평가

II. 동적사면 안정기준

    1. 액상화 안정기준

        1) 액상화 검토방법

            ① 종류 : 간편법과 상세법

            ② 안전율$(F_s) = \dfrac{진동저항응력비}{진동전단응력비}$

        2) 안정기준

            ① 필댐을 포함한 사면에서는 간편법으로 액상화 평가

            ② 안전율(F_s)이 1.5 이상이면 안전함

            ③ 안전율이 1.5 이하이면 상세법으로 재평가

2. 사면 안정기준

　1) 동적사면 안정해석 방법

　　① 등가정적 해석법 : Felleniuse 방법

　　② 동적해석법

　2) 안정기준

　　① 등가정적해석법을 많이 적용하며 안전율(F_s)이 1.2 이

　　　상이면 안전

　　② 변위해석이 필요한 경우에만 동적해석을 실시하여 변

　　　위량이 허용변위량보다 작으면 안전

Ⅲ. 동적사면 안정해석법

1. 등가정적해석법(진도법)

　1) 정의

　　사면에서 등가정적해석법이란 사면파괴 토체자중에 내진

　　설계 지진력을 추가하여 한계평형법으로 동적사면의 안정

　　성을 평가하는 방법을 말한다.

　2) 해석방법

　　① 지반조사로 지반물성치 산정

　　② 수평지진계수(K_h) 산정

　　　• 도로교시방서에서 추정

　　　• 공식으로 추정

$$K_h = \frac{\text{내진설계 지진가속도 수평성분}}{\text{중력가속도}}$$

분류	K_h 산정방법
도로교시방서	• 강원도, 전남, 제주도 : 0.07 • 기타 지역 　　　　 : 0.14
공식	• 표준설계응답스펙트럼 ⎫ • 지진응답해석 　　　 ⎭ $\alpha_{\max}$ 산정

③ Felleniuse 방법으로 해석

• 지진시 정확한 과잉간극수압 예측 불가

• 전응력해석으로 안정성 평가

• 안전율$(F_s)= \sum \dfrac{Cl + W\cos\alpha\tan\phi}{W\sin\alpha + WK_h\dfrac{L}{R}}$

2. 동적해석법

1) 정의

　동적해석법이란 지반 및 구조물을 유한요소화하여 지반응답해석으로 결정된 설계응답스펙트럼에 대한 응답배율 및 증폭도와 기타 응답치를 이용하여 안전성을 평가하는 내진해석법을 말한다.

2) 해석방법

① 지층구성 및 지반물성치 산정

② 지반응답해석으로 지표면 설계응답스펙트럼 산정

구분	입력자료
지반물성차	$G/G_{\max} - \gamma(\%)$ 곡선, $D - \gamma(\%)$ 곡선 G : 동적전단탄성계수, D : 감쇠비

지반물성치	$G_{\max}$: 최대 전단탄성계수, $\gamma(\%)$: 전단변형률
입력지진	내진설계지진의 장주기파와 단주기파 및 인공지진파

③ 해석대상 지반 및 구조물을 유한요소화

④ 지반물성치 및 입력지진 입력

- 지반물성치 : $v_d,\ E_d,\ G_d,\ D$

- 입력지진 : 지반응답해석의 설계응답스펙트럼

⑤ 수치해석으로 지표면의 최대가속도($\alpha_{\max}$), 최대전단응력($\tau_{\max}$), 최대전단변형률($\gamma_{\max}$, %) 산정

⑥ 안정성 검토

- 응력검토 $\begin{bmatrix} 최대가속도(\alpha_{\max}) \\ 최대전단응력(\tau_{\max}) \end{bmatrix}$ 안정성 판단

- 변위검토 : 최대전단변형률로 안정성 판단

Ⅳ. 결론

1) 사면 내진설계시 지진의 불확실성과 지진해석의 난이도 때문에 해석이 단순하고 보수성이 큰 등가정적해석법을 실무에서 많이 사용하고 있다.

2) 지진시 전단강도 감소율이 15% 이상 되는 연약한 사면과 중요한 흙댐의 사면은 반드시 동적해석으로 사면 안정검토를 실시하여야 한다.

문제 11)	균질한 토사사면에서 파괴면을 아래 그림과 같이 직선으로 가정하
	고 다음에 대하여 답하시오.
	1) 지진발생시 사면안전율을 유사정적해석방법으로 구하시오.
	$(K_h = 0.1, \ K_v = 0)$
	2) 항복가속도 α_y(Newmark 활동블럭해석)를 계산하여 활동으로 인
	한 변위가 발생하는지 여부를 판단하시오.

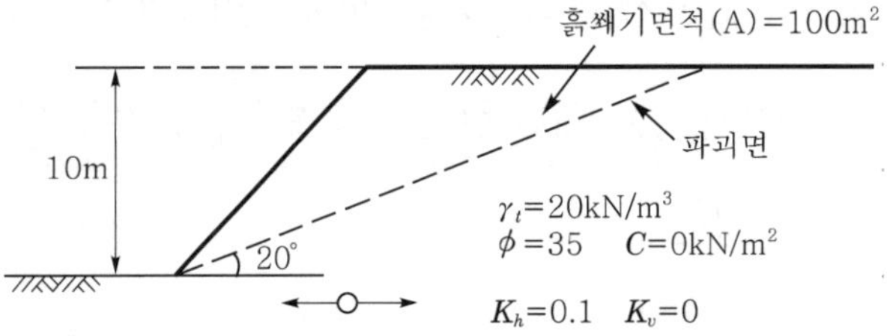

흙쐐기면적(A)=100m²
파괴면
10m
20°
γ_t=20kN/m³
ϕ=35 C=0kN/m²
K_h=0.1 K_v=0

I. 지진발생시 사면안전율(F_s)

1. 유사정적해석방법

   1) 정의

      사면에서 유사정적해석방법이란 사면파괴 토체자중에 지

      진력을 추가하여 한계평형법으로 동적사면의 안정성을 평

      가하는 방법

   2) 문제조건에 따른 해석방법

      ① 지진발생 - 전응력해석법 적용

      ② 직선파괴면 - 블록법 적용

2. 지진발생시 사면안전율(F_s) 공식

   1) 안전율(F_s) = $\dfrac{C\ell + (W\cos\alpha - F\sin\alpha)\tan\phi}{W\sin\alpha + F\cos\alpha}$

2) 점착력(C) = 0, 파괴면길이(ℓ)

3) 토체무게(W) = $\gamma_t A$ = 20×100

   = 2000kN/m

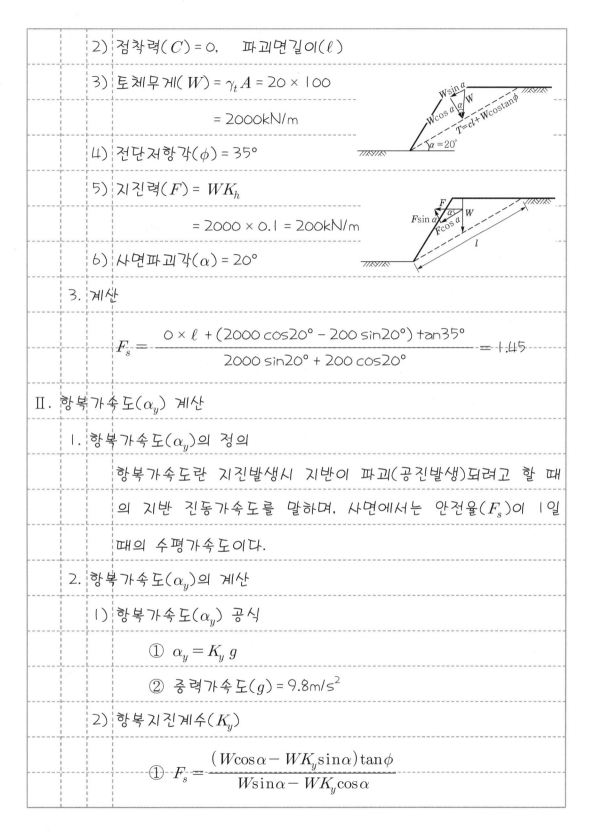

4) 전단저항각(ϕ) = 35°

5) 지진력(F) = WK_h

   = 2000×0.1 = 200kN/m

6) 사면파괴각(α) = 20°

3. 계산

$$F_s = \frac{0 \times \ell + (2000 \cos 20° - 200 \sin 20°) \tan 35°}{2000 \sin 20° + 200 \cos 20°} = 1.45$$

Ⅱ. 항복가속도(α_y) 계산

1. 항복가속도(α_y)의 정의

   항복가속도란 지진발생시 지반이 파괴(공진발생)되려고 할 때
   의 지반 진동가속도를 말하며, 사면에서는 안전율(F_s)이 1일
   때의 수평가속도이다.

2. 항복가속도(α_y)의 계산

   1) 항복가속도(α_y) 공식

      ① $\alpha_y = K_y\, g$

      ② 중력가속도(g) = 9.8m/s^2

   2) 항복지진계수(K_y)

      ① $F_s = \dfrac{(W\cos\alpha - WK_y\sin\alpha)\tan\phi}{W\sin\alpha - WK_y\cos\alpha}$

$$\text{②} \quad 1 = \frac{(2000\cos 20° - 2000K_y\sin 20°)\tan 35°}{2000\sin 20° + 2000K_y\cos 20°}$$

$$\text{②} \quad K_y = \frac{2000\cos 20°\tan 35° - 2000\sin 20°}{2000\cos 20° + 2000\sin 20°\tan 35°} = 0.27$$

3) 항복가속도$(\alpha_y) = K_y\, g = 0.27 \times 9.8 = 2.65\text{m/s}^2$

Ⅲ. 활동으로 인한 변위발생 여부

1) 변위 발생조건

① 사면활동 발생 : $F_s < F_{sa} = 1.1$

② 변위 발생 : $\alpha_y < \alpha_h = K_h\, g = 0.1 \times 9.8$

$$= 0.98\text{m/s}^2$$

2) 변위 발생여부

① 사면활동안정 : $F_s = 1.45 > F_{sa} = 1.1$

② 변위발생 안 함 : $\alpha_y = 2.65 > \alpha_h = 0.98$

| 문제 12) | 액상화현상의 정의와 발생가능 지반 및 지배요인과 예측방법 및 대책에 대하여 기술하시오. |

답

Ⅰ. 액상화현상의 정의

1) 액상화란 느슨하고 포화된 사질토 또는 매립된 사질지반에 급속한 진동하중 발생시 순간적인 비배수상태가 되어서 발생된 과잉간극수압으로 지반강도가 저하되어 지반이 액체처럼 거동하는 현상을 말한다.

2) 액상화현상 발생원리

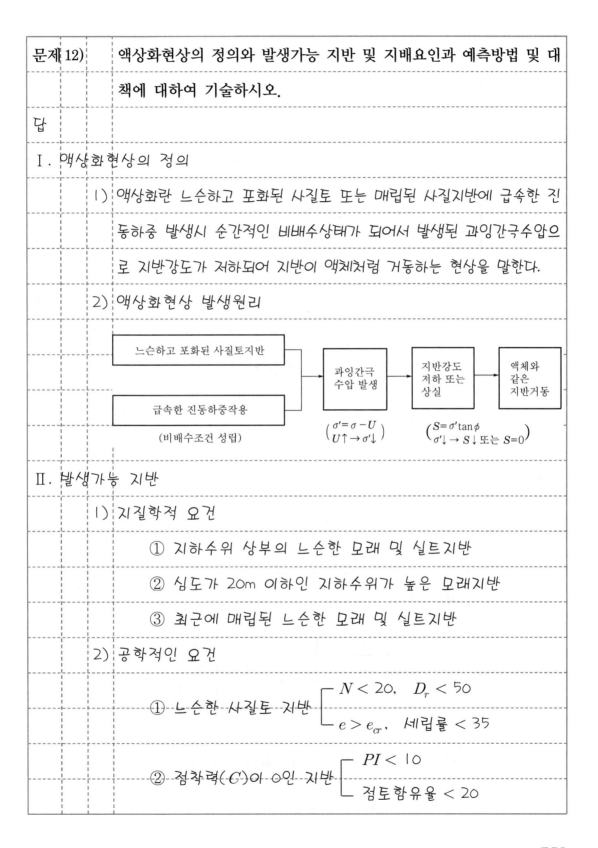

Ⅱ. 발생가능 지반

1) 지질학적 요건

① 지하수위 상부의 느슨한 모래 및 실트지반

② 심도가 20m 이하인 지하수위가 높은 모래지반

③ 최근에 매립된 느슨한 모래 및 실트지반

2) 공학적인 요건

① 느슨한 사질토 지반 $\left[\begin{array}{l} N < 20, \quad D_r < 50 \\ e > e_{cr}, \quad 세립률 < 35 \end{array}\right.$

② 점착력(C)이 0인 지반 $\left[\begin{array}{l} PI < 10 \\ 점토함유율 < 20 \end{array}\right.$

Ⅲ. 지배요인

지배요인		내용
	점착력(c) 유무	점착력이 존재하면 액상화에 안전
지반	유효응력(σ') 크기	① 유효응력이 적을수록 액상화 발생
		② 토립자입경이 적을수록 σ' 감소
		③ 입도분포가 불량할수록 σ' 감소
		④ 간극수압이 클수록 σ' 감소
하중	동적하중 작용	하중재하시간이 짧아 비배수상태 유지
	진동크기	진동이 클수록 과잉간극수압이 크게 증가
	진동 지속시간	시간이 길수록 ΔU가 크게 증가
	진동방향	다차원진동(지진) > 충격 또는 발파

Ⅳ. 예측방법

1. 액상화현상 예측 Flow Chart

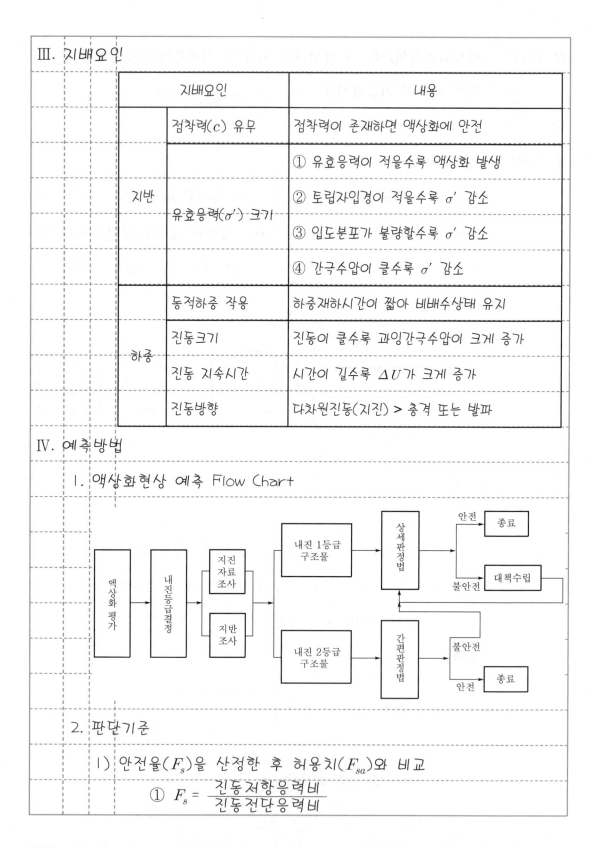

2. 판단기준

1) 안전율(F_s)을 산정한 후 허용치(F_{sa})와 비교

① $F_s = \dfrac{진동저항응력비}{진동전단응력비}$

② 허용치 : 간편법 $F_{sa} = 1.5$, 상세법 $F_{sa} = 1.0$

2) 판정 : $F_s \geq F_{sa}$ ∴ 안전, $F_s < F_{sa}$ ∴ 불안전

3) 판정순서

① 간편법으로 먼저 평가 후 불안시 상세법으로 재판정

② 내진 I등급 구조물은 바로 상세법으로 판정

V. 대책

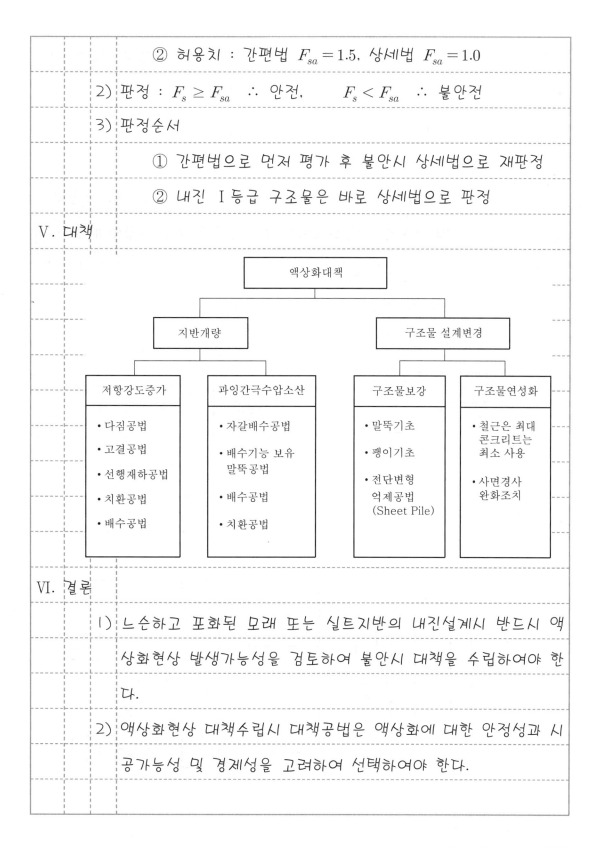

VI. 결론

1) 느슨하고 포화된 모래 또는 실트지반의 내진설계시 반드시 액상화현상 발생가능성을 검토하여 불안시 대책을 수립하여야 한다.

2) 액상화현상 대책수립시 대책공법은 액상화에 대한 안정성과 시공가능성 및 경제성을 고려하여 선택하여야 한다.

| 문제 13) | 액상화현상의 발생가능성을 검토하는 방법을 단계별로 기술하시오. |

답

Ⅰ. 액상화현상의 개요

1) 정의

액상화란 느슨하고 포화된 사질토 또는 매립된 사질지반에 급속한 진동하중발생시 순간적인 비배수상태가 되어서 발생된 과잉간극수압으로 지반강도가 저하되어 지반이 액체처럼 거동하는 현상을 말한다.

2) 액상화현상 발생원리

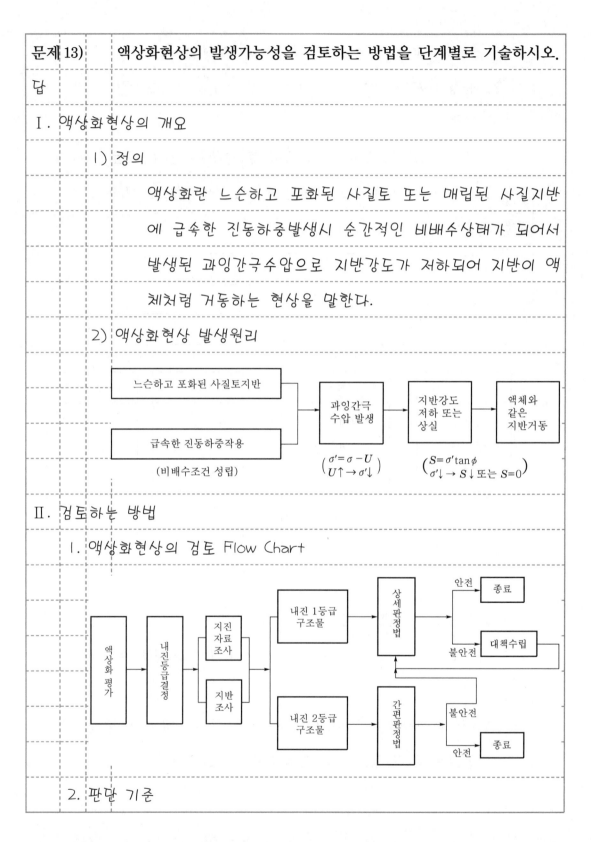

Ⅱ. 검토하는 방법

1. 액상화현상의 검토 Flow Chart

2. 판단 기준

1) 안전율(F_s)을 산정한 후에 허용치(F_{sa})와 비교

$$① \ F_s = \frac{진동저항응력비(\tau_l/\sigma_v')}{진동전단응력비(\tau_d/\sigma_v')}$$

② 허용치 : 간편법 $F_{sa} = 1.5$, 상세법 $F_{sa} = 1.0$

2) 판정 : $F_s \geq F_{sa}$ ∴ 안전, $\quad F_s < F_{sa}$ ∴ 불안전

3) 판정순서

① 간편법으로 먼저 평가 후 불안시 상세법으로 재평가

② 내진 I등급 구조물은 바로 상세법으로 판정

3. 간편법(간편판정법)

1) 진동저항응력비(τ_l/σ_v') 산정

① 대상지반의 N_{60}과 세립률(F_c) 측정

② 내진설계 지진규모에 맞는 $\tau_l/\sigma_v' - N_{60}$ 곡선으로 진동
   저항 응력비 산정

2) 진동전단응력비 산정

① 공식으로 진동전단응력비
   (τ_d/σ_v') 산정

$$② \ \tau_d/\sigma_v' = 0.65 \frac{\alpha_{\max}}{g} \frac{\sigma_v}{\sigma_v'}$$

③ g : 중력가속도, $\alpha_{\max}$: 최대지진가속도

4. 상세법(상세판정법)

1) 진동저항응력비(τ_l/σ_v') 산정

① 진동삼축압축시험으로 $\tau_l/\sigma_v' - N_e$ 곡선 작도

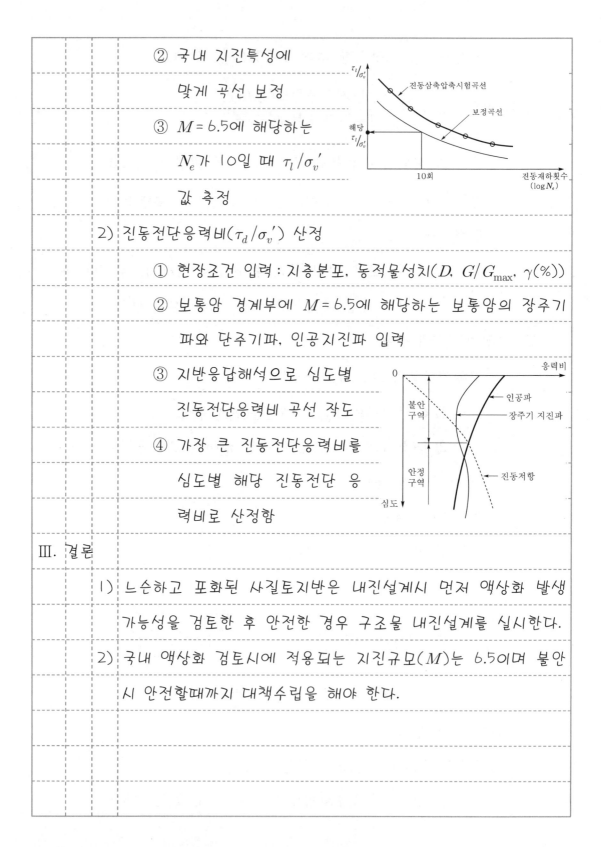

② 국내 지진특성에

맞게 곡선 보정

③ $M=6.5$에 해당하는

N_e가 10일 때 τ_l/σ_v'

값 측정

2) 진동전단응력비(τ_d/σ_v') 산정

① 현장조건 입력 : 지층분포, 동적물성치(D, G/G_{max}, $\gamma(\%)$)

② 보통암 경계부에 $M=6.5$에 해당하는 보통암의 장주기

파와 단주기파, 인공지진파 입력

③ 지반응답해석으로 심도별

진동전단응력비 곡선 작도

④ 가장 큰 진동전단응력비를

심도별 해당 진동전단 응

력비로 산정함

III. 결론

1) 느슨하고 포화된 사질토지반은 내진설계시 먼저 액상화 발생

가능성을 검토한 후 안전한 경우 구조물 내진설계를 실시한다.

2) 국내 액상화 검토시에 적용되는 지진규모(M)는 6.5이며 불안

시 안전할때까지 대책수립을 해야 한다.

문제 14) 모래의 전단거동을 한계상태선(CSL) 또는 정상상태선(SSL)과 상태
변수(State Parameter)의 개념을 이용하여 설명하시오.

답

I. 정상상태선과 상태변수의 개요

1) 정상상태선(SSL)의 정의

정상상태선이란 간극비와 정상상태변형에서의 유효구속
응력과의 관계곡선을 말한다.

2) 상태변수(State Parameter)의 정의

상태변수(ψ)란 일정한 유효구속응력(σ_3')에서의 초기상태
간극비(e_{is})와 정상상태간극비(e_{ss})의 차를 말한다.

3) 정상상태선과 상태변수의 관계

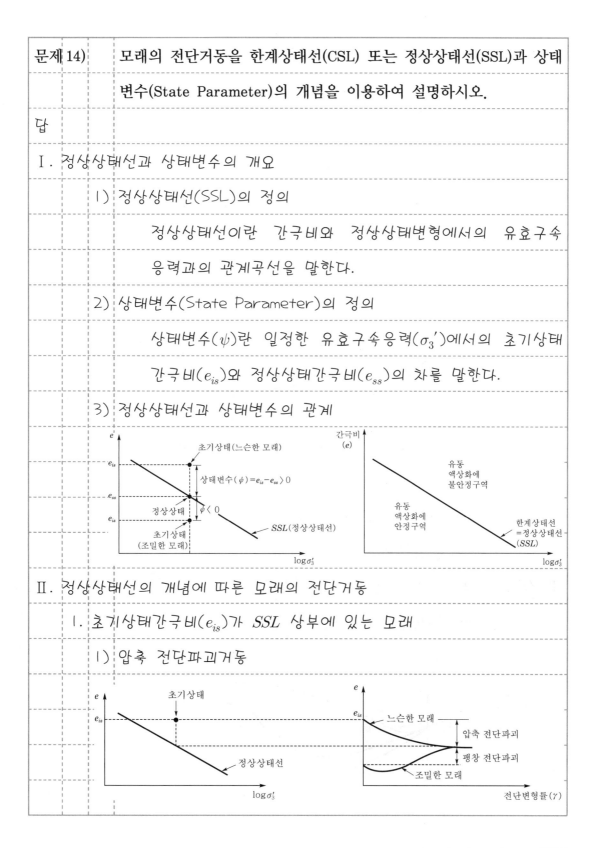

II. 정상상태선의 개념에 따른 모래의 전단거동

1. 초기상태간극비(e_{is})가 SSL 상부에 있는 모래

1) 압축 전단파괴거동

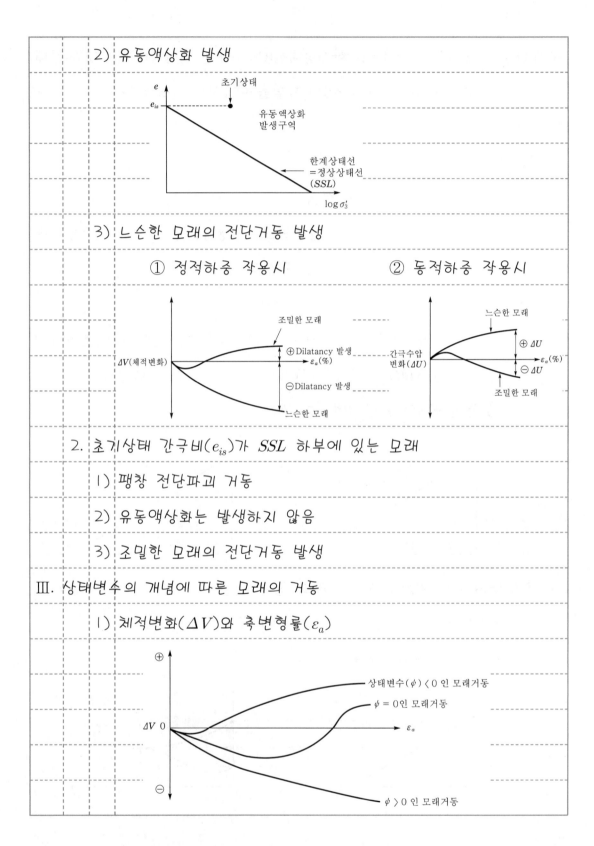

2) 유동액상화 발생

3) 느슨한 모래의 전단거동 발생

① 정적하중 작용시   ② 동적하중 작용시

2. 초기상태 간극비(e_{is})가 SSL 하부에 있는 모래

1) 팽창 전단파괴 거동

2) 유동액상화는 발생하지 않음

3) 조밀한 모래의 전단거동 발생

Ⅲ. 상태변수의 개념에 따른 모래의 거동

1) 체적변화(ΔV)와 축변형률(ε_a)

2) 유효응력(σ')과 축변형률(ε_a)

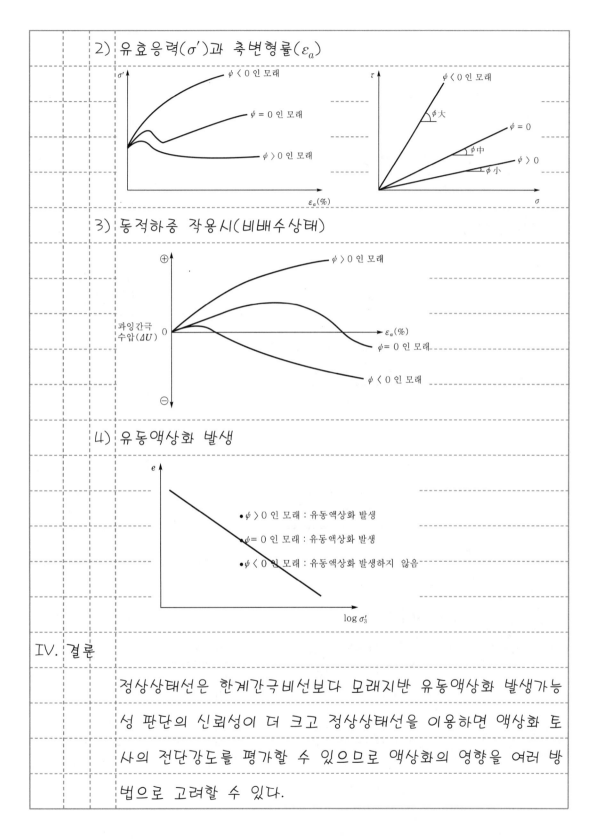

3) 동적하중 작용시(비배수상태)

4) 유동액상화 발생

- $\phi > 0$인 모래 : 유동액상화 발생
- $\phi = 0$인 모래 : 유동액상화 발생
- $\phi < 0$인 모래 : 유동액상화 발생하지 않음

IV. 결론

정상상태선은 한계간극비선보다 모래지반 유동액상화 발생가능
성 판단의 신뢰성이 더 크고 정상상태선을 이용하면 액상화 토
사의 전단강도를 평가할 수 있으므로 액상화의 영향을 여러 방
법으로 고려할 수 있다.

문제 15-1) 미소변형률상태에서 지반물성치 추정시험법

답

I. 미소변형률상태의 정의

미소변형률상태란 전단변형률(γ,%)이 10^{-5}보다 작은 전단변형률 범위를 말한다.

II. 지반물성치 추정시험법

1. 미소변형률상태 시험별 측정 지반물성치

시험종류		측정 지반물성치	전단변형률(γ,%)
현장시험	Cross Hole 시험	동적포아송비(v_d)	$\gamma < 10^{-3}$
	Down Hole 시험	동적탄성계수(E_d)	
	Up Hole 시험	동적전단탄성계수(G_d)	
	표면파기법시험	동적전단탄성계수(G_d)	
실내시험	초음파진동시험	v_d, E_d, G_d	
	공진주시험	v_d, E_d, G_d, 감쇠비(D)	$\gamma = 10^{-6} \sim 1$

2. 시험법

1) 현장공내시험

① 시험법

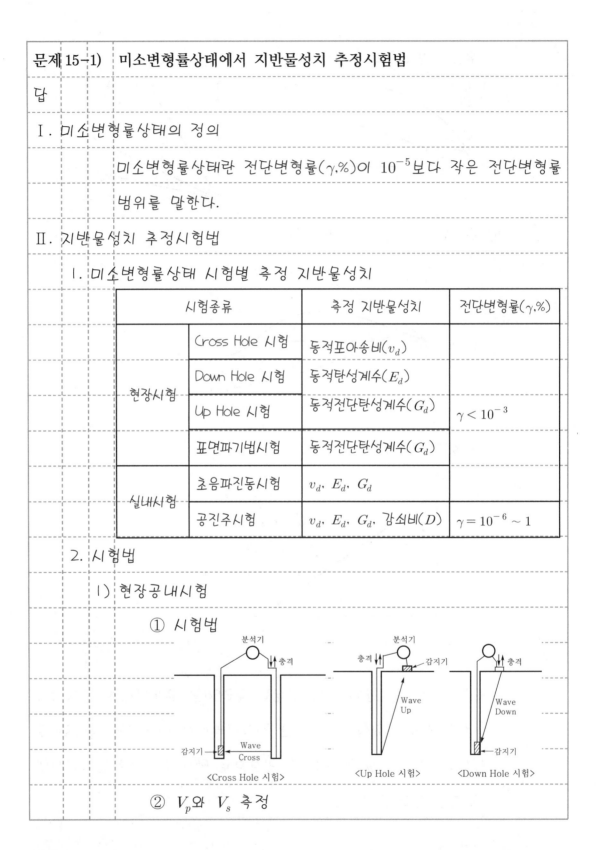

<Cross Hole 시험>   <Up Hole 시험>   <Down Hole 시험>

② V_p와 V_s 측정

③ 물성치 산정 방법

$$\cdot v_d = \frac{0.5 V_p{}^2 - V_s{}^2}{V_p{}^2 - V_s{}^2} \qquad \cdot G_d = \rho V_s{}^2$$

$$\cdot E_d = 2(1+\nu)G_d$$

2) 현장 표면파기법시험

① 시험법

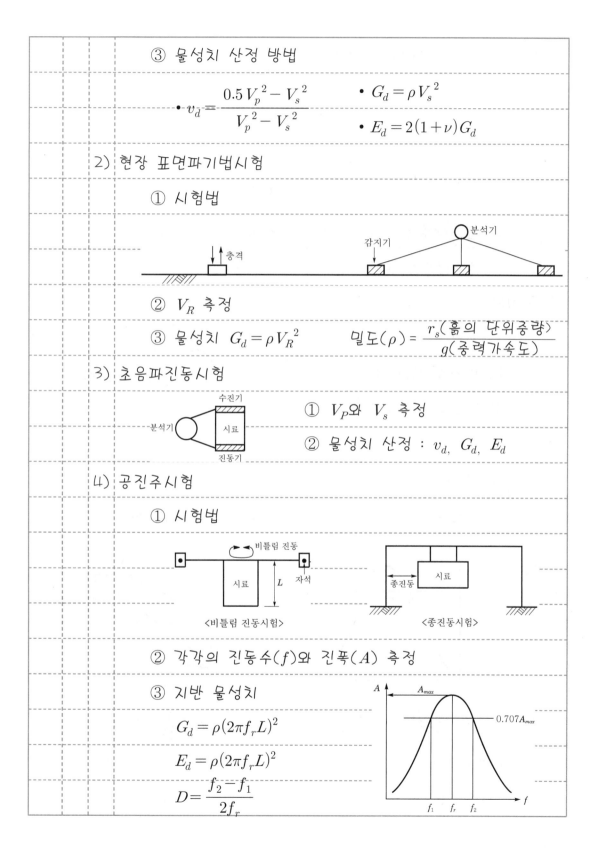

② V_R 측정

③ 물성치 $G_d = \rho V_R{}^2$ 　　밀도$(\rho) = \dfrac{r_s(흙의\ 단위중량)}{g(중력가속도)}$

3) 초음파진동시험

① V_P와 V_s 측정

② 물성치 산정 : v_d, G_d, E_d

4) 공진주시험

① 시험법

〈비틀림 진동시험〉　　　〈종진동시험〉

② 각각의 진동수(f)와 진폭(A) 측정

③ 지반 물성치

$$G_d = \rho(2\pi f_r L)^2$$

$$E_d = \rho(2\pi f_r L)^2$$

$$D = \frac{f_2 - f_1}{2f_r}$$

문제 15-2) 감쇠비(Damping Ratio)

답

I. 정의

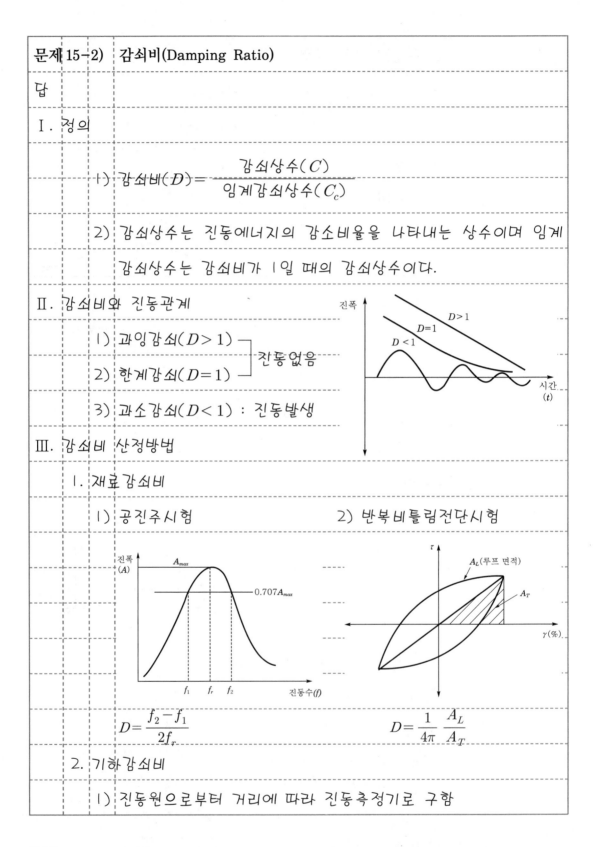

1) 감쇠비$(D) = \dfrac{\text{감쇠상수}(C)}{\text{임계감쇠상수}(C_c)}$

2) 감쇠상수는 진동에너지의 감소비율을 나타내는 상수이며 임계 감쇠상수는 감쇠비가 1일 때의 감쇠상수이다.

II. 감쇠비와 진동관계

1) 과잉감쇠$(D > 1)$ ─┐
2) 한계감쇠$(D = 1)$ ─┘ 잔동없음

3) 과소감쇠$(D < 1)$: 진동발생

진폭

$D > 1$
$D = 1$
$D < 1$

시간
(t)

III. 감쇠비 산정방법

1. 재료감쇠비

1) 공진주시험

진폭(A)

A_{max}

$0.707 A_{max}$

f_1 f_r f_2 진동수(f)

$$D = \frac{f_2 - f_1}{2f_r}$$

2) 반복비틀림전단시험

τ

A_L(루프 면적)

A_T

$\gamma(\%)$

$$D = \frac{1}{4\pi} \frac{A_L}{A_T}$$

2. 기하감쇠비

1) 진동원으로부터 거리에 따라 진동측정기로 구함

2) 감쇠비 = $\dfrac{측정된\ 변위량}{한계감쇠상태의\ 변위량}$

IV. 영향요소

비례관계	반비례관계
① 전단변형률(γ, %)	① 전단탄성계수(G_d)
② 진동수(f)	② 전단탄성계수비($G/G_{\max}$)

문제 15-3) 지반 내의 감쇠(Spatial Damping)

답

I. 정의

지반 내의 감쇠란 지반에 발생된 진동에너지가 시간 및 거리의 경과에 따라 감소되어 진폭이 없어지는 현상을 말한다.

II. 지반 내의 감쇠형태

감쇠형태	설 명
재료감쇠 (Material Damping)	진동에너지가 지반재료 간의 마찰열로 인해 에너지가 흡수되어 발생하는 감쇠(지중 내의 감쇠)
기하감쇠 (Geometrical Damping)	진동에너지가 전달될수록 기하급수적으로 분산되어 발생하는 감쇠(지표면의 감쇠)

III. 영향요인

1) 상대진폭(A_n)   2) 진동수(f)   3) 전단변형률($\gamma\%$)

4) 지반 유효구속응력(σ_3')   5) 간극비(e)

IV. 해석시 필요한 물성치

1) 감쇠비(D)   2) 감쇠정수(h)   3) 전단변형률($\gamma\%$)

4) 지반 유효단위중량(γ')   5) 동적전단탄성계수(G_d)

6) 전단탄성계수비($\dfrac{G}{G_{max}}$)   7) 간극비(e)와 포화도(S_r)

문제 15-4) 회복탄성계수(Resilient Modulus)

I. 정의

1) 회복탄성계수$(M_R) = \dfrac{\text{반복 축차응력}(\Delta \sigma_d)}{\text{축방향 회복변형률}(\Delta \varepsilon_r)}$

2) 보조기층의 회복탄성계수는 연성포장체의 역학적 설계에 대단
히 중요한 물성치이다.

II. 동적탄성계수(E_d)와 비교

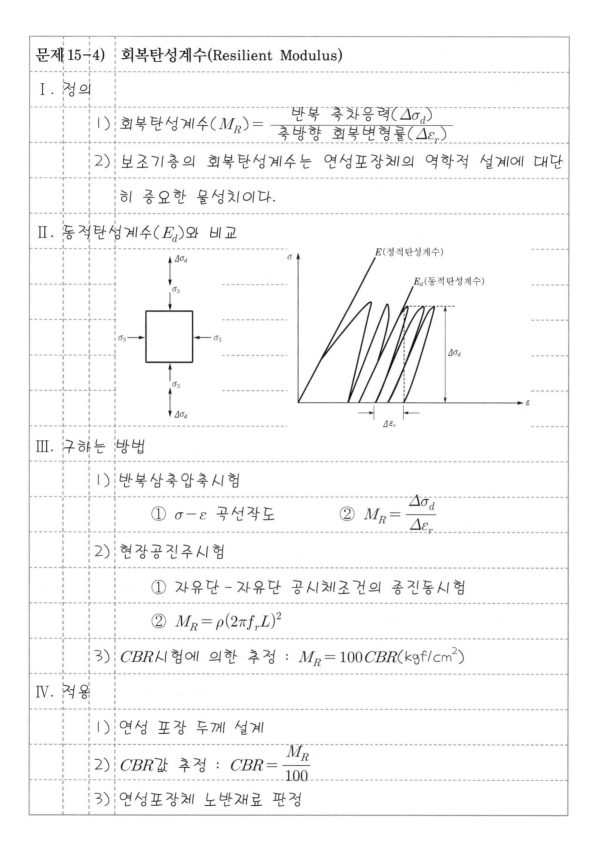

III. 구하는 방법

1) 반복삼축압축시험

① $\sigma - \varepsilon$ 곡선작도   ② $M_R = \dfrac{\Delta \sigma_d}{\Delta \varepsilon_r}$

2) 현장공진주시험

① 자유단 – 자유단 공시체조건의 종진동시험

② $M_R = \rho (2\pi f_r L)^2$

3) CBR시험에 의한 추정 : $M_R = 100\,CBR(\text{kgf/cm}^2)$

IV. 적용

1) 연성 포장 두께 설계

2) CBR값 추정 : $CBR = \dfrac{M_R}{100}$

3) 연성포장체 노반재료 판정

문제 15-5) 공진현상(Resonance)

답

Ⅰ. 정의

공진현상이란 지진이나 기계에서 발생하는 가진진동수(f)와 기초 또는 흙의 고유진동수(f_n)가 같으면 기초 또는 흙의 진폭이 급격히 증가하는 현상을 말한다.

Ⅱ. 감쇠정수(h)와의 관계

1) 최대변위의 공진 발생 : $h = 0$

2) 적은 변위의 공진 발생 : $0 < h \leq 0.2$

3) 공진이 발생하지 않음 : $0.2 < h$

Ⅲ. 활용

1) 공진주시험

① 동적전단탄성계수

$$G_d = \rho(2\pi f_r L)^2$$

② 감쇠비(D) $= \dfrac{f_2 - f_1}{2f_r}$

2) 기계기초 설계

① 공진방지와 허용진폭 이내로 진동수 조절

② 진도법(등가정적해석)으로 안정검토 실시

3) 지상구조물의 제진설계

① 최상부 또는 중간부에 진동장치 설치

② 진동과 다른 주기의 진동을 작동시켜 공진현상을 방지

하는 지진 설계방법

Ⅳ. 기계기초 설계시 공진방지 대책

　　1) 진폭 – 진동수비 곡선 작동

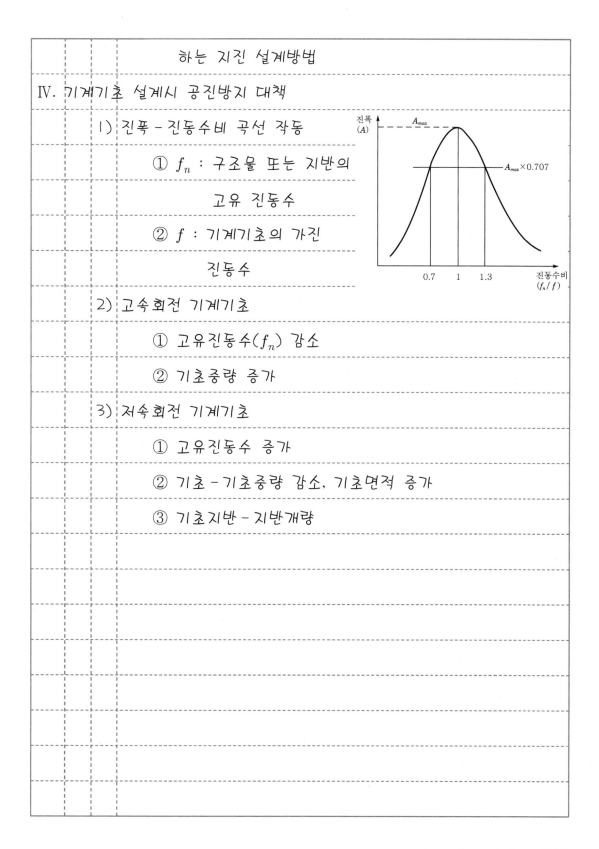

　　　　① f_n : 구조물 또는 지반의

　　　　　　고유 진동수

　　　　② f : 기계기초의 가진

　　　　　　진동수

　　2) 고속회전 기계기초

　　　　① 고유진동수(f_n) 감소

　　　　② 기초중량 증가

　　3) 저속회전 기계기초

　　　　① 고유진동수 증가

　　　　② 기초 – 기초중량 감소, 기초면적 증가

　　　　③ 기초지반 – 지반개량

문제 15-6) 진동속도(Particle Velocity)

답

I. 정의

진동속도란 동하중으로 유발된 에너지가 탄성파형태로 지반에 전파될 때 진동을 유발시키는 속도를 말한다.

II. 산정방법

1) 공식으로 산정 : 진동속도$(V_s) = K\left(\dfrac{R}{W^b}\right)^n$

① W : 장약량(kg), R : 발파원과의 거리(m)

② K, n : 암반과 발파조건에 따른 상수, $b = \dfrac{1}{3} \sim \dfrac{1}{2}$

2) 표면파기법으로 측정

진동 도달시간(t) 측정 $\Rightarrow V = \dfrac{거리}{t}$

III. 진동속도에 따른 구조물피해

진동속도(cm/s)	구조물피해	진동속도(cm/s)	구조물피해
50	큰 피해 발생	0.1~5	극히 가벼운 피해
10	균열 발생	0.01~0.05	피해 없음

IV. 발파시 진동속도의 허용치와 진동속도 저감대책

1) 진동속도 허용치 규정

건물분류	문화재	일반주택	연립주택	APT, 상가, 공장
건물기초의 허용 진동속도(cm/s)	0.3	1.0	2.0	3.0

2) 진동속도 저감대책

① 유사방진구 설치   ② 방진벽 설치

| 문제 15-7) | 지진규모(Magnitude)와 지진강도(Intensity) |

답

Ⅰ. 지진규모(Magnitude)

    1) 정의

        ① 지진규모란 지진에너지 크기를 정량적으로 나타낸 것을 말하며 미국의 Richter가 처음으로 제안함

        ② Richter 제안 지진규모$(M) = \log A - \log A_0(\varDelta)$

          A : 측정된 최대변위량(mm)

          $A_0(\varDelta)$: 진앙거리$(\varDelta)$에서의 기준 지진의 최대변위량

    2) 한국의 지진규모 결정방법

        ① $M = 1.73 \log \varDelta + \log A - 0.83$

        ② A : 측정된 진폭(㎛)

    3) 특징

        ① 소숫점 1자리까지 아라비아숫자로 표시

        ② 지진규모가 1 증가시 지진에너지는 30배 증가

        ③ 지진규모는 절댓값이다.

    4) 적용

        ① 지진에너지(E) 산정 : $\log E = 11.8 + 1.5M$

        ② 지진발생빈도(N) 산정 : $\log N = 7.41 - 0.90M$

Ⅱ. 지진강도(Intensity)

1) 정의

① 지진강도란 지진에너지 크기를 사람의 느낌이나 주변 물체의 흔들림정도로 계급화한 것을 말한다.

② 최근에는 진도계로 직접 관측한 가속도값으로 진도계급을 채용하는 경우가 많다.

2) 일본 기상청의 지진강도

지진강도	0	I	II	III	IV	V	VI	VII
진동	무진	미진	경진	약진	중진	강진	열진	격진
현상	진동 없음	소수 진동	대다수 흔들림	물체 진동	가속 진동	건물 일부 파괴	건물 파괴	지표단층 산사태

3) 영향요인

① 사람의 진동 인지능력

② 주위물체 및 구조물 종류

③ 지반구성 및 자연상태

Ⅲ. 비교

구분	지진규모(M)	지진강도
지진에너지 표시	소숫점 1자리까지의 아라비아 숫자	로마숫자로 등급화 일본 : 8등급, 미국 : 12등급
지진에너지 값	지역별 절댓값	지역별 상댓값
이용	① 지진에너지 산정 ② 지진 발생빈도 산정	지진의 피해정도 예측

문제 15-8)	지반운동(Ground Response)

답

I. 정의

지반운동(Ground Response)이란 건설공사에 관련된 지구의 표층부분이 지진으로 발생되는 움직임을 말한다.

Ⅱ. 지반운동의 종류

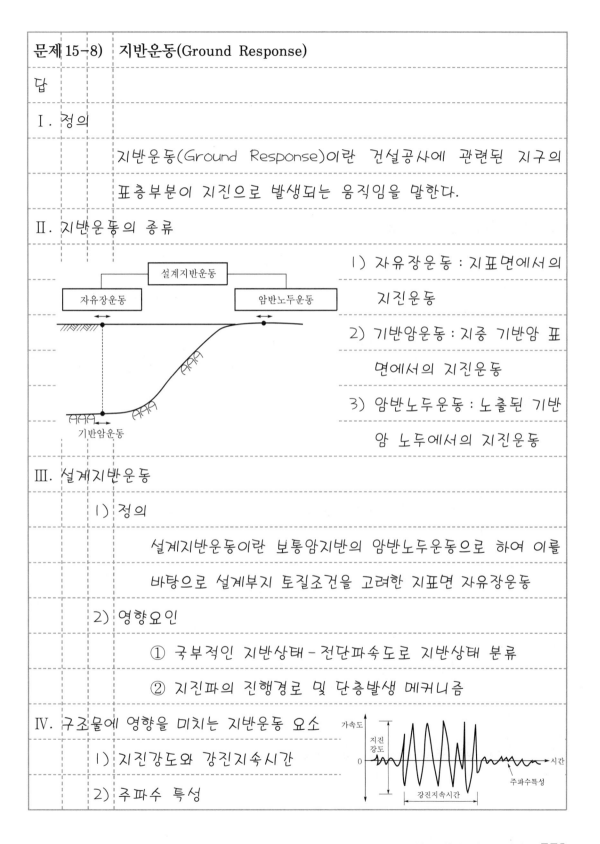

1) 자유장운동 : 지표면에서의 지진운동

2) 기반암운동 : 지중 기반암 표면에서의 지진운동

3) 암반노두운동 : 노출된 기반암 노두에서의 지진운동

Ⅲ. 설계지반운동

1) 정의

설계지반운동이란 보통암지반의 암반노두운동으로 하여 이를 바탕으로 설계부지 토질조건을 고려한 지표면 자유장운동

2) 영향요인

① 국부적인 지반상태 - 전단파속도로 지반상태 분류

② 지진파의 진행경로 및 단층발생 메커니즘

Ⅳ. 구조물에 영향을 미치는 지반운동 요소

1) 지진강도와 강진지속시간

2) 주파수 특성

문제 15-9)	표준설계응답스펙트럼(Spectrum)

답

I. 정의

표준설계응답스펙트럼이란 내진설계 기준에서 설계를 위하여 시
방기준으로 제시하고 있는 지표면에서의 응답스펙트럼을 말한다.

II. 국내 적용 표준설계응답스펙트럼

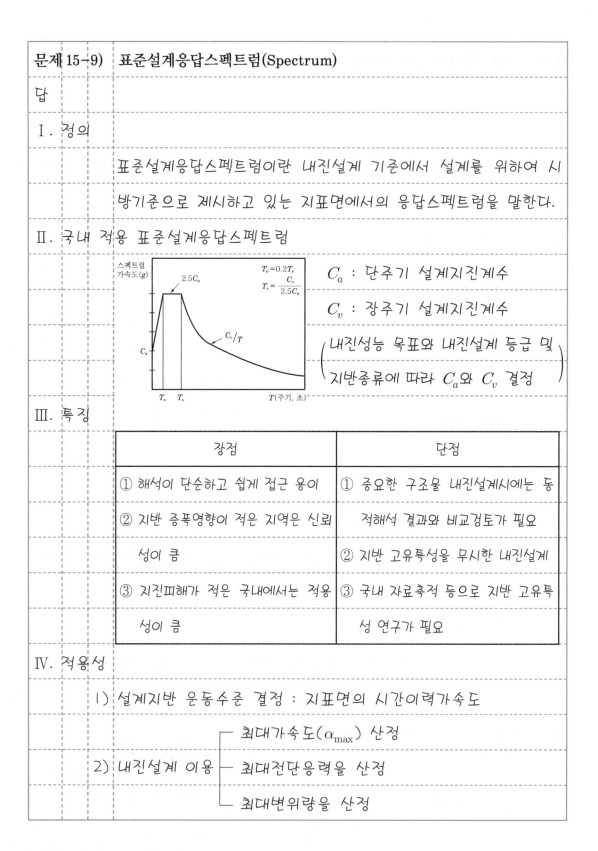

C_a : 단주기 설계지진계수

C_v : 장주기 설계지진계수

$\left(\begin{array}{l}\text{내진성능 목표와 내진설계 등급 및}\\ \text{지반종류에 따라 } C_a \text{와 } C_v \text{ 결정}\end{array}\right)$

$T_o = 0.2 T_s$

$T_s = \dfrac{C_v}{2.5 C_a}$

III. 특징

장점	단점
① 해석이 단순하고 쉽게 접근 용이	① 중요한 구조물 내진설계시에는 동
② 지반 증폭영향이 적은 지역은 신뢰 성이 큼	적해석 결과와 비교검토가 필요
	② 지반 고유특성을 무시한 내진설계
③ 지진피해가 적은 국내에서는 적용 성이 큼	③ 국내 자료축적 등으로 지반 고유특 성 연구가 필요

IV. 적용성

1) 설계지반 운동수준 결정 : 지표면의 시간이력가속도

2) 내진설계 이용
- 최대가속도(α_{max}) 산정
- 최대전단응력을 산정
- 최대변위량을 산정

문제 15-10) 지반 동적거동분석을 위한 등가선형해석

답

I. 정의

1) 등가선형해석이란 지진시 지반의 변형률에 따라 변하는 전단탄
성계수(G)와 감쇠비(D)를 등가선형으로 구하는 것이다.

2) 등가선형해석은 1차원 또는 2차원 지반응답해석에서 이용한다.

II. 특징

1) 계산시간이 빠르고 간편하다.

2) 지반의 비선형 동적거동을 간접적으로 고려 가능

3) 많은 가정으로 지진시 실제거동과 상이

4) 지반의 공진주기영역에서 응답값이 크게 산정

III. 해석방법

1) 지반의 시료로 동적시험 실시

2) 유효전단변형률(γ_e) 가정 : 최대전단응력×(0.5~0.7)

3) 가정된 γ_e로 최대 G와 최소 D 산정

4) 등가선형해석으로 지반응답 및
변형율 시간이력 산정

① 최대 G 산정
⊙ 오차범위 내의 최종 G 산정
② 수정 γ_e로 G 산정
가정된 γ_e

5) 산정된 시간이력으로 γ_e 계산

6) G와 D가 오차범위 내에 존재할 때까지 반복해석

Ⅳ. 비선형해석과 비교

　1) 지반의 전단응력(τ) – 전단변형률($r, \%$) 비교

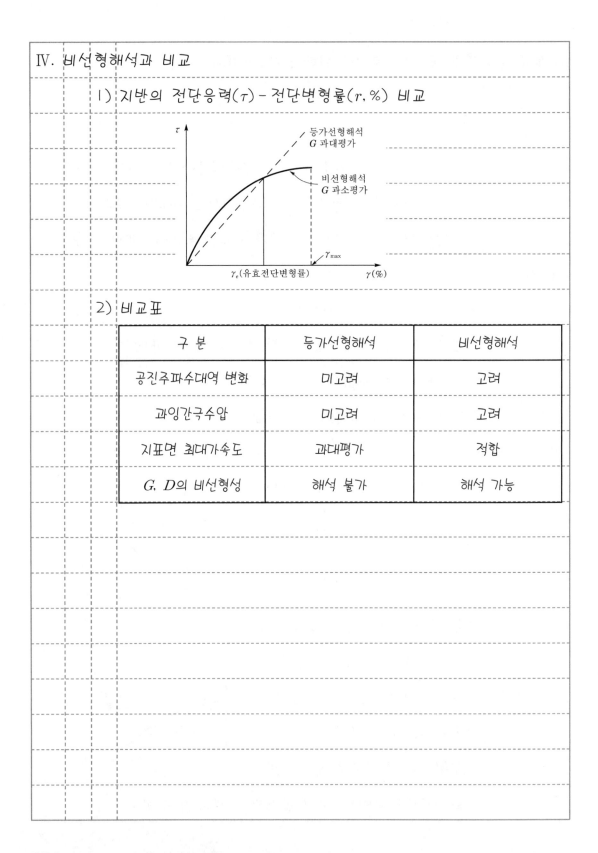

　2) 비교표

구 분	등가선형해석	비선형해석
공진주파수대역 변화	미고려	고려
과잉간극수압	미고려	고려
지표면 최대가속도	과대평가	적합
G, D의 비선형성	해석 불가	해석 가능

문제 15-11)	탄성임계전단변형률(Elastic Threshold Strain)

답

I. 정의

탄성임계전단변형률이란 전단탄성계수(G) - 전단변형률(γ, %)곡선에서 선형영역과 비선형영역을 구분하는 전단변형률을 말한다.

II. 산정방법

1) 전단변형률별 전단탄성계수 측정

전단변형률(γ, %)	시험법
$\gamma < 10^{-3}(\%)$	현장 공내시험, 실내 초음파진동시험
$\gamma < 10^{-2} \sim 1(\%)$	반복삼축압축시험, 반복단순전단시험
$\gamma < 10^{-4} \sim 1(\%)$	반복비틀림전단시험
$\gamma < 10^{-6} \sim 1(\%)$	공진주시험

2) 전단탄성계수(G) - 전단변형률(γ, %)곡선 작도 후 산정

① 시험치로 $G-\gamma(\%)$ 곡선작도

② 곡선의 초기 직선부분의 종점에 해당하는 전단변형률이 탄성임계전단변형률이다.

III. 영향요소

1) 재료조건

① 소성지수(PI)   ② 간극비(e)

③ 건조단위중량(γ_d)   ④ 함수비(ω)

⑤ 과압밀비(OCR)

2) 시험조건

    ① 구속응력(σ_3)   ② 하중과 주파수

    ③ 하중과 반복횟수

Ⅳ. 특징

1) 일반적으로 지반의 탄성임계전단변형률은 $10^{-4} \sim 10^{-2}(\%)$ 범위에 존재함

2) 점성토의 탄성임계전단변형률은 소성지수 크기에 비례함

3) 동적시험은 선형영역에서 수행되어 전단탄성계수를 측정함

4) 탄성임계전단변형률보다 큰 전단변형률에서는 전단탄성계수(G)는 급격히 감소되고, 감쇠비(D)는 급격히 증가한다.

문제 15-12) 내진설계시 지중구조물의 붕괴방지 수준

답

I. 구조물 붕괴방지 수준의 정의

구조물 붕괴 방지수준이란 지진발생 후 구조물에 제한적인 구조적 피해는 허용하나 긴급보수를 통해 구조물 기능을 발휘할 수 있는 내진성능수준을 말한다.

II. 지중구조물의 붕괴방지 수준

1) 지중구조물 붕괴방지의 설계지반운동 수준

성능목표	특등급	1등급	2등급
붕괴방지	평균재현주기 2400년	평균재현주기 1000년	평균재현주기 500년
	250년 내 초과 확률 10%	100년 내 초과 확률 10%	50년 내 초과 확률 10%

2) 지중구조물별 붕괴방지 수준

지중구조물 종류	재현주기	내진등급	해석방법
교량의 지하구조물	1000년	내진 1등급	동적해석법
지하차도	1000년	내진 1등급	응답변위법
지하보도	500년	내진 2등급	응답변위법
상수도 (배수지 등 포함)	1000년	내진 1등급	응답변위법 (진도법)
공동구	1000년	내진 1등급	응답변위법
하수암거	500년	내진 2등급	응답변위법

문제 15-13) 액상화(Liquefaction)

답

Ⅰ. 정의

액상화란 느슨하고 포화된 사질토 또는 매립된 사질지반에 급속한 진동하중 발생시 순간적인 비배수상태가 되어서 발생된 과잉간극수압으로 지반강도가 저하되어 지반이 액체처럼 거동하는 현상을 말한다.

Ⅱ. 액상화 발생원리

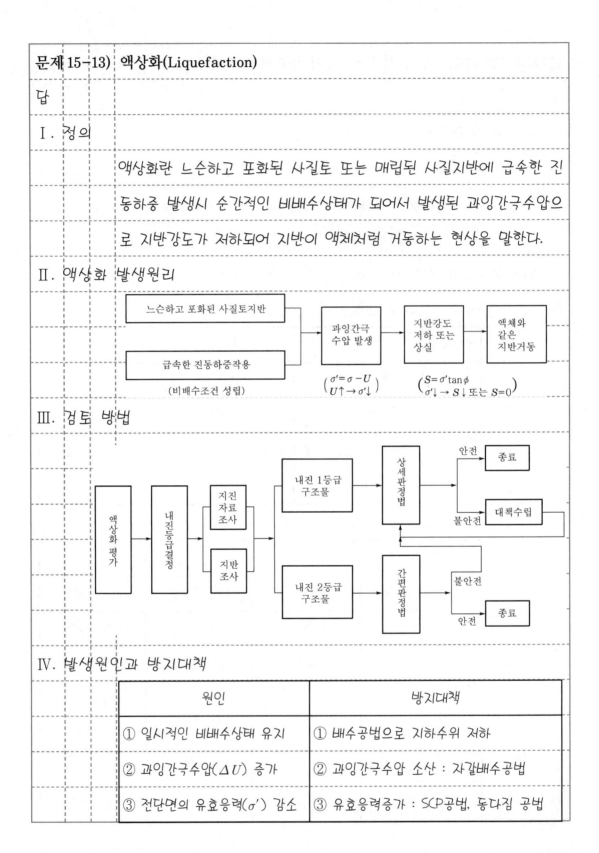

Ⅲ. 검토 방법

Ⅳ. 발생원인과 방지대책

원인	방지대책
① 일시적인 비배수상태 유지	① 배수공법으로 지하수위 저하
② 과잉간극수압(ΔU) 증가	② 과잉간극수압 소산 : 자갈배수공법
③ 전단면의 유효응력(σ') 감소	③ 유효응력증가 : SCP공법, 동다짐 공법

문제 15-14) 액상화 발생기구(Mechanism)

답

I. 액상화의 정의

액상화란 느슨하고 포화된 사질토 또는 매립된 사질지반에 급속한 진동하중 발생시 순간적인 비배수상태가 되어서 발생된 과잉간극수압으로 지반강도가 저하되어 지반이 액체처럼 거동하는 현상을 말한다.

II. 발생기구(Mechanism)

1) 느슨하고 포화된 모래지반

① 전단강도$(S) = (\sigma - u)\tan\phi = \sigma'\tan\phi$

② 유효응력(σ')과 전단저항각(ϕ)이 작은 지반

2) 급속한 진동하중 작용

① 순간적인 비배수상태로 과잉간극수압(ΔU) 발생

② $\sigma' = \sigma - U - \Delta U$에서 ΔU 증가로 σ' 감소

3) 액체와 같은 상태 발생

① $\sigma' \fallingdotseq 0 \Rightarrow S \fallingdotseq 0$

② 흙의 저항력인 전단강도(S)가 거의 없어 토립자 배열파괴 상태 ⇒ 체적 팽창

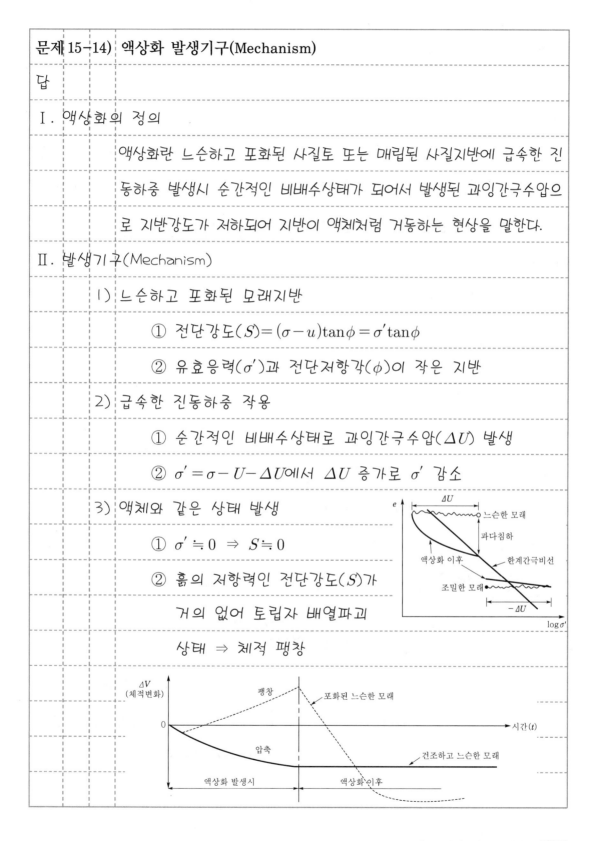

문제 15-15) 진동저항응력비(Cycle Resistance Ratio, CRR)

답

Ⅰ. 정의

진동저항응력비란 액상화발생 검토시 내진설계 적용 지진규모 (M)와 지반조건에 해당하는 저항응력비(τ_ℓ/σ_v')를 말하며 진동전단응력비(τ_d/σ_v')보다 크면 액상화에 안전하다.

Ⅱ. 산정방법

1) 진동삼축압축시험 곡선에서 산정

2) SPT N_{60}과 세립률로 산정

Ⅲ. 액상화 예측에 적용방법

1) 안전율(F_s) 산정

$$① \quad F_s = \frac{진동저항응력비(\tau_l/\sigma_v')}{진동전단응력비(\tau_d/\sigma_v')}$$

② 간편법 : SPT N_{60}과 세립률로 산정된 값 적용

③ 상세법 : 진동삼축압축시험 곡선으로 산정된 값 적용

2) 허용치(F_{sa})와 비교하여 액상화 안정성 판단

$$F_s \geq F_{sa} \quad \therefore \ 안전, \qquad F_s < F_{sa} \quad \therefore \ 불안전$$

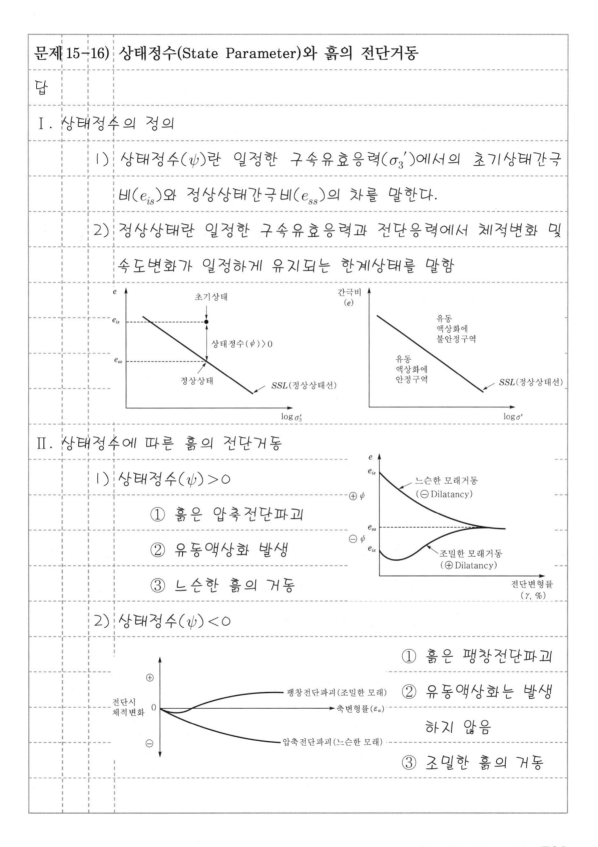

문제 15-16) 상태정수(State Parameter)와 흙의 전단거동

답

I. 상태정수의 정의

1) 상태정수(ψ)란 일정한 구속유효응력(σ_3')에서의 초기상태간극비(e_{is})와 정상상태간극비(e_{ss})의 차를 말한다.

2) 정상상태란 일정한 구속유효응력과 전단응력에서 체적변화 및 속도변화가 일정하게 유지되는 한계상태를 말함

II. 상태정수에 따른 흙의 전단거동

1) 상태정수(ψ) > 0

① 흙은 압축전단파괴

② 유동액상화 발생

③ 느슨한 흙의 거동

2) 상태정수(ψ) < 0

① 흙은 팽창전단파괴

② 유동액상화는 발생하지 않음

③ 조밀한 흙의 거동

문제 15-17) 유동액상화(Flow Liquefaction)과 반복변동(Cycle Mobility)

답

I. 유동액상화

　1) 정의

　　유동액상화란 토체파괴면의 정적 전단응력이 정상상태의
　　전단강도보다 커서 지진 도중 또는 지진 후 대규모 유동
　　파괴가 발생하는 현상을 말한다.

　2) 발생매커니즘 및 발생범위

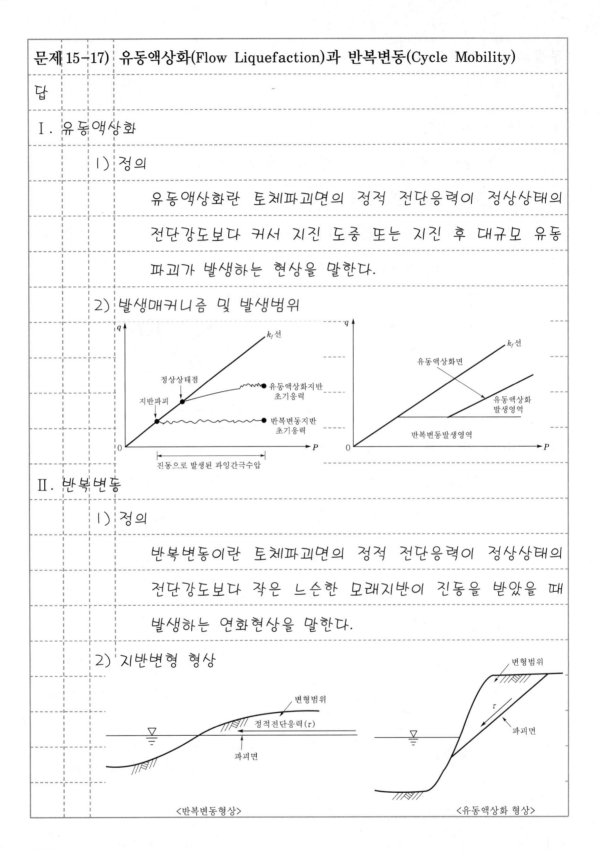

II. 반복변동

　1) 정의

　　반복변동이란 토체파괴면의 정적 전단응력이 정상상태의
　　전단강도보다 작은 느슨한 모래지반이 진동을 받았을 때
　　발생하는 연화현상을 말한다.

　2) 지반변형 형상

Ⅲ. 비교

구분	유동액상화	반복변동
발생규모	대규모	소규모
파괴면	경사방향	수평방향
지반변형속도	갑자기 발생	느리게 발생
정적 전단응력 크기	정상상태 전단강도보다 大	정상상태 전단강도보다 小

문제 15-18) LPI(Liquefaction Potential Index, 액상화가능지수)

답

I. 정의

1) 액상화가능지수(LPI) $= \displaystyle\int_0^{20} F_{(z)} W_{(z)} dz$

2) $F_{(z)}$: 심도별 액상화 안전율(F_s)에 대한 함수값

$W_{(z)}$: 심도별 보정계수 $W_{(z)} = 10 - 0.5z$ z : 심도(m)

II. 산정방법

1) 심도별 액상화 안전율(F_s) 산정

2) 안전율(F_s)로 심도별 함수값 $F_{(z)}$ 산정

① $F_s \geq 1 \Rightarrow F_{(z)} = 0$

② $F_s < 1 \Rightarrow F_{(z)} = 1 - F_s$

3) 심도별 보정계수 $W_{(z)}$을 산정 후 LPI 계산

- $W_{(z)} = 10 - 0.5z$

III. 액상화 판단기준

LPI 범위	액상화 영향 정도
LPI<5	액상화 영향이 없음
5≤LPI≤15	지표면에 미소한 영향 예상
LPI>15	액상화 영향이 예상

IV. 이용

1) 지표면과 주변구조물의 액상화영향 파악

2) 국부적인 액상화 발생시 주변지반영향 예상

3) 액상화피해구역도(재해도) 작성

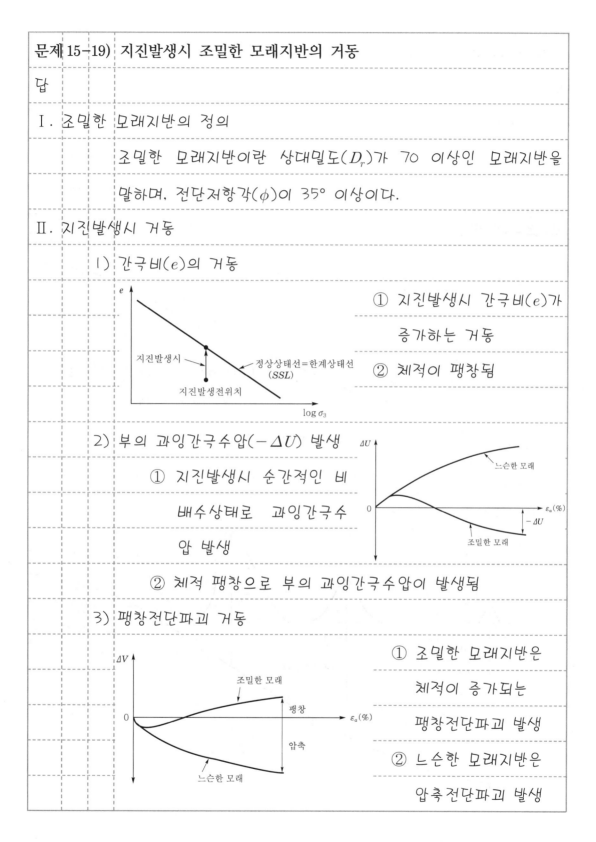

문제 15-19) 지진발생시 조밀한 모래지반의 거동

답

I. 조밀한 모래지반의 정의

조밀한 모래지반이란 상대밀도(D_r)가 70 이상인 모래지반을 말하며, 전단저항각(ϕ)이 35° 이상이다.

II. 지진발생시 거동

1) 간극비(e)의 거동

지진발생시
정상상태선=한계상태선 (SSL)
지진발생전위치
$\log \sigma_3$

① 지진발생시 간극비(e)가 증가하는 거동

② 체적이 팽창됨

2) 부의 과잉간극수압($-\Delta U$) 발생

① 지진발생시 순간적인 비배수상태로 과잉간극수압 발생

느슨한 모래
$\varepsilon_a(\%)$
$-\Delta U$
조밀한 모래

② 체적 팽창으로 부의 과잉간극수압이 발생됨

3) 팽창전단파괴 거동

ΔV
조밀한 모래
팽창
$\varepsilon_a(\%)$
압축
느슨한 모래

① 조밀한 모래지반은 체적이 증가되는 팽창전단파괴 발생

② 느슨한 모래지반은 압축전단파괴 발생

문제 15-20) 쓰나미 전달 및 변이과정

답

I. 쓰나미의 정의

　　쓰나미(Tsunami)란 지진에 의한 해저의 변동 또는 화산폭발등의
　　발생으로 해수가 가속되어 생겨난 주기성의 장파장을 말한다.

II. 쓰나미 전달

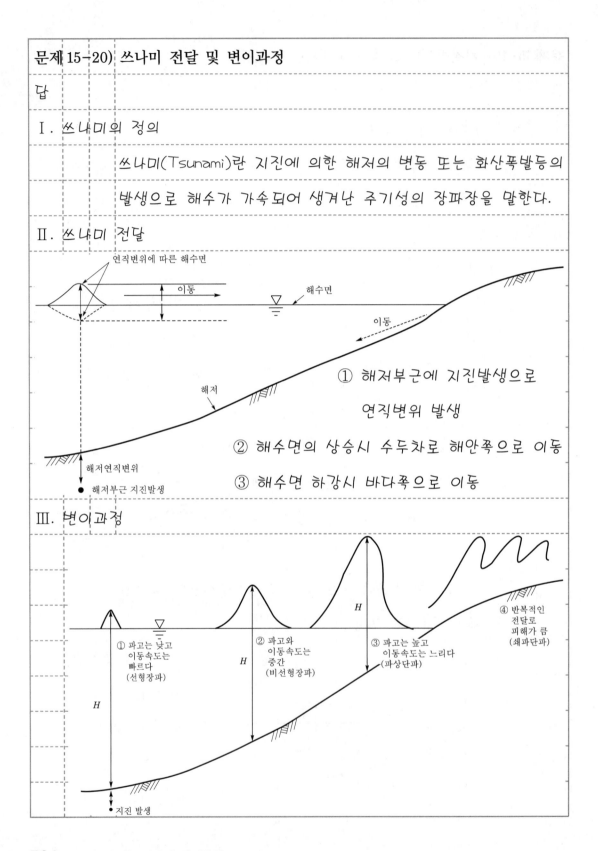

① 해저부근에 지진발생으로
　　연직변위 발생

② 해수면의 상승시 수두차로 해안쪽으로 이동

③ 해수면 하강시 바다쪽으로 이동

III. 변이과정

④ 반복적인
　전달로
　피해가 큼
　(쇄파단파)

① 파고는 낮고
　이동속도는
　빠르다
　(선형장파)

② 파고와
　이동속도는
　중간
　(비선형장파)

③ 파고는 높고
　이동속도는 느리다
　(파상단파)

부록 I ▶ 핵심문제

문제 1)	가중 크리프비(Creep Ratio)

답

I. 정의

1) 가중 크리프비$(C_R) = \dfrac{L_R}{h} = \dfrac{\sum \dfrac{L_h}{3} + \sum L_v}{h}$

2) L_R : 최소유선거리, h : 수위차

L_h : 45° 이하인 유선거리, L_v : 45° 이상인 유선거리

II. 이용

1) 댐 제체 파이핑검토

① $C_R = \dfrac{\dfrac{L_h}{3}}{h}$

② $C_R \geq$ 허용 C_R이면

파이핑에 안전

2) 댐 기초지반 파이핑검토

① $C_R = \dfrac{\dfrac{L_{h1} + L_{h2}}{3} + L_{V1} + L_{V2}}{h}$

② $C_R <$ 허용 C_R이면 파이핑 발생

III. 이용시 판단기준(허용가중 크리프비)

흙 종류	허용 C_R	흙 종류	허용 C_R
실트 또는 잔모래	8.5	굵은 모래	5.0
중간 모래	6.0	잔 자갈	4.0
굵은 자갈	3.0	단단한 점토	1.8
점토	2.0	견고한 지반	1.6

| 문제 2) | 점토층은 정규압밀점토이며, 지표면에는 150kN/m² 하중이 작용하고 |
| 있다. 다음 물음에 답하시오(단, $\gamma_w = 10$kN/m³ 적용). |

1) 점토층의 압밀침하량

2) 점토층의 압밀침하량이 45cm에 도달했을 때 평균압밀도나 소요일수

답

I. 점토층의 압밀침하량

  1. 현장조건

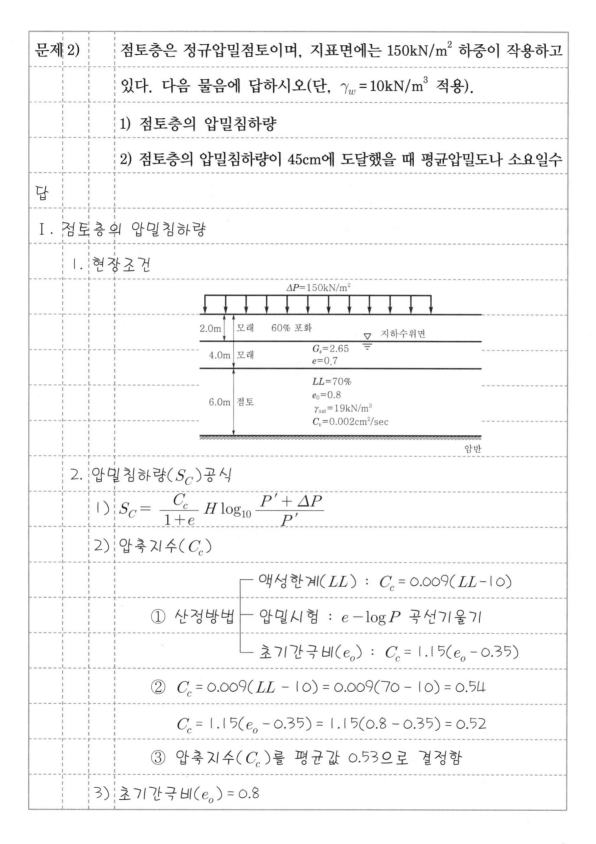

  2. 압밀침하량(S_C)공식

    1) $S_C = \dfrac{C_c}{1+e} H \log_{10} \dfrac{P' + \Delta P}{P'}$

    2) 압축지수(C_c)

      ① 산정방법 ┬ 액성한계(LL) : $C_c = 0.009(LL-10)$

              ├ 압밀시험 : $e - \log P$ 곡선기울기

              └ 초기간극비(e_o) : $C_c = 1.15(e_o - 0.35)$

      ② $C_c = 0.009(LL - 10) = 0.009(70 - 10) = 0.54$

          $C_c = 1.15(e_o - 0.35) = 1.15(0.8 - 0.35) = 0.52$

      ③ 압축지수(C_c)를 평균값 0.53으로 결정함

    3) 초기간극비(e_o) = 0.8

4) 점토층두께(H) = 6.0m

5) 점토층 중앙부 유효연직압력(P')

① $P' = \gamma_t H_1 + \gamma_{sub1} H_2 + \gamma_{sub2} H_3$

② 모래층 습윤단위중량(γ_t)

$$\gamma_t = \frac{G_s + S_r e}{1+e} \gamma_w = \frac{2.65 + 0.6 \times 0.7}{1+0.7} \times 10 = 18\text{kN/m}^3$$

③ 모래층 수중단위중량(γ_{sub1})

$$\gamma_{sub1} = \gamma_{sat1} - \gamma_w = \frac{G_s + e}{1+e} \gamma_w - \gamma_w$$

$$= \frac{2.65 + 0.7}{1+0.7} \times 10 - 10$$

$$= 9.7\text{kN/m}^3$$

④ 점토층 수중단위중량(γ_{sub2})

$$\gamma_{sub2} = \gamma_{sat2} - \gamma_w = 19 - 10 = 9\text{kN/m}^3$$

⑤ P' 계산

$$P' = 18 \times 2 + 9.7 \times 2 + 9 \times 3 = 82.4\text{kN/m}^3$$

3. 압밀침하량

$$S_C = \frac{0.53}{1+0.8} \times 6 \times \log_{10} \frac{82.4 + 150}{82.4}$$

$$= 0.796\text{m} \fallingdotseq 0.8\text{m} = 80\text{cm}$$

Ⅱ. 압밀침하량이 45cm일 때의 평균압밀도와 소요일수

1. 평균압밀도($\overline{U}$)

$$\overline{U} = \frac{S_t}{S_c} \times 100(\%) = \frac{45}{80} \times 100 = 56.25\%$$

2. 소요일수(t)

1) 소요일수(t) 공식

① $t = \dfrac{T_v Z^2}{C_v}$

② 시간계수(T_v) = $1.781 - 0.933\log_{10}(100 - \overline{U})$

          = $1.781 - 0.933\log_{10}(100 - 56.25) = 0.25$

③ 배수거리(Z) = 600cm   ∴ 일면배수

④ 압밀계수(C_v) = 0.002cm/sec = $0.002 \times 60 \times 60 \times 24$

          = 172.8cm/일

2) 계산

$$t = \frac{0.25 \times 600^2}{172.8} = 520.83\text{일} \doteqdot 521\text{일} = 17.37\text{개월}$$

문제 3)		압밀침하현상에 대하여 1차 압밀이 종료된 후 2차 압밀이 발생한다
		는 가정A(Hypothesis A)와 2차 압밀은 1차 압밀과 관계없이 압밀
		전체의 과정 동안 발생한다는 가정B(Hypothesis B)가 있다. 두 가정에
		대하여 설명하시오.

답

I. 압밀침하현상의 개요

1. 정의

압밀침하현상이란 투수계수가 작은 점토지반에 재하하중이 작용
하거나 점토의 Creep현상 등으로 발생되는 장기침하를 말한다.

2. 압밀침하의 종류

1) 1차 압밀침하

1차 압밀침하란 점토지반에 재하한 하중(ΔP)으로 발생된
과잉간극수압(ΔU)이 오랜 시간 동안 소산되면서 발생되는
장기압축을 말한다.

2) 2차 압밀침하

점토지반에 재하한 하중과
상관없이 점토의 Creep 현상
또는 점토구조변화로 발생
되는 장기압축

II. 두 가정설명

1. 가정A

1) 정의

가정A는 2차 압밀이 1차 압밀종료 후에 발생되며 1차 압밀과 2차 압밀의 구분이 뚜렷함

2) 2차 압밀 발생시점과 적용조건

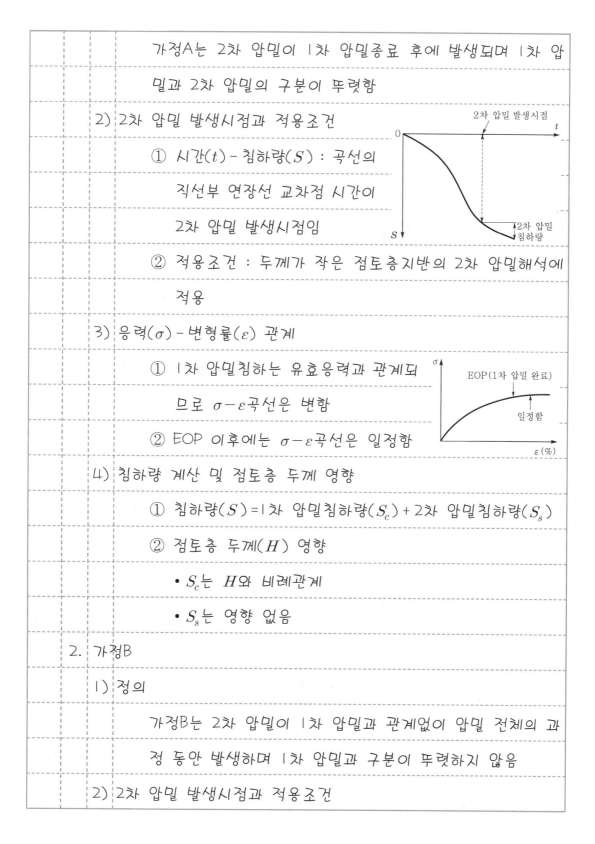

① 시간(t) – 침하량(S) : 곡선의 직선부 연장선 교차점 시간이 2차 압밀 발생시점임

② 적용조건 : 두께가 작은 점토층지반의 2차 압밀해석에 적용

3) 응력(σ) – 변형률(ε) 관계

① 1차 압밀침하는 유효응력과 관계되므로 $\sigma-\varepsilon$곡선은 변함

② EOP 이후에는 $\sigma-\varepsilon$곡선은 일정함

4) 침하량 계산 및 점토층 두께 영향

① 침하량(S) = 1차 압밀침하량(S_c) + 2차 압밀침하량(S_s)

② 점토층 두께(H) 영향

• S_c는 H와 비례관계

• S_s는 영향 없음

2. 가정B

1) 정의

가정B는 2차 압밀이 1차 압밀과 관계없이 압밀 전체의 과정 동안 발생하며 1차 압밀과 구분이 뚜렷하지 않음

2) 2차 압밀 발생시점과 적용조건

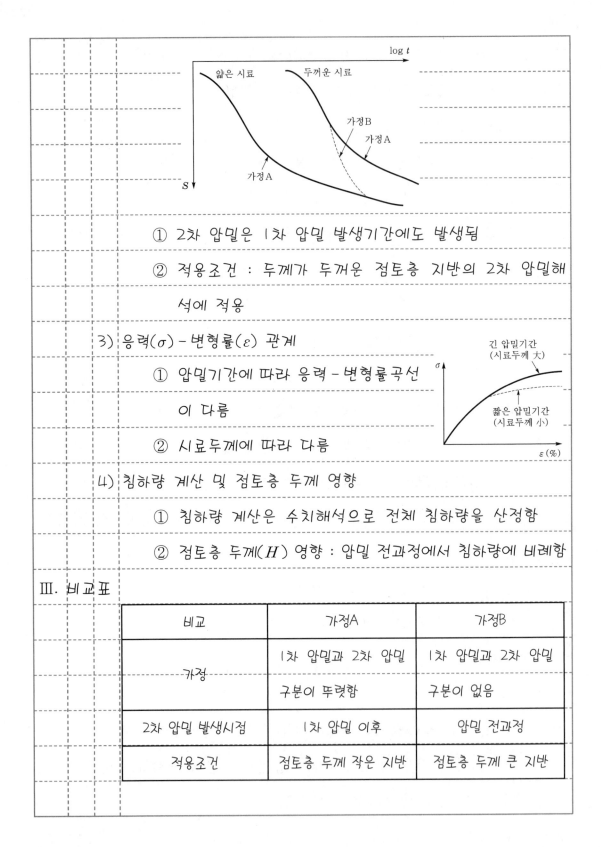

① 2차 압밀은 1차 압밀 발생기간에도 발생됨

② 적용조건 : 두께가 두꺼운 점토층 지반의 2차 압밀해석에 적용

3) 응력(σ) - 변형률(ε) 관계

① 압밀기간에 따라 응력 - 변형률곡선이 다름

② 시료두께에 따라 다름

4) 침하량 계산 및 점토층 두께 영향

① 침하량 계산은 수치해석으로 전체 침하량을 산정함

② 점토층 두께(H) 영향 : 압밀 전과정에서 침하량에 비례함

Ⅲ. 비교표

비교	가정A	가정B
가정	1차 압밀과 2차 압밀 구분이 뚜렷함	1차 압밀과 2차 압밀 구분이 없음
2차 압밀 발생시점	1차 압밀 이후	압밀 전과정
적용조건	점토층 두께 작은 지반	점토층 두께 큰 지반

비교	가정A	가정B
2차 압밀시 응력 - 변형률 관계	일정	압밀기간과 시료두께에 따라 다름
2차 압밀량 계산	공식	수치해석
2차 압밀과 시료두께 영향	없음	시료두께가 커지면 2차 압밀량이 커짐

IV. 결론

1) 실무에서 2차 압밀침하량(S_s) 산정시에는 계산과정이 간단한 가정A방법을 적용하고 있다.

2) 2차 압밀침하량은 점토층 두께에 비례하여 증가되므로 성토폭(B)이 점토층 두께(H)보다 적은 경우에는 2차 압축을 고려한 비선형 수치해석으로 구하는 것이 타당하다고 사료된다.

문제 4)	모래의 전단강도에 영향을 주는 요소 중 중간주응력(Intermediate Principal Stress, σ_2)

답

I. 정의

중간주응력(σ_2)이란 전단응력이 영인 세 개의 면에 연직으로 작용하는 주응력 중에 크기가 중간인 주응력을 말한다.

II. 최대주응력(σ_1)과 비교

σ_1(최대주응력)

σ_3(최소주응력)

전단응력(τ)=0인 면

σ_2(중간주응력)

- 주응력 크기 : $\sigma_1 > \sigma_2 > \sigma_3$

III. 적용조건

1) 암반의 파괴

$\sqrt{J_2}$

J_2=2차 응력 불변량

α

k

J_1

① J_1(1차 응력 불변량)

$= \sigma_1 + \sigma_2 + \sigma_3$

② $\sqrt{J_2} = K + J_1 \tan \alpha$

③ 3차원 응력상태조건

④ 3차원 변형조건

2) 평면변형상태의 토사파괴

① 3차원 응력상태조건

② 2차원 변형조건

ϕ

σ_2 고려

4~9°

2~3°

σ_2 미고려

D_r 小 D_r 大   상대밀도(D_r)

문제 5)	토류벽 소단(Berm)

답

I. 정의

토류벽 소단이란 지반에 토류벽을 설치한 후 연직굴착시 토류벽체 주변 흙의 일부를 수평으로 남기고 굴착한 흙의 단면을 말한다.

II. 형태

1) 자립식 토류벽 소단

〈주지보로 사용〉

2) 버팀대식 토류벽 소단

〈보조지보로 사용〉

III. 설계시 검토사항

1) 소단부 사면안정성 검토

2) 벽체 변형 및 수동저항 검토

3) 굴착저면의 안정성 검토

IV. 기대효과

1) 벽체 변형 억제효과 : 굴착시 벽체에 작용하는 모멘트, 전단력 및 축력 감소

2) 수동저항효과 : 소단부 흙의 수동저항 발휘

3) 굴착면 히빙 억제효과 : 소단부 흙의 저항모멘트로 굴착면 히빙 억제

문제 6)	터널굴착에서 연성파괴조건과 취성파괴조건

답

I. 연성파괴와 취성파괴의 정의

1) 연성파괴란 구속응력(σ_3)이 큰 암반이 파괴된 후에도 강도저하

가 크게 발생하지 않고 변형이 발생하는 현상

2) 취성파괴란 구속응력이 없거나 작은 암반이 파괴 후 강도저하가

크게 발생되는 현상

II. 터널굴착시 파괴조건

1) 굴착지반의 구속응력(σ_3) 크기   2) 터널굴착단면 크기

σ (응력)

σ_3 大 암반 — 연성파괴

σ_3 小 암반 — 취성파괴

ε (축변형율)

σ

분할단면굴착(연성파괴)

전단면굴착(취성파괴)

ε

3) 지보재 설치시기   4) 지보재 설치 여부

σ

적절한 시기(연성파괴)

늦은 시기(취성파괴)

ε

지보재 설치로
연성파괴

지보재 미설치로
취성파괴

| 문제 7) | 터널라이닝 배면의 잔류수압 |

답

Ⅰ. 정의

터널라이닝 배면의 잔류수압이란 완전배수형 터널에서 장기적인

배수기능 저하로 터널라이닝 배면에 작용하는 수압을 말한다.

Ⅱ. 산정방법

산정방법	침투류 해석	경험식
적용조건	지하수위가 깊은 터널	① 지하수위가 천단부위치 ② 측면배수기능 원활
잔류수압 분포도	잔류수압	터널높이 (H)
산정	유선망을 작도하여 등수두선 차이로 잔류수압 산정	① 토사지반 잔류수압 $= \gamma_w \dfrac{H}{2}$ ② 암반지반 잔류수압 $= \gamma_w \dfrac{H}{3}$

Ⅲ. 발생조건별 크기

1) 배수재기능 저하

P_w/P_{max} P_w(잔류수압), P_{max}(정수압)

0.7

0.1

k_r/k_f

1   10   100

k_r, k_f (라이닝, 배수재 투수계수)

2) 배수공기능 저하

지보재

배수재

라이닝

측벽 배수공 폐색시
$P_w/P_{max} = 0.12$

중앙배수공 폐색시
$P_w/P_{max} = 0.1$

Ⅳ. 적용

1) 터널라이닝 작용하중 산정

2) 라이닝 두께 결정

10 永生의 길잡이 – 열

아폴로 13호의 교훈

미국의 영광과 부의 상징이었고, 인간 과학의 총화(總和)였으며, 고장 확률도 100만분의 1이라는 만능의 기계는 전 인류가 주시하는 가운데 고장을 일으켰다. 그 때 미국의 대통령과 상하 양원을 위시하여 온 국민이 우주선의 무사 귀환을 위해서 기도를 드렸던 것이 기억에 생생하다. 여기에 인간의 한계와 겸허가 있으며, 과학과 신앙의 조화도 엿볼 수 있다. 예수가 들어가면 반드시 미신이 추방된다. 현존하는 세계의 자연과학분야의 박사 3분의 2가 크리스찬이다.

최근 기출문제

제1교시

※ 다음 문제 중 10문제를 선택하여 설명하시오. (각 10점)

1. 암석의 슬레이크지수

2. 스미어현상(Smear Effect)

3. 주동말뚝과 수동말뚝

4. 점토의 연대효과(Aging Effect)

5. 흙의 취성지수

6. 암반사면의 평면파괴와 쐐기파괴

7. Over Compaction과 Over Consolidation

8. 일반한계평형 절편법(General Limit Equilibrium)

9. 정상침투에서 Dupit−Forchermer 가정

10. Arching effect

11. 팽창성 지반의 활성영역(Active Zone)

12. 액상화가능지수(LPI, Liquefaction Potential Index)

13. 투수성 반응벽체(PRBs, Permeable Reactive Barriers)

제2교시

※ 다음 문제 중 4문제를 선택하여 설명하시오. (각 25점)

1. 시료의 교란 영향이 배제된 비배수 전단강도를 구하는 방법 중 SHANSEP(Stress History And Nomalized Soil Engineering Properties)방법이 있다. 다음 사항을 설명하시오.
   1) SHANSEP방법의 기본개념과 시험방법
   2) SHANSEP방법의 장점 및 단점

2. 점성토 시료의 육안분류를 위하여 흙실시험(Thread Test)을 시행하는 경우가 많으며 현장에서 시험굴(Test pit)조사를 할 때 원지반의 연경도(Consistency) 또는 N치 등의 크기가 얼마인지 경험적으로 판단해야 할 경우가 있다. 다음을 설명하시오.
   1) 흙실시험(Thread Test)에 의하여 점성토를 육안분류하는 방법
   2) 현장에서 원지반의 연경도(Consistency) 또는 N치 등의 크기를 경험적으로 판별하는 방법

3. 토사사면과 암반사면의 잔류강도특성을 설명하시오

4. 점성토로 다짐하여 하천제방을 축조하였다. 다져진 흙의 구조와 공학적 성질에 대하여 설명하시오.

5. 불포화토의 유효응력원리와 불포화사면의 안정해석을 위한 원위치 흡인력(Matric Suction) 측정방법을 설명하시오.

6. 함수비가 1,000%인 준설점토에 비중 2.35의 석탄재를 혼합하여 투기할 때 침강특성과 자중압밀특성을 설명하시오.

✏️ 제3교시

※ 다음 문제 중 4문제를 선택하여 설명하시오. (각 25점)

1. 깊은기초형식의 무리말뚝에 대하여 다음 사항을 설명하시오.
   1) 사질토지반과 점성토지반의 축방향지지력 산정시 고려사항
   2) 사질토지반과 점성토지반의 침하량 산정방법

2. 암반으로 이루어진 깎기 비탈면의 안정해석을 위한 지표지질조사방법에 대하여 설명하시오.

3. 부마찰력이 작용하는 말뚝기초에 대하여 다음을 설명하시오.
   1) 중립면의 결정
   2) 부마찰력의 크기와 말뚝침하량의 관계
   3) 부마찰력을 받는 말뚝기초의 설계방향

4. 지반은 세립분의 함량에 따라 크게 사질토지반과 점성토지반으로 대별하여 취급된다. 다음 사항을 설명하시오.
   1) 사질토지반과 점성토지반의 공학적 특성 비교
   2) 사질토지반과 점성토지반의 기초계획시 하중에 따른 거동특성 비교

5. 석회암이 있는 용해(溶解)지형에서 말뚝기초를 계획할 때 유의사항을 설명하시오.

6. 선행하중재하공법과 연직배수공법을 병용하여 연약지반을 개량하고자 한다. 선행하중재하공법 원리 및 하중 제거시기 결정방법을 설명하시오.

✎ 제4교시

※ 다음 문제 중 4문제를 선택하여 설명하시오. (각 25점)

1. 터널에서의 콘크리트 Lining, Invert 및 Shotcrete의 역할과 콘크리트 Lining의 파괴유형에 대하여 설명하시오.

2. 장대도로터널의 환기방식 종류와 환기량 산정법을 설명하시오.

3. Terzaghi 1차원 압밀이론과 Terzaghi-Rendulic의 3차원 압밀이론 및 현장 적용성을 설명하시오.

4. 삼축압축시험을 위해 교란된 흙으로 공시체를 만들고자 한다. 공시체 제작방법과 시험 중 발생하는 공시체의 단면적변화에 대한 보정방법을 설명하시오.

5. 지반정화기술에 대한 관심이 증가되고 있는 실정이다. 유류로 오염된 지반의 정화공법인 공기주입확산(In-Situ Air Sparging)공법에 대하여 Mechanism과 적정한 주입압력 및 운영기간에 따른 주입방법에 대하여 설명하시오.

6. 아래 그림과 같이 경사진 연약점성토층이 분포되어 있는 지역에 약 10m의 흙쌓기 높이로 도로를 축조하고자 한다. 이때 예상되는 문제점과 대책방안에 대하여 설명하시오.

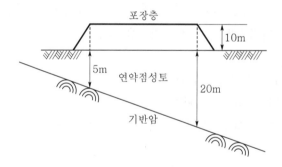

제1교시

※ 다음 문제 중 10문제를 선택하여 설명하시오. (각 10점)

1. 상재하중에 따른 지중응력증가량 산정을 위한 Boussinesq 해법과 Westergaard 해법

2. 현장 다짐시공시 최적함수비와 투수계수의 관계

3. 소성유동법칙(Plastic Flow Rule)

4. 현장베인전단시험값의 보정이유와 방법

5. Quick clay가 생성되는 과정

6. 소일네일링과 그라운드앵커가 결합된 하이브리드공법의 하중전이메커니즘

7. 이암 절취사면의 시간경과에 따른 안전율 변화과정

8. NATM Composite 라이닝공법

9. 말뚝의 장경비

10. 토양오염지역의 복원절차

11. 토목섬유점토 차수층(Geosynthetic Clay Liner)과 다짐점토 차수층(Compacted Clay Liner)의 차이

12. Griffith의 파괴기준

13. 댐 차수재료의 품질평가기준

제2교시

※ 다음 문제 중 4문제를 선택하여 설명하시오. (각 25점)

1. 흙막이벽 배면에 작용하는 측방토압 산정방법과 벽체변위나 변형의 형태에 따른 토압분포를 설명하시오.

2. 직경이 580mm인 강관말뚝이 점토층을 지나 말뚝선단이 암반층(화강암)에 지지되었다. 암반에 대한 이론적 말뚝 선단지지력 산정방법을 설명하고, 이 중 Goodman의 제안식을 이용하여 말뚝의 허용선단지지력을 구하시오(단, 암석시편의 일축압축강도는 $140,000kN/m^2$이고, 내부마찰각은 $40°$이다).

3. 정규압밀점토의 파괴포락선을 $\tau_f = \sigma' \tan \phi'$과 같이 표현할 수 있으며, 이에 대응하는 수정파괴포락선은 $q' = p' \tan \alpha$에 의해 구할 수 있다. 이와 유사한 방법으로 $\tau_f = c' + \sigma' \tan \phi'$인 경우

수정파괴포락선을 $q' = m + p' \tan\alpha$ 로 표현할 수 있다. 이때 α를 ϕ'의 함수로, m을 c'와 ϕ'의 함수로 각각 설명하시오.

4. 등방압축시험의 간극수압계수 B, 일축압축시험의 간극수압계수 D에 대하여 설명하고, 삼축압축시험의 간극수압계수 A를 유도하시오.

5. 불포화토의 전단강도메커니즘과 강우시 침투로 인한 유효응력변화에 대하여 설명하시오.

6. 연직배수공법의 설계와 시공에서 배수재의 시공과정, 배수특성, 이종(異種)배수재 조합시공조건 등이 연약지반개량의 압밀특성에 미치는 영향에 대하여 설명하시오.

✏️ **제3교시**

※ **다음 문제 중 4문제를 선택하여 설명하시오. (각 25점)**

1. 최근 조건이 양호한 토지를 확보하기 어려워 해안매립이 증대되고 있다. 준설매립에 따른 세립토의 침강현상에 대하여 설명하시오.

2. 유한요소법(FEM)과 유한차분법(FDM)의 원리와 지반공학활용분야에 대하여 설명하시오.

3. 포화된 점토공시체에 대하여 비배수조건에서 구속압력 82.8kN/m²로 압밀한 후에 축차응력 62.8kN/m²에 도달했을 때 공시체가 파괴되었다. 파괴시 간극수압은 46.9kN/m²이다. 아래 사항을 구하시오.
   1) 압밀비배수 전단저항각 ϕ
   2) 배수마찰각 ϕ'
   3) 상기 시료에 대하여 구속압력(82.8kN/m²)으로 배수실험을 수행한 경우 2)의 결과를 이용한 파괴시의 축차응력

4. 보강토옹벽에 대하여 다음 사항을 설명하시오.
   1) 보강재와 뒤채움 흙에 대한 시방기준
   2) 보강재와 인발저항력 산정
   3) 보강재의 파단 및 인발파괴에 대한 안정성

5. 그림과 같이 한 변이 4m인 정사각형 기초의 도심에 집중하중 1,800kN이 작용한다. 아래 사항에 대하여 답하시오(단, ① 점토는 정규압밀상태, ② 정사각형 기초의 도심점이 모서리가 되도록 4등분한 응력영향계수(I_σ) 사용).
   1) 압밀층의 두께를 4m인 1개 층으로 고려한 침하량
   2) 압밀층의 두께를 2m인 2개 층으로 고려한 침하량
   3) 1), 2)를 구한 방법의 응력증가량과 Simpson방법의 응력증가량 계산방법에 대하여 설명하시오.

〈응력영향계수〉

E.L	I_σ
−4m	0.08
−5m	0.057
−6m	0.045

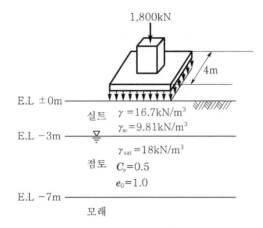

6. 사면현장에서 암반절리(불연속면)의 상태를 조사하였다. 불연속면의 공학적 특징을 정리하는 항목 및 방법을 국제암반공학회(ISRM)에서 제시하는 기준에 근거하여 설명하시오.

📝 제4교시

※ **다음 문제 중 4문제를 선택하여 설명하시오. (각 25점)**

1. 고속전철시공을 위하여 초정밀 전자기계생산공장에 근접하여 NATM터널을 굴착할 계획이다. 공장에서 발생하는 민원을 방지할 목적으로 터널굴착 중 진동방지대책을 강구하고자 한다. 진동방지방안과 관련하여 공학적 원리의 중심으로 다음 사항에 대하여 답하시오(단, 터널굴착은 발파굴착과 무진동굴착을 병용).
   1) 터널굴착방법(진동원)에 따른 감쇠대책
   2) 지중 진동전파경로에 따른 감쇠대책

2. 저토피, 편경사 지형조건에서 NATM터널설계시 굴착 및 보강공법, 막장면 안정공법에 대하여 설명하시오.

3. 연약점성토지반에 PHC말뚝($\phi = 400$mm)을 유압해머로 항타한 결과 10본 중에서 7본이 용접이 음부에서 파손되었다. 파손되지 않은 3본은 약 2주일 수에 재항타를 수행하여 말뚝의 지지력이 약 20% 이상 증가되었다. 다음 사항에 대하여 답하시오.

1) 말뚝파괴 원인 및 대책

2) 재항타시 지지력 증가원인

4. 연약지반 계측의 필요성과 계측시스템의 특징을 설명하시오.

5. 대심도 지하철의 정거장 구조물설계를 위한 부력(Uplift Pressure)처리방법에 대하여 설명하시오.

6. 그림과 같이 토층이 구성되었을 때 반무한하중 $\Delta\sigma$가 지표면에 작용되는 경우 아래의 조건을 이용하여 점토의 1차 압밀침하량을 구하시오(단, $\gamma_w = 9.81\text{kN/m}^3$, $C_s = \dfrac{1}{6}C_c$).

1) 정규압밀점토인 경우

2) 선행압밀하중($\sigma_c{}'$)이 190kN/m²인 경우

3) 선행압밀하중($\sigma_c{}'$)이 170kN/m²인 경우

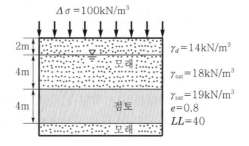

제1교시

※ 다음 문제 중 10문제를 선택하여 설명하시오. (각 10점)

1. 열사이펀(Thermosyphone)

2. 암의 내구성시험

3. 동결차수벽공법(Frozen Barriers)

4. Flat Dilatometer Test의 원리 및 적용방법

5. IGM(Intermediate Geomaterials)

6. 설계토석량(Design Debris Volume)

7. 도로터널에서의 정량적 위험도평가

8. 모관흡수력

9. 면모구조와 이산구조의 차이점

10. 실내CBR, 현장CBR, 설계CBR, 수정CBR의 정의

11. 사이크로미터법(Psychrometer)

12. 지하수위변동에 의한 과압밀 발생원리

13. 점성토의 액성지수(LI)와 압밀상태(OCR)의 관계

제2교시

※ 다음 문제 중 4문제를 선택하여 설명하시오. (각 25점)

1. 폐기물매립지의 안정화과정을 초기단계부터 최종단계까지 5단계의 과정 및 폐기물의 분해과정 (물리적, 화학적, 생물학적)에 따라 나타나는 변화에 대하여 설명하시오.

2. 사면활동이 발생할 수 있는 지반에 대한 보강공법으로 억지말뚝을 설치하는 경우 사면안정과 말뚝안정을 모두 만족하여야 한다. 다음 사항을 설명하시오.

   1) 유한사면에 대하여 강체(Mass)거동을 하는 경우 보강 전, 보강 후의 사면안전율을 산정하는 방법과 말뚝의 발생변위와 지반반력을 고려한 말뚝의 거동방정식

   2) 말뚝의 중심간격비를 D_2(말뚝순간격)/D_1(말뚝중심간격)이라 하고 사면과 말뚝의 소요안전율을 각각 1.3, 1.0이라고 할 때 이를 만족하는 말뚝의 간격비를 결정하는 방법

3. 말뚝동재하시험의 주된 목적은 말뚝의 지지력을 측정하는데 있으나 동재하시험결과를 활용하면 정적지지력 이외에도 합리적인 말뚝시공을 위한 다양한 정보의 획득이 가능하다. 다음 사항을 설명하시오.
   1) 지지력을 예측하는 Cass(간편법)방법 및 CAPWAP방법
   2) 정적지지력 외에 확인 가능내용

4. 해상풍력발전기의 기초형식과 설계기준에 대하여 설명하시오.

5. 토사비탈면보강을 위하여 사용되는 마찰방식 앵커에 대하여 다음 사항을 설명하시오.
   1) 앵커의 내적안정 해석
   2) 초기긴장력 결정시 고려사항
   3) 지압판설계 주요 검토사항

6. 연약한 점성토지반에 아래 그림과 같이 제방이 축조되었다. 다음 사항을 설명하시오.

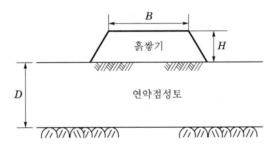

   1) 원호활동파괴시의 전단양상과 응력−변형률
   2) 제방폭(B)과 연약층 두께(D)변화에 따른 침하양상

제3교시

※ **다음 문제 중 4문제를 선택하여 설명하시오. (각 25점)**

1. 연약지반에 도로 성토를 하는 경우 측방유동이 발생할 수 있다. 이때 연약지반을 보강하였다면 연약지반을 보강하기 전과 보강한 후에 대하여 Marche & Chapuis 및 Tschebotarioff방법을 사용하여 측방유동판정방법을 설명하시오.

2. 보강토옹벽의 설계법 중 허용응력설계법과 한계상태설계법을 비교하여 설명하시오.

3. 실내 삼축압축시험(배수 및 비배수)시 응력경로와 실제 현장재하조건에 따른 응력경로에 대하여 설명하시오.

4. 암석의 일축압축시험, 점하중시험, 브라질리언시험(Brazilian Test)의 시험법 및 차이점과 암질별 개략적인 일축압축강도범위에 대하여 설명하시오.

5. 암깎기 비탈면 발파시 설계단계의 발파진동추정은 현장암반특성을 충분히 반영치 못하는 문제가 있어 시공단계에서 시험발파를 실시하게 되는데 시험발파의 목적, 세부절차 및 각 단계별 주요 검토사항을 설명하시오.

6. 수평하중을 받는 연직말뚝을 극한평형법 중 Broms방법을 이용하여 사질토 및 점성토지반에서의 짧은 말뚝과 긴 말뚝의 수평저항력을 산정하는 방법에 대하여 설명하시오.

✏ 제4교시

※ 다음 문제 중 4문제를 선택하여 설명하시오. (각 25점)

1. 기존 구조물의 말뚝기초에 인접하여 터널을 시공하고자 하는 경우와 기존 터널이 이미 운용되고 있는 지반의 상부에 말뚝기초가 설치된 건물을 시공하고자 하는 경우에 대하여 해석시 고려해야 할 사항을 설명하시오.

2. 보강토옹벽설계법에서 마찰쐐기(Tie-Back Wedge)법과 복합중력식(Coherent Gravity)법에 대하여 설명하시오.

3. 최근 계속되는 집중호우에 의해 산지지역 비탈면의 경우 계곡부 상부의 토석류에 의한 비탈면 붕괴가 빈번히 발생되고 있다. 다음 사항을 설명하시오.
   1) 도로 및 철도 건설시 설계단계에서 토사비탈면 안정해석에서 우기시 강우침투를 고려한 지하수위 산정방법에 대하여 설명하고, 우기시 지하수위가 지표면까지 포화됨을 가정하는 종래 방법과의 차이점
   2) 현재 시행되고 있는 토석류 조사 및 대책공법과 적용상의 문제점 및 개선방향

4. 도로터널에서 화재 등 비상상황에서 이용자의 대피를 위한 시설인 피난대피시설에 대하여 각 시설별 정의 및 설치기준을 설명하시오.

5. 정규압밀 점성토의 비배수거동특성에서 등방압밀조건과 K_0압밀조건의 유효응력경로 및 응력-변형률관계에 대하여 설명하시오.

6. 계곡부에 근접하여 아래 그림과 같이 앵커지지형식이 가시설이 시공되었다. 집중강우 발생 후 지중경사계를 이용한 계측분석결과 관리기준치 이상의 과다변위가 발생되었다. 가시설 벽체 변위 발생원인 및 대책공법에 대하여 설명하시오(단위 : m).

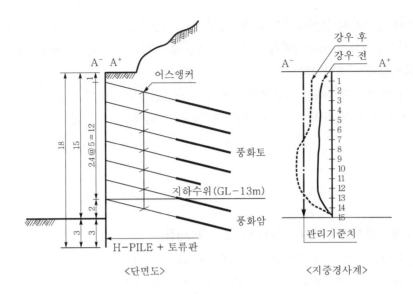

어스앵커

풍화토

지하수위(GL-13m)

풍화암

H-PILE + 토류판

A⁻ A⁺

18

15

2.4@5=12

2

3 3

1

<단면도>

강우 후
강우 전

A⁻   A⁺

1
2
3
4
5
6
7
8
9
10
11
12
13
14
15

관리기준치

<지중경사계>

제1교시

※ 다음 문제 중 10문제를 선택하여 설명하시오. (각 10점)

1. 동결지수와 동결심도

2. 침투수력(Seepage Force)

3. SMR(Slope Mass Rating)

4. 애추(Talus)

5. 도심지형 싱크홀(Sinkhole)

6. EOP(End of Primary Consolidation)에 의한 압밀계수

7. 파랑과 쓰나미(Tsunami) 차이

8. Shield Tunnel의 Gab Parameter

9. 지반의 내부마찰각(ϕ)과 구조물 배면 벽면마찰각(δ)의 차이

10. 앵커(Anchor)지지 흙막이 가시설설계시 연약지반과 일반적인 지반의 가상파괴면 차이

11. 얕은기초 지지력 계산에서 Terzaghi모델과 Meyerhof모델의 차이

12. 옹벽 배면에 지진하중 적용시 Mononobe-Okabe토압을 적용하여 주동토압과 작용점을 구하는 방법

13. 지반의 석회안정처리에서 빠른 반응(Rapid Reaction) 및 느린 반응(Slow Reaction)

제2교시

※ 다음 문제 중 4문제를 선택하여 설명하시오. (각 25점)

1. 교량기초에 세굴방지공을 설치하려고 한다. 세굴방지공 설치시 문제점 및 대책방안에 대하여 설명하시오.

2. 옹벽(Retaining Wall)과 버팀굴착(Braced Cut)의 배면에 작용하는 토압분포가 다른 이유를 설명하시오.

3. 연약지반의 개량에 있어서 샌드매트를 포설하고 PVD(Prefabricated Vertical Drain)를 타설하여 압밀을 촉진시키는 방법이 사용되고 있다. 다음에 대하여 설명하시오.
    1) 수직방향과 수평방향의 압밀을 조합한 Carillo식
    2) Barron의 등변형률해(Equal Strain Solution)에 따른 수평방향 평균압밀도식
    3) 2)번 식에서 고려해야 할 요소

4. 우기시 발생되는 토사 비탈면의 파괴형태는 설계조건과 현장상황이 다르게 발생될 수 있는데 그 이유에 대하여 설명하시오.

5. 위생매립시설물 중 저류구조물의 제방규모와 차수시설에 대한 설계 및 시공시 고려사항에 대하여 설명하시오.

6. 점토지반에서 아래 그림과 같이 쉴드터널 시공시 지반에 발생될 수 있는 굴착단계별(a−b−c−d) 침하 및 지반거동양상에 대하여 설명하시오.

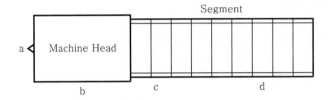

※ **다음 문제 중 4문제를 선택하여 설명하시오. (각 25점)**

1. 실내 압밀시험시 압밀정수에 영향을 주는 인자에 대하여 설명하시오.

2. 지하수위를 고려하지 않은 무한사면의 안정성 검토시 지반의 점착력 유, 무에 따른 안전율차이를 설명하시오.

3. 댐, 원자력발전소와 같은 중요구조물 기초의 내진해석법에 대하여 설명하시오.

4. 고산지역 계곡에 콘크리트표면차수벽형(CFRD) 또는 중심점토코어형(ECRD) 사력댐을 축조하려고 한다. 각 댐형식에 대하여 아래 사항을 비교하여 설명하시오.
   1) 역학특성
   2) 수리특성
   3) 경제성 및 시공성

5. 토석류에 대하여 다음 사항을 설명하시오.
   1) 산에 인접한 주거단지에 대한 위험도평가방법
   2) 토석류로 인한 피해저감대책

6. 새만금 인근에 인공섬을 조성하고자 할 경우 시공 중 계측계획에 대하여 설명하시오.

※ **다음 문제 중 4문제를 선택하여 설명하시오. (각 25점)**

1. 흙의 Hysteresis Loop Modulus에 대하여 설명하시오.

2. 점성토의 전단강도에 미치는 인자에 대하여 설명하시오.

3. 지반의 탄성계수(변형계수, 영계수 등) 측정 및 산출방법에 대하여 설명하시오.

4. 연약점성토지반(두께 30m) 하부에 기반암이 출현하는 지역에서 PHC말뚝을 항타하고자 할 경우 다음에 대하여 설명하시오.
   1) 항타 중 응력파에 의한 말뚝의 거동과 이에 따른 문제점 및 대책
   2) 항타 중 지반에 미치는 영향 및 조치사항
   3) 연약점성토지반에 모래seam층이 협재되어 있을 경우 설계시 고려사항

5. 수평하고 일정한 단면의 터널을 건설하고자 한다. 이때 지반의 주요절리군은 2개이고 경사방향/경사각은 각각 0°/30°와 180°/40°이다. 최대주응력은 남북방향 수평으로 작용하며, 크기는 수직방향 주응력의 3배($3\sigma_V$), 다른 수평방향 주응력의 1.5배($1.5\sigma_H$), 일축압축강도의 $\dfrac{1}{3}$이다.
   1) 암반의 안정성과 응력상태를 고려하여 적정한 터널의 배치방향을 제시하시오.
   2) 터널단면을 원형과 타원형으로 구분하여 작용응력을 비교 설명하시오.

6. 아래 그림과 같은 지반에서 침투수량과 각 토층 사이 경계면에 작용하는 전응력, 유효응력 및 간극수압을 구하시오.

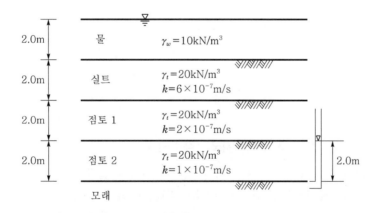

제1교시

※ 다음 문제 중 10문제를 선택하여 설명하시오. (각 10점)

1. 응답스펙트럼

2. 동결·융해에 의한 노상의 강도감소

3. Patton식

4. Jar Slake Test

5. 말뚝의 폐색효과(Plugging Effect)

6. 수리동역학적 지체시간(Hydrodynamic Time Lag)

7. Universal Soil Loss Equation과 RUSLE

8. 단층과 주응력의 관계

9. 댐 기초의 덴탈처리

10. 현장타설말뚝의 Crosshole Sonic Logging(CSL)시험

11. Bishop의 경험식에 의한 불포화토의 유효응력

12. 수직응력과 전단응력이 작용하는 흙요소가 응력을 받을 때 지반 내의 주응력면(Principal Plane)과 주응력(Principal Stress)

13. 오염지반 정화시 생분해성 반응드레인의 적용성

제2교시

※ 다음 문제 중 4문제를 선택하여 설명하시오. (각 25점)

1. 석회암 코어시료에 대한 실내실험을 수행한 결과가 다음과 같다. 그 결과를 Mohr파괴기준으로 도시하고, 삼축시험결과를 이용하여 C(점착력)값과 ϕ(내부마찰각)값을 나타내시오.

시험종류	인장강도(kN/m^2)	압축강도(kN/m^2)
일축인장시험 (True Tension)	6,000	
스프리팅(쪼갬)인장시험 (Splitting Tension)	4,000	

시험종류		인장강도(kN/m²)	압축강도(kN/m²)
일축압축시험 (Uniaxial Comp.)			40,000
삼축압축시험 (Triaxial Comp.)	1		$\sigma_3 = 6,800,\ \Delta\sigma = 80,000$
	2		$\sigma_3 = 35,000,\ \Delta\sigma = 130,000$

2. CPTU시험결과를 통해 압밀계수를 결정하기 위해서는 관측된 간극수압을 정규화하는 것이 일반적이다. 이때 정규화에 사용된 정수압(U_0)과 초기간극수압(U_i)에는 불확실성과 오류가 있는데, 이런 불확실성과 오류가 압밀계수결정에 미치는 영향에 대해 설명하시오.

3. 그림에 나타낸 댐에 대하여 (1) 침투수량 (2) A, B 및 C점에서의 간극수압, (3) C점에서 출구까지 동수경사를 구하시오(단, 흙의 투수계수는 2.0×10^{-3} m/s이다).

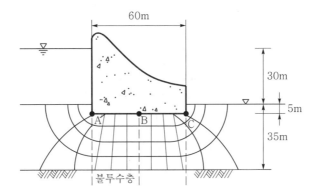

4. 225kN의 하중이 1.0m×1.5m인 강성의 얕은기초에 작용되고 있다. 기초의 근입깊이는 1.0m이고, 기초지반의 푸아송비는 0.32, 탄성계수는 10,000kN/m²이다. 기초의 형상계수가 0.72, 깊이계수 0.7일 때 기초중앙 하단에 발생되는 탄성침하량을 구하시오.

5. 실내시험결과로부터 교란 정도를 판단하는 방법 중 유효잔류응력에 의한 방법, 체적변형률에 의한 방법, 일축압축강도와 탄성계수이용방법, 압밀곡선을 이용하는 방법에 대하여 설명하시오.

6. 그림과 같은 흙요소 K에서 2차원 물흐름을 전제하고 2차원흐름에 대한 Laplace방정식 $\left(\dfrac{\partial^2 h}{\partial^2} + \dfrac{\partial^2 h}{\partial z^2} = 0\right)$을 산출하는 과정과 기본가정조건을 설명하시오.

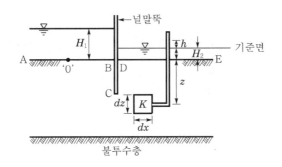

※ 다음 문제 중 4문제를 선택하여 설명하시오. (각 25점)

1. 얕은기초(직접기초)에서 지하수위가 지반지지력에 미치는 영향에 대하여 설명하시오.

2. 최근 대형사고 발생에 따른 대규모 인명사고방지 및 예방대책이 매우 중요한 사회적 이슈로 부각되고 있다. 철도터널에서 위험도분석방법 및 방재대책에 대하여 설명하시오.

3. 암반지반에서 화약이 폭발하는 경우에 발파공 주변 암반의 파괴메커니즘을 공학적으로 설명하시오.

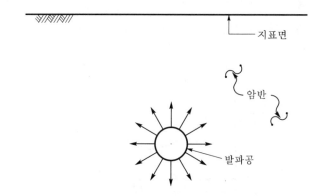

4. 항만시설물인 잔교(Pier)의 기초설계시 검토하여야 할 사항에 대해 설명하시오.

5. 산악지 도로에서 경사진 암반기초지반에 교대를 설치할 때 기초의 안정성과 관련하여 검토할 사항을 설명하시오.

6. 균질하고 등방인 탄성체지반에서 원형터널을 굴착하였을 때 터널 주변지반의 응력변화에 대하여 설명하시오.

   1) 터널굴착 후 굴착면($r = a$)의 변화된 응력 σ_r, σ_θ, $\tau_{r\theta}$를 구하시오.

   2) $K_0 = 0, 1, 2, 3$인 암반터널굴착에서 터널굴착면($r = a$)의 천정($\theta = 90°$)과 측벽($\theta = 0°$)지점의 접선방향 응력을 수평측압계수 K_0별로 산출하고 설명하시오.

   3) $0.0 \leq K_0 \leq 1.0$인 토사터널굴착에서 터널굴착면($r = a$)의 천정($\theta = 90°$)과 측벽($\theta = 0°$)지점의 접선방향 응력변화($K_0 - \sigma_\theta / \sigma_{v0}$ 관계)를 K_0변화에 따라 작도하고 설명하시오.

   ※ Kirsh공식

   $$\sigma_r = \frac{1}{2} \sigma_{v0} \left[(1 + K_0)\left(1 - \frac{a^2}{r^2}\right) - (1 - K_0)\left(1 - 4\frac{a^2}{r^2} + 3\frac{a^4}{r^4}\right)\cos 2\theta \right]$$

   $$\sigma_\theta = \frac{1}{2} \sigma_{v0} \left[(1 + K_0)\left(1 + \frac{a^2}{r^2}\right) + (1 - K_0)\left(1 + 3\frac{a^4}{r^4}\right)\cos 2\theta \right]$$

   $$\tau_{r\theta} = \frac{1}{2} \sigma_{v0} \left[(1 - K_0)\left(1 + 2\frac{a^2}{r^2} - 3\frac{a^4}{r^4}\right)\sin 2\theta \right]$$

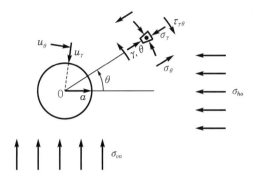

※ 다음 문제 중 4문제를 선택하여 설명하시오. (각 25점)

1. 최근 전 세계적으로 에너지 절약에 대한 필요성이 대두됨에 따라 지열 신재생에너지 활용을 위한 다양한 지반공학적인 시도가 이루어지고 있다. 얕은기초 및 깊은기초, 터널에 적용되는 지열시스템에 대해 설명하시오.

2. 지하식 LNG저장탱크(In-Ground LNG Storage Tank)가 사질토로 구성된 해안매립지반에 설치될 예정이다. 저장탱크 직경은 75m이고 기초슬라브의 심도는 GL-50m에 위치하며, 지하수위는 GL-3m에 있다. 이러한 조건에서 LNG저장탱크를 설계할 때 지반기술자가 검토할 사항에 대하여 설명하시오.

3. 팽창토지반의 공학적 특징과 기초설계의 고려사항에 대하여 설명하시오.

4. 사질토지반에서 전단저항각(내부마찰각)에 영향을 미치는 요소에 대하여 설명하시오.

5. Compaction Grouting(CGS)의 특성에 대해 설명하고 주입재의 배합시 유의점에 대해 설명하시오.

6. 가시설구조물에서 앵커선단의 긴장재(정착체)설계를 위한 내적안정성검토방법을 설명하시오.

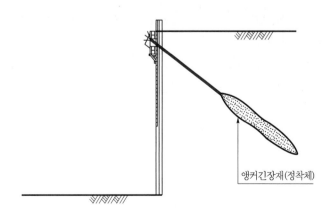

제1교시

※ 다음 문제 중 10문제를 선택하여 설명하시오. (각 10점)

1. Frost Jacking

2. Jar−Slake Test

3. Squeezing현상

4. 타격콘관입시험(DCPT, Driving Cone Penetrometer Test)

5. 토층심도율(Soil Depth Ratio)과 블록크기비(Block Size Ratio)

6. X−ray CT(Computed Tomography)

7. 지하공동설계시 암반의 불안정성요인

8. 토사사면붕괴 발생원인 검토항목

9. 토사 및 풍화암층 강도정수 산정방법

10. 점성토 연약지반에서 탈염작용(Leaching)의 영향

11. 정규압밀점토의 자중에 의한 압밀에서 액성지수와 유효토피하중과의 관계

12. H−pile 토류벽에서 지반에 근입된 엄지말뚝의 수동저항력

13. 트렌치식 매설관에서 강성매설관과 연성매설관에 작용하는 연직하중

제2교시

※ 다음 문제 중 4문제를 선택하여 설명하시오. (각 25점)

1. 압밀시험에서 표준압밀시험, EOP(End Of Primary)압밀시험 및 일정변형률(CRS : Constant Rate of Strain)압밀시험에 대하여 설명하시오.

2. 아래 그림과 같이 사질토로 뒤채움된 옹벽에서 주동상태와 수동상태에 대하여 벽면마찰저항력의 존재 여부에 따른 예상파괴선을 도시하고 수동토압 산정방법에 대하여 설명하시오.

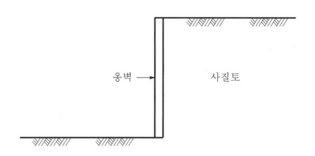

3. 터널에서 Terzaghi의 암반상태에 따른 암반하중 분류 및 모델에 대하여 설명하시오.

4. 진동 및 내진 설계시 지반 내의 감쇠이론에 대하여 설명하시오.

5. 지표면에 작용하는 하중이 재하폭에 비해 연약층의 두께가 두꺼운 경우 연약층을 다층으로 구분하여 침하량을 산정해야 하는 이유와 상기 조건에서 점토층 하부가 불투수조건인 경우 연약층을 단일층으로 가정한 조건에서의 침하속도차이에 대하여 설명하시오.

6. 그림과 같이 지구 내에 준설매립을 하고 연약지반개량을 할 경우 내부호안 하부가 개량이 안되어 향후 도로예정구간에 부등침하가 우려된다. 내부호안 하부의 미개량구간(Zone 1)에 대한 설계 및 시공시 고려해야 할 내용에 대하여 설명하시오.

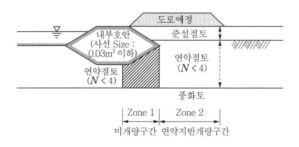

📝 제3교시

※ 다음 문제 중 4문제를 선택하여 설명하시오. (각 25점)

1. 터널 발파굴착의 영향으로 주변지반이 이완될 경우 터널 주변의 이완범위와 이완하중 계산방법에 대하여 설명하시오.

2. 삼축압축시험에 대하여 다음 사항을 설명하시오.
   1) 시료 포화방법
   2) 시료 포화상태 확인방법
   3) 시험종류별 구해진 강도정수의 활용방법

3. 퇴적암의 셰일(Shale) 및 사암으로 구성되어 있는 산악지역에 터널형성을 위한 발파시공 후 막장면 상부지역에 큰 규모의 쐐기파괴가 발생되었다. 이때 파괴 발생원인 및 대책공법에 대하여 설명하시오.

4. 심벽형 댐에서 수압파쇄 발생원인과 방지대책에 대하여 설명하시오.

5. 비탈면 하부는 화강풍화대이고 상부는 석영반암으로 구성되어 있는 높이 약 30m의 깎기 비탈면이 집중강우 후 암경계면과 하부 풍화대구간에서 평면 및 원호파괴가 발생되었다. 붕괴원인 파악을 위한 현장조사방법과 붕괴원인분석 및 대책공법에 대하여 설명하시오.

6. 연약지반 위에 실트질점토로 준설매립을 하여 대규모 단지를 조성하고자 한다. 다음 사항에 대하여 설명하시오.
   1) 준설매립지반의 압밀침하해석방법
   2) 프리로딩(Preloading)을 재하하여 공기단축을 하려고 하는 경우 추가성토고 산정방법
   3) 추가성토고 산정시 수평방향 압밀계수(C_h) 추정방법

✎ 제4교시

※ 다음 문제 중 4문제를 선택하여 설명하시오. (각 25점)

1. 다음 사항에 대하여 설명하시오.
   1) 동토(Frozen Soil)와 비동토(Unfrozen Soil)의 물리적 및 역학적 특성 비교
   2) 동결공법처리지반의 역학적 특성

2. 터널의 설계 및 시공시 지보타입결정방법에 대하여 설명하시오.

3. 폐기물 매립지반의 공학적 특성과 침하특성에 대하여 설명하시오.

4. 지반의 액상화현상에 미칠 수 있는 영향인자와 액상화 가능성 평가과정에 대하여 설명하시오.

5. 다음 사항에 대하여 설명하시오.
   1) 포화된 점토지반 위에 무한등분포하중이 작용될 때 즉시침하발생 여부와 그 이유
   2) 만일 포화된 점토지반 위에 유한면적의 하중이 작용될 때 즉시침하와 압밀침하발생 여부와 그 이유

6. 매립(천공)말뚝시공과정에서 말뚝 주변에 주입하는 고정액에 대하여 다음 사항에 대하여 설명하시오.
   1) 선단부 및 주면부 주입범위
   2) 지하수흐름, 흙의 분류 및 입경에 따른 배합비
   3) 시공 및 재하시험시 유의사항

제1교시

※ 다음 문제 중 10문제를 선택하여 설명하시오. (각 10점)

1. 싱크홀(Sink Hole)과 지반함몰

2. 바이오차(Biochar)와 바이오매스(Biomass)

3. Prandtle의 기초지지력이론

4. 원주공동확장이론

5. 항타말뚝의 Set-up효과 및 Relaxation

6. 비탈면 녹화공사시 시험시공절차

7. 록볼트의 정착력 확인방법

8. 바텀애쉬(Bottom Ash)

9. 암반등급분류방법 중 Q분류법

10. 흙댐에서의 필터(Filter)조건

11. 암석의 시간의존성

12. 지중경사계(Inclinometer)

13. 투수계수에 영향을 미치는 요소

제2교시

※ 다음 문제 중 4문제를 선택하여 설명하시오. (각 25점)

1. 말뚝은 작용하는 하중상태에 따라 주동말뚝과 수동말뚝으로 구분할 수 있다.
   1) 주동말뚝과 수동말뚝을 구분하여 설명하시오.
   2) 수동말뚝에 작용하는 수평토압을 고려하여 말뚝의 거동방정식을 설명하시오.

2. 터널굴착에서 붕괴까지는 시간의존적 특성을 갖는다. 이 특성에 영향을 미치는 요소에 대하여 설명하시오.

3. 하천제방의 안정성을 확보하기 위해 설계시 검토해야 할 사항을 설명하시오.

4. 연약지반에 단계별 성토를 실시하여 지반개량을 하고자 한다. 계측관리에 의한 안정관리방법에 대하여 설명하시오.

5. 정지토압계수 산정방법에 대하여 설명하시오.

6. 흙막이벽 설치시 굴착 바닥면의 안정검토방법 및 대책을 설명하시오.

✏️ **제3교시**

※ **다음 문제 중 4문제를 선택하여 설명하시오. (각 25점)**

1. 폐기물매립지의 안정화과정과 폐기물처리방법에 따른 사용종료매립지의 정비방법에 대하여 설명하시오.

2. 비탈면에 이미 정착되어 있는 그라운드앵커를 대상으로 실시되는 리프트오프시험(Lift Off Load Tests)을 설명하시오.

3. 절리가 발달한 암반층에 댐 기초를 시공할 때 시행되는 그라우팅에 대해 다음 사항을 설명하시오.
   1) 그라우팅의 종류 및 목적
   2) 투수성 평가방법

4. 흙쌓기 다짐시 지중응력변화에 대하여 설명하시오.

5. 포화된 연약한 세립토지반에 지하철공사를 위하여 터널을 계획하려 한다. 터널을 굴착할 때 예상되는 문제점과 대책을 설명하시오.

6. 압밀에 대해서 다음 사항을 설명하시오.
   1) 침투수로 인한 유효응력변화에 따른 침투압밀
   2) 자중압밀
   3) 2차압밀
   4) 점증하중에 대한 시간-침하량관계

✏️ **제4교시**

※ **다음 문제 중 4문제를 선택하여 설명하시오. (각 25점)**

1. 실내실험을 통해 현장에서 채취된 시료에 대한 전단강도를 구하고자 한다. 현장흙과 샘플흙에 대한 응력변화를 설명하시오(단, 시료교란효과는 없고, 수분상태는 현장상태를 그대로 보전하고 있으며, 시료는 지표에서 임의의 깊이(z)에서 채취되었고 지표면까지 포화되어 있는 것으로 가정한다).

2. 보강토의 보강재에 대한 인발강도평가방법에 대하여 설명하시오.

3. 불량한 지반조건에서 터널굴착시 굴진면(막장면)자립공법과 각부 보강방법을 설명하시오.

4. 현장시험결과를 이용한 직접기초의 지지력 산정방법에 대하여 설명하시오.

5. 모관포텐셜에 영향을 미치는 요소를 설명하시오.

6. 연약지반개량시 설치된 지표침하판의 계측결과가 아래와 같을 때 다음 사항에 대하여 설명하시오.

   1) 장래침하량 추정방법

   2) 쌍곡선법을 이용한 압밀분석그래프를 작도하시오.

성토높이 (m)	성토기간 (day)	성토 직후 침하량 (S_o[cm])	200일 경과 후 침하량 (S_t[cm])
5.0	50	80.0	105.0

경과일 (day)	침하량 (cm)	성토고 (m)
0	0	0.0
15	40	1.5
30	60	3.0
50	80	5.0
80	90	5.0
110	95	5.0
140	98	5.0
170	100	5.0
211	103	5.0
250	105	5.0

〈침하현황〉

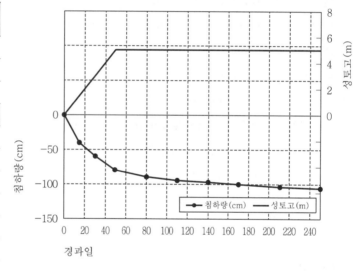

〈침하곡선〉

✏️ **제1교시**

※ 다음 문제 중 10문제를 선택하여 설명하시오. (각 10점)

1. 순하중(Net Pressure)의 개념 및 이를 이용한 침하량 산정법

2. 습윤대(Wetting Band)법에 의한 지하수위 산정방법

3. 암반사면에서 평면파괴 및 쐐기파괴 발생조건

4. 카르스트(Karst) 공동과 화산암 공동

5. 터널계측기의 설치시기와 측정빈도

6. 로터리 보링(Rotary Boring)과 퍼커션 보링(Purcussion Boring)

7. 단순전단시험(Simple Shear Test)

8. 카이저효과(Kaiser Effect)

9. 활동성 단층(Capable Fault)

10. 단일 현장타설말뚝기초(Single Column Drilled Pier Foundation)

11. 셰일(Shale)의 슬레이킹(Slaking)현상

12. Skempton의 간극수압계수 A, B

13. 흐름저항(Well Resistance)영향인자

✏️ **제2교시**

※ 다음 문제 중 4문제를 선택하여 설명하시오. (각 25점)

1. 무보강 성토지지말뚝과 토목섬유로 보강된 성토지지말뚝의 특성 및 하중전달메커니즘에 대하여 설명하시오.

2. Kulhawy가 제시한 표준관입시험과 정적 콘관입시험의 측정오차에 영향을 미치는 요소에 대하여 설명하시오.

3. 암반의 시간의존적 거동을 설명하시오.

4. 암반거동을 분석하기 위한 암반의 공학적 분류방법(RMR분류, Q분류, 리퍼빌러티(Rippability분류)에 대하여 설명하시오.

5. 그림과 같이 지하수가 없고 토사 하부에 경암반으로 구성된 무한사면(Infinite Element)이 있다. 토체(Soil Mass)가 토사와 경암반의 경계면인 가상파괴면 'm−m'을 따라서 활동한다고 가정한다.

1) 토체의 요소(Element) 'abcd'에 작용하는 힘의 벡터작용도를 그리시오.

2) 토사의 전단강도가 $c = 0$ 점착력이 없는 경우와 $c \neq 0$ 점착력이 있는 경우로 구분하여 활동 파괴가능성을 분석하고 설명하시오.

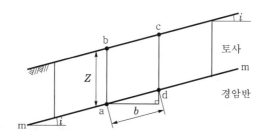

6. 포화점토지반에 그림과 같이 굴토공사와 성토공사를 급속하게 시행한다. 시공단계별 시간경과에 따라서 굴토공사와 성토공사가 그림 P점의 점토지반거동에 미치는 영향을 각각 분석하고 그 거동을 분석하기 위하여 실내 삼축압축시험결과를 활용하는 방법을 설명하시오.

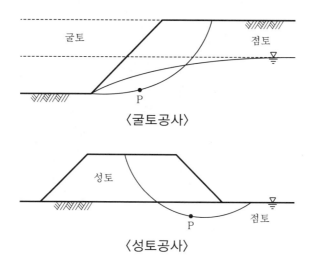

〈굴토공사〉

〈성토공사〉

✏️ 제3교시

※ 다음 문제 중 4문제를 선택하여 설명하시오. (각 25점)

1. 점토층에서 즉시침하뿐만 아니라 압밀침하량을 동시에 평가할 수 있는 3차원 Lambe법에 대하여 다음 사항을 설명하시오.
    1) 응력경로작성법
    2) 침하량 산정법 및 문제점

2. 모래의 전단강도에 영향을 미치는 인자에 대하여 설명하시오.

3. 지반조사결과 풍화대에 핵석(Core Stone)이 다량 출현하였다. 이러한 핵석층에 터널갱구부를 설계하고자 한다. 가장 합리적인 조사방법 및 강도특성평가방법에 대하여 설명하시오.

4. 연약지반처리시 쇄석을 이용한 Stone Column공법에 대하여 다음을 설명하시오.
   1) Stone Column의 지지력(단, 단일 말뚝조건)
   2) Stone Column 복합지반의 압밀침하

5. 암석의 취성파괴(Brittle Failure)와 연성파괴(Ductile Failure)를 응력－변형률관계로부터 설명하시오.

6. 그림과 같이 모래로 뒤채움한 높이 5.0m인 옹벽의 지표면 하부 2.0m에 지하수위가 위치한다 (단, 뒤채움모래의 강도정수는 $\phi = \phi' = 30°$, $c = c' = 0$다. 지하수위 상부흙의 단위중량 $\gamma_t = 15\text{kN/m}^3$이고 지하수위 하부 포화단위중량 $\gamma_{sat} = 20\text{kN/m}^3$이다).
   1) 옹벽 배면에 작용하는 주동토압, 수압과 그 합력을 Rankine토압이론을 이용하여 계산하고 지하수위가 없는 경우를 가정하여 합력의 크기를 비교하시오.
   2) 옹벽설계에서 지하수를 고려하는 방법을 설명하시오.
   3) 뒤채움흙의 종류별로 지하수처리대책을 설명하시오.

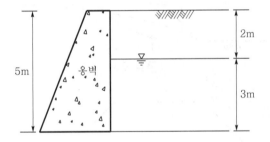

※ 다음 문제 중 4문제를 선택하여 설명하시오. (각 25점)

1. 말뚝의 수평재하시험방법 및 결과 적용시 유의사항에 대하여 설명하시오.

2. 주변 지형 및 민원 등의 영향으로 접근이 곤란한 계곡부에 계획한 터널의 경우 저토피구간이 발생할 수 있는데, 이에 대한 터널보강방법에 대하여 설명하시오.

3. 압밀계수의 정의, 실내시험에서 압밀계수 결정방법 및 적용방법에 대하여 설명하시오.

4. 불연속면의 전단거동특성모델 중 Patton의 Bilinear모델과 Barton의 비선형모델의 평가방법 및 적용방법에 대하여 설명하시오.

5. 제방설계시 파이핑의 정의, 발생원인 및 안정검토방법에 대하여 설명하시오.

6. 경사지반상에 진동하중이 작용하는 구조물기초를 설계하고자 한다. 단, 지반조건은 GL. 0.0 ~ -10.0m 는 느슨한 사질토층, GL. -10.0 ~ -25.0m는 연약점토층, 이하 연암층으로 이루어져 있다. 다음 사항에 대하여 설명하시오.
   1) 조사항목 및 기초공법 선정방법
   2) 설계 및 시공시 유의사항

제1교시

※ 다음 문제 중 10문제를 선택하여 설명하시오. (각 10점)

1. 현장타설말뚝의 양방향 재하시험방법

2. 잔류강도

3. 수평진공배수공법

4. 팽윤성(Swelling Property)

5 비중계분석에 사용되는 Stoke's법칙 적용의 정당성

6 낙하콘시험법

7. 교축이방성(Transverse Anisotropy)

8. 암반의 불연속면 종류별 특징

9. Lugeon Test 시험상 유의사항

10 토류벽공사시 계측항목 및 목적

11. TBM 굴진성능예측을 위한 경험적 모델

12. 탄성계수(E)와 변형계수(D)

13. 인장형 앵커와 하중집중형 앵커의 하중변화도 및 주변 마찰분포도

제2교시

※ 다음 문제 중 4문제를 선택하여 설명하시오. (각 25점)

1. 널말뚝(Sheet Pile)이 타입된 지층에 그림과 같이 유선망이 제시되어 있다. 아래 사항에 대하여 구하시오

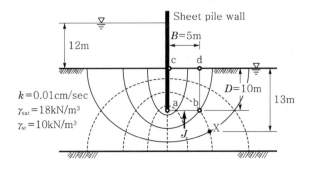

가. 침투유량 Q

나. 점 X의 간극수압 U

다. $\overline{ac}$구간과 $\overline{bd}$구간의 동수경사 i

라. $\overline{ab}$구간의 침투수압의 합력 J

2. 사질토의 전단강도는 통상 전단저항각으로 표현하는데 최대전단저항각, 한계상태전단저항각 및 잔류전단저항각을 각각 정의하고 그 활용방안에 대하여 설명하시오.

3. 도로 절토사면 설계시 지반조사의 문제점 및 개선방안에 대하여 설명하시오.

4. 토양오염복원방법을 처리기술에 따라 분류하고 특징을 설명하시오.

5. 보강토옹벽 지오그리드보강재의 강도감소계수와 크리프 강도감소계수의 산정방법에 대하여 설명하시오.

6. 지하철 개착정거장공사에서 토류가시설은 CIP+버팀보공법이 적용되었고, 가시설 존치기간이 2년 이하인 단기조건으로 토류가시설이 설계되어 계획굴착심도까지 시공이 완료되었다. 공사기간 이 연장되어 가시설 존치기간이 2년 이상 된다면 기시공된 토류가시설의 안정성검토방법에 대하여 설명하시오(단, 설계 당시의 지하수위는 GL. -1.0m이고, 현재 계측수위는 GL. -5.0m).

✎ 제3교시

※ **다음 문제 중 4문제를 선택하여 설명하시오. (각 25점)**

1. 연약지반의 압밀특성을 규명하기 위해 개발된 Rowe Cell시험기의 특징 및 시험방법에 대하여 설명하시오.

2. 직접기초의 허용지지력 산정식을 제시하고, 이에 활용되는 c, ϕ, q_u, N치 간의 상관관계를 설명하시오.

3. 터널설계시 해석결과의 평가와 시공시 계측결과의 활용방안에 대하여 설명하시오.

4. 강우효과를 고려한 사면안정해석을 위해서는 불포화토의 수리학적 특성과 역학적 특성을 결정 하는 흙-함수특성곡선(Soil-Water Characteristic Curve)이 필요한데, 이 곡선의 특징에 대 해 설명하시오.

5. 타워크레인기초가 당초 설계에서는 강관말뚝으로 설계되었으나, 항타장비 진입이 불가하여 소형 말뚝공법인 마이크로파일과 선회식 말뚝(로타리파일, 헤리칼파일 등) 적용을 검토 중에 있다. 지반조건은 기초 바닥면에서 10m까지 충적층이고, 그 이하는 암반층이다. 다음 사항에 대하여 설명하시오.

가. 마이크로파일 허용지지력 산정방법

나. 선회식 말뚝 허용지지력 산정방법

다. 선회식 말뚝 적용시 설계 고려사항

6. 도로확장공사에서 기존 도로 통로박스 연장시공을 위해 기존 도로측에 H−PILE+어스앵커+
   토류판 흙막이공법을 시공 중에 있다. 굴착깊이는 15m이며, 어스앵커정착부는 대부분 토사인
   성토층에 위치한다. 성토층에 설치된 어스앵커에 대하여 확인시험결과 아래 그림과 같은 시험
   결과가 나타났다면 앵커의 안정성 판단과 이와 같은 시험결과에 대한 원인분석 및 대책방안에
   대하여 설명하시오(단, 앵커긴장은 설계긴장력의 120%까지 수행).

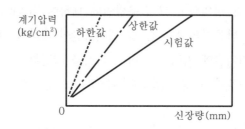

※ **다음 문제 중 4문제를 선택하여 설명하시오. (각 25점)**

1. 평판재하시험결과를 이용한 기초의 허용지내력 산정식을 제시하고 이 결과를 이용시 유의사
   항을 설명하시오.

2. Hansbo(1979)가 제시한 PVD(PBD)에 적용할 수평방향 평균압밀도에 대한 이론식을 정의하
   고, 이 식에서 압밀에 영향을 미치는 배수재간격, Smear Effect, Well Resistance에 대하여
   설명하시오.

3. 터널설계시 터널의 안정성을 확인하기 위하여 터널 수치해석을 수행한다. 이때 입력파라메타
   중 수평토압계수(K_o)에 대하여 다음 사항을 설명하시오.
   가. 수평토압계수(K_o) 산정방법
   나. 수평토압계수(K_o)값의 변화에 따른 터널변형형상
   다. 토사터널에서 수평토압계수(K_o)값 적용 및 사유

4. 기초설계를 위한 연약지반에서의 시료채취과정에서 발생할 수 있는 시료교란의 원인 및 시료
   의 교란이 강도특성과 압밀특성에 미치는 영향을 설명하시오.

5. 최근 도심지에서 지반침하가 빈번히 발생하고 있다. 지반침하의 발생원인, 탐사방법 및 대책방
   안에 대하여 설명하시오.

6. 도심지 연약점성토지반에 흙막이 개착공법으로 지하철 굴착공사를 할 경우에 조사 및 설계시
   유의사항을 설명하시오.

✎ **제1교시**

※ 다음 문제 중 10문제를 선택하여 설명하시오. (각 10점)

1. 현장타설말뚝의 주면저항계수(Shaft Resistance Coefficient)

2. 토목섬유보강재의 장기 설계인장강도

3. 정규압밀점토의 압밀–비배수(CU) 전단강도특성

4. 터널굴착에 따른 Terzaghi의 이완압력

5. 암반의 초기응력(K_o)

6. 터널 내공변위–제어법의 지반반응곡선(Ground Reaction Curve)

7. 앵커의 군효과(Group Effect)

8. 응답스펙트럼과 표준설계응답스펙트럼

9. 암반의 절리면 전단강도

10. 말뚝의 부마찰력(Drag Force)과 중립면(Neutral Plane)

11. π–평면에 투영된 Mohr–Coulomb의 파괴포락선과 흙의 거동

12. 미완압밀점성토(Underconsolidated Clay)의 발생원인과 대책

13. 응력경로법(Stress Path Method)으로 침하량을 산정하는 방법

✎ **제2교시**

※ 다음 문제 중 4문제를 선택하여 설명하시오. (각 25점)

1. 선행재하공법은 재하방법에 따라 성토하중공법, 지하수위저하공법, 진공압밀공법 등이 있다. 각 공법의 개요와 깊이에 따른 유효응력증가량관계의 차이점을 설명하시오.

2. 지표면이 수평이고 균질한 지반에 얕은기초를 설계하고자 한다. 기반암층이 무한히 깊게 위치한 지반과 기반암층이 기초폭 이내에 위치한 지반에 하중이 재하될 경우 기초하부지반의 파괴형상을 그림으로 표현하고, 두 지반의 극한지지력평가방법의 차이점을 설명하시오.

3. Rankine토압, Coulomb토압의 기본가정 및 문제점과 Coulomb토압에서 벽면마찰각을 고려하는 이유에 대하여 설명하시오.

4. 도심지 지반굴착에 의한 근접시공이 인접구조물에 미치는 영향과 대책방안에 대하여 설명하시오.

5. 광범위한 지역(2.5km×2.0km)에 걸쳐 다양한 두께의 연약점성토지반이 분포할 것으로 예상되는 지역에 제철공장을 신축하려고 한다. 제철공장과 관련된 각종 구조물과 부대시설 건설을 위해 타당성 검토(Feasibility Study)를 수행할 목적으로 연약점성토지반의 공학적 특성을 파악하고자 한다. 다음 사항에 대하여 설명하시오.
   1) 지반조건이 공장시설에 미칠 것으로 예상되는 문제점
   2) 지역별, 깊이별로 각 연약점토층을 대표하는 흐트러지지 않은 시료(Undisturbed Sample) 채취계획수립
   3) 흐트러지지 않은 시료의 질(Quality)을 떨어뜨리는 각종 인자들
   4) 실내시험으로 흐트러지지 않은 시료의 질(Quality)을 파악하는 방법과 그렇게 하는 이유

6. 토사지반을 아래의 그림과 같이 연직방향으로 $\overline{AC}$깊이까지 굴착하고 역L형 옹벽으로 수평토압을 지지하였을 경우 다음 사항에 대하여 설명하시오(단, 토체 ABC는 강체운동(Rigid Body Motion)을 하며, σ_1, σ_3는 주응력이고 전단면 $\overline{BC}$는 직선이며, 이 면 위에 작용하는 전단응력과 연직응력은 각각 τ와 σ이다. 중간 주응력의 영향은 없는 것으로 가정하시오).
   1) 내부마찰각이 0(zero)인 경우($\phi=0$) 주응력면과 전단파괴면이 이루는 각도 θ(즉, 전단응력 τ가 최대가 되는 각도 θ)를 힘의 평형방정식을 이용하여 구하시오.
   2) 상기 1)에서 구한 전단파괴면을 Mohr응력원에 표시하고, 이 Mohr응력원에 내부마찰각이 0(zero)이 아닌 경우($\phi \neq 0$)에 대한 전단파괴면이 최대주응력면과 이루는 각도를 표시하고, 수동토압이 주동토압보다 크게 되는 이유를 설명하시오.

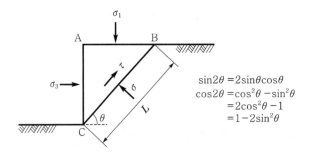

※ 다음 문제 중 4문제를 선택하여 설명하시오. (각 25점)

1. 터널설계기준(건설교통부, 2007년) 제8장 배수 및 방수, 8.1.1항에는 '터널은 지하수의 처리방법에 따라 배수형 방수형식과 비배수형 방수형식으로 구분할 수 있다'라고 규정하고 있다. 다음 사항을 설명하시오.

1) 상기 항의 기준을 설계기준으로서의 명확성을 제고하기 위한 측면에서 수정이 필요하다면 귀하의 의견을 제시하시오.

2) 배수형 방수형식과 비배수형 방수형식에 대하여 각각의 특징 및 설계자가 시공자에게 부여하여야 할 내용을 제시하시오.

3) 국내의 NATM터널에서 비배수형 방수형식이 성공적으로 적용되지 않는 이유를 지적하고, 비배수형 방수형식을 성공적으로 시공하기 위한 설계와 시공대안을 제시하시오.

2. 지표면이 수평이고 두께가 50m 이상 되는 연약지반을 연직으로 굴착하고 굴착부에 폭 10m, 높이 5m의 내부공간을 갖는 박스형 구조물을 시공한 후 되메움(토피 5m 이상 확보)에 따른 다음 사항을 설명하시오.

1) 흙막이 가시설 적정 근입장 산정방법의 기본원리와 본 지역에 강널말뚝(Steel Sheet Pile)을 설치할 경우 구비하여야 할 사항을 제시하시오

2) 말뚝을 사용하지 않는 박스형 구조물의 기초형식을 제시하시오.

3. 현장타설말뚝에 대하여 다음 사항을 설명하시오.

1) 암반에 근입된 경우의 연직하중지지개념

2) 풍화암 및 암반에서의 지지력 산정방법

3) 시공시 예상문제점과 대책방안

4. 축조된 지 10년이 경과된 댐의 집수정에서 탁수 발생과 누수량이 증가되고 있다. 이러한 문제가 발생될 수 있는 원인에 대하여 설계 및 시공측면에서 설명하고 대책을 기술하시오.

5. 웰저항(Well Resistance)은 플라스틱보드드레인(PBD)공법의 배수성능에 매우 중요한 영향을 미치는 요인이다. 다음 사항에 대하여 설명하시오.

1) 웰저항영향요소

2) 웰저항에 따른 압밀지연특성

3) 웰저항의 영향 산정방법

6. 압밀침하현상에 대하여 1차 압밀이 종료된 후 2차 압밀이 발생한다는 가정A(Hypothesis A)와 2차 압밀은 1차 압밀과 관계없이 압밀 전체의 과정 동안 발생한다는 가정B(Hypothesis B)가 있다. 두 가정에 대하여 설명하시오.

제4교시

※ 다음 문제 중 4문제를 선택하여 설명하시오. (각 25점)

1. 포화된 점성토지반의 시공현장에서 발생할 수 있는 모든 외력조건에 따른 삼축압축시험결과의 활용방법에 대하여 설명하시오.

2. 균질하고 등방인 암반에 원형단면의 터널을 굴착하였을 경우 굴착면 주변에 발생되는 응력에 대하여 탄성 및 탄소성상태로 구분하여 설명하시오.

3. 파이핑에 대한 검토방법 중 Terzaghi에 의한 방법, 한계동수경사에 의한 방법, 크리프비에 의한 방법을 각각 설명하고, 파이핑 방지대책을 제시하시오.

4. 다짐시공에 의해 점성토체가 조성되는 경우 다짐조건이 조성된 점성토체의 공학적 특성에 미치는 영향을 설명하시오.

5. 사력댐(Rockfill Dam) 내진성능평가시 수행절차 및 세부내용을 설명하시오.

6. 평사투영법에 의한 암반비탈면의 안정해석방법을 설명하고, 절리면이 깎기비탈면에 노출된 급경사 암반비탈면의 안정화공법을 제시하시오.

제1교시

※ 다음 문제 중 10문제를 선택하여 설명하시오. (각 10점)

1. 수정동결지수

2. 벽개(Cleavage)

3. Quick Clay

4. 제체수위강하에 따른 간극수압비(Pore Pressure Ratio) $\overline{B}$

5. Köler의 근사해법

6. 평균압밀도

7. 기초형식에 따른 지지메커니즘

8. 유선망

9. JCS(Joint Compressive Strength)

10. 쉴드TBM터널의 Tail Void

11. 부등침하에 따른 각변위(Angular Distortion)

12. 점토의 건조작용(Desiccation)

13. Televiewer와 BIPS(Borehole Image Processing System)의 차이점

제2교시

※ 다음 문제 중 4문제를 선택하여 설명하시오. (각 25점)

1. 무한사면의 활동에 대하여 설명하고, 아래 그림에서 지하수위가 지표면에 위치하고 사면에 침투가 일어나는 경우를 고려하여 안전율을 구하시오(단, $i = 30°$, $z = 2.5\text{m}$, $c' = 15\text{kN/m}^2$, $\phi' = 25°$, $\gamma_{sat} = 18\text{kN/m}^3$)

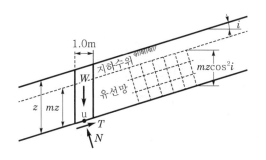

2. 기초구조물 부등침하(Differential Settlement)의 원인과 대책에 대하여 설명하시오.

3. 지반에 설치된 Earth Anchor의 파괴메커니즘(Failure Mechanism)에 대하여 설명하시오.

4. 교대의 측방유동 영향요인 및 대책공법에 대하여 설명하시오.

5. 암반비탈면의 붕괴형태에 따른 계측기 배치에 대하여 설명하시오.

6. 쉴드(Shield)TBM설계시 고려사항에 대하여 설명하시오.

📝 제3교시

※ **다음 문제 중 4문제를 선택하여 설명하시오. (각 25점)**

1. 탄소성이론을 바탕으로 한 지반해석프로그램이 실무에 사용되고 있다. 지반재료의 구성모델에서 소성이론을 구성하는 기본요소에 대하여 설명하시오.

2. 사질토지반의 탄성침하량을 산정하는 방법에 대하여 설명하시오.

3. 선행압밀하중(Pre−Consolidation Pressure)에 대하여 설명하시오.

4. 최근 국내강우특성이 아열대성 기후로 변화하고 있고 국지성 집중호우가 빈번해짐에 따라 산악지형이 많은 우리나라에서 발생되고 있는 토석류에 대하여 설명하시오.

5. 포화토와 불포화토의 전단특성에 대하여 설명하시오.

6. Mohr−Coulomb파괴포락선을 이용하여 Rankine 주동토압을 유도하시오.

📝 제4교시

※ **다음 문제 중 4문제를 선택하여 설명하시오. (각 25점)**

1. 비배수전단강도가 15.0kPa인 연약지반에 PBD타설을 하고자 한다. 장비의 주행성 확보를 위한 Sand Mat두께를 구하시오(단, PBD장비 총중량 600kN, 한쪽의 무한궤도에 작용하는 접지압을 이용하여 검토하며 Sand Mat두께는 10cm단위로 증가시켜 산정한다).

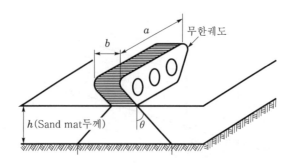

장비 본체중량	Leader중량	Casing중량	Vibro Hammer중량
400kN	150kN	25kN	25kN
궤도길이(a)	궤도폭(b)	기준안전율	하중분산각
4.8m	0.8m	1.50	30.0°

2. 삼축압축시험결과를 활용하여 최적의 강도정수를 결정하는 방법에 대하여 설명하시오.

3. 싱글쉘(Single Shell)터널공법 설계시 고려사항에 대하여 설명하시오.

4. 지하매설관에 작용하는 토압에 대하여 설명하시오.

5. 지진 발생시 상대밀도에 따른 모래지반의 거동특성에 대하여 설명하시오.

6. 팽창성 흙의 특성과 팽창가능성 판단방법을 설명하시오.

✎ **제1교시**

※ 다음 문제 중 10문제를 선택하여 설명하시오. (각 10점)

1. 기초의 지지력 확인을 위한 평판재하시험결과 적용시 유의사항
2. 암반사면의 파괴형태
3. 압밀과 다짐의 차이
4. 연약점성토지반에서 실측침하량이 설계침하량과 차이가 나는 이유
5. 터널라이닝배면의 잔류수압
6. 사운딩(Sounding)의 의미와 종류에 따른 시험결과 이용
7. 심벽형 댐에서의 수압파쇄 발생원인 및 방지대책
8. Henkel의 간극수압계수
9. 암석의 원위치강도와 실내시험강도가 상이한 이유
10. 모래의 전단강도에 영향을 주는 요소 중 중간주응력(Intermediate Principal Stress, σ_2)
11. 토류벽 소단(Berm)
12. 터널굴착에서 연성파괴조건과 취성파괴조건
13. 점토지반의 Sand Seam

✎ **제2교시**

※ 다음 문제 중 4문제를 선택하여 설명하시오. (각 25점)

1. 흙의 생성기원에 따라 토층을 분류하고 공학적 특성을 설명하시오.
2. 다음과 같은 조건의 층상토지반 등가투수계수를 구하는 방법에 대하여 설명하시오.
   1) 수평방향 흐름시
   2) 연직방향 흐름시
3. 사면안정해석시 전응력해석법과 유효응력해석법을 비교 설명하시오.
4. 연직말뚝에서 두부구속조건에 따른 횡방향 지지력을 구하는 방법에 대하여 설명하시오.
5. 가설토류벽에서 인접구조물의 하중에 의하여 가설토류벽에 추가로 발생되는 수평토압과 토압의 전이(Apparent Earth Pressure)에 대하여 설명하시오.
6. 유한요소법 해석에 의한 지반모델링에서 초기지중응력(Initial Stress Condition)의 설정방법에 대하여 설명하시오.

제3교시

※ 다음 문제 중 4문제를 선택하여 설명하시오. (각 25점)

1. 다음과 같은 조건에 직사각형(2m×4m) 얕은기초를 설계하려고 한다. 기초의 전체 하중 $Q =$ 2,400kN, 한 방향 모멘트 480kN·m가 작용할 경우 아래에 주어진 계수를 이용하여 Meyerhof 공식으로 허용지지력(q_a)을 구하고, 기초의 안정을 검토하시오.

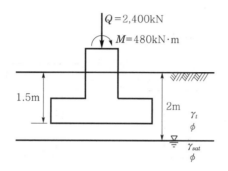

기초의 근입깊이 $D_f = 1.5$m, 지하수위는 지표면으로부터 2.0m 아래

지하수위 상부지반은 $\gamma_t = 18.0$kN/m³, $\phi = 34°$, $c = 0$

지하수위 하부지반은 $\gamma_{sat} = 20.0$kN/m³, $\phi = 34°$, $c = 0$

형상계수 $F_{cs} = 1 + 0.2 K_P \dfrac{B}{L}$, $F_{qs} = F_{\gamma s} = 1 + 0.1 K_P \dfrac{B}{L}$

깊이계수 $F_{cd} = 1 + 0.2 \sqrt{K_P} \dfrac{D_f}{B}$, $F_{qd} = F_{\gamma d} = 1 + 0.1 \sqrt{K_P} \dfrac{D_f}{B}$

(단, $\gamma_w = 10.0$kN/m³, $\phi = 34°$일 때 $N_c = 42.16$, $N_q = 29.40$, $N_\gamma = 31.15$)

2. 보강토공법의 역학적 개념에 대하여 다음 사항을 설명하시오.
   1) 보강(강도증가)개념
   2) 응력전달기구

3. 수치해석을 이용한 사면안정해석에서 강도감소법(Strength Reduction Method)에 대하여 설명하시오.

4. NATM터널에서 지반반응곡선 및 지보재특성곡선을 이용하여 지보재압력작용의 원리에 대하여 설명하시오.

5. 포화점토지반에서 다음 사항을 설명하시오.
   1) 무한등분포하중 작용시 즉시침하가 발생되지 않는 이유
   2) 유한면적하중 작용시 즉시침하가 발생되는 이유

6. 암석의 강도특성에 영향을 주는 다음 사항에 대하여 설명하시오.
   1) 구속압에 의한 영향
   2) 재하속도에 의한 영향
   3) 공시체치수에 의한 영향

제4교시

※ **다음 문제 중 4문제를 선택하여 설명하시오. (각 25점)**

1. 연약점성토지반상에 공동구박스구조물시공 후 단지부지정지를 실시할 예정이다. 다음 사항을 설명하시오.
   1) 부분보상기초(Partially Compensated Foundation) 의미
   2) 부분보상기초를 이용한 구조물의 지지력
   3) 박스구조물 하부의 침하량 산정

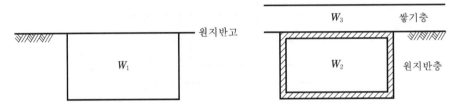

여기서, 굴착시 제거될 흙의 중량 : W_1
신설구조물의 중량 : W_2
성토중량 : W_3

2. 흙의 다짐과 관련하여 다음 사항을 설명하시오.
   1) 다짐에너지－다짐곡선
   2) 다짐에너지－건조단위중량

3. 정규압밀점토와 과압밀점토의 차이점에 대하여 아래 내용을 설명하시오.
   1) 물리적 성질
   2) 축차응력－변형률곡선 및 간극수압－변형률곡선

4. 폐광산 채굴적에 의한 지반침하피해를 방지하기 위하여 사용되는 보강공법 중 충전법에 대하여 설명하시오.

5. 암깎기 비탈면의 발파설계절차를 설명하시오.

6. 암반층을 포함한 대심도굴착시 가시설벽체(연성벽체)에 작용하는 토압과 관련하여 경험토압의 암반층 적용상 문제점 및 적용방법을 설명하시오.

제1교시

※ 다음 문제 중 10문제를 선택하여 설명하시오. (각 10점)

1. 압성토공법
2. 터널 2차원 해석시 하중분담률
3. 사질토에서 말뚝의 선단지지력과 주면마찰력
4. 응력불변량
5. 크로스홀(Crosshole)시험
6. 유동액상화(Flow Liquefaction)
7. 틱소트로피(Thixotropy)현상
8. 피압대수층
9. 교량 내진설계시 기능수행수준
10. 흙의 함수특성곡선(Soil – Water Characteristic Curve)
11. Land Creep
12. 얕은기초에서 허용지지력에 대한 순지지력개념의 안전율
13. 암반 시추코어 회수시 불연속면 방향성

제2교시

※ 다음 문제 중 4문제를 선택하여 설명하시오. (각 25점)

1. 지반조사결과 모래, 자갈, 기반암층 순으로 형성된 지역에서 수중보건설을 위한 물막이공법으로 Sheet Pile을 설계하고자 할 때 고려사항에 대하여 설명하시오.
2. NATM터널굴착시 붕락이 발생하였을 경우 붕락유형 및 원인, 추가적인 붕락방지를 위한 터널 안정성 확보방안에 대하여 설명하시오.
3. Terzaghi 1차원 압밀방정식과 2차원 침투방정식을 설명하시오.
4. 액상화의 개념과 가능성이 높은 지반조건 및 대책공법에 대하여 설명하시오.
5. 과소압밀(Under Consolidated)점토지반에 대하여 설명하시오.
6. 댐의 계측치 경시변화를 통한 안정성평가방법에 대하여 설명하시오.

※ 다음 문제 중 4문제를 선택하여 설명하시오. (각 25점)

1. 뉴메틱케이슨 침설시 계측방법과 이를 활용한 침설관리방안에 대하여 설명하시오.

2. 삼축압축시험시 간극수압계수에 대하여 설명하시오.

3. 인장형 및 압축형 그라운드앵커에 대하여 설명하시오.

4. 원자력발전소 부지의 지반특성파악을 위한 지반조사에 대하여 설명하시오.

5. 경사버팀대(Raker)에서 지지블럭(Kicker Block)의 안정에 대하여 설명하시오.

6. 연약지반에서 다짐말뚝공법을 적용할 경우 융기량추정방법에 대하여 설명하시오.

※ 다음 문제 중 4문제를 선택하여 설명하시오. (각 25점)

1. 제방기초하부에서 발생하는 문제점들을 고려한 기초지반보강방법을 설명하시오.

2. 암반의 초기지압 측정종류 및 시험방법에 대하여 설명하시오.

3. 교대부에서 약 30.0m 이격된 지점에 교각의 말뚝기초를 설계하고자 한다. 지반조사결과 전 지역에 상부는 고압축성 유기질토가 분포하고, 하부는 기반암층이 분포할 경우 다음 사항에 대하여 설명하시오.
   1) 유기질층의 역학적 특성
   2) 가도설계시 고려사항

4. 보강토옹벽시공시 토목섬유 보강재의 설계인장강도에 대하여 설명하시오.

5. 건조한 무한사질토지반에 강우에 의하여 연직방향의 침투수류가 발생할 경우 사면의 안전율 변화를 설명하시오.

6. 흙 속의 물의 흐름에서 유선망, 침윤선의 개념과 작도방법에 대하여 설명하시오.

제1교시

※ 다음 문제 중 10문제를 선택하여 설명하시오. (각 10점)

1. 흙 속에서 물의 모관상승

2. 응력경로

3. 성토지지말뚝

4. 말뚝지지력의 시간경과효과

5. 동치환(Dynamic Replacement)공법

6. 점성토의 다짐구조와 함수비

7. 터널발파의 손상영역(Damage Zone)

8. Brazilian Test

9. 회복탄성계수(Resilient Modulus, MR)

10. IGM(Intermediate Geomaterial)

11. 숏크리트 잔류강도등급

12. Land Creep

13. GPR(Ground Penetration Radar)탐사

제2교시

※ 다음 문제 중 4문제를 선택하여 설명하시오. (각 25점)

1. 점성토(점착력 $c_u \neq 0.0$, 내부마찰각 $\phi = 0.0$)지반 상부에 위치한 줄기초에 그림과 같이 하중 q_{ult}가 작용하면 기초하부지반에서 원형 전단파괴가 발생한다고 가정하고 지반의 극한지지력 산정방법을 설명하시오.

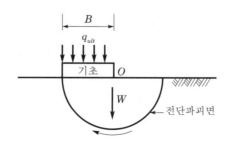

2. 암석시료에 축차하중을 재하하는 응력 - 변형률시험에서 암석의 전단강도에 미치는 영향요소들을 설명하시오.

3. 이수가압식(Slurry type) 쉴드TBM공법과 토압식(EPB type) 쉴드TBM공법 선정시 고려할 사항에 대하여 설명하시오.

4. 각력암층이 존재하는 터널에서 적용가능한 굴착공법과 보강공법에 대하여 설명하시오.

5. 아래 그림과 같은 도심지 연약점성토지반에서 건물을 축조하기 위하여 기존 고가교에 근접하여 흙막이 굴착공사를 실시할 계획이다.
   1) 굴착시공시 발생 가능한 문제점 및 대책방안을 설명하시오.
   2) 대책방안 수립시 조사, 설계, 시공상의 유의점에 대하여 설명하시오.

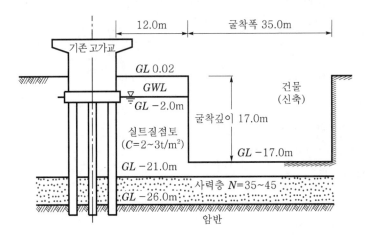

6. 지반종류별 군말뚝의 효율에 대하여 설명하시오.

✏️ 제3교시

※ 다음 문제 중 4문제를 선택하여 설명하시오. (각 25점)

1. 암석과 암반의 탄성계수를 비교하여 설명하시오.

2. NATM터널굴착에서 내공변위 - 제어법(Convergency - Confinement Method)의 3가지 요소에 대하여 설명하시오.

3. 얕은기초시공시 양압력 발생원인 및 대책공법, 설계시 고려사항에 대하여 설명하시오.

4. 정규압밀점토에 대하여 Schmertmann이 제안한 원지반 간극비 - 하중곡선 결정방법에 대하여 설명하시오.

5. 암반터널 안정성 평가방법 중 블록이론에 대하여 설명하시오.

6. 지하공동 상부에 위치한 구조물설계시 지하공동처리방법에 대하여 설명하시오.

※ 다음 문제 중 4문제를 선택하여 설명하시오. (각 25점)

1. 보강토옹벽의 흙다짐체 내에서 파괴단면과 토압분포, 보강재의 안정성에 대하여 설명하시오.

2. 모래, 점성토지반의 전단강도를 산출하기 위해서 일반적으로 시행하는 실내시험방법 3가지에 대하여 설명하시오.

3. 계곡부, 습곡구조가 암반의 초기연직응력에 미치는 영향에 대하여 설명하시오.

4. 연약지반에 설치된 쇄석말뚝의 파괴거동에 대하여 설명하시오.

5. 지반공학적 측면에서 운영 중인 터널의 라이닝 변상원인 및 변상형태에 대하여 설명하시오.

6. 터널굴착 중 터널붕괴유형에 대하여 설명하시오.

제1교시

※ 다음 문제 중 10문제를 선택하여 설명하시오. (각 10점)

1. Mohr원

2. 한계간극비

3. 발파시 Decoupling Effect

4. 코어댐에서의 수압파쇄(Hydraulic Fracturing)현상

5. 평균압밀도

6. 흙에서의 일축압축시험

7. log t법(압밀계수 산정)

8. 평면변형률조건(Plane Strain Condition)

9. 암석의 화학적 풍화지수

10. 기초에서의 LRFD(Load Resistance Factor Design)

11. Quick Clay와 Quick Sand

12. 지반반력계수

13. 점성토 및 모래층에서의 강성기초와 연성기초의 침하곡선 및 접지압분포도

제2교시

※ 다음 문제 중 4문제를 선택하여 설명하시오. (각 25점)

1. 터널굴착시 사용되는 보조공법과 관련하여 아래 사항을 설명하시오.
   1) 보조공법의 적용목적
   2) 보강목적에 따른 분류
   3) 보조공법이 필요한 경우 및 적용방법

2. 암반사면안정해석을 위한 평사투영해석방법의 개념과 파괴 발생형태 및 조건에 대하여 설명하시오.

3. 보강토옹벽의 과다변위 및 붕괴 발생원인에 대하여 설명하시오.

4. 수평력을 받는 말뚝은 주동말뚝과 수동말뚝으로 대별되는데 각각의 말뚝에 대하여 설명하시오.

5. 방파제 케이슨이 모래지반 위에 건설되었다. 시공 후 상당한 시간이 경과한 후 파랑에 의한 케이슨이 침하되는 메커니즘에 대하여 설명하시오.

6. 표면파기법(Spectral Analysis of Surface Waves : SASW)으로 지반의 특성평가시 표면파의 특성, 표면파기법의 시험방법 및 시험결과의 이용에 대하여 설명하시오.

✏️ 제3교시

※ 다음 문제 중 4문제를 선택하여 설명하시오. (각 25점)

1. 말뚝기초시공시 항타장비를 이용한 경우와 천공장비를 이용하여 시공하는 경우 흙의 거동변화 양상 및 장·단점에 대하여 설명하시오.

2. 연약한 점성토층($c \neq 0$, $\phi = 0$) 위에 기초지반으로 적용가능한 모래층이 분포하는 경우 직접기초형식의 구조물 기초계획시 지지력개념과 직사각형 및 세장기초형식의 지지력 산정방법에 대하여 설명하시오(단, c : 점착력, ϕ : 내부마찰각이다).

3. 흙막이 가시설굴착공사에서 구조물의 안정을 확보하기 위한 소단의 규모를 결정하는 방법에 대하여 설명하시오.

4. 토사지반 하부에 암반층이 존재할 경우 굴착시 암반지반에서의 경험토압분포 적용에 대하여 설명하시오.

5. Shield TBM공법의 특징, 막장안정방법(이수식과 토압식) 및 지반침하가 발생되는 원인 및 대책에 대하여 설명하시오.

6. 국제암반공학회(ISRM)에서 제시한 암반의 불연속면표시방법에 대하여 설명하시오.

✏️ 제4교시

※ 다음 문제 중 4문제를 선택하여 설명하시오. (각 25점)

1. 아래 그림은 콘크리트단위중량 24kN/m³인 암거(Box Culvert)이다.
   1) 최악의 경우를 고려하여 부상을 막을 수 있는 최소콘크리트두께를 결정하시오(단, 안전율은 1.2이다).
   2) 만약 암거가 부상을 하는 경우 부상방지대책방안에 대하여 설명하시오.

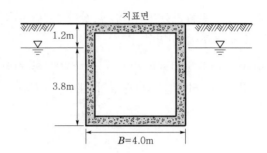

지표면

1.2m

3.8m

$B=4.0\text{m}$

2. 중력식 안벽의 기초지지력검토에 사용되는 Bishop법에 의한 원호활동해석에 대하여 설명하시오.

3. 측방유동을 정의하고 측방유동판정방법과 대책공법에 대하여 설명하시오.

4. 핵석풍화대를 터널로 통과하기 위해 핵석풍화대의 강도평가가 필요하다. 아래 항목에 대하여 설명하시오.
   1) 핵석의 정의
   2) 핵석의 분포비율평가방법
   3) 핵석의 분포비율에 따른 강도평가방법

5. 매립으로 이루어진 연약한 점성토지반 위에 침하유도를 위한 선행하중을 재하하고 있는 지역에서의 선행하중 제거시기 결정방법 및 하중 제거에 따른 과잉간극수압분포에 대하여 설명하시오.

6. 모래의 전단강도와 응력−변형거동에 미치는 환경요인을 포함한 영향요소에 대하여 설명하시오.

🖊 제1교시

※ 다음 문제 중 10문제를 선택하여 설명하시오. (각 10점)

1. 지진시 기초구조물의 해석방법
2. 강성기초와 연성기초 차이
3. 압축곡선과 압밀곡선 차이
4. 한계상태설계법과 허용응력설계법
5. 수평재하말뚝의 설계개념
6. 지반함몰, 지반침하
7. 철도에서의 분니현상(Mud Pumping)
8. 평균압밀도와 시간계수의 관계
9. 액상화 평가시 제외조건 및 영향요소
10. Well Resistance, Smear Zone
11. 이온교환능력
12. 동결현상, 동상현상, 동결심도
13. 사면안정해석법 중 절편법에서의 부정정차수

🖊 제2교시

※ 다음 문제 중 4문제를 선택하여 설명하시오. (각 25점)

1. 현장타설말뚝의 설계와 시공시 고려사항을 설명하시오.
2. 불포화토 사면 내 집중강우로 인한 사면파괴는 상부 얕은 사면파괴와 하부 깊은 사면파괴로 나눌 수 있다. 각각의 경우에 대하여 한계평형법에 의한 안전율 계산시 고려사항을 설명하시오.
3. 도심지 복합지반에서 쉴드TBM설계시 발생되는 문제점, 관리항목 및 대책에 대하여 설명하시오.
4. 현장베인전단시험으로 측정된 점토질흙의 비배수전단강도(S_u) 보정방법을 설명하고, 보정이 필요한 이유를 설명하시오.
5. 점성토와 사질토지반의 전단강도특성과 함수비가 높은 점성토지반의 처리대책에 대하여 설명하시오.

6. 말뚝시공공사와 관련하여 다음 사항에 대하여 설명하시오.
   1) 말뚝의 부마찰력과 중립점을 정의하시오.
   2) 선단지지된 단독말뚝에서 q_u(일축압축강도)$=20kN/m^2$, D(말뚝의 직경)$=0.5m$, L_c(관입깊이) $=15m$일 때 부마찰력을 계산하시오.
   3) 부마찰력작용시 말뚝의 축방향 허용지지력 산정방법을 설명하시오.

✏️ 제3교시

※ 다음 문제 중 4문제를 선택하여 설명하시오. (각 25점)

1. 지반반력계수(Modulus of Subgrade Reaction)를 정의하고 선형 또는 비선형 반력계수가 기초구조물해석시 어떻게 사용되는지 설명하시오.

2. 이상기후로 인한 집중강우로 해마다 장마철이 되면 산사태가 빈번히 발생하여 피해가 발생하고 있다. 다음 사항에 대하여 설명하시오.
   1) 산사태의 발생 강우조건 및 지반/지질조건
   2) 발생가능한 토석류
   3) 산사태와 토석류의 재해방지대책

3. 운영 중인 도로, 지하철 노후터널의 배수공 막힘원인, 문제점 및 방지대책에 대하여 설명하시오.

4. 국내 보강토옹벽의 설계, 시공 및 유지관리에 대한 문제점 및 대책방법에 대하여 설명하시오.

5. 필댐에서의 내부침식에 의한 사면붕괴 및 파이핑의 원인 및 대책에 대하여 설명하시오.

6. 느슨하고 포화된 사질토지반에서 진동이나 지진하중 등에 의해 발생하는 액상화현상의 판정방법 및 대책에 대하여 설명하시오.

✏️ 제4교시

※ 다음 문제 중 4문제를 선택하여 설명하시오. (각 25점)

1. 강성법과 연성법에 의한 전면기초(Mat Foundation)의 설계방법에 대하여 설명하시오.

2. 비배수전단시 체적팽창(Dilative)시료와 체적압축(Contractive)시료의 거동을 비교 설명하시오.

3. 최근 도심지에서 지하철, 전력구, 대형 건축공사 등의 지반굴착으로 인해 지하수유출 및 지반침하가 발생하고 있다. 이에 대한 지반공학적 측면에서의 지하수관리 문제점 및 대책을 설명하시오.

4. 현재 지하수위는 지표면에 위치하여 있으나, 과거에는 지하수위가 지표면으로부터 최대 3m 아래 있었던 점토지반의 단위중량(r_t)은 17kN/m³이다. 이때 현재 유효상재하중($P_o{'}$), 선행압밀하중($P_c{'}$) 및 과압밀비(OCR)에 대하여 심도 10m까지 심도별 분포도를 작성하시오.

5. 군말뚝의 침하량 산정방법에 대하여 설명하시오.

6. 지반공학적 측면에서 폐기물매립장설계시 고려사항을 설명하시오.

✎ **제1교시**

※ **다음 문제 중 10문제를 선택하여 설명하시오. (각 10점)**

1. 붕괴성 흙

2. 점토광물과 물의 상호작용이 점토에 미치는 영향

3. 옹벽에서 다짐유발응력

4. Darcy법칙의 가정조건 및 활용성

5. 지중응력영향계수 및 압력구근

6. 2차압밀침하

7. 보강토옹벽 보강재의 구비조건 및 내구성에 영향을 미치는 요소

8. 평판재하시험에 의한 지지력과 침하량 산정방법

9. 지반침하시 구조물의 각 변위와 처짐비

10. 말뚝폐색효과

11. 암석Creep현상

12. 석화(Lithification)

13. 터널라이닝에서 유연성비(Flexibility Ratio)와 압축성비(Compressibility Ratio)

✎ **제2교시**

※ **다음 문제 중 4문제를 선택하여 설명하시오. (각 25점)**

1. 포화된 흙 속을 통해 흐르는 물의 유출속도(Discharge Velocity)와 침투속도(Seepage Velocity)의 관계를 유도하여 설명하시오.

2. 간극수압계수의 종류와 삼축압축시험을 통한 산정방법 및 결과 이용에 대하여 설명하시오.

3. 정규압밀점토에서 $\sigma_o' = 50kN/m^2$, $e_o = 0.81$이고 $\sigma_o' + \Delta\sigma' = 120kN/m^2$일 때 $e = 0.7$로 주어졌다. 앞의 하중범위 내에서 다음을 구하시오(단, 점토의 투수계수 $k = 3.1 \times 10^{-7}$m/sec, $r_w = 10kN/m^3$).

   1) 현장에서 4m 두께의 점토(양방향 배수)가 50% 압밀되는데 걸리는 시간

   2) 50% 압밀시 침하량

4. UU, CK₀U, CIU 삼축압축시험에 대해 다음 질문에 답하시오.

1) 각 시험에 대한 응력경로를 p−q Diagram도시

2) 현장흙의 응력상태를 재현하기 위해 UU, CIU시험에서 가정한 조건과 실제와의 차이점

3) UU, CK₀U, CIU시험의 실무적용

5. 굴착벽체 배면의 지표면에 상재하중이 작용하게 될 경우 아래 1), 2)조건에서 굴착벽체에 추가적으로 발생하는 수평압력을 Boussinesq탄성해와 비교하여 설명하시오.

1) 상재하중 전 굴착벽체 설치

2) 상재하중 후 굴착벽체 설치

6. A시료, B시료에 대하여 입도분석시험결과가 아래와 같을 때 다음 질문에 답하시오.

구분	통과백분율(%)								LL (%)	PI (%)
	NO.10 (2.0mm)	NO.40 (0.425mm)	NO.60 (0.250mm)	NO.100 (0.150mm)	NO.200 (0.075mm)	0.05mm	0.01mm	0.002mm		
A시료	98	85	72	56	42	41	20	8	44	0
B시료	99	94	89	82	76	74	38	9	40	12

1) A시료, B시료를 통일분류법으로 분류

2) A시료와 같은 기초지반의 공학적 특성치 결정시 고려사항

제3교시

※ **다음 문제 중 4문제를 선택하여 설명하시오. (각 25점)**

1. 흙과 암반의 이방성이 지반공학적 특성에 미치는 영향에 대하여 설명하시오.

2. 투수계수에 대하여 다음 질문에 답하시오

1) 투수계수 산정방법

2) 실내실험을 통해 얻은 투수계수 결과치의 신뢰성이 떨어지는 이유

3) 암반의 투수성 평가시 투수계수를 사용하지 않고 루전값을 활용하는 이유

3. 연성벽체에 작용하는 토압에 대하여 다음 질문에 답하시오

1) 연성벽체(가설흙막이구조물)에 Rankine, Coulomb토압을 적용하지 않는 이유

2) 굴착단계별 적용토압과 굴착완료된 후의 적용토압

3) 실무설계에서 연성벽체에 작용하는 토압 적용시 고려사항

4. 사면보강공법 중 소일네일링공법과 어스앵커공법의 공학적 차이점과 설계시 검토사항에 대하여 설명하시오.

5. 액상화 상세평가법에서 전단응력비 산정세부절차에 대하여 설명하시오.

6. 원형기초의 직경은 2m이다. 이 기초를 지지하고 있는 기초지반의 내부마찰각(ϕ)은 30°이고 점
   착력(c)은 20kN/m²이다. 이 기초의 근입깊이(D_f)는 2m이고 지하수위는 지표면 아래 3m에 위
   치해있다. 지하수위 상부 흙의 단위중량(γ_t)은 18kN/m³이고 지하수위 아래의 흙의 포화단위중
   량(γ_{sat})은 20kN/m³일 때 상기 원형기초에 작용할 수 있는 전 허용하중을 결정하시오(단, F.S
   =3.0, 전반전단파괴를 가정하며, N_c=33, N_q=20, N_r=18 사용).

✎ 제4교시

※ 다음 문제 중 4문제를 선택하여 설명하시오. (각 25점)

1. EPS공법의 특성 및 적용분야, 설계시 검토사항에 대하여 설명하시오.

2. Mohr원을 이용하여 Rankine의 주동토압을 유도하시오.

3. 지반굴착시 인접구조물 손상예측절차와 방법에 대하여 설명하시오.

4. 지중구조물의 진동특성과 내진설계방법에 대하여 설명하시오.

5. 화강암에서 수압파쇄시험을 2회 실시하여 결과가 아래와 같을 때 각각의 지점에서 초기응력
   및 초기지중응력계수를 구하시오(단, 암석의 단위중량 27kN/m³, 암석의 인장강도 10MPa).

깊이(m)	균열 발생시의 압력(P_B[MPa])	Shut-in pressure(P_s[MPa])
500	14.0	8.0
1,000	24.5	16.0

6. 아래 그림과 같이 시공된 교대기초에서 신축이음(A) 및 교량받침(B)에 손상이 발생되었다. 지
   반공학적 측면에서 손상원인 및 대책에 대하여 설명하시오.

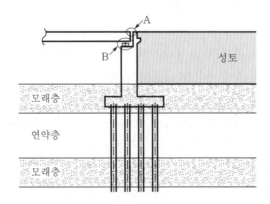

✎ **제1교시**

※ **다음 문제 중 10문제를 선택하여 설명하시오. (각 10점)**

1. 석축 안정해석

2. 아이소크론(Isochrone)

3. 부간극수압(Negative Pore Water Pressure)과 부마찰력(Negative Skin Friction)

4. 재료감쇠(Material Damping)

5. 통일분류법

6. 이차압밀침하

7. 프레셔미터시험(Pressuremeter Test)

8. 설계응답스펙트럼

9. 주응력과 주응력면

10. 아칭효과(터널굴착의 막장면 부근에서)

11. 강봉경계조건을 따라 전파되는 압축파의 파동변화

12. 암반역학에서 초기지중응력(Initial Geostatic Stress)

13. 토사터널에서 숏크리트 측벽기초의 안정성

✎ **제2교시**

※ **다음 문제 중 4문제를 선택하여 설명하시오. (각 25점)**

1. 암반사면의 파괴형태와 사면안정에 영향을 미치는 불연속면의 특성에 대하여 설명하시오.

2. 흙 평판재하시험의 Scale Effect에 대하여 설명하시오.

3. 모래의 전단강도에 영향을 미치는 요소에 대하여 설명하시오.

4. 모래자갈로 구성된 피압대수층의 상부에 연약점토지반이 존재한다. 지반개량을 위해서 연직배수재를 부분관입시켰을 경우 피압이 점토지반의 압밀거동에 미치는 영향에 대하여 설명하시오.

5. 지하터파기과정에서 발생하는 흙막이공 배면지반침하를 예측하는 경험공식 중 Peck방법, Clough와 O'Rourke방법, Caspe방법에 대하여 설명하시오.

6. 사질토지반(강도정수 c, ϕ)에서 다음 그림처럼 쐐기형태의 파괴가 일어났다. 직접기초의 극한지지력(q_{ult})을 구하는데 사용되는 아래의 'Bell의 공식'을 유도하고 이에 대하여 설명하시오.

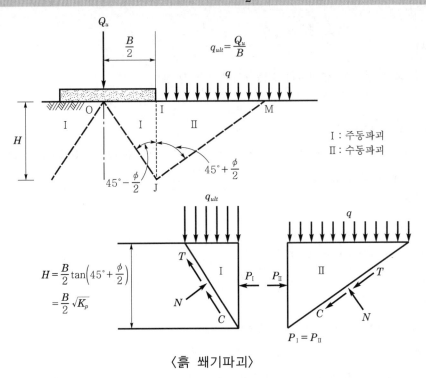

$$q_{ult} = cN_c + qN_q + \frac{1}{2}\gamma BN_r$$

$$q_{ult} = \frac{Q_u}{B}$$

Ⅰ : 주동파괴
Ⅱ : 수동파괴

$$H = \frac{B}{2}\tan\left(45° + \frac{\phi}{2}\right)$$
$$= \frac{B}{2}\sqrt{K_p}$$

$P_{Ⅰ} = P_{Ⅱ}$

〈흙 쐐기파괴〉

제3교시

※ 다음 문제 중 4문제를 선택하여 설명하시오. (각 25점)

1. 도심지 연약지반에 시공하는 지하매설관에 작용하는 토압과 매설관의 파괴원인 및 대책에 대하여 설명하시오.

2. 대구경 현장타설말뚝기초의 양방향 재하시험에 대하여 설명하시오.

3. 해안매립지에서 흙막이구조물을 지반앵커로 지지하면서 굴착하는 경우에 예상되는 문제점과 시공 중 중점관리사항에 대하여 설명하시오.

4. 유선망을 이용하여 파악할 수 있는 지하수흐름특성(유량, 간극수압, 동수경사, 침투수압)에 대하여 설명하시오.

5. 터널설계에서 NMT방법의 기본원리와 표준지보패턴결정방법에 대하여 설명하시오.

6. 보강토옹벽에서 보강토체와 그 주변에 설치하는 배수시설에 대하여 설명하시오.

※ 다음 문제 중 4문제를 선택하여 설명하시오. (각 25점)

1. 말뚝이음과 장경비에 따른 말뚝의 지지력감소에 대하여 설명하시오.

2. 성토하중으로 인하여 연약지반이 소성변형을 일으켜서 지반이 측방으로 크게 변형하는 현상을 측방유동이라고 한다. 측방유동판정법과 대책공법에 대하여 설명하시오.

3. 도심지 중앙으로 통과하는 하천제방의 붕괴원인과 누수조사 방법 및 대책에 대하여 설명하시오.

4. 연약지반상에 축조하는 도로 및 제방의 지지력보강과 침하방지를 위하여 설치하는 성토지지 말뚝공법에 대하여 설명하시오.

5. 발파공으로부터 거리에 따른 발파응력파의 전파형태에 대하여 설명하시오.

6. 암반 불연속면 전단강도모델에서 Patton의 Bilinear모델, Barton의 비선형모델, Mohr-Coulomb 모델에 대하여 설명하시오.

제1교시

※ 다음 문제 중 10문제를 선택하여 설명하시오. (각 10점)

1. 부동수(Unfrozen Water)

2. 합경도

3. 탄성파 지오토모그래피탐사

4. 불연속면의 공학적 특성

5. Q분류(Rock Mass Quality), RMR

6. 프리로딩공법(Preloading Method)

7. 습곡이 터널구조물에 미치는 영향

8. 지반의 강성과 강도

9. 록볼트의 인발시험

10. 루전시험(Lugeon Test)

11. 준설매립지의 실트포켓(Silt Pocket)

12. 점토의 연대효과(Aging Effect)

13. 흙의 취성지수(Brittleness Index, I_B)

제2교시

※ 다음 문제 중 4문제를 선택하여 설명하시오. (각 25점)

1. 기설구조물에 근접하여 가설구조물을 설치하기 위하여 지반을 굴착하고자 한다. 지반굴착시 고려사항과 주변지반의 영향을 설명하시오.

2. 불교란시료를 채취하여 실내시험을 하고자 한다. 채취된 시료에 대한 실내시험으로부터 교란 도를 평가하는 방법을 설명하시오.

3. 하저구간을 통과하는 터널라이닝설계시 라이닝에 작용하는 수압에 대하여 방배수개념을 이용 하여 설명하시오.

4. 보강토옹벽의 보강원리와 안정성 검토사항에 대하여 설명하시오.

5. 말뚝의 주면마찰력에 대하여 설명하시오.

6. 연약지반에서 장래침하량 추정방법에 대하여 설명하시오.

제3교시

※ 다음 문제 중 4문제를 선택하여 설명하시오. (각 25점)

1. 암반불연속면의 전단강도모델평가방법에 대하여 설명하시오.

2. 2차원 흐름 기본방정식과 Terzaghi 1차원 압밀방정식의 기본가정조건과 산출방법에 대하여 설명하시오.

3. 토사 사면붕괴원인과 대책을 전단응력 및 전단강도로 설명하시오.

4. 콘크리트표면 차수벽형 석괴댐(CFRD) 계측설계시 착안사항과 계측의 항목 선정 및 목적에 대하여 설명하시오.

5. 연약지반의 표층처리를 위해 토목섬유를 이용하고자 한다. 토목섬유의 종류, 기능, 특징 그리고 적용시 문제점에 대하여 설명하시오.

6. 폐기물매립지를 건설부지로 활용하고자 한다. 매립부지 재활용상의 문제점과 지반환경공학적 검토사항 그리고 구조물기초 및 매립지반처리방안에 대하여 설명하시오.

제4교시

※ 다음 문제 중 4문제를 선택하여 설명하시오. (각 25점)

1. 연약지반상의 기존 도로를 편측으로 확장하고자 한다. 설계시 고려사항에 대하여 설명하시오.

2. 구조물을 설치하기 위한 부력검토방법과 안정화대책을 설명하시오.

3. 건설공사시 인위적으로 발생되는 지반진동의 진동전파특성과 방진대책에 대하여 설명하시오.

4. 고함수비의 준설점토에 석탄재를 혼합하여 투기할 때 침강특성과 자중압밀특성에 대하여 설명하시오.

5. 핵석풍화대에 터널갱구부를 설계하고자 한다. 예상되는 문제점과 합리적인 조사방법 및 강도정수평가방법에 대하여 설명하시오.

6. 다층지반에서의 흙막이 가시설설계시 경험토압 적용의 문제점과 합리적인 토압 산정방법에 대하여 설명하시오.

📝 제1교시

※ 다음 문제 중 10문제를 선택하여 설명하시오. (각 10점)

1. 지진규모(M)
2. 흙막이 벽체의 가상지지점
3. 뉴마크(Newmark)의 영향원
4. 케이블볼트
5. 석축옹벽의 전도에 대한 안정조건
6. 함수특성곡선
7. Terzaghi압밀방정식의 기본가정과 문제점
8. 암석에서의 점하중강도시험
9. 불연속면의 방향성이 터널굴착에 미치는 영향
10. 해상풍력 기초형식 중 모노파일의 트랜지션피스(Transition Piece)
11. 모래다짐말뚝의 지반개량 후 형상예측
12. 필댐 코어부의 기초처리방법
13. 시추조사 후 폐공처리방법

📝 제2교시

※ 다음 문제 중 4문제를 선택하여 설명하시오. (각 25점)

1. 터널해석에 사용되는 수치해석과 관련하여 다음 사항에 대하여 설명하시오.
   1) 수치해석기법의 종류와 특징
   2) 유한요소법에서 토사지반 및 암반의 구성모델
2. 점토지반에서 수직굴착이 가능한 이유와 중력식 옹벽에 작용하는 이론 및 실제 토압에 대하여 설명하시오.
3. 점토를 과압밀비(OCR)로 구분하고, 그에 대한 역학적 특성을 비교 설명하시오.
4. 최근 지반함몰이 사회적 이슈가 되고 있다. 다음에 대하여 설명하시오.
   1) 인위적 영향에 의한 지반함몰의 종류와 특징
   2) 파손된 하수도관을 기준으로 지하수위가 위, 동일, 아래에 존재할 경우에 발생하는 지반함몰메커니즘

5. 현장 및 실내시험에 의한 시료의 교란도평가에 대하여 설명하시오.

6. 어떤 자연사면의 경사가 20°로 측정되었고 지표면에서 5m 아래에 암반층이 있다. 흙과 암반의 경계면에서 점착력(c)=10kN/m^{2}이고 내부마찰각(ϕ)=25°이며, 흙의 단위중량(γ_t)=17kN/m^3, 흙의 포화단위중량(γ_{sat})=19kN/m^3, 물의 단위중량(γ_w)=9.8kN/m^{3}일 때 다음을 구하시오.
   1) 지하수영향이 없는 경우의 안전율
   2) 지하수위가 지표면과 동일한 경우의 안전율
   3) 정지해있는 물속에 잠겨 포화되어 있는 경우의 안전율

🖊 제3교시

※ 다음 문제 중 4문제를 선택하여 설명하시오. (각 25점)

1. 점토질암반에서 건조습윤 반복에 의한 강도저하현상과 암반평가방법에 대하여 설명하시오.

2. 모래의 전단강도에 영향을 미치는 요소에 대하여 설명하시오.

3. 지표면이 수평이고 균질하며 반무한인 지층 내에 있는 한 요소에 대하여 정지토압계수를 탄성론으로 구하고, 정지토압의 합력에 대하여 설명하시오.

4. 포화점토지반에서 성토 및 절토사면의 시간경과에 따른 강도특성과 안전율변화에 대하여 설명하시오.

5. 케이슨기초의 설계시 다음 사항에 대하여 설명하시오
   1) 지반반력 및 침하량 결정시 고려사항
   2) 케이슨의 형상 및 치수 설계시 고려사항

6. 강제치환공법의 특징과 치환깊이 산정방법에 대하여 설명하시오.

🖊 제4교시

※ 다음 문제 중 4문제를 선택하여 설명하시오. (각 25점)

1. 지하매설관로에 대하여 내진설계시 고려할 사항을 설명하시오.

2. 흙막이 벽체에서 발생할 수 있는 지반침하영향범위와 인접구조물과의 간섭을 판정하기 위한 개략적인 근접 정도를 파괴포락선을 이용하여 설명하시오.

3. 사질토 및 점성토지반, 암반에서의 무리말뚝효과에 대하여 설명하시오.

4. 점토층은 정규압밀점토이며, 지표면에는 150kN/m^{2}의 하중이 작용하고 있다. 다음 물음에 답하시오(단, γ_w=10kN/m^3 적용).

1) 점토층의 압밀침하량
2) 점토층의 압밀침하량이 45cm에 도달했을 때의 평균압밀도와 소요일수

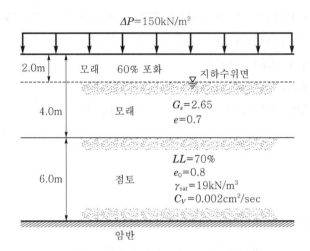

5. 철도운행으로 진동이 심한 지역에서 흙막이 벽체(H-Pile+토류판)를 설치하고, 지지공법으로 상부에는 인장형 앵커(Ground Anchor), 하부에는 암반록볼트로 시공하였으나 최종 굴착심도 GL(-) 37m를 2m 남겨둔 상태에서 흙막이벽체가 붕괴되었다. 붕괴의 주된 원인을 지반공학적 측면에서 설명하시오.

6. 터널의 안정성을 위해서는 적정토피의 확보가 중요함에도 불구하고 도심지 지하철에서는 토피가 점점 작아지는 경향이 있다. 이처럼 도심지 지하철의 천층화가 지속될 것으로 예상되는 이유와 지반특성에 따른 천층터널의 공사 중 고려할 사항에 대하여 설명하시오.

📝 제1교시

※ 다음 문제 중 10문제를 선택하여 설명하시오. (각 10점)

1. 베인전단시험(Vane Shear Test)값의 보정이유

2. 지오텍스타일튜브(Geotextile Tube)

3. PHC말뚝의 LRFD설계

4. 확산이중층(Diffuse Double Layer)

5. 지중에서 오염물질의 이동메커니즘

6. 터널설계시 전기비저항탐사

7. 압력구근(Pressure Bulb)

8. 교대의 측방이동판정법 중 측방이동지수와 판정수에 의한 방법

9. 사질토의 겉보기점착력(Apparent Cohesion)

10. 카이저효과(Kaiser Effect)

11. 지표투과레이더(GPR)탐사 원리 및 특징

12. 연약지반 기초보강시의 콘크리트 중공블록공법

13. 옹벽의 활동방지메커니즘

📝 제2교시

※ 다음 문제 중 4문제를 선택하여 설명하시오. (각 25점)

1. 사질토지반에서 토목구조물에 작용하는 주동토압, 수동토압, 정지토압상태의 변화를 설명하고, 사질토의 내부마찰각이 30°일 때 토압계수크기와 수평변위와의 관계도를 설명하시오.

2. 압밀계수의 정의, 실내시험에서 압밀계수 결정방법 및 적용방법에 대하여 설명하시오.

3. 투수계수에 영향을 미치는 요소를 설명하시오.

4. 부마찰력이 작용하는 말뚝기초에 대한 다음 사항에 대하여 설명하시오.
   1) 중립면의 결정
   2) 부마찰력의 크기와 말뚝침하량의 관계
   3) 부마찰력을 받는 말뚝기초의 설계방향

5. 지하구조물의 진동특성 및 지하구조물의 지진시 변형양상을 설명하고 산악을 관통하는 600m 길이의 NATM터널을 예를 들어 구간별 내진해석법을 설명하시오.

6. 폐기물매립에 따른 침하특성은 폐기물과 매립지반의 침하로 일반적인 지반침하와 다른 양상을 나타낸다. 즉, 폐기물이 매립되어 안정화되는 데에는 많은 시간이 소요된다. 이러한 과정을 경과시간에 따른 침하곡선모델을 이용하여 초기단계에서 잔류침하단계까지 구분하여 설명하고, 침하량 산정방법 및 현장계측을 통한 장기 침하량예측방법에 대하여 설명하시오.

✎ 제3교시

※ 다음 문제 중 4문제를 선택하여 설명하시오. (각 25점)

1. 준설매립지역에 지하철공사를 위해 타입된 Sheet Pile 인발시 침하원인 및 대책을 설명하시오.

2. Schmertmann의 원지반 간극비-하중곡선결정방법에 대하여 다음 사항을 설명하시오.
   1) 정규압밀점토의 경우
   2) 과압밀점토의 경우

3. 흙의 동해와 방지대책을 설명하시오.

4. 터널설계시 2차원 모델링기법을 사용하는 이유와 장단점에 대하여 설명하시오.

5. 암반사면의 안정성을 평사투영법과 SMR분류법으로 검토하였다. 이 해석결과로 사면설계를 수행할 때 각 방법의 가정 및 적용한계를 고려하여 실제 발생할 수 있는 사면거동과의 차이점을 설명하시오.

6. 지진시 아래 그림과 같은 옹벽에 대하여 $k_v = 0$, $k_h = 0.3$일 때 다음을 구하시오.
   1) P_{ae}
   2) 옹벽의 바닥에서부터 합력의 작용위치 $\bar{z}$

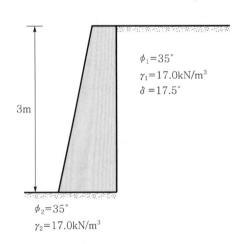

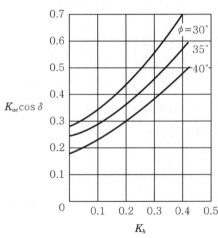

※ 다음 문제 중 4문제를 선택하여 설명하시오. (각 25점)

1. 준설매립토량 산정을 위하여 항만 및 어항 설계기준에 제시하는 유보율 결정방법과 침강 자중 압밀시험에 의한 유보율 결정방법에 대하여 설명하시오.

2. 석회암지대를 통과하는 교량기초에 대한 지반조사방법에 대하여 설명하시오.

3. 흙의 다짐에 영향을 미치는 요소와 관련하여 다음 사항을 설명하시오.
   1) 함수비가 다짐에 미치는 영향
   2) 다짐에너지크기가 다짐에 미치는 영향
   3) 흙의 종류에 따른 다짐효과

4. 점토광물을 구성하는 기본구조와 2층 구조 및 3층 구조 점토광물에 대하여 설명하시오.

5. 진동기계기초는 기계진동으로 인해 발생할 수 있는 공진의 영향이 최소화하도록 설계한다. 공진상태를 파악하기 위한 기계-기초-지반계의 고유진동수 결정방법에 대하여 설명하시오.

6. 국내 보강토옹벽현장에서는 양질의 토사 확보가 어려워 현장에 있는 흙을 종종 사용한다. 현장에 존재하는 흙이 대부분 화강풍화토인 점을 고려하여 현장조건에 적합한 인발시험을 통해 보강재의 인발저항 평가 및 설계가 이루어져야 한다. 아래 사항에 대하여 설명하시오.
   1) 외적 안정성 검토사항
   2) 내적 안정성 검토사항
   3) 인발시험에 의한 인발저항평가방법

✏️ **제1교시**

※ 다음 문제 중 10문제를 선택하여 설명하시오. (각 10점)

1. 동적콘관입시험(DCPT, Dynamic Cone Penetration Test)의 현장적용성

2. 토량환산계수(C, L)

3. 암석의 동결작용(Frost Action)

4. 동결융해에 의한 지반의 연화(軟化)현상

5. 지반반력계수와 탄성계수

6. 그물망식 뿌리말뚝(Reticulated Root Piles)

7. 이력곡선(履歷曲線, Hysteresis Curve)

8. 석축의 안정성 검토 시 시력선(示力線)의 역할

9. 계면활성제 계열인 고성능 다기능 그라우트재의 공학적 특성

10. 제어발파의 디커플링(Decoupling)방법

11. 기초구조물 설계 시 지반액상화평가를 생략할 수 있는 Case

12. PBD(Plastic Board Drain)의 웰저항에 영향을 미치는 내·외적요인

13. 소할발파방법 및 장약량 계산

✏️ **제2교시**

※ 다음 문제 중 4문제를 선택하여 설명하시오. (각 25점)

1. 흙 속에 토목섬유(geosynthetics)와 같은 필터재가 설치되는 경우 지하수와 같은 1차원적인 물의 흐름에서는 시간경과에 따라 흙필터층(soil filter layer)을 포함한 고체필터구조가 형성된다. 이에 대한 메커니즘을 설명하시오.

2. 지반 내에서의 모관현상과 관련하여 다음 사항에 대하여 설명하시오.

   1) 지반 내에 있는 물의 모관상승 및 모관수(capillary water)

   2) 모관상승영역에서의 포화도에 따른 간극수압

   3) 모관수를 지지하는 힘인 모관포텐셜(capillary potential)에 영향을 주는 인자

3. 초고층 건축물의 기초를 말뚝기초로 설계하고자 할 때 필요한 설계개념과 계산으로 산정된 주면마찰력의 신뢰성 평가에 대하여 설명하시오.

4. 낙동강 하구에 있는 지하수가 높은 지역에서 건물 신축을 위한 지하터파기 작업진행 중 인접 건물(12층 건물)이 기울어지는 사고가 발생하였다. 이에 대한 원인을 규명하고 사전평가할 수 있는 기법과 방지대책에 대하여 설명하시오.

5. 암반의 투수성 평가를 위한 루젼시험법(Lugeon Test)을 설명하고, 일반적으로 투수계수보다 루젼값을 이용하는 이유를 설명하시오.

6. 포화점토지반 위에 고성토의 6차로 고속도로 건설 시 성토체 하부의 점토지반을 통과하는 가 상파괴면상의 임의의 점에 대한 공사기간 중(착공~완공), 공사완료 후(완공~정상침투상태까지) 전단응력, 전단강도, 안전율의 변화를 설명하시오.

제3교시

※ 다음 문제 중 4문제를 선택하여 설명하시오. (각 25점)

1. 자연함수비(w_n) 50%, 비중(G_s) 2.7인 포화점성토층이 8m 두께로 분포하고 있으며, 지반개량 을 실시하여 1차 압밀완료까지 걸리는 시간은 1.5년, 1차 압밀침하량은 150cm가 예측된다. 지 반개량 후 현 시점에서의 함수비(w)가 36%이고 2차 압축지수(C_a)가 0.02인 경우 다음을 구 하시오(단, 답은 소수점 셋째 자리에서 반올림하여 소수점 둘째 자리까지 구하시오).

   1) 지반개량 후 현 시점에서의 평균압밀도(U_t)

   2) 1차 압밀완료 후 간극비(e_p)

   3) 1차 압밀완료 후 5년 경과 시 2차 압밀침하량(S_s)

2. 표준관입시험(SPT)으로 측정한 N값은 여러 요인에 의해 영향을 받게 되어 오차가 발생할 수 있으므로 보정이 필요하다. 이러한 N값의 주된 보정항목과 보정방법에 대하여 설명하시오.

3. 최근 지진 발생으로 인한 피해사례가 보고되고 있다. 터널구조물의 지진하중에 대한 피해형태 와 안정성(동적해석) 검토에 대하여 설명하시오.

4. 낙동강 하구지역에 대구경 장대 현장타설말뚝시공을 계획하고 있다. 경제적인 설계절차에 대 하여 설명하시오.

5. 평야지대를 통과하는 고속국도($B = 23.4$m)의 교통량이 증가하여 왕복 6차로 도로($B = 30.6$m) 로 확장하고자 한다. 공사기간이 짧고 재료의 수급이 불리한 공사구간에 가장 적용이 유리한 연약지반처리공법과 설계 시 유의사항 및 시공 시 고려사항에 대하여 설명하시오.

6. 지하수위 상승 또는 지표수 침투에 의한 옹벽 붕괴사고 메커니즘, 배수재(경사재, 연직재) 설 치효과와 방지대책에 대하여 설명하시오.

※ 다음 문제 중 4문제를 선택하여 설명하시오. (각 25점)

1. 기존에 운영 중인 지하철노선에 근접하여 지하도로 시공을 위한 지하연속벽을 설치하고자 한다. 지하연속벽공법의 특징, 슬라임 제거방식, 설계 및 시공 시 검토사항에 대하여 설명하시오.

2. 지하수위가 높은 연약지반구간의 흙막이 시공 시 문제점 및 대책과 계측관리에 대하여 설명하시오.

3. 미고결 점토광물이 존재하는 구간에서 터널공사 후 공용 중인 터널 내 일부 구간에서 도로포장의 변형이 발생하였다면 이에 대한 변형 발생원인과 지반조사방법, 대책방안에 대하여 설명하시오.

4. 도로의 노면에 발생되는 인위적인 지반함몰의 종류와 원인을 설명하고, 지하에 매설된 하수도관의 파손을 중심으로 지하수위위치(파손된 하수도관의 상부, 중간부, 하부)에 따른 지반함몰 발생메커니즘에 대하여 설명하시오.

5. 지반을 통과하는 물의 흐름방향(상향, 하향, 정지)에 따른 지반 내 임의점에서의 유효응력변화를 설명하고, 이를 토대로 한계동수경사와 분사현상(quick sand), 히빙(heaving)에 대하여 설명하시오.

6. 다음 그림과 같이 높이 6m, 단위중량(γ) 18kN/m^{3}인 제방이 지표면 위에 설치되어 있을 때 제방 하부 5m 깊이(z)에 있는 점 A_1과 점 A_2위치에서의 수직응력 증가량을 각각 구하시오(단, Osterberg의 영향계수(I_2)값은 주어진 표의 값을 사용하고, 답은 소수점 셋째 자리에서 반올림하여 소수점 둘째 자리까지 구하시오).

B_1/z	0		0.8		2.8	
B_2/z	1.2	2.4	1.2	2.4	1.2	2.4
I_2	0.27	0.38	0.44	0.47	0.49	0.49

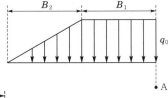

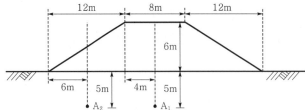

제1교시

※ 다음 문제 중 10문제를 선택하여 설명하시오. (각 10점)

1. 붕괴포텐셜(CP, Collapse Potential)

2. 틸트시험(Tilt Test)

3. 함수특성곡선(Soil-water Characteristic Curve)

4. 앵커(Anchor)의 진행성 파괴

5. 분산성 점토(Dispersive Clay)

6. 조립토와 세립토의 공학적 특성

7. 회복탄성계수(Resilient Modulus)와 동탄성계수(Dynamic Elastic Modulus)

8. 소일네일링(Soil Nailing)공법과 록볼트(Rock Bolt)공법

9. 모래의 마찰저항과 억물림효과(Interlocking Effect)

10. 플래트잭시험(Flatjack Test)

11. 벤토나이트(Bentonite)용액의 정의와 기능

12. 지반응답해석(Ground Response Analysis)

13. 활성단층(Active Fault)

제2교시

※ 다음 문제 중 4문제를 선택하여 설명하시오. (각 25점)

1. 석회암 공동지역의 기초설계를 위한 현장조사와 보강방안에 대하여 설명하시오.

2. 구조물별로 발생하는 지반공학적 Arching현상에 대하여 설명하시오.

3. 흙막이 구조물 해석방법 중 탄성법과 탄소성법에 대하여 다음 사항을 설명하시오.

   1) 탄성법과 탄소성법의 기본가정과 해석모델

   2) 탄소성법의 소성변위 고려 여부에 따른 토압 적용방법

4. 보강띠(지오그리드)로 얕은 기초 하부지반을 보강한 경우 다음 사항을 설명하시오.

   1) 기초지반 파괴형태

   2) 기초 하부의 중심선에서 거리 x만큼 떨어진 깊이 z에서 발생하는 전단응력(τ_{xz})

5. NATM(New Austrian Tunnelling Method)과 NMT(Norwegian Method of Tunnelling)의 기본원리에 대하여 설명하시오.

6. 토양오염 복원방법에 대하여 설명하시오.

✏️ **제3교시**

※ **다음 문제 중 4문제를 선택하여 설명하시오. (각 25점)**

1. 흙막이 구조물 설계 시 경험토압 적용에 따른 다음 사항을 설명하시오.

   1) 지층구성이 동일한 토층이 아닌 다층지반에서의 지반물성치 평가방법

   2) 암반지반 굴착에서 경험토압 적용방안

2. 부분수중사면이란 다음 그림과 같이 사면 내외에 수평한 정수위가 형성되어 사면 일부가 물속에 잠겨있는 경우를 말하는데, 절편법으로 부분수중사면의 안정해석을 할 경우 다음 사항을 설명하시오.

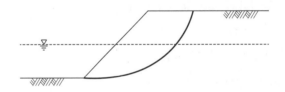

   1) 유효응력해석법으로 해석할 경우 사면 밖에 있는 물의 영향을 고려하는 방법

   2) 전응력해석법으로 해석할 경우 입력자료

3. 부산 낙동강 하류 대심도 연약지반 아래에 피압대수층이 존재하는 것으로 알려져 있다. 부지조성공사 시 이러한 지반조건에서 연약지반을 개량하기 위해 연직배수공법을 적용할 경우 예상문제점 및 대책에 대하여 실무적 관점에서 설명하시오.

4. 무리말뚝의 지지력결정방법에 대하여 설명하시오.

5. 국내에서는 해안가, 습지 주변으로 연약지반이 분포되어 있다. 연약지반개량공사에서 Sand Mat공법은 매우 중요한 역할을 하고 있다. Sand Mat공법의 설계 및 시공 시 고려사항, 기능저하 시 문제점 및 대책에 관한 사항을 설명하시오.

6. 산악 장대터널 지반조사 시 조사절차와 주요 착안사항에 대하여 설명하시오.

※ 다음 문제 중 4문제를 선택하여 설명하시오. (각 25점)

1. 국내에서 부산과 거제도를 연결한 거가대교의 일부 구간인 침매터널구간의 해저 연약지반을 개량하기 위해 모래다짐말뚝(SCP)을 시공한 사례가 있다. SCP처리지반의 치환율 결정방법, 파괴형태, 복합지반의 압밀침하량 산정방법을 설명하시오.

2. 흙막이 공사의 시설물 안전을 확보하기 위한 계측계획 수립 시 검토항목, 계측기기의 종류 및 특성, 계측관리기법 및 평가기준에 대하여 설명하시오.

3. 흙의 다짐효과에 영향을 미치는 요소 중 다음 사항을 설명하시오.

    1) 다짐에너지의 크기와 흙의 종류가 다짐에 미치는 영향

    2) 다짐함수비에 따른 점토의 구조와 다져진 점토의 압축성 비교

4. 옹벽의 뒤채움에 지하수가 흘러들어와 지하수면이 형성되면 수압이 작용하여 주동토압이 크게 증가함으로 옹벽이 불안정한 상태가 될 수 있다. 이러한 지하수면 형성을 방지하여 수압의 증가, 즉 주동토압의 증가를 막고자 경사배수설비(sloping drain)를 설치할 경우 다음 사항을 설명하시오.

    1) 유선망(flow net)을 작성하여 뒤채움 내의 간극수압이 0이 됨을 증명

    2) 높이 H인 옹벽에 작용하는 주동토압의 합력(P_A)을 구하는 방법

    3) 배수설비 없이 뒤채움이 포화되었을 때와 경사배수설비가 설치되었을 때의 주동토압합력(P_A)의 차이

5. 국제암반공학회(ISRM)에서 제시한 불연속면의 조사항목에 대하여 설명하시오.

6. Meyerhof의 얕은 기초 지지력 결정방법과 실제와의 일치성에 대하여 설명하시오.

제1교시

※ 다음 문제 중 10문제를 선택하여 설명하시오. (각 10점)

1. 일면 전단시험 시 다일러턴시(Dilatancy) 보정
2. 가중크리프비(Weighted Creep Ratio)
3. SHANSEP방법
4. 흙의 소성도(Plasticity Chart)
5. 토석류(Debris flow)
6. 연약지반 침하예측방법 중 쌍곡선방법
7. 매입말뚝의 한계상태설계법
8. GCP(Gravel Compaction Pile)
9. 말뚝의 부마찰력(Negative Skin Friction)
10. 토류벽의 계측관리(Monitoring)
11. 상향볼록지반아치와 하향볼록지반아치
12. 터널 각부 보강방법
13. 쉴드터널 세그먼트두께 결정인자

제2교시

※ 다음 문제 중 4문제를 선택하여 설명하시오. (각 25점)

1. 교란된 흙을 이용하여 3축 압축시험용 공시체를 만들고자 한다. 공시체 제작방법과 시험 중 발생하는 공시체의 단면적 변화에 대한 보정방법을 설명하시오.

2. 경사도가 30°인 무한사면이 존재한다. 이 무한사면의 파괴가능면까지의 깊이는 2.0m이고 $c = 15\text{kN/m}^2$, $\phi = 30°$, $\gamma_t = \gamma_{sat} = 20\text{kN/m}^3$이다. 지하수가 없을 때 지하수가 표면까지 차오르고 사면에 평행하게 침투가 일어날 때, 수중무한사면일 때의 안전율을 각각 구하시오.

3. 매립된 점토지반에 말뚝기초로 교량을 설계하고자 한다. 말뚝의 연직지지력 산정 시 고려사항과 필요한 시험종류, 예상문제점에 대하여 설명하시오.

4. 습곡이 형성된 지역에서 댐과 터널 설계 시 지반공학적으로 고려해야 할 사항에 대하여 각각 설명하시오.

5. 급경사지에 흙막이 시공 시 근입깊이가 부족한 경우 예상되는 문제점 및 보강방안에 대하여 설명하시오.

6. 포항지역의 이암지반을 성토재료로 사용 시 문제점 및 활용을 위한 고려사항에 대하여 설명하시오.

제3교시

※ 다음 문제 중 4문제를 선택하여 설명하시오. (각 25점)

1. 매우 조밀한 모래나 과압밀된 점성토시료로 비배수 삼축 압축시험을 수행하면 부의 간극수압과 다일러턴시현상이 발생한다. 그러나 이러한 지반에 실제 구조물을 축조하면 이와 같은 현상이 발생하지 않는 경우가 일반적이다. 그 이유를 설명하시오.

2. 다음 그림과 같이 지표면에 무한대로 넓은 범위로 $q = \Delta\sigma = 100\text{kN/m}^2$의 하중이 작용되었다. $C_v = 1.25\text{m}^2/\text{yr}$, $e = 0.88 - 0.32\log\dfrac{\sigma'}{100}$(단, σ' 단위는 kN/m^2)이다. 단, 점토 하부는 불투수층이다.

   1) Terzaghi식을 이용하여 전체 압밀침하량을 구하시오.

   2) Terzaghi 근사식을 이용하여 재하 2년 후의 시간계수, 압밀도, 침하량을 구하시오.

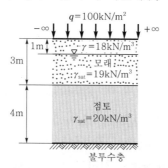

3. 해상 및 육상 교량기초에 지반재해가 발생되고 있다. 지반재해 발생원인과 대책방법에 대하여 각각 설명하시오.

4. 터널 붕괴의 원인과 대책을 지반공학적 메커니즘으로 설명하시오.

5. 고성토부에 말뚝기초로 설계된 교대의 수평변위 발생인자와 수평변위 최소화방안에 대하여 설명하시오.

6. 테일러스지층의 대단면 비탈면에 터널 갱구부를 조성하려고 한다. 이때 예상되는 문제점 및 비탈면 보강대책에 대하여 설명하시오.

※ 다음 문제 중 4문제를 선택하여 설명하시오. (각 25점)

1. 불포화사면의 안정해석을 위한 원위치 흡인력(matric suction) 측정방법을 설명하시오.

2. 간극률이 0.4인 모래를 구속압력(σ_3) 200kN/m²로 통상의 배수삼축압축시험을 수행하여 다음 그림과 같은 결과를 얻었다. 이 시험조건에서 포아송비에 대한 식을 유도하고 포아송비를 구하시오(이때 시료는 선형탄성거동을 보이는 것으로 가정한다).

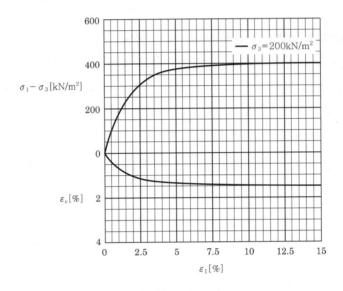

3. 항타말뚝과 매입말뚝 시공방법에 따른 지반응력변화와 시공방법별 장단점, 지지력 산정방법에 대하여 설명하시오.

4. Shield TBM공법의 특징과 막장안정방법, 지반침하원인 및 대책에 대하여 설명하시오.

5. 보강토 옹벽배면부에 말뚝기초가 설계되어 있어 보강토 옹벽의 그리드와 말뚝기초가 간섭이 예상되고 있다. 이에 대한 문제점 및 대책방안에 대하여 설명하시오.

6. 깎기 비탈면을 굴착완료한 후 비탈면의 산마루 측구 인접부에 인장균열과 슬라이딩이 발생하였다. 발생원인 및 보강방안을 설명하시오.

제1교시

※ 다음 문제 중 10문제를 선택하여 설명하시오. (각 10점)

1. 저유동성 모르터 주입공법

2. 붕적토(Colluvial Soil)

3. 보강토 옹벽의 보강재 선정 시 고려사항

4. 잔류강도

5. 액상화가능지수(Liquefaction Potential Index, LPI)

6. 2차 압축지수와 2차 압축비의 상관관계

7. 말뚝지지 전면기초

8. 수정CBR

9. 얕은 기초의 전단파괴양상

10. 정지토압계수 산정방법

11. 암석 크리프거동의 3단계

12. 배수재의 복합통수능시험

13. 암반의 암시적 모델링(Implicit Modeling)

제2교시

※ 다음 문제 중 4문제를 선택하여 설명하시오. (각 25점)

1. NATM터널 라이닝 설계 시 작용하는 하중의 종류, 계산 및 적용방법에 대하여 설명하시오.

2. 사면 형성이 어려운 지반에서 깎기를 시행할 때 사면안정을 지배하는 요인과 발생될 수 있는 문제점 및 대책에 대하여 설명하시오.

3. 대규격 제방(Super levee)의 정의와 설계 시 고려사항에 대하여 설명하시오.

4. 준설토 투기장에 강제치환공법 설계 시 고려사항에 대하여 설명하시오.

5. 측방유동이 우려되는 연약지반에 시공되는 교대의 기초말뚝 설계절차에 대하여 설명하시오.

6. 석회암 공동이 발달된 지역에 교량을 설계하고자 한다. 설계 시 고려사항에 대하여 설명하시오.

✎ **제3교시**

※ **다음 문제 중 4문제를 선택하여 설명하시오. (각 25점)**

1. 다음 그림과 같이 점토지반을 굴착하여 사면을 조성하였다. 지하수위 아래 가상파괴선상의 P점에 대하여 시간경과에 따른 전단응력, 간극수압, 전단강도, 안전율의 변화를 착공, 완공, 정상침투상태로 구분하여 설명하시오.

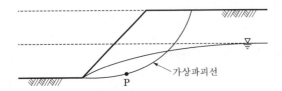

2. 사질토지반에서 얕은 기초의 침하량을 구하는 Schmertmann and Hartman공식을 설명하시오.
3. 기초지반의 액상화 평가방법에 대하여 설명하시오.
4. 말뚝 정재하시험결과의 분석방법을 설명하시오.
5. 흙의 응력–변형률곡선으로부터 얻을 수 있는 계수의 종류 및 활용방안에 대하여 설명하시오.
6. SPT시험의 N Value을 이용하여 지반설계에 활용하는 방법에 대하여 설명하시오.

✎ **제4교시**

※ **다음 문제 중 4문제를 선택하여 설명하시오. (각 25점)**

1. 연약점토지반 투수계수 및 체적압축계수의 압밀 진행에 따른 변화특성에 대하여 설명하시오.
2. 토목섬유의 장기설계인장강도를 산정하기 위한 강도감소계수에 대하여 설명하시오.
3. 다음 그림은 하천 하부를 횡단한 쉴드터널의 단면을 보여주고 있다. 지하수위는 지표에 위치하고 있으며 DCM그라우팅으로 지반이 보강된 상태(15m×30m)에서 상·하행선 쉴드터널을 관통하였고, 이후 상행선에서 하행선방향으로 피난연락갱을 설치하던 중 붕락사고가 발생하였다. 붕락의 원인 및 보강방안을 설명하시오(단, DCM그라우팅의 현장시공압축강도는 1.5MPa 이하로 확인됨).

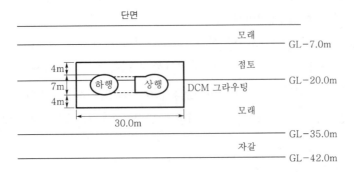

4. 도심지 내 하천과 인접하여 SCW 벽체+STRUT 지지공법으로 시공된 소규모 지하흙막이 현장에서 굴착과정 중 인접한 노후건물이 침하하여 붕괴되는 사고가 발생하였다. 침하의 원인 및 대책에 대하여 설명하시오.

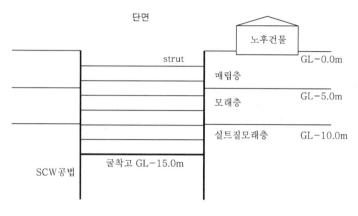

5. 소성유동법칙(Plastic Flow Rule)에 대하여 설명하시오.

6. Terzaghi의 전반 전단파괴 지지력공식을 사용하여 다음 그림과 같은 조건의 정방형기초에 작용하는 허용지지력과 허용하중을 각각에 대하여 구하시오(단, 안전율은 2.5, $\gamma_t = 18\text{kN/m}^3$, $\gamma_{sat} = 20\text{kN/m}^3$, $\gamma_w = 10\text{kN/m}^3$, $c = 10\text{kN/m}^2$, $N_c = 37.5$, $N_r = 19.6$, $N_q = 20.5$, $B = 4.0\text{m}$, $D_f = 3.0\text{m}$, $D = 2.0\text{m}$).

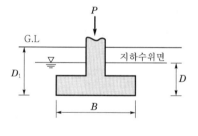
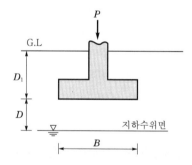

🖊 제1교시

※ 다음 문제 중 10문제를 선택하여 설명하시오. (각 10점)

1. 인발말뚝의 파괴메커니즘(Mechanism)과 인발저항력 산정방법

2. 유한변형률 압밀이론

3. 혼합토의 정의와 지반공학적 거동

4. 말뚝기초의 LRFD설계법

5. 점토와 모래의 전단 시 거동특성

6. 불포화토사면의 안전성문제 및 그에 따른 유효응력경로

7. 정규압밀점토(NC)의 강도 증가율

8. 계수(Modulus)의 종류 및 특성

9. 침투수력(Seepage force)

10. 실드TBM 굴진 시 붕락 발생 메커니즘(Mechanism)

11. 측압계수(K_o)를 산정하는 방법과 문제점

12. 가시설 흙막이 굴착 시 인접 구조물 안전성 평가기준

13. 지수주입(Curtain grouting) 및 밀착주입(Consolidation grouting)

🖊 제2교시

※ 다음 문제 중 4문제를 선택하여 설명하시오. (각 25점)

1. 폐기물매립지반을 건설부지로 사용할 경우에 다음 항목에 대하여 지반공학적 측면에서 설명하시오.

   1) 매립지 건설부지 활용을 위한 설계 시 고려사항

   2) 건설부지 활용 시 문제점 및 대책

2. 포화된 연약지반에서의 구속압 증가 시와 파괴 시 간극수압 영향인자에 대하여 설명하시오.

3. 수리구조물 하류부에 발생하는 파이핑(Piping) 발생원인, 안전성 평가방법 및 방지대책에 대하여 설명하고, 다음 두 경우의 파이핑에 대한 안전성을 비교 설명하시오.

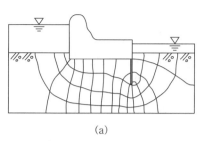

(a)

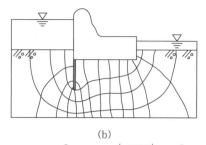

(b)

4. 암반 불연속면의 전단강도를 Barton이 제안한 $S = \sigma_n \tan \left[JRC \log \left(\dfrac{JCS}{\sigma_n} \right) + \phi_b \right]$ 을 이용하여 구할 때 전단강도 산정방법과 JRC(거칠기계수)를 프로파일러측정기(Profilometer)를 이용하여 구하는 경우 발생할 수 있는 문제점에 대하여 설명하고, 이를 개선하기 위해 암반 불연속면의 거칠기데이터를 정량화하여 사용하는 경우 거칠기계수 산정방법과 그 특징에 대하여 설명하시오.

5. 도심지 NATM터널공사 중 지반침하(막장침하 포함)의 원인 및 방지대책에 대하여 설명하시오.

6. 지반조사 시 채취된 시료의 교란도 평가방법에 대하여 설명하시오.

✎ 제3교시

※ 다음 문제 중 4문제를 선택하여 설명하시오. (각 25점)

1. 고성토 토사지반 위에 보강토 옹벽을 계획하는 경우 설계, 시공 시 문제점 및 대책에 대하여 설명하시오.

2. 개착구조물 시공을 위한 지하터파기공법 중 주변 지반의 변형을 억제하기 위해 적용하는 흙막이 및 지보공을 이용한 굴착공법 가시설구조물의 계획 수립 시 고려해야 할 주요 항목에 대하여 설명하시오(단, 다음 그림을 참조하여 설명).

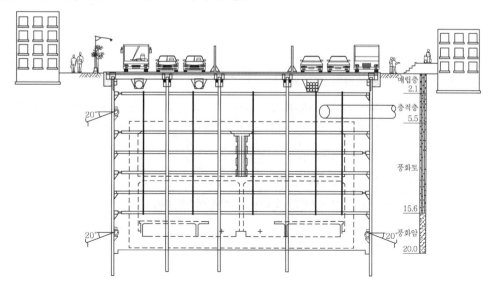

3. 흙의 투수계수 결정방법에 대하여 설명하시오.

4. 다음 그림과 같이 2종류의 흙을 통과하여 물이 아래로 흐르고 있는 세로방향의 튜브(Tube)에 대하여 다음 물음에 답하시오(단, Soil I의 단면적 $A = 0.37\text{m}^2$, 간극률 $n = 1/2$, 투수계수 $k = 1.0\text{cm/s}$, Soil II의 단면적 $A = 0.185\text{m}^2$, 간극률 $n = 1/3$, 투수계수 $k = 0.5\text{cm/s}$이다).

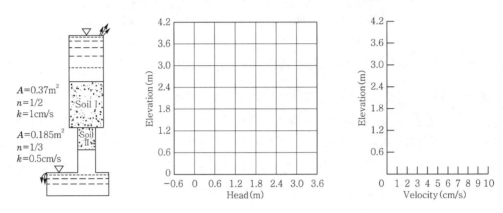

1) 튜브 각 위치별 압력수두(점선), 위치수두(일점쇄선), 전수두(실선)를 그래프에 표시하시오.

2) Soil I에 흐르는 평균유속과 침투유속을 구하시오.

3) Soil II에 흐르는 평균유속과 침투유속을 구하시오.

4) 튜브 각 위치별 유속의 크기를 그래프에 표시하시오.

5. 준설토를 매립하여 필요한 면적의 부지를 조성하고자 할 때 매립에 필요한 준설물량을 산정하는 방법을 설명하고, 준설매립공사 시 발생할 수 있는 문제점과 개선방안에 대하여 설명하시오.

6. 폐탄광지역을 통과하는 장대터널을 계획하고 있다. 터널구조물 설계 시 검토하여야 할 주요 사항에 대하여 설명하시오.

제4교시

※ 다음 문제 중 4문제를 선택하여 설명하시오. (각 25점)

1. 최근 우리나라는 아열대성 기후로 변화하고 있어 국지성 집중호우가 빈번해짐에 따라 산사태로 인한 시설물과 인명피해가 발생하고 있다. 다음 사항에 대하여 설명하시오.

1) 설계 시 토석류 특성값 산정방법

2) 토석류 발생원인 및 보강대책공법

2. 연약지반 위에 단계별 성토 시 안정관리방법에 대하여 설명하시오.

3. 지반 내 물의 2차원 흐름에 대하여 정상류 흐름의 기본방정식은 $k_x \dfrac{\partial^2 h}{\partial x^2} + k_z \dfrac{\partial^2 h}{\partial z^2} = 0$으로 유도된다. 이때 다음을 설명하시오.

1) 유선망을 이용한 이방성 흙의 투수문제에 적용할 수 있도록 위의 기본방정식을 이방성 투수방정식으로 변환하시오.

2) 변환된 투수방정식을 이용한 유선망의 작도방법과 침투수량 산정방법에 대하여 설명하시오.

3) 등가투수계수 $k_e = \sqrt{k_x k_z}$ 임을 증명하시오.

4. 현장타설말뚝이 풍화암 및 암반(연암 이상)에 각각 근입된 경우 다음에 대하여 설명하시오.

1) 연직하중 지지개념

2) 말뚝의 지지력 산정방법

3) 실무 적용 시 유의사항

5. Mohr원을 이용하여 Rankine의 주동토압계수, 수동토압계수 산정방법에 대하여 설명하시오 (단, 내부마찰각이 ϕ인 사질토이며 지표면경사를 α가 되도록 뒤채움한 옹벽기준).

6. 다음의 RMR(Rock Mass Rating), Q시스템도표는 터널지보설계에 일반적으로 이용되고 있는 Bieniawski(1976), Barton(1993)이 제시한 도표이다. 다음을 설명하시오.

1) RMR, Q시스템에 대한 비교 분석 및 개선방안(현장 실무 적용 시)

2) ESR(Excavation Support Ratio) 정의

3) RMR$=50$, $Q=5.0$일 때 도표를 이용하여 철도터널(폭$=10$m, $H=9$m)에 요구되는 터널의 지보량을 결정하시오.

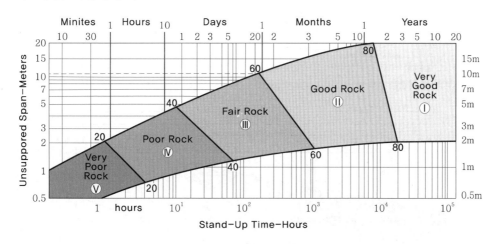

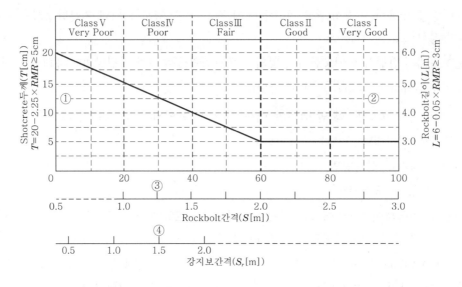

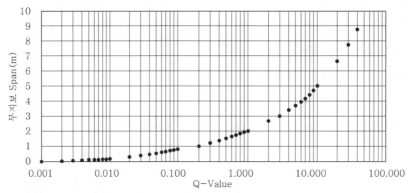

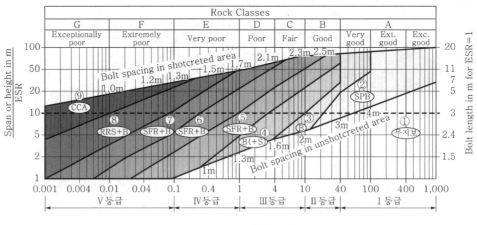

$$Rock\ mass\ quality\quad Q = \frac{RQD}{J_n} \times \frac{J_r}{J_a} \times \frac{J_w}{SRF}$$

🖊 제1교시

※ 다음 문제 중 10문제를 선택하여 설명하시오. (각 10점)

1. 비소성(Non-Plastic, NP)의 공학적 특성

2. 암반변형시험의 종류

3. CCS(Carbon Capture and Storage)

4. 압밀계수 결정방법($\log t$법, $\sqrt{t}$법)

5. 유선망도해법에서 유선과 등수두선의 특징

6. 터널에서 콘크리트라이닝의 기능

7. 말뚝의 수평저항력 산정방법 중 Broms방법

8. 보상기초

9. TBM 굴진율에 관한 경험적 예측모델

10. 토목섬유매트시험방법 중 그랩(Grap)법과 스트립(Strip)법

11. 석회암지역의 공동과 화산암지역의 공동

12. 필댐(Fill Dam)의 안정성 검토항목

13. 동다짐(Dynamic Compaction)과 동치환(Dynamic Replacement)

🖊 제2교시

※ 다음 문제 중 4문제를 선택하여 설명하시오. (각 25점)

1. 통일분류법(USCS)에서 조립토와 세립토의 분류방법과 공학적 활용방안에 대하여 설명하시오.

2. 연약지반상에 도로구조물(흙성토, 배수구조물)을 설계할 때 다음 사항에 대하여 설명하시오.

   1) 시추주상도에서 얻을 수 있는 지반공학적 특성과 분석내용

   2) 필요한 실내 및 현장시험 종류와 공학적 특성

3. 연성암반(Soft Rock)에서 터널 시공 중 발생할 수 있는 압착(Squeezing)에 대한 경험적 평가 방법과 대책에 대하여 설명하시오.

4. 성토지지말뚝공법의 종류 및 특징 그리고 각 공법별 하중전달메커니즘에 대하여 설명하시오.

5. 필댐(Fill Dam)의 제체에 나타나는 주요 손상(균열, 변위 등)의 종류와 발생원인에 대하여 설명 하시오.

6. 도심지 지하굴착공사가 주변 지반에 미치는 영향검토방법 중 Peck방법, Clough방법, Caspe 방법에 대하여 설명하시오.

✎ 제3교시

※ **다음 문제 중 4문제를 선택하여 설명하시오. (각 25점)**

1. 해상공사에서 호안제체를 축조하기 위한 강제치환공법의 설계와 시공상 문제점 및 해결방안에 대하여 설명하시오.
2. 연약지반개량에서 이론적 최종침하량 산정방법에 대하여 설명하시오. 또한 개량공사 중 이론침하량과 실제 침하량이 다른 경우 추가지반조사내용과 이를 통한 차이점 분석방법, 계측결과를 이용한 차이점 분석방법에 대하여 설명하시오.
3. 스톤컬럼(Stone Column)공법에 대하여 설명하고 시공 및 품질관리방안에 대하여 설명하시오.
4. 터널 굴착 중 발생하는 지반침하의 특징과 인접 구조물에 미치는 영향에 대하여 설명하시오.
5. 연약지반개량을 위하여 사용하는 연직배수재(Plastic Board Drain)의 통수능시험방법 중 ASTM시험방법과 Delft시험방법에 대하여 설명하시오.
6. 가설흙막이벽의 안정성 검토에 적용하는 경험토압식 중에서 Peck식, Tschebotarioff식에 대하여 설명하시오.

✎ 제4교시

※ **다음 문제 중 4문제를 선택하여 설명하시오. (각 25점)**

1. 해상 심층혼합처리공법에서 시공 중 발생하는 부상토의 처리방법과 고려사항에 대하여 설명하시오.
2. 육상과 해상 폐기물매립장에 관한 다음 사항에 대하여 설명하시오.
   1) 육상과 해상 폐기물매립장의 비교
   2) 해상 폐기물매립장 조성에 필요한 지반공학적 특성
   3) 해상 폐기물매립장 운영 시 유지관리 고려사항
3. 석회암 공동지역의 기초지반보강공법에 대하여 설명하시오.
4. 건설현장에서 발생하는 산성배수와 피해저감대책에 대하여 설명하시오.
5. 건설공사 비탈면보강을 위한 억지말뚝공법에 대하여 설명하시오.
6. 콘크리트옹벽의 안정성 검토방법과 불안정하게 하는 원인과 대책에 대하여 설명하시오.

제1교시

※ 다음 문제 중 10문제를 선택하여 설명하시오. (각 10점)

1. Downhole Test
2. Geotechnical Centrifuge & Similarity Law
3. 셰일(Shale)의 지반공학적 특성과 Slaking
4. Smear Effect와 Well Resistance의 정의
5. 필댐의 필터재 정의 및 조건
6. "지하안전관리에 관한 특별법"에서 지하안전점검 대상 및 방법
7. 지반함몰(침하)의 정의 및 원인
8. 지반굴착에 따른 주변 침하 영향범위 산정방법
9. 과지압 암반에서 터널의 파괴유형
10. 보강토옹벽 내에서의 파괴단면과 토압분포
11. 터널구조물의 내진해석방법
12. IGM(Intermediate Geo-Material)의 정의
13. 터널공사 시 막장면 자립공

제2교시

※ 다음 문제 중 4문제를 선택하여 설명하시오. (각 25점)

1. 교량기초의 강성을 고려한 내진설계절차에 대하여 설명하시오.
2. 터널굴착 시 종단방향과 횡단방향에 대한 보조공법에 대하여 설명하시오.
3. 보강토옹벽의 결함(손상)종류별 원인 및 대책을 설명하시오.
4. "지하안전관리에 관한 특별법"에 따른 지하안전영향평가에서 지반안전성 확보방안에 대하여 설명하시오.
5. 노상토의 지지력비(CBR) 결정방법을 설명하고 설계CBR과 수정CBR을 비교 설명하시오.
6. 현장타설말뚝기초 양방향재하시험의 오스터버그 셀(Osterberg Cell) 설치위치에 따른 시험의 적용성에 대하여 설명하시오.

※ 다음 문제 중 4문제를 선택하여 설명하시오. (각 25점)

1. 지표 하부 매설강관의 유지관리 시 지반공학적 관점에서 유의사항을 설명하시오.

2. 점성토지반에 Sheet pile과 Strut로 흙막이가시설을 설치하여 지하취수장구조물을 축조하였다. Sheet pile 토류벽의 강성을 높이기 위하여 배면에 H-pile을 용접·보강하여 구조물 밑면으로부터 3m 정도 더 근입하였다면 구조물 완성 후 흙막이가시설을 인발 시 발생되는 문제점과 대책에 대하여 설명하시오.

3. Consolidation 중 Self-Weight Consolidation, Hydraulic Consolidation 및 Vaccum Consolidation 의 원리, 효과 및 문제점을 비교 설명하시오.

4. 투수계수 측정방법 및 투수계수에 영향을 미치는 요소를 설명하시오.

5. 연약지반이 분포하는 지역에서 말뚝으로 지지하는 교량 설치 시 교대부에서 발생되는 측방유동 검토방법 및 대책방안에 대하여 설명하시오.

6. 보강토옹벽 보강재 중 띠형 보강재와 그리드형 보강재의 극한인발저항력이 발휘되는 개념 (Mechanism)에 대하여 설명하시오.

※ 다음 문제 중 4문제를 선택하여 설명하시오. (각 25점)

1. 흙의 다짐 중 다짐함수비에 따른 점토의 구조와 특성변화에 대한 다음 사항을 설명하시오.
   1) 다짐함수비에 따른 점토의 구조변화
   2) 다짐함수비에 따른 투수계수의 변화
   3) 다짐함수비와 다져진 점토의 압축성 비교
   4) 다짐함수비에 따른 점토의 전단강도변화

2. Liquefaction의 정의, 평가방법 및 방지대책에 대하여 설명하시오.

3. 실드터널의 세그먼트라이닝구조 해석 시 고려되는 하중에 대하여 설명하시오.

4. 터널의 붕괴유형을 지보재 설치 전, 후로 구분하여 설명하시오.

5. 토사사면과 암반사면의 해석방법의 차이점과 암반사면의 파괴형태에 대하여 설명하시오.

6. 흙막이 굴착 시 굴착저면의 안정검토방안에 대하여 설명하시오.

제1교시

※ 다음 문제 중 10문제를 선택하여 설명하시오. (각 10점)

1. 토목섬유의 주요 기능
2. 배토말뚝, 소배토말뚝, 비배토말뚝
3. 강말뚝의 선단지지면적 및 주면장의 결정방법
4. 테일보이드(Tail Void) 뒤채움 주입방식
5. 모관포텐셜에 의한 표면장력
6. 응력 불변량
7. Mohr원상의 평면기점(Origin of plane)
8. 소성지수와 점토의 압축성
9. 지중경사계(Inclinometer)
10. 심층혼합처리공법의 강도열화와 환경오염대책
11. 지하연속벽 시공 시 안정액시험
12. 콘관입시험에 의한 액상화 간편예측법
13. 실내풍화가속실험

제2교시

※ 다음 문제 중 4문제를 선택하여 설명하시오. (각 25점)

1. 지반조건에 따른 무리말뚝의 허용인발저항력 산정방법에 대하여 설명하시오.
2. 다음 그림과 같이 지반을 연직굴착하여 높이 4m인 사면을 형성하였다. 임계파괴면(AC)은 수평면과 45°를 이룬다고 할 때 다음 물음에 대하여 설명하시오(단, $\gamma_t = 16\text{kN/m}^3$, $\phi_u = 0°$, $C_u = 32\text{kN/m}^2$).

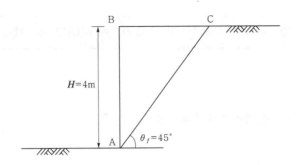

1) Culmann의 방법으로 이 사면의 안전율을 구하시오.

2) Fellenius의 방법으로 이 사면의 안전율을 구하시오.

3) Bishop 간편법으로 이 사면의 안전율을 구하시오.

4) Janbu 간편법으로 이 사면의 안전율을 구하시오(단, f_o에 대한 보정은 실시하지 말 것).

5) Rankine의 토압이론을 응용하여 높이에 대한 안전율 F_h를 구하시오.

3. 불교란시료 채취 시 교란의 원인과 실내시험을 활용한 교란도 평가방법에 대하여 설명하시오.

4. 해안매립지에 고함수비의 준설점토를 투기할 때 침강특성 및 자중압밀특성에 대하여 설명하시오.

5. 흙막이 벽체의 근입깊이 결정 시 검토해야 할 사항에 대하여 설명하시오.

6. 지진 시 콘크리트옹벽과 보강토옹벽에 대한 토압 적용방법에 대하여 설명하시오.

✎ 제3교시

※ 다음 문제 중 4문제를 선택하여 설명하시오. (각 25점)

1. 다짐조건에 따른 점성토의 공학적 특성에 대하여 설명하시오.

2. 표준 압밀시험결과를 이용하여 흙의 물성치를 결정하는 방법에 대하여 설명하시오.

3. 구조물이 지하수위 아래에 건설된 경우 발생되는 양압력의 정의와 대책방안 및 설계 시 고려사항에 대하여 설명하시오.

4. 터널 안정해석 시 굴착과정을 모사하기 위해서는 3차원 해석이 필요하지만 실무에서는 2차원 해석을 실시하기도 한다. 터널 안정해석의 2차원 모델링기법의 개념과 2차원 해석을 위한 응력분배법 및 강성변화법에 대하여 설명하시오.

5. 액상화가 예상되는 지반에 교각의 말뚝기초, 건물의 직접기초, 지중박스구조물을 설치하고자 한다. 각 구조물에 대한 예상문제점 및 대책에 대하여 설명하시오.

6. 폐기물매립지를 건설부지로 활용 시 지반공학적 문제점과 지반환경공학적 검토사항에 대하여 설명하시오.

※ 다음 문제 중 4문제를 선택하여 설명하시오. (각 25점)

1. 연약지반의 비배수전단강도(C_u)가 17.0kPa인 연약지반에 무한궤도장비의 주행성 확보를 위하여 Sand Mat를 포설하는 경우 적절한 두께를 산정하고 실무 적용 시 유의사항을 설명하시오(단, 장비 본체의 중량＝500kN, Leader중량＝200kN, Casing중량＝25kN, Vibro Hammer중량＝25kN, 궤도길이＝4.8m, 궤도폭＝0.8m, 기준안전율＝1.5, 하중분산각＝30°, N_c＝5.14, 형상계수 $\alpha = 1$, 한쪽 무한궤도에 작용하는 접지압을 이용하여 검토).

2. 동하중에 의해 발생되는 모래와 점토의 동적 물성치 특성에 대하여 설명하시오.

3. 케이슨기초의 침하 발생요인 및 침하량 산정방법에 대하여 설명하시오.

4. 전면접착형 록볼트(Rock bolt)를 소성영역에 설치하는 경우와 탄성영역까지 확대 설치하는 경우 축력분포의 차이 및 지반의 강도 증가효과와 지반반응곡선의 변화에 대하여 설명하시오.

5. 포화된 점토지반에 압밀이 발생하게 되면 강도 증가와 함께 토질특성의 변화가 발생한다. 압밀 진행에 따른 투수계수와 체적압축계수의 변화특성에 대하여 설명하시오.

6. 기존 시설물의 내진보강공사에 사용되는 저유동성 모르타르 주입공법의 품질관리방안에 대하여 설명하시오.

✏️ **제1교시**

※ 다음 문제 중 10문제를 선택하여 설명하시오. (각 10점)

1. 비압밀비배수 전단강도($\phi_u = 0$) 산정을 위한 시험법

2. 암석의 점하중 강도시험

3. 점토의 활성도

4. 투수계수가 이방성인 지반의 유선망 작도

5. 흙댐에서의 간극수압비(B)와 사면안정해석에서의 간극수압비(γ_u)

6. 실드TBM 챔버압관리

7. 침윤선(Seepage Line)과 침투압(Seepage Pressure)

8. 말뚝기초에서 하중전달메커니즘(Load Transfer Mechanism)

9. 터널 설계에서 지반의 측압계수

10. 깎기 비탈면의 표준경사 및 소단기준

11. 앵커 지반보강에서 내적안정해석과 설계앵커력

12. 내진설계에서 지반운동

13. 쌓기 비탈면

✏️ **제2교시**

※ 다음 문제 중 4문제를 선택하여 설명하시오. (각 25점)

1. 1차원 압밀시험으로부터 구할 수 있는 토질정수들과 압밀해석에서 각각의 용도에 대하여 설명하시오.

2. Coulomb토압이론에서 주동 및 수동토압의 합력 산정과정과 설계 적용에 대하여 설명하시오.

3. 억지말뚝보강 비탈면설계에 대하여 설명하시오.

4. 필댐(Fill Dam) 축조재료의 시험성토에 대하여 설명하시오.

5. 도심지 대심도 대단면 NATM터널의 설계 시 고려사항에 대하여 설명하시오.

6. 지반구조물 굴착과정에서는 주변 구조물의 침하(땅 꺼짐), 지하수 유출, 매설물 파손 등 피해가 발생하며, 이러한 피해를 방지하기 위한 공법 중 약액주입에 관한 다음 사항에 대하여 설명하시오.
   1) 약액주입이 주변 환경에 미치는 영향
   2) 약액주입공법 설계 시 고려사항(문제점 및 개선대책)

📝 제3교시

※ 다음 문제 중 4문제를 선택하여 설명하시오. (각 25점)

1. 비압밀비배수(UU), 등방압밀비배수(CIU), K₀압밀비배수(CK₀U) 삼축압축시험에 대하여 설명하시오.

2. 다음 그림은 습윤단위중량이 15.7kN/m³인 지반을 터파기 한 후 되메우기 하는 과정을 도시한 것이다. 터파기 한 원지반의 중량은 100kN이고, 되메움 흙의 비중은 2.66이다.

되메움 흙의 현장다짐계획을 수립하기 위해 현장다짐에너지와 동일한 조건으로 실내다짐시험을 수행하였고, 그 결과는 다음 표와 같다.

〈되메움 흙의 실내다짐시험결과〉

함수비(%)	11	13	15	17	19	21
건조단위중량(kN/m³)	16.4	17.2	17.5	17.3	16.9	15.8

되메우기 시 다짐조건(상대다짐도≥95%)을 만족시키기 위한 흙의 현장함수비의 범위와 습윤중량범위를 구하시오(단, 다짐에너지가 달라지더라도 최적함수비상태의 포화도는 일정한 것으로 가정한다).

3. 비탈면의 내진설계 기준 및 절차에 대하여 설명하시오.

4. 깎기 비탈면계측에 대하여 설명하시오.

5. 도심지 터널의 경우 "지하안전관리에 관한 특별법"에 근거하여 의무적으로 터널 지하안전영향평가를 수행하여야 한다. 도심지 대심도 터널의 설계 및 사업승인 시 필요한 지하안전영향평가방법에 대하여 설명하시오.

6. 교대 측방유동 판정법 및 대책에 대하여 설명하시오.

📝 제4교시

※ 다음 문제 중 4문제를 선택하여 설명하시오. (각 25점)

1. 흙의 응력-변형률곡선으로부터 얻을 수 있는 역학정수들과 활용방안에 대하여 설명하시오.

2. 사질토의 전단강도를 최대 전단저항각, 한계상태 전단저항각, 잔류 전단저항각으로 각각 구분하여 정의하고 활용방안에 대하여 설명하시오.

3. 흙막이가시설구조물의 버팀보와 띠장설계에 대하여 설명하시오.

4. 낙석방지울타리의 설계에 대하여 설명하시오.

5. 도심지 대심도 터널굴착에서 소음 및 진동 방지를 위한 조사, 설계 및 시공단계별 대책에 대하여 설명하시오.

6. Seed & Idriss(1987)는 표준관입시험 N값을 사용하여 액상화를 예측하는 간편법을 제안하였다. 다음 지반조건, 표 및 그림을 활용하여 액상화 발생 가능성에 대하여 설명하시오.

〈지반조건〉

1) 지하수가 지표면 GL-2m 깊이 위치

2) 사질토지반의 평균간극비(e)는 0.82, 비중(G_s)은 2.65, 통일분류법상 SM분류

3) 지진규모(M) 7.5에 대한 지표면 수평가속도는 0.16g(중력가속도) 가정

〈심도별 N값〉

심도(m)	1	2	4	8	10	15	20	25
N값	4	6	8	10	15	20	25	30

〈심도와 동적 전단응력 감소계수 관계곡선(Seed & Idriss, 1987)〉

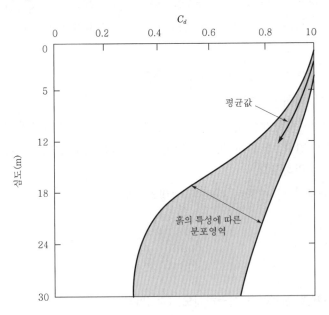

〈환산 N값에 대한 액상화 저항응력비의 상관관계곡선(Seed & Idriss, 1987)〉

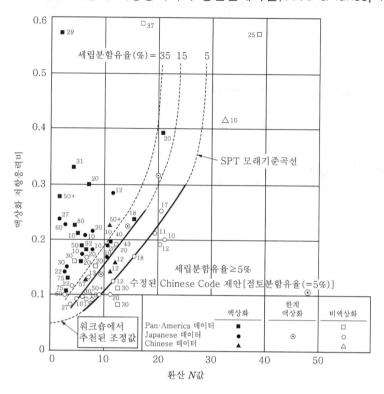

제1교시

※ 다음 문제 중 10문제를 선택하여 설명하시오. (각 10점)

1. 사질토의 전단저항각(ϕ)에 영향을 미치는 요소
2. 점성토의 다짐특성
3. 파이핑(Piping)
4. 이중층(Double Layer)의 지반공학적 특성
5. 말뚝의 주면마찰력
6. 기초의 탄성침하와 접지압
7. 평사투영법
8. 암반의 Q분류
9. 록볼트의 인발시험
10. 토석류 대책시설의 종류 및 결정 시 고려사항
11. 지중매설관에 작용하는 토압
12. 가설흙막이구조물 벽체형식 선정 시 고려사항
13. 지반침하위험도 평가방법 및 절차

제2교시

※ 다음 문제 중 4문제를 선택하여 설명하시오. (각 25점)

1. 생활폐기물매립지를 재활용할 때 예상되는 문제점과 공학적 검토사항 그리고 기초지반으로 활용 시 처리방안에 대하여 설명하시오.
2. 병렬터널의 필라(Pillar)부 보강방법과 안정성평가방법에 대하여 설명하시오.
3. 직접전단시험의 한계성과 설계 적용 시 유의사항에 대하여 설명하시오.
4. 평판재하시험과 관련하여 다음 사항에 대하여 설명하시오.
   1) 지지력과 침하량 산정방법
   2) 항복하중 결정방법
   3) 결과 이용 시 문제점과 유의사항
5. 깎기 비탈면의 설계 시 고려사항과 안정해석방법에 대하여 설명하시오.
6. 하천제방의 누수원인 및 누수에 대한 안정검토방법에 대하여 설명하시오.

※ 다음 문제 중 4문제를 선택하여 설명하시오. (각 25점)

1. 말뚝지지전면기초(Piled Raft Foundation)의 하중분담특성에 대하여 설명하시오.

2. 다음 그림과 같은 기초공사를 위한 굴착단면에서 $h = 6\text{m}$, $L_1 = 4\text{m}$, $L_2 = 3\text{m}$, $L_3 = 10\text{m}$일 때 분사현상에 대한 안전율을 구하고, 분사현상에 대하여 설명하시오(단, 굴착 바닥면 아래 흙의 간극비 $e = 0.5$, 흙입자의 비중 $G_s = 2.6$).

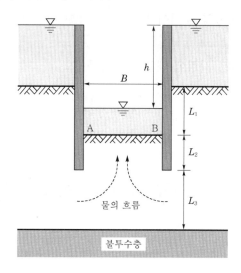

3. 전단강도 감소기법을 이용한 사면안정해석방법과 검토순서에 대하여 설명하시오.

4. 필댐(Fill Dam)의 설계 및 시공 시 다음 사항에 대하여 설명하시오.

   1) 코어존(Core Zone)의 역할

   2) 코어존(Core Zone)의 습윤측 다짐이유

5. 액상화 평가방법 및 대책공법에 대하여 설명하시오.

6. 지하안전평가 시 다음 사항에 대하여 설명하시오.

   1) 평가대상

   2) 평가항목 및 평가방법

   3) 지하안전평가서 작성방법

※ 다음 문제 중 4문제를 선택하여 설명하시오. (각 25점)

1. 천층터널 설계 시 지반조건에 따른 고려사항과 지표침하에 대하여 설명하시오.

2. 지반진동의 전파특성과 방진대책에 대하여 설명하시오.

3. 내진설계 시 응답변위해석방법에 필요한 지반정수의 종류와 실내 및 현장시험법에 대하여 설명하시오.

4. 모어-쿨롱(Mohr-Coulomb)의 파괴이론과 이 원리를 이용한 사면안정해석방법에 대하여 설명하시오.

5. 보강토옹벽과 관련하여 다음 사항에 대하여 설명하시오.

   1) 보강토옹벽의 경제성

   2) 보강방식에 따른 보강토공법 분류

   3) 보강재의 구비조건

   4) 보강토옹벽의 외적 안정성

6. 가설흙막이구조물의 지반보조공법에 대하여 설명하시오.

✎ 제1교시

※ 다음 문제 중 10문제를 선택하여 설명하시오. (각 10점)

1. 암반사면의 전도파괴(Toppling Failure) 발생조건 및 분류

2. BIM(Building Information Modeling)기반 지반설계 활용

3. 지반앵커의 정착방식, 사용기간, 기능에 따른 구분

4. 연약지반 암성토 시 시공속도, 암버력 최대 치수

5. 사면안전율을 증가시키는 공법

6. 암파열(Rock Bursting)

7. 그리드형 보강재의 인발저항개념

8. 일반 삼축압축시험과 입방체 삼축압축시험

9. 터널굴착 시 Convex Arch 및 Inverted Arch

10. 횡방향 하중을 받고 있는 무리말뚝의 그림자효과(Shadow Effect)

11. 부마찰력 중립면(Neutral Plane)의 깊이

12. 강관파일과 마이크로파일의 축방향 지지Mechanism

13. Semi Shield공법과 Shield TBM(Tunnel Boring Machine)공법

✎ 제2교시

※ 다음 문제 중 4문제를 선택하여 설명하시오. (각 25점)

1. 비탈면안정 검토 시 지반의 강도변화 및 파괴 주요 요인에 대하여 설명하시오.

2. NATM터널공사 중 계측결과에 따른 지보패턴의 변경방법을 다음 사항에 대하여 설명하시오.

   1) 지보변위량이 예상변위량보다 큰 경우

   2) 지보변위량이 예상변위량보다 작은 경우

3. 무리말뚝의 축방향 압축지지력 산정 시 다음 사항에 대하여 설명하시오.

   1) 무리말뚝의 효율

   2) 지반조건(사질토, 점성토, 암반)에 따른 무리말뚝의 지지력

4. 터널설계에서 터널 천단부에 강관보강그라우팅공법을 적용하고자 한다. 다음 사항에 대하여 설명하시오.

　　1) 강관보강그라우팅의 역할

　　2) 수치해석 시 강관보강그라우팅의 해석물성치 산정방법

5. 제방에서 제체, 기초지반의 누수방지대책에 대하여 설명하시오.

6. 쇄석다짐말뚝공법에서 다음 사항에 대하여 설명하시오.

　　1) Clogging현상 대책

　　2) 균질, 비균질지반에서 팽창파괴(Bulging Failure)현상(메커니즘)

✎ 제3교시

※ **다음 문제 중 4문제를 선택하여 설명하시오. (각 25점)**

1. 바다에 요트 계류장을 잔교식으로 건설하고자 한다. 다음의 지층조건에서 잔교구조물의 기초를 강관말뚝으로 설계하고자 할 때 다음 사항에 대하여 설명하시오.

　　1) 말뚝의 축방향 지지력 산정과 횡방향 지지력 산정 시 적용되는 말뚝길이 산정(기호로 표기) 및 적용사유

　　2) 말뚝 시공법

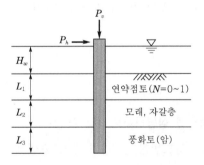

2. 지하 60m 깊이의 암반에서 터널폭이 약 28m인 대단면 NATM터널 정거장 설계 시 고려사항에 대하여 설명하시오.

3. 흙의 생성기원 및 토층별 공학적 특성에 대하여 설명하시오.

4. 연약지반개량공법 중 진공압밀공법의 원리, 적용범위 및 설계 시공 시 주의사항에 대하여 설명하시오.

5. 직접기초인 기존 교량의 교각이 석회암 공동으로 인해 침하가 발생하여 기존 교량 철거 후에 신설 교량을 설치하고자 한다. 교량기초설계 시 공동조사와 기초보강방법에 대하여 설명하시오.

6. 소일네일링(soil nailing) 흙막이벽의 적용성에 대하여 설명하시오.

제4교시

※ 다음 문제 중 4문제를 선택하여 설명하시오. (각 25점)

1. 도심지 도로 상부에 트램을 건설하고자 한다. 다음 사항에 대하여 설명하시오.

   1) 시추조사계획과 현장시험계획

   2) 트램 궤도기초 지내력평가방법(트램 궤도 기초폭은 2m로 가정)

2. 다음 그림과 같이 기존 지하철BOX구조물 하부에 약 5m 이격하여 복선의 NATM터널을 설계하고자 한다. 다음 사항에 대하여 설명하시오.

   1) 터널 주변 지반이 풍화토지반조건과 암반조건일 때 측압계수(K_o)

   2) 기존 지하철BOX구조물 안정성평가

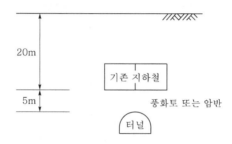

3. 모래질지반과 폐기물지반에 적용하는 동다짐공법의 설계법, 동다짐 시행 시 확인시험, 시공관리에 대하여 설명하시오.

4. 지하연속벽 해석 시 고려사항과 굴착 중 트랜치 내에서 작용하는 안정액(Bentonite Slurry)의 시험에 대하여 설명하시오.

5. 지반신소재(토목섬유)를 이용한 보강비탈면공법(Reinforced Soil Slopes)의 공법개념, 설계 및 시공 시 유의사항에 대하여 설명하시오.

6. 연약지반개량공법 중 연직배수공 적용 시 배수재의 웰저항(well resistance)과 스미어존(smear zone)의 정의와 발생원인에 대하여 설명하시오.

📝 제1교시

※ 다음 문제 중 10문제를 선택하여 설명하시오. (각 10점)

1. 구조물경사계(Tiltmeter)

2. 사일로(Silo) 내에 작용하는 토압

3. 응답변위법

4. 점착력(C)이 0인 지반의 현장타설 말뚝지지력 산정방법

5. 터널의 유연성비(Flexibility Ratio)와 압축성비(Compressibility Ratio)

6. 점토광물의 결합구조 및 특징

7. 한계간극비(Critical Void Ratio)

8. 옹벽배면에 인장균열이 존재할 경우 주동토압분포

9. 점토의 강도회복(Thixotropy)

10. SMR(Slope Mass Rating)

11. 슬레이크(Slake)와 팽윤현상(Swelling)

12. Mohr-Coulomb의 포락선

13. 교란시료에 대한 압밀곡선 수정방법

📝 제2교시

※ 다음 문제 중 4문제를 선택하여 설명하시오. (각 25점)

1. 도로에서 2-Arch터널설계시 고려사항에 대하여 설명하시오.

2. 지반의 불확실성으로 인하여 시공 중에 계측을 실시한다. 구조물별 시공 시 계측의 필요성 및 계측시스템의 특징에 대하여 비교 설명하시오.

3. 사무용 빌딩을 짓고자 하는 현장의 지반은 다음 그림과 같다. 가는 모래의 간극비는 0.7, 점토의 함수비는 75%이고, 지하수위 위의 흙은 포화되어 있다. 빌딩으로 인하여 점토층 중앙에 140kPa의 연직응력 증가량이 가해진다. 흙의 비중(G_s)=2.7이고, 점토층의 압축지수(C_c)= 0.3, 재압축지수(C_r)=0.05일 때 1차 압밀침하량을 구하시오(단, 물의 단위중량(γ_w)=10kN/m³ 이다).

1) 점토층이 정규압밀일 경우

2) 점토층이 과압밀($OCR=1.5$)일 경우

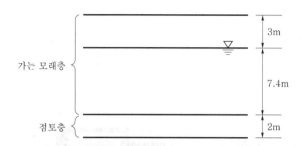

4. 사질토지반에 널말뚝을 설치하여 굴착저면에서 배수(Pumping)를 지속적으로 하면서 시공하고자 할 때 다음 두 가지 사항에 대하여 설명하시오.

   1) 유선망을 이용한 파이핑안정성 검토

   2) 파이핑 발생 방지대책(널말뚝이 시공되기 전과 후 구분)

5. 표준관입시험(SPT)에서 N값의 보정방법(N_{60}) 및 지반정수 추정 시 활용방안에 대하여 설명하시오.

6. 시추공 탄성파 탐사방법의 종류 및 탄성파 토모그래피에 대하여 설명하시오.

제3교시

※ **다음 문제 중 4문제를 선택하여 설명하시오. (각 25점)**

1. 토사지반에서 경사버팀대(Raker)의 지지블록(Kicker Block)의 설계에 있어 활동검토에 사용되는 토압에 대하여 설명하시오.

2. Terzaghi의 지지력공식을 설명하고, 길이가 무한한 세장기초로 가정하여 기초폭(B)과 허용지지력을 구하시오(단, 안전율은 3, 지지력계수는 $N_c=17.7$, $N_r=5.0$, $N_q=7.4$로 적용하시오).

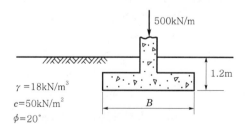

3. 무한사면의 안정해석에 대하여 설명하시오.

  1) 건조토 무한사면의 경우

  2) 수중무한사면(침투수압이 없는)의 경우

4. 다음 그림과 같은 현장에 단계별 굴착 시 강관말뚝(Sheet Pile) 주변의 지점 B, C, D의 단계별 굴착 시 전응력경로(Total Stress Path)를 그리고, 그 이유에 대하여 설명하시오.

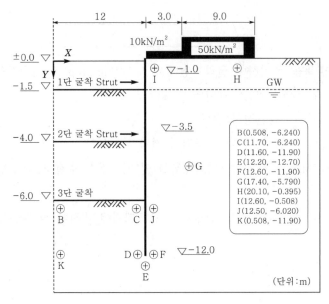

(a) 굴착단면

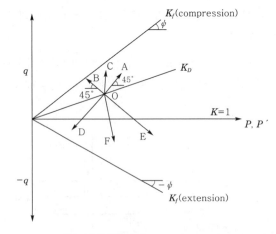

(b) 전응력경로($p-q$ diagram)

5. 연약지반의 압밀에 대하여 다음 사항을 설명하시오.

   1) 압밀시험에서 선행압밀압력 결정방법

   2) 과압밀이 발생하는 원인

6. 모래시료를 이용한 직접전단시험 시 전단거동특성에 대하여 설명하시오.

제4교시

※ 다음 문제 중 4문제를 선택하여 설명하시오. (각 25점)

1. Arching현상이 구조물의 기능에 미치는 영향을 사례별로 4가지만 설명하시오.

2. 말뚝보강기초와 기초분리말뚝에 대하여 설명하시오.

3. 말뚝기초의 성능기반 내진설계에 대하여 다음의 사항을 설명하시오.

   1) 성능기반 내진설계의 기본개념

   2) 내진해석법 중 단일모드 스펙트럼법과 다중모드 스펙트럼법

4. 점토지반 위에 제방을 긴급하게 건설하고자 한다. 원지반의 물성과 제방단면은 그림과 같을 때 다음 사항을 구하시오(단, 원지반의 정지토압계수 $K_0 = 0.6$(정규압밀점토)이고, 지하수위 위의 지반은 포화되어 있다. 물의 단위중량(γ_w)=10kN/m³, 간극수압계수 A는 0.35로 한다).

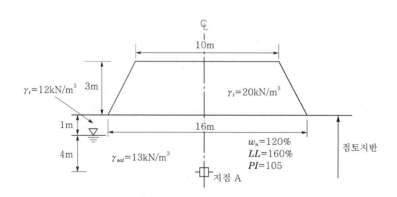

   1) 제방건설 전의 원지반 지점 A의 초기 응력 및 간극수압

   2) 제방건설 완료 직후의 지점 A의 응력의 증가량 및 최종응력값(단, 연직응력의 증가량 계산은 아래 도표를 이용하고, 수평응력의 증가량은 연직응력 증가량의 1/3로 한다.)

   3) 제방건설 완료 직후의 지점 A의 간극수압의 증가량 및 최종간극수압

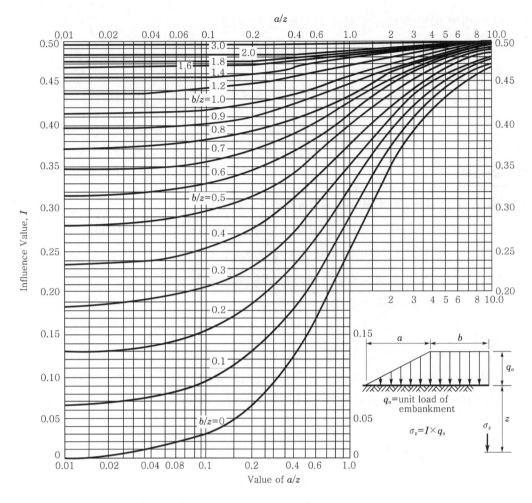

5. 영공기 간극곡선(Zero-air void curve) 및 최적함수비선(Line of optimums)에 대하여 설명
   하시오.

6. 압밀 및 배수조건에 따른 삼축압축시험방법 및 시험결과 활용방안에 대하여 설명하시오.

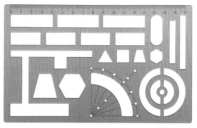

저 자 소 개

대표저자 박재성

- 토질 및 기초기술사
- 토목시공기술사
- 부경대학교 토목공학과 졸업
- 한신엔지니어링 토목설계부 상무
- 울산시 지방건설심의위원회 위원
- 울산시 중구청 소하천 설계심의분과위원
- 울산시 지방건설심의위원회 설계심의분과위원 역임

저자 임진영

- 토질 및 기초기술사
- 군산대학교 토목공학과 졸업
- 동국대학교 토목환경공학과 대학원 졸업
- ㈜동해종합기술공사 터널부 이사

[길잡이]
토질및기초기술사 핵심문제

2013. 8. 23. 초 판 1쇄 발행
2020. 1. 7. 개정증보 1판 1쇄 발행
2024. 1. 10. 개정증보 2판 1쇄 발행

지은이 | 박재성
펴낸이 | 이종춘
펴낸곳 | BM ㈜도서출판 성안당
주소 | 04032 서울시 마포구 양화로 127 첨단빌딩 3층(출판기획 R&D 센터)
     | 10881 경기도 파주시 문발로 112 파주 출판 문화도시(제작 및 물류)
전화 | 02) 3142-0036
     | 031) 950-6300
팩스 | 031) 955-0510
등록 | 1973. 2. 1. 제406-2005-000046호
출판사 홈페이지 | **www.cyber.co.kr**
ISBN | 978-89-315-1128-4 (13530)
정가 | 75,000원

이 책을 만든 사람들
기획 | 최옥현
진행 | 이희영
교정·교열 | 문 황
전산편집 | 이지연
표지디자인 | 박원석
홍보 | 김계향, 유미나, 정단비, 김주승
국제부 | 이선민, 조혜란
마케팅 | 구본철, 차정욱, 오영일, 나진호, 강호묵
마케팅 지원 | 장상범
제작 | 김유석

본 서적에 대한 의문사항이나 난해한 부분에 대해서는 저자가 직접 성심성의껏 답변해 드립니다.

- **서울 지역** : ☎ 02)749-0010(종로기술사학원)　📠 02)749-0076
- **부산 지역** : ☎ 051)644-0010(부산토목 · 건축학원)　📠 051)643-1074
- *특히, 팩스로 문의하시는 경우에는 독자의 **성명, 전화번호** 및 **팩스번호**를 꼭 **기록**해 주시기 바랍니다.
- 🌐 http://www.jr3.co.kr
- ✉ acpass@hanmail.net